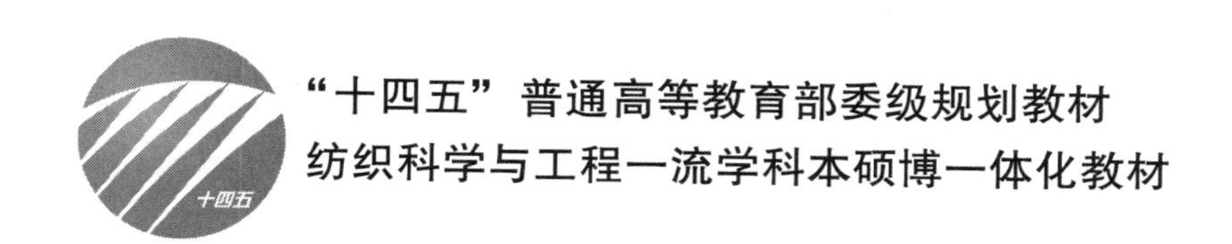

“十四五”普通高等教育部委级规划教材
纺织科学与工程一流学科本硕博一体化教材

智能纤维及智能可穿戴

樊　威　主编

中国纺织出版社有限公司

内 容 提 要

本书主要介绍了导电纤维、摩擦电纱线、压电纱线、热电纤维、纤维超级电容器、纤维基电池、水伏发电纤维、温度传感纤维、应变传感纤维、气体传感纤维、汗液传感纤维、力致发光纤维、电致发光纤维、热致变色纤维、电致变色纤维、计算纤维、纤维基生物干电极、热管理纤维及纺织品的基本概念、设计与制备方法以及应用领域，并对智能纺织品的发展趋势与未来前景进行了展望。

本书可作为普通高等院校相关专业师生的教材，也适合从事柔性智能可穿戴相关研究的工程技术人员参考阅读。

图书在版编目（CIP）数据

智能纤维及智能可穿戴／樊威主编. --北京：中国纺织出版社有限公司，2024. 12. --（“十四五”普通高等教育部委级规划教材）（纺织科学与工程一流学科本硕博一体化教材）. --ISBN 978-7-5229-2425-0

Ⅰ. TQ34；TS1；TP334. 1

中国国家版本馆 CIP 数据核字第 2025XN6130 号

责任编辑：陈怡晓　马如钦　　特约编辑：张小涵　刘夏颖
责任校对：高　涵　　　　　　责任印制：王艳丽

中国纺织出版社有限公司出版发行
地址：北京市朝阳区百子湾东里 A407 号楼　邮政编码：100124
销售电话：010—67004422　传真：010—87155801
http://www.c-textilep.com
中国纺织出版社天猫旗舰店
官方微博 http://weibo. com/2119887771
三河市宏盛印务有限公司印刷　各地新华书店经销
2024 年 12 月第 1 版第 1 次印刷
开本：787×1092　1/16　印张：26. 5
字数：578 千字　定价：68. 00 元

前　言

智能纤维及智能可穿戴纺织品这一创新领域，正通过将电学、热学、声学、光学、磁学以及致动等先进性质融入传统纺织材料，重新对纤维、纱线和织物进行定义。这些新一代的材料不仅继承了传统纺织品的柔韧与舒适性，还被赋予了数据采集、传输、分析、反馈及能源管理等前所未有的功能，在健康监测、环境感知、能源收集以及实时通信等领域展现了巨大的潜力。如今，智能可穿戴纺织品已在医疗健康、军事国防、运动健身、消费电子等多个领域展现出巨大的应用可能。这些跨学科的融合与创新预示着一场纺织行业的革命。

智能纤维是智能纺织品的最小组成单元。本书介绍了发电、储电、传感、显示、计算以及导电等纤维的基本概念、设计与制备方法以及智能纺织品的集成策略，并对其应用领域进行了探讨。

本书由西安工程大学樊威担任主编，并负责统稿和修改。本书共20章，第1、第3、第4章由樊威（西安工程大学）编写；第2章由蹇木强（北京石墨烯研究院）编写；第5章由张坤（东华大学）编写；第6章由刘宗怀（陕西师范大学）编写；第7章由贾浩（江南大学）编写；第8章由方剑（苏州大学）编写；第9章由于志财（武汉纺织大学）编写；第10章由董凯（中国科学院北京纳米能源与系统研究所）编写；第11章由余厚咏（浙江理工大学）编写；第12章由李召岭（东华大学）编写；第13章由于涛（西北工业大学）编写；第14章由田明伟（青岛大学）编写；第15章由张丽平（江南大学）编写；第16章由侯成义（东华大学）编写；第17章由严威（东华大学）编写；第18章由刘皓（天津工业大学）编写；第19章由李磊（北京理工大学）编写；第20章由张莹莹（清华大学）编写。

清华大学王艺达、彭晓，北京大学黄剑坤，北京石墨烯研究院于博文，东华大学王发强、张钊、徐金川、阮菹萍、曹葳荣、苏耘松、张佳、李克睿、范庆超，西安工程大学陈东圳、刘金霖、林铠、赵春铭、林思伶、张羽晗、石志鹏、畅瑜，宁夏大学孙瞳钊，苏州大学葛灿、冯枭、杨省，陕西师范大学马福泉，中国科学院大学范晓宣，浙江理工大学高智英、董延娟，天津工业大学刘思琪等人参与本书的编写与校对工作，在此一并表示感谢。

本书内容涉及面较广，由于编者水平和篇幅所限，许多相关知识未能详尽介绍，编写过程中也难免存在疏漏或不足之处，恳请读者批评指正，并提出宝贵修改意见，编者将感激不尽。

樊威

2024年11月

目 录

第1章　绪论

在日新月异的科技浪潮中，纺织服装行业正经历着一场前所未有的变革。传统纺织技艺与现代科技的深度融合，不仅重塑了纺织品的形态与功能，更催生了一系列创新产品——智能纺织品。智能纺织品的发展正在突破传统的服装领域，正渗透到航空航天、医疗健康、体育娱乐、军事国防、智能家居等方面，成为连接物理世界与数字世界的桥梁。例如，在航空航天领域，智能航天服集成温度自动调节、压力监测与调节、生命体征监测以及紧急情况下的自动报警与生命维持系统，有效保护宇航员免受极端太空环境的伤害；在医疗健康领域，智能纺织品能够实时监测人体的生理指标，为疾病预防、早期诊断提供有力支持；在军事领域，智能纺织品能增强士兵的战场感知能力，提升作战效能。这些应用不仅展现了智能纺织品技术的巨大潜力，也预示着纺织服装行业将迎来一场深刻的变革。随着技术瓶颈的不断突破和生产成本的逐渐降低，智能纺织品将趋于普及化、大众化，成为未来生活中不可分割的一部分，为人类社会增添更多便利。

1.1　智能纤维的概念及分类

1.1.1　智能纤维的概念

智能纤维（smart fibres）是指纤维遇到内外部环境变化时，其自身的性能、结构和功能等随之发生敏锐响应及突跃性变化的纤维（图1-1）。智能纤维具有以下特点：①能够感知环境的变化或刺激（机械、热、化学、光、湿度、电磁等）并能做出反应。②具有普通纤维长径比大的特点，且机械性能优异，能被加工成多种产品。

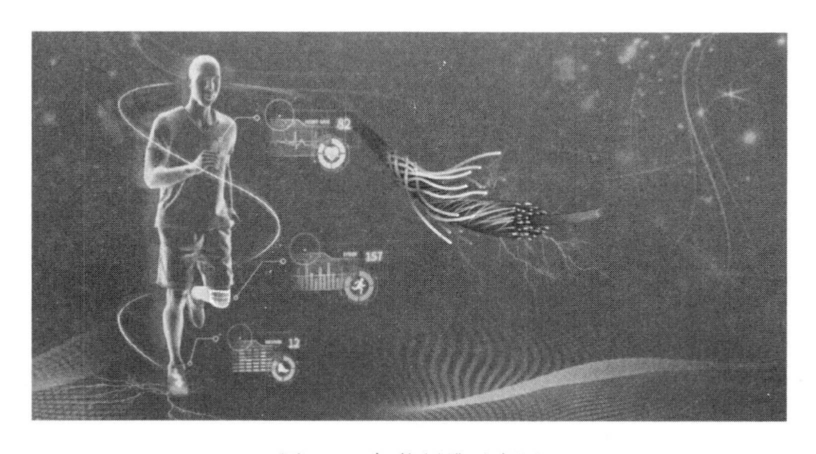

图1-1　智能纤维示意图

在20世纪末至21世纪初的材料科学领域，智能纤维作为一种新型材料应运而生。这种材料将智能材料技术应用于纤维的结构设计，对纤维的内部构造进行了创新性改变，使其在保持传统纤维性能的基础上，进一步集成了材料科学、纳米技术和电子信息等前沿科技，从而具备了能量采集、定位模拟以及摩擦发电等智能化功能。相比于传统纤维，智能纤维在个性化、功能化和轻量化等方面展现出更为突出的优势。

1.1.2 智能纤维的分类

智能纤维作为一种响应内部形态结构变化以及外界环境变动的新型材料，其类型分为传感类纤维、发电及储电纤维、显示及变色类纤维以及其他具有智能特性的纤维，如图1-2所示。

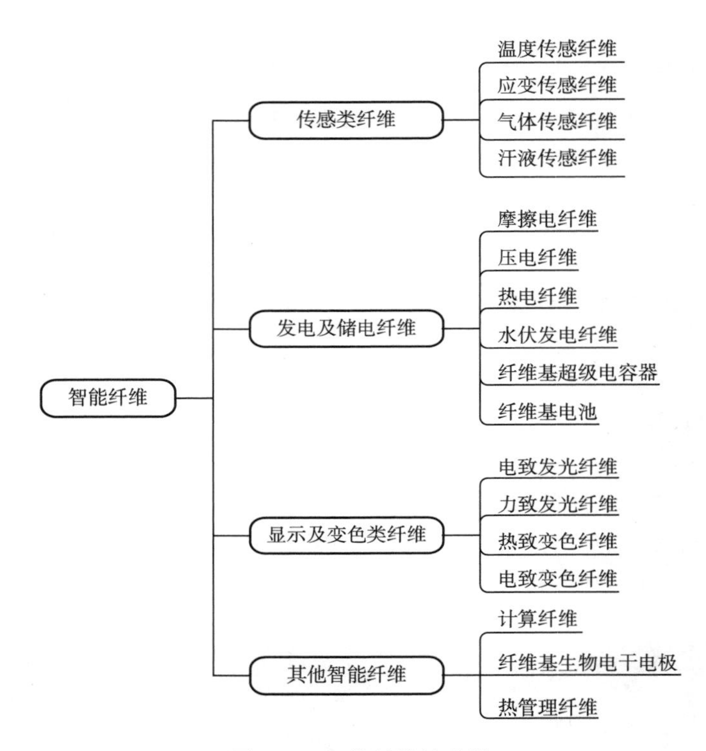

图1-2 智能纤维的种类

1.1.2.1 传感类纤维

传感类纤维是指在纤维基质中嵌入或者编织特殊的传感器，使得纤维集合体具备感知外部环境变化的能力。依据其功能特性，传感类纤维可分为温度传感纤维、应变传感纤维、气体传感纤维和汗液传感纤维等。

（1）温度传感纤维。可以对外界环境的温度变化做出敏感响应。制备的方法有热拉伸工艺制造、同轴湿法纺丝、原位合成/分解方法等。常见的传感器有热电偶温度传感器、热电阻温度传感器、热敏电阻温度传感器、红外温度传感器、光纤温度传感器、半导体温度传感器、压力式温度传感器等。

（2）应变传感纤维。基于电阻变化，检测材料表面的变形程度。当材料受到弯曲变形时，其材料内部的电阻、电容以及其他化学结构都会产生相应的变化，制备方法有核—壳结构设计、浸渍和化学沉积、涂层和复合、瞬态热固化技术以及静电纺丝技术等。常见的应变传感器类型有电阻式应变传感、电容式应变传感、压电式应变传感、基于形状记忆合金的应变传感、基于碳纳米管（CNTs）/石墨烯（Graphene）的应变传感等。

（3）气体传感纤维。可以检测特定的气体分子，如 CO_2、CO 以及挥发性有机化合物等。制备方法主要有静电纺丝技术、浸渍法，制成的传感器具有优异的透气性、坚固性和灵活性等。常见的气体传感器有半导体式气体传感器、光学式气体传感器、电阻式气体传感器、电容式气体传感器、催化燃烧式气体传感器等。

（4）汗液传感纤维。采用不同的材料和方法制备出柔性汗液/电化学传感器，可以高效检测人体汗液中的成分，如钾、镁、钙、乳酸、葡萄糖和维生素等物质，从而监测多种生理信息，以评估人体的健康状况。常见的汗液传感器有离子选择电极（ISE）式汗液传感器、光学式汗液传感器、压电式汗液传感器、基于微流控技术的汗液传感器、电化学式汗液传感器等。

1.1.2.2 发电及储电纤维

摩擦电纤维、压电纤维、热电纤维、水伏发电纤维、纤维基超级电容器以及纤维基电池，这些都是利用纤维材料的特殊性质来实现发电和能量储能技术。

（1）摩擦电纤维。该类纤维借助摩擦起电原理，有效地将机械能转化为电能。其制备方法有静电纺丝技术、化学改性、表面形貌调控、共轭静电纺丝技术、物理掺杂等。该类纤维组合成的相应复合材料和传感器，具有高效能量收集、高输出性能、自供电传感、模拟定位等特点。

（2）压电纤维。该类纤维通过压电效应，将压力变化高效转化为电能。其制备方法主要有直接切割复合法、切割层叠法、二次切割—填充法以及切割填充法等。这些纤维具有良好的柔韧性、高机电耦合系数、能量收集能力、高灵敏度和信噪比等。该类传感器及应用有基于氧化锌（ZnO）纳米棒的织物基底压电压力传感器、基于聚偏二氟乙烯（PVDF）/狄尔斯-阿尔得（DA）复合纳米纤维膜的柔性压电传感器、全织物电容式压力传感器（AFCPS）等。

（3）热电纤维。该类纤维利用温差发电技术，通过塞贝克（Seebeck）效应、珀耳帕（Peltier）效应实现热能和电能的相互转换。制备方法有气相沉积、液相沉积和电化学沉积以及物理热拉等。该类纤维具有高柔性、可拉伸性、稳定性、耐用性以及环境适应性等特点。热电纤维的传感器及应用有聚乙烯二氧噻吩（PEDOT）/多壁碳纳米管（MWCNT）热电织物传感器、自供电火灾预警传感器（以 p-n 分段式柔性热电气凝胶纤维为基体）等。

（4）水伏发电纤维。该类纤维基于水的电化学特性，将水分子的运动有效转化为电能。此类纤维的制备方法有静电纺丝技术、垂直取向的石墨烯/氧化铝纳米纤维阵列制备、浸涂和原位聚合等，制作成本较高。水伏技术目前还处于研究和发展阶段，主要受产电效率、环境因素、材料选择、能量的存储等问题的制约。该类的传感器及应用有柔性水伏离子传感器、热传导增强型柔性水伏发电机、金属/细菌纤维素纳米纤维双层膜等。

（5）纤维基超级电容器以及纤维基电池。该类纤维是以纤维材料（碳基纤维、金属纤维、水凝胶纤维、尼龙纤维以及聚合物纤维等）为基底，与电容器和电池进行复合，从而提高电容器和电池的储能和供电能力。纤维基超级电容器中常见的材料有金属氧化物电极、硫化物电极以及复合结构电极材料等；纤维基电池有纤维基锂离子电池、纤维基钠离子电池、纤维基锂空气电池和纤维基锌空气电池、纤维基锌离子电池等。

1.1.2.3 显示及变色类纤维

显示及变色类纤维主要分为两大类：电致发光纤维和力致发光纤维。电致发光纤维是指当一种特定的电致发光材料受到电流刺激后，能够直接将电能转化为光能的一种物理现象。基于这一原理开发的电致发光器件具有高能效、灵活配置和耐用性高等众多优点。力致发光纤维在受到如摩擦、碰撞、挤压或超声等机械应力的作用下，展现出独特的发光现象。其中，在力致发光材料中，力学信号与光学信号之间存在着明确的对应关系，并且随着力学信息的变动，光学信号能够呈现出显著的变化。这种特性为相关领域的研究和应用提供了重要的参考和依据。

变色类纤维是一种具有智能响应特性的新型材料，当其遭受温度、光照、湿度以及电场的变化时，能够迅速且灵敏地调整其色彩，以充分展现其智能响应的能力。根据对外界刺激环境和反应条件的不同，变色类纤维主要划分为热致变色纤维和电致变色纤维两大类。热致变色纤维是在温度变化的刺激下发生颜色变化的纤维。当温度发生变化时，这种纤维内部的分子结构会发生改变，从而导致其颜色发生变化。电致变色纤维是指在电场作用的刺激下发生颜色变化的纤维。当施加电压时，纤维内部的物质会发生化学反应，导致其颜色发生变化。

1.1.2.4 其他智能纤维

除了前面提及的三大类智能纤维之外，还有其他类型的智能纤维值得关注和探索，如计算纤维、纤维基生物电干电极、热管理纤维等。

（1）计算纤维。利用织物连接实现非芯片感知与交互；采用多材料和多功能纤维直接集成于编织结构中，具备综合传感与处理能力。织物计算模式突破了传统芯片的限制，形成密集的传感网络，通过多功能纤维收集数据，实现智能认知。计算纤维包括无线能量采集纤维、触控交互纤维、信息感知与传输纤维、发光显示纤维等。

（2）纤维基生物电干电极。作为一种能将生物电信号转化为电能的纤维，其在医疗健康领域展现出了巨大的应用潜力。这种智能纤维可用于监测人体生理信号，如心率、血压等，为健康管理提供了一种便捷的方式。该类纤维的类型有电纺橡胶纳米纤维网干电极、干纤维基电极、表面生物电干电极（SBDE）等。

（3）热管理纤维。热管理纤维以其独特的温度调节功能，通过吸收或释放热量来促进人体体温的调节以及穿戴的舒适性，如隔热纤维和调温纤维等。热管理纤维的类型有高热导纤维、多模式热调节柔性纤维膜、碳纳米管纤维、温度调节发泡纤维等。

1.2 智能纺织品的概念及应用

1.2.1 智能纺织品的概念

智能纺织品起源于20世纪60年代形状记忆材料和70年代智能聚合物凝胶概念的提出，智能材料这一术语则是1989年由日本Toshiyoshi Takagi教授提出，是将信息科学原理与材料的结构和功能相结合的一种材料新构思。将电子产品集成到传统面料中称为E-texiles，也称智能或功能性服装。

作为纺织科学与现代科技的结晶，智能纺织品的核心构成涵盖了高灵敏度传感器、高效能导电纤维、智能决策处理单元与集成通信技术的综合应用。这些前沿技术的结合，赋予了纺织品独特的智能交互能力，使其能够实时感知用户、外部环境变化以及其他智能设备的状态，并据此做出智能化响应。智能纺织品不仅能够敏感地捕捉到温度、电磁辐射、机械压力等物理参数的变化，还能分析人体生理信号等生物信息，随后依据规律推算和算法设计，自主调整或在外界控制下调整其性能、功能或状态，实现个性化、功能化和智能化结合。

1.2.2 智能纺织品的应用

智能纺织品作为一种新兴的创新产物，将功能集成于织物和服装中来感知、存储、处理及传递信息，其技术的发展和应用将极大地改变传统纺织品的概念和功能。智能纺织品的出现为电力存储、医疗监测以及可穿戴设备等多种应用领域带来了新的发展机遇，此类纺织品集感知、响应、监测等多种功能于一体，在许多领域得到广泛的应用。

1.2.2.1 航空航天领域

智能纺织品的应用能够显著提高宇航员和飞行员的安全性和舒适性，并推动航空航天设备的智能化发展。智能纺织品通过集成多种传感器和智能控制系统，能够对宇航员及其他工作人员的生理状态和外部环境进行实时监控与调节，为航空航天任务的顺利完成提供全方位的支持（图1-3）。智能宇航服作为智能纺织品在航空领域的重要应用之一，通常配有温度传感器、压力传感器、心率监测器和氧气传感器等设备，能够实时监测宇航员的体温、血氧饱

图1-3 航空用智能纺织品示意图

和度、心率和环境参数，在宇航员的体温过高或血氧饱和度过低等可能对健康不利的参数变化时发出警报，并自动调节宇航服内部的温度和氧气供应，确保宇航员的生命安全。

智能纺织品还被用于开发航天员的睡眠系统和日常穿戴设备。例如，智能睡眠袋通过集成温度调节系统和心率监测器，能够根据宇航员的体温和心率变化自动调节睡眠袋内部的温度，提供舒适的睡眠环境，提升宇航员在太空中的休息质量。同时，智能纺织品在航空航天领域器件方面也有着至关重要的应用，例如微带天线作为智能系统的关键器件，其结构与性能的可靠性也非常关键。近期，东华大学纺织学院许福军教授提出了一种三维纺织结构复合材料电磁超材料天线（MA-EBG），该研究实现了纺织微带天线的高机械性能和电磁性能的兼容，为高增益纺织微带天线的设计提供了一种新的方法。

1.2.2.2 医疗健康领域

随着全球人口老龄化的加剧、慢性病问题的凸显以及医疗数字化的发展，智能纺织品在健康医疗领域的需求不断增长，主要可用于健康监测和医用保健产品，如外科口罩、个人防护装备（PPE）、光疗系统、伤口敷料等。例如，新冠疫情流行期间，加塔克等研发的自给式电子口罩能够在电场范围内消灭新冠病毒，保护使用者免受病毒的侵害。其内置的交互式传感器能实时地将用户的信息数据发送至医院，减少了对传统监测设备的依赖，降低了就诊频率。根据 2019 年联合国发布的《世界人口展望》报告，老龄化社会对健康的担忧日益增加，到 2050 年，老年人口将占世界人口的 16%以上。因此，在远程医疗领域，获取有关身体活动的信息对于保障老年人的健康至关重要。智能纺织品可以跟踪老年人的所有行动，如坐、卧、行走以及是否发生跌倒等突发情况，并通过传感器实时监测其状态，迅速发出紧急信号。

随着社会经济的发展，除了老年人，当前年轻一代也面临巨大的工作和生活压力，健康问题往往会被忽视。而智能纺织品能提供一种自我健康管理系统，该系统具备小型化、高可靠性、轻量化、操作简便及成本效益显著等优势。例如，范等研发了一种高灵敏度的摩擦电全纺织品传感器阵列，用于检测表皮的细微压力变化。他们将导电纤维与尼龙纱线相互缠绕，以此填充到羊毛衫的针迹构造中，用于实现传感功能。此外，他们开发了一种可伸缩、耐用和非侵入性的健康监测智能电子纺织品传感系统，用于评估心血管健康状况和监测睡眠呼吸暂停障碍。目前，智能可穿戴纺织品在监测伤口愈合与康复方面已取得较大进展。例如，莫顿等最近的一项研究报道了一种用于光动力疗法（PDT）的发光织物（LEF），以治疗皮肤病和预防皮肤癌。瑞士联邦材料科学与技术实验室制造了一种发光纺织品，他们将这种纺织品与导光光纤交织在一起，以产生非常精确的治疗光波长，利用此项编织电子纺织品的技术，患者可以在亲属或照护人员的监督下，在居家环境或医疗场所接受连续性的治疗措施。智能纺织品还可用于紧急医疗服务（EMS）。在将患者送往医院的同时，为严重伤害和其他疾病（如心力衰竭、哮喘发作、昏迷等）提供必要和紧急的院前治疗和稳定药物。智能纺织品在健康医疗领域的应用与发展，不仅为人们的健康提供了实时有效的保护，同时也减轻了医疗健康方面的个人经济和社会负担。

1.2.2.3 运动健身领域

智能纺织品在运动健身领域应用日益广泛，已成为提升运动员训练效果和预防运动损伤的重要工具。智能纺织品通过集成多种传感器和无线通信技术，能够实时监测运动员运动状态和生理指标，并提供科学的训练建议。随着全球范围内人们对体育活动的关注增加，运动用纺织品的需求也在增长。

例如，加拿大初创公司OMSignal的智能服装实验室开发的电子运动服装可以监测穿戴者的心率、呼吸和运动，并通过蓝牙技术将数据实时传输到智能手机进行分析。胡等采用微流控纺丝技术制备了具有多尺度无序多孔结构的弹性纤维（MPPU），经石墨烯改性后，该纤维具有优异的拉伸性能和温度传感性能，可作为传感单元，并通过传统的纺织工艺，实现了应变监测、温度感应以及凉爽感的一体化设计，制成了融合多种功能的智能运动服装。罗等使用简单的浸涂工艺制备了具有芯层结构的可穿戴智能面料设备，在MXene材料表面涂覆一层经聚多巴胺（PDA）改性的弹性纺织品，然后覆盖聚二甲基硅氧烷（PDMS），构成PM/PDMS复合纺织品。该复合纺织品以其良好的柔韧性、透气性、卓越的疏水性能及智能化特点，在可穿戴电子产品的应用中具有广阔的发展空间。

智能纺织品能够监测运动员的肌肉活动和疲劳状态，通过集成肌电传感器，实时监测肌肉的电活动，评估肌肉的疲劳程度和工作状态。这类设备可以帮助运动员优化训练动作，减少肌肉损伤的风险。杜阿尔特等发现合身、舒适的可穿戴智能服装改善了运动员对疲劳的感觉，减少了训练后的力量损失和肌肉损伤，提升阻力训练或偏心运动后的力量表现。智能运动手表和电子手环也是智能纺织品的重要应用，这些设备通常与智能纺织品配合使用，通过蓝牙等无线技术将数据传输到手机应用或计算机上，提供全面的运动数据分析。目前，市场上该领域的相关产品已日趋成熟且使用人群日渐广泛，如苹果手表、小米手环等。在此基础上，新技术的开发与研究也更加专业成熟。例如卡伊斯蒂等开发了基于微机电压力传感器阵列的柔性可穿戴腕带，使用K均值聚类方法根据时频数据区分房颤信号和窦性心律，展示了人工智能算法结合柔性可穿戴器件在日常运动监测中的可行性。

1.2.2.4 职业防护领域

智能纺织品在职业安全领域的应用具有里程碑式的意义，它们为在复杂多变的工作环境中奋战的工作人员提供了坚实的防护屏障。鉴于全球职业事故与职业病的高发态势，智能纺织品以其独特的性能（防静电、防火、防水等），有效降低了职业风险，保障了工作人员的安全与健康。这不仅是对科技进步的肯定，更是社会责任的生动体现，其重要性随着社会的发展和技术的创新而日益凸显。

智能纺织品通过准确识别并应对工作环境中的各种潜在威胁（高温、火焰、有害化学物质等），为工作人员构筑了全方位的安全防线。例如，樊等通过CO_2激光直写法制备了Janus石墨烯/聚对亚苯基苯并双噁唑（PBO）复合织物，该织物凭借其良好的导电性、阻燃性和热稳定性，在职业安全防护领域展现出了巨大的潜力（图1-4）。该织物集成的智能传感器能够实时监测人体活动状态及环境参数，为火灾等紧急情况的预警提供了有力支持，有望在未来广泛应用于消防、石化等高风险行业。对于需要在高温、潮湿等恶劣条件下工作的工作人员，智能纺织品同样提供了创新性的解决方案。阿克拉吉等通过实验对工作服面料的纳米二氧化钛涂层进行了优化，提高其隔热透气性能，这项研究的结果可用于优化选择在工作服生产中具有潜在应用的面料，并可通过新型涂层结构来保护和提高工作人员的健康和安全。

图 1-4 消防用智能纺织品示意图

此外，智能纺织品在化学品泄漏的监测与防护方面也发挥着重要作用。中国科学院王中林团队研发了一种具有生物运动能量收集和自供电安全监控系统的智能防化服。该服装能够实时监测化学品泄漏情况并触发警报，为工作人员提供了即时有效的安全预警。这种集防护、监测与报警功能于一体的智能纺织品，为职业安全防护领域带来了新的技术突破和发展机遇。

1.2.2.5 军事国防领域

随着材料科技、纳米科技、纺织技术以及可穿戴技术的快速发展，军事领域对智能纺织品的需求日益增长，推动了该领域的持续增长与创新。现代军事力量正积极探索将智能纺织品融入士兵装备中，以增强其隐蔽性、生存力、通讯效率、环境适应力以及战场感知能力，从而全面提升作战效能。这些智能纺织品集成了先进的传感器、微电子元件以及健康监测设备，能够实时追踪士兵的生命体征，并提前预警潜在的健康风险。

全球范围内，各国加大军事领域的投入资源，推动智能纺织品在军事领域的广泛应用，如美国的“陆军勇士”单兵作战系统、俄罗斯研发的“战士”数字化单兵作战系统、法国的“FELIN”单兵作战系统、英国的“重拳”士兵系统等，均采用了大量的智能纺织品技术。现代战争中高精度武器与无人机的广泛应用，使战场隐蔽性成为决定胜负的关键因素。因此，智能纺织品在伪装技术上的应用非常重要。此外，智能纺织品还能够实时监测士兵的运动状态与疲劳程度，为军事训练与作战提供科学的数据支持。通过收集并分析这些数据，指挥官可以更精准地制定作战计划，提高作战效率。同时，智能纺织品还能为士兵提供个性化的训练建议与康复指导，帮助他们更好地适应战场环境，提升整体作战能力。

1.2.2.6 日常生活领域

随着人们生活方式的不断变化，智能纺织品在日常生活领域的应用范围持续拓展。通过将传感器、微电子元件及智能控制系统融入纺织品之中，智能纺织品不仅保留了传统纺织品的基本功能，更具备了感知、监测及响应环境与人体变化的能力，这一创新在智能窗帘、智能地毯以及床上用品等领域得到显著的体现。

根据环境光线与温度的变化，智能窗帘能自动调节开合程度，而智能遮阳布料可以根据阳光强度智能调控透光度，提升居家舒适度的同时实现了节能减排的目标。智能地毯内置压力传感器，能够精准捕捉用户的行走轨迹与压力分布，为安全监测与健康数据分析提供了有力支持。陈等制备了一种基于二氧化钒（VO_2）@ZnO 纳米颗粒的热致变色薄膜，凭借其卓越的耐久性，为钒基智能窗的实际应用开辟了广阔的前景。

在智能床上用品领域，智能床垫与智能枕头等产品的问世为改善人们的睡眠质量与监测睡眠状态提供了技术支持。这些床上用品集成了温度调节系统、压力传感器及睡眠监测系统，能够依据用户的体温与睡眠姿势自动调节床垫与枕头的硬度与温度，进而通过内置的传感器监测用户的睡眠质量，记录翻身次数、呼吸频率等关键数据，并据此提供个性化的睡眠建议，助力用户实现睡眠质量的全面提升。

此外，智能可穿戴设备的应用范围已扩展至衣物、鞋子及配饰等多个领域。这些设备能够实时监测用户的运动与健康数据，并提供个性化服务。例如，智能鞋子能精准记录用户的步态与步数，提供运动反馈与健康建议；智能手套则通过内置的传感器监测手部活动与压力，帮助用户优化动作，预防因长时间使用导致的手部不适与疲劳；智能服装则能依据环境温度与穿着者的个性化需求自动调节温度与色彩，为用户带来更为舒适与多样化的穿着体验。智能纺织品在日常娱乐领域也有所应用，如具备交互功能的智能玩具与娱乐穿戴设备等，这些创新产品不仅为人们的日常生活带来了诸多便利，更在无形中增添了无限乐趣，丰富了人们的生活体验。

1.3 总结与展望

智能纺织品作为纺织服装行业与高科技融合的典范，其发展前景广阔。随着科技的持续进步与创新，智能纺织品有望不断突破现有边界，给人们带来更加多元化、智能化的应用体验。它们将不仅是身体的第二层皮肤，更是健康生活、高效工作的得力助手，乃至是人类探索未知、保障安全的重要伙伴。在这场由智能纺织品引领的产业革命中，纺织服装行业正以前所未有的速度和规模进行转型升级，向着更加绿色、可持续、智能化的方向迈进。随着智能纺织品技术的不断成熟与普及，人类社会将享受到更加便捷、舒适、安全的生活方式，同时纺织服装行业也将为人类文明进步做出更大贡献。智能纺织品，正以其独有的方式，“编织”着未来世界的无限可能与希望。

参考文献

[1] LI D H, LIANG H R, ZHANG Y Y. MXene-based gas sensors: State of the art and prospects [J]. Carbon, 2024, 226: 119205.

[2] ZHANG S, TAN R J, XU X Y, et al. Fibers/textiles-based flexible sweat sensors: A review [J]. ACS Materials Letters, 2023, 5(5): 1420-1440.

[3] 王玥,杨伟峰,陈浩廷,等. 高性能 ZnS:Cu 基力致发光弹性体及其在视觉交互织物中的应用 [J]. 发光学报,2022,43(10):1609-1619.

[4]《纺织导报》编辑部. 智能纺织品新进展:智能纺织品的发展历程及分类 [J]. 福建轻纺,2024(2):3-4.

[5] PARK S, JAYARAMAN S. Enhancing the quality of life through wearable technology [J]. IEEE Engineering in Medicine and Biology Magazine, 2003, 22(3): 41-48.

[6] CHEN G R, XIAO X, ZHAO X, et al. Electronic textiles for wearable point-of-care systems [J]. Chemical Reviews, 2022, 122(3): 3259-3291.

[7] SIBEL DEREN GULER WITH MADELINE GANNON, SICCHIO K. Crafting Wearables: Blending Technology with Fashion [M]. New York: Apress, 2016.

[8] XIE L, SHAN B, XU H, et al. Aqueous nanocoating approach to strong natural microfibers with tunable electrical conductivity for wearable electronic textiles [J]. ACS Applied Nano Materials, 2018, 1(5): 2406-2413.

[9] LI W Z, ZHANG K, PEI R, et al. Composite metamaterial antenna with super mechanical and electromagnetic performances integrated by three-dimensional weaving technique [J]. Composites Part B: Engineering, 2024, 273: 111265.

[10] LIAN Y L, YU H, WANG M Y, et al. A multifunctional wearable E-textile *via* integrated nanowire-coated fabrics [J]. Journal of Materials Chemistry C, 2020, 8(25): 8399-8409.

[11] BASODAN R A M, PARK B, CHUNG H J. Smart personal protective equipment (PPE): Current PPE needs, opportunities for nanotechnology and e-textiles [J]. Flexible and Printed Electronics, 2021, 6(4): 043004.

[12] CINQUINO M, PRONTERA C, PUGLIESE M, et al. Light-emitting textiles: Device architectures, working principles, and applications [J]. Micromachines, 2021, 12(6): 652.

[13] YANG L X, MA Z H, TIAN Y, et al. Progress on self-powered wearable and implantable systems driven by nanogenerators [J]. Micromachines, 2021, 12(6): 666.

[14] GHATAK B, BANERJEE S, ALI S B, et al. Design of a self-powered triboelectric face mask [J]. Nano Energy, 2021, 79: 105387.

[15] FENT T. Department of economic and social affairs, population division, united nations expert group meeting on social and economic implications of changing population age structures [J]. European Journal of Population, 2008, 24(4): 451-452.

[16] MORDON S, THÉCUA E, ZIANE L, et al. Light emitting fabrics for photodynamic therapy: Technology, experimental and clinical applications [J]. Translational Biophotonics, 2020, 2(3): e202000005.

[17] HU X L, TIAN M W, XU T L, et al. Multiscale disordered porous fibers for self-sensing and self-cooling integrated smart sportswear [J]. ACS Nano, 2020, 14(1): 559-567.

[18] LUO J C, GAO S J, LUO H, et al. Superhydrophobic and breathable smart MXene-based textile for multifunctional wearable sensing electronics [J]. Chemical Engineering Journal, 2021, 406: 126898.

[19] DUARTE J P, FERNANDES R J, SILVA G, et al. Lower limbs wearable sports garments for muscle recovery: An umbrella review [J]. Healthcare, 2022, 10(8): 1552.

[20] KAISTI M, PANULA T, LEPPÄNEN J, et al. Clinical assessment of a non-invasive wearable MEMS pressure sensor array for monitoring of arterial pulse waveform, heart rate and detection of atrial fibrillation [J]. NPJ Digital

Medicine,2019,2:39.

[21] LUO Y,MIAO Y P,WANG H M,et al. Laser-induced Janus graphene/poly(p-phenylene benzobisoxazole) fabrics with intrinsic flame retardancy as flexible sensors and breathable electrodes for fire-fighting field [J]. Nano Research,2023,16(5):7600-7608.

[22] MA L Y,WU R H,PATIL A,et al. Acid and alkali-resistant textile triboelectric nanogenerator as a smart protective suit for liquid energy harvesting and self-powered monitoring in high-risk environments [J]. Advanced Functional Materials,2021,31(35):2102963.

[23] ZHANG Y H,SHEN G D,LAM S S,et al. A waste textiles-based multilayer composite fabric with superior electromagnetic shielding,infrared stealth and flame retardance for military applications [J]. Chemical Engineering Journal,2023,471:144679.

[24] CHEN Y X,ZENG X Z,ZHU J T,et al. High performance and enhanced durability of thermochromic films using VO_2@ZnO core-shell nanoparticles [J]. ACS Applied Materials & Interfaces,2017,9(33):27784-27791.

第 2 章　导电纤维及纺织品

导电纤维及其纺织品作为一种新型功能和智能材料，兼具传统纤维及纺织品的舒适特性和导电功能，为可穿戴技术和智能设备的发展奠定了坚实的材料基础，在可穿戴能源系统、电磁兼容、健康监测系统、非侵入式人机界面、可植入电子器件等领域展现出巨大的应用潜力。

本章从导电纤维及纺织品的概念出发，首先介绍了导电纤维及纺织品的概念和原理，接着重点讨论了导电纤维及纺织品的材料选取及结构设计，随后论述了导电纤维及纺织品的制备工艺流程，以及介绍导电纤维及纺织品的表征方法和性能测试，最后对本章内容进行了总结和展望。

2.1　导电纤维的概念及分类

如图 2-1 所示，电的发现可追溯到公元前 600 年。古希腊哲学家泰勒斯观察到琥珀摩擦后能吸引轻小物体，这是最早静电现象的记录。1600 年，英国科学家威廉·吉尔伯特在《论磁石》中首次提出“电”的概念，并区分了磁力和静电力。1745 年，荷兰科学家彼得·范·穆森布鲁克发明了第一个能存储静电电荷的装置——莱顿瓶。1752 年，美国科学家本杰明·富兰克林通过风筝实验，证实雷电是电的一种形式，并提出电荷守恒定律。1800 年，意大利科学家亚历山德罗·伏特发明了世界上第一种化学电池——伏打电堆。1820 年，丹麦物理学家汉斯·克里斯蒂安·奥斯特发现电流周围存在磁场，揭示了电与磁的关系。1831 年，英国科学家迈克尔·法拉第发现电磁感应原理，为现代发电机和变压器奠定了理论基础。1879 年，美国发明家托马斯·爱迪生发明了实用的白炽灯泡，并在纽约建立第一个电力系统。电

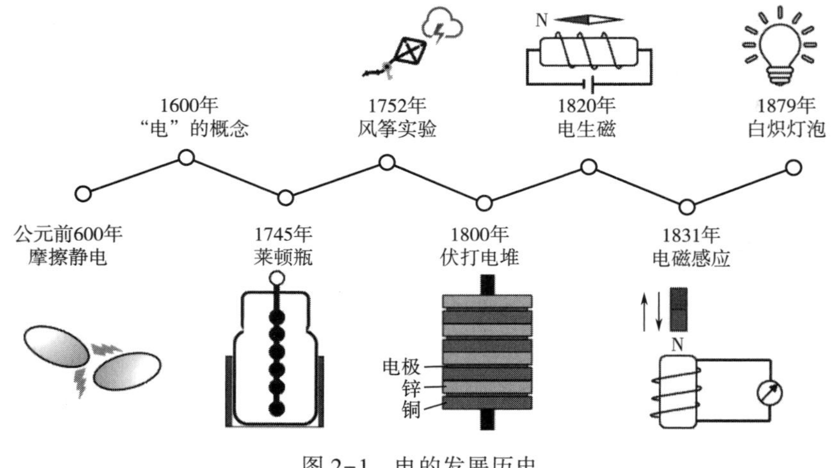

图 2-1　电的发展历史

逐渐从一种神秘的自然现象转变为现代社会不可或缺的能源，广泛应用于各领域，不仅改善了人们生活质量，更推动了科技进步和经济发展。

2.1.1　导电纤维的概念

导电纤维，作为一种重要的差别化功能纤维，是指在标准状态下（环境温度 20℃，相对湿度 65%）电阻率小于 $10^7\Omega \cdot cm$ 的纤维材料。根据纤维内部所含导电材料的差异，导电纤维可分为四类，分别为金属基导电纤维、碳基导电纤维、导电高分子基导电纤维以及其他类型导电纤维。四类纤维的导电特性均遵循欧姆定律。欧姆定律定义了电流（I）、电压（U）和电阻（R）之间的关系。导电纤维的电导率可以通过式（2-1）进行计算。

$$U=I \cdot R \tag{2-1}$$

式中：I 为通过电阻的电流（A）；U 为电阻两端的电压（V）；R 为电阻（Ω）。

该参数与样品的长度 L（m）成正比，与样品的横截面积 A（m^2）成反比，见式（2-2）。

$$R=\frac{\rho \cdot L}{A} \tag{2-2}$$

式中：ρ 为材料的电阻率（$\Omega \cdot m$）；σ 为材料的电导率（S/m），其计算方式为电阻率的倒数（$1/\rho$）。

2.1.2　导电纤维的分类

导电纤维及纺织品的制造依赖多种导电材料，如金属、碳材料、导电高分子等。根据组分的不同，导电纤维及纺织品可以分为纯导电材料基纤维及纺织品、导电材料基复合纤维及纺织品两大类。导电纤维及纺织品主要通过纺丝法和后处理法制备。导电纤维及纺织品具有良好的柔韧性、可加工性、透气性、耐用性、可水洗性、生物相容性和导电性等特点，其力学和电学性能与制备方法、材料体系密切相关，可以根据不同的应用场景设计和制造差异化导电纤维及纺织品。目前，导电纤维及纺织品应用领域十分广泛，可作为可穿戴电子产品中柔性传感器、轻质导线和柔性能源器件的重要组成部分，在人机交互、健康监测、电子皮肤和人工智能技术等领域展示出巨大应用潜力。

导电纤维的导电机制因导电材料的不同而呈现差异。本节针对金属基导电纤维、碳基导电纤维、导电高分子基纤维以及其他类型导电纤维中导电材料的差异，重点讨论不同类型导电纤维的工作原理。

（1）金属基导电纤维。金属基导电纤维可以由金属材料（如银、铜、镍等）制成，也可以是由非金属基材料（如聚合物纤维等）表面沉积金属材料制备而成。金属基纤维的导电性主要源于金属内部的自由电子［图 2-2（a）］。金属材料内部存在大量可以自由移动的电子，在外加电场作用下，电子能够沿着纤维定向移动，形成电流。对金属沉积在纤维表面的导电纤维而言，其导电性主要取决于表面金属层的连续性和厚度。金属层越厚、连续性越好，纤维的导电性能越高。

（2）碳基导电纤维。碳基导电纤维是一类以碳元素为主要成分的导电纤维，具有出色的导电性能和机械性能。碳基材料包括炭黑、碳纤维、碳纳米管、石墨烯以及有机物热解碳等。这些材料的导电特性主要取决于碳材料的结构和组装方式。在碳基纤维中，由碳纳米管和石墨烯构建的纤维展现出轻质高强、高导电等优异特性，为结构功能一体化纤维材料的发展提供了新方案。碳纳米管纤维及石墨烯纤维结构中的碳原子以 sp^2 杂化方式形成强共价键，每个碳原子的未成对电子形成高度离域化的大 π 键，使得电子在单个碳纳米管或石墨烯层内可以自由移动，呈现弹道输运特性。当电子移动至邻近碳纳米管或石墨烯界面时，通过三维跳跃导电机制实现管间或层间电子跃迁。电子传输的能垒决定了管间或层间电阻的大小，间距越小、接触越紧密，则能垒越低、电子传输概率越高，因而纤维的电导率也越高，如图 2-2（b）和图 2-2（c）所示。此外，采用掺杂方法增加碳纳米管纤维或石墨烯纤维中的载流子浓度，可进一步提高纤维电导率，甚至实现超导性能。

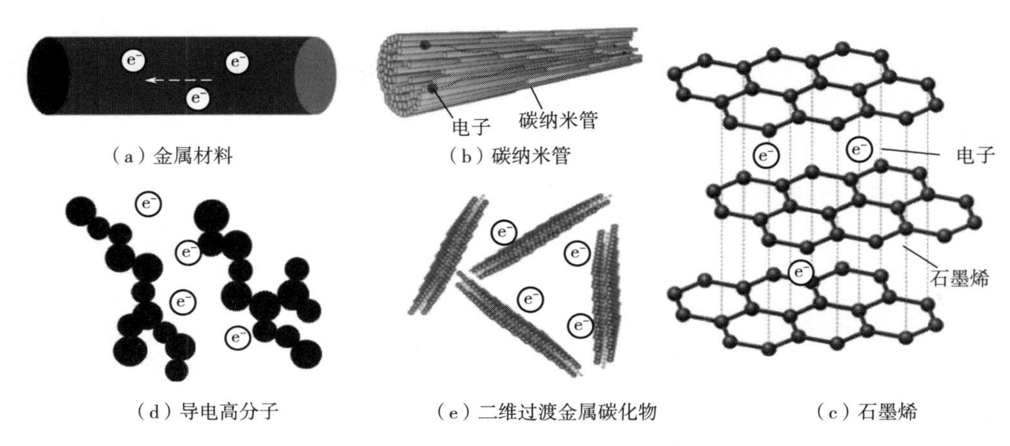

（a）金属材料　（b）碳纳米管　（c）石墨烯　（d）导电高分子　（e）二维过渡金属碳化物

图 2-2　导电材料类型及导电机制

（3）导电高分子基纤维。导电高分子是本身具有导电功能或掺杂其他材料后具有导电功能的一种聚合物材料，如聚乙炔（PA）、聚吡咯（PPy）、聚苯胺（PANI）、聚噻吩（PT）等。从分子结构角度来看，导电高分子的主链通常具有共轭结构，离域的 π 电子能够在分子链上迁移并形成电流，使得高分子材料本身呈现出固有导电性，如图 2-2（d）所示。利用掺杂方法在高分子链上引入阴离子或阳离子，可以有效降低能垒，使电子迁移更容易，从而提高材料的导电性能。导电高分子不仅具有导电性，还保持了高分子材料的柔韧性，并具有特殊的电化学和光学特性。

（4）其他类型导电纤维。MXene 纳米材料因其优异的导电和机械性能而备受关注，可以通过离子凝胶化、聚合物复合或在纤维表面涂覆等方法制备导电纤维。该类纤维的导电机制与 MXene 自身的元素组成和组装结构密切相关。多数情况下，MXene 表现出类似金属的导体性质，但当改变 MXene 中金属 M 的种类和位点时，其电性质会转变为半导体性质，如图 2-2（e）所示。例如，$Ti_3C_2T_x$ 是具有金属性质的导体，而 $Mo_2TiC_2T_x$ 呈现半导体性质，其半导体性质可能来源于 MXene 层间的电子跳跃机制。根据密度泛函理论的结果，MXene 的表面端基官能团会影响其费米能级，进而影响材料的导电性。对于没有表面端基的 MXene，金属 M 的自由电子可以充当载流子，使 MXene 材料呈现金属导体性质。

2.2　导电纤维及纺织品的制备方法

因其在可穿戴电子和智能纺织品等领域的巨大应用潜力，导电纤维及纺织品受到广泛关注，相关材料体系和制备工艺正逐步建立和完善。本节首先详细介绍了导电纤维及纺织品中所采用的导电材料，包括其结构、性能及选择依据；其次，介绍了现有导电纤维及纺织品的结构设计和制备工艺；最后，介绍了导电纤维及纺织品的表征手段和性能测试方法。

2.2.1　材料选取及结构设计

2.2.1.1　导电材料选取

根据导电性差异，材料可以分为绝缘体、半导体和导体。图 2-3 是常见绝缘体、半导体和导体材料的分类及电导率范围。常见材料的电导率值见表 2-1。导电纤维材料的选取包括导电材料和基体材料的选取。

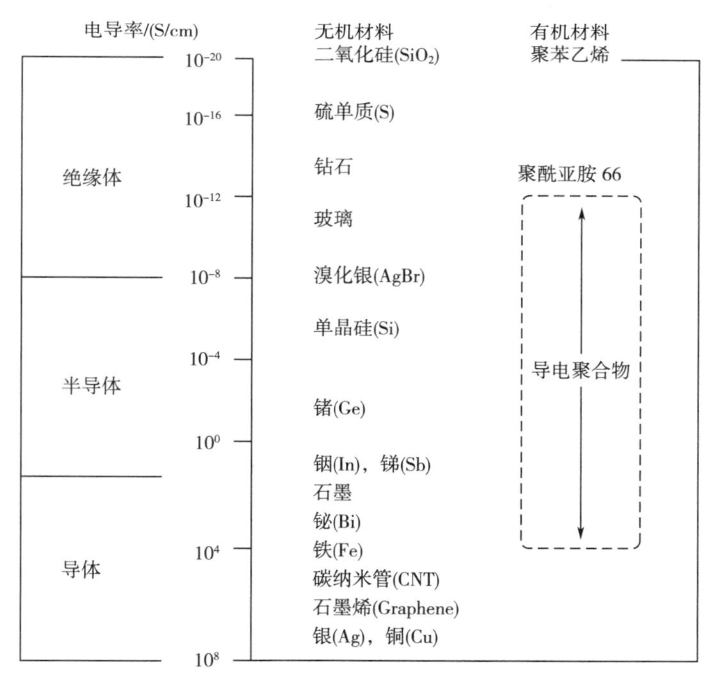

图 2-3　常见绝缘体、半导体和导体材料的分类及电导率范围

表 2-1　常见材料的电导率值对比

材料名称	电导率/(S/cm)	材料名称	电导率/(S/cm)
碳纳米管	10^6	铜	5.8×10^5
石墨烯	10^6	不锈钢	1.8×10^4
银	6.8×10^5	石墨	5.0×10^2

续表

材料名称	电导率(S/cm)	材料名称	电导率(S/cm)
聚吡咯	2~10	聚酰亚胺 66	4.0×10^{-12}
聚苯胺	1~5		

（1）金属基导电材料。金属材料（如金、银、铜、铁、镍、铬或不锈钢等）因其优异的导电性能而被用于构筑导电纤维及纺织品。然而，金属材料具有较大的密度、较差的柔性和耐环境稳定性，这些特性限制了其在可穿戴设备和智能纺织品领域的应用。近年来，研究人员在棉线、聚合物等纤维或织物表面通过后处理法（如涂覆、化学镀等）引入金属层或金属纳米线、纳米颗粒，从而制备具有导电功能的柔性导电纤维及纺织品。此外，液态金属（如镓铟合金等）由于其低熔点、低黏度、高电导率（3.4×10^{4}S/cm）、良好的导热性等性能，成为制备金属基导电纤维的热门材料。液态金属能与弹性体材料，如 PDMS、聚氨酯（PU）等良好结合，因此在柔性导电纤维及纺织品的制备中具有广泛的应用前景。

（2）碳基导电材料。因成本低、电导率高、比表面积大、化学稳定性好、机械耐久性好等显著特点，碳基导电材料在制造导电纤维及纺织品方面得到广泛应用。常用的碳材料包括炭黑、碳纳米管、石墨烯、活性炭和碳纤维等。炭黑是一种由烃类经气相不完全燃烧或热解而成的黑色粉末状物质，其来源广泛且成本低廉，因此常用于制备碳基导电纤维。炭黑基导电纤维的制备方法主要是将炭黑均匀分散在溶液中，然后涂覆在纤维或织物表面，或与高分子材料混合形成溶液或熔体，最终固化形成导电纤维。碳纳米管和石墨烯作为碳的同素异形体，具有优异的导电性能，也常用于制造碳基导电纤维及纺织品。碳纳米管主要通过化学气相沉积、激光烧蚀、电弧放电等方法制备；石墨烯主要通过化学气相沉积、液相剥离、氧化还原等方法制备。这些碳纳米材料可以涂覆在纤维或纺织品表面，或与高分子材料复合后再通过纺丝法制备导电纤维。此外，碳纳米管或石墨烯分散液经过湿法纺丝等工艺过程可以制备碳纳米管纤维或石墨烯纤维，有望将碳纳米管或石墨烯微观尺度的优异性能有效传递至宏观纤维，为结构功能一体化纤维的制备提供了新思路，也为导电纤维及纺织品的创新发展提供了可行方案。碳纤维也常被用作导电纤维及纺织品，但其导电性能一般低于碳纳米管纤维和石墨烯纤维。

（3）导电高分子材料。导电高分子主要包括聚吡咯、聚苯胺、聚噻吩、聚（3,4-亚乙二氧基噻吩）聚（苯乙烯磺酸）（PEDOT：PSS）等。导电高分子经掺杂后，其电导率可达 4100S/cm。导电高分子基导电纤维通常是将导电高分子和基体材料形成共混溶液，然后采用纺丝法制备而成。此外，导电高分子单体也可以直接在纤维或织物表面原位聚合，或者将导电高分子直接涂覆在纤维或织物表面制成导电纤维及纺织品。近年来，导电高分子纤维的制备技术研究屡见不鲜，如 PEDOT：PSS 纤维、PANI 纤维等，这些研究拓宽了导电高分子材料的应用领域，但其纤维导电性和稳定性有待进一步提高。

（4）其他类型导电材料。MXene 是一种二维过渡金属碳氮化物、碳化物和氮化物的总称，是由层状陶瓷材料MAX相通过刻蚀去除A元素（ⅢA和ⅣA主族元素，如Al、Si等）后得到的一类新型二维纳米材料。MXene拥有接近于石墨烯的电导率以及优异的机械性能，表面丰富的官能团使其具有良好的亲水性，并且可以通过调节表现为导体或半导体，展示了其独特的电子和表面化学性质。依靠其金属般的电导率和丰富的表面官能团，MXene也被广泛用于构筑导电纤维及纺织品。MXene可以通过与其他基体材料结合制备导电纤维及纺织品，也可以通过纺丝方法制备纯MXene纤维。除此之外，半导体纤维（如热拉制工艺制备得到的硅/石英光纤）可与金属电极形成良好的界面，从而实现光电子纤维和大规模光电子织物的制造。

（5）基体材料。一般而言，基体材料决定了导电纤维及纺织品的柔性、舒适性等特性，在导电纤维及纺织品的制备过程中，基体材料的加工性和稳定性将直接影响纤维及纺织品的性能和应用。因此，基体材料的选择至关重要。理想的基体材料应具有良好的机械强度和韧性、可加工性、低成本等特点，以确保材料在成型和加工过程中不易发生断裂。在特殊的使用环境下，基体材料需要对酸碱、有机溶剂、高低温等环境具有良好的耐受性。基体材料根据其成分可以分为聚合物基体和无机物基体两大类。聚合物基体材料来源广泛，通常选择聚丙烯腈（PAN）、聚乙烯醇（PVA）、聚氨酯、氢化苯乙烯—丁二烯—苯乙烯嵌段共聚物（SEBS）、纤维素、蚕丝等合成或天然高分子材料。无机纤维基体主要包括玻璃纤维、陶瓷纤维、碳纤维等。

2.2.1.2　结构设计

（1）导电纤维结构设计。碳纳米管、石墨烯以及MXene等导电材料，可通过纺丝等工艺直接构筑纯导电纤维，并通过编织工艺获得导电纺织品［图2-4（a）］。导电材料也可以先与高分子材料复合后，再经过纺丝等成型过程制备导电复合纤维。调节纺丝参数（如纺丝液组成、纺丝孔径、纺丝速度等），能够调控纤维的结构（图2-5）和性能［图2-4（b）］。绝缘纤维或织物通过浸渍、涂覆或沉积导电材料后，可以实现核壳结构的导电纤维或织物的制备，为导电纤维及纺织品的低成本、连续性生产提供了技术路径［图2-4（c）］。

以氧化石墨烯（GO）为例，氧化石墨烯前驱体溶液可以通过不同的工艺制备结构和性能各异的导电纤维及纺织品。氧化石墨烯液晶相分散液可经湿法纺丝法制备得到氧化石墨烯纤维及丝束，并经高温还原或者化学还原处理得到高密度和高取向结构的石墨烯纤维，此类纤维具有较高的拉伸强度和电导率，其热导率超过沥青基碳纤维。另外一种制备方法是将氧化石墨烯分散液注入玻璃管中，经限域水热法合成多孔或中空结构的导电石墨烯纤维。此外，氧化石墨烯分散液和高分子溶液可分别注入内外喷丝孔，利用同轴湿法纺丝工艺制备核壳结构纤维，并经化学还原处理得到导电纤维。氧化石墨烯经还原后与高分子溶液混合得到均匀分散液，采用纺丝法也可以得到导电复合纤维。芳纶纤维表面浸渍氧化石墨烯分散液，再经过还原处理，也可以获得石墨烯壳层结构的导电纤维。

（2）导电纺织品结构设计。采用刺绣、混纺等工艺将导电纤维融入纺织品结构中，可以制备具有复合结构的导电纺织品。常见的方法是将普通纤维与导电纤维混合，通过织造工艺形成导电织物。导电纤维也可直接通过机织、针织等工艺制备成导电纺织品。此外，类似于纤维表面包覆导电材料制备导电纤维的方法，织物表面也可以通过浸渍、沉积或生长等技术，将导电材料覆盖于表面，制备导电纺织品［图 2-6（a）］。此类方法不仅能够调控导电性能，还能够在纺织品表面形成均匀且连续的导电层。通过激光或高温处理，织物可以转变为碳材料，从而具备良好的导电性［图 2-6（b）］。这些方法为导电纺织品的结构、尺寸、性能的设计与定制提供了思路。

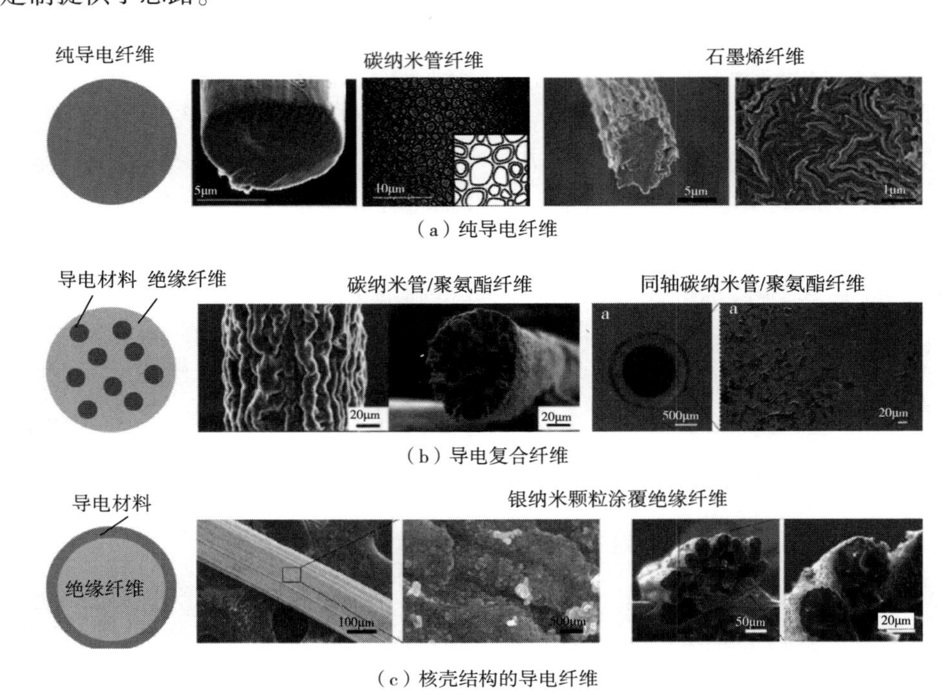

图 2-4 导电纤维类型及结构设计

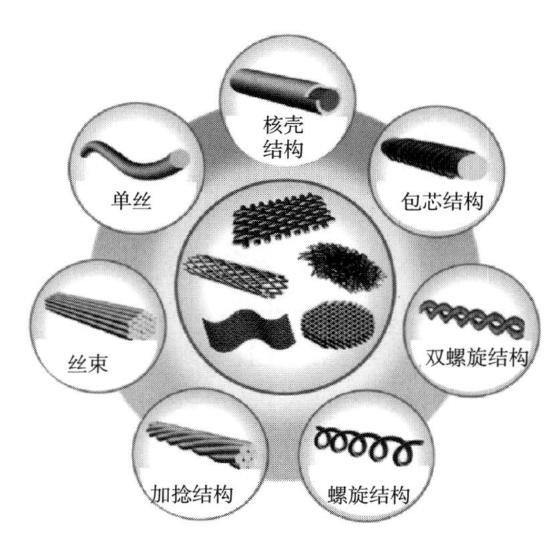

图 2-5 导电纤维结构示意图

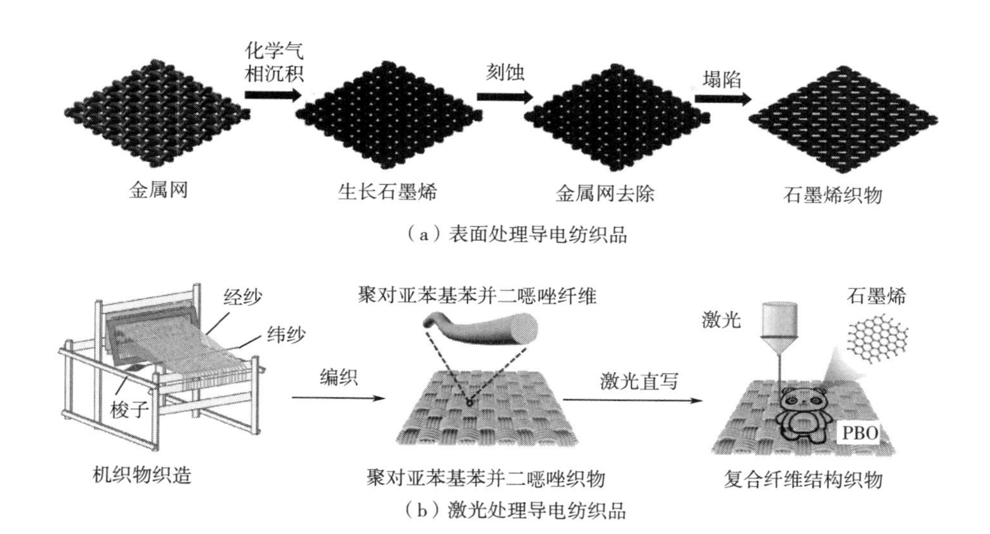

（a）表面处理导电纺织品

（b）激光处理导电纺织品

图 2-6　导电纺织品类型及结构设计

2.2.2　制备工艺

导电纤维及纺织品的规模化制备是其广泛应用的前提。目前，导电纤维及纺织品的制备技术主要包括纺丝法和后处理法。本节将详细阐述导电纤维及纺织品的制备工艺。

2.2.2.1　纺丝法

纺丝法是指以导电材料或导电复合材料为纺丝液，采用纺丝技术制备导电纤维的一类方法。根据工艺流程的不同，可以分为熔融纺丝法、静电纺丝法、湿法纺丝法等。

（1）熔融纺丝法。熔融纺丝法是以熔化、易流动、不易分解的聚合物熔体（如涤纶、丙纶、锦纶等）和导电材料为原料，通过熔融纺丝机进行纺丝制备导电纤维的一种方法（图 2-7）。该方法主要用于制备导电复合纤维。德国德累斯顿工业大学亨丽埃特教授等在热塑性聚氨酯（TPU）中加入碳纳米管作为导电添加剂，采用熔融纺丝法制备了具有高断裂伸长率（>400%）、低电阻率（110Ω · m）的聚氨酯/碳纳米管导电复合纤维。熔融纺丝法具有纺丝速度高、成本低、操作简单等优势，但聚合物中导电材料的添加量有限，纤维电导率较低，因此主要用作抗静电、抗菌等纤维或织物，不宜用作器件的导线、电极等。

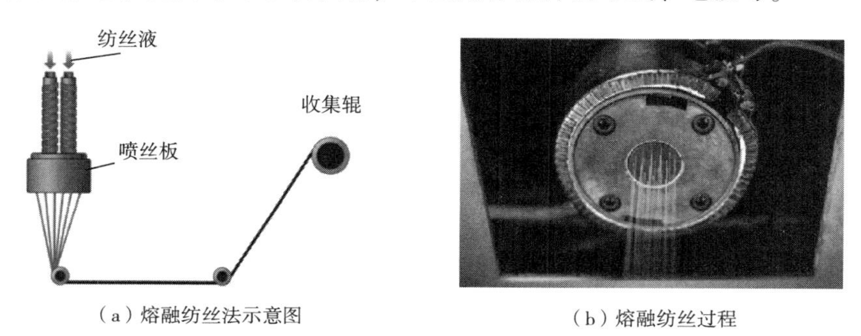

（a）熔融纺丝法示意图　　（b）熔融纺丝过程

图 2-7　熔融纺丝法示意图及纺丝过程

（2）静电纺丝法。静电纺丝法是利用含有导电材料的聚合物溶液在强电场作用下形成喷射流制备微纳米纤维及无纺布的一种方法（图 2-8）。通过调节溶液浓度、注入速度、电压、环境温湿度等参数可以调控纤维形貌和性能。韩国釜庆大学金教授等将 PEDOT 与羟乙基纤维素复合，采用静电纺丝法制备了可拉伸的导电复合薄膜。该纤维膜在经过 5000 次拉伸—释放循环后，其结构和性能仍保持稳定。静电纺丝法在制备超细纤维方面具有优势，同时可以制备结构和组分多样化的纤维材料，如多孔、核壳、中空、取向、串珠等结构，但仍存在制备效率较低、溶剂回收较难等问题。

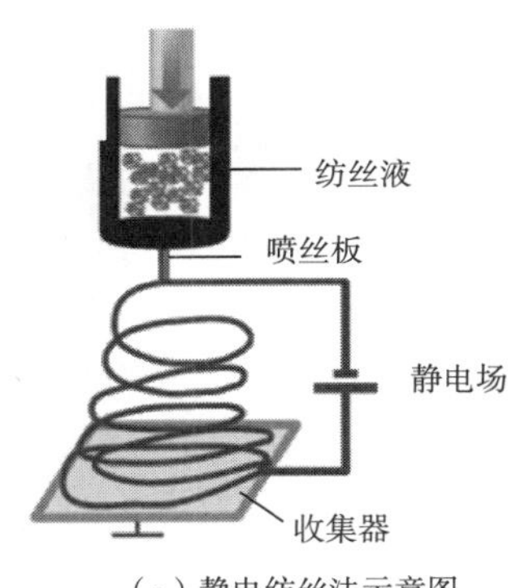

（a）静电纺丝法示意图

（b）静电纺丝过程

图 2-8 静电纺丝法示意图及纺丝过程

（3）湿法纺丝法。湿法纺丝法是将导电材料分散在溶剂或含有基体材料的溶剂中，形成均匀稳定的溶液，由喷丝孔挤出进入凝固浴而形成初生纤维，再经过牵伸、干燥等过程形成纤维的一种纺丝技术（图 2-9），是制备导电纤维的常用方法之一。

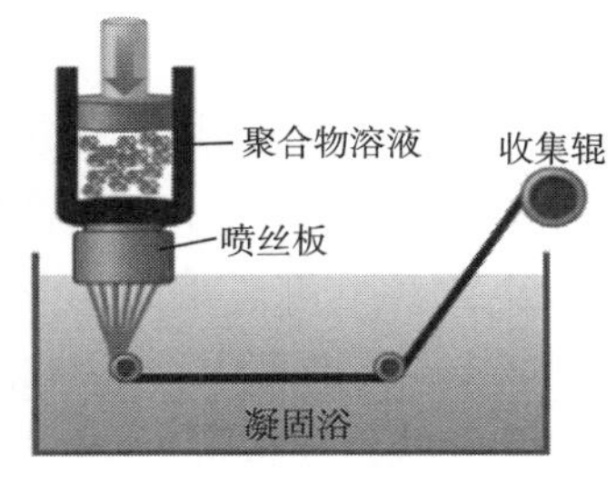

（a）湿法纺丝法示意图

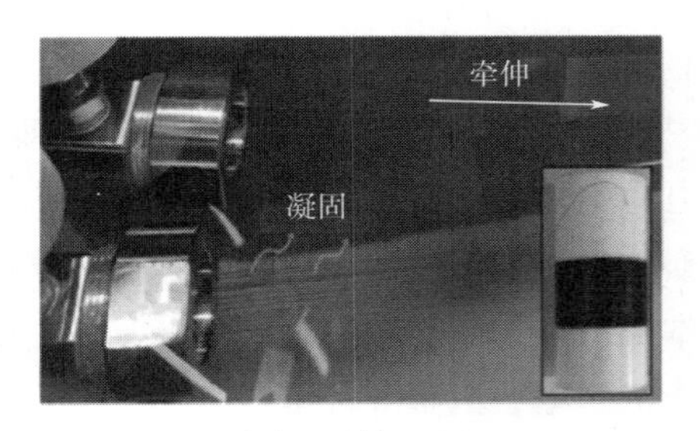

（b）湿法纺丝过程

图 2-9 湿法纺丝法示意图及纺丝过程

湿法纺丝法适用于多种纯导电材料纤维的制备，如碳纳米管纤维、石墨烯纤维、导电高分子纤维、MXene 纤维等。首先，将碳纳米管分散于氯磺酸等强质子酸中得到均匀稳定的分散液，借助湿法纺丝法，可以获得高强、高导电的碳纳米管纤维。通过优化碳纳米管结构和纤维组装结构，碳纳米管纤维的电导率可达到 1.1×10^5S/cm，其电导率接近铜，纤维经掺杂处理后，其电导率将进一步提高。

北京大学张锦教授等在碳纳米管纺丝过程中引入芳纶以优化纤维结构，并借助碳纳米管对微波的吸收，使管间填隙的芳纶分子形成碳焊连接，增强管间相互作用，使纤维拉伸强度达到6.74GPa。石墨烯纤维同样可以通过湿法纺丝法制备得到。氧化石墨烯分散液经湿法纺丝过程得到纤维，再经还原处理得到高导电、高导热石墨烯纤维。浙江大学高超教授等首次实现石墨烯纤维的制备，并通过掺杂技术将石墨烯纤维电导率提高至2.24×10^5S/cm。2024年，该团队在纺丝过程中施加螺旋剪切力以消除氧化石墨烯组装过程中的褶皱，获得了拉伸模量高达901GPa、热导率为1660W/(m·K)的石墨烯纤维。

导电高分子、MXene等也可以通过湿法纺丝法组装成纤维。北京大学雷霆教授等借助流动剪切和拉伸作用将高分子聚集体解聚、预排列，以减少导电高分子的团聚，进而成功地将多种导电高分子纺成纤维。韩国汉阳大学韩教授等制备了柔性、连续的MXene纤维，其电导率为7.7×10^3S/cm。湿法纺丝法为多功能、结构功能一体化纤维的制备提供了可行的技术途径，被广泛用于制备新型纤维材料。

此外，湿法纺丝法也被广泛用于制备导电复合纤维。2000年，法国普林教授等将十二烷基硫酸钠分散的单壁碳纳米管注入聚乙烯醇溶液中，首次通过湿法纺丝法得到了碳纳米管复合纤维。美国克拉克森大学明科教授等将海藻酸盐与单壁碳纳米管复合制备纺丝液，并通过湿法纺丝法成功制备出导电复合纤维。导电复合纤维一般具有良好的柔韧性和拉伸性，为可穿戴电子器件的构筑提供了材料基础。

值得指出的是，通过对喷丝孔道进行结构设计（如同轴结构等），可以制备结构和组分多样化的导电纤维，如核壳、中空、单点或多点内切圆、三明治夹芯等结构，从而赋予纤维其他功能特性。北京化工大学张好斌教授等使用同轴纺丝法成功制备了以MXene材料为核、芳纶纳米纤维为壳的核壳结构导电纤维，纤维电导率达到3×10^3S/cm，在电磁屏蔽领域展现了巨大的应用潜力。

湿法纺丝法是目前导电纤维的常用制备方法之一，被广泛用于高性能导电纤维、结构功能一体化纤维的制备，也是导电纤维规模化生产的可行技术途径。通过调控纺丝液组分、纺丝工艺、后处理工艺等，湿法纺丝法可以制备结构、组分和功能多样性的导电纤维，呈现出操作简单、可设计性强、易规模化制备等优点。

（4）其他纺丝方法。除上述常用的导电纤维制备方法外，干法纺丝法、阵列纺丝法、化学气相沉积直接纺丝法等也被用于制备导电纤维，特别是新型纤维材料。

① 与湿法纺丝法不同的是，干法纺丝法制备纤维过程中不涉及液相凝固过程，是将纺丝液直接挤出到空气中，纺丝液中溶剂挥发，纤维逐渐凝固成型的一种纺丝方法。石墨烯纤维可通过干法纺丝法制备得到［图2-10（a）］。

② 阵列纺丝法主要用于碳纳米管纤维的制备，是从超顺排碳纳米管阵列中直接抽丝、加捻形成纤维的方法，在纺丝过程中可以引入高分子、纳米材料等制备导电复合纤维［图2-10（b）］。

③ 化学气相沉积直接纺丝法同样被用于制备碳纳米管纤维，是碳纳米管纤维实现规模化制备的可行技术方案之一［图2-10（c）］。一般而言，优化碳纳米管本征结构和纤维跨尺度组装结构可以显著提高纤维的力学和电学性能。北京大学张锦教授等在化学气相沉积直接纺

丝法制备碳纳米管纤维过程中，引入二氯甲烷和水提高碳纳米管长度，从而提升了纤维力学强度。

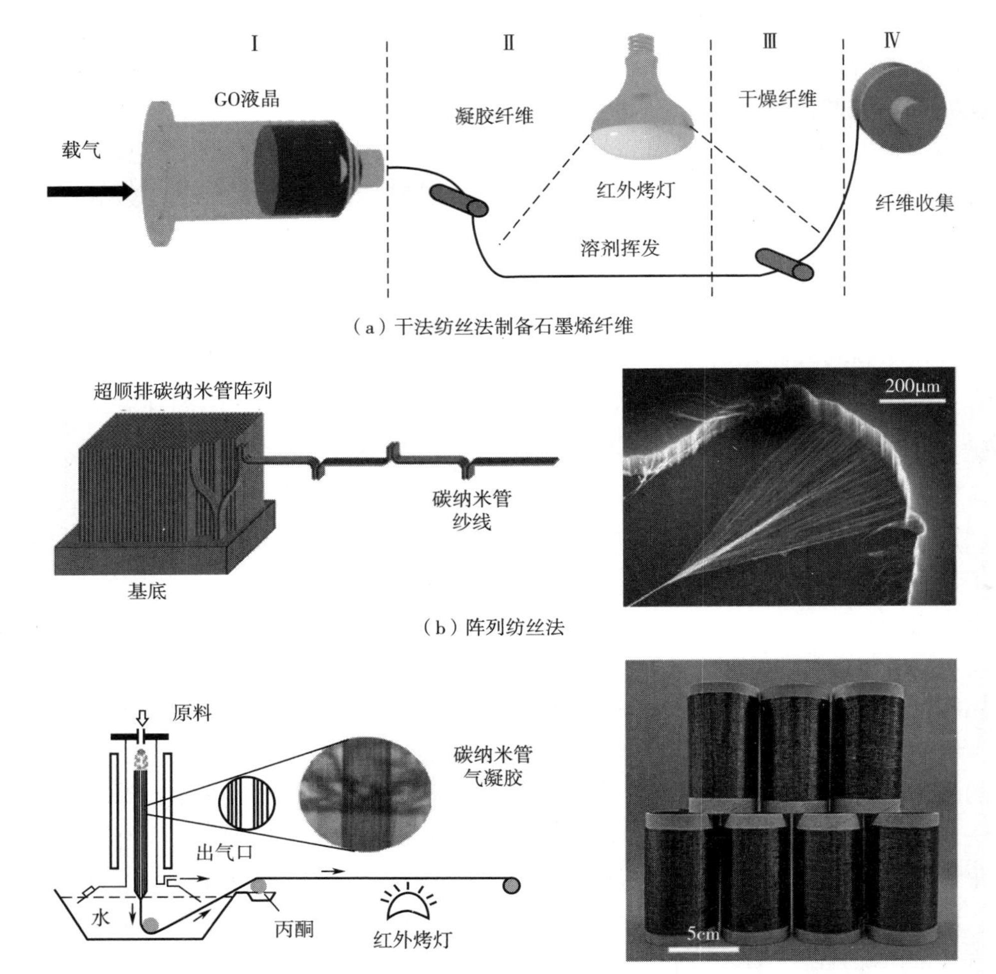

（a）干法纺丝法制备石墨烯纤维

（b）阵列纺丝法

（c）化学气相沉积直接纺丝法制备碳纳米管纤维

图 2-10　其他纺丝法制备导电纤维

2.2.2.2　后处理法

基于已成型纤维或织物，采用后处理法可以制备导电纤维及织物。该类方法包括表面处理法、高温处理法等，具有操作简单、成本低、易连续制备等特点。

中国科学院苏州纳米技术与纳米仿生研究所李清文研究员等采用后处理技术优化纤维的取向性、致密性，使得碳纳米管纤维拉伸强度突破 7GPa，电导率达到 4.36×10^4S/cm。华东理工大学王健农教授等通过优化制备工艺和纤维致密性，获得了高强度碳纳米管纤维，纤维拉伸强度超过 8GPa。北京大学张锦教授等提出一种高动态强度碳纳米管纤维的制备方法，通过引入 PBO 增强碳纳米管管间作用并结合机械训练提高取向性和机械处理提高纤维致密性，获得了动态强度高达 14GPa、具有良好的导电性（2.2×10^4S/cm）的碳纳米管纤维。

（1）表面处理法。表面处理法是指在纤维或织物表面包覆导电材料制备导电纤维及织物的一类方法，包括浸渍法、涂覆法、表面镀层法、原位聚合法、化学气相沉积法等。

① 浸渍法和涂覆法是以导电材料溶液为基础，将纤维或织物浸入或在其表面涂覆（如喷涂、抽滤、丝网印刷等）导电材料溶液的方法。美国田纳西大学郭占虎教授等首先采用静电纺丝法制备了热塑性聚氨酯纤维，再将纤维浸渍碳纳米管分散液［图2-11（a）］，最终得到具有良好电导率的纤维（13S/cm）。清华大学张莹莹教授等利用天然丝胶蛋白作为分散剂制备了生物相容性和分散性良好的石墨烯或碳纳米管分散液，并通过丝网印刷或喷墨打印将其涂覆在传统织物表面（如商用手套、芳纶织物等），从而得到具有良好导电性、透气性和柔性的导电织物［图2-11（b）］。浸渍法和涂覆法操作非常简单，适合连续化制备导电纤维或织物，并且可以制备电导率可调的纤维或织物。但是，该类方法制备的导电纤维或织物的导电性并不理想，且导电材料易脱落，需要优化导电材料与基底材料的界面或采用封装技术等手段提高纤维及纺织品的稳定性。

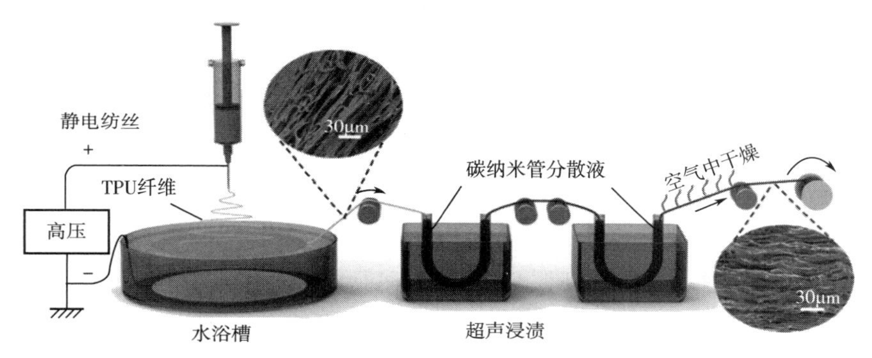

（a）聚氨酯纤维表面浸渍碳纳米管溶液制备导电纤维

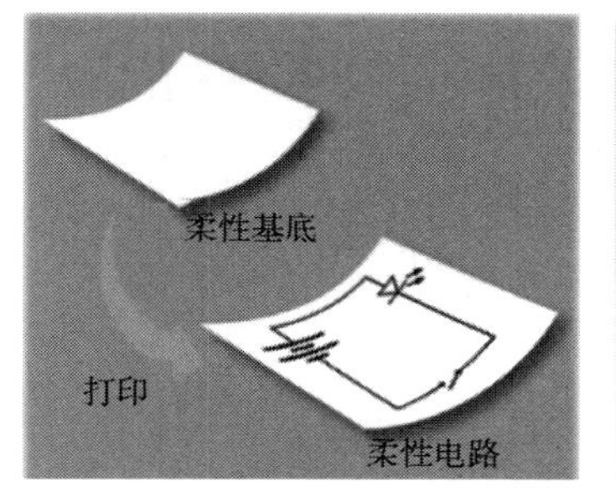

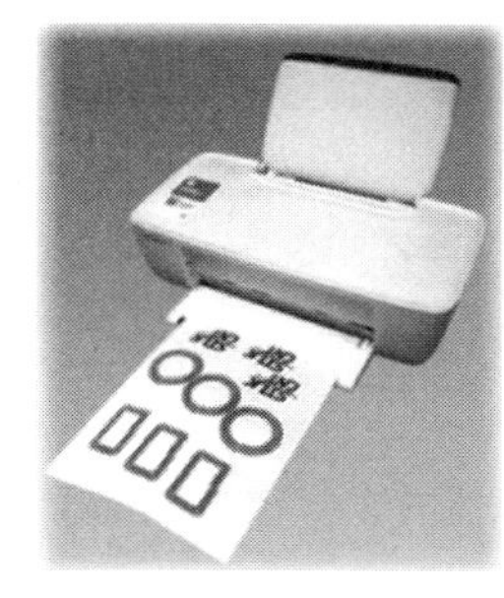

（b）柔性导电织物

图2-11　后处理法制备导电纤维及纺织品

② 表面镀层法是通过电镀、化学镀、物理气相沉积等手段，在纤维或织物表面形成导电层，从而制备导电纤维或织物的一类方法。该方法一般用于金属或金属化合物材料，其中导电层的厚度可以根据工艺参数进行调控。日本产业技术综合研究所哈塔教授等采用电化学沉积技术成功制备了碳纳米管—铜复合导电材料，铜均匀分布于整个碳纳米管网络，赋予材料高电导率（4.7×10^5S/cm）和高载流能力（6×10^8A/cm^2），其载流能力是铜的100倍。

与浸渍法和涂覆法类似，镀层材料和基底材料的界面对纤维的导电性能和稳定性至关重要。中国科学院金属研究所刘畅研究员等以表面有含氧官能团的碳纳米管为原料，首先通过湿法纺丝法得到碳纳米管纤维，再采用磁控溅射和电化学沉积法制备碳纳米管—铜复合纤维［图 2-12（a）］。因其表面含氧官能团的存在，碳纳米管与铜之间产生了较强的界面相互作用，赋予纤维良好的稳定性。此外，香港理工大学郑子剑教授等首创了聚合物辅助金属沉积技术［图 2-12（b）］。该技术首先在纤维或织物表面接枝双功能聚合物分子，然后向聚合物网络中引入活性物质（如催化剂分子），最后采用无电化学沉积过程在活性物质负载区生长金属，从而制备高柔韧性、高电导率纤维和织物，为高效制备大面积、柔性、耐水性、高稳定性的导电纤维及纺织品提供了新思路。

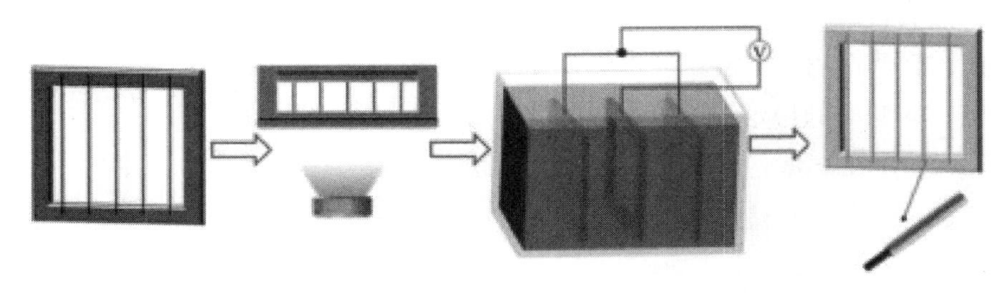

（a）电化学沉积法制备碳纳米管—铜复合纤维

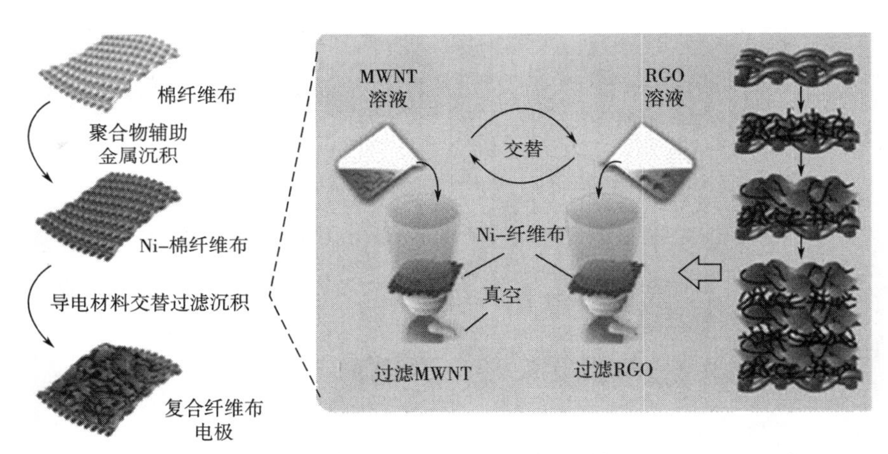

（b）聚合物辅助金属沉积法制备导电纺织品

图 2-12 表面镀层法制备导电纺织品

③ 导电高分子单体可以在纤维或织物的表面原位聚合而获得导电纤维及织物。巴西坎皮纳斯州立大学阿劳霍教授等将一种植物纤维添加到含有盐酸或对甲苯磺酸与苯胺的溶液中，逐滴加入含有过硫酸铵的溶液，通过原位聚合法在纤维表面包覆聚苯胺，所制得的复合纤维电导率可达 4.2S/cm。

④ 化学气相沉积法是指在耐高温纤维或织物表面通过气相化学反应形成导电层，从而制备导电纤维或织物的一种方法。北京大学与北京石墨烯研究院刘忠范教授等采用化学气相沉

积法在耐高温纤维（如石英纤维等）和织物表面实现了石墨烯的可控沉积，从而获得了电导率可调的蒙烯纤维及织物（图 2-13）。该团队借助高性能石墨烯“蒙皮”，为传统材料注入了新功能。与在材料表面涂敷石墨烯分散液这类方法不同，这种直接生长的连续石墨烯薄膜保留了石墨烯的优异特性，同时其与基底材料的结合力更强，也有效规避了在金属衬底上生长薄膜时遇到的剥离转移难题。该纤维展现出良好的电加热性能，已实现在风机叶片和飞行器防除冰等领域的应用。化学气相沉积法是制备高品质导电材料的常用方法，通过与传统材料有机结合，可以赋予其独特的功能特性，对拓宽传统材料应用领域具有重要意义。然而，该方法一般适用于耐高温纤维或织物，而且成本较高，限制了其应用领域。

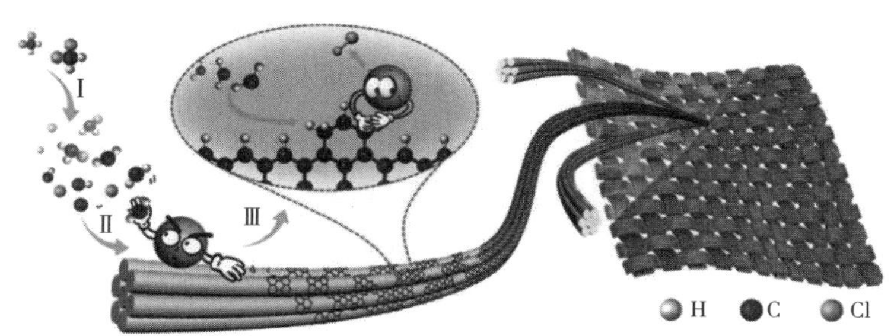

（a）蒙烯纤维制备示意图

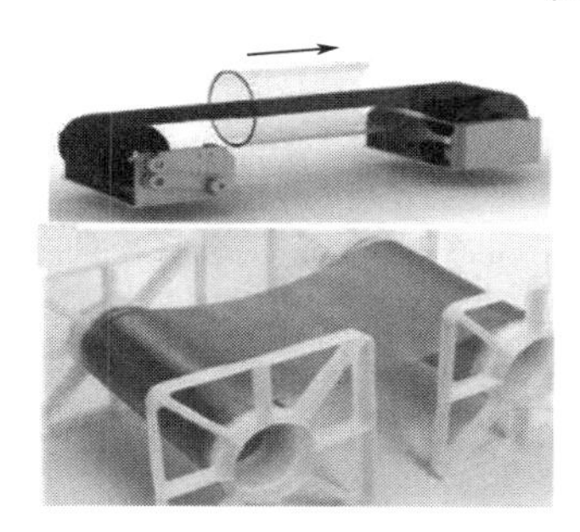

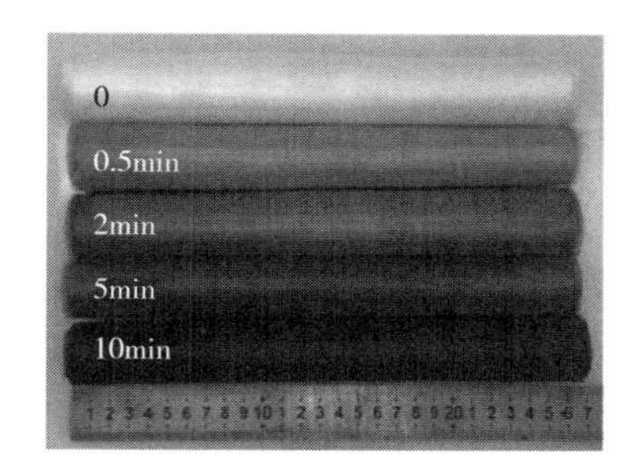

（b）蒙烯织物　　（c）生长时间对蒙烯织物的影响

图 2-13　化学气相沉积法制备蒙烯纤维和织物

（2）高温处理法。高温处理法是将绝缘或低电导率的纤维或织物转化为导电性良好的碳材料的常用方法。该方法一般适用于含碳量较高的材料，如聚丙烯腈、沥青、纤维素、蚕丝、氧化石墨烯等纤维材料。高温碳化过程是制备聚丙烯腈基高强碳纤维的关键步骤，石墨化处理是提高碳纤维或石墨烯纤维导电性、热导性［图 2-14（a）］的必要过程。此外，高温处理过程也用于制备高强碳纳米管纤维，同时也可用于将纤维素、蚕丝等纤维转化为导电碳材料。韩国科学与技术研究院具教授等对湿法纺丝法制备的碳纳米管纤维进行高温处理，分析高温过程中碳纳米管的结构变化，为高强、高导电、高导热碳纳米管纤维的制备提供了参考。清华大学张莹莹教授等将蚕丝纤维、蚕丝纳米纤维、蚕丝织物等在惰性气氛中碳化处理得到了导电碳材料，并构筑了高灵敏度的传感器［图 2-14（b）］。激光产生的瞬时高温也被用于高温处理过程中，能将芳纶、聚酰亚胺（PI）、PBO 等织物转变为导电、多孔石墨烯材料，为导电织物的图案化和定制化提供了方案。

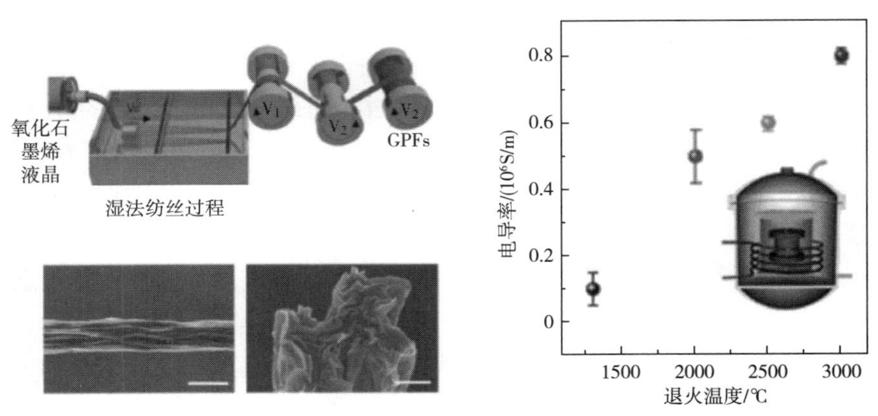

（a）高温处理氧化石墨烯纤维转变为石墨烯纤维

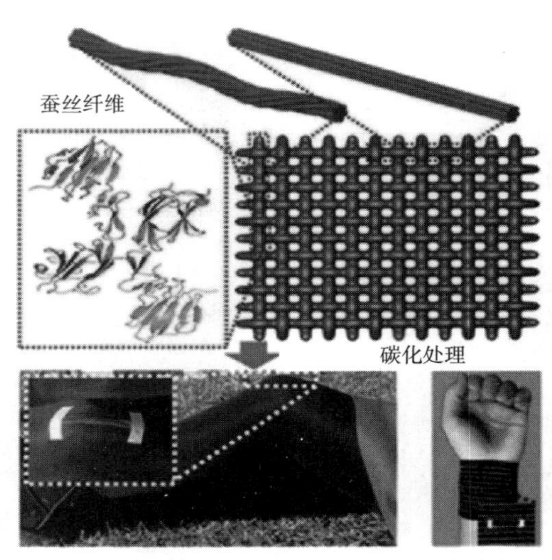

（b）高温处理蚕丝织物用于构筑高灵敏度应变传感器

图 2-14　高温处理法制备导电纤维及纺织品

2.2.2.3　基于导电纤维的导电纺织品

除了采用上述纺丝法和后处理法制备导电纺织品外，导电纤维可以通过纺织工艺（如针织、机织等）制备导电纺织品，也可以与已有织物结合（如刺绣等）制备导电纺织品。韩国科学与技术研究院具等采用湿法纺丝法连续制备了碳纳米管纤维，并织造了平纹织物［图 2-15（a）］。浙江大学高超教授等采用湿法纺丝法首次制备了石墨烯纤维丝束，并利用这些丝束编织了尺寸为 0.2m×0.8m 的平纹织物［图 2-15（b）］，该织物具有优异的电磁屏蔽性能。除此之外，美国莱斯大学帕斯夸里教授等将 21 根碳纳米管纤维并股形成纱线，将其嵌入 T 恤中［图 2-15（c）］，借助碳纳米管纤维优异的柔性和电导率，实现了对人体运动状态的检测，其检测精度与商用检测设备相当。北京大学张锦教授等制备了高导电的石墨烯/碳纳米管复合纤维，并将其进行加捻、并股、嵌入织物中［图 2-15（d）］。该纤维在 3V 电压的驱动下可升温至 321℃，升温速率高达 1022℃/s。

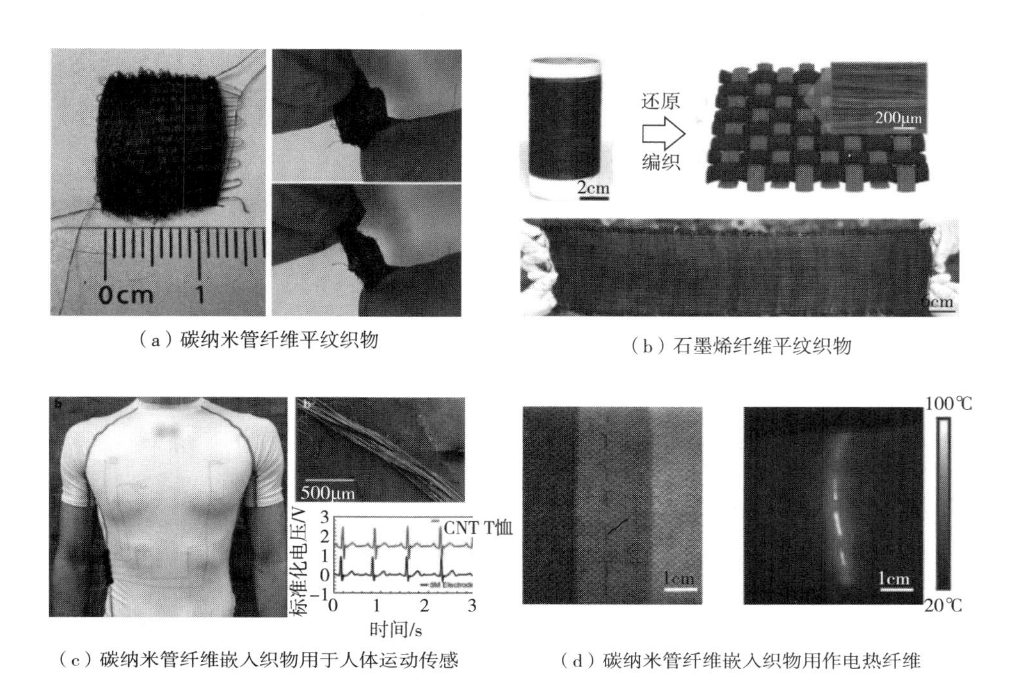

（a）碳纳米管纤维平纹织物

（b）石墨烯纤维平纹织物

（c）碳纳米管纤维嵌入织物用于人体运动传感

（d）碳纳米管纤维嵌入织物用作电热纤维

图 2-15 由导电纤维制备导电纺织品

2.3 总结与展望

导电纤维及纺织品作为一种功能材料，因其独特的力学和电学性能，在电磁屏蔽与吸收、柔性可穿戴技术、智能织物等领域已经得到广泛研究和应用。目前，导电纤维及纺织品的研究重点关注导体材料和导电机制、结构设计和制备工艺、测试方法和应用探索等。导电材料主要有金属、碳基、导电高分子等。导电纤维及纺织品的制备方法主要包括纺丝法和后处理法两大类。纺丝法可以制备兼具高力学性能和优异电学性能的新型纤维材料；后处理法可以制备定制化、多样化、多功能化的纤维及纺织品，为导电纤维及纺织品的规模化制备提供了技术支持。尽管导电纤维及纺织品在诸多领域显示出巨大的应用潜力，但其高性能化和批量化制备技术仍面临挑战。此外，导电材料在纤维及纺织品结构中的设计，需要进一步调控和优化，并结合独特的成型和加工技术，满足导电纤维及纺织品在不同应用场景中的功能独特性和使用稳定性等需求，导电纤维及纺织品的测试标准也亟待建立和完善。

参考文献

[1] ZENG K W, SHI X, TANG C Q, et al. Design, fabrication and assembly considerations for electronic systems made of fibre devices [J]. Nature Reviews Materials, 2023, 8(8): 552-561.

[2] SUN F Q, JIANG H, WANG H Y, et al. Soft fiber electronics based on semiconducting polymer [J]. Chemical Re-

views,2023,123(8):4693-4763.

[3] SONG X K,JI J J,ZHOU N J,et al. Stretchable conductive fibers:Design,properties and applications [J]. Progressin Materials Science,2024,144:101288.

[4] WEI L Q,WANG S S,SHAN M Q,et al. Conductive fibers for biomedical applications [J]. Bioactive Materials, 2023,22:343-364.

[5] CHEN C R,FENG J Y,LI J X,et al. Functional fiber materials to smart fiber devices [J]. Chemical Reviews, 2023,123(2):613-662.

[6] 刘旭华,苗锦雷,曲丽君,等. 用于可穿戴智能纺织品的复合导电纤维研究进展 [J]. 复合材料学报,2021, 38(1):67-83.

[7] COROPCEANU I,JANKE E M,PORTNER J,et al. Self-assembly of nanocrystals into strongly electronically coupled all-inorganic supercrystals [J]. Science,2022,375(6587):1422-1426.

[8] LI P,LIU Y J,SHI S Y,et al. Highly crystalline graphene fibers with superior strength and conductivities by plasticization spinning [J]. Advanced Functional Materials,2020,30(52):2006584.

[9] ZHANG X H,LU W B,ZHOU G H,et al. Understanding the mechanical and conductive properties of carbon nanotube fibers for smart electronics [J]. Advanced Materials,2020,32(5):1902028.

[10] 吴昆杰,张永毅,勇振中,等. 碳纳米管纤维的连续制备及高性能化 [J]. 物理化学学报,2022,38(9): 80-104.

[11] WANG X X,YU G F,ZHANG J,et al. Conductive polymer ultrafine fibers *via* electrospinning:Preparation,physical properties and applications [J]. Progress in Materials Science,2021,115:100704.

[12] EOM W,SHIN H,AMBADE R B,et al. Large-scale wet-spinning of highly electroconductive MXene fibers [J]. Nature Communications,2020,11:2825.

[13] WANG H Z,LI R F,CAO Y J,et al. Liquid metal fibers [J]. Advanced Fiber Materials,2022,4(5):987-1004.

[14] VIGOLO B,PÉNICAUD A,COULON C,et al. Macroscopic fibers and ribbons of oriented carbon nanotubes [J]. Science,2000,290(5495):1331-1334.

[15] LI P,YANG M C,LIU Y J,et al. Continuous crystalline graphene papers with gigapascal strength by intercalation modulated plasticization [J]. Nature Communications,2020,11(1):2645.

[16] ZHANG J Z,SEYEDIN S,QIN S,et al. Fast and scalable wet-spinning of highly conductive PEDOT:PSS fibers enables versatile applications [J]. Journal of Materials Chemistry A,2019,7(11):6401-6410.

[17] WEN N X,FAN Z,YANG S T,et al. Highly conductive,ultra-flexible and continuously processable PEDOT:PSS fibers with high thermoelectric properties for wearable energy harvesting [J]. Nano Energy,2020,78:105361.

[18] LI S,FAN Z D,WU G Q,et al. Assembly of nanofluidic MXene fibers with enhanced ionic transport and capacitive charge storage by flake orientation [J]. ACS Nano,2021,15(4):7821-7832.

[19] CHEN M X,WANG Z,LI K W,et al. Elastic and stretchable functional fibers:A review of materials,fabrication methods,and applications [J]. Advanced Fiber Materials,2021,3(1):1-13.

[20] JUR J S,SWEET W J,OLDHAM C J,et al. Atomic layer deposition of conductive coatings on cotton,paper,and synthetic fibers:Conductivity analysis and functional chemical sensing using "all-fiber" capacitors [J]. Advanced Functional Materials,2011,21(11):1993-2002.

[21] KIM S G,CHOI G M,JEONG H D,et al. Hierarchical structure control in solution spinning for strong and multifunctional carbon nanotube fibers [J]. Carbon,2022,196:59-69.

[22] LUO J J,WEN Y Y,JIA X Z,et al. Fabricating strong and tough aramid fibers by small addition of carbon nanotubes[J]. Nature Communications,2023,14(1):3019.

[23] YU G H,HAN Q,QU L T. Graphene fibers:Advancing applications in sensor,energy storage and conversion [J]. Chinese Journal of Polymer Science,2019,37(6):535-547.

[24] KRIFA M. Electrically conductive textile materials—Application in flexible sensors and antennas [J]. Textiles, 2021,1(2):239-257.

[25] PROBST H,KATZER K,NOCKE A,et al. Melt spinning of highly stretchable,electrically conductive filament yarns [J]. Polymers,2021,13(4):590.

[26] WIBOWO A F,NAGAPPAN S,NURMAULIA ENTIFAR S A,et al. Recyclable,ultralow-hysteresis,multifunctional wearable sensors based on water-permeable, stretchable, and conductive cellulose/PEDOT: PSS hybrid films [J]. Journal of Materials Chemistry A,2024,12(30):19403-19413.

[27] HUFENUS R,YAN Y R,DAUNER M,et al. Melt-spun fibers for textile applications [J]. Materials,2020,13(19):4298.

[28] LUO C J,STOYANOV S D,STRIDE E,et al. Electrospinning versus fibre production methods:From specifics to technological convergence [J]. Chemical Society Reviews,2012,41(13):4708-4735.

[29] GAO Y,ZHANG J,SU Y,et al. Recent progress and challenges in solution blow spinning [J]. Materials Horizons, 2021,8(2):426-446.

[30] HUANG J K,GUO Y Z,LEI X D,et al. Fabricating ultrastrong carbon nanotube fibersviaa microwave welding interface [J]. ACS Nano,2024,18(22):14377-14387.

[31] XU Z,GAO C. Graphene chiral liquid crystals and macroscopic assembled fibres [J]. Nature Communications, 2011,2:571.

[32] LIU Y J,XU Z,ZHAN J M,et al. Superb electrically conductive graphene fibers via doping strategy [J]. Advanced Materials,2016,28(36):7941-7947.

[33] LI P,WANG Z Q,QI Y X,et al. Bidirectionally promoting assembly order for ultrastiff and highly thermally conductive graphene fibres [J]. Nature Communications,2024,15:409.

[34] ZHANG Z,LI P Y,XIONG M,et al. Continuous production of ultratough semiconducting polymer fibers with high electronic performance [J]. Science Advances,2024,10(14):eadk0647.

[35] GRIGORYEV A,SA V,GOPISHETTY V,et al. Wet-spun stimuli-responsive composite fibers with tunable electrical conductivity [J]. Advanced Functional Materials,2013,23(47):5903-5909.

[36] LIU L X,CHEN W,ZHANG H B,et al. Super-tough and environmentally stable aramid. Nanofiber@ MXene coaxial fibers with outstanding electromagnetic interference shielding efficiency [J]. Nano-Micro Letters,2022,14(1):111.

[37] TIAN Q S,XU Z,LIU Y J,et al. Dry spinning approach to continuous graphene fibers with high toughness [J]. Nanoscale,2017,9(34):12335-12342.

[38] ZHANG X F,LI Q W,TU Y,et al. Strong carbon-nanotube fibers spun from long carbon-nanotube arrays [J]. Small,2007,3(2):244-248.

[39] WU K J,WANG B,NIU Y T,et al. Carbon nanotube fibers with excellent mechanical and electrical properties by structural realigning and densification [J]. Nano Research,2023,16(11):12762-12771.

[40] XU W,CHEN Y,ZHAN H,et al. High-strength carbon nanotube film from improving alignment and densification

[J]. Nano Letters,2016,16(2):946-952.

[41] ZHANG X S,LEI X D,JIA X Z,et al. Carbon nanotube fibers with dynamic strength up to 14GPa [J]. Science, 2024,384(6702):1318-1323.

[42] ZHU H W,XU C L,WU D H,et al. Direct synthesis of long single-walled carbon nanotube strands [J]. Science, 2002,296(5569):884-886.

[43] LI Y H,ZHOU B,ZHENG G Q,et al. Continuously prepared highly conductive and stretchable SWNT/MWNT synergistically composited electrospun thermoplastic polyurethane yarns for wearable sensing [J]. Journal of Materials Chemistry C,2018,6(9):2258-2269.

[44] LIANG X P,ZHU M J,LI H F,et al. Hydrophilic,breathable,and washable graphene decorated textile assisted by silk sericin for integrated multimodal smart wearables [J]. Advanced Functional Materials, 2022, 32 (42): 2200162.

[45] SUBRAMANIAM C,YAMADA T,KOBASHI K,et al. One hundred fold increase in current carrying capacity in a carbon nanotube-copper composite [J]. Nature Communications,2013,4:2202.

[46] XU L L,JIAO X Y,SHI C,et al. Single-walled carbon nanotube/copper core-shell fibers with a high specific electrical conductivity [J]. ACS Nano,2023,17(10):9245-9254.

[47] ARAUJO J R,ADAMO C B,DE PAOLI M A. Conductive composites of polyamide-6 with polyaniline coated vegetal fiber [J]. Chemical Engineering Journal,2011,174(1):425-431.

[48] LEE D J,KIM S G,HONG S,et al. Ultrahigh strength,modulus,and conductivity of graphitic fibers by macromolecular coalescence [J]. Science Advances,2022,8(16):eabn0939.

[49] WANG C Y,LI X,GAO E L,et al. Carbonized silk fabric for ultrastretchable,highly sensitive,and wearable strain sensors [J]. Advanced Materials,2016,28(31):6640-6648.

[50] XU Z,LIU Y J,ZHAO X L,et al. Ultrastiff and strong graphene fibers via full-scale synergetic defect engineering [J]. Advanced Materials,2016,28(30):6449-6456.

[51] KIM S G,HEO S J,KIM J G,et al. Ultrastrong hybrid fibers with tunable macromolecular interfaces of graphene oxide and carbon nanotube for multifunctional applications [J]. Advanced Science,2022,9(29):2203008.

[52] WANG Z Q,CAI G F,XIA Y X,et al. Highly conductive graphene fiber textile for electromagnetic interference shielding [J]. Carbon,2024,222:118996.

[53] TAYLOR L W,WILLIAMS S M,YAN J S,et al. Washable,sewable,all-carbon electrodes and signal wires for electronic clothing [J]. Nano Letters,2021,21(17):7093-7099.

[54] LI L J,SUN T Z,LU S C,et al. Graphene interlocking carbon nanotubes for high-strength and high-conductivity fibers [J]. ACS Applied Materials & Interfaces,2023,15(4):5701-5708.

第3章　摩擦电纱线及纺织品

随着微电子技术的迅猛发展和人们生活水平的提高，柔性、轻量的智能可穿戴产品进入人们的日常生活，受到了人们的青睐。健康管理、运动检测、电子皮肤、人机交互等先进技术在人们的生活中得到了广泛的应用，如智能手表、手环、智能发热服、智能监测服等。然而，智能可穿戴设备仍然面临刚性大、舒适性差和需要频繁充电的问题。传统化学电池作为一种广泛使用的能源，由于其严重的环境污染、能源短缺，以及复杂导线所导致的水洗、穿戴困难等问题，迫切需要绿色新能源的开发。针对智能可穿戴领域发展所面临的问题，可持续自供电技术已成为重要需求。目前，采用绿色环保的可持续能源，并且能从周围环境中捕获能源的技术已经成为兴起的研究领域。

2012年，王中林团队提出摩擦纳米发电机（triboelectric nanogenerator，TENG）的概念。TENG作为一种新型能源收集技术，可以有效地收集各种形式的机械能。2014年，钟等人首次报道了纤维结构TENG，因其具有灵活性且易于组装集成而受到了广泛的关注。而织物基摩擦发电机具有较大的表面积，可以提供更多的摩擦区域，有利于电荷的转移，从而提高摩擦发电的效率。基于纺织品的摩擦纳米发电机（textile triboelectric nanogenerator，T-TENG）可将人体运动所产生的机械能转换为电能，并集成到鞋服中作为柔性电源和自供电传感器使用，是一种理想的人体主动健康监测和执行的可穿戴器件。

服装作为人体的“第二道皮肤”，不但需要承受外部环境所带来的机械变形、摩擦、磨洗损耗，还需要考虑人体着装的舒适性。因此研究开发既有服装兼容性，同时具备舒适性能和高效能源转化的T-TENG有实际的研究意义。然而，目前大多数相关研究仍处于实验室阶段，没有充分考虑其在实际使用过程中耐久性、灵敏性和稳定性等。相关报道的柔性可穿戴织物基器件大多要经过封装处理后才能集成到服装上，容易造成服装透气性下降。

本章将分别从摩擦电纱线和摩擦电纺织品的定义出发，首先详细介绍它们的概念以及工作原理。其次，对相关的制备方法进行细致阐述，包括材料的选择、结构设计、制备工艺、表征方法以及性能测试。最后，探讨摩擦电纺织品在多个应用领域方面的研究，挖掘摩擦发电纺织品的应用潜力，并为未来的研究提供了广泛而有深度的方向。

3.1　摩擦电纱线及纺织品的概念

3.1.1　摩擦电纱线

摩擦电纱线是一种利用摩擦发电效应所制成的特殊纺织材料。原理是由于不同材料得失电子的能力不同，当两种不同的材料产生接触并摩擦时，就会发生电子转移，导致两种材料表面的电荷不平衡，形成电势差，进而产生电流。通常，摩擦电纱线会将两种具有不同电子亲和力的材料结合在一起，当纺织品之间发生摩擦时，这些纱线间便会发生电子转移，形成电势差产生电流，以驱动智能可穿戴设备。

摩擦发电通常需要摩擦层及电极层，因此复合纱线结构是可穿戴器件的优选结构。复合纱线是由两种或两种以上不同材料的粗纱或者长丝，通过特定工艺加工复合成具有特殊性能的纱线。根据纺纱工艺及纱线结构，可以将复合纱分为并捻纱、包芯纱、包覆纱、包缠纱、包绕纱。随着摩擦电纱线在多个交叉领域的研究，目前报道最多的生产工艺主要包括传统纺纱技术及共轭静电纺技术等，其制备工艺成熟，可以实现纱线的大规模化、连续性生产及优异的摩擦电性能和可穿戴性能。

摩擦电纱线作为摩擦电织物的基本组成单元，其材质不仅会影响穿着舒适性，还与织物的电学性能密切相关。例如，纱线表面形貌越粗糙，其对应的摩擦电输出性能也越好；纱线的直径越细，织出的面料风格越细腻。但不同的纱线直径对摩擦电输出的影响并非是线性的关系。研究人员致力于调配与平衡纱线的物理属性，研究纱线的微观结构和材质特性，进而优化摩擦发电效果，提高电荷的产生和收集效率。摩擦电纱线成为研究者们关注的重点领域，对于推动智能可穿戴技术的发展和提高具有重要意义。

3.1.2 摩擦电纺织品

摩擦电纺织品是一种基于摩擦发电原理，织物多层堆叠或利用摩擦发电纱线进行结构设计而织造形成的智能纺织品。在制备过程中，关键在于选用两种或多种具有不同电子亲和力的材料，材料之间的相对运动导致电荷的重新分配，从而产生静电效应。这一过程有效地将机械能转换成电能，为摩擦电纺织品的能量收集和利用提供了基础。摩擦电纺织品的设计不仅需考虑材料的摩擦发电能力，还需要满足日常穿戴的柔软性、强度和透气性要求。因此，材料的选择和纺织技术的创新成为研发过程中的重要环节。

纺织品可以分为机织物、针织物、编织物和非织造布。大多数摩擦电纺织品采用涂敷、浸渍等后整理工艺。但这些后整理的技术会影响织物原有的透气性、舒适性等性能，织物的耐久性能也会变差，表面功能性材料易脱落。因此，目前的研究以纱线为基体，设计摩擦纳米发电纱线，再织造制成摩擦电织物，使摩擦接触面积最大化，优化摩擦电效应的产生，增强电能的输出效率。

摩擦电纺织品具有工艺制备简单、流程短、效率高、电学性能优异的特点。作为智能器件，能够收集人体的行走、呼吸、心跳等活动所产生的机械能，并为小型电子产品提供电源，实现人体健康监测、人机交互、能源收集等功能；作为纺织品，具有传统纺织品穿戴透气性、灵活性和舒适性的特点，在智能纺织品和可穿戴电子设备领域展示出巨大的应用潜力，为能源的可持续利用和智能技术的发展开辟了新的途径。

3.2 摩擦发电工作原理

以T-TENG为例，其主要工作原理是两种不同材料间的摩擦起电和静电感应耦合作用。T-TENG主要分为四种工作模式（图3-1），即垂直接触—分离模式、单电极模式、水平滑动模式和独立层模式。

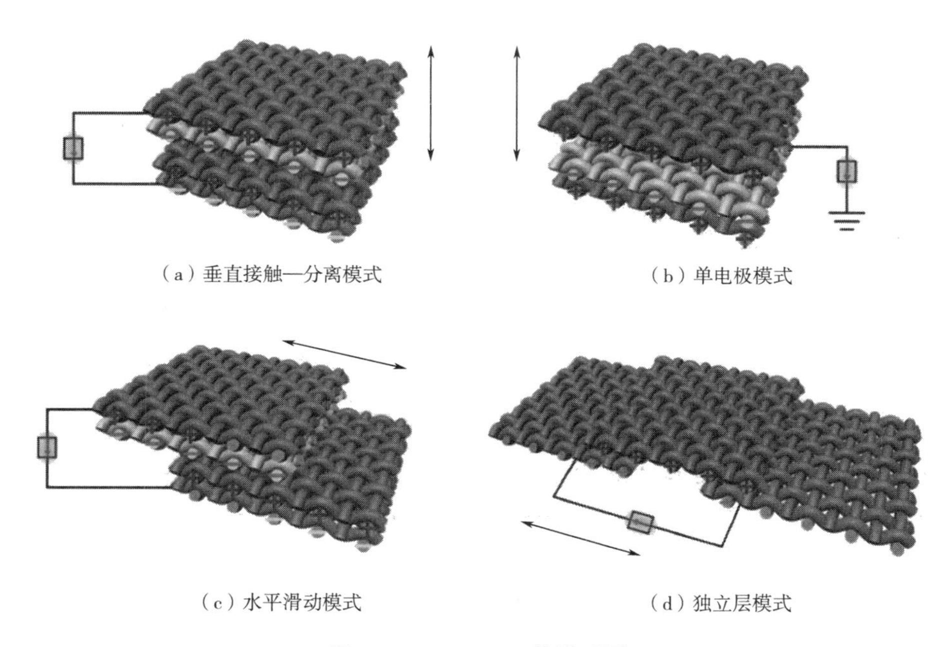

（a）垂直接触—分离模式　（b）单电极模式

（c）水平滑动模式　（d）独立层模式

图3-1　T-TENG工作模式图

3.2.1 垂直接触—分离模式

垂直接触—分离模式T-TENG的基本结构是由两个带不同电子吸引力的摩擦层及其背部两个相对的电极组成，该工作模式的特点是摩擦层的运动方向与其表面垂直。图3-1（a）为垂直接触—分离模式T-TENG的工作原理图。当两种材料完全分离时，摩擦电荷处于平衡状态，因此没有电荷输出；当受到外力作用时两者逐渐靠近直至接触，由于材料接触摩擦带电且两种材料得失电子的能力不同，因此材料带有相反电荷；当撤走外力时，两种材料之间逐渐产生间隔，由于静电感应，两种材料之间产生了电势差，且间隔越大，电势差越大；当两种摩擦层完全分离时，电势差最大，由于两种材料表面电荷相反，为了保持电荷平衡，电子会从一个电极流向另一个电极，从而产生电流。此工作模式运用在服装上有一定的局限性，但很适合制作鞋垫和袜子等产品，当人行走时可以产生垂直方向的接触与分离。例如，张等人开发了一款T-TENG智能袜，可作为自供电传感器实现对人体的身体状况长期监测，也可以作为能量收集器为蓝牙模块供电。

3.2.2 单电极模式

单电极模式 T-TENG 的基本结构是由一个电极和摩擦层组成，如图 3-1（b）所示。当电极与摩擦层接触时，其分别带有正负电荷；当两种材料逐渐分离时，电极和大地之间就形成了电势差，电子从电极流向地面；直至完全分离时，此时电荷平衡，没有电子的移动；当摩擦层再次逐渐靠近电极时，电子又从地面流回电极。因其单电极的结构，特别适合制备纱线基 T-TENG。使用该工作模式的 T-TENG 适用部位广泛，如膝盖、手臂、鞋面、腋下等部位都可使用。黄等制备了窄间隙的 T-TENG，其结构类似于封闭夹层结构，将化学镀铜后的棉织物置于中间层，一侧引出电极，其余部分密封在 PDMS 层中，该 T-TENG 可用于手掌、手指、脚、腋下、肘部和膝盖等部位的运动监测。

3.2.3 水平滑动模式

水平滑动模式 T-TENG 的基本结构是由两个背部分别贴有电极的摩擦层组成，该工作模式的特点是摩擦层的运动方向与其表面平行。图 3-1（c）为水平滑动模式 T-TENG 的工作原理图。当两个摩擦层完全叠合时，摩擦电荷处于平衡状态，没有电荷输出；当其中一个摩擦层沿着水平方向向外滑动时，两种材料的接触面积越来越小，电极间的电势差越来越大，由于材料接触摩擦带电且两种材料得失电子的能力不同，两种材料分别失去或得到电子带正或负电荷，电子从一个电极流向另一个电极；当两个摩擦层完全分离时，由于静电感应，不再有电子的流动，此时电极间的电势差最大；再将摩擦层沿着水平方向向内滑动，两个摩擦层再次靠近直至完全叠合时，电势差逐渐变小直至消失，电子回流到原来的电极。随着往复的滑动接触—分离会产生周期性的电流和电压。因此，水平滑动模式的 T-TENG 需集成在能够产生滑动摩擦的位置来收集机械能，如大臂内侧、大腿内侧等部位。吕等基于半导体材料的摩擦伏特效应，设计了 3 种滑动摩擦模式的 T-TENG，来收集双臂摆动产生的机械能。

3.2.4 独立层模式

独立层模式的 T-TENG 基本结构为一个摩擦层和两个相互独立且平行的电极，其中电极既作为摩擦层又作为导电电极，工作原理如图 3-1（d）所示。摩擦层和左侧电极重合时，两种材料带相反电荷；摩擦层向右侧滑动时，由于静电感应，为保证电荷平衡，电流从左侧电极流向右侧电极；当摩擦层和右侧电极完全重合时，电荷从左侧电极全部转移到右侧电极；将摩擦层再次向左侧电极滑动，此时电荷又从右电极流向左电极。摩擦层并不需要直接和电极接触，可有一定的间隔或者中间插入另一层摩擦层，以达到保护电极、提升 T-TENG 的耐磨性等作用。独立层模式在纺织品中的适用位置基本与水平滑动模式相同，均依赖于滑动摩擦。蒲等人设计了一种独立层模式的 T-TENG，并将其分别置于袖摆缝和侧缝位置，在行走或跑步时收集两臂摆动的能量。但与水平滑动模式不同的是，独立层模式的两电极分布在同一侧，使其应用要相对简便。

3.3　摩擦电纱线及纺织品的制备方法

3.3.1　材料选取

在制备摩擦电纱线及摩擦电纺织品时，需要选择合适的导电层和摩擦层材料。这不仅关乎系列产品的摩擦电性能，更影响了产品的舒适性、机械性能和耐久性。此外，材料的选择还需综合考虑纺织品的环境稳定性、与服装的兼容性以及创新性等因素。

3.3.1.1　电极材料

电极在导出摩擦电荷的过程中扮演着至关重要的角色，选择合适的电极材料能够提高整个系统的高效运行和长期稳定性。因此，理想的电极材料应具备优良的导电性能，这是电荷顺畅转移的基础条件。在实际应用中，电极会遭受各种机械压力和磨损，因此它们需要有足够的强度和耐久性，以保持导电功能和结构完整性。此外，环境稳定性也是选择电极材料时必须考虑的重要因素，以提高摩擦发电织物在极端环境下的抗干扰能力，并且要确保电极材料不会对摩擦电纺织品性能造成负面影响。导电材料根据组成成分可以分为五类（图 3-2），即金属及其衍生物、导电聚合物、碳基材料、液态导电材料、杂化导电材料。

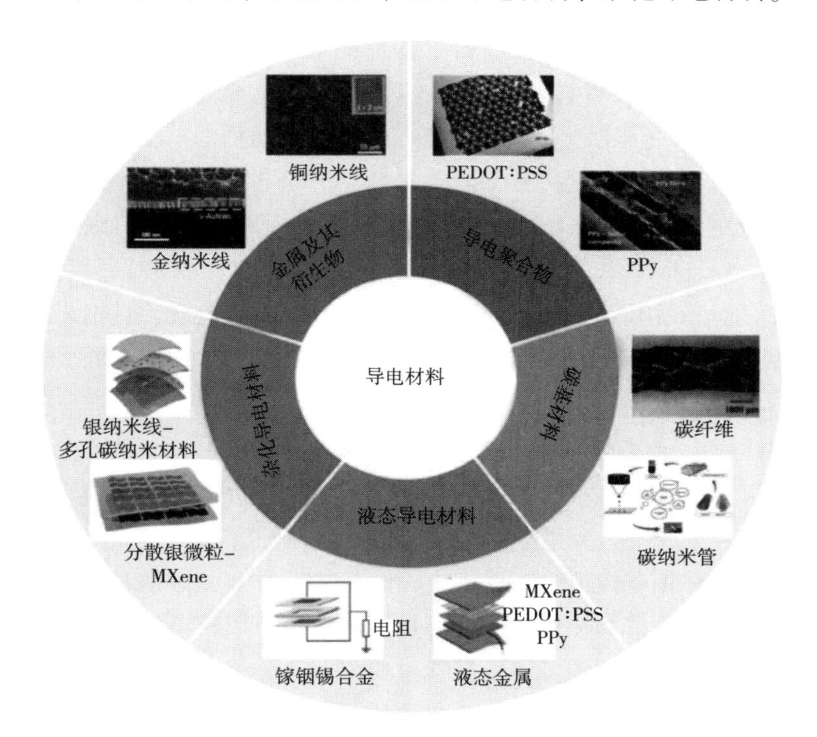

图 3-2　导电材料分类

（1）金属及其衍生物。金属是工程领域应用最广泛、最丰富的导电材料之一。目前，运用于纺织品上的金属材料主要为金属衍生物和金属丝。金属及其衍生物可以直接通过喷涂、磁控溅射和涂层等方法负载在纱线或织物上。这类电极材料具有导电率高、机械性能好、环境稳定性高等优点，但其也存在穿着舒适性差、与水和氧气接触易生锈氧化、成本较高，以及在实际穿着和洗涤过程中金属材料会发生脱落导致导电性能降低等缺点。例如，金属丝作为可穿戴电极，具有导电性能好、集成方法简单、成本低等优点，但是由于金属丝的应变较小、强度差的缺点，无法满足智能可穿戴纺织品大应变和高强度的需求，需要经过特殊的保护后才能使用。

（2）导电聚合物。导电聚合物是一类新型的有机功能材料，具有重量轻、机械性能良好、易加工和电子亲和性高等优点。目前已研发出大量的导电聚合物，如 PPy、PANI、PEDOT、PA 等。其中 PEDOT∶PSS 因具有良好的生物相容性和水溶性、良好的导电性和环境稳定性，在摩擦电、超级电容器和太阳能电池等领域得到广泛应用。导电聚合物虽然使用寿命短、电导率低于金属，但其具有良好的柔性且质量轻，使其适合集成在纺织品中。导电聚合物可以通过静电纺丝、湿法纺丝等纺丝方法直接制得导电聚合物纤维或纱线，或者通过使用电化学沉积和浸渍涂层等方法将导电聚合物附着在纱线上以获得导电纱线。樊等通过湿法纺丝技术制备了 PEDOT∶PSS 纤维，并且将其与商用纱线编织成织物用于服装中，实现了对人体体温的全天候监测。

（3）碳基材料。近年来，碳基材料的研制日益增多，如 Graphene、rGO、CNTs 等。此类导电材料具有良好的力学性能、电学性能和比表面积大等优点，在增强其他材料电学性能方面有广泛的应用前景。碳基材料可以通过喷涂、浸涂和激光直写等方法集成在纱线上。樊等对 PBO 织物一面采用二氧化碳激光直写，制备了具有双面结构的电极织物。这种电极织物一侧导电，另外一侧不导电，导电侧接触摩擦电材料，不导电侧可以直接接触人体。采用这种双面结构的电极织物封装的 T-TENG 具有良好的舒适性。碳基材料也可以通过纺丝工艺制备成导电纤维，其中，Graphene 和 CNTs 是两种研究最广泛的电极材料，但由于其非极性结构致使在普通溶剂中的分散性较差。部分碳基导电材料制备成本较高，且纳米材料之间的接触电阻较大，用其制备的导电纤维其导电性能相比金属丝仍有较大的差距，限制了其大规模应用。

（4）液态导电材料。液态导电材料具有优异的柔性和可变形性，液态金属和液体电解质是其中的两大主要代表。液体电解质（如氯化钠和氯化钾）的电导率取决于溶液中自由移动的离子浓度。王等将碘化钾加入到甘油溶剂中制备了电解质，再通过注射器将电解质注入密封且带有中空腔的硅胶中制备成电极。近年来，镓基共晶合金如镓铟和镓铟锡等因具有低熔点、低毒性、高导电性和良好的热稳定性等特点，而被广泛用作电极。液态金属同时具有金属和流体的特性，在智能可穿戴领域也占据着重要位置。樊等以液态金属为芯层，聚氨酯为壳层通过同轴湿法纺丝技术制备出了一种可拉伸的导电纤维。但液体电极存在一个缺点，即集成在服饰上容易发生液体泄漏，导致电极失效，且目前用其制成的纤维直径和重量都较大，制成服装存在一定的困难且舒适性较差。

（5）杂化导电材料。每种导电材料具有独特的优缺点，使用单一材料有时不能完全满足所有需求。混合两种或两种以上的导电材料，充分利用其优点，同时弥补或摒弃其缺点，可以将导电材料的优势发挥到最大。如 MXene/GO、银纳米线（AgNWs）/PEDOT：PSS、rGO/银（Ag）、石墨烯/PEDOT：PSS。杂化导电材料优异的电化学性能和协同效应可以提高电极材料的导电性和力学性能，这使其成为智能可穿戴领域中极具潜力的电极材料。杂化导电材料可加工成纤维，与其他纱线一体化集成舒适性织物，最终制成成衣。

3.3.1.2　摩擦电材料

摩擦电材料是决定 T-TENG 电性能的重要部分，也是 T-TENG 器件设计的基础。摩擦电效应发生于两种材料之间，选择合适的摩擦电材料是制备高性能和高舒适性 T-TENG 的关键。目前，T-TENG 材料的主要选择原则是摩擦电序列。摩擦电序列是指在摩擦过程中，不同材料所带电荷的大小和正负性的排列顺序。通常，两种材料在该序列表中距离越远，则它们之间转移的电荷量越大。

图 3-3 为常用纺织材料的摩擦电序列表。在这一序列表中，位于下方的材料在摩擦中容易失去电子带正电，位于上方的材料则容易得到电子带负电。从序列的两侧选择一对正负摩擦电材料摩擦，材料分开时两种材料之间会产生电势。材料的电子亲和性决定了电子转移的方向，电子供体材料失去电子带正电荷，如尼龙、聚氨酯、丝绸、棉等已经被广泛用于摩擦电正极材料。电子受体材料得到电子带负电荷，如聚四氟乙烯、聚偏氟乙烯、聚二甲基硅氧烷、聚对苯二甲酸乙二醇酯等被用于摩擦电负极材料。在选择摩擦电材料时，不仅要根据摩擦电序列表挑选正负极材料，还要考虑材料的舒适性和力学性能。目前研发的 T-TENG 所产生的电荷量较小，尚不足以满足智能可穿戴产品的供电需求，所以还要进一步研发新的摩擦电材料来增大其表面电荷密度。

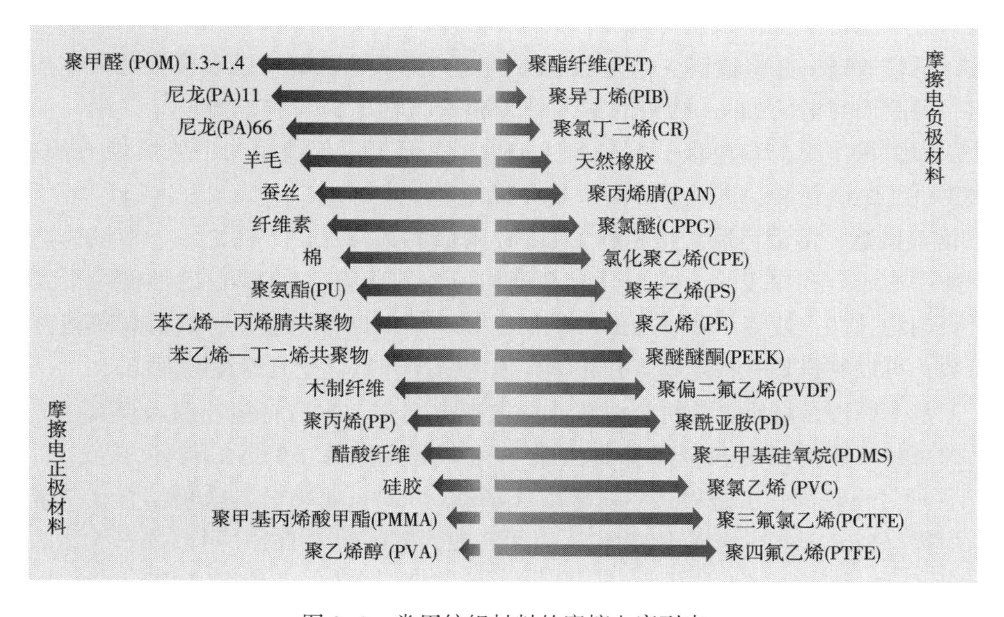

图 3-3　常用纺织材料的摩擦电序列表

3.3.2 结构设计及制备工艺

摩擦发电输出功率不但和摩擦电材料的性质有关，而且还与其结构相关。目前，提高纺织品摩擦发电输出不仅通过调整摩擦电材料，还需优化纺织品的结构和制备工艺。本节根据T-TENG的结构将其分为三类：纳米纤维膜和纺织复合材料的T-TENG、纤维和纱线基T-TENG和织物基T-TENG，并对其中部分制造方法进行了阐述。

3.3.2.1 纳米纤维膜和纺织复合材料的T-TENG

纳米纤维膜和纺织复合材料的T-TENG在智能可穿戴产品中应用广泛，如苏等制备了可以高效收集行走产生的动能的波形T-TENG。李等提出了一种生物启发的防汗耐磨T-TENG，其由两个超疏水性和自清洁的摩擦电层（弹性树脂和PDMS）构成，其结构模仿了荷叶的分层微/纳米结构，具有抗污染和抗湿性能，可以监测哑铃二头肌旋压、腿旋压和跑步等各种运动动作。本节将从静电纺丝和溶液铸造等制备方法分析纳米纤维膜和纺织复合材料的T-TENG制备过程。

（1）静电纺丝。静电纺丝制成的纳米纤维膜具有较大的比表面积、较高孔隙率和固有的粗糙结构等特点，使得纳米纤维膜T-TENG具有高电输出性能和良好的透气性。崔等采用模板辅助静电纺丝技术制备了具有有序分层微驼峰阵列的纳米纤维膜T-TENG［图3-4（a）］。其电输出性能和灵敏度明显优于平面结构的T-TENG。这说明微驼峰阵列的引入可以有效增加接触面积，提高摩擦电性能。静电纺丝纳米膜具有易于制造的优点，基于纳米纤维薄膜的T-TENG已成功应用于医疗监测领域，如呼吸监测、手指运动检测和体态监测等。但静电纺薄膜强度较差，需要封装后使用，导致其透气性变差。樊等为解决密封材料不透气的缺点，通过静电直写技术制备了聚偏氟乙烯六氟丙烯/氧化锌［P(VDF-HFP)/ZnO］纳米纤维膜，在其一侧进行真空镀银，并将镀银层作为电极层，另一侧不导电层可以直接接触人体皮肤。从而制备出一种单面导电的Janus结构的纳米纤维膜透气性电极材料。该设计采用一面导电一面绝缘的双面织物作为封装电极，制备的T-TENG不但可以保留纳米纤维膜原有的透气性，而且无须再进行绝缘封装，进一步提高了其穿戴舒适性能。

（2）溶液铸造。溶液铸造法是制备T-TENG薄膜时最常见的方法之一。溶液铸造法可以精确控制薄膜的成分和厚度，生产出具有高度均匀性的薄膜。T-TENG的性能在很大程度上依赖于材料的均匀性，使整个薄膜表面产生稳定和一致的摩擦电效应。通过调整溶液的浓度和铸造参数，可以制得具有特定物理和化学性质的薄膜，以优化其摩擦电性能。

该工艺基本原理是将所需的材料溶解或分散在溶剂中，然后将溶液倒入模具中，待溶液凝固后，即可得到所需的材料。郑等提出了一种小麦淀粉基T-TENG制备方法，如图3-4（b）所示，通过模具固化工艺得到淀粉薄膜（starch film），再将其与电极结合，与带有电极的氟化乙丙烯（FEP）共同构成T-TENG，以柔肤布为基础的T-TENG可以置于人体的不同部位，用于收集能量并监测人体的运动，包括走路、跑步、鞠躬和抬头等。尽管该T-TENG具有了亲肤性，但以该集成方式得到的T-TENG仍存在舒适性较差且不透气的问题。在使用过程中摩擦可能导致柔肤布脱落，但是该材料可以用作无须透气的鞋子中底材料。

（3）其他方法。除上述方法以外，还可采用将纺织材料嵌入弹性体或与弹性体结合的方法制备 T-TENG。如王等通过在硅橡胶弹性体中嵌入连续的“链式”栅栏状交错的导电网络制备了 T-TENG，如图 3-4（c）所示，其具有良好的透明性和拉伸性以及优异的机械稳定性。该 T-TENG 将电极嵌入弹性体中，有效地对电极起到了保护作用。何等人将拱形 PEDOT：PSS 涂层织物固定在硅橡胶基板上，研制出了一种高度可变的多拱形摩擦电应变传感器，如图 3-4（d）所示。该研究展示了 T-TENG 的多种自供电传感应用，包括手指运动检测、手势捕捉、机械手控制、人体活动监测等。若将此类传感器用于体征体态的监测，传感器要与皮肤直接接触以确保其监测的准确性，但此类薄膜 T-TENG 不透气，无法集成在服装上进行长期穿着使用。

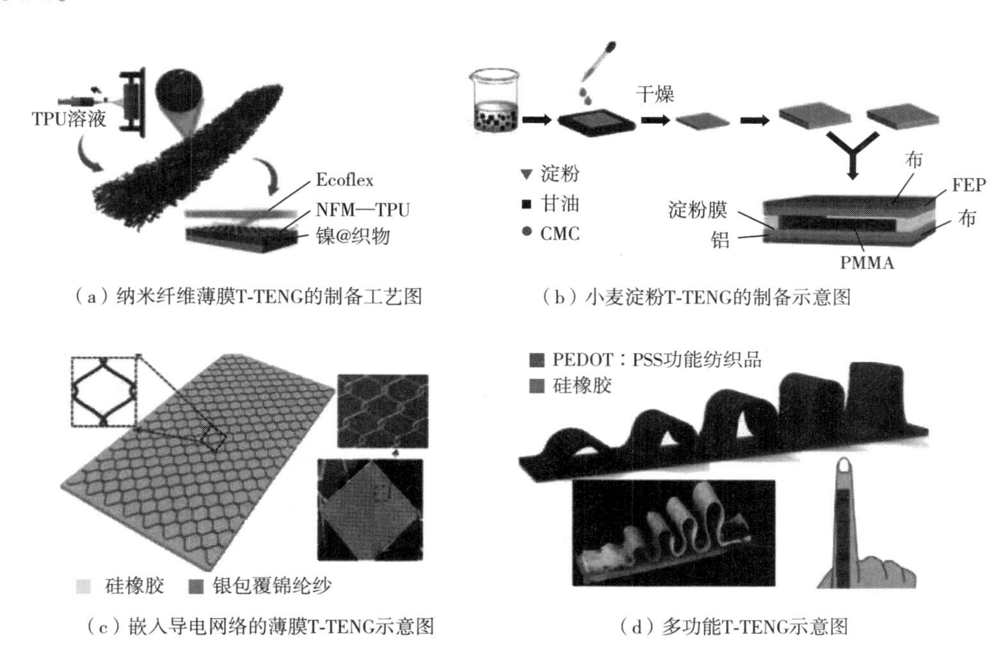

（a）纳米纤维薄膜T-TENG的制备工艺图　（b）小麦淀粉T-TENG的制备示意图

（c）嵌入导电网络的薄膜T-TENG示意图　（d）多功能T-TENG示意图

图 3-4　纳米纤维膜和纺织复合材料的 T-TENG 制备图

3.3.2.2　纤维和纱线基 T-TENG

纱线基 T-TENG 一般有同轴双电极和单电极两种模式。同轴双电极纱线采用核壳结构设计，内核柱与外壳管之间存在间隙，其基本的设计原则是内核柱的外侧和外壳管的内侧选用不同摩擦电极性的材料。单电极纱线具有典型的芯鞘结构，芯纱一般为导电纤维或者纱线，如导电金属丝、镀镍纱线等，鞘层一般为摩擦起电层。以芯鞘结构 T-TENG 为例，纱线基 T-TENG 的制备方法大致可以分为四类：共轭静电纺丝、同轴湿法纺丝、包芯纱法和其他方法。

（1）共轭静电纺丝。共轭静电纺丝技术是在静电纺丝技术上改进的一项制备高性能纳米纤维纱线的技术。共轭静电纺丝是将两种纺丝溶液同时进行静电纺丝，使具有取向排列的纳米纤维沉积在收集器上以形成二维或三维结构的复合纳米纤维。共轭静电纺丝以其制造装置简单、成本低廉、可纺物质种类多、工艺可控等优点，已成为制备纳米纤维材料的主要途径之一。更重要的是，共轭静电纺丝制备得到的纱线具有细度小、质量轻、柔软度高、孔隙率高、比表面积大等优异性能，且纱线与传统织造设备也可以兼容，进一步织造得到的织物具有透气性好、可水洗、灵活性好、适合各种变形、容易集成到服装中的优点。这些优点既可以很好地满足人体穿着的基本需求，还可通过掺杂纳米粒子优化 TENG 的电性能输出并赋予其额外的功能性。因此，近年来，共轭静电纺丝技术在 TENG 研究领域受到各国学者的广泛关注。张等制备了一种基于弹力导电芯纱的 T-TENG，以共轭静电纺丝技术包覆聚（偏氟乙烯—三氟乙烯）［P(VDF-TrFE)］纳米纤维作为鞘层，如图 3-5（a）所示。若直接使用共轭静电纺丝技术制备的具有微纳米结构的纱线织造成织物，再集成在服装内部，因静电纺纳米纤维外层的耐磨性较差，无法满足服装使用过程中对耐磨性的需求。为解决静电纺纱线耐磨性问题，樊等人采用了合股加捻的方法，将不耐磨的纳米纤维纱线和传统的纱线加捻在一起制备的复合纱线，其耐磨性得到显著提高，可以满足服用要求。

（2）同轴湿法纺丝。湿法纺丝是一种通过将纺丝原液直接进行纺丝的纤维生产工艺，其过程是使用合适的溶剂将聚合物溶解，制备成纺丝原液，再通过注射器注入凝固浴中，凝固成纤维，再通过收集辊牵伸卷绕。该工艺可以控制纺丝直径、形状等，在制备过程中也不受温度影响。同轴湿法纺丝是在湿法纺丝技术的基础上，将注射针头改进为具有皮芯结构的针头，芯层可以为纺丝原液或其他纤维，皮层一般为纺丝原液。但是，T-TENG 纤维在制备过程中仍存在一些问题，如皮芯界面结合性差、在材料中引入金属导电材料会影响纤维的柔性等。如图 3-5（b）所示，多加奈等采用 TPU 作为芯纤维的基体材料，将炭黑和银纳米线加入 TPU 基体中，制备导电芯纤维，并采用裸 TPU 层作为外壳摩擦电层制备了摩擦电纱线。用该方法制备的摩擦电纱线力学性能较好，界面结合性好，可直接制成服装用纱线，但其亲肤性较差。

（3）包芯纱法。包芯纱技术是一种将不同纤维原料组合并结合外包纤维和芯纱的共同配合的纺纱工艺，可运用于连续大规模生产厚度均匀的摩擦电纱线，该方法简单易操作，可以制备出机械性能良好的纱线。对该纺纱技术进行改进和创新，可以开发出具有独特性能、符合市场性能需求的纱线。李等人通过二维编织的方法制备了一种大规模制造的芯壳结构的摩擦电纱线，如图 3-5（c）所示，该纱线以镀银尼龙纤维为芯纱，PVDF 纱线为包覆纱，其具有可水洗、可变形、透气性好等优点。

（4）其他方法。单电极 T-TENG 纱线制备工艺简单、集成简便，但其电输出性能低且不稳定，限制了其广泛应用。为了提高 T-TENG 纱线的电输出性能和稳定性，研究者设计了一种同轴双电极结构的 T-TENG 纱线。何等人通过固化、浸渍等方法制备了一种 T-TENG 纱线，如图 3-5（d）所示。该 T-TENG 分别以 CNTs 和铜丝为电极。但该纱线最外层是铜丝，舒适性较差。为了制备出更舒适且性能更好的 T-TENG 纱线，樊等人通过静电纺丝和缠绕法制备了一种纳/微米结构的耐磨、超疏水的摩擦电纱线，其通过共轭静电纺技术在铜丝表面包覆一层尼龙/氧化锌纳米纤维，然后将疏水涤纶纤维通过环锭纺工艺包覆在纳米纤维外部。使用此方法制备的纱线在拥有良好电学性能的同时，还具有优异的抗拉强度，可作为人体运动收集机械能的发电纱线和自供电传感器。

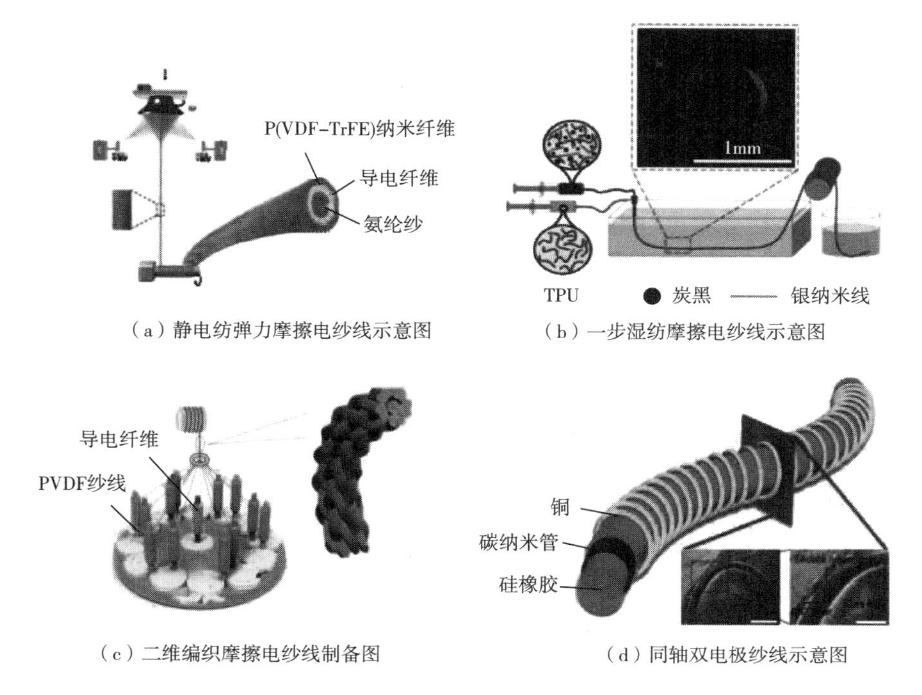

（a）静电纺弹力摩擦电纱线示意图　（b）一步湿纺摩擦电纱线示意图

（c）二维编织摩擦电纱线制备图　（d）同轴双电极纱线示意图

图 3-5　纱线基 T-TENG 制备示意图

纱线基 T-TENG 集成方法简单，通过织造、编织、缝纫或刺绣等方法，可以将纱线融入服装中，实现运动监测、能源收集、人机交互、健康监测和康复运动等领域的应用。

3.3.2.3　织物基 T-TENG

用纺织技术将导电或介电纤维加工成织物，可以增大 T-TENG 的有效接触面积，提高摩擦电输出。基于织物的 T-TENG 有多种实现方式，而且使用材料丰富、纺织成型工艺成熟，因此其在实现大规模工业化生产方面有更高的可行性。织物基 T-TENG 一般应用在能量收集、运动监测、医疗监测、人机交互等多个领域。何等制备了一种能够检测运动信号和运动健康监测的 T-TENG，其以螺旋弹簧为内支撑层，以硫化锌:铜/PDMS（ZnS:Cu/PDMS）复合材料为外摩擦层，该纱线可单独或与其他纱线混合织造成织物。织物基 T-TENG 织造方式一般分为机织和针织。

（1）机织物基 T-TENG。机织物由经纱和纬纱两部分组成，可分为平纹、斜纹和缎纹组织。陈等采用聚四氟乙烯（PTFE）和 Cu 电极制备了 T-TENG，通过调节其组织结构进行电性能的对比，实验表明平纹织物的电学性能最佳，其次为缎纹织物，最后是斜纹织物。平纹织物结构非常稳定，具有良好的耐磨性，这对 T-TENG 的性能提升有所帮助，研究时大多使用平纹织物。机织物可分为二维（2D）和三维（3D）结构，最简单的形式是二维机织结构。魏等利用表面功能化改性 MXene 导电油墨与湿纺 MXene/TPU 纤维通过一步湿法纺丝、浸渍涂覆得到该纤维，再将其与商用纤维编织成可变形的平纹 T-TENG，如图 3-6（a）所示。由于结构尺寸在厚度方向上的限制，2D 机织物的功率输出仍然很低。与平纹织物结构的 T-TENG 相比，三维织物在电压输出方面性能更佳。马等制备了一种基于包缠纱的 3D 蜂巢结构机织 T-TENG，该包缠纱采用连续空心锭花式捻线技术，与传统的纺织生产工艺兼容，如图 3-6（b）所示。蜂巢结构具有高回弹性、空间立体感强、透气性好，将其运用在 T-TENG 中可以提高摩擦电的电学性能，且具有一定的舒适性。

（2）针织物基 T-TENG。针织物相比于其他的织物具有更大的弹性，其存在 2D 和 3D 两种结构，2D 织造工艺相对简单，因此在智能纺织品中备受青睐。徐等以针织物为基布，对其一侧进行导电处理，再将摩擦材料均匀地涂覆在导电织物上，最终设计出具有良好机械拉伸性能和透气性的高输出摩擦电织物，如图 3-6（c）所示。但采用涂覆方法制备的织物涂层易脱落且穿着不舒适。为了进一步提高 T-TENG 的输出性能，3D 结构逐渐得到了应用，其在厚度方向增加层数，提供了更多的接触和分离空间。

间隔织物因其压缩性好、弹性好、透气性好等优点，已被广泛应用于 T-TENG 的结构设计中。李等制备了一种三维双电极织物 T-TENG，基于包芯纱和可编程间隔织物技术将正摩擦电材料 TPU 包覆银—棉包芯纱和负摩擦电材料 PDMS 包覆银—棉包芯纱与电极材料结合在一起，用聚丙烯腈纱编织连接两种纤维，实现三维结构的一体化编织，如图 3-6（d）所示。

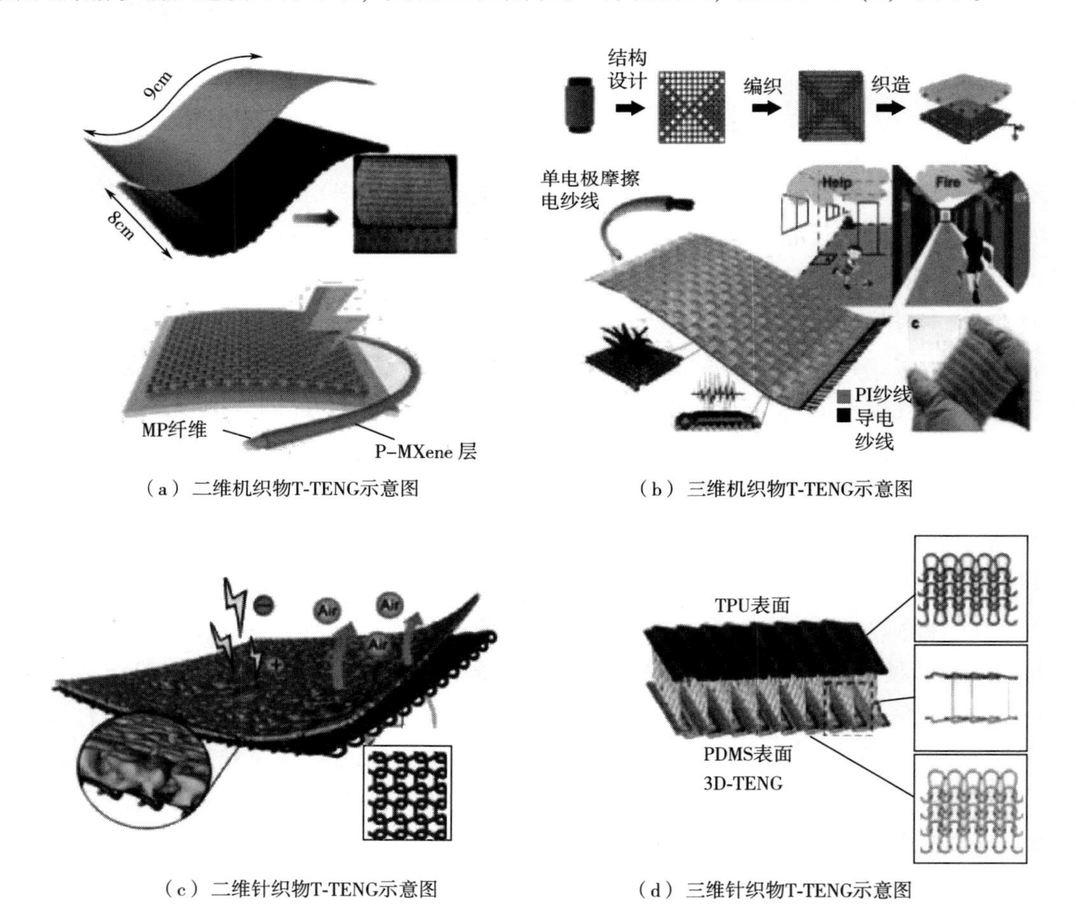

（a）二维机织物T-TENG示意图

（b）三维机织物T-TENG示意图

（c）二维针织物T-TENG示意图

（d）三维针织物T-TENG示意图

图 3-6　织物基 T-TENG 制备示意图

间隔织物因其独特的结构，具有良好的透气性和弹性，用其制成的服装和鞋子也有良好的穿着舒适性。间隔织物可以用于服装制作，但一般间隔织物厚度较厚不能用于服装整体，可以同其他织物一起制成服饰，例如将间隔织物置于膝关节、肘关节等部位，以起到保护人体关节的作用，特别适用于老年服饰的设计中，以起到摔倒时的缓冲作用。还可通过调节织物厚度和纤维材料来改变服装的季节性需求，通过调节间隔丝的间隔和数量还可以实现服装的多功能性，如保暖、透气等。

织物基 T-TENG 虽然具有了一定的舒适性，但其电学性能还需进一步提升。制作方法和结构设计的差异也会对电学性能产生影响，在优化 T-TENG 的结构以增大表面电荷密度时，可以通过增大有效接触面积、对表面进行涂覆、优化电极结构和多模式混合发电等方法来实现电荷密度增大。赵等报道了一种通过合理设计电极结构来显著提高 T-TENG 电荷密度的策略，有效将表面电荷密度提高至 5.4C/m^2，其电荷密度是各种类型 T-TENG 现有记录的两倍多。在进行结构优化策略设计时，应注意根据 T-TENG 的应用需求进行设计和调整。

3.4　摩擦电纱线及纺织品的应用领域

3.4.1　生物能量收集

摩擦电织物可以有效收集人体所产生的能量，并为分布式的可穿戴器件提供能源，拓宽可穿戴电子器件的应用范围。例如，在自然环境中穿戴摩擦电织物进行运动，可以将生物的机械能进行收集，转化为电子器件所需的电能，满足可穿戴自供电的需求。如图 3-7（a）所示，戴有橡胶手套的手规律性拍打一块有效面积为 2.5cm×2.5cm 的摩擦电织物，表面电荷驱动自由电子从电极流向地面，从而点亮串联的 LED 阵列的“XPU”标识。如图 3-7（b）所示，摩擦电鞋垫在不使用任何充电系统的情况下，通过人体行走捕获能量，其最大输出电压达到（110.18±6.06）V［图 3-7（b）］，可点亮 57 个发光二极管，具有出色的能量转换性能。此外，研究者制备了一种以波浪形导电布 PET 和可拉伸电极为基本编织单元的可拉伸摩擦电织物（STET），它能以低成本和良好的舒适性实现多变量能量收集，如图 3-7（c）所示。STET 可以被固定在人体腋下部位，在行走摩擦时有效采集的人体运动能量，其储存的能量在 200s 内可分别为 0.47μF、3.3μF、10μF 和 22μF 的电容器充电。STET 的工作原理多样化，包括接触分离模式和接触滑动模式，因此具有出色的输出性能，其编织单元之间的相互作用可产生峰值为 350V 的开路电压和 1mW 的瞬时峰值功率，拉伸并释放 STET 时可产生 32V 的峰值电压。

为提高摩擦电纺织品收集能量的效率，同时考虑人体产生机械能时所产生的汗液环境，研究者制备了以电纺 PVDF 纳米纤维膜和乙酸纤维素/聚氨酯纳米纤维复合膜为摩擦层的耐湿摩擦纳米发电机（HR-TENG），在潮湿环境下，该 TENG 电荷耗散率小，表面电荷密度高。HR-TENG 具有一定的抗湿性能，当相对湿度从 30%增加到 90%时，它的电力输出仍然保持在较高水平，减少了汗液蒸发对电能输出的不利影响，因此能够从人体生物力学运动更好地获取能量，用于可穿戴电子设备［图 3-7（d）］。实验证明，在不同的环境湿度下，它可以通过采集人体运动的生物机械能，为电子手表、商用计算器、热量表持续供电，并点亮约 400 盏 LED 灯。

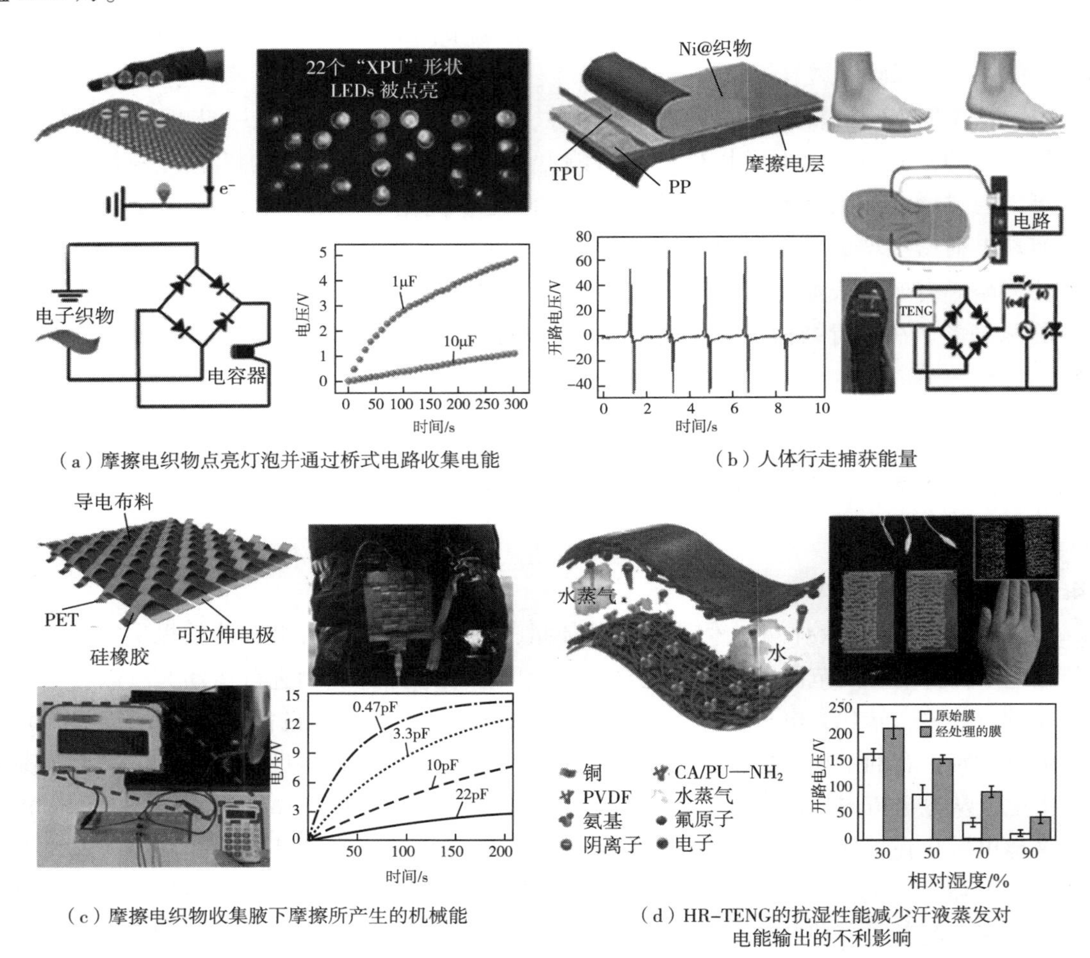

（a）摩擦电织物点亮灯泡并通过桥式电路收集电能

（b）人体行走捕获能量

（c）摩擦电织物收集腋下摩擦所产生的机械能

（d）HR-TENG的抗湿性能减少汗液蒸发对电能输出的不利影响

图 3-7 摩擦电织物在生物能量收集中的应用研究

3.4.2 生理信号监测

摩擦电织物为长期、实时、连续的生理信号监测提供了一种全新的途径。未来的个性化医疗保健领域，特别是在基于纺织品的人体生理信号监测系统方面拥有巨大潜力，但这一领域的开发程度尚未充分挖掘。

3.4.2.1 呼吸监测

在生理信号中，呼吸作为一项重要的健康指标，其监测对于评估个体的整体健康状况至关重要。开发方便快捷、灵敏度高、制作简单、佩戴舒适的实时呼吸监测和睡眠呼吸检测系统仍然是一项挑战。彭等提出了一种基于摩擦纳米发电机的纤维电子皮肤，其灵敏度高且可自供电，适用于实时呼吸监测及相关综合征诊断。如图3-8（a）所示，该电子皮肤以多层PAN和PA66纳米纤维为摩擦层，以沉积金为电极。该电子皮肤的峰值功率密度为330mW/m^2，压力灵敏度高达0.217kPa^{-1}，具有出色的工作稳定性和良好的透气性，因此可同时实现自供电和精确的实时微呼吸监测。

王晶洁等利用人体呼吸时胸腔的规律性收缩与膨胀，分析了呼吸的潮气量（呼吸的深浅）和频率（呼吸的快慢），如图3-8（b）所示。研究将这些机械运动转化为电学信号，再将电学信号通过内置的传感器和微处理器捕获、放大和转换，最后通过无线技术如蓝牙或Wi-Fi等传输到智能终端设备上，实时显示和分析数据，为用户提供了关于自身呼吸模式的即时反馈，可以对个体的健康状况进行初步的、非侵入式的监测。

3.4.2.2 脉搏监测

90%的心血管疾病是可以通过长期监测脉搏来预防的。李等提出了自供电脉搏传感器（SUPS）。该传感器具有出色的电输出性能（1.52V）、高峰值信噪比（45dB）、出色的稳定性能（107个周期）和低成本价格。如图3-8（c）所示，SUPS由铜层和PI层组成，整个传感器由PDMS封装。将传感器放在手腕上时，动脉的搏动会使铜和PI发生接触分离运动。为了提高传感器的灵敏度，团队采用电感耦合等离子体工艺在PI表面制备了纳米线。SUPS可与蓝牙芯片集成，实现无线、实时地监测心血管系统的脉搏信号。该信号包含了冠心病、房间隔缺损和心房颤动的抗舒张信息，通过对信息进行特征指数分析，可对冠心病、房间隔缺损和心房颤动进行抗张强度检测，并从健康角度对心律失常做出指示性诊断。

孟等提出了基于摩擦纳米发电的编织结构传感器。该传感器灵敏度高达45.7mV/Pa，检测范围约为710Pa，压力检测限低至2.5Pa，响应时间小于5ms，体积小（10mm×10mm×1mm），便于携带。如图3-8（d）所示，可用于检测手腕、耳朵、手指和脚踝位置的脉搏，又可以通过两个传感器之间的脉搏信号时间延迟来计算血压。

3.4.3 姿态肢体识别

摩擦电纤维可以嵌入到服装中，如手套、袜子或衣物的关节部位。当用户进行特定动作或调整姿态时，纤维会感知到摩擦和拉伸，并生成相应的电信号。通过分析这些电信号，系统可以识别用户的姿态。图3-9（a）为复合纱线并联后在不同手指上伸直弯曲时输出的电压信号。当任意一根或几根手指周期性地弯曲和伸直时，复合纱线与皮肤之间发生摩擦。由图可知，复合纱的输出电压随伸直手指数的增加而增加。当只伸直一根手指时，输出电压约为0.16V，伸直两根手指的输出电压约为0.3V，伸直三根手指的输出电压约为0.5V，伸直四根手指的输出电压约为0.7V，全部手指同时伸直时输出电压约为0.85V。因此，复合摩擦电纱线的实时输出电压可以表示不同的手势。另外，由于手指按压复合纱线时间不同会显示不同的信号，因此复合纱线可以应用于莫尔斯电码的编译。如图3-9（b）所示，实时记录复合纱的输出电信号，当手指敲击特定字符的莫尔斯电码（如“NANO”），这些电信号可以由解码器解密。因此复合纱线可以作为压力传感器应用于人体手指传感领域。

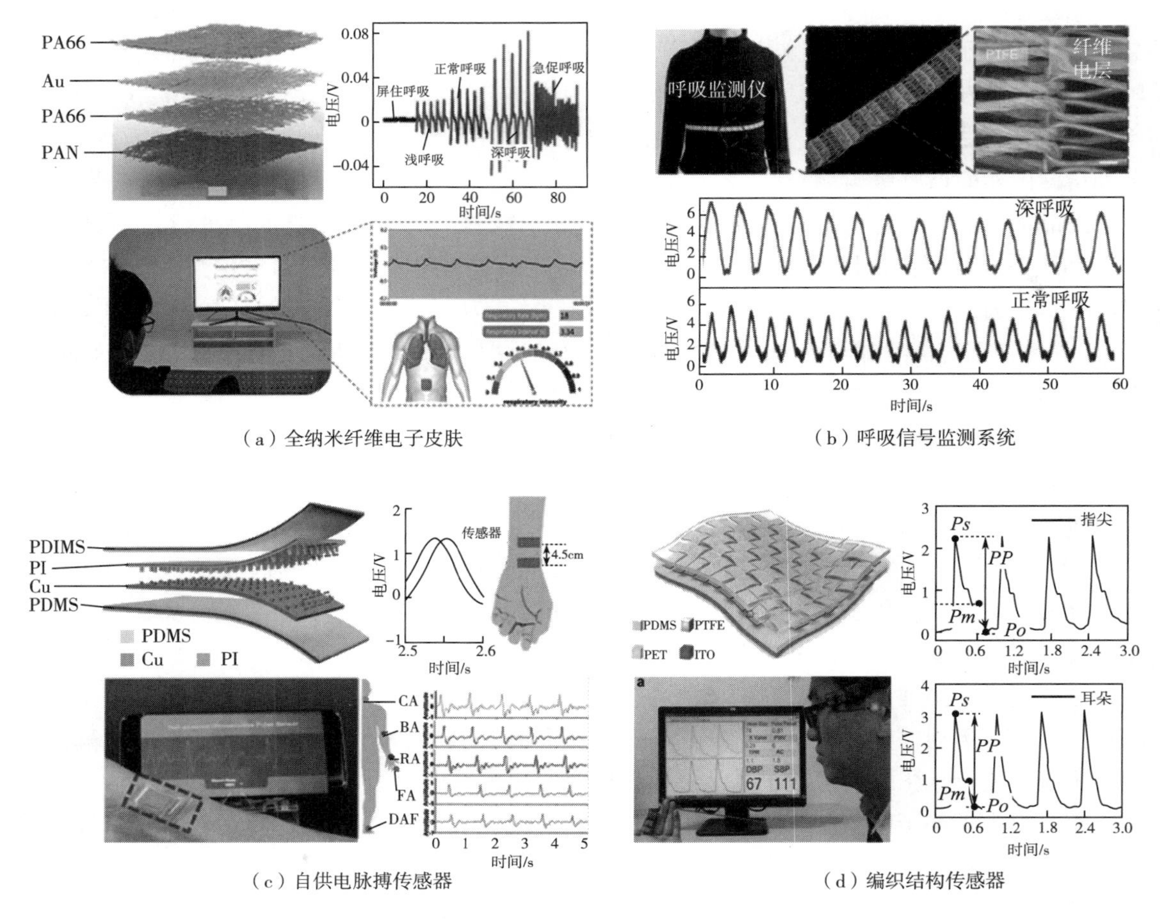

（a）全纳米纤维电子皮肤

（b）呼吸信号监测系统

（c）自供电脉搏传感器

（d）编织结构传感器

图 3-8　摩擦电织物在生理信号监测中的应用研究

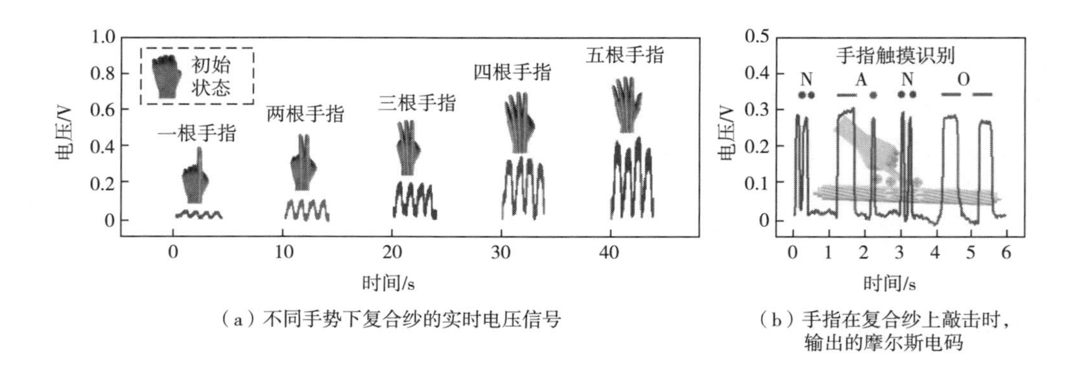

（a）不同手势下复合纱的实时电压信号

（b）手指在复合纱上敲击时，输出的摩尔斯电码

图 3-9　复合纱线在手指上的应用展示

为了进一步证实摩擦电织物在运动检测方面的能力，将织物固定于人体不同部位。当手腕弯曲、肘部弯曲、膝盖弯曲和腹部弯曲时，织物输出电压及其对应的时间，如图 3-10 所示。反复弯曲肘关节和膝关节时，织物显示电压约为 0.5V，但是两者输出信号规律不一样。

当织物固定在手腕和腹部时，电压分别输出0.25V和0.2V。肘关节和膝盖弯曲产生的电压比呼吸和手腕弯曲产生的电压大。这是因为电输出与压力和活动范围有关。因此，摩擦电织物可作为自供电传感器应用于运动检测领域。

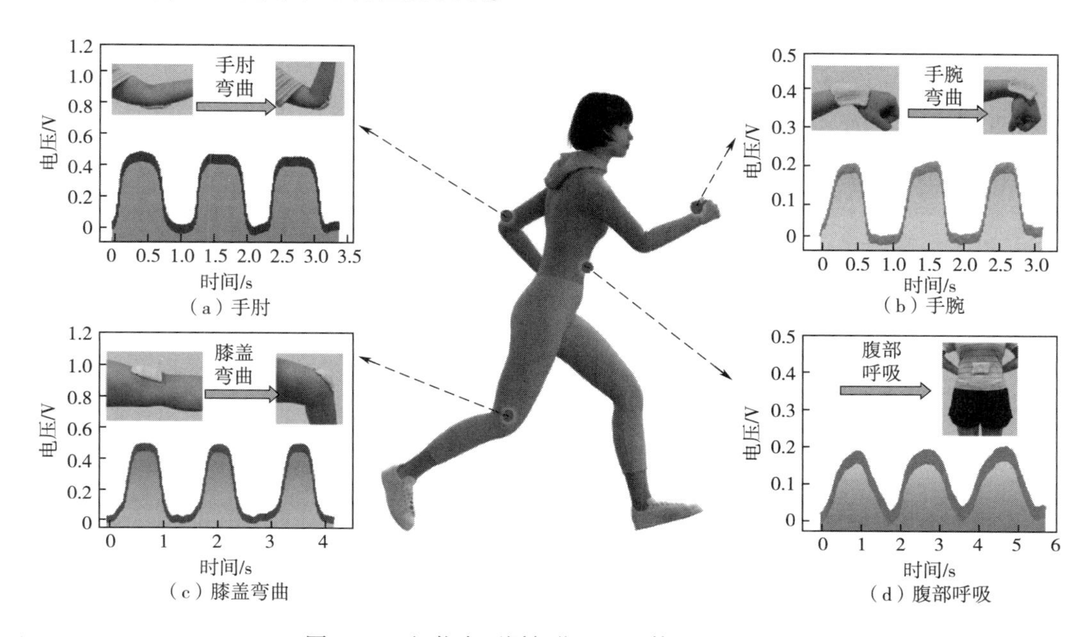

图3-10 织物在不同部位监测人体运动示意图

3.4.4 人机交互系统

当前，人机交互技术的发展正迅速迈向柔性化和便携化，这种趋势与过去笨重、刚硬的电子设备形成了鲜明对比。摩擦电纺织品不仅使得设备更加轻便和舒适，而且大大增强了其适应性和可穿戴性。尤其是将可折叠、可伸缩的纺织品与自主供电的传感器相结合，这一新兴领域正为人机交互带来前所未有的创新机遇。智能可穿戴一体化交互设备不仅能够提供传统服装遮衣保暖等基本功能，还融入了健康监测、环境感应、数据通信等高级功能，展现出巨大的应用潜力。目前研究者们在人机交互领域中有以下探索。

（1）织物基传感键盘。该键盘能够有效地收集用户按键产生的电信号，进而转化为机器可识别的数字信号。如图3-11（a）所示，用户按压所产生的电信号中，输出电压峰值高达2.8V，而从其他键获取的信号低于1.2V。该键盘通过哈尔小波技术识别个人的打字特征，在实现智能人机交互系统可穿戴化方面显示出了巨大的潜力。当连续输入“SMART TEXTILE”的相应按键时，PC端的虚拟键盘会被实时跟踪和定位。每个键入行为都会被准确记录下来，没有任何延迟。

（2）织物基虚拟手套。一种简便的碳纳米管/热塑性弹性体（CNTs/TPE）涂层方法可实现摩擦纺织品的超疏水性能。使用该超疏水纺织品制作的虚拟手套提高了能量收集和人体动作感应方面的能力，可实现低成本、自供电的手势识别界面。如图3-11（b）所示，利用机器学习技术，该手套可实时完成各种手势识别任务，实现高精度的虚拟现实和增强现实控制。

（3）织物基传感器。研究者制备的传感器能够感知人体运动，灵敏度高达 1.1V/kPa，压敏范围为 100Pa~400kPa，可与任意商用服装集成。如图 3-11（c）所示，基于该传感元件构建的手套微操控系统可以捕捉人类手势，用于远程控制虚拟现实中远程操作机器人抓手，灵巧地处理各种形状、尺寸和机械性能的精密物体，可为远程医疗、虚拟现实和智能控制的发展提供新思路。

（4）织物基重症监护可穿戴设备。该设备以普通织物为基础、聚苯胺为电极，并使用聚己内酯（PCL）使织物与摩擦材料紧密贴合。该设备具有良好的柔软性和一定的透气性，提高了可穿戴智能健康监测的舒适性。在频率为 2.5Hz 时，TENG 的输出电流可达 200μA，输出电压可达 1000V。它可以驱动约 1000 个 LED，并为电子产品持续供电。如图 3-11（d）所示，该 FTENG 可为重症患者提供良好的信息界面。一方面，它可以实时监测病人的呼吸状态，并在呼吸停止时发出警报。另一方面，语言交流有困难的病人也可以通过手指敲击莫尔斯电码发送信息。

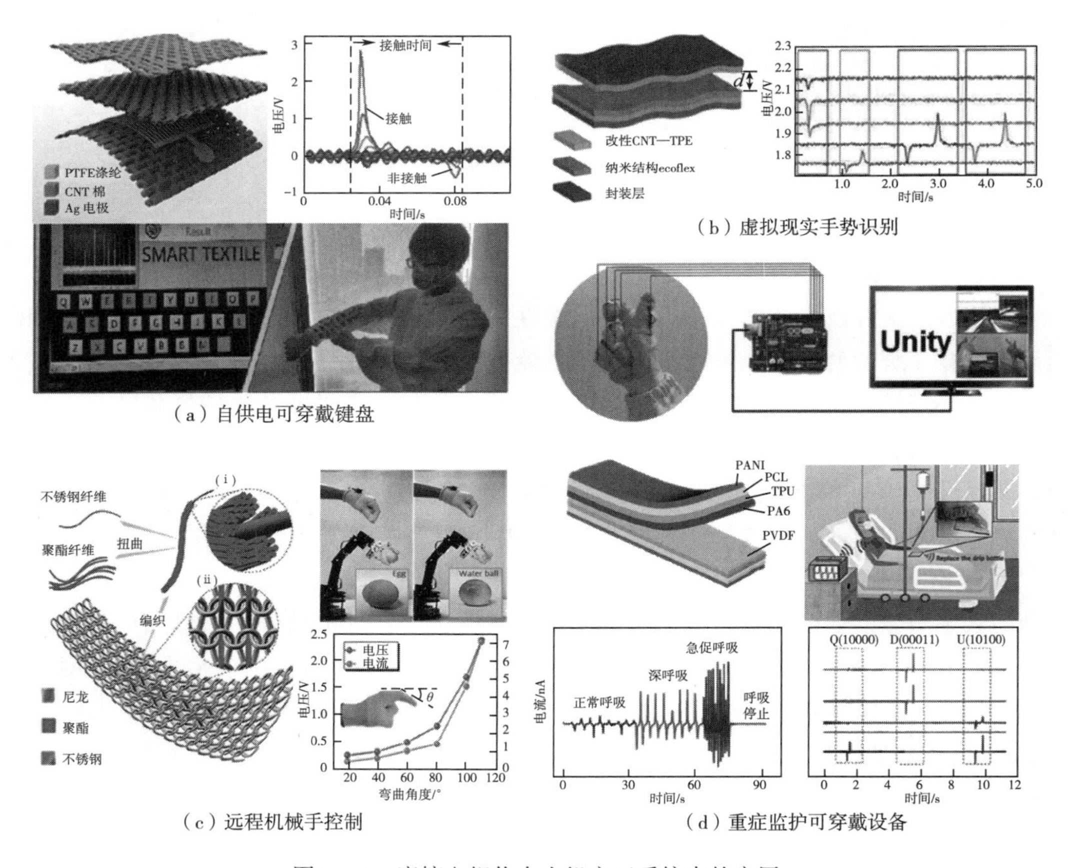

（a）自供电可穿戴键盘

（b）虚拟现实手势识别

（c）远程机械手控制

（d）重症监护可穿戴设备

图 3-11　摩擦电织物在人机交互系统中的应用

3.5 总结与展望

作为一种新兴的可穿戴能源，T-TENG 能够收集微小尺度的机械能，如人体运动能量。T-TENG 在微纳能源供给方面也具有巨大的应用潜力，还可单独作为自供电传感器进行实时生理监测、姿态识别、人机交互。目前，研究者们也已经提出了一系列方法用以提升 T-TENG 的电学性能，如改善结构、材料优化等，在摩擦纳米发电机电输出性能不断提升的前提下，其还需要关注以下几个方面。

（1）T-TENG 的规模化制备。虽然 T-TENG 得到了显著的发展，纱线基 TENG 可以满足大规模生产，但制备的成本较高，因此价格成本是纱线基 TENG 无法商品化的一大阻碍。其他类型的 T-TENG 制备过程复杂，大部分产品还停留在实验室研究阶段。目前，仅可以将实验阶段 T-TENG 通过黏合和缝纫等方法集成在服装上进行展示，无法实现批量化制备。

（2）T-TENG 与传统服饰的一体化集成。纱线基 TENG 可以单独或与其他纱线混合通过机织和针织的织造技术制备成织物，再将其制作成服装；也可通过编织、缝纫和刺绣的方法，将其集成在服装上。用上述方法集成的服装可以集供电、监测等系统于一体。但其他非纱线基的 T-TENG 集成在服装中还面临困难。如何将织物基 TENG 缝合在服装外部，其导线应如何在服装中分布也是一个需解决的问题。而且，若将织物基 TENG 置于服装外部就无法进行人体体征等参数监测，仅能进行电能的收集，但 T-TENG 产生的电能具有瞬时性，如何有效储电是下一步需要解决的问题。

（3）T-TENG 的监测精度与舒适性的兼容。在进行体征体态监测时，一般传感器要紧贴于身体才能进行较为准确的监测。但将 T-TENG 集成在服装中进行监测时，需要智能织物的压力适中，当压力过大会对人体产生一定的压迫感，导致血液循环不良，而压力过小时监测不准确。因此，需要研究既能满足信号感知精度又能适应人体差异适配性规律的智能可穿戴设备。

（4）T-TENG 的耐用性和稳定性。T-TENG 采用防水薄膜进行封装后，用其集成的服装透气性降低。织物或纱线基 TENG 具有良好的舒适性和透气性，但在其工作期间，频繁且长期地使用以及特殊环境（如高温、高湿等）会对 T-TENG 的耐用性和稳定性造成严峻的考验，特别是湿度是影响电输出性能的关键。随着环境湿度的升高，T-TENG 的电输出性能会大幅降低。因此，需要研发抗环境干扰的具有稳定监测功能的 T-TENG。

参考文献

[1] WANG H M, ZHANG Y, LIANG X P, et al. Smart fibers and textiles for personal health management [J]. ACS Nano, 2021, 15(8): 12497-12508.

[2] YU X C, FAN W, LIU Y, et al. A one-step fabricated sheath-core、stretchable fiber based on liquid metal with superior electric conductivity for wearable sensors and heaters [J]. Advanced Materials Technologies, 2022, 7(7):

2101618.

[3] LIU Z K, LI Z H, YI Y, et al. Flexible strain sensing percolation networks towards complicated wearable microclimate and multi-direction mechanical inputs [J]. Nano Energy, 2022, 99: 107444.

[4] WANG Z L. Entropy theory of distributed energy for Internet of Things [J]. Nano Energy, 2019, 58: 669-672.

[5] WANG Z L. Self-powered nanotech [J]. Scientific American, 2008, 298(1): 82-87.

[6] FAN F R, TIAN Z Q, WANG Z L. Flexible triboelectric generator [J]. Nano Energy, 2012, 1(2): 328-334.

[7] ZHONG J W, ZHANG Y, ZHONG Q Z, et al. Fiber-based generator for wearable electronics and mobile medication [J]. ACS Nano, 2014, 8(6): 6273-6280.

[8] 吴磊,张康. 复合纱线的类别及其加工技术 [J]. 棉纺织技术,2007,35(9):62-64.

[9] 马丽芸,吴荣辉,刘赛,等. 包缠复合纱摩擦纳米发电机的制备及其电学性能 [J]. 纺织学报,2021,42(1):53-58.

[10] NIU L, WANG J, WANG K, et al. High-speed sirospun conductive yarn for stretchable embedded knitted circuit and self-powered wearable device [J]. Advanced Fiber Materials, 2023, 5(1): 154-167.

[11] TAO X J, ZHOU Y M, QI K, et al. Wearable textile triboelectric generator based on nanofiber core-spun yarn coupled with electret effect [J]. Journal of Colloid and Interface Science, 2022, 608: 2339-2346.

[12] NIU L, PENG X, CHEN L J, et al. Industrial production of bionic scales knitting fabric-based triboelectric nanogenerator for outdoor rescue and human protection [J]. Nano Energy, 2022, 97: 107168.

[13] GONG W, HOU C Y, ZHOU J, et al. Continuous and scalable manufacture of amphibious energy yarns and textiles [J]. Nature Communications, 2019, 10(1): 868.

[14] XIONG J Q, CUI P, CHEN X L, et al. Skin-touch-actuated textile-based triboelectric nanogenerator with black phosphorus for durable biomechanical energy harvesting [J]. Nature Communications, 2018, 9(1): 4280.

[15] QIU Q, ZHU M M, LI Z L, et al. Highly flexible, breathable, tailorable and washable power generation fabrics for wearable electronics [J]. Nano Energy, 2019, 58: 750-758.

[16] ZHANG Z X, HE T, ZHU M L, et al. Deep learning-enabled triboelectric smart socks for IoT-based gait analysis and VR applications [J]. NPJ Flexible Electronics, 2020, 4: 29.

[17] HUANG J J, WANG S L, ZHAO X K, et al. Fabrication of a textile-based triboelectric nanogenerator toward high-efficiency energy harvesting and material recognition [J]. Materials Horizons, 2023, 10(9): 3840-3853.

[18] LV T M, CHENG R W, WEI C H, et al. All-fabric direct-current triboelectric nanogenerators based on the tribovoltaic effect as power textiles [J]. Advanced Energy Materials, 2023, 13(29): 2301178.

[19] PU X, SONG W X, LIU M M, et al. Wearable power-textiles by integrating fabric triboelectric nanogenerators and fiber-shaped dye-sensitized solar cells [J]. Advanced Energy Materials, 2016, 6(20): 1601048.

[20] PENG S H, YU Y Y, WU S Y, et al. Conductive polymer nanocomposites for stretchable electronics: Material selection, design, and applications [J]. ACS Applied Materials & Interfaces, 2021, 13(37): 43831-43854.

[21] MULE A R, DUDEM B, PATNAM H, et al. Wearable single-electrode-mode triboelectric nanogenerator via conductive polymer-coated textiles for self-power electronics [J]. ACS Sustainable Chemistry & Engineering, 2019, 7(19): 16450-16458.

[22] BAGCHI B, DATTA P, FERNANDEZ C S, et al. Flexible triboelectric nanogenerators using transparent copper nanowire electrodes: Energy harvesting, sensing human activities and material recognition [J]. Materials Horizons, 2023, 10(8): 3124-3134.

[23] PANIGRAHY S, KANDASUBRAMANIAN B. Polymeric thermoelectric PEDOT:PSS & composites: Synthesis, progress, and applications [J]. European Polymer Journal, 2020, 132: 109726.

[24] KANG J Y, LIU T, LU Y, et al. Polyvinylidene fluoride piezoelectric yarn for real-time damage monitoring of advanced 3D textile composites [J]. Composites Part B: Engineering, 2022, 245: 110229.

[25] CHIU C M, KE Y Y, CHOU T M, et al. Self-powered active antibacterial clothing through hybrid effects of nanowire-enhanced electric field electroporation and controllable hydrogen peroxide generation [J]. Nano Energy, 2018, 53: 1-10.

[26] MA H Z, ZHAO J N, TANG R, et al. Polypyrrole@ CNT@ PU conductive sponge-based triboelectric nanogenerators for human motion monitoring and self-powered ammonia sensing [J]. ACS Applied Materials & Interfaces, 2023, 15(47): 54986-54995.

[27] GONG L P, XUAN T T, WANG S, et al. Liquid metal based triboelectric nanogenerator with excellent electrothermal and safeguarding performance towards intelligent plaster [J]. Nano Energy, 2023, 109: 108280.

[28] YANG L, LIU C S, YUAN W J, et al. Fully stretchable, porous MXene-graphene foam nanocomposites for energy harvesting and self-powered sensing [J]. Nano Energy, 2022, 103: 107807.

[29] 李禹欣，胡飞. 淀粉膜基底 AgNW/聚乙撑二氧噻吩柔性透明导电膜的成型导电机理及构造特性 [J]. 高分子材料科学与工程, 2021, 37(11): 134-141.

[30] DUDEM B, MULE A R, PATNAM H R, et al. Wearable and durable triboelectric nanogenerators via polyaniline coated cotton textiles as a movement sensor and self-powered system [J]. Nano Energy, 2019, 55: 305-315.

[31] GAO X L, BAO Y L, CHEN Z J, et al. Bioelectronic applications of intrinsically conductive polymers [J]. Advanced Electronic Materials, 2023, 9(10): 2300082.

[32] 李娜，张儒静，甄真，等. 等离子体增强化学气相沉积可控制备石墨烯研究进展 [J]. 材料工程, 2020, 48(7): 36-44.

[33] 郭建强，李炯利，梁佳丰，等. 氧化石墨烯的化学还原方法与机理研究进展 [J]. 材料工程, 2020, 48(7): 24-35.

[34] 韩宝帅，薛祥，赵志勇，等. 碳纳米管纤维与薄膜致密化研究现状 [J]. 材料工程, 2018, 46(11): 37-44.

[35] LUO Y, MIAO Y P, WANG H M, et al. Laser-induced Janus graphene/poly(p-phenylene benzobisoxazole) fabrics with intrinsic flame retardancy as flexible sensors and breathable electrodes for fire-fighting field [J]. Nano Research, 2023, 16(5): 7600-7608.

[36] WANG L L, LIU W Q, YAN Z G, et al. Stretchable and shape-adaptable triboelectric nanogenerator based on biocompatible liquid electrolyte for biomechanical energy harvesting and wearable human-machine interaction [J]. Advanced Functional Materials, 2021, 31(7): 2007221.

[37] WANG H Z, LI R F, CAO Y J, et al. Liquid metal fibers [J]. Advanced Fiber Materials, 2022, 4(5): 987-1004.

[38] YANG W, CAI X, GUO S J, et al. A high performance triboelectric nanogenerator based on MXene/graphene oxide electrode for glucose detection [J]. Materials, 2023, 16(2): 841.

[39] LIM J E, LEE S M, KIM S S, et al. Brush-paintable and highly stretchable Ag nanowire and PEDOT:PSS hybrid electrodes [J]. Scientific Reports, 2017, 7(1): 14685.

[40] ZHANG J M, ZHAO X Y, WANG Z, et al. Antibacterial, antifreezing, stretchable, and self-healing organohydrogel electrode based triboelectric nanogenerator for self-powered biomechanical sensing [J]. Advanced Materials Interfaces, 2022, 9(15): 2200290.

[41] YANG L J, PAN L, XIANG H X, et al. Organic-inorganic hybrid conductive network to enhance the electrical conductivity of graphene-hybridized polymeric fibers [J]. Chemistry of Materials, 2022, 34(5): 2049-2058.

[42] SO M Y, XU B G, LI Z H, et al. Flexible corrugated triboelectric nanogenerators for efficient biomechanical energy harvesting and human motion monitoring [J]. Nano Energy, 2023, 106: 108033.

[43] LI W J, LU L Q, KOTTAPALLI A G P, et al. Bioinspired sweat-resistant wearable triboelectric nanogenerator for movement monitoring during exercise [J]. Nano Energy, 2022, 95: 107018.

[44] CUI M J, GUO H, ZHAI W, et al. Template-assisted electrospun ordered hierarchical microhump arrays-based multifunctional triboelectric nanogenerator for tactile sensing and animal voice-emotion identification [J]. Advanced Functional Materials, 2023, 33(46): 2301589.

[45] FAN W, ZHANG C, LIU Y, et al. An ultra-thin piezoelectric nanogenerator with breathable, superhydrophobic, and antibacterial properties for human motion monitoring [J]. Nano Research, 2023, 16(9): 11612-11620.

[46] ZHENG N, XUE J H, JIE Y, et al. Wearable and humidity-resistant biomaterials-based triboelectric nanogenerator for high entropy energy harvesting and self-powered sensing [J]. Nano Research, 2022, 15(7): 6213-6219.

[47] HE T, SHI Q F, WANG H, et al. Beyond energy harvesting-multi-functional triboelectric nanosensors on a textile [J]. Nano Energy, 2019, 57: 338-352.

[48] 齐琨,何建新,周玉嫚,等. 多重共轭静电纺纳米纤维的成纱工艺 [J]. 东华大学学报(自然科学版), 2013, 39(6): 710-715.

[49] 田荟霞. PAN/玄武岩纤维包芯纱增强复合材料层间剪切性能研究 [D]. 西安:西安工程大学, 2021.

[50] 张景,何建新,陶雪姣,等. 共轭静电纺氧化锆纳米纤维纱线的制备 [J]. 材料科学与工程学报, 2021, 39(6): 1014-1020.

[51] BUSOLO T, SZEWCZYK P K, NAIR M, et al. Triboelectric yarns with electrospun functional polymer coatings for highly durable and washable smart textile applications [J]. ACS Applied Materials & Interfaces, 2021, 13(14): 16876-16886.

[52] 张德伟,杨伟峰,张青红,等. 共轭电纺法制备聚乳酸纳米纤维能源纱线及其应用 [J]. 功能材料, 2021, 52(9): 9055-9061.

[53] LIU R R, HOU L L, YUE G C, et al. Progress of fabrication and applications of electrospun hierarchically porous nanofibers [J]. Advanced Fiber Materials, 2022, 4(4): 604-630.

[54] 沈家力. 基于静电纺纤维的摩擦纳米发电机的制备及其人体机械能收集性能研究 [D]. 上海:东华大学, 2018.

[55] FAN W, ZHANG Y, SUN Y L, et al. Durable antibacterial and temperature regulated core-spun yarns for textile health and comfort applications [J]. Chemical Engineering Journal, 2023, 455: 140917.

[56] DOGANAY D, DEMIRCIOGLU O, CUGUNLULAR M, et al. Wet spun core-shell fibers for wearable triboelectric nanogenerators [J]. Nano Energy, 2023, 116: 108823.

[57] CHEN W C, FAN W, WANG Q, et al. A nano-micro structure engendered abrasion resistant, superhydrophobic, wearable triboelectric yarn for self-powered sensing [J]. Nano Energy, 2022, 103: 107769.

[58] CHEN K, LI Y Y, YANG G G, et al. Fabric-based TENG woven with bio-fabricated superhydrophobic bacterial cellulose fiber for energy harvesting and motion detection [J]. Advanced Functional Materials, 2023, 33(45): 2304809.

[59] HE M, DU W W, FENG Y M, et al. Flexible and stretchable triboelectric nanogenerator fabric for biomechanical

energy harvesting and self-powered dual-mode human motion monitoring [J]. Nano Energy, 2021, 86: 106058.

[60] CHEN J, HUANG Y, ZHANG N N, et al. Micro-cable structured textile for simultaneously harvesting solar and mechanical energy [J]. Nature Energy, 2016, 1: 16138.

[61] HAO Y, ZHANG Y N, MENSAH A, et al. Scalable, ultra-high stretchable and conductive fiber triboelectric nanogenerator for biomechanical sensing [J]. Nano Energy, 2023, 109: 108291.

[62] XU Y L, BAI Z Q, XU G B. Constructing high-efficiency stretchable-breathable triboelectric fabric for biomechanical energy harvesting and intelligent sensing [J]. Nano Energy, 2023, 108: 108224.

[63] LI M Q, XU B G, LI Z H, et al. Toward 3D double-electrode textile triboelectric nanogenerators for wearable biomechanical energy harvesting and sensing [J]. Chemical Engineering Journal, 2022, 450: 137491.

[64] ZHAO Z H, DAI Y J, LIU D, et al. Rationally patterned electrode of direct-current triboelectric nanogenerators for ultrahigh effective surface charge density [J]. Nature Communications, 2020, 11(1): 6186.

[65] OH H J, BAE J H, PARK Y K, et al. A highly porous nonwoven thermoplastic polyurethane/polypropylene-based triboelectric nanogenerator for energy harvesting by human walking [J]. Polymers, 2020, 12(5): 1044.

[66] HOU X J, ZHU J, QIAN J C, et al. Stretchable triboelectric textile composed of wavy conductive-cloth PET and patterned stretchable electrode for harvesting multivariant human motion energy [J]. ACS Applied Materials & Interfaces, 2018, 10(50): 43661-43668.

[67] SHEN J L, LI Z L, YU J Y, et al. Humidity-resisting triboelectric nanogenerator for high performance biomechanical energy harvesting [J]. Nano Energy, 2017, 40: 282-288.

[68] PENG X, DONG K, NING C, et al. All-nanofiber self-powered skin-interfaced real-time respiratory monitoring system for obstructive sleep apnea-hypopnea syndrome diagnosing [J]. Advanced Functional Materials, 2021, 31(34): 2103559.

[69] 王晶洁. 超细摩擦纳米发电纱线的连续构筑及其智能服装应用 [D]. 上海: 东华大学, 2022.

[70] OUYANG H, TIAN J J, SUN G L, et al. Self-powered pulse sensor for antidiastole of cardiovascular disease [J]. Advanced Materials, 2017, 29(40): 1703456.

[71] MENG K Y, CHEN J, LI X S, et al. Flexible weaving constructed self-powered pressure sensor enabling continuous diagnosis of cardiovascular disease and measurement of cuffless blood pressure [J]. Advanced Functional Materials, 2019, 29(5): 1806388.

[72] YI J, DONG K, SHEN S, et al. Fully fabric-based triboelectric nanogenerators as self-powered human-machine interactive keyboards [J]. Nano-Micro Letters, 2021, 13(1): 103.

[73] WEN F, SUN Z D, HE T, et al. Machine learning glove using self-powered conductive superhydrophobic triboelectric textile for gesture recognition in VR/AR applications [J]. Advanced Science, 2020, 7(14): 2000261.

[74] HE Q, WU Y F, FENG Z P, et al. An all-textile triboelectric sensor for wearable teleoperated human-machine interaction [J]. Journal of Materials Chemistry A, 2019, 7(47): 26804-26811.

[75] QIU H J, SONG W Z, WANG X X, et al. A calibration-free self-powered sensor for vital sign monitoring and finger tap communication based on wearable triboelectric nanogenerator [J]. Nano Energy, 2019, 58: 536-542.

第4章 压电纱线及纺织品

目前，智能可穿戴设备大多以电池作为电源。然而电池受使用寿命的制约，且与纺织品的集成能力差。因此，开发具有可持续性供电能力且能与纺织品集成的自供电材料极为重要。压电纳米发电机（piezoelectric，PENGs）由于具备将机械能转化为电能的独特优势而备受关注。2006年，PENGs的概念由王等首次提出，该研究利用ZnO纳米线（NW）阵列实现了机械能向电能的转化。PENGs通常由压电材料和电极材料组成，当压电材料发生形变时，材料内部产生相应的极化作用会导致材料表面产生一定的电荷集聚，最终通过导电电极材料实现电荷的传递和供能。除了作为供电的能源材料，压电纱线及纺织品产生的压电效应还可应用于可穿戴传感检测领域，这种基于压电效应的传感纱线及纺织品可以推动压电材料在可穿戴技术和人体生命健康信息检测领域的发展。

穿着舒适性与耐久性是评价智能可穿戴产品性能的关键指标。针对压电材料压电输出性能的提高和改进，研究人员已开展了大量研究，但是对于提高压电材料舒适性和可穿戴性方面的研究却不多。现有可穿戴产品的舒适性和耐久性也难以满足用户的实际使用需求：①封装会造成可穿戴设备透气性能严重降低。②汗液会造成压电输出性能的降低，这种与皮肤紧密接触的微环境很容易滋生细菌造成健康危害。毫无疑问，纱线或织物形态的压电材料，对于改善可穿戴产品透气性、舒适性及可穿戴性大有裨益。

本章首先详细介绍压电纱线和压电纺织品的概念、压电效应以及压电纳米发电机的工作原理；其次，对其相关的制备方法进行细致阐述，包括材料的选择、结构设计、制备工艺、表征方法以及性能测试；最后，深入探讨压电纺织品在多个应用领域的研究，旨在揭示其在各个领域中的潜在应用和未来发展方向。通过系统性的分析和综述，本章剖析了压电纺织品的特性以及在生物医疗、人机交互、能源收集、传感检测领域的应用潜力，为读者提供一个深入了解压电纺织品前沿研究的视角，并为未来的研究方向提供参考。

4.1 压电纱线及纺织品的概念

4.1.1 压电纱线

压电纱线是一种利用压电效应原理制成的特殊纺织纱线。压电材料（如晶体、陶瓷、薄膜、聚合物及复合材料）在受到机械压力时内部会发生极化而产生电荷。在压电纱线的制造过程中，这些压电材料被编织或混合进纤维中，使得纤维在受到压缩、拉伸或弯曲时能在两端形成电势差，进而产生电流。这一过程是可逆的，即电场的作用也能导致材料形变。

由于压电纱线能够在不需要外部电源的情况下发电，可为自供电系统和可持续能源技术提供新的选择，其应用包括能量收集、传感器、人机交互系统等领域。在兼顾功能性的同时，开发具有舒适性、可回收、可生物降解的压电纱线也成为研究重点，旨在使压电纱线的生产和使用过程更加环境友好且符合可持续发展的要求。

随着纳米技术和材料科学的发展，新型压电材料以及先进的纺织技术，如静电纺丝技术的应用，不仅提升了压电纱线的压电转换效率，而且纱线变得更加轻薄、柔软，适合集成到可穿戴设备和智能纺织品中。此外，通过将压电纱线与其他功能性材料的复合，可以实现压电纱线的多功能集成，为智能服装、健康监测系统以及人机交互领域带来更广泛和高效的应用可能。

压电纱线不仅展现了纺织品技术与先进材料科学结合的创新方向，还开辟了可穿戴技术的新应用领域。随着技术进步和可持续发展策略的不断完善，压电纱线的应用前景将更加广阔，为日常生活和各领域的专业应用带来革命性的变化和便利。

4.1.2　压电纺织品

压电纺织品是一种采用先进纺织技术和压电效应原理制造的创新纺织品，能够在受到外力（如压力、弯曲或振动）时产生电能。这种纺织品通常由压电纱线经过针织、机织等方式制成，除了保留压电纱线的基本原理和功能外，还可以通过增加面积、数量和优化结构等方式实现更高的压电输出。

压电纺织品的应用范围广泛，涵盖能量收集、健康监测、环境感应、智能交互等多个领域。在智能穿戴设备中，压电纺织品可利用人体活动产生的机械能为设备供电；在健康监测系统中，压电纺织品捕捉和分析生理信号，如心跳和呼吸频率等；在智能家居和人机交互领域，压电纺织品可作为触控面板，响应用户的触摸和压力信号。

随着材料科学和纺织技术的发展，压电纺织品的设计和生产方法不断创新。例如，通过精密编织技术将不同功能的压电纱线相结合，或在纺织品中嵌入微型压电元件，增强其电能转换效率和功能性。这些技术的进步使得压电纺织品不仅实现机械能和电能的高效转换，而且使其质地更加柔软、适应性更强，更易于集成到日常使用的纺织品中。

压电纺织品代表了纺织品技术和材料科学的交叉融合，开启了智能纺织品新的应用可能。随着研究的深入和技术的进步，压电纺织品的功能将更加多样化，应用范围将更加广泛，为可穿戴设备、健康监测以及智能互动带来创新的解决方案和便利体验。

4.2　压电纳米发电机

4.2.1　压电效应

1880 年，诺贝尔奖获得者皮埃尔·居里和雅克·居里在研究压力对石英、电气石和罗谢尔盐等晶体产生电荷的影响时，发现了压电（压电力）效应。压电效应是指当某些材料受到机械力作用而被拉伸或压缩时，材料内部产生极化，材料相对的两个表面出现等量异种电荷的现象。受到的外力越大，则材料表面积累的电荷就越多，这种现象一般称作正压电效应

[图 4-1 (a)]；如果在压电材料的极化方向上施加一个电场，该电场会导致材料在一定方向上产生机械变形或机械应力，当外加电场撤去时，这些变形或应力也随之消失，这一现象称为负压电效应 [图 4-1 (b)]。

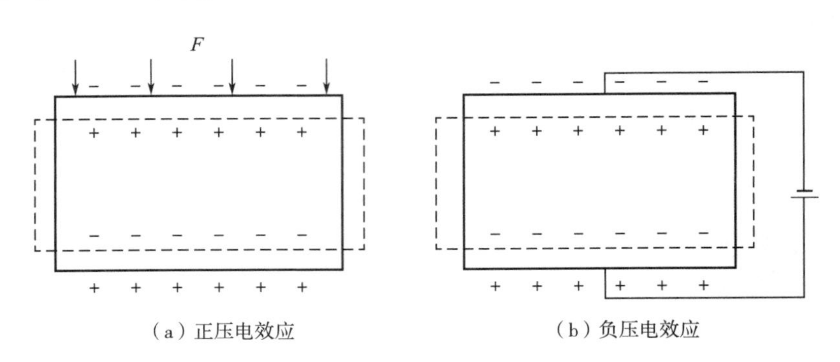

图 4-1　正负压电效应

压电效应的原理是压电晶体在力的作用下，其晶胞内的阴阳离子的相对位置发生改变，导致正负电荷的中心不重合，在晶胞内产生偶极距。晶体内所有单元产生的偶极矩叠加后，在宏观上产生沿应力方向的电势分布（电势降），即所谓的压电势。以 ZnO 为例，纤锌矿结构的 ZnO 通常具有较强的各向异性，正离子 Zn^{2+} 和负离子 O^{2-} 的中心相互重叠，正常情况下晶体中不出现极化 [图 4-2 (a)]。然而，当施加外部应变时，正负离子的中心反向移动，导致偶极极化和内置电场出现 [图 4-2 (b)]。当作用在压电晶体上的外力消失时，压电晶体恢复至不带电状态；当作用力的方向改变时，电荷的极性也随之改变。在压电晶体极化方向上施加电场时，晶体会发生形变；撤掉电场后，晶体形变也随之消失 [图 4-2 (c)]。

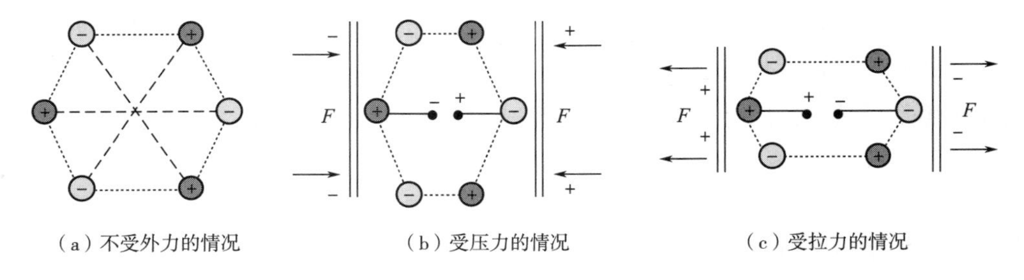

图 4-2　压电效应示意图

压电效应描述了某些材料在施加机械应力时产生电荷的能力。压电方程定量描述了这种效应，它将施加在材料上的机械应力与材料产生的电位移或极化联系起来，反之亦然。基本压电方程如式 (4-1)、式 (4-2) 所示。

正压电效应：

$$D=d\cdot\sigma+\varepsilon\cdot E \tag{4-1}$$

逆压电效应：

$$S=d\cdot E+s\cdot\sigma \tag{4-2}$$

式中：D 为电位移（C/m^2）；d 为压电系数（直接效应为 C/N；反向效应为 m/V），用于量化材料将机械应力转化为电荷的效率，反之亦然；σ 为施加在材料上的机械应力（N/m^2 或 Pa）；ε 为材料的介电常数（F/m），表示材料在外加电场作用下保持电荷的能力；E 为施加在材料上的电场（V/m）；S 为应变（无量纲），表示材料相对于其原始形状的变形程度；s 为材料的顺应性（mμ/N），表示材料在机械应力作用下的变形趋势。

该方程揭示了压电效应的双重性质：直接效应（机械应力导致电极化）和反向效应（外加电场导致机械变形）。压电系数 d 是这两种现象的核心参数，表示材料在机械能和电能之间转换的难易程度。

4.2.2　压电纳米发电机的工作原理

图 4-3 为薄膜压电纳米发电机在外力施加与释放作用下的工作原理。首先，在无外力施加情况下，正离子和负离子处于平衡状态，其等效电荷中心保持在相同的位置，材料内部没有发生极化，该状态下不会产生电流［图 4-3（a）］。当外力作用于 PENGs 时，材料体积减小产生负应变。正离子和负离子的电荷中心发生变化形成电偶极子，在两个电极之间产生了压电势［图 4-3（b）］。此时，电极连接到外部负载，便可以观察到电流。当作用力逐渐增加，电极材料之间距离达到最小时，电极化密度达到最大值［图 4-3（c）］。由于较大的压力保证了活性区域和电极之间的充分相互作用，此时 PENGs 的输出电压达到最大。最后，释放压力时，电子回流恢复到平衡状态［图 4-3（d）］。

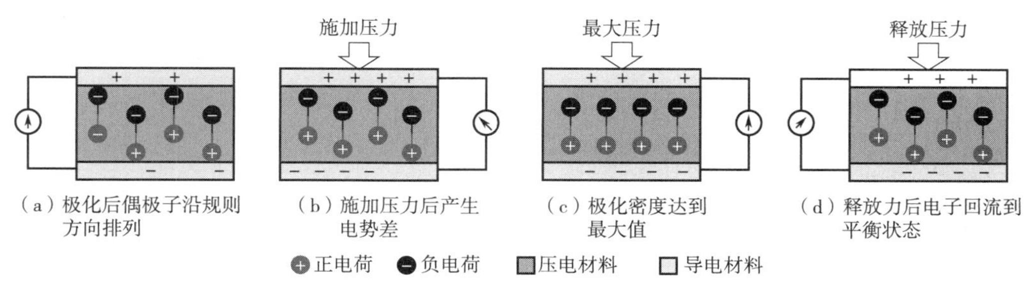

图 4-3　薄膜压电纳米发电机的工作原理图

4.3　压电纱线及纺织品的制备方法

4.3.1　材料选取

4.3.1.1　压电材料

传统的压电材料可分为以下 4 类：压电晶体、压电陶瓷、压电聚合物和压电复合材料。

（1）压电晶体。压电晶体是指具有单晶结构的压电材料，如磷酸二氢铵（ADP）、石英（SiO_2）等。压电晶体具有较高的机械品质因数、压电系数以及稳定的压电性能，但其制造过程复杂且价格昂贵。

(2) 压电陶瓷。压电陶瓷为部分氧化物经过高温炼制烧结后具有压电效应的材料，如钛酸钡（$BaTiO_3$）、氧化锌（ZnO）、锆钛酸铅（PZT）等，它们具有较大的压电常数、高灵敏度，但是材料脆性较大、密度重，因此它们不能满足柔性可穿戴电子设备的需求。

(3) 压电聚合物。压电聚合物范围广泛，通常包括天然高分子材料，如木材等；人工合成的压电聚合物，如 PVDF、聚（偏氟乙烯—三氟乙烯）[P(VDF-TrFE)]、聚（偏氟乙烯—六氟丙烯）[P(VDF-HFP)]、尼龙 11（nylon11）、PAN 等。压电聚合物材料具有柔韧性好、质量轻、成本低等优点，可广泛应用于柔性可穿戴设备的制造领域。在众多压电聚合物材料中，由于优异的机械、化学和热性能，最受欢迎的压电聚合物为 PVDF 及其共聚物，其成为制备柔性压电纺织品的热门候选材料之一。PVDF 及其聚合物具有独特的晶相结构（非极性 α 相、极性 β 相、γ 相和 δ 相），PVDF 常见状态为 α 相，但是该状态下材料的压电性能较差。β 相具有较强的压电性并且表现出较高的压电灵敏度，使得 PVDF 及其共聚物具有较高的压电特性。研究人员可以通过电极化、机械拉伸、退火等方法来提高这类聚合物压电材料中 β 相的比例。

(4) 压电复合材料。压电复合材料通过添加组分，在保证其原有材料性质的基础上，提高材料的压电和介电性能并赋予材料新的特性。例如，压电聚合物复合可以改善压电陶瓷脆性大、延展性差的缺点，压电陶瓷复合可以改善压电聚合物压电性能较差的问题。因此，压电复合材料扩大了压电材料在各个领域的应用范围。但是，对于提高聚合物复合材料压电性能，选择合适的压电陶瓷材料也是十分重要的。在压电陶瓷中，PZT 被广泛用于 PENGs 的制造。然而，在 PZT 中有毒和重金属［如铅（Pb）］材料占总重量的60%以上，会造成一系列的环境污染问题和人体健康安全问题。幸运的是这一问题可以通过使用 ZnO、锡酸锌（$ZnSnO_3$）、钛酸钡（$BaTiO_3$）、二氧化碲（TeO_2）和铌酸钾钠（KNN）等材料来解决。常见压电材料的分类及优缺点见表 4-1。

表 4-1 常见压电材料的分类及优缺点

分类	种类	优点	缺点
压电晶体	SiO_2，ADP	较高的机械品质因数、压电系数高且性能稳定	制造困难且成本高
压电陶瓷	$BaTiO_3$，ZnO，PZT	灵敏度高，介电常数高	脆性大、应变小，密度大
压电聚合物	PVDF，P(VDF-TrFE)，P(VDF-HFP)，PP，nylon11，PAN	柔软、质量轻、成本低、无铅、易加工	压电性能差
压电复合材料	压电聚合物+压电陶瓷	协同作用	极化方向不一致导致的中和效应

注　二氧化硅（SiO_2）；聚丙烯（PP）。

4.3.1.2 电极材料

电极是传递压电材料电荷的重要组成部件，它对提高 PENGs 的输出性能至关重要。PENGs 常用的电极材料主要包括金属、金属涂层织物、导电聚合物、碳基添加剂和混合材料，根据以上导电材料的分类概括了各类材料优缺点，见表4-2。

表4-2　导电材料的分类和优缺点

分类	种类	优点	缺点
金属	Au,Cr/Au,Al	高导电性	舒适性较差,耐疲劳寿命短,柔韧性低
金属涂层织物	导电银布	高度灵活,易于加工	性能衰减快
导电聚合物	PPy，PANI，PEDOT，PEDOT：PSS	灵活性高,可伸缩,易加工,重量轻	成本较高
碳基添加剂	石墨烯 rGO,CNT,CB	机械性能好,高比表面积,环境稳定性好	制备流程复杂,易团聚
混合材料	PPy—CNT，PEDOT:(PSS)—PVP,PANI—CNT	协同效应	制备工作复杂,工作量增加

首先，最简单的电极材料无须进一步加工处理即可直接使用，如金（Au）、铝（Al）、铬/金（Cr/Au）及其衍生物等。然而，这种电极材料在反复弯折后容易造成材料损坏。此外，它们在接触人体皮肤时会造成舒适性降低，这些缺陷极大地限制了其在可穿戴设备中的应用潜力。金属涂层织物（如导电银/聚酰亚胺织物、镀银织物）比金属电极更灵活，但导电性能的逐渐衰减限制了它们的进一步发展。导电聚合物已经成功应用于柔性压电纳米发电机的制备，它们具有柔韧性良好、易加工、重量轻的优点，已经成功引起科研人员的关注。导电聚合物的种类繁多，其中主要包含了PEDOT、PEDOT：PSS、PPy、PANI和PA。在众多导电聚合物中，PPy因其具有环境稳定性和相容性而被作为电极材料应用于各类可穿戴设备中。然而，PPy与PVDF之间存在附着力差的问题。因此，研究人员致力于PPy与PVDF之间附着力的提高。拜克等通过碱性处理和化学气相沉积法成功提高了PVDF和PPy之间的附着力。他们发现，采用PPy作为电极材料制备的PVDF压电纳米发电机比采用铝箔电极材料制备的PVDF压电纳米发电机产生的输出电压高1.67V。此外，导电聚合物PEDOT由于溶解性差也造成了实际应用的限制，PEDOT：PSS良好的溶解性使得该问题得到解决，并促进了PEDOT：PSS复合物的迅速发展。PEDOT：PSS因其可拉伸性已经广泛应用于各种可穿戴设备领域，包括摩擦电器件，超级电容器，电致变色器件，热电发电机以及太阳能电池。为了扩大导电聚合物在智能可穿戴设备中的广泛应用，降低制备成本、简化制备工艺仍然是关键性问题。

近年来，碳基添加剂电极的使用日益广泛，如石墨烯、碳纳米管、还原氧化石墨烯和炭黑等。石墨烯和碳纳米管具有良好的力学性能和高比表面积，是提高其他绝缘材料电性能常用的纳米添加材料。但是这类纳米材料在普通溶剂中分散困难且极易团聚，这是大规模应用的主要障碍。显然，单一材料不能满足大规模应用的需求，通过制造多种导电材料的复合材料也成为未来发展的主要趋势。已报道的此类复合材料有PPy—CNT、PEDOT：PSS—PVP、PANI—CNT、PEDOT：PSS/AgNW和MWCNT/PEDOT：PSS。这些材料优异的电化学性能和协同效应在智能纺织品领域中展现出极具潜力的应用价值。

4.3.2 结构设计

纺织材料的压电输出与纺织结构密切相关。纤维的排列方式（如平行、交错或随机排列）可以影响材料对压力和拉伸的响应；特定的纤维排列方向可能增强压电效应，带来更高的电能输出；纺织品的编织或织造方法（如平织、斜纹织造）决定了纺织品的弹性、柔韧性和透气性，进而影响压电材料对机械变形的响应能力；纺织品的密度和厚度影响其对压力的敏感度和变形能力。厚度和密度较高的纺织品可能提供更多的电能，但同时也可能限制材料的变形程度；纺织结构对弯曲和折叠的耐受性决定了其在实际应用中的适用性和耐用性，柔软、易于弯曲的纺织结构更适合应用于穿戴设备和柔性电子设备，能够在持续的机械应力下保持稳定的压电输出。

本节根据 PENGs 的结构将其分为三类：纳米纤维膜 PENGs、纱线基 PENGs 和织物基 PENGs。

4.3.2.1 纳米纤维膜 PENGs

纳米纤维膜 PENGs 的结构一般是薄膜状结构，包括 3 层：中间是压电层，上下两层是电极，可以有效地向外传输电流。该结构具有高比表面积、高可定制性、高孔隙率以及优异的弹性和良好的柔韧性等特点，是目前 PENGs 的理想结构选择。膜的高比表面积增加了与环境的接触面积，提高了能量转换效率。其柔韧性和弹性使得纳米纤维膜能够轻松地集成到纱线的包覆结构中，进而制成可穿戴设备。同时，通过调整制造工艺参数，可以精确地控制膜的物理特性，如厚度和孔隙率。此外，这些膜易于与其他材料复合，提供了一种高效、灵敏且可定制的解决方案，以满足柔性和可穿戴电子设备对高效能量收集系统的需求，进一步增强其在能量收集、传感和生物医学等领域的应用潜力。

通常情况下，制作纳米纤维膜 PENGs 通常采用复合压电材料，在保持柔性的同时，提高其压电输出的性能。压电复合材料有三种组合形式：压电填料与非压电聚合物、非压电填料与压电聚合物、压电填料与压电聚合物。以上组合可以通过添加导电材料增加复合材料的压电输出能力。

在压电填料与非压电聚合物的组合中，因为无机压电材料较有机压电材料的压电性能更突出，因此大多数组合选用无机压电材料（如钛酸钡、PZT、ZnO 等）搭配 PDMS 等弹性基底。大多数无机压电材料只能通过低维形态实现一定的柔性，而搭配非压电聚合物组成的复合压电材料是实现柔性的一种选择。

在非压电填料与压电聚合物的组合中，压电聚合物具有优良的天然柔韧性且易于加工，但其偶极极化和导电性能仍需加强。因此，大多数组合选用 PVDF 及其聚合物与导电材料（如 Ag 纳米颗粒、MXene、石墨烯等）、金属氧化物［如氧化镁（MgO）、二氧化钛（TiO_2）、四氧化三铁（Fe_3O_4）等］进行混合，从而提高复合材料的压电输出性能。

在压电填料及压电聚合物的组合中，无机压电材料具有高介电常数和优异的压电特性，所得到的复合材料不仅可以提高其机械柔韧性，还可以通过压电协同作用提高电输出性能。

4.3.2.2 纱线基 PENGs

压电薄膜虽然具有良好的压电输出性能，但目前还无法满足人们对耐久、透气、灵活性的日常需求。纱线基 PENGs 能够利用来自多个方向的机械应力，这使它们可以在不同的应用场景中更有效地收集能量。无论是行走、运动还是其他日常活动，纱线基 PENGs 都能够从多个角度捕捉机械能，并转化为电能。同时，这些纤维可以轻松地嵌入到衣物或其他纺织品中，不仅保持了材料的柔软性和透气性，而且能够与人体的自然运动协同工作，从而在日常活动中无感知地收集能量。

纱线基 PENGs 具有多种设计结构，不同结构的设计目的都是制备更高性能的压电纱线。目前常见的结构有缠绕结构、芯鞘结构、加捻结构以及编织结构。

（1）缠绕结构。第一个基于纤维的 PENGs 就是通过将氧化锌纳米线覆盖的芳纶纤维与涂有 Au 电极的纤维缠绕而制成的。然而，它的发电效率取决于两种纤维之间的特定相对摩擦，这造成日常可穿戴设备使用的不便［图 4-4（a）］。帕克等人使用碳导电胶带将定制的柔性印刷电路板（FPCB）电极连接到 PVDF 薄膜上。再将 PVDF 薄膜卷曲包覆在一条线上形成螺旋结构。然后，用聚对苯二甲酸乙二醇酯（PET）进行包覆，形成压电传感器的基本元件［图 4-4（b）］。

（2）芯鞘结构。该结构类似于压电薄膜的“三明治”结构，在最里面的芯纱是导电层，包覆一层压电层，最后再额外沉积一层导电层。这种结构可以提高纱线基 PENGs 的耐磨性以及压电输出的稳定性。吴等以不锈钢纱线为芯，表面沉积卤化铯铅包晶/PVDF 纳米纤维，其中卤化铅铯包晶包括 $CsPbBr_3$ 和 $CsPbI_2Br$ 颗粒［图 4-4（c）］。由于 $CsPbI_2Br$ 的完全结晶以及与 PVDF 聚合物链的互补作用，$CsPbI_2Br$ 增强的 PVDF 纳米纤维呈现出更高的压电性能。

（3）加捻结构。该结构是利用纳米纤维进行加捻制成纱线。加捻前一般需要将散乱的纤维凝聚成纤维束，加捻后纤维的外层纤维向内层挤压产生向心压力，使须条沿纤维的长度方向获得摩擦力。帕克等对 P(VDF-TrFE) 进行静电纺丝形成网状结构，利用旋转和平移电机将网状纳米纤维拉伸，最后捻制成压电纱线。在无须额外的极化工艺情况下，经过高度拉伸的捻纺压电纱的结晶度和 β 相量分别提高了 83%和 12%［图 4-4（d）］。

（4）编织结构。编织结构指的是将多根纱线通过相互编织的方式形成一根股线。樊等用静电纺丝技术将 PVDF 纳米纤维包覆在碳纤维上，形成 CF@ PVDF 纳米包裹纱线（CPY）。为了收集压电信号，采用二维编织技术，以 CPY 为芯纱，用碳纤维进行编织和包覆，制备了 CF@ PVDF@ CF 压电纱线［图 4-4（e）］。

对于 4 种纱线基结构而言，缠绕结构可将具有不同物理特性的纤维结合在一起，通过纤维之间的相对运动来产生电能。该结构可以根据需要选用不同的材料来优化性能。但其发电效率依赖于纤维之间的特定相对摩擦，这可能限制了其在某些应用中的便捷性和稳定性。芯鞘结构提供了一种“三明治”式的设计，通过在导电层与压电层之间添加额外的导电层，不仅增加了纱线的耐磨性，还提高了压电输出的稳定性。这种结构有利于压电材料在纤维上均匀分布，从而获得较高的压电效率。加捻结构通过对纳米纤维进行加捻来制备纱线，这种方法可以增强纤维之间的结合力和整体结构的稳定性。加捻过程中产生的向心压力有助于改善纤维的取向和结晶度，进而提高压电性能。编织结构通过将多根纱线相互编织，形成更加复杂和灵活的纤维结构，这种设计不仅增加了纱线的柔韧性和强度，还可以通过不同的编织图案来调整和优化压电性能。编织结构提供了更大的表面积和更多的界面接触，有助于提高能量收集效率。

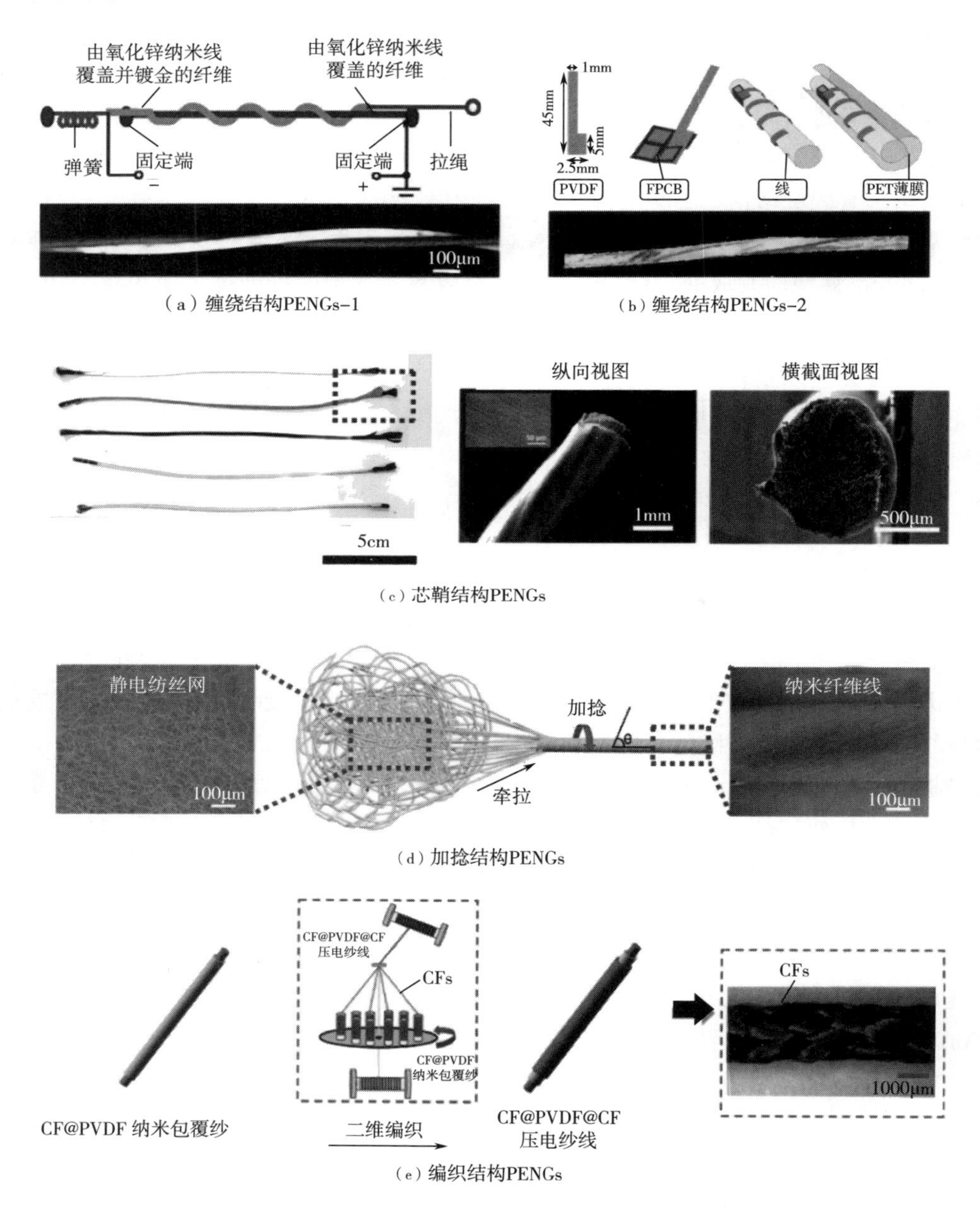

（a）缠绕结构PENGs-1

（b）缠绕结构PENGs-2

（c）芯鞘结构PENGs

（d）加捻结构PENGs

（e）编织结构PENGs

图 4-4　纱线基 PENGs 结构

4.3.2.3　织物基 PENGs

由于数量和有源面积的限制，单根纤维或纱线的压电输出能力较低。为了提高整个压电纺织品的输出，可以通过增加其面积或数量的方法来增加压电输出。例如，利用各种纺织成型技术将多个压电纤维或纱线织造成二维或三维织物，或者将压电材料与织物基底相结合，通过涂层、印刷或将压电元件嵌入织物等方式实现。织物基 PENGs 更容易与其他纺织品或材料结合，提供了更广泛的设计和制造可能性。通过优化织物结构和材料的布局，可以在不同的方向和位置上最大化能量的收集和转化效率，以获得最佳的能量输出。与单一纤维或纱线相比，织物基 PENGs 可以更好地融入日常穿着衣物中，提供更好的穿着舒适性。织物基 PENGs 可以分为机织物和针织物两类。

（1）机织物基 PENGs。

① 机织物可以通过经纱和纬纱交错织造而成。根据纬纱和经纱交错的规律，机织物的结构主要可分为三种基本组织：平纹、斜纹、缎纹。平纹组织的经纱和纬纱每隔一根纱线交织一次，具有耐磨、轻薄、质地较硬的特点。斜纹组织的特点是经纱和纬纱至少隔两根纱线交织一次，其耐磨性次于平纹组织，具有较好的光泽度。缎纹组织经纱和纬纱至少隔三根纱线交织一次，其面料平滑细腻，质地厚实有光泽。

② 负等提出了一种可用作可穿戴能量收集器的压电平纹结构，如图 4-5（a）所示。该装置由聚合物柱状线和压电薄膜组成，聚合物柱状线和压电薄膜编织成一排缝线。在压电薄膜的上下两侧，聚合物贴片交替排列，当贴片受到拉伸和收缩运动时，就会产生电荷。在工作频率为 8Hz 时，该装置通过反复拉伸和收缩运动可获得 0.63mW/cm^2 的最大峰值功率密度。

③ 金等为了探究平纹、斜纹及缎纹三种不同结构机织物的压电性能，制作了三种不同结构的压电织物。如图 4-5（b）所示，该压电织物结构的纬纱是 PVDF，经纱是 PET。比较三种织物，2/2 斜纹织物显示出更好的压电输出性能。基于 2/2 斜纹织物的压力传感器灵敏度高达 83mV/V，可进一步集成到鞋垫的前部和后跟部位，并表现出优异的传感性能。

④ 塔吉津等为了探究不同织物在水平方向变形过程中的压电特性，对平纹、斜纹、缎纹三种织造结构进行了测试，如图 4-5（c）所示。其中每种结构的纬纱为左旋聚乳酸（PLLA）纤维，经纱为 PET 纤维，高导电性的碳纤维被缝制在每块织物内部，用作检测压电响应信号的电极。在平纹织物中，纬线和经线交替相交，其纬纱和经纱最为牢固。当平纹织物被折叠时，每根纬线都会以可预测的方式弯曲，从而产生压电信号。然而，平纹织物的结构在水平拉伸时几乎没有变化，纬纱的变形不会引起水平方向的弯曲，因此，不会产生压电信号。在斜纹织物中，每根经线与三根纬线相交。纬线和经线的接触点形成了从左下到右上的对角线。当斜纹编织物扭曲时，纬线在平面内弯曲从而产生压电信号。在缎纹组织中，一根经线与四根纬线相交。接触点形成从左下到右上、从右下到左上的对角线。整个织物结构松散，富有弹性，正面和背面的外观各不相同。当缎面织物沿纬线方向拉伸时，纬线发生弯曲。因此，在水平拉伸过程中会产生压电信号。

（2）针织物基 PENGs。

① 针织物是开发轻质、柔韧、耐磨 PENGs 的另一个重要途径，它是由线圈和线圈相互

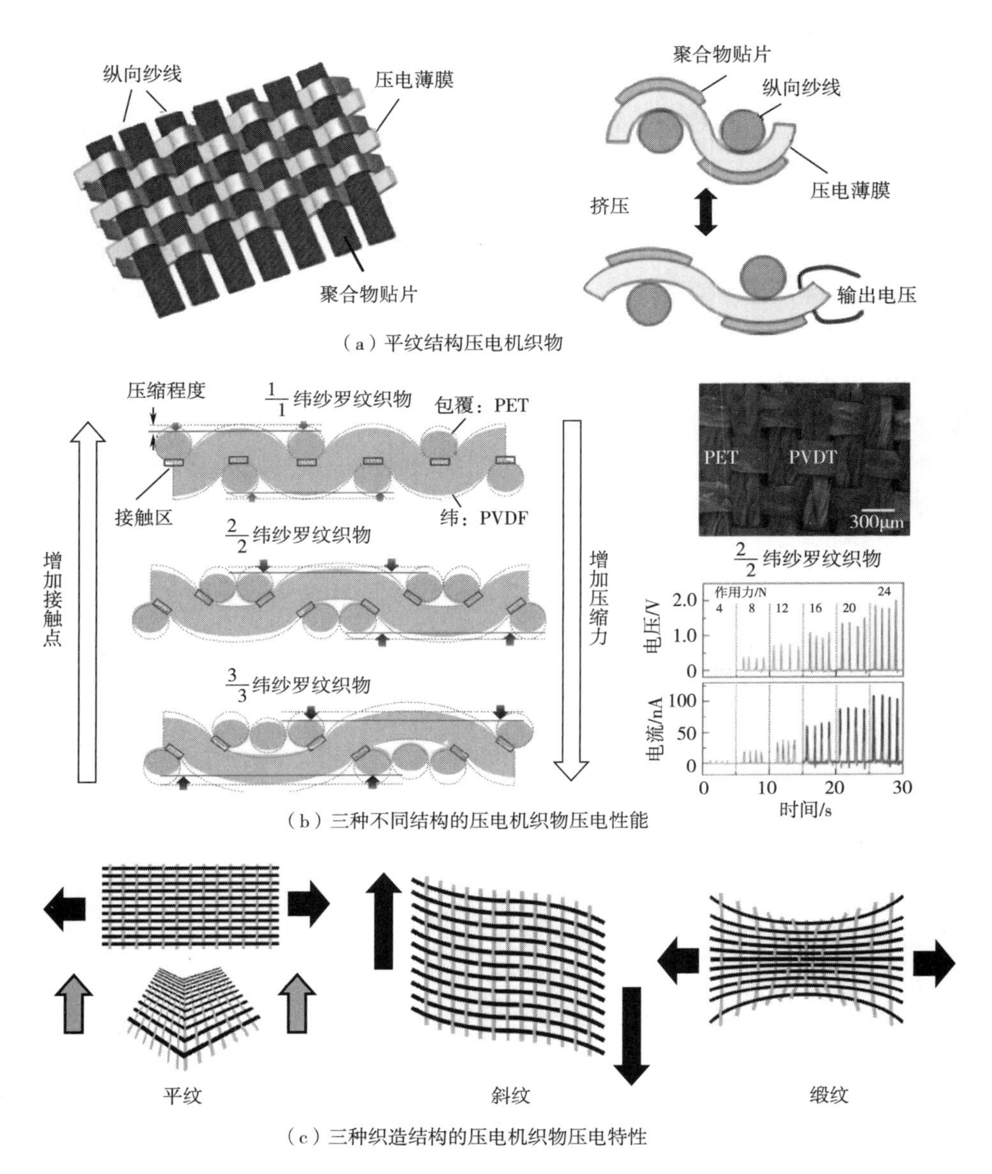

（a）平纹结构压电机织物

（b）三种不同结构的压电机织物压电性能

（c）三种织造结构的压电机织物压电特性

图 4-5　机织物基 PENGs 结构

串联而成。根据线圈的交错方向，针织物又可分为纬编和经编两种。与其他类型的织物相比，其线圈结构使其使用更加灵活。针织面料具有高度的可拉伸性、弹性和可扩展性，因此非常适用于内衣和运动服等服装。

② 阿南德等研制了三维针织压电 PENGs。这种压电织物是通过在纬编双层织物机上编织而成。如图 4-6（a）所示，导电纱 A 充当织物面的外侧，其材质是 Ag 涂覆尼龙 66；绝缘纱 B 充当织物面的内侧，其材质是假捻涤纶纱；压电单丝间隔纱 C 夹在织物面中间，其材质是高 β 相 PVDF 单丝。该结构与现有的二维编织和非编织压电结构相比，所开发的织物结构具有更高的功率输出和效率。由于 PVDF 纱线分布应力均匀，与现有的二维机织和无纺压电结

构相比三维针织间隔压电织物具有更高的功率输出，在 0.02~0.10MPa 的冲击压力下，该织物的功率密度范围为 1.10~5.10μW/cm^2。

③ 莫赫塔里等开发了一种基于 PVDF/$BaTiO_3$ 的混合纤维，并织造成针织结构 PENGs。如图 4-6（b）所示，基于 PVDF/$BaTiO_3$ 织物的 PENGs 产生的功率密度和电压分别为 87μW/cm^2 和 4V，这种针织 PENGs 在 20 秒内就能为 10μF 的电容器充电，同时还可以用于精准医疗的实时监测。

④ 祖拜尔等通过在 PVDF 中分散 ZnO 纳米粒子（NPs），在针织物上合成压电纳米复合涂层，如图 4-6（c）所示，成功地制造出用于传感生物力学运动的柔性高效电活性基底。该压电装置在弯曲角度 10°~90°的情况下，可产生 0.6~4.1V 的电压，表现出卓越的响应能力。此外，在施加剪切或冲击应力时，还观察到了该装置的电压和电流响应。

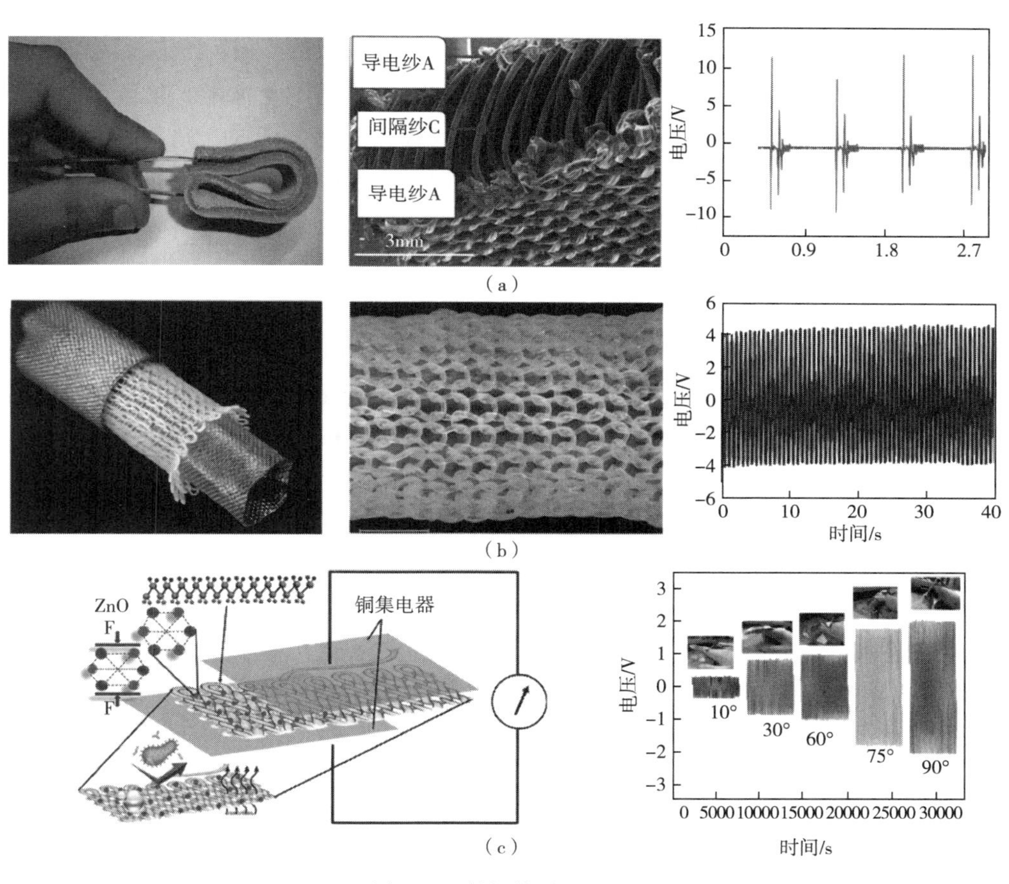

图 4-6　针织物基 PENGs

4.3.3　制备工艺

（1）热压法。通过将填料与聚合物混合均匀后加热到聚合物熔点，压制成设计的形状，冷却后得到复合材料，其工艺比较简单。许等使用了热压法制备了铌酸锂（LN）/MWCNTs/PP

压电复合薄膜，通过在200℃下施加3MPa的压力，将材料混合物挤压并加工成薄膜形式。这种热压法制备的薄膜具有良好的柔韧性和透明性，可以简单地通过调整原料配比和压力大小来控制薄膜的尺寸和厚度。热压法能明显降低填料与聚合物之间的界面缺陷，抑制材料孔隙率，因此制备的压电材料通常性能较优。

（2）熔融纺丝。对于某些可以熔化的压电聚合物，如PVDF等，熔融纺丝是一种有效的制备方法。这一过程涉及将压电聚合物加热至熔点以上，然后通过喷丝头挤出形成纤维。纤维冷却后可以进行进一步的拉伸和极化处理，以改善其压电性能。为了改善熔融纺丝PLLA/$BaTiO_3$的压电特性，欧等优化了后处理条件，以增加β结晶相的比例。通过确定了α相向β相转变行为和PLLA/$BaTiO_3$纤维在纱线和织物形态下的压电特性，证实了在熔融纺丝过程中，在拉丝比为3、温度为120℃的优化后处理条件下，PLLA/$BaTiO_3$纤维的结晶相变显著增强。然而，熔融纺丝聚合物中的分子偶极子是随机取向的，因此需要额外的极化过程使其对齐，以获得有实用价值的压电材料。

（3）静电纺丝。静电纺丝是一种简单、低成本和多用途的制备技术，其最主要的优势是由于在制造过程中施加了高电场，因此不需要额外的极化过程。例如，制备PVDF纳米纤维时，静电纺丝可以通过原位电极化和机械拉伸促进PVDF中偶极子（$CHCF_2$偶极子）沿电场和力的方向排列，得到高β相含量的PVDF纳米纤维。静电纺丝可制备出超薄、柔性且超轻的压电薄膜，使其更适用于柔性穿戴应用。

（4）湿法纺丝。湿法纺丝过程包括将压电材料溶解在适当的溶剂中，然后通过细孔挤出，形成纤维。随后，纤维会在凝固浴中凝固，最后进行拉伸和定向处理以增强其压电性能。昆等通过湿法纺丝制备PVDF纤维，并控制拉伸比和热定型温度，增加纤维的β相结晶度。采用湿法纺丝方法有利于PVDF在湿法纺丝凝固过程中诱导相变，易于获得β相结晶，从而提高材料的压电性能。

（5）旋涂法。在平面基材上获得薄而均匀薄膜的首选方法。通过将溶液滴在以一定转速旋转的水平基底上，促进溶剂蒸发形成薄膜，该法具有精准控制薄膜厚度、节能、低污染和操作简单等优势。而且在旋涂过程中，薄膜受到相当于机械拉伸的剪切力作用，对压电β相的形成有促进作用。马可等通过旋涂和淬火处理的方式获得PVDF样品，以增加压电系数d33和电活性相F(β)的含量。研究发现，通过旋涂和淬火处理制备的PVDF薄膜可以增加压电系数d33和电活性相F(β)的含量，从而提高其压电性能。且在不使用电极极化的情况下能够实现自对准的β相结晶，从而获得具有高压电系数的PVDF薄膜。低温液氮中淬火可以避免由于静电相互作用或温度梯度引起的极化，从而保持材料的压电性能。

（6）溶液浇铸法。该方法可以控制β相的转变从而制备高压电性能的压电薄膜，具有制备过程简便的特点。溶液浇铸法制备流程主要步骤为：

① 将压电聚合物粉末溶解在溶剂中用于配制混合均匀的溶液。

② 通过静止脱泡等技术去除溶液中气泡，防止气泡造成压电薄膜的表面缺陷。

③ 将溶液倾倒在玻璃表面均匀铺展，放入烘箱中加速溶剂的挥发，待溶剂挥发干净形成压电薄膜。

拉姆等采用溶液浇铸法制备了PVDF/BTO/环烷酸铜（CNC）复合材料薄膜，研究了使用BTO和CNC作为纳米填料对复合薄膜机械强度和力学性能的影响规律。实验结果表明，当PVDF/5% BTO与PVDF/5% BTO/0.9% CNC复合薄膜在5%应变条件下，其机械强度与纯PVDF薄膜机械强度相比分别提高了17%和130%，因此证明了纳米填料的加入可以有效提升压电薄膜的力学性能。

（7）溶液吹塑法。该方法具有以下优点：生产效率高、易于实现、无须高压即可在任何收集器上沉积纤维，该方法也适用于大规模商业生产。该方法利用高压气流拉伸PVDF溶液前驱体，可获得高β相含量的PVDF纳米纤维膜。该方法已被广泛应用于各种领域，如油水分离，防护材料以及质子交换膜等。

4.4 压电纱线及纺织品的应用领域

压电纱线及纺织品具备将机械能转换为电能的独特属性，在可穿戴电子设备、能量收集和智能纺织品等领域展现出广阔的应用前景。这些材料的研究和开发推动了高性能、环境友好和自供能设备的创新，为未来的技术革新奠定了基础。通过深入探索这些纱线及纺织品的压电效应，可以设计出新型的传感器、能量收集系统和智能设备，为人类的日常生活和工作带来革命性的改变。

4.4.1 能量收集

压电纺织品能够有效地将大量可用的机械能转化为电能，以满足低功率电子器件的供电要求。该能量收集的潜力可以应用于两个方面，生物体能量收集和外部环境能量收集。生物体能量收集侧重于挖掘生物体自身作为能量源的潜力，例如通过生物化学过程产生电能。外部环境能量收集则利用周围环境中的自然力量，如风能、太阳能或海浪能等，将其转化为电能。这两种方法各有侧重点，但共同指向一个目标：开发更加环保、高效的能量解决方案，减少对传统电池的依赖。

4.4.1.1 生物体能量收集

随着人们对医疗电子技术的不断探索，植入式生物医学器件逐渐成为生物科学研究、临床疾病诊断、监护和治疗等领域不可或缺的医疗工具。当前，植入式生物医学器件在外形设计和能源供应等方面仍面临着挑战，而自驱动、柔性、微小型化和轻量化是其主要发展方向。机械能是所有生物能源中最普遍且充足的能源之一，基于压电效应的柔性生物机械能收集器件具有快速的能量转换能力，可满足多种生物应用场景，并契合植入式生物医学器件的发展需求，对这类器件的相关研究具有重要实际意义。

王等报告了一种基于介孔PVDF的植入式压电纳米发电机，用于体内生物力学能量采集［图4-7（a）］。该发电机由海绵状介孔PVDF薄膜制成，并由PDMS封装。将这种发电机植入啮齿动物体内后，啮齿动物肌肉的轻微运动可产生约200mV的电压。同时，宿主携带发电机 6 周后，未发现任何毒性或不相容迹象。此外，这种发电机的电输出性能非常稳定，在体内运行 5 天后也没有出现衰减。在活体环境下，该装置可以通过一个 1μF 的电容器输出 52mV 的恒定电压。这种基于介孔 PVDF 的压电纳米发电机器件具有出色的电输出效率、超强的耐久性和优异的生物相容性，有望成为自供电的生物电子器件。

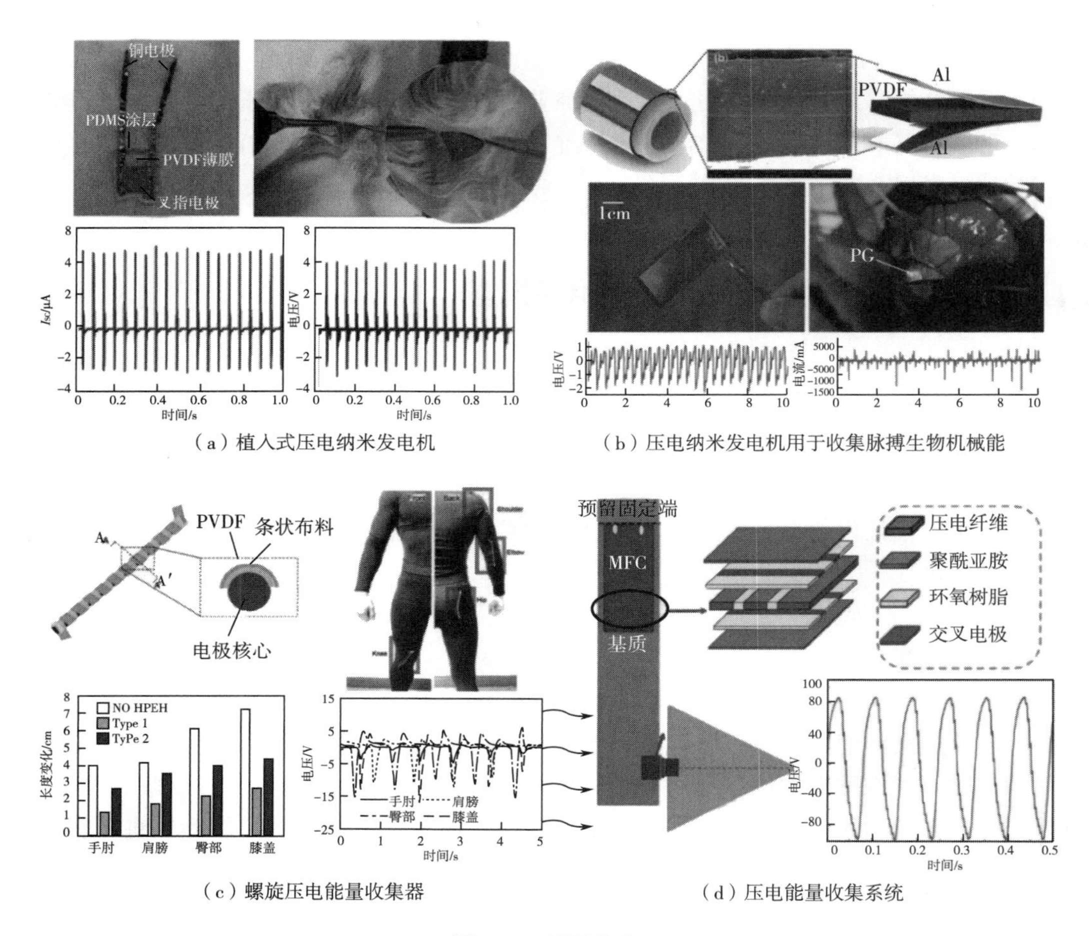

（a）植入式压电纳米发电机

（b）压电纳米发电机用于收集脉搏生物机械能

（c）螺旋压电能量收集器

（d）压电能量收集系统

图 4-7 能量收集

张等开发了一种用于收集升主动脉的脉冲能的 PVDF 基压电纳米发电机，封装后器件被移植到雄性家猪的升主动脉周围［图 4-7（b）］。在心率为 120bpm、血压为 160/105mmHg 的条件下，器件在体内的输出电流和电压峰值分别为 300nA 和 1.5V，持续时间为 700ms，植入的器件可在 40s 内为 1μF 电容器充电至 1.0V。这些输出电信号与心率、血压和心电信号高度同步。这项研究尝试收集了主动脉的脉搏生物机械能，并证实了这种可植入的压电纳米发电机在体内作为主动血压传感器的可能性。

4.4.1.2 外部环境能量收集

金等提出了一种螺旋压电能量收集器，研究了其在服装中的应用。螺旋收集器由弹性核心和缠绕核心的聚合物压电带组成［图 4-7（c）］。实验表明，在 3MΩ 负载电阻和 1Hz 运动频率下的最大输出功率为 1.42mW。该能量收集器应用于可拉伸紧身运动服的四个位置，即肩部、手臂关节、膝关节和髋关节。在身体运动过程中，膝关节位置的收集器测得的最大输出电压超过 20V。此外，这件能量采集装置也能产生电能，在俯卧撑、步行和下蹲运动中，肘关节处的电压约为 3.9V，膝关节处的电压约为 3.1V，膝关节处的电压约为 4.4V。

机械能是可再生和可持续能源，广泛存在于自然界。压电材料具有将机械能转化为电能的能力。Liu 等提出了一种创新的压电能量收集（PEH）系统［图 4-7（d）］，该系统采用基于扑动模式的压电纤维复合材料（MFC）。结果表明，该 PEH-MFC 系统具有大形变和高效能量收集的优异特性，能有效地捕获风能。PEH-MFC 系统由一个软基板和一个通过铜铰链连接的聚合物三角形叶片组成。MFC 安装在软基板的底部，是系统的核心部件。在风速为 12.9m/s 的条件下，使用 0.6mm 铝基板的 MFC-2814 可获得 184V 的最大峰值开路电压。

4.4.2 人机交互

在人工智能（AI）和物联网（IoT）繁荣发展的当代，人机交互领域正快速发展，而压电纳米纤维通过利用压电效应将机械应力转换为电信号，拓宽了人机交互的界限，为实现更加细腻、直观且高效的互动体验提供强有力的支持。压电纺织技术与触摸感应、可穿戴传感器以及用户界面的融合，预示着人机交互方式的创新。因此探讨压电纳米纤维如何精确感应并将微小的机械振动转变为电信号，从而实现对用户意图的高灵敏响应，在人机交互系统中起到非常关键的作用。

吕等利用钐掺杂的铌镁酸铅—钛酸铅（Sm-doped PMN—PT）薄膜制造的器件，具有出色的能量收集性能（输出电压为 6V，电流密度为 150μA/cm^2）和较高的压力灵敏度（5.86V/N），可以作为触觉传感器记录手指解锁智能手机的过程［图 4-8（a）］。该压电传感器阵列由 6 个独立的传感器单元组成，由于阵列各基本单元相互独立，互不干扰，通过多路信号采集器读取输出电压信号，即可识别不同按键输入的数字。苏等在 BTO 纳米粒子上引入体积分数为 2.15%的聚多巴胺涂层，显著促进了纳米填料与聚合物界面的模量匹配，获得了最大的压电电荷系数、压电电压系数以及机械刚度。将制备的压电薄膜器件覆盖在键盘按键上，由于不同人按键的间隔及力的大小都有所不同，压电薄膜器件的输出特征不同，从而实现对用户的智能识别［图 4-8（c）］。因此，此触觉传感器在平板电脑、智能手机、笔记本电脑等带有触摸屏的电子设备中具有巨大的应用潜力。

法齐奥等展示了一种基于轻薄、可保形的氮化铝（AlN）压电传感器的新型智能手套［图 4-8（b）］。该设备通过内载机器学习算法获取并处理来自压电传感器的信号，对所做的手势进行分类，同时将安装在用户眼镜上的微型摄像头所获取的视觉数据与压电传感器提供的触觉数据相结合，开发了可穿戴视觉—触觉识别系统。

邓等基于独特的豇豆结构设计了一种由 PVDF/ZnO 纳米纤维构成的柔性自供电压电传感器。该传感器在与机器人手进行手势交互时，表现出优异的机械和压电性能［图 4-8（d）］。当传感器固定在手指关节上时，其弯曲运动可被传感器转换为电信号，从而通过控制电路远程控制机械手。在这项工作中，机械手展示了与人手同步模仿相同手势的能力。MXene 电极在其中有效地克服了传统电极的短路问题。这种设计使得该压电传感器在人机交互系统中实现手势的远程控制，该压电装置在智能人机界面方面具有广阔的应用前景。

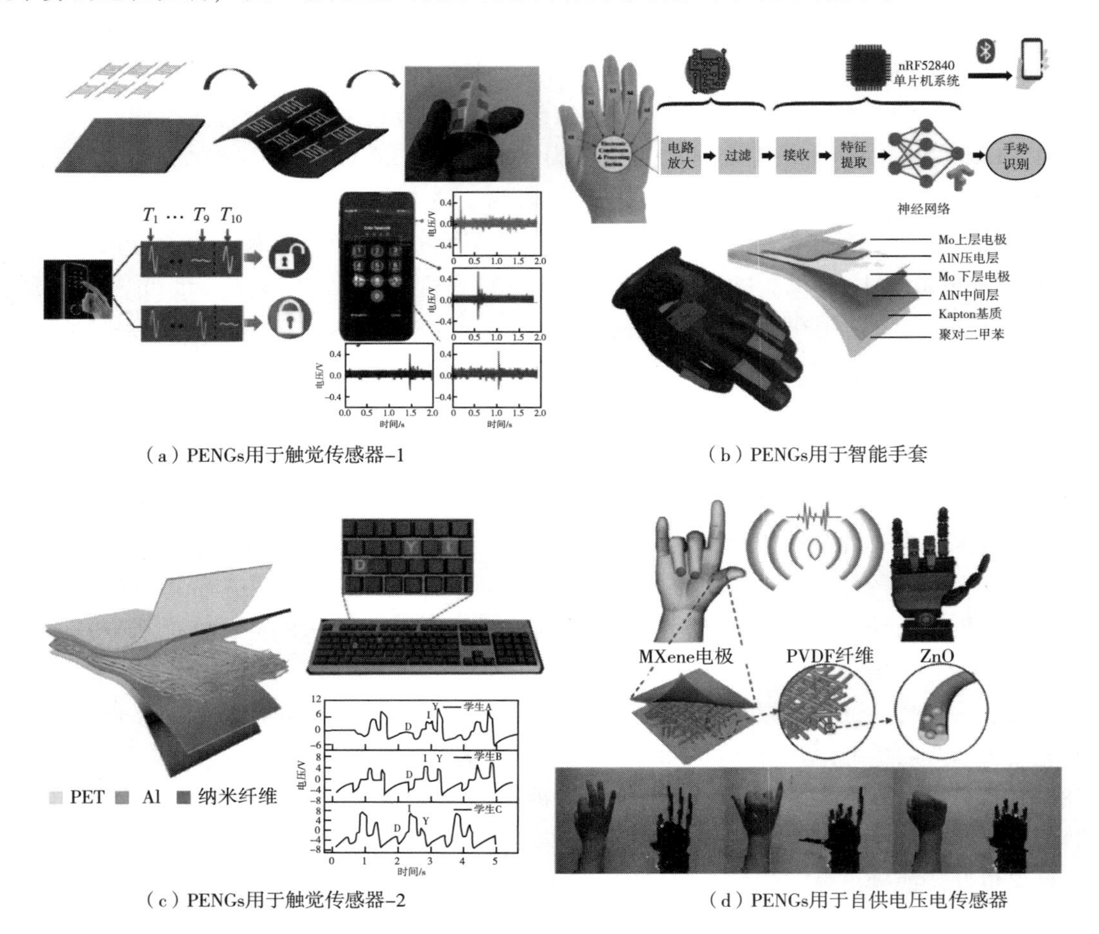

（a）PENGs用于触觉传感器-1

（b）PENGs用于智能手套

（c）PENGs用于触觉传感器-2

（d）PENGs用于自供电压电传感器

图 4-8　人机交互领域的应用

随着人机交互应用技术的快速发展，如何将人机界面与这些技术相结合将成为学术界和产业界关注的焦点。柔性压电人机交互设备将为人们的日常生活带来便利。

4.4.3　医疗健康

柔性压电力学传感器可以检测由呼吸、心跳等引起的微小应力，因而在医疗监测领域展现出应用潜力。杨等制备了一种三维分级互锁的 PVDF/ZnO 纳米纤维［图 4-9（a）］。当柔性 PVDF/ZnO 纳米纤维器件受压时，ZnO 纳米棒的分级互锁结构将产生丰富的变形和更强的压电势。通过将压电传感器安装在胸部可以检测到人体呼吸；当将其安装在手腕上时，可以检测手腕脉搏。除此之外，传感器还可以紧密附着在腓肠肌（GAST）、比目鱼肌（SOLE）和胫骨前肌（ANT TIB）小腿肌肉上构成步态识别系统。该步态识别系统可以通过收集传感器阵列的电输出信号并传输到计算机进行数据记录和分析来实现步态的识别。这种步态识别技术可以帮助分析人类步行特征和帕金森病的诊断。

乔西等提出了一种具有压电效应的并嵌入 PCL 的甘氨酸晶体纳米纤维［图 4-9（b）］。该纳米纤维薄膜具有稳定的压电性能，可输出 334kPa 的超声波，可制造成一种可生物降解的超声换能器，用于促进化疗药物向大脑输送。该装置显著延长了小鼠正位胶质母细胞瘤模型的存活时间，且有望应用于胶质母细胞瘤的治疗，为医疗植入领域的发展了提供平台。

植入式血流监测设备能够评估患者术后的血流动力学状态，提供实时、长期、灵敏、可靠的血流动力学信号，准确反映多种生理状况。唐等介绍了一种基于压电传感器的植入式无约束血管电子系统，该系统由一个“可生长”鞘固定在不断生长的动脉血管周围，用于实时和无线监测血流动力学参数［图 4-9（c）］。以患者为中心的医疗保健要求及时进行疾病诊断和预后评估，这就需要个性化的生理监测。这种集成的智能设计实现了对血流动力学的长期、无线和灵敏监测，并在大鼠和兔子身上进行了演示。

易等利用极化的 PZT 压电薄膜，开发了一种无线可穿戴的连续血压监测系统，其便携性优于以往报道的脉搏波基血压测试系统［图 4-9（d）］。脉搏波速度（脉搏波在动脉中的传播速度，PWV）是连续、可穿戴和无创血压测量的基础，可以通过两个动脉脉搏波之间的时

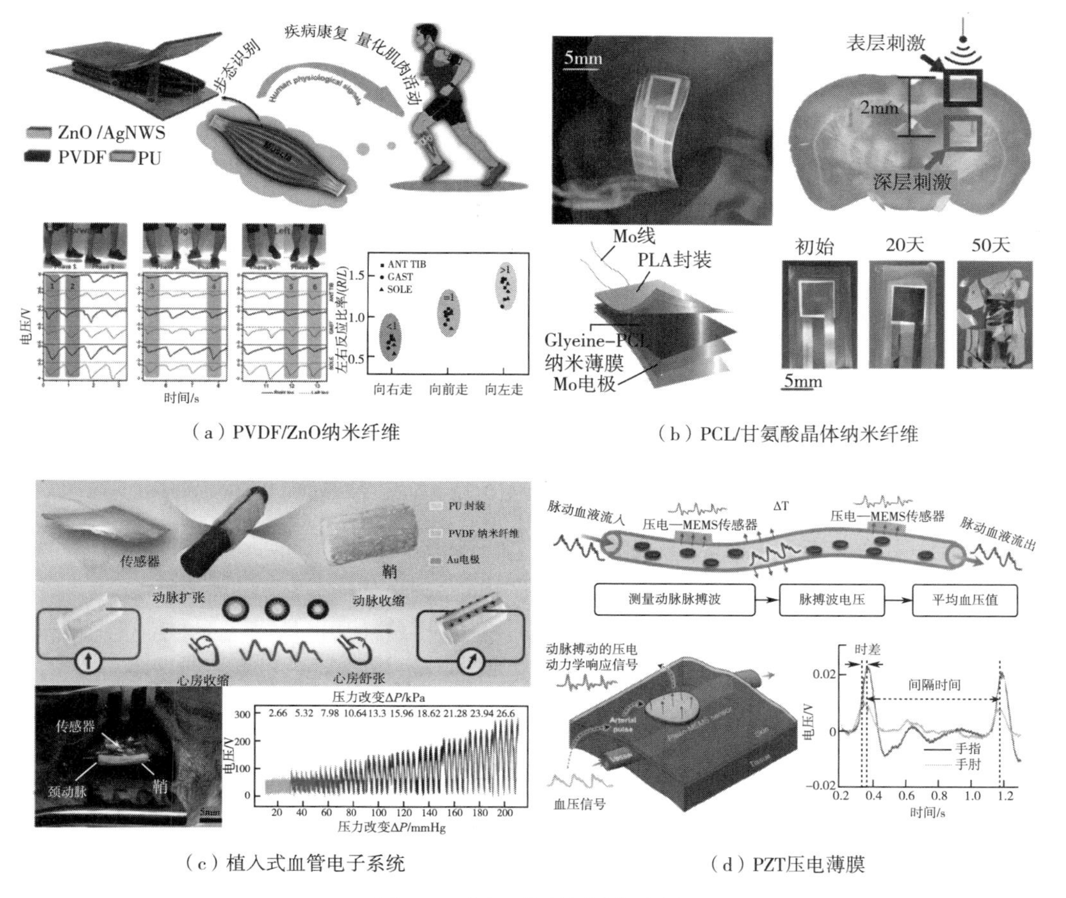

（a）PVDF/ZnO纳米纤维　（b）PCL/甘氨酸晶体纳米纤维

（c）植入式血管电子系统　（d）PZT压电薄膜

图 4-9　医疗健康领域的应用

间差来计算得出。将得到的 PWV 代入已知的经验公式，就可以得到对应血压，该设备可应用于高血压的早期预防和日常控制。

4.5 总结与展望

随着科技的不断进步和创新需求的日益增长，压电技术在智能纺织品和可穿戴技术领域展现出了巨大的应用潜力。压电纺织品不仅在灵活性、稳定性、易加工性及成本效益方面具有显著优势，而且在智能可穿戴传感设备的研究与开发中扮演着关键角色。本章通过分析压电效应理论、柔性压电材料的开发、结构分析以及创新应用等，综合展示了压电纺织品领域的最新研究成果。

尽管该领域已取得显著进展，但在未来的研究和应用拓展中，仍面临诸多挑战和机遇。在材料开发方面，探索和制备具有更高压电性能的新型柔性材料，提高压电材料的转换效率，缩小它们与传统压电材料之间的性能差距仍然具有挑战。在界面结合方面，如何在不牺牲其柔性的同时，最大化地保留压电材料的固有优势，将柔性压电纺织品集成到现有的电子和纺织产品中，并克服与传统材料不兼容问题，如电气连接、材料接合和稳定性等问题，也值得深入研究。此外，压电纺织品除具备压电特性外，作为纺织品还需要满足如伸缩性、透气性和舒适性等功能要求，使其真正满足智能可穿戴设备的需求。

压电纺织品不仅是一种新型材料，还是一个高度集成、多功能的智能系统，它们在保持传统纺织品舒适性和美观性的同时，能够提供高附加值的属性。从健康监测到能量收集，再到环境感知，压电纺织品将开辟全新的应用领域，为人类的生活和工作方式带来革命性的变化。通过跨学科合作和技术创新，未来有望突破现有的技术壁垒，拓展其在智能材料和系统中的应用范围，为可穿戴技术和生物医学等领域的发展带来变革。

参考文献

[1] ANTON S R,SODANO H A. A review of power harvesting using piezoelectric materials(2003-2006)[J]. Smart Materials and Structures,2007,16(3):R1-R21.
[2] 黄国平,李百明,肖勇,等. 压电材料的发展与展望[J]. 科技广场,2010(1):208-210.
[3] 阎瑾瑜. 压电效应及其在材料方面的应用[J]. 数字技术与应用,2011,29(1):100-101.
[4] 何超,陈文革. 压电材料的制备应用及其研究现状[J]. 功能材料,2010,41(S1):11-13,19.
[5] 黄涛. 聚偏氟乙烯静电纺纳米发电机的制备、性能及应用研究[D]. 上海:东华大学,2016.
[6] 王越,常新安,刘国庆,等. ADP 及 KDP 晶体纵向压电系数 d_{33} 的计算及其验证[J]. 人工晶体学报,2006,35(4):702-704,714.
[7] 宋悦. 钛酸钡纳米线/聚偏氟乙烯纤维及其压电传感器的制备[D]. 天津:天津工业大学,2020.
[8] 张跃,林沛,闫小琴,等. 氧化锌纳米结构的压电性能研究[J]. 新材料产业,2014(10):55-60.
[9] 张少峰,袁晰,闫明洋,等. 锆钛酸铅压电陶瓷的流延法制备及其性能[J]. 中国有色金属学报,2020,30(2):326-332.

[10] 费益元,曾石祥. 木材中的压电效应 [J]. 南京林业大学学报(自然科学版),1987,11(3):100-104.

[11] ZHANG N H,SHAN J Y,XING J J. Piezoelectric properties of single-strand DNA molecular brush biolayers [J]. Acta Mechanica Solida Sinica,2007,20(3):206-210.

[12] 曹茜茜,魏淑华,姚沛林,等. PVDF 压电薄膜的性能优化研究进展 [J]. 压电与声光,2021,43(4):542-549.

[13] 任广义,蔡凡一,郑建明,等. P(VDF-TrFE)纳米纤维薄膜的柔性压力传感器 [J]. 功能高分子学报,2012,25(2):109-113.

[14] SHIN S H,KIM Y H,LEE M H,et al. Hemispherically aggregated $BaTiO_3$ nanoparticle composite thin film for high-performance flexible piezoelectric nanogenerator [J]. ACS Nano,2014,8(3):2766-2773.

[15] 张桂芳,张华,任萍. 压电高聚物尼龙 11 的研究进展 [J]. 天津工业大学学报,2006,25(3):20-22,26.

[16] WANG W Y,ZHENG Y D,JIN X,et al. Unexpectedly high piezoelectricity of electrospun polyacrylonitrile nanofiber membranes [J]. Nano Energy,2019,56:588-594.

[17] JESIONEK M,TOROŃ B,SZPERLICH P,et al. Fabrication of a new PVDF/SbSI nanowire composite for smart wearable textile [J]. Polymer,2019,180:121729.

[18] ZHU J X,ZHU Y L,WANG X H. A hybrid piezoelectric and triboelectric nanogenerator with PVDF nanoparticles and leaf-shaped microstructure PTFE film for scavenging mechanical energy [J]. Advanced Materials Interfaces,2018,5(2):1700750.

[19] MAHADEVA S K,BERRING J,WALUS K,et al. Effect of poling time and grid voltage on phase transition and piezoelectricity of poly(vinyledene fluoride) thin films using corona poling [J]. Journal of Physics D:Applied Physics,2013,46(28):285305.

[20] ZHAO Y Z,YUAN W F,ZHAO C Y,et al. Piezoelectricity of nano-SiO_2/PVDF composite film [J]. Materials Research Express,2018,5(10):105506.

[21] LOVINGER A J. Annealing of poly(vinylidene fluoride) and formation of a fifth phase [J]. Macromolecules,1982,15(1):40-44.

[22] KARAN S K,BERA R,PARIA S,et al. An approach to design highly durable piezoelectric nanogenerator based on self-poled PVDF/AlO-rGO flexible nanocomposite with high power density and energy conversion efficiency [J]. Advanced Energy Materials,2016,6(20):1601016.

[23] LEE H,KIM H,KIM D Y,et al. Purepiezoelectricity generation by a flexible nanogenerator based on lead zirconate titanate nanofibers [J]. ACS Omega,2019,4(2):2610-2617.

[24] BAIRAGI S,ALI S W. A unique piezoelectric nanogenerator composed of melt-spun PVDF/KNN nanorod-based nanocomposite fibre [J]. European Polymer Journal,2019,116:554-561.

[25] YANG Y,PRADEL K C,JING Q S,et al. Thermoelectric nanogenerators based on single Sb-doped ZnO micro/nanobelts [J]. ACS Nano,2012,6(8):6984-6989.

[26] WU J M,XU C,ZHANG Y,et al. Flexible and transparent nanogenerators based on a composite of lead-free $ZnSnO_3$ triangular-belts [J]. Advanced Materials,2012,24(45):6094-6099.

[27] WU J M,CHEN C Y,ZHANG Y,et al. Ultrahigh sensitive piezotronic strain sensors based on a $ZnSnO_3$ nanowire/microwire [J]. ACS Nano,2012,6(5):4369-4374.

[28] CHOI H Y,JEONG Y G. Microstructures and piezoelectric performance of eco-friendly composite films based on nanocellulose and barium titanate nanoparticle [J]. Composites Part B:Engineering,2019,168:58-65.

[29] JIAN G, JIAO Y, MENG Q Z, et al. 3D $BaTiO_3$ flower based polymer composites exhibiting excellent piezoelectric energy harvesting properties [J]. Advanced Materials Interfaces, 2020, 7(16): 2000484.

[30] LIN Z H, YANG Y, WU J M, et al. $BaTiO_3$ nanotubes-based flexible and transparent nanogenerators [J]. The Journal of Physical Chemistry Letters, 2012, 3(23): 3599-3604.

[31] WU J M, LEE C C, LIN Y H. High sensitivity wrist-worn pulse active sensor made from tellurium dioxide microwires [J]. Nano Energy, 2015, 14: 102-110.

[32] WEI X-W, TAO H, ZHAO C-L, et al. Piezoelectric and electrocaloric properties of high performance potassium sodium niobate-based lead-free ceramics [J]. Acta Physica Sinica, 2020, 69(21): 217705.

[33] HUAN Y, ZHANG X S, SONG J N, et al. High-performance piezoelectric composite nanogenerator based on Ag/(K, Na)NbO_3 heterostructure [J]. Nano Energy, 2018, 50: 62-69.

[34] MORENO S, BANIASADI M, MOHAMMED S, et al. Biocompatible collagen films as substrates for flexible implantable electronics [J]. Advanced Electronic Materials, 2015, 1(9): 1500154.

[35] LIN F B, LI W, DU X D, et al. Electrically conductive silver/polyimide fabric composites fabricated by spray-assisted electroless plating [J]. Applied Surface Science, 2019, 493: 1-8.

[36] ZHANG Z, CHEN Y, GUO J S. ZnO nanorods patterned-textile using a novel hydrothermal method for sandwich structured-piezoelectric nanogenerator for human energy harvesting [J]. Physica E: Low-Dimensional Systems and Nanostructures, 2019, 105: 212-218.

[37] GOLABZAEI S, KHAJAVI R, ALI SHAYANFAR H, et al. Fabrication and characterization of a flexible capacitive sensor on PET fabric [J]. International Journal of Clothing Science and Technology, 2018, 30(5): 687-697.

[38] HUANG Y, LI H F, WANG Z F, et al. Nanostructured Polypyrrole as a flexible electrode material of supercapacitor [J]. Nano Energy, 2016, 22: 422-438.

[39] MACDIARMID A G, CHIANG J C, RICHTER A F, et al. Polyaniline: A new concept in conducting polymers [J]. Synthetic Metals, 1987, 18(1-2-3): 285-290.

[40] LEE H J, JIN Z X, ALESHIN A N, et al. Dispersion and current-voltage characteristics of helical polyacetylene single fibers [J]. Journal of the American Chemical Society, 2004, 126(51): 16722-16723.

[41] HEBEISH A, FARAG S, SHARAF S, et al. Advancement in conductive cotton fabrics through in situ polymerization of polypyrrole-nanocellulose composites [J]. Carbohydrate Polymers, 2016, 151: 96-102.

[42] BAIK K, PARK S, YUN C S, et al. Integration of polypyrrole electrode into piezoelectric PVDF energy harvester with improved adhesion and over-oxidation resistance [J]. Polymers, 2019, 11(6): 1071.

[43] SHI J H, CHEN X P, LI G F, et al. A liquid PEDOT: PSS electrode-based stretchable triboelectric nanogenerator for a portable self-charging power source [J]. Nanoscale, 2019, 11(15): 7513-7519.

[44] SONG J X, MA G Q, QIN F, et al. High-conductivity, flexible and transparent PEDOT: PSS electrodes for high performance semi-transparent supercapacitors [J]. Polymers, 2020, 12(2): 450.

[45] SANGLEE K, CHUANGCHOTE S, CHAIWIWATWORAKUL P, et al. PEDOT: PSS nanofilms fabricated by a nonconventional coating method for uses as transparent conducting electrodes in flexible electrochromic devices [J]. Journal of Nanomaterials, 2017, 2017(1): 5176481.

[46] SONG H J, CAI K F. Preparation and properties of PEDOT: PSS/Te nanorod composite films for flexible thermoelectric power generator [J]. Energy, 2017, 125: 519-525.

[47] ALEMU D, WEI H Y, HO K C, et al. Highly conductive PEDOT: PSS electrode by simple film treatment with

methanol for ITO-free polymer solar cells [J]. Energy & Environmental Science,2012,5(11):9662-9671.

[48] SAADATZI M N,BAPTIST J R,YANG Z,et al. Modeling and fabrication of scalable tactile sensor arrays for flexible robot skins [J]. IEEE Sensors Journal,2019,19(17):7632-7643.

[49] CHEN H Q,MÜLLER M B,GILMORE K J,et al. Mechanically strong,electrically conductive,and biocompatible graphene paper [J]. Advanced Materials,2008,20(18):3557-3561.

[50] PAN C X,QI X. Progress in the synthesis of one-dimensional carbon nanometer heterojunctions [J]. Carbon,2009,47(8):2143.

[51] WÖBKENBERG P H,EDA G,LEEM D S,et al. Reduced graphene oxide electrodes for large area organic electronics [J]. Advanced Materials,2011,23(13):1558-1562.

[52] KIM J H,HONG J S,AHN K H. Design of electrical conductive poly(lactic acid)/carbon black composites by induced particle aggregation [J]. Journal of Applied Polymer Science,2020,137(42):49295.

[53] WANG Y,HAN X Y,WANG R G,et al. Preparation optimization on the coating-type polypyrrole/carbon nanotube composite electrode for capacitive deionization [J]. Electrochimica Acta,2015,182:81-88.

[54] YOU M H,WANG X X,YAN X,et al. A self-powered flexible hybrid piezoelectric-pyroelectric nanogenerator based on non-woven nanofiber membranes [J]. Journal of Materials Chemistry A,2018,6(8):3500-3509.

[55] CHE B Y,LI H,ZHOU D,et al. Porous polyaniline/carbon nanotube composite electrode for supercapacitors with outstanding rate capability and cyclic stability [J]. Composites Part B:Engineering,2019,165:671-678.

[56] LIU Y S,FENG J,OU X L,et al. Ultrasmooth,highly conductive and transparent PEDOT:PSS/silver nanowire composite electrode for flexible organic light-emitting devices [J]. Organic Electronics,2016,31:247-252.

[57] RYU J,KIM J,OH J,et al. Intrinsically stretchable multi-functional fiber with energy harvesting and strain sensing capability [J]. Nano Energy,2019,55:348-353.

[58] DUDEM B,KIM D H,BHARAT L K,et al. Highly-flexible piezoelectric nanogenerators with silver nanowires and barium titanate embedded composite films for mechanical energy harvesting [J]. Applied Energy,2018,230:865-874.

[59] KOÇ M,PARALı L,ŞAN O. Fabrication and vibrational energy harvesting characterization of flexible piezoelectric nanogenerator(PEN) based on PVDF/PZT [J]. Polymer Testing,2020,90:106695.

[60] YANG T,PAN H,TIAN G,et al. Hierarchically structured PVDF/ZnO core-shell nanofibers for self-powered physiological monitoring electronics [J]. Nano Energy,2020,72:104706.

[61] ISSA A,AL-MAADEED M,LUYT A,et al. Physico-mechanical,dielectric,and piezoelectric properties of PVDF electrospun mats containing silver nanoparticles [J]. C,2017,3(4):30.

[62] WANG S,SHAO H Q,LIU Y,et al. Boosting piezoelectric response of PVDF-TrFE via MXene for self-powered linear pressure sensor [J]. Composites Science and Technology,2021,202:108600.

[63] GARAIN S,JANA S,SINHA T K,et al. Design of in situ poled Ce(3+)-doped electrospun PVDF/graphene composite nanofibers for fabrication of nanopressure sensor and ultrasensitive acoustic nanogenerator [J]. ACS Applied Materials & Interfaces,2016,8(7):4532-4540.

[64] SINGH D,CHOUDHARY A,GARG A. Flexible and robust piezoelectric polymer nanocomposites based energy harvesters [J]. ACS Applied Materials & Interfaces,2018,10(3):2793-2800.

[65] SEBASTIAN M S,LARREA A,GONÇALVES R,et al. Understanding nucleation of the electroactive β-phase of poly(vinylidene fluoride) by nanostructures [J]. RSC Advances,2016,6(114):113007-113015.

[66] QIN Y,WANG X D,WANG Z L. Microfibre-nanowire hybrid structure for energy scavenging [J]. Nature,2008,451(7180):809-813.
[67] PARK C,KIM H,CHA Y. Piezoelectric sensor with a helical structure on the thread core [J]. Applied Sciences,2020,10(15):5073.
[68] WU S Y,ZABIHI F,YEAP R Y,et al. Cesium lead halide perovskite decorated polyvinylidene fluoride nanofibers for wearable piezoelectric nanogenerator yarns [J]. ACS Nano,2023,17(2):1022-1035.
[69] PARK S,KWON Y,SUNG M,et al. Poling-free spinning process of manufacturing piezoelectric yarns for textile applications [J]. Materials & Design,2019,179:107889.
[70] KANG J Y,LIU T,LU Y,et al. Polyvinylidene fluoride piezoelectric yarn for real-time damage monitoring of advanced 3D textile composites [J]. Composites Part B:Engineering,2022,245:110229.
[71] YUN D,YUN K S. Woven piezoelectric structure for stretchable energy harvester [J]. Electronics Letters,2013,49(1):65-66.
[72] KIM D B,HAN J,SUNG S M,et al. Weave-pattern-dependent fabric piezoelectric pressure sensors based on polyvinylidene fluoride nanofibers electrospun with 50 nozzles [J]. NPJ Flexible Electronics,2022,6:69.
[73] TAJITSU Y. Piezoelectric poly-L-lactic acid fabric and its application to control of humanoid robot [J].Ferroelectrics,2017,515(1):44-58.
[74] ANAND S,SOIN N,SHAH T H,et al. Energy harvesting "3-D knitted spacer" based piezoelectric textiles [J]. IOP Conference Series:Materials Science and Engineering,2016,141:012001.
[75] MOKHTARI F,SPINKS G M,FAY C,et al. Wearable electronic textiles from nanostructured piezoelectric fibers [J]. Advanced Materials Technologies,2020,5(4):1900900.
[76] ZUBAIR U,NASEER R,ASHRAF M,et al. Multifunctional knit fabrics for self-powered sensing through nanocomposites coatings [J]. Materials Chemistry and Physics,2023,293:126951.
[77] XU M Z,KANG H,GUAN L,et al. Facile fabrication of a flexible $LiNbO_3$ piezoelectric sensor through hot pressing for biomechanical monitoring [J]. ACS Applied Materials & Interfaces,2017,9(40):34687-34695.
[78] OH H J,KIM D K,CHOI Y C,et al. Fabrication of piezoelectric poly(L-lactic acid)/$BaTiO_3$ fibre by the melt-spinning process [J]. Scientific Reports,2020,10(1):16339.
[79] XIN Y,ZHU J F,SUN H S,et al. A brief review on piezoelectric PVDF nanofibers prepared by electrospinning [J]. Ferroelectrics,2018,526(1):140-151.
[80] JEONG K,KIM D H,CHUNG Y S,et al. Effect of processing parameters of the continuous wet spinning system on the crystal phase of PVDF fibers [J]. Journal of Applied Polymer Science,2018,135(3):45712.
[81] FORTUNATO M,CAVALLINI D,DE BELLIS G,et al. Phase inversion in PVDF films with enhanced piezoresponse through spin-coating and quenching [J]. Polymers,2019,11(7):1096.
[82] RAM F,KAVIRAJ P,PRAMANIK R,et al. PVDF/$BaTiO_3$ films with nanocellulose impregnation:Investigation of structural,morphological and mechanical properties [J]. Journal of Alloys and Compounds,2020,823:153701.
[83] SOW P K,ISHITA,SINGHAL R. Sustainable approach to recycle waste polystyrene to high-value submicron fibers using solution blow spinning and application towards oil-water separation [J]. Journal of Environmental Chemical Engineering,2020,8(2):102786.
[84] SHI L,ZHUANG X P,CHENG B W,et al. Solution blowing of poly(dimethylsiloxane)/nylon 6 nanofiber mats for protective applications [J]. Chinese Journal of Polymer Science,2014,32(6):786-792.

[85] ZHANG B, ZHUANG X P, CHENG B W, et al. Carbonaceous nanofiber-supported sulfonated poly(ether ether ketone) membranes for fuel cell applications [J]. Materials Letters, 2014, 115: 248-251.

[86] DENG W L, ZHOU Y H, LIBANORI A, et al. Piezoelectric nanogenerators for personalized healthcare [J]. Chemical Society Reviews, 2022, 51(9): 3380-3435.

[87] SUN Q L, SUN L, WANG F F, et al. Effect of hot-pressing on properties ofbubble-electrospun nanofiber membrane [J]. Thermal Science, 2017, 21(4): 1633-1637.

[88] FIGOLI A, URSINO C, RAMIREZ D O S, et al. Fabrication of electrospun keratin nanofiber membranes for air and water treatment [J]. Polymer Engineering & Science, 2019, 59(7): 1472-1478.

[89] SHENG J L, ZHANG M, XU Y, et al. Tailoring water-resistant and breathable performance of polyacrylonitrile nanofibrous membranes modified by polydimethylsiloxane [J]. ACS Applied Materials & Interfaces, 2016, 8(40): 27218-27226.

[90] RODRIGUES A, FIGUEIREDO L, BORDADO J. Abrasion behaviour of polymeric textiles for endovascular stent-grafts [J]. Tribology International, 2013, 63: 265-274.

[91] UZUN M, KANCHI GOVARTHANAM K, RAJENDRAN S, et al. Interaction of a non-aqueous solvent system on bamboo, cotton, polyester and their blends: The effect on abrasive wear resistance [J]. Wear, 2015, 322: 10-16.

[92] WORTMANN M, FRESE N, HES L, et al. Improved abrasion resistance of textile fabrics due to polymer coatings [J]. Journal of Industrial Textiles, 2019, 49(5): 572-583.

[93] YU Y H, SUN H Y, ORBAY H, et al. Biocompatibility and in vivo operation of implantable mesoporous PVDF-based nanogenerators [J]. Nano Energy, 2016, 27: 275-281.

[94] ZHANG H, ZHANG X S, CHENG X L, et al. A flexible and implantable piezoelectric generator harvesting energy from the pulsation of ascending aorta: in vitro and in vivo studies [J]. Nano Energy, 2015, 12: 296-304.

[95] KIM M, YUN K S. Helical piezoelectric energy harvester and its application to energy harvesting garments [J]. Micromachines, 2017, 8(4): 115.

[96] LIU J J, ZUO H, XIA W, et al. Wind energy harvesting using piezoelectric macro fiber composites based on flutter mode [J]. Microelectronic Engineering, 2020, 231: 111333.

[97] LV P P, QIAN J, YANG C H, et al. Flexible all-inorganic Sm-doped PMN-PT film with ultrahigh piezoelectric coefficient for mechanical energy harvesting, motion sensing, and human-machine interaction [J]. Nano Energy, 2022, 97: 107182.

[98] DE FAZIO R, MASTRONARDI V, PETRUZZI M, et al. Human-machine interaction through advanced haptic sensors: A piezoelectric sensory glove with edge machine learning for gesture and object recognition [J]. Future Internet, 2023, 15(1): 14.

[99] SU Y J, LI W X, YUAN L, et al. Piezoelectric fiber composites with polydopamine interfacial layer for self-powered wearable biomonitoring [J]. Nano Energy, 2021, 89: 106321.

[100] DENG W L, YANG T, JIN L, et al. Cowpea-structured PVDF/ZnO nanofibers based flexible self-powered piezoelectric bending motion sensor towards remote control of gestures [J]. Nano Energy, 2019, 55: 516-525.

[101] YANG T, PAN H, TIAN G, et al. Hierarchically structured PVDF/ZnO core-shell nanofibers for self-powered physiological monitoring electronics [J]. Nano Energy, 2020, 72: 104706.

[102] YI Z R, LIU Z X, LI W B, et al. Piezoelectric dynamics of arterial pulse for wearable continuous blood pressure monitoring [J]. Advanced Materials, 2022, 34(16): 2110291.

第 5 章　热电纤维及纺织品

随着可穿戴设备的快速发展，对可穿戴电源系统的设计与开发需求迫在眉睫。近年来，由于其优异的舒适性（如柔软性、空气和湿气渗透性等），热电（TE）纺织品备受关注。TE 纺织品不仅可以用作电源系统，还可以用作固态冷却器和无感传感器（如温度和压力传感器）。TE 纺织品主要包括二维（2D）和三维（3D）TE 纺织品，分别在面内方向和面外方向上收集热能。在 2D TE 纺织品中，TE 电极可通过丝网印刷或浸渍的方式将 TE 材料涂覆到织物上，然后与电极连接。除了织物基 TE 电极，纤维基 TE 材料也是 2D 和 3D TE 纺织品中的重要组成部分。通常情况下，2D TE 纺织品中的 TE 纤维或纱线会通过刺绣工艺固定在纺织面料上。此外，可采用传统纺织工艺，将 TE 纤维或纱线编织、针织和刺绣到面料中，织成 3D TE 纺织品。在 3D TE 纺织品中，TE 电极可通过丝网印刷或逐层沉积方法沿纺织面料的厚度方向进行沉积。需要特别注意的是，3D TE 纺织品中的 TE 电极均沿厚度方向排列，与 2D TE 纺织品有所不同。集成的可穿戴 TE 纺织品能够利用人体与环境之间普遍存在的温度梯度，无噪声地将热量转换为电能，这是体外应用的一个研究热点。

本章简要阐述了纤维或纱线基 TE 材料、2D 和 3D TE 纺织品的特点及其制备方法。同时，本章介绍了 TE 冷却纺织品和 TE 无感传感纺织品的应用。最后，本章讨论了 TE 纺织品的技术发展趋势及其潜在应用。

5.1　纤维/纱线基热电材料的制备方法

纤维/纱线基 TE 材料可以通过两种方式获得：一种是直接采用 TE 材料（均质结构），另一种是将 TE 材料涂覆在传统纺织纤维/纱线上（芯鞘结构）。纤维/纱线基 TE 材料柔软、灵活、可三维变形且重量轻，非常适合贴合各种曲面，如人体和各种机械部件等。它们不仅可以通过串联方式直接用作 TE 发电机，还可以编织成二维或三维结构的 TE 发电机。

制备纤维/纱线基 TE 材料的常用方法包括湿法纺丝、凝胶纺丝、热拉伸、溶液浸渍（包括滴涂和浸涂）、热蒸发以及磁控溅射。

5.1.1　湿法纺丝和凝胶纺丝

湿法纺丝过程如图 5-1 所示，在湿法纺丝过程中，喷丝头浸入凝固浴液体中，该液体与溶剂或可拉伸纤维发生反应。湿法纺丝工艺的流程包括洗涤区、拉伸区、干燥区和卷绕区等。凝胶纺丝或溶胶（含溶剂和可溶性聚合物）—凝胶（半固态）纺丝是一种将液体转化为固体的常见方法。与湿法纺丝工艺类似，凝胶纺线的纺丝溶液通过喷丝板喷射到凝固浴中。与湿法纺丝不同的是，在凝胶纺丝中，热纺丝溶液和低温凝固浴之间会发生热交换过程。通常，凝胶纺丝比湿法纺丝更适用于高分子量聚合物，因为在此过程中聚合物链缠结较少。湿法纺丝和凝胶纺丝工艺中最常用的 TE 材料包括 CNTs、石墨烯和 PEDOT：PSS。

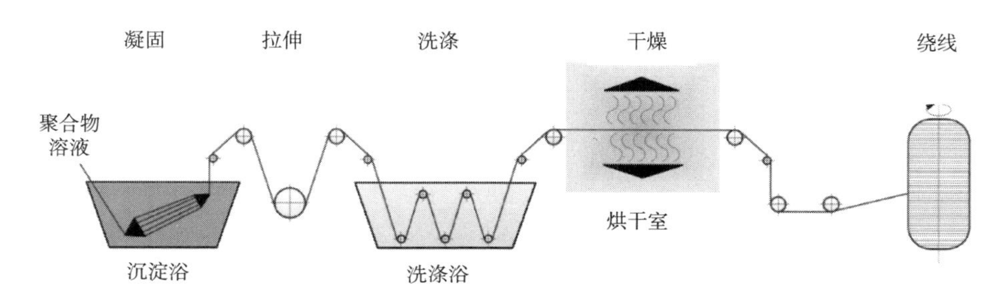

图 5-1 湿法纺丝示意图

CNTs 因其高电导率和优异的比强度，常被用作可调节的 TE 材料。然而，由于其高表面能，在湿法纺丝和凝胶纺丝过程中难以在溶液中实现良好分散。因此，通常在 CNTs 溶液中添加表面活性剂，以实现更好的分散，同时保持 CNTs 的结构完整性。例如，麦劳德等利用湿法纺丝技术，结合牛磺胆酸钠表面活性剂，成功制备了经过酸预处理的单壁碳纳米管（SWCNTs）纤维。然而，由于表面活性剂的绝缘性质，这些纤维的电导率显著下降。因此，为了获得高导电性的 CNT 纤维，制备过程中需要使用水或其他溶剂进行冲洗。

作为一种碳纳米晶体，石墨烯也具有高电导率和热导率，但其塞贝克系数相对较低。在实验室中，通常通过热还原或化学还原方法还原氧化石墨烯来获得石墨烯。与 CNTs 相比，由于其内部存在羟基和羧基，氧化石墨烯可以更容易地分散在湿法纺丝和凝胶纺丝溶液中，且无须使用表面活性剂。然而，热还原或化学还原方法的条件苛刻且复杂。与 CNTs 和石墨烯不同，PEDOT：PSS 在室温下具有良好的分散性，这使得 PEDOT：PSS 纤维可以通过全溶液加工工艺轻松和简便地制备。

除了制备单组分的 TE 纤维外，湿法纺丝和凝胶纺丝工艺还可以制备出结合各个组分优势的复合纤维。在有机/无机复合纤维中，最常用的材料是导电聚合物和 CNTs。通过掺入 CNTs，可以调节和增强导电聚合物的热电性能，还可以提高 CNTs 的加工性。与有机 TE 材料相比，无机 TE 材料通常表现出更高的电导率、塞贝克系数和热导率。然而，其毒性、刚性、高成本和较差的加工性限制了它们在可穿戴 TE 发电机中的应用。有机和无机 TE 材料的杂化不仅保留了无机 TE 材料的高电导率和塞贝克系数，还兼具了有机 TE 材料的低热导率和柔韧性。

5.1.2 热拉伸

传统的无机 TE 材料由于其固有的刚性，难以在湿法或凝胶纺丝工艺中溶解于纤维纺丝溶液中。因此，在制备无机 TE 纤维时，热拉伸工艺是主要的选择。在这一过程中，预制件起着至关重要的作用，其通常由填充物和包覆物两部分组成。

如图 5-2 所示，填充物为热电功能材料，而包覆物的作用则是将内部纤维与氧气隔离以防止其氧化，同时在熔融状态下为填充物提供支撑，从而形成自支撑纤维。为了在熔融状态下有效支撑填充物，包覆物的玻璃化转变温度（T_g）应高于填充物的熔点（T_m）。通过这种方法制备的纤维或纱线基TE材料通常具有较高的热电性能。然而，虽然无机TE材料具有高热电性能，但其固有的脆性特性使这类材料的柔韧性不如导电聚合物。

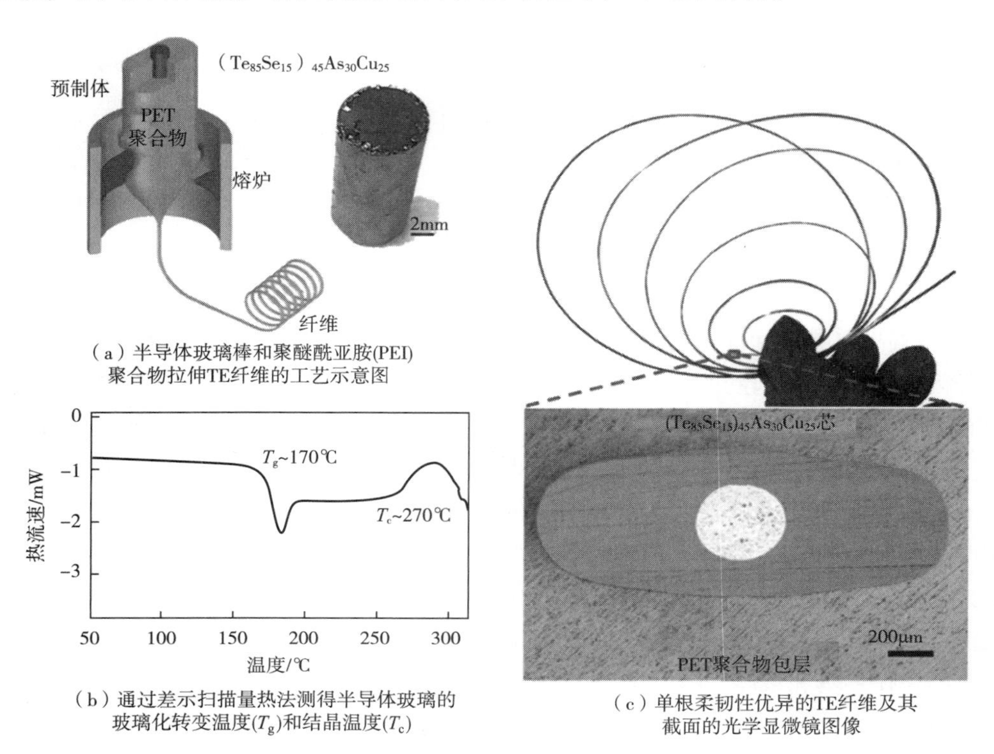

（a）半导体玻璃棒和聚醚酰亚胺(PEI)聚合物拉伸TE纤维的工艺示意图

（b）通过差示扫描量热法测得半导体玻璃的玻璃化转变温度(T_g)和结晶温度(T_c)

（c）单根柔韧性优异的TE纤维及其截面的光学显微镜图像

图5-2 热拉成型的TE纤维

张等采用热拉伸方法制备了柔性且超长的纤维状TE材料。这种热拉伸法制备的TE纤维本质上是晶态的，表现出较高的热电输出性能。其中，p型和n型热拉伸TE纤维在室温下的功率因数分别达到3.52mW/(m·K^2)和0.65mW/(m·K^2)。然而，由于玻璃包覆层的脆性，这些纤维的弯曲半径仅约为1cm，直径仅为50μm。

为改善这一问题，科研团队通过热拉伸制备出一种包含半导体玻璃芯和聚合物包覆层的宏观预制件，成功获得了直径为400μm且弯曲曲率半径小于2.5mm的纤维。相较于湿法纺丝和凝胶纺丝方法制备的纤维，热拉伸制备的纤维因无机TE材料的优越性能表现出更高的输出性能。然而，由于无机TE材料的熔点较高，其制备过程通常需要高温条件（>1000K）。

5.1.3 溶液浸渍

除了具有横截面均质组分的TE纤维外，通过滴涂和浸涂方法涂覆TE材料，可以获得具有优越机械性能和柔韧性的芯鞘型TE纤维/纱线。滴涂是一种将液态材料沉积到基底上，待溶剂蒸发后形成薄膜的方法。浸涂是将基底浸入含有涂层材料的溶液中，然后将涂层基底从溶液中抽出，接着进行强制干燥或烘烤，以形成均匀涂层的方法。这些方法有效地将TE材料与纺织纤维结合，提高了纤维的热电性能和机械柔韧性。

滴涂和浸涂方法广泛应用于各种纤维和纱线基底，包括高性能纤维（如碳纤维和玻璃纤维等）以及常用于服装的纤维（如棉、亚麻、丝绸、羊毛和化学纤维等）。此外，这两种方法均可使用无机和有机 TE 材料。然而，经过物理滴涂和浸涂后的 TE 材料与基底之间的界面强度非常低。因此，研究人员正致力于通过化学方法增强界面强度，并建立 TE 材料与纤维基底之间的互连网络。例如，佐尼斯等通过共价键化学接枝技术将 MWCNTs 和 SWCNTs 固定到玻璃纤维表面，随后采用基于溶液的浸涂工艺进行涂覆。除了提高界面强度外，团队通过调节涂覆时间来控制涂层的厚度和表面形貌。

5.1.4 热蒸发和磁控溅射

在纺织品中使用的纤维，其熔点或分解温度通常远低于无机 TE 材料的熔点。因此，物理沉积方法如热蒸发和磁控溅射经常被用于将无机 TE 材料涂覆到传统的柔性纺织纤维上。

热蒸发是一种将材料加热到使其蒸气压显著升高的温度，从而在真空中蒸发出原子或分子的方法［图 5-3（a）］。磁控溅射则是一种将金属、合金和化合物沉积到基底上的工艺［图 5-3（b）］。这两种方法都具有易于实现自动化的特点，使其在大规模工业应用中具有广阔的前景。

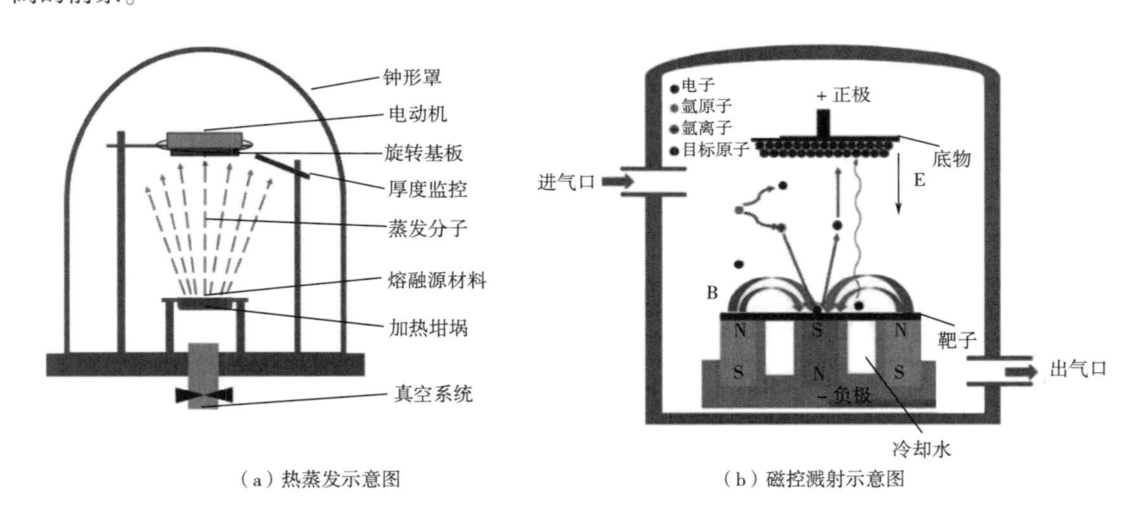

（a）热蒸发示意图　　（b）磁控溅射示意图

图 5-3　热蒸发以及磁控溅射的示意图

在热蒸发和磁控溅射制备 TE 纤维过程中，通常使用不同的掩膜板来实现特定的图案设计。由于可以控制目标基底的温度，所有类型的纺织纤维都可以用作基底。例如，李等通过磁控溅射工艺在静电纺 PAN 纳米纤维上沉积了 n 型 Bi_2Te_3 和 p 型 Sb_2Te_3 薄膜，并将其扭曲加工成柔软的纱线。尽管热蒸发和磁控溅射工艺能够有效地将无机 TE 材料沉积到纺织纤维表面，但这些方法的沉积速率相对较低（约为 1μm/h）。

在上述所有方法中，湿法纺丝和凝胶纺丝更适用于生产可溶解和易加工的有机 TE 纤维。对于无机 TE 材料，通常采用热蒸发、磁控溅射和热拉伸技术。将 TE 材料涂覆到纤维或纱线基底上，也可以使用滴涂和浸涂方法。图 5-4 为不同方法制备的纤维或纱线基 TE 材料的热电性能。纤维或纱线基 TE 材料制备方法的优缺点见表 5-1。

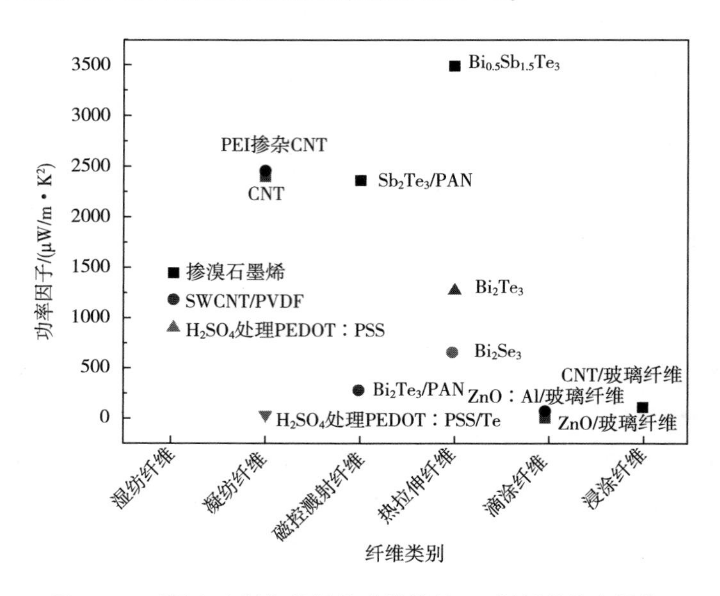

图 5-4 不同方法制备的纤维或纱线基 TE 材料的热电性能

表 5-1 纤维或纱线基 TE 材料制备方法的优缺点

方法	优点	缺点
湿法纺丝 凝胶纺丝	简单、稳定且可以大规模生产	热电性能相对较差
热拉伸	热电性能高且可以大规模生产	操作温度高且柔性低
滴涂 浸涂	简单且可以大规模生产	涂层膜的界面强度和均匀性低
热蒸发 磁控溅射	材料纯度高	沉积速率低

5.2 热电纺织品

人体是一个持续的热源，以成年男性为例，根据其体况和环境温度，人体每小时释放的热量约为 100~525W/h。如果 TE 纺织品能够收集或利用这些热量，那么只要人体与环境之间存在温差，人体就能够持续发电。TE 纺织品主要分为在平面内和垂直于平面方向上收集热能的 2D 和 3D TE 纺织品。上述的 TE 纤维或纱线基 TE 材料可以用作 2D 和 3D TE 纺织品中的热电臂部分。涂覆有 TE 材料的织物通常仅适用于 2D TE 纺织品的热电臂部分。2D TE 纺织品的结构设计和制造过程相对简单。然而，由于人体与环境之间的温差方向与 2D TE 纺织品上的温差方向垂直，使用 2D TE 纺织品收集人体能量非常困难。

相比之下，3D TE 纺织品可以直接利用人体与环境之间的温差。它们具有高度的柔韧性、扭曲性和耐久性，能很好地贴合人体，因此在可穿戴能源供应系统领域有着巨大的应用潜力。然而，由于其结构复杂，制备过程也较为困难。

5.2.1　二维热电纺织品

二维 TE 纺织品的制备可以通过将无机或有机 TE 材料涂覆到传统纺织品上来实现。为获得条状热电臂，通常采用溶液浸渍和丝网印刷等方法。具体而言，涂覆有 TE 材料的条状织物会与未涂覆的织物结合，并进行串联连接。例如，杜等通过将商业涤纶织物浸入二甲基亚砜（DMSO）和 PEDOT 溶液中，制备了热电臂部分。通过银线将五个热电臂部分串联连接，并在温差（ΔT）为 75.2K 的条件下，产生了 4.3mV 的输出电压和 12.29nW 的最大输出功率 [图 5-5（a）]。然而，涂覆过程中材料的界面结合力较弱，导致涂覆的 TE 材料在变形过程中容易脱落。李等发现，在浸涂过程中引入超声波感应可以增强 TE 材料与涤纶之间的界面稳定性。丝网印刷技术也被用于制造 2D TE 纺织品。该技术利用带有图案的遮板，将 TE 材料墨水按图案分布在纺织基材上，适用于制造包含有机和无机 TE 材料的结构。

刺绣技术通过针线在 2D 织物上实现各种图案的绣制，适用于纤维和纱线基 TE 材料的制造。该技术能够将 TE 材料缝制到商业织物上，不会造成显著损坏。利用刺绣技术制造的 TE 纺织品不仅具有柔韧性和高度集成性，还在变形过程中表现出更稳定的 TE 性能。例如，温等报道了一种通过在一块布料上缝制 5 对 p 型 PEDOT 纤维和 n 型镍线制成的平面 TE 纺织品 [图 5-5（b）]，手指触摸其中一端时，该纺织品能够产生 1.11mV 的开路电压。

5.2.2　三维热电纺织品

三维热电纺织品通常通过将无机 TE 材料嵌入织物的垂直方向或将纤维或纱线状 TE 材料编织到传统纺织品中来实现。与 2D TE 纺织品不同，所有 3D TE 纺织品利用织物垂直方向的温差直接收集人体热量。它们具有高柔韧性、可扭曲性、耐久性，并在可穿戴能源供应系统领域具有巨大的应用前景，但其结构相对复杂，制备工艺较难。

为了在垂直方向收集热能，3D TE 纺织品中的 TE 材料通常沿纺织基底的垂直方向沉积。丝网印刷是一种常见的沉积方法。由于无机 TE 材料的高退火温度，纺织基底必须具有优异的热稳定性（>450℃）。因此，常用的基底是工业纺织品，如穿着舒适度较差的玻璃纤维纺织品。除了一次沉积外，TE 材料还可以逐层沉积到纺织品中。与印刷方法不同的是，由于热电臂能够紧密附着在纺织品基底上，可以实现 TE 纳米材料在两侧的密集填充和紧密接触。例如，陆等合成了纳米结构的 Bi_2Te_3 和 Sb_2Te_3，并将其沉积在真丝纺织品的两侧作为热电臂。由 12 个热电臂组成的 TE 纺织品在 35K 的温差下可以产生的最大电压为 10mV，功率输出为 15nW。由于 TE 材料与真丝纺织品紧密附着，在 100 次弯曲和扭转测试后，该装置的输出电压和功率仍保持稳定。

近年来，采用传统纺织工艺（如机织、针织和刺绣）生产的高度集成的 TE 纺织品备受

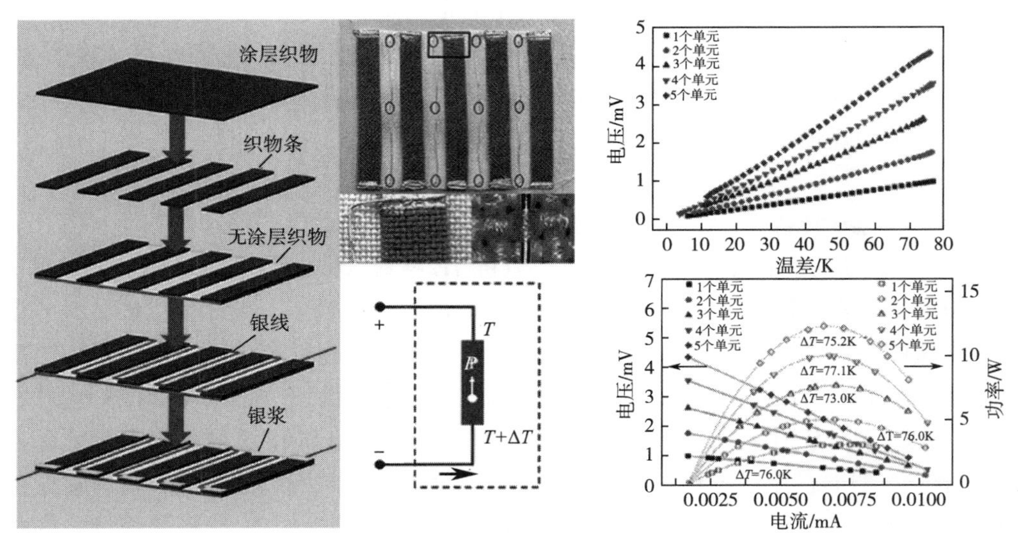

（a）采用溶液浸渍法生产的TE纺织品的制造过程及其热电性能

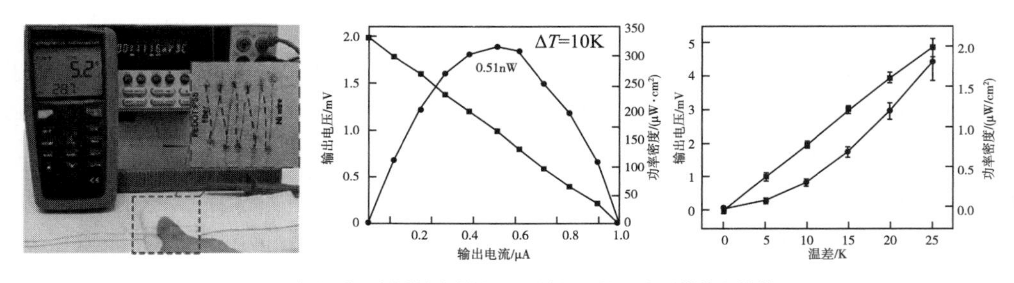

（b）采用刺绣技术制造的TE纺织品的照片及其热电性能

图 5-5　二维热电纺织品

关注。由于设计复杂且织造工艺困难，山本等在 2002 年首次提出了基于传统纺织技术的 3D TE 纺织品。这些纺织品通过在玻璃—环氧树脂板上编织铝丝和铬丝制备而成，但由于材料非常坚硬，穿着起来极不舒适。

2016 年，李等通过编织和针织工艺利用 TE 纱线制造了 3 种 TE 纺织品（锯齿针迹、平织物和简单编织物）。在 $\Delta T = 55\text{K}$ 时，平纹 TE 织物提供了持续更高的输出功率，约为 0.62W/m^2，每对热电臂的输出功率约为 $1.01\mu\text{W}$［图 5-6（a）］。这些 TE 织物通过传统纺织工艺的应用，促进了可穿戴热电发电技术的发展。

与编织和针织工艺相比，刺绣是一种更简单、更容易控制纺织基板中 p 型和 n 型臂部分位置的制备方法，并且几乎不会对纤维或纱线基 TE 材料造成损坏。更重要的是，这种方法对基板的要求并不严格。因此，大多数织物可以用作基板，如间隔织物、非织造布等。张等致力于通过刺绣技术制造 3D TE 纺织品。研究者将 p 型聚乙烯二氧噻吩/碳纳米管/纤维素（PEDOT/CNT/cellulose）纱线缝制成间隔织物，然后交替使用 n 型掺杂剂聚乙烯亚胺掺杂到缝制的 p 型纱线中。制造的柔性 TE 织物由 100 对热电臂组成，附着在人体时能够产生 1.5~

2.0mV 的电压。该研究团队研究了一种基于 CNT 的 p-n 段（PEDOT：PSS/CNT-PEI/CNT）TE 织物大规模生产的方法。这种纱线被缝制到间隔织物中，该 TE 织物在 $\Delta T=47.5K$ 时表现出高达 $51.5mW/m^2$ 的功率密度和 $520.9V/m^2$ 的电压密度［图 5-6（b）］。研究结果表明，功率输出与纺织结构密切相关。尽管该团队已经研究了纺织结构对热电性能的影响，但仍需进一步探讨其他参数的影响，如纱线在纺织基板中的热导率、纺织基板的密度和厚度等。

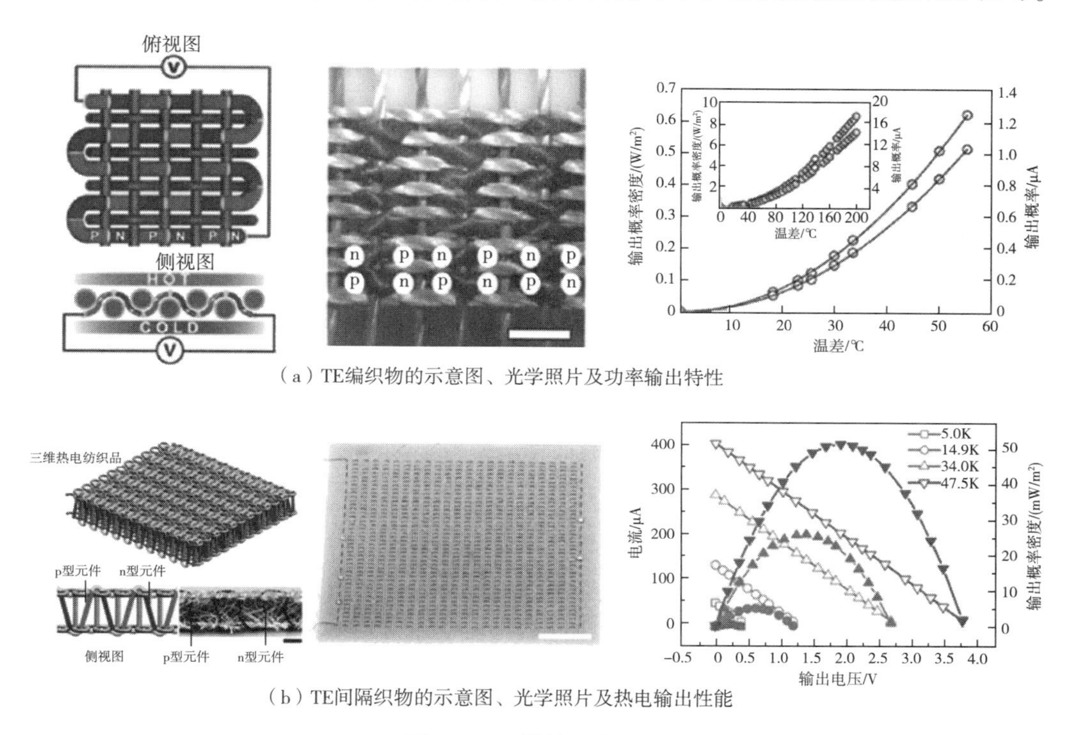

（a）TE编织物的示意图、光学照片及功率输出特性

（b）TE间隔织物的示意图、光学照片及热电输出性能

图 5-6　三维热电纺织品

5.3　热电制冷纺织品

利用珀耳帖效应，TE 发电机可以将电能转化为热能，因此它是一种高效的冷却器。在电能转化为热能的过程中，直流电（DC）通过 TE 发电机传递热量，将热量从一侧传输到另一侧，从而形成冷侧和热侧。与传统的热调节方法（如冰箱和空调）相比，TE 冷却器具有体积小、重量轻、无机械运动部件和无工作流体等优点。此外，TE 发电机还可用于个人热调节。尽管其他冷却方法，如辐射冷却等，也能实现个人热调节，但其冷却效果不及珀耳帖效应，并且容易受环境温度和湿度的影响。

基于无机 TE 材料的制冷器已经得到了广泛研究并且实现了商业化生产。帕克等报告了一种基于铋—碲（Bi—Te）化合物的柔性 TE 系统。该系统由便携式电池供电，旨在冷却人体皮肤。在实验中，该系统展示了约 4K 的温度降低，显著增强了用户的冷感体验。与无机 TE 材料相比，有机 TE 材料的热电性能较差，因而其珀耳帖效应难以检测。吉恩等使用热悬浮设备和红外（IR）成像技术，探索了聚（乙炔四硫酸镍）［poly-(Ni-ett)］膜中的珀耳帖效应。该项工作表明，在装置中，两个接触点之间可以产生最大 41K 的温差。此外，张等展示了一种用于个人热调节的可穿戴制冷纺织品，由编织的两对 $Bi_{0.5}Sb_{1.5}Te_3$—Bi_2Se_3 热电臂构成。研究表明，在施加 3.5mA 的电流下，模拟的最大制冷效果为 6.2℃，实测效果为 4.9℃，展示了 TE 制冷纺织品在制冷应用中的巨大潜力（图 5-7）。

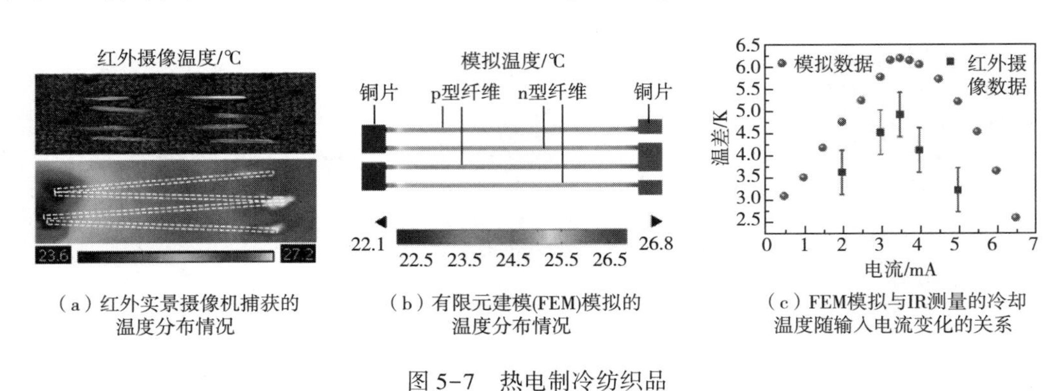

（a）红外实景摄像机捕获的温度分布情况

（b）有限元建模(FEM)模拟的温度分布情况

（c）FEM模拟与IR测量的冷却温度随输入电流变化的关系

图 5-7　热电制冷纺织品

5.4　热电无源传感纺织品

传统的温度和压力传感器（如温度计、金属电极或传感器芯片等）通常具有刚性结构，在多种应用场景中，特别是户外活动时，可能会导致人体的不适。相比之下，可穿戴无源温度和压力传感器具备更高的便携性和灵活性，并且无须额外的供电系统。这类传感器在电子皮肤、医疗监控系统、人机界面和安防系统等方面展现出巨大的应用潜力，已引起广泛关注。为实现温度或压力传感，可采用电阻式、电容式、光学式、压电式、三电式或热电式等传感机制。尽管压电和热电机制能够为传感系统提供电能，但其复杂的制造工艺和电路设计限制其在可穿戴自供电传感器领域的广泛应用。

此外，无运动部件的 TE 无源温度和压力传感器能够基于塞贝克效应实现将热量转化为电能，因此在可穿戴传感器领域受到了广泛关注。与柔性薄膜或块状 TE 无源温度和压力传感相比，TE 无源温度和压力传感纺织品在可穿戴特性方面具有显著优势，如优异的轻质性、可穿性、舒适性、透气性和伸缩性等。TE 材料与纺织品的结合将在监测穿戴者所处环境中的刺激以及穿戴者的姿势和动作方面发挥重要作用。

TE 无源传感器的灵敏度与 TE 材料的塞贝克系数呈正相关，塞贝克系数越高，传感器的灵敏度越高。TE 纺织品通常用于温度传感器，以检测热源的数值和位置。例如，张等通过热拉伸和刺绣方法制作了一种具有高灵敏度和精确度的温度传感器。通过热拉伸工艺制成的单根 TE 纤维能够检测特定点温度的数值和位置。由于无机 TE 材料具有优越的热电特性，该传感器的响应时间可达 500ms，温度分辨率高于 0.05℃。除了温度传感器外，TE 传感器与其他类型传感器结合的应用也已得到了验证。此外，丁等以十字绣的方式将连续的 p 型和 n 型 TE 纤维编织到一块织物中，实现了对热源的感知和定位。研究者展示了 TE 纤维手套、带状手腕和袖子的设计，这些设计分别具有冷热感知、光导向和能量收集功能的功能（图 5-8）。

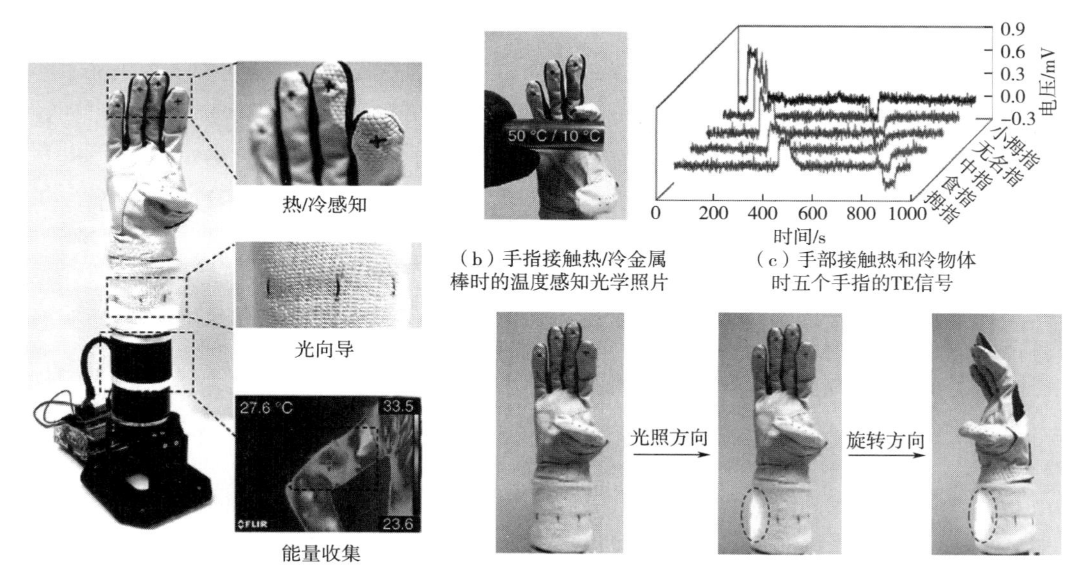

（a）多功能TE纺织品的机械臂，用于温度感知(手部)、光导性(手腕）和能量收集(手臂)

（b）手指接触热/冷金属棒时的温度感知光学照片

（c）手部接触热和冷物体时五个手指的TE信号

（d）手臂转动以跟踪光束的光学照片

图 5-8　热电无源传感纺织品

5.5　总结与展望

尽管柔性和可穿戴 TE 纺织品领域已取得显著进展，但设计和制造稳定耐用、具有高输出性能的 TE 纺织品仍面临多重挑战。当前柔性有机 TE 材料的热电性能尚不足以满足 TE 纺织品的需求，而大多数具有高热电值的无机 TE 材料通常具有刚性和脆性。因此，为了提升 TE 纺织品的热电输出性能，设计具有优异柔韧性和良好适应性的 TE 材料至关重要。

另一方面，当前的 TE 纺织品结构尚未得到充分阐述。深入探索纺织材料与 TE 材料之间结构稳定的界面，并深入理解织物结构以及纺织材料（如热性能等）对 TE 纺织品热电输出性能的影响，显得尤为重要。

TE 纤维和纱线在理论上可以通过纺织技术实现大规模生产。然而，实际应用中如何实现大规模生产 TE 纺织品和半导体材料的有效集成仍然是一个挑战。

参考文献

[1] DU Y,TIAN T,MENG Q F,et al. Thermoelectric properties of flexible composite fabrics prepared by a gas polymerization combining solution coating process [J]. Synthetic Metals,2020,260:116254.

[2] DU Y,CAI K F,CHEN S,et al. Thermoelectric fabrics:Toward power generating clothing [J]. Scientific Reports, 2015,5:6411.

[3] DU Y,CAI K F,SHEN S Z,et al. Multifold enhancement of the output power of flexible thermoelectric generators made from cotton fabrics coated with conducting polymer [J]. RSC Advances,2017,7(69):43737-43742.

[4] WEN N X,FAN Z,YANG S T,et al. Highly conductive,ultra-flexible and continuously processable PEDOT:PSS fibers with high thermoelectric properties for wearable energy harvesting [J]. Nano Energy,2020,78:105361.

[5] KIM Y,LUND A,NOH H,et al. Robust PEDOT:PSS wet-spun fibers for thermoelectric textiles [J]. Macromolecular Materials and Engineering,2020,305(3):1900749.

[6] HE W,ZHANG G,ZHANG X X,et al. Recent development and application of thermoelectric generator and cooler [J]. Applied Energy,2015,143:1-25.

[7] SU Y,LU J B,HUANG B L. Free-standing planar thin-film thermoelectric microrefrigerators and the effects of thermal and electrical contact resistances [J]. International Journal of Heat and Mass Transfer, 2018, 117: 436-446.

[8] SIDDIQUE A R M,MAHMUD S,VAN HEYST B. A review of the state of the science on wearable thermoelectric power generators(TEGs)and their existing challenges [J]. Renewable and Sustainable Energy Reviews,2017,73: 730-744.

[9] RUAN L M,ZHAO Y J,CHEN Z H,et al. A self-powered flexible thermoelectric sensor and its application on the basis of the hollow PEDOT:PSS fiber [J]. Polymers,2020,12(3):553.

[10] ZENG X L,YAN C Z,REN L L,et al. Silver telluride nanowire assembly for high-performance flexible thermoelectric film and its application in self-powered temperature sensor [J]. Advanced Electronic Materials,2019,5(2):1800612.

[11] JIA Y H,SHEN L L,LIU J,et al. An efficient PEDOT-coated textile for wearable thermoelectric generators and strain sensors [J]. Journal of Materials Chemistry C,2019,7(12):3496-3502.

[12] ZHANG F J,ZANG Y P,HUANG D Z,et al. Flexible and self-powered temperature-pressure dual-parameter sensors using microstructure-frame-supported organic thermoelectric materials [J]. Nature Communications, 2015,6:8356.

[13] WANG L M,ZHANG K. Textile-based thermoelectric generators and their applications [J]. Energy & Environmental Materials,2020,3(1):67-79.

[14] LU C H,BLACKWELL C,REN Q Y,et al. Effect of the coagulation bath on the structure and mechanical properties of gel-spun lignin/poly(vinyl alcohol)fibers [J]. ACS Sustainable Chemistry & Engineering,2017,5(4): 2949-2959.

[15] SNETKOV P,MOROZKINA S,USPENSKAYA M,et al. Hyaluronan-based nanofibers:Fabrication,characterization and application [J]. Polymers,2019,11(12):2036.

[16] MAILLAUD L,HEADRICK R J,JAMALI V,et al. Highly concentrated aqueous dispersions of carbon nanotubes for flexible and conductive fibers [J]. Industrial & Engineering Chemistry Research,2018,57(10):3554-3560.

[17] MA W G,LIU Y J,YAN S,et al. Systematic characterization of transport and thermoelectric properties of a macroscopic graphene fiber [J]. Nano Research,2016,9(11):3536-3546.

[18] MA W G,LIU Y J,YAN S,et al. Chemically doped macroscopic graphene fibers with significantly enhanced thermoelectric properties [J]. Nano Research,2018,11(2):741-750.

[19] LIU J,JIA Y H,JIANG Q L,et al. Highly conductive hydrogel polymer fibers toward promising wearable thermoelectric energy harvesting [J]. ACS Applied Materials & Interfaces,2018,10(50):44033-44040.

[20] YAO B W,WANG H Y,ZHOU Q Q,et al. Ultrahigh-conductivity polymer hydrogels with arbitrary structures [J].Advanced Materials,2017,29(28):1700974.

[21] LIU J,ZHU Z Y,ZHOU W Q,et al. Flexible metal-free hybrid hydrogel thermoelectric fibers [J]. Journal of Materials Science,2020,55(19):8376-8387.

[22] KIM J Y,LEE W,KANG Y H,et al. Wet-spinning and post-treatment of CNT/PEDOT:PSS composites for use in organic fiber-based thermoelectric generators [J]. Carbon,2018,133:293-299.

[23] LIU Y F,LIU P P,JIANG Q L,et al. Organic/inorganic hybrid for flexible thermoelectric fibers [J]. Chemical Engineering Journal,2021,405:126510.

[24] XU H F,GUO Y,WU B,et al. Highly integrable thermoelectric fiber [J]. ACS Applied Materials & Interfaces,2020,12(29):33297-33304.

[25] ZHANG J,ZHANG T,ZHANG H,et al. Single-crystal SnSe thermoelectric fibers *via* laser-induced directional crystallization:From 1D fibers to multidimensional fabrics [J]. Advanced Materials,2020,32(36):2002702.

[26] LOKE G,YAN W,KHUDIYEV T,et al. Recent progress and perspectives of thermally drawn multimaterial fiber electronics [J]. Advanced Materials,2020,32(1):1904911.

[27] ZHANG T,LI K W,ZHANG J,et al. High-performance,flexible,and ultralong crystalline thermoelectric fibers [J]. Nano Energy,2017,41:35-42.

[28] ZHANG T,WANG Z,SRINIVASAN B,et al. Ultraflexible glassy semiconductor fibers for thermal sensing and positioning [J]. ACS Applied Materials & Interfaces,2019,11(2):2441-2447.

[29] LIANG D X,YANG H R,FINEFROCK S W,et al. Flexible nanocrystal-coated glass fibers for high-performance thermoelectric energy harvesting [J]. Nano Letters,2012,12(4):2140-2145.

[30] TZOUNIS L,GRAVALIDIS C,VASSILIADOU S,et al. Fiber yarns/CNT hierarchical structures as thermoelectric generators [J]. Materials Today:Proceedings,2017,4(7):7070-7075.

[31] WU Q,HU J L. Waterborne polyurethane based thermoelectric composites and their application potential in wearable thermoelectric textiles [J]. Composites Part B:Engineering,2016,107:59-66.

[32] YADAV A,PIPE K P,SHTEIN M. Fiber-based flexible thermoelectric power generator [J]. Journal of Power Sources,2008,175(2):909-913.

[33] LEE J A,ALIEV A E,BYKOVA J S,et al. Woven-yarn thermoelectric textiles [J]. Advanced Materials,2016,28(25):5038-5044.

[34] TAKAYAMA K,TAKASHIRI M. Multi-layered-stack thermoelectric generators using p-type Sb_2Te_3 and n-type Bi_2Te_3 thin films by radio-frequency magnetron sputtering [J]. Vacuum,2017,144:164-171.

[35] BOERASU I,VASILE B S. Current status of the open-circuit voltage of kesterite CZTS absorber layers for photovoltaic applications-part I,a review [J]. Materials,2022,15(23):8427.

[36] XIE X C,LI N,LIU W,et al. Research progress of refractory high entropy alloys:A review [J]. Chinese Journal

of Mechanical Engineering,2022,35(1):142.

[37] KIM J Y, MO J H, KANG Y H, et al. Thermoelectric fibers from well-dispersed carbon nanotube/poly (vinyliedene fluoride) pastes for fiber-based thermoelectric generators [J]. Nanoscale, 2018, 10(42): 19766-19773.

[38] SUN M,QIAN Q,TANG G W,et al. Enhanced thermoelectric properties of polycrystalline Bi_2Te_3 core fibers with preferentially oriented nanosheets [J]. APL Materials,2018,6(3):036103.

[39] PARK Y,CHO K,KIM S. Thermoelectric characteristics of glass fibers coated with ZnO and Al-doped ZnO [J]. Materials Research Bulletin,2017,96:246-249.

[40] LI P,GUO Y,MU J K,et al. Single-walled carbon nanotubes/polyaniline-coated polyester thermoelectric textile with good interface stability prepared by ultrasonic induction [J]. RSC Advances,2016,6(93):90347-90353.

[41] LEE H B,YANG H J,WE J H,et al. Thin-film thermoelectric module for power generator applications using a screen-printing method [J]. Journal of Electronic Materials,2011,40(5):615-619.

[42] VARGHESE T, HOLLAR C, RICHARDSON J, et al. High-performance and flexible thermoelectric films by screen printing solution-processed nanoplate crystals [J]. Scientific Reports,2016,6:33135.

[43] LEE H B,WE J H,YANG H J,et al. Thermoelectric properties of screen-printed ZnSb film [J]. Thin Solid Films,2011,519(16):5441-5443.

[44] CAO Z,TUDOR M J,TORAH R N,et al. Screen printable flexible BiTe-SbTe-based composite thermoelectric materials on textiles for wearable applications [J]. IEEE Transactions on Electron Devices, 2016, 63(10): 4024-4030.

[45] CHOI H,KIM Y J,KIM C S,et al. Enhancement of reproducibility and reliability in a high-performance flexible thermoelectric generator using screen-printed materials [J]. Nano Energy,2018,46:39-44.

[46] KIM S J,CHOI H,KIM Y,et al. Post ionized defect engineering of the screen-printed $Bi_2Te_{2.7}Se_{0.3}$ thick film for high performance flexible thermoelectric generator [J]. Nano Energy,2017,31:258-263.

[47] CAO Z,KOUKHARENKO E,TUDOR M J,et al. Flexible screen printed thermoelectric generator with enhanced processes and materials [J]. Sensors and Actuators A:Physical,2016,238:196-206.

[48] KIM S J,WE J H,CHO B J. A wearable thermoelectric generator fabricated on a glass fabric [J]. Energy & Environmental Science,2014,7(6):1959-1965.

[49] LU Z S,ZHANG H H,MAO C P,et al. Silk fabric-based wearable thermoelectric generator for energy harvesting from the human body [J]. Applied Energy,2016,164:57-63.

[50] YAMAMOTO N,TAKAI H. Electrical power generation from a knitted wire panel using the thermoelectric effect [J]. Electrical Engineering in Japan,2002,140(1):16-21.

[51] WANG L M, ZHANG J, GUO Y T, et al. Fabrication of core-shell structured poly(3,4-ethylenedioxythiophene)/carbon nanotube hybrids with enhanced thermoelectric power factors [J]. Carbon,2019,148:290-296.

[52] ZHENG Y Y,ZHANG Q H,JIN W L,et al. Carbon nanotube yarn based thermoelectric textiles for harvesting thermal energy and powering electronics [J]. Journal of Materials Chemistry A,2020,8(6):2984-2994.

[53] ITO M,KOIZUMI T,KOJIMA H,et al. From materials to device design of a thermoelectric fabric for wearable energy harvesters [J]. Journal of Materials Chemistry A,2017,5(24):12068-12072.

[54] LEE J A,ALIEV A E,BYKOVA J S,et al. Woven-yarn thermoelectric textiles [J]. Advanced Materials,2016,28(25):5038-5044.

[55] ZHAO D L, TAN G. A review of thermoelectric cooling: Materials, modeling and applications [J]. Applied Thermal Engineering, 2014, 66(1-2): 15-24.

[56] YANG Y, RODRIGUEZ-LAFUENTE A, PAWLISZYN J. Thermoelectric-based temperature-controlling system for in-tube solid-phase microextraction [J]. Journal of Separation Science, 2014, 37(13): 1617-1621.

[57] REDDY N J M. A low power, eco-friendly multipurpose thermoelectric refrigerator [J]. Frontiers in Energy, 2016, 10(1): 79-87.

[58] LIU D, CAI Y, ZHAO F Y. Optimal design of thermoelectric cooling system integrated heat pipes for electric devices [J]. Energy, 2017, 128: 403-413.

[59] ZHANG G Z, ZHANG X S, HUANG H B, et al. Toward wearable cooling devices: Highly flexible electrocaloric $Ba_{0.67}Sr_{0.33}TiO_3$ nanowire arrays [J]. Advanced Materials, 2016, 28(24): 4811-4816.

[60] JIN W L, LIU L Y, YANG T, et al. Exploring Peltier effect in organic thermoelectric films [J]. Nature Communications, 2018, 9(1): 3586.

[61] ROOT W, BECHTOLD T, PHAM T. Textile-integrated thermocouples for temperature measurement [J]. Materials, 2020, 13(3): 626.

[62] BOUTRY C M, NGUYEN A, LAWAL Q O, et al. A sensitive and biodegradable pressure sensor array for cardiovascular monitoring [J]. Advanced Materials, 2015, 27(43): 6954-6961.

第6章 纤维超级电容器及纺织品

随着柔性电子时代的到来，便携式电子设备柔性化、轻质化、微型化以及智能化的发展要求，对相应的电源动力系统提出了高能、小型、柔性、轻薄、多功能和安全等特殊需求。超级电容器作为新型储能器件，填补了传统意义上电容器与电池在比功率与比能量方面的空白，具有高能量和功率密度、快速充放电能力、高效率、环境友好性、长循环寿命、使用温度范围宽和高安全性等优点，是能源及环保时代发展过程中不可缺少的电子器件。目前，物联网的发展促使纺织行业技术革新，可穿戴纺织品应运而生，智能织物开发空间不断扩大。因此，如何设计能够直接编织于织物的纤维超级电容器作为智能纺织品纤维电源，将超级电容器与电子智能织物有机结合，是电子智能纺织品发展的主流趋势。

纤维超级电容器具有重量轻、体积小、柔性高和可编织加工等优点，是柔性电子器件理想的储能电源之一。纤维超级电容器在解决柔性可穿戴电子设备供电方面具有三大优势：①高机械柔韧性，可承受长期反复变形；②可以通过切割实现设计的多功能化；③一维结构纤维电极能够集成到可穿戴织物中，有利于多功能可穿戴系统的设计制造。但是，相对于传统平面超级电容器，能量密度低和柔性与储能性能的优化平衡问题是纤维超级电容器面临的挑战之一。而这些瓶颈问题的解决，高度依赖于纤维电极本征活性材料的电荷储存性能和机械性能。

近年来，超级电容器的研究主要集中在二维薄膜和一维纤维状结构器件。而对于纺织品用纤维超级电容器，其应该具备良好的柔韧性、可形变性、抗腐蚀性、可耐洗性和透气舒适等特点。与普遍通用的纺织品结构相比，由于二维薄膜超级电容器两个电极层夹在电解质或隔膜层两边，使得器件的弯曲方向受到平面结构限制，导致二维超级电容器沿着一个维度弯曲时容易变形、扭曲或失效。同时，二维薄膜超级电容器集成到纺织品中操作困难，即使集成成功也会阻碍气流通过纺织品，导致纺织品穿戴舒适度降低。因此，相较于二维薄膜超级电容器，一维纤维超级电容器能够以纱线结构编织或者植入到纺织品中，是柔性智能纺织品的理想供能单元。

6.1 纤维超级电容器的分类和工作原理

6.1.1 纤维超级电容器发展历程

纤维超级电容器的主要发展历程如图6-1所示。2003年，鲍姆（Baughman）等第一次设计、组装了纤维超级电容器样机，他们使用两根导电碳纳米管复合纤维作为电极，PVA/H_3PO_4凝胶作为电解质和隔膜，将组装的纤维超级电容器编织到纺织品中，开辟了纤维超级电容器在电子纺织品领域的应用。但是，由于碳纳米管复合纤维表面积有限，限制了器件的比电容和能量密度，纤维超级电容器发展缓慢。2011 年，因纤维超级电容器储能性能的显著提升，其研究得到高度关注。通过在导电纤维表面生长赝电容材料（如氧化锌纳米线和二氧化锰），可以显著提高纤维超级电容器性能。通过将多个纤维超级电容器串联或并联，提高了器件的工作电压窗口或电流，从而满足不同功能设备能量和功率密度要求。2013 年，研究者成功制备了石墨烯纤维器件，极大地丰富了纤维超级电容器的种类。2015 年，研究者利用商用纺织机制造了纤维超级电容器纺织品，实现了基于纺织材料的储能装置重要进展。同时，高性能纤维电极材料的成功开发，为进一步提高纤维超级电容器电化学性能提供了新机遇。2017 年，研究者将法拉第电池材料和双电层电容材料结合在一起，成功组装了锂离子纤维电容器。相比传统纤维超级电容器，锂离子纤维电容器的能量密度大幅提高，同时保持了较高的功率密度。随后，锌（钠）离子混合纤维电容器相继成功组装，为进一步提高其能量密度、功率密度、循环寿命、安全性等多方面性能提供新机遇。

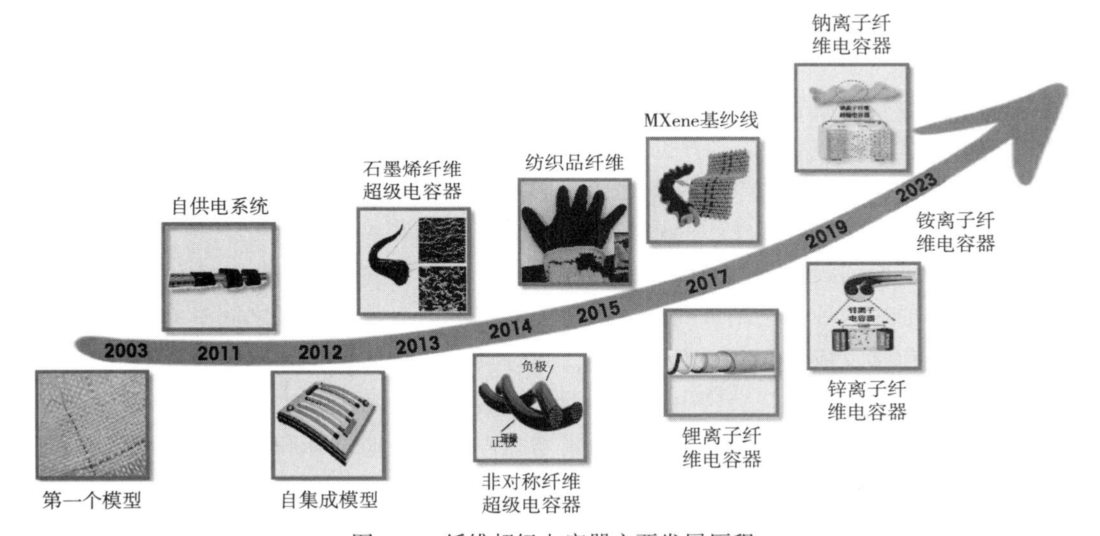

图 6-1　纤维超级电容器主要发展历程

纤维超级电容器作为智能纺织品及柔性器件的供能单元具有三大优势：①空间上可实现三个维度的柔韧调控，使得器件在缠绕、折叠以及弯曲等形变过程中能够保持稳定的能量输出；②当器件组装到纺织品时能够实现大表面积的电荷存储区域和高孔隙率，可优化纺织品电化学性能并保持良好透气性，提升智能纺织品及柔性器件的穿戴舒适性和实用性，实现柔性电源与纺织品的高度集成；③可通过纺丝（湿法、干法、同轴、静电）、微流控、电沉积和双卷轴等系列技术一次成型，其直径范围从微米到毫米不等，将纤维基超级电容器集成或者直接编织到可穿戴织物中，可有效解决传统超级电容器刚性大、组装工艺烦琐、体积容量低和难以与纺织品集成等诸多问题。因此纤维超级电容器是一种适用于智能可穿戴电子器件的理想储能元件。

6.1.2　纤维超级电容器结构与分类

传统超级电容器通常是将两片电极相对并用隔膜分开防止短路，再注入电解液形成“电极/隔膜/电极”的三明治结构器件。电极作为超级电容器电荷储存和运输的主体，不仅决定超级电容器的能量和功率密度，还直接影响超级电容器的结构类型。因此，超级电容器的柔韧性、性能提升及结构形状变化总是伴随着电极材料的不断创新。通常，理想的纤维电极不仅具有杰出的电化学性能，而且还拥有纺织纤维大的长径比、合适的细度、良好的拉伸以及弯曲性等优点，这些特性使得纤维基超级电容器随之发展出多种组装结构，如图 6-2 所示，主要包括平行结构、缠绕结构、同轴结构、同轴平行型、一体化型和轧制型纤维电容器。

平行结构纤维超级电容器的结构与传统有基底型平面超级电容器非常相似，由两根紧靠在一起的电极平行放置在柔性基底上构成［图 6-2（a)］，其结构简单，有利于实现大规模实际应用。但是，电极之间的距离无法精确控制而导致器件性能不稳定。平行结构使电极与电解质之间接触面积有限，可供离子传输路径较少，导致该类器件的比容量和能量密度受到很大限制。此外，衬底可能会造成内阻增大，使得组装器件的功率密度和能量密度降低，重量和体积增大，导致组装器件在微型设备中应用受到限制。

缠绕结构纤维超级电容器是将两个纤维电极相互缠绕在一起，固态电解质均匀填充在电极之间所构成［图 6-2（b)］。与平行结构纤维超级电容器相比，缠绕结构可增大电极间的接触面积，有利于增加电解质离子传输途径。同时，由于不需要柔性衬底，自支撑缠绕结构可作为纺织单元，轻松实现在纺织品中集成或编织成不同花纹和形状的织物，可用于多种实际应用场景。为了增强柔性超级电容器的拉伸性能，中间的主纤维电极通常选用拉伸性能优异的纤维材料。通过这种方法制备的纤维基超级电容器可以使两电极之间具有较高的接触面积，从而提高电化学反应过程中的离子扩散，同时具有优异的可拉伸性能和高电化学比电容的能量存储性能。但是，缠绕结构由于两个纤维电极在反复弯曲、摩擦、挤压或拉伸后，两电极之间会变得松散，而疏松的结构会使内阻增加、器件性能下降和使用寿命缩短，甚至两极分离而发生短路失效。因而该器件性能极容易受到机械形变影响，不适用于发生复杂形变的应用场合。

同轴结构纤维超级电容器结构如图 6-2（c）所示，由最内层纤维电极、夹层聚合物凝胶电解质和外层电极层组装而成。同轴型纤维超级电容器电极具有多层结构，电化学活性物质、凝胶电解质以及隔膜通过逐层沉积的方式沉积在纤维上。这种结构设计可以在两电极之间提供更大的界面接触面积，有效提高超级电容器的电容性能和稳定性。同轴结构使电极与电解质之间完全紧密接触，具有最大的接触界面，可为离子扩散提供更多有效通道，从而可降

（a）平行型

（b）缠绕型

（c）同轴型

图 6-2　纤维超级电容器类型

低电子传输内阻，达到提高纤维器件的电化学性能和稳定性的目的。但是，由于纤维电极一般较为细长，要想实现电极和电解质同轴层状结构，需要精准调控各部分组件之间的距离，技术难度大和制造成本高，因而限制了该类结构纤维超级电容器的大规模生产和应用。

同轴平行型纤维超级电容器与同轴型纤维超级电容器的结构类似，可以将多个外电极平行包裹在线状内电极上，获得同轴平行型结构［图6-3（a）］。外电极和内电极呈现不对称结构，器件的力学性能和电化学性能由内电极调控，可实现纤维超级电容器电化学性能和力学性能的优化平衡，无须针对同一电极材料同时优化。以直径为500μm弹性纤维作为可拉伸基底，将MWCNT以60°的相交角连续缠绕在弹性纤维表面。然后将长度为0.2cm的MWCNT片以一定的间隔从纤维上除去，随后涂覆聚乙烯醇/H_3PO_4凝胶电解质。每个MWCNT段的中间并没有电解质涂层，可作为公共电极。4个纤维超级电容器串联连接，这些串联的纤维超级电容器具有均匀的直径、高度柔韧性和可拉伸性。一体化型纤维超级电容器一般是将两个电极和电解质合理地集成在一根纤维中，而不需要额外的黏合剂和组装过程。该结构纤维超级电容器保留了单根纤维的机械灵活性，同时也保持了器件的高电容性能［图6-3（b）］。

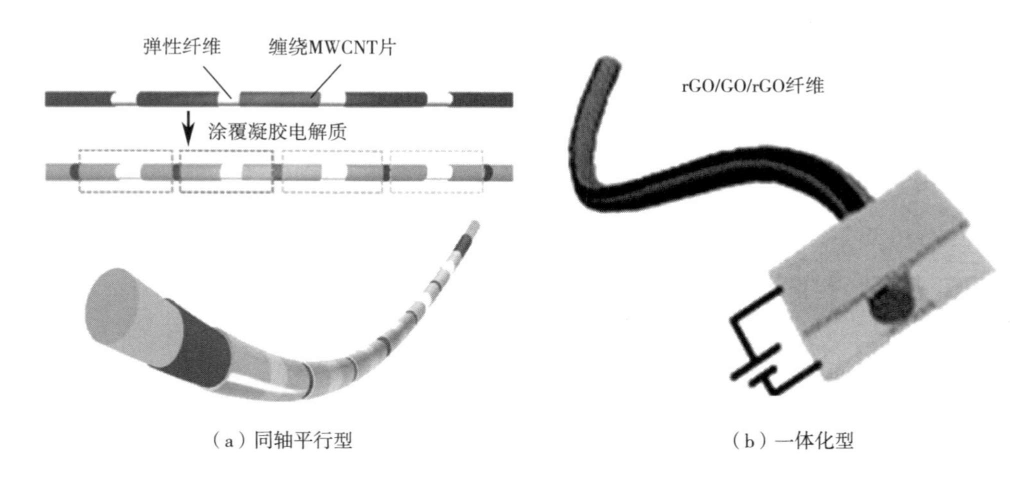

（a）同轴平行型　　（b）一体化型

图6-3　同轴平行型纤维超级电容器结构

轧制型纤维超级电容器的设计理念是在两个电极之间建立均匀和最小的间距，从而通过降低器件内阻而为离子或电荷传输提供有效途径。理论上，理想的电极配置是两个电极分布均匀，分离距离恒定，且不发生短路。因此，轧制型电极配置可视为最优器件组装方案，但对于纤维材料的要求较高。将逐层放置的平面片材轧制成纤维形电极，是制造轧制型纤维超级电容器一种简单易行的方法。通过卷起三个重叠三明治层，即PANI碳纤维（CFs）、PVA/H_2SO_4凝胶电解质和PANI/CFs层，可组装具有独特辊式形状的轧制型纤维超级电容器（图6-4）。

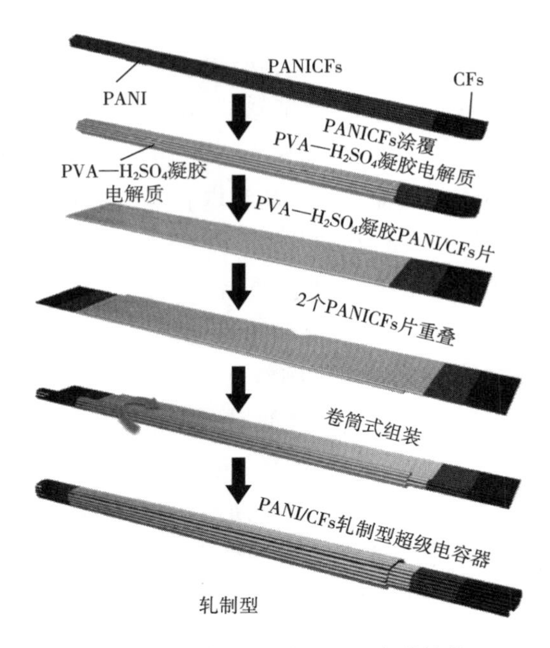

图 6-4　轧制型纤维超级电容器结构

6.1.3　纤维超级电容器储能机制

常规超级电容器根据储能机理不同，主要分为双电层型超级电容器（EDLCs）、法拉第赝电容型超级电容器及混合型超级电容器，主要构造如图 6-5 所示。

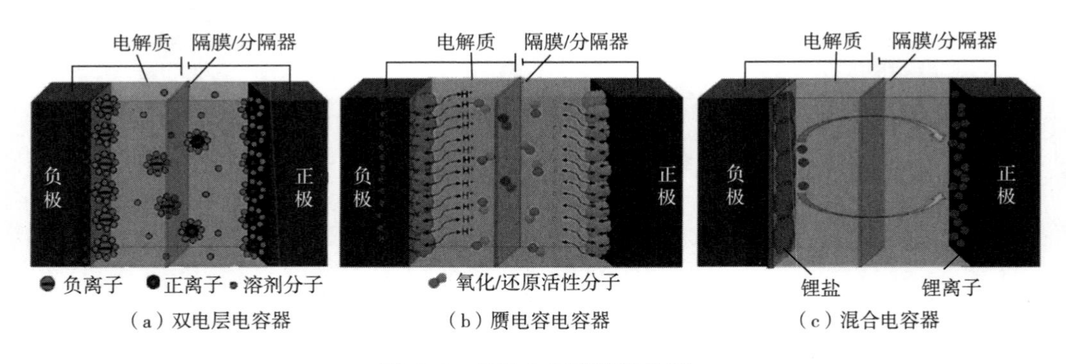

图 6-5　超级电容器储能机制

(1) 双电层超级电容器的工作原理是在充放电过程中电解质离子在电极材料表面发生简单物理吸附与脱附过程［图 6-5（a）］。在外部电场作用下，电解质溶液中的阴离子和阳离子分别向正极和负极迁移，在界面处与电极材料表面剩余电荷形成双电层，从而两极之间形成内部电场。充电完成后，界面处双电层与分散层中等量异性电荷相互作用，使双电层达到稳定并保持电中性从而实现能量存储。放电时，随着两极之间电压差逐渐减小，双电层中电荷发生脱附，离子迁移回电解液中，同时产生的电子在外电路中定向迁移形成电流。EDLCs

通过正负电荷分离存储能量，工作过程主要涉及离子在电极表面迁移和释放。因此，EDLCs的比电容主要取决于电极材料的比表面积和电解质离子扩散速率，具有丰富孔隙结构、大比表面积且成本低廉的碳基材料是理想的双电层电容材料。通常，EDLCs充放电过程反应速度极快，对电压变化十分敏感，可以快速响应（约10^{-8}s）而实现快速充放电，同时也展现出长的循环寿命和高功率密度。但是，由于工作过程只在电极表面发生简单物理吸附和脱附过程，因而电极材料和电解液的利用效率低，导致组装器件的能量密度和比容量低。

（2）与EDLCs不同，赝电容型超级电容器在工作过程中涉及快速可逆氧化还原反应[图6-5（b）]。电荷存储和转移主要通过电解质离子在活性材料表面或近表面发生的快速可逆氧化还原反应实现。充电过程中，电极材料表面区域氧化态降低而发生氧化反应，放电时以相反过程进行，使电容器恢复到初始状态，氧化还原反应过程几乎完全可逆。根据电极表面发生反应的类型不同，赝电容型超级电容器通常可分为三种存储机制，分别是欠电位沉积、氧化还原赝电容和插层赝电容。赝电容超级电容器的比容量和能量密度远高于双电层电容器。但是，活性电极材料存在结构不稳定等问题，导致赝电容超级电容器循环稳定性和倍率性能差。

（3）为进一步提高超级电容器能量密度，研究人员相继开发了混合型超级电容器。通常，混合型超级电容器一极为电池型电极材料，另一极为电容型电极材料，结构如图6-5（c）所示。混合型超级电容器兼具超级电容器和电池的优点，具有高功率密度和能量密度，物理化学性能更加优异，具有广阔的开发应用前景。

纤维超级电容器储能机制类似于常规超级电容器，主要由不同储能机制活性材料组装成纤维电极，然后由纤维电极根据纤维超级电容器的类型组装成相应的纤维电容器。纤维EDLCs的能量存储主要基于在电极与电解液界面处形成的静电双电层，纤维EDLCs在电极与电解质界面上发生静电相互作用，当电极上施加外部电压时，带电离子储存能量。由于电解质和电极之间没有离子交换，因而是纯粹的物理吸附存储机制。纤维赝电容超级电容器是通过在纤维电极和电解液间发生的快速和可逆电化学氧化还原反应，实现可逆的法拉第电荷转移来存储能量。通常，纤维赝电容超级电容器的比电容和能量密度比纤维EDLCs高，但由于氧化还原反应具有一定的不可逆性，使得纤维赝电容超级电容器的循环稳定性不足。混合纤维超级电容器一般由电容性碳作为正极，及与之匹配的赝电容性或离子嵌入式材料作为负极构成，这样的结构可缩小高功率低能量超级电容器与高能量低功率电池间的差距。在大多数情况下，混合纤维超级电容器正极上的非法拉第嵌入与负极上的法拉第嵌入结合，为器件同时实现高能量密度和高功率密度提供可能。但是，实际上各类纤维电容器件同时存在双电层和赝电容两种能量存储形式，只不过两者所占比例不同。

6.1.4　纤维超级电容器储能性能评估

评估纤维超级电容器器件的性能指标有比电容、能量密度及功率密度、等效电阻和循环稳定性等，测试方法通常包括恒电流充放电（GCD）测试、循环伏安法（CV）以及交流阻抗（EIS）等。其中，比电容是表示纤维超级电容器存储电荷能力的重要指标，纤维电容器的总电容为：

$$\frac{1}{C_{总}}=\frac{1}{C_{正}}+\frac{1}{C_{负}} \tag{6-1}$$

式中：$C_{正}$、$C_{负}$ 分别为纤维超级电容器正极和负极电容。

电容可以从 GCD 和 CV 曲线中依据以下公式分别计算得到：

$$C=\frac{S}{2Vv} \tag{6-2}$$

$$C=\frac{2I}{V/t} \tag{6-3}$$

式中：S 为循环伏安曲线的积分面积；V 为电势窗；v 为循环伏安测试时的扫描速度；I 为恒流充放电测试时电流；V/t 为充放电曲线的斜率。

而对于比电容，是在总电容基础上除以质量、长度、面积或者体积得到。

纤维超级电容器的能量密度（E）和功率密度（P）可由以下计算公式分别计算得到：

$$E=\frac{CV^2}{2} \tag{6-4}$$

$$P=\frac{V^2}{4R} \tag{6-5}$$

式中：R 为超级电容器的等效串联电阻。

6.2 纤维超级电容器电极材料

弹性、耐磨性和耐久性等性质对于纺织品材料极其重要。因此，设计具有重量轻、柔韧性好、成本低以及良好电化学性能的纤维电极材料，对纤维超级电容器制造非常重要。纤维电极的主要功能是存储电荷，可通过提高纤维电极材料孔隙率、增大比表面积以及促进氧化还原反应或嵌入离子来实现。同时，纤维电极材料应该拥有高导电性，以确保实现电子转移并降低器件内部的能量损失（电压降），从而使器件具有良好的倍率性能。另外，纤维电极材料应该具有高强度和优异柔韧性，以便于将纤维或纱线基电极或器件集成到智能纺织品中。

电极结构的设计主要遵循以下四个原则：①尽可能缩短纤维电极中电子和离子的传输距离，从而缩短电化学过程中电解质离子的传输路径，为提升纤维器件功率密度奠定基础；②电解质离子与电极活性材料充分接触并参与电化学反应，以实现电极材料电化学过程中的利用率提高和比容量增大；③纤维电极能够适应各种形变需要，以保证电极具有高柔韧性和电导率；④应考虑质量密度、制备成本、比表面积、机械形变以及界面黏附力的因素。

根据纤维电极材料的储能机制和电容类型，纤维电极材料一般可分为碳基双电层纤维电极、金属氧化物和导电聚合物赝电容纤维电极。而根据纤维制备及材料类型，纤维电极材料可分为金属丝基纤维电极、聚合物基纤维电极、碳基复合纤维电极等类型。

6.2.1　金属丝基纤维电极

金属丝基纤维电极通常是直接在金属丝上沉积活性材料制备而成，金属基底起到提高活性材料导电性和柔韧性的作用。但是，直接在金属线上生长活性材料存在活性材料分布不均或与金属基底结合力较差等问题，导致电子传输界面电阻增大，使得活性材料性能难以充分发挥。此外，由于金属丝比表面积有限且表面光滑，负载活性物质在工作过程中容易脱落，造成活性材料质量损失，使得纤维电极循环稳定性变差。因此，可采用在金属线上沉积缓冲层的方式，增大活性物质与金属丝界面作用力和接触面积，达到缓解金属基底与活性物质之间结构不稳定的问题。同时，可将金属丝作为集流体，与其他导电材料复合在一起形成具有大比表面积的导电衬底，通过提高活性材料与金属丝之间的结构稳定性，从而解决工作过程中活性材料易脱落的问题。例如，以金属镍丝为基底，通过酸辅助法可在 Ni 表面原位生长粗糙的 NiO 缓冲层，然后采用电沉积法在 NiO 表面制备锰钴层状双金属氢氧化物（MnCo—LDH），得到 NiO@ MnCo—LDH 纤维电极。与直接生长在 Ni 丝上的 MnCo—LDH 相比，粗糙 NiO 层为 MnCo—LDH 负载提供了更大的比表面积，从而提高了 MnCo—LDH 活性材料的负载量，使 MnCo—LDH 附着力增强而将活性材料牢牢固定在金属基底上，从而防止活性材料在工作过程中发生脱落并实现纤维电极面积比电容的显著提高。

6.2.2　聚合物基纤维电极

根据聚合物是否导电，通常将聚合物基纤维超级电容器分为导电聚合物基超级电容器和绝缘聚合物基纤维超级电容器。

绝缘聚合物纤维虽然导电性不佳但具有成本低、柔韧性强和耐磨性好等优点，是良好的基底材料。通常采用浸渍或涂覆法将大量导电活性物质负载在聚合物纤维表面，作为纤维电极组装纤维超级电容器，进而编织到纺织品中。但是，由于活性物质负载量有限，组装器件的比电容一般较小。

导电聚合物具有高理论比容量和制备简单等优点，是优异的聚合物纤维电极材料。导电聚合物纤维通常采用湿法纺丝技术制备，但得到的纤维电极机械性能较差，常需要通过与其他机械性能优异材料复合，以达到显著提高导电聚合物纤维机械性能的效果。例如，通过化学原位聚合法，在高导电性 PEDOT：PSS 水凝胶上聚合吡咯（PPy）制备得到（PEDOT：PSS)/PPy 复合纤维，用其可组装高性能聚合物纤维超级电容器。由于 PEDOT：PSS 水凝胶具有良好的导电性而 PPy 具有较高的比电容，二者协同作用使得（PEDOT：PSS)/PPy 复合纤维具有良好的电子和离子电导率。疏松的多孔结构和较强的 π—π 共轭相互作用，保证了电子和离子的快速转移和扩散，使得电解质和电极材料的利用率得到明显提高。该纤维组装的超级电容器器件具有优异的体积、面积、长度比电容和卓越的倍率性能。

6.2.3　碳基复合纤维电极

碳基材料因其机械性能高、导电性好和柔韧性优异，是纤维超级电容器的理想电极材料之一。近年来，各类碳电极材料的快速发展推动了储能技术的飞跃式进步。目前，CFs、CNTs 和 GO 等碳材料已被广泛用于制备纤维超级电容器的纤维电极中。

（1）CFs 具有成本低、重量轻、柔性好和导电性高等优点，是纤维超级电容器电极材料的理想选择。但是，未经修饰的 CFs 材料亲水性差和比容量低，直接用作纤维电极材料时电化学性能较差。因此，通常在 CFs 材料上引入亲水性含氧官能团对其进行修饰，或与其他高容量材料复合，以制备性能优异的 CFs 复合材料用于柔性纤维电极。例如，研究者利用硫酸修饰 CFs 材料，随后在其表面生长富含氧空位的氧化铜，制备了氧空位氧化铜/碳纤维（CuO_x/CFs）纤维电极。由于活性材料 CuO_x 中的氧空位提高了电荷转移效率，从而改善了纤维电极电化学性能，使得由其组装的纤维超级电容器表现出高能量密度和长循环稳定性，为构建宽电压窗口、高性能超级电容器提供了新策略。

（2）CNTs 具有一维结构特征，是理想的碳基纤维组装单元。利用 CNTs 作为组装单元，可以排列并组装成连续纤维，即通过结构设计及单元组装技术有效地将 CNTs 本征性质扩展到组装的宏观纤维上。由 CNTs 组装的碳纳米管纤维可以显示出较高的拉伸强度和电导率（10^3S/cm），并且该纤维具有接近软组织的优异弯曲刚度。同时，许多活性材料可以有效地结合到碳纳米管中，实现高负载密度，是制备具有优异存储性能超级电容器纤维电极材料的理想组装单元。目前，CNTs 基纤维电极有三种方法：①将 CNTs 组装单元分散在适宜溶剂中，利用溶液挤出工艺制备 CNTs 纤维电极；②在合适衬底上首先通过化学气相沉积合成 CNTs 阵列，然后从阵列中纺出 CNTs 以形成连续纤维；③通过修饰 CNTs 表面，利用 CNTs 所负载的各种官能团进一步与各种有机分子或无机基团连接，组装制备具有不同结构与性质的储能 CNTs 基纤维电极材料。

利用典型的化学气相沉积技术，以 Fe/Al_2O_3 作为催化剂，乙烯为碳源，在氩气及氢气混合气氛中在硅衬底上制备得到 CNTs 线束阵列。随后，CNTs 线束阵列通过纺丝得到 CNTs 纤维，经过一定的拉伸可制备得到 CNTs 纳米片。组装得到的 CNTs 纤维浸入到聚丙烯醇/磷酸（PVA/H_3PO_4）电解质中，利用电解质既可以渗透 CNTs 纤维而又可以在纤维表面涂覆的特性，得到 CNTs 纤维正极。随后将制备的 CNTs 包覆于 CNTs 纤维正极，再次浸入到相同凝胶电解质中得到 CNTs 纳米片负极，最终组装成由 CNTs 纤维正极和 CNTs 纳米片负极构成的同轴碳基纤维超级电容器，其体积比电容可达 32.09F/cm^3，在高电流密度下保持良好电容稳定性（图 6-6）。

（3）石墨烯具有高抗拉强度、良好的弹性模量、优异的导电性、大比表面积、良好的载流子迁移率和载流量，是理想的纤维 EDLCs 电极材料。采用化学气相沉积技术，可以制备得到石墨烯薄膜，随后通过缠绕卷曲技术制备得到石墨烯纤维电极。但是，化学气相沉积技术由于制备条件苛刻，大规模工业化制备成本高。同时，石墨烯在一些液相介质中的分散性不理想，加之纳米片层容易团聚，导致其纤维器件组装过程复杂和大规模纤维电极制备困难。为此，目前主要通过天然石墨氧化制备得到 GO，利用 GO 在一些液体介质中的良好分散性及优异的液晶相性质，采用湿法纺丝技术制备得到氧化石墨纤维，随后氧化石墨纤维在还原介质中还原得到 rGO 纤维电极。另外，GO 纤维材料在一定条件下通过水热处理，也可以

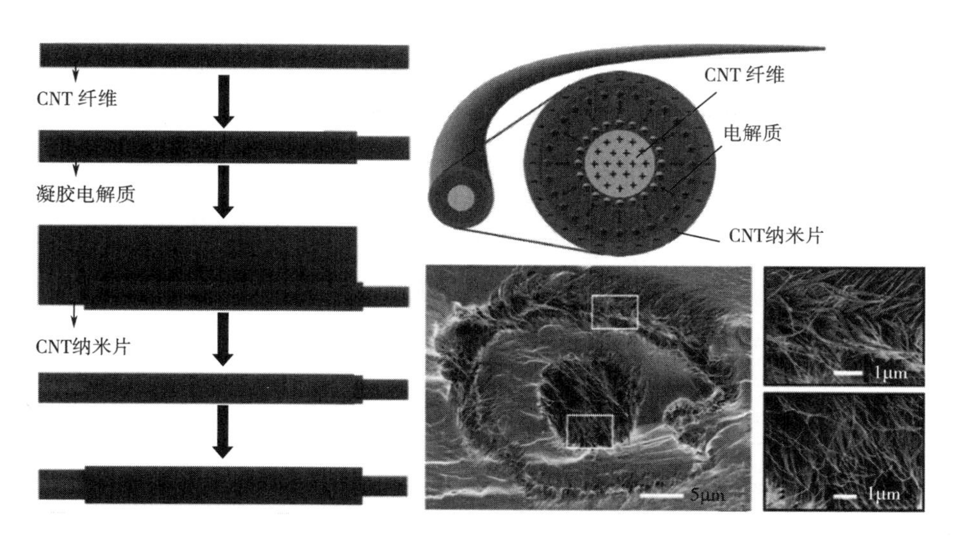

图6-6 同轴碳基纤维超级电容器及器件截面结构

得到具有双电层电容特性的 rGO 纤维电极材料。

研究者利用石墨烯优异的高导电性，制备了不同结构的石墨烯基超级电容器电极材料并组装 EDLC 纤维超级电容器。通过热还原技术，在直径可控的玻璃管中热还原 GO 分散液，可以组装得到一定直径的热还原石墨烯纤维（GF）。以得到的 GF 作为工作电极，Pt 电极和银/氯化银（Ag/AgCl）分别作为对电极和参比电极，在三电极体系中电化学电解 GO 分散液，可以组装得到以石墨烯（GF）为芯，石墨烯纳米片构成的 3D 石墨烯网络为鞘的全石墨烯芯鞘复合纤维电极 GF@ 3D—G。GF@ 3D—G 利用了 GF 的高导电性和 3D 石墨烯网络的高比表面积和快速离子传输特性，使得复合纤维组装的对称纤维超级电容器不仅具有良好的柔性，而且在高扫描速率下表现出理想的比电容性能。同时，针对石墨烯片在组装纤维电极过程中容易堆叠而导致其比表面积严重降低，使得组装纤维电极与电解质离子的有效接触面积下降而阻碍电解质离子传输和存储的问题，可通过在石墨烯纳米片组装纤维电极过程中引入其他铸型剂材料，用于阻止石墨烯纳米片的堆叠、增大纳米片层间距以及提高复合纤维电极的比电容。利用 CNTs 的高导电性和可作为“间隔剂”有效抑制 rGO 纳米片再堆积特征，有利于在纤维中构建具有狭窄分布中孔的紧凑结构，达到增强纤维机械强度及改善纤维电极的内部电导性。

利用 rGO 纳米片层表面丰富官能团所具有的改性特征，借助毛细管辅助定向装置对非液晶 rGO 和 CNTs 分散液进行湿法纺丝，随后进行适度的化学还原处理，可以构建具有定向传导网络、有效电子传导路径、低内阻及高比电容复合纤维电极（图6-7）。采用低温水热合成法，对氧化石墨烯/聚（3,4-乙烯二氧噻吩）-聚苯乙烯磺酸/抗坏血酸（GO/PEDOT：PSS/VC）体系进行同步化学还原，随后再进行 H_2SO_4 处理，可以制备具有分层多孔结构的 rGO/PEDOT：PSS 复合纤维。采用这种小尺寸 GO 不仅可抑制其堆积现象，而且可提供多通道以及大比表面积，从而可改善纤维电极的离子扩散速率。同时，酸处理可以部分去除 PSS

并增加 PEDOT 的共轭长度，从而提供更高的电导率，加速纤维电极内的电子转移。这种协同效应，使得复合纤维电极具有高的体积、面积比电容和出色的倍率性能。

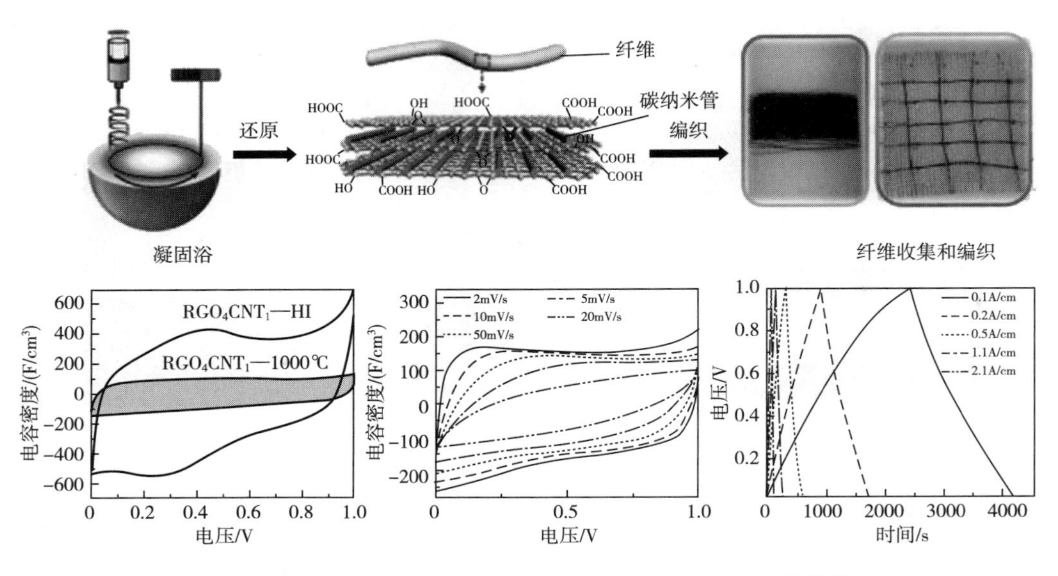

图 6-7 氧化石墨烯/碳纳米管定向复合纤维制备和电化学性能

6.3 纤维超级电容器电解质

纤维超级电容器电解质一般为聚合物凝胶电解质，采用聚合物凝胶电解质组装纤维超级电容器具有两大优点，一是操作简便、不易燃、毒性低；二是聚合物凝胶电解质可以避免泄漏问题，降低器件封装成本，同时也可以作为隔膜防止器件短路。通常，聚合物凝胶电解质是将离子化合物溶解在聚合物中所得到的电解质。目前在纤维状超级电容器中常用的聚合物凝胶电解质有固态聚合物电解质和凝胶聚合物电解质。凝胶聚合物基体中存在大量的水而提高了导电性，使得凝胶聚合物电解质离子导电性（10^{-4}～10^{-3}S/cm）通常比固体聚合物电解质离子电导性（10^{-8}～10^{-7}S/cm）高。常用的凝胶电解质基质材料有聚丙烯酸酯（PAA）、聚环氧乙烷（PEO）、PVA、PAN 和 PVDF 等。由于 PVA 成本低、电化学稳定性好、机械性能优异和无毒的特性，使得 PVA 凝胶电解质在纤维超级电容器中应用广泛，如 PVA/H_2SO_4、PVA/H_3PO_4 和 PVA/KOH 等体系。

但是，以水为溶剂构成的凝胶电解质对温度敏感性很高，阻碍了其在炎热和寒冷地区的应用。在低温下，水凝胶电解质易冻结或离子导电率不足，从而导致器件不能正常工作。而在高温下，溶剂水会快速蒸发引起气体鼓泡和气体膨胀，导致电极材料出现腐蚀和溶解的问题。因此，实现拓宽工作温度范围是纤维超级电容器发展的另一重要方向。目前纤维超级电容器凝胶电解质主要由离子导电添加剂（如碱、酸和金属盐）和全固态聚合物基质［如

PVA、羧甲基纤维素（CMC）和聚丙烯酰胺（PAM）等］组成，包括具有物理交联或化学交联网络的水凝胶电解质以及未交联的电解质。由乙二醇、氯化钠和 PVA 可以制备具有优异机械耐久性和抗冻性的 PVA 复合水凝胶电解质，氯化钠的加入不仅提高了电解质的电导率，促进了离子的传递，而且可使 PVA 交联形成聚合物网络以提高电解质机械性能。乙二醇的加入可以显著提高水凝胶电解质的抗冻性。当乙二醇与水组装混合体系时，其与水间可以形成大量氢键，而使水的凝固点降低，显著改善了水凝胶电解质的抗冻性。同时，乙二醇和氯化钠的存在可改善复合凝胶力学性能，避免单一添加剂过多而导致的凝胶导电性不足问题。另外，复合水凝胶电解质在组装纤维电容器时，既充当承载层以保持变形过程中器件结构稳定性，又可充当渗透性黏合剂以促进导电电极和电解质之间界面接触以降低界面电阻。例如，采用简便方法可以制备具有优异力学性能的抗冻导电水凝胶电解质聚丙烯酰胺/氯化锂/水溶性醋酸纤维素（PAM/LiCl/WSCA），该凝胶电解质的机械和抗冻性能显著增强，同时在-80℃下仍可保持柔软和柔韧性，表现出一定的弹性和导电性。由该凝胶作为电解质组装的超级电容器，经 500 次折叠循环和 10000 次充放电循环后仍具有优异的电容保持率。

但是，凝胶电解质组装纤维电容器时主要存在三个缺陷：①凝胶电解质具有相对较低的离子电导率和较差的电极与电解质界面，将导致组装器件的倍率性能和功率密度降低；②为改善凝胶电解质机械性能而牺牲了其离子电导率；③凝胶电解质在高工作电压下性能不佳。

为此，研究者选择能够增强聚合物热稳定性的蒙脱土（MMT）作为掺杂剂，利用 DMSO 所具有的强极性、高沸点和良好的化学稳定性及能溶于大多数无机和有机化合物的特性，特别是可以任何比例与水互溶的特性，将其作为防冻溶剂，通过将剥离后的 F-MMT 引入到水系凝胶电解质体系，以增强聚合物热稳定性，并利用 DMSO/H_2O 二元溶液体系所具有的低凝固点特征，对传统的 PVA-H_2SO_4 水凝胶电解质进行改性，成功制备了 F-MMT/PVA-H_2SO_4（DMSO/H_2O）有机水凝胶电解质。在 DMSO/H_2O 二元溶液体系中，H_2O 和 DMSO 分子之间强相互作用能显著削弱水分子内部的氢键网络，从而使 DMSO/H_2O 二元溶液体系的凝固点显著降低。当 DMSO 的摩尔比为 0.3 时，DMSO/H_2O 二元溶剂体系的凝固点可以降低到-123℃，使得 DMSO/H_2O 二元溶剂体系可作为低凝固点水凝胶电解质组分的理想候选体系。F-MMT/PVA 水凝胶电解质制备过程及 F-MMT/PVA-H_2SO_4（DMSO/H_2O）有机水凝胶电解质性质表征结果如图 6-8 所示。

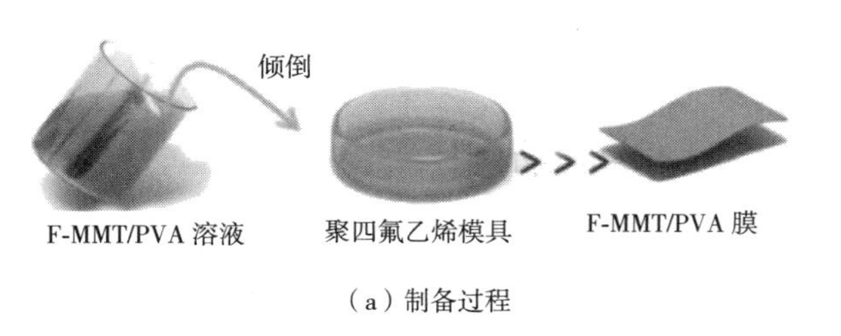

（a）制备过程

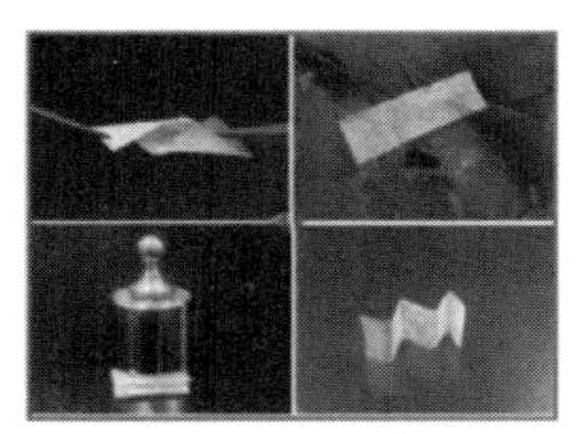

（b）柔韧性光学图像

图 6-8

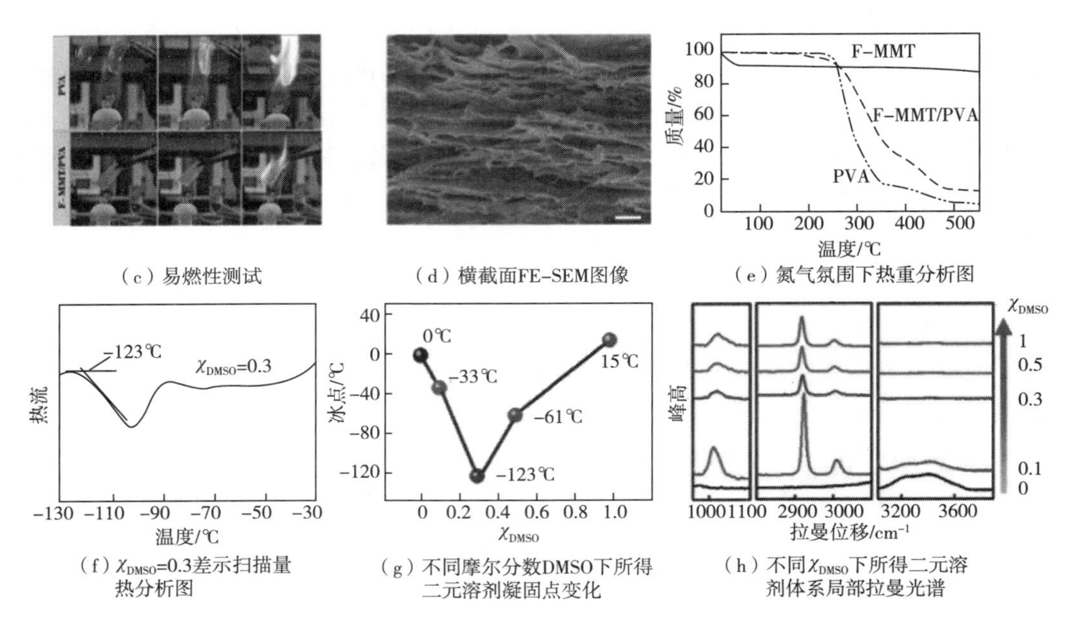

（c）易燃性测试　（d）横截面FE-SEM图像　（e）氮气氛围下热重分析图

（f）χ_{DMSO}=0.3差示扫描量热分析图　（g）不同摩尔分数DMSO下所得二元溶剂凝固点变化　（h）不同χ_{DMSO}下所得二元溶剂体系局部拉曼光谱

图 6-8　F-MMT/PVA 水凝胶电解质薄膜表征

6.4　纤维电极的制备方法

由具有高导电性能和电化学活性的功能改性纤维组装的纤维超级电容器具有一维线型结构，可以通过嵌入、缝纫、编织等方式与纺织品结合。同时，其优异的能量存储性能使其在智能可穿戴器件中可发挥重要作用。目前，纤维超级电容器电极材料的制备技术核心是如何实现将活性材料引入到纺织品结构中，以实现所需的能量存储功能。通常，纤维电极制备技术主要有基底纤维表面改性和纺丝两种方法。基底纤维表面改性技术是通过沉积法在基底纤维材料表面形成电化学活性物质层，主要沉积方法有物理或化学气相沉积、化学水热沉积、电化学沉积、喷涂或浸涂、磁控溅射和丝网印刷等，是制备不同类型和结构的纤维电极常用技术。这些方法操作简单且活性材料负载量较高，缺点是沉积活性层与基底纤维间结合力不强，可能导致纤维电极物理变形过程中电化学反应不稳定，导电性不高及机械性能差。

纺丝法制备技术主要包括熔体纺丝、静电纺丝和湿法纺丝等方法，直接将活性物质纺成纤维，可大规模制备纤维电极，且纤维电极活性物质负载量高，缺点是制备纤维电极机械性能及导电性较差，从而影响纤维超级电容器器件性能。目前，许多活性材料可用于制备纤维电极，包括碳基材料（如活性炭、碳纳米管和石墨烯等），赝电容性质纳米颗粒（如 MnO_2、RuO_2 等）和导电聚合物（聚苯胺、PEDOT：PSS 等）。通常，碳基材料比表面积高，热稳定性和化学稳定性好及成本低，是纤维电极制备最常用材料，但碳基材料比电容和能量密度有限。过渡金属氧化物由于赝电容储能机制，具有高比电容，但电导率低和机械性能差限制了其在纤维电极中的应用。导电聚合物虽可提供高电容活性，但该类材料随时间易老化，导致纤维电极的循环寿命有限。

6.4.1　表面改性

导电基底纤维表面改性制备纤维电极的方法首先选取导电基底纤维，导电性好的金属丝或者碳材料纤维是理想的导电衬底，如 Pt、Ni 和不锈钢丝等金属丝和通过干法纺丝得到的碳纳米管和石墨烯碳纤维。通常，由于导电基底纤维的比容量小，因而常通过在导电基底纤维表面涂覆、沉积活性电极材料，达到制造高比容量柔性复合纤维电极的目的。另外，这些导电基底纤维可以与多层碳纳米管纱线捻合，导电基底金属丝作为集流器，在其上原位沉积高比容量活性材料如金属氧化物和高分子聚合物等，这样形成的纤维电极不仅可以优化组装器件的电化学性能，而且可以具有出色的充放电性能和弯曲循环性能，可大规模化生产，满足现代工业发展对智能可穿戴电子器件多样化的需求。例如，以多孔镍丝（PNYs）为导电基底纤维，在其上沉积二氧化锰（MnO_2）/rGO，制备得到纤维状 MnO_2/rGO@ PNY 电极，随后以该纤维组装全固态纤维超级电容器（图 6-9）。由于 PNYs 具有比表面积大和毛细孔道多的特点，可以在 PNYs 表面沉积大量的 rGO 和 MnO_2 活性物质。以 MnO_2/rGO@ PNY 纤维为电极，PVA/LiCl 凝胶为电解质组装的全固态纤维超级电容器，在 45°弯曲条件下经过 3000 次循环后，仍然具有 36. 81F/cm^3 的高体积比电容，表明其具有优异的循环稳定性和高机械柔韧性。

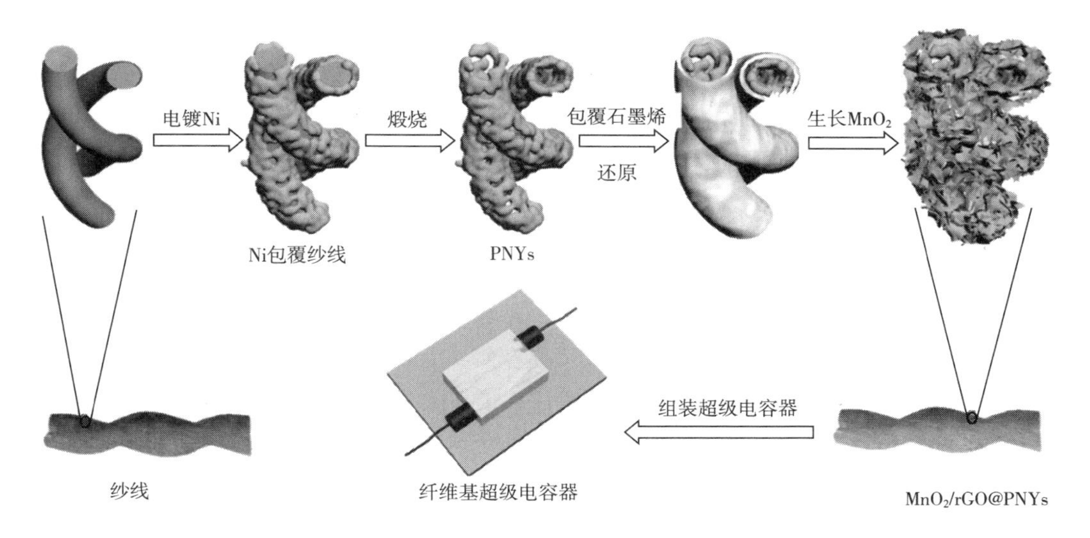

图 6-9　MnO_2/rGO@ PNY 电极和 MnO_2/rGO@ PNY 纤维超级电容器制备流程示意图

涂覆法是将活性材料引入到纺织品中最简单和低成本方法。棉、亚麻和竹子等天然纤维和尼龙、聚酯、镀银尼龙和碳基织物等合成纤维都可以用作涂覆基底。无论选择何种涂覆方法，制备过程主要包括制备活性材料的均匀分散液，活性材料喷涂、滴铸或浸泡纤维基底，涂覆活性材料后的基材在空气中或烘箱中干燥等过程（图 6-10）。但是，尽管涂覆过程简单，但活性材料和纤维基材表面结合力不强，因而影响制备纤维电极的性能发挥。

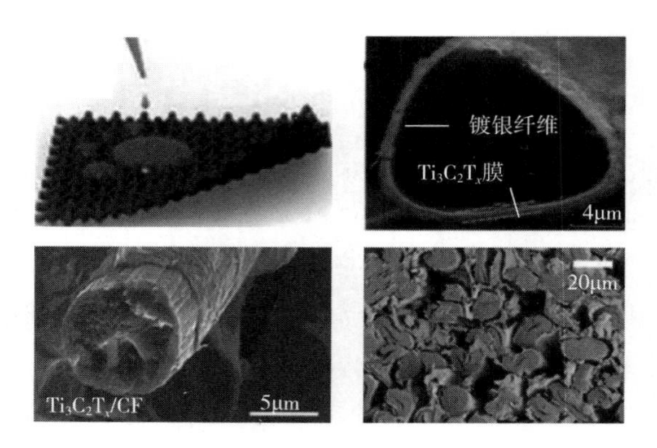

图 6-10　涂覆法制备 $Ti_3C_2T_x$ 纤维电极

6.4.2　纤维纺丝法

纤维纺丝法技术对纺丝所用活性物质的要求比较严格，要求这些活性物质不仅需要拥有高比容量，而且在纺丝介质中具有良好的分散性及优异的机械性能。例如，在储能材料与器件领域具有应用前景的 $Ti_3C_2T_x$ 纳米层状材料，可以通过不同的纺丝技术制备得到 $Ti_3C_2T_x$ 纤维电极，并组成具有优异电化学性能和机械性能优化平衡的 $Ti_3C_2T_x$ 纤维超级电容器，在智能纺织供能器件方面显示了独特优势。

利用静电纺丝法可以制备包括壳聚糖/$Ti_3C_2T_x$ 复合纤维、PEO/$Ti_3C_2T_x$ 复合纤维、PVA/$Ti_3C_2T_x$ 纤维和 PAN/$Ti_3C_2T_x$ 纤维等 $Ti_3C_2T_x$ 复合纤维电极，且单层、几层到多层 $Ti_3C_2T_x$ 可以被包覆在纳米纤维中。但是，由于 $Ti_3C_2T_x$ 薄片需要被包覆在聚合物纤维内且被聚合物链包围，同时 $Ti_3C_2T_x$ 负载量需足够高以使纤维导电，因而静电纺丝法制备 $Ti_3C_2T_x$ 复合纤维直接用于超级电容器电极也存在挑战。为了使静电纺丝法成为制备如 $Ti_3C_2T_x$ 基纤维电极的可行技术，就必须探索新的静电纺丝技术，以制备具有更高电导率和比表面积的 $Ti_3C_2T_x$ 纤维电极［图 6-11（a）］。

研究结果表明，纤维电极的连续制备对于其在纺织品中的集成和应用至关重要。湿法纺丝是连续生产功能化纤维的一种简单且有效方法，利用该技术可以制备导电聚合物纤维、碳纳米管纤维、石墨烯纤维及二维纳米片层组装纤维。由于 $Ti_3C_2T_x$ 纳米片在极性溶剂中具有良好的分散性，一些液晶材料如 PEDOT：PSS 和 GO 可作为液晶导向剂添加到纺丝原液中，诱导 $Ti_3C_2T_x$ 纳米片形成向列相结构以制备 $Ti_3C_2T_x$ 基复合纤维。由于 $Ti_3C_2T_x$ 与石墨烯或氧化石墨烯具有许多相似的性能，包括液晶行为、流变性能和在各种溶剂中良好的分散性，这些性能使得通过湿法纺丝制备纯 $Ti_3C_2T_x$ 纤维具有可行性。根据复合纺丝液的组分和性质，可以对纺丝装置、凝固浴和后处理工艺进行改进。例如，将 $Ti_3C_2T_x$/PEDOT：PSS 纺丝液注入浓硫酸凝固浴，可得到 $Ti_3C_2T_x$/PEDOT：PSS 复合纤维。同时，在水溶液中，大片层和小

片层 $Ti_3C_2T_x$ 分别在大约 26mg/mL 和 125mg/mL 浓度下形成 $Ti_3C_2T_x$ 向列相结构。另外，在湿法纺丝挤出过程中，对液晶 $Ti_3C_2T_x$ 分散液向列相施加剪切力，可改善 $Ti_3C_2T_x$ 片层沿纤维轴的取向。同时，挤出纤维和凝固浴之间的溶剂交换速率也影响着所得纯 $Ti_3C_2T_x$ 纤维的微观结构。纯乙酸凝固浴与 $Ti_3C_2T_x$ 分散液具有快速的溶剂交换速率，导致纤维具有开放的微结构、大直径和低密度，而壳聚糖组成的凝固浴减缓了溶剂交换速率，可制备得到紧密堆积 $Ti_3C_2T_x$ 纤维［图 6-11（b）］。

干法纺丝是一种新的制造技术，它使用可拉伸的碳纳米管片材作为基底，将原本不可拉伸的纳米材料转变成碳纳米管支撑纤维，该方法可用于生产 $Ti_3C_2T_x$ 负载量高达 95%（质量分数）的 $Ti_3C_2T_x$/CNT 纤维。通常，$Ti_3C_2T_x$ 纳米片被包覆在碳纳米管通道内，但是由于碳纳米管纤维直径小和具有开放的微结构，使得 $Ti_3C_2T_x$ 仍可保持与电解液良好的接触。为了将 $Ti_3C_2T_x$ 引入到双面卷曲碳纳米管纤维中，将 $Ti_3C_2T_x$ 分散在 DMF（2～30mg/mL）中得到分散液，并滴铸到碳纳米管基底上，随后可扭曲成纤维形态［图 6-11（c）］。干法纺丝是获得高质量活性材料的理想方法，但其缺点是制备的纤维材料长度有限，操作复杂。

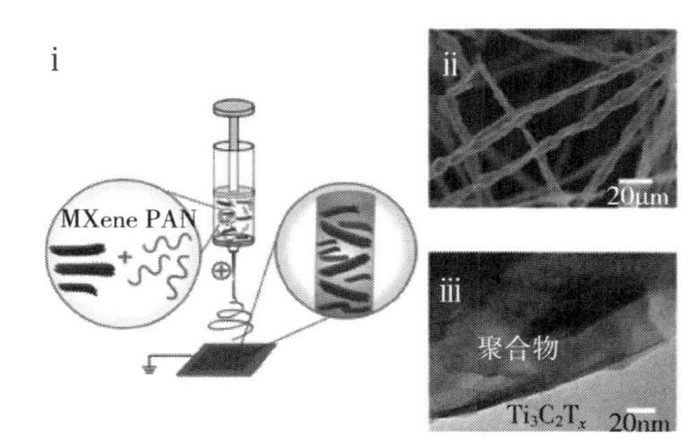

（a）静电纺丝法

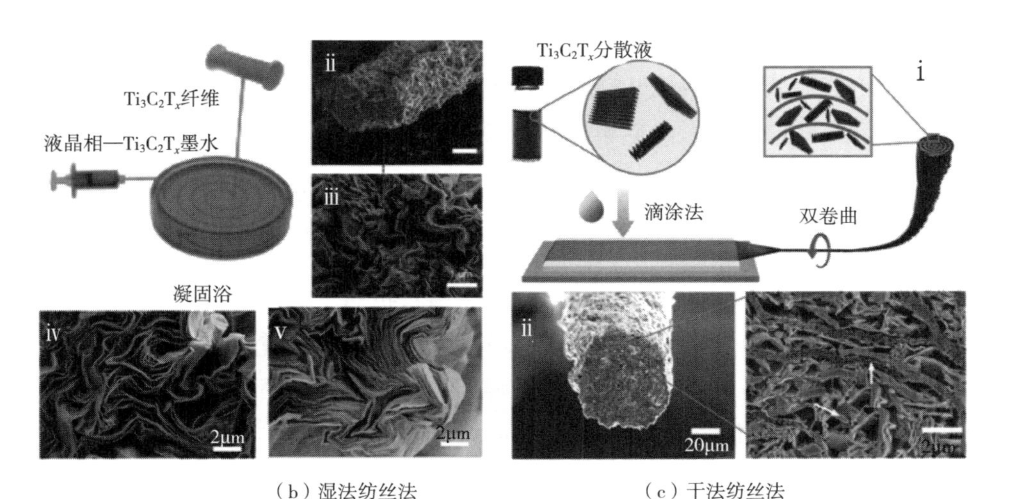

（b）湿法纺丝法　　（c）干法纺丝法

图 6-11　$Ti_3C_2T_x$ 纤维电极制备

6.5 纤维超级电容器在智能纺织品中的应用

纤维超级电容器具有柔性、微型化、可编织及可穿戴等特性，在可穿戴便携式智能纺织品领域表现出巨大的应用潜力，特别是作为可穿戴智能纺织品的供能单元方面，具有独特的优势。目前，由于纤维超级电容器功率密度高、充放电能力强、寿命长、可更好地贴合人体，在各类储能器件中应用最为广泛。与纺织基太阳能电池类似，纤维超级电容器在智能纺织品中作为功能单元主要分为直接制备纤维或纱线状超级电容器，再集成为织物超级电容器和在现有织物基础上进行处理形成织物超级电容两大类。其中纤维或纱线状超级电容器可更好地满足小型化、集成化、柔性化和耐磨性等要求，更好地为可穿戴电子设备储能，是当前纺织基纤维超级电容器的重点研究方向。近年来，针对纤维超级电容器的研究集中于性能优化方面，旨在为下一代可穿戴技术和智能服装提供充足的动力，为超级电容器纺织品的产业化制造提供可能性。目前，纤维超级电容器在智能纺织品中的应用主要表现在以下三个方面。

6.5.1 智能纺织品供能系统

纤维超级电容器可以通过编织、针织或是刺绣的方式融入纺织品中，从而构建出一套完整的新型可穿戴能量存储系统。相较于传统的能量存储与转换设备，纤维超级电容器拥有诸多显著的优势：①器件的直径通常在微米至毫米级别，这使得它们的体积更小，重量更轻；②在承受机械变形时纤维超级电容器仍能保持优异的柔韧性以及稳定的储能性能；③它们可以进一步编织或针织成具有良好透气性和优秀耐磨性的可穿戴纺织品电源。尽管能量转换及储存部分是独立存在的，但在同一根纤维中实现这两种功能可以大幅度提升能量转化及储存效率。同时，相较传统刚硬且笨重的电源组件，纤维超级电容器具有良好的可穿戴性与柔韧性。此外，纤维电容器能确保活性材料的高负载量，进而呈现出高的比电容、能量密度及功率密度。与现有的储能设备相比，基于纺织品的纤维超级电容器在可穿戴电子应用领域应用潜力巨大，且能够完美地融入电源系统，适用于小型化、便携式以及柔性消费电子产品。

6.5.2 智能纺织品自供电系统

通常，为满足能量捕获与储能的多样化需求，通常可将太阳能电池、摩擦电纳米发电机与纤维超级电容器融合，这种组合能够同步地将外部能量转化为化学能。因为不需要额外的电路连接，这种自供电系统具有体积小、重量轻以及成本低廉等优势，其一般以电磁波、热量以及振动等形式收集人们所消耗的能量，然后将这些能量转化为便于使用的电能，功率水平可达微瓦（μW）至毫瓦（mW）范围。这种自供电系统作为一种极具潜力的技术，有望在不消耗自然资源的前提下解决能源挑战，成为一种持久的电力供应来源。然而，尽管这种自供电系统价格低廉，但坚固且笨重的结构限制了其在智能织物中的应用。因此，柔性能量捕获设备有望替代传统可穿戴电子产品电源。可捕获能源分为两大类，一类是指易于从环境中获取的能量如太阳能、风能以及地热能等自然能源，另一类是指由人类或系统活动产生的能量，如人类运动、行走或跑步时对地板或鞋垫的压力。近年来，人工能源产生的机械能在便携式电子设备、电池以及自供电系统充电方面的应用受到了高度关注。Achala 等提出了一种创新性太阳能能量捕获织物，成功验证了其对可穿戴及移动设备供电的适用性。该织物由 200 个微型太阳能电池构成，37s 即可为 110mV 的纺织品混合超级电容器—生物燃料电池（SC-BFC）系统充电。因此，可穿戴式自供电系统有望对多功能能源供应设备的设计与实际应用产生积极影响。

6.5.3　智能纺织品传感器系统

将纤维超级电容器与多元化传感器集成，可开发具有柔软性、轻便性、持久供能能力和高度敏感检测特性的可穿戴能源传感器系统。这种系统具有轻质、机械柔韧性好、体积小巧、功能丰富等特点。多元化传感器包含了压力、温度及光探测传感器，这些设备可以直接将物理刺激转化为可测量信号，展现出高度的柔韧性、耐久性、轻量化、高效性和精确性。将能够贴敷于肌肤的纤维可穿戴应变传感器与人体各部位相连接，能够实时监测从微小至大幅变形条件下的身体运动变化，敏锐感知心跳、脉搏、呼吸等生命体征微弱信号，是实时监测人体健康状况智能纺织品的理想应用场景。以炭黑、热塑性聚氨酯和 Ecoflex 为主体材料组装纤维应变传感器，具有超高灵敏度、宽的应变范围、快速响应度及优异的耐用性。但是，在实时监测人体健康状况的智能纺织品应用过程中，也不能忽视皮肤表面环境的复杂性及其可能导致的传感器性能的显著降低。

6.6　总结与展望

近年来，纤维超级电容器得到了迅猛发展，受到了研究者的高度关注。作为可穿戴纺织品微电子元件能源供给最适合的结构单元，纤维超级电容器的理论研究与实际研发价值巨大，特别是纤维超级电容器轻质、柔性、经济、环保等性能。通过成熟的纺织制造技术与纺织品进行集成，是开发可穿戴纺织品能源供给最有前景的供能策略。虽然纤维超级电容器在能量存储和比电容等方面取得了一些进展，但依然存在以下需要解决的问题。

（1）CNTs 和石墨烯等碳基材料纤维超级电容器，其低成本、高强度、高弯曲模量的纤维制备方法需要不断开发。

（2）纤维适配纺织加工的问题。设计独特纤维结构，降低电子传荷位阻，提高离子扩散速率，是提升比能量和循环寿命的关键。同时，实现活性物质可控生长，增强电子穿梭效应，对提高纤维能量密度至关重要。

（3）纤维电极的安全性、耐磨性、耐水洗性研究尚不充分，特别是如何提高其耐久性需进一步关注。

（4）为了满足智能纺织器件的电压或者电流需求，必须对超级电容器进行串联或者并联处理，而这些串并联连接点在拉伸过程中易断裂或破损，因此发展可拉伸纤维状超级电容器研究需要引起重视。同时，针对将柔性可穿戴电子器件直接接触人体皮肤时，不可避免发生由弯曲或者缠绕导致的电解液泄漏及纤维超级电容器在极端高低温环境下的性能快速衰减问题，需要加大适用宽温域纤维超级电容器的开发力度。另外，针对纤维超级电容器自放电快的缺陷，需要进一步开发智能纺织品自供电系统，以摆脱不断充电导致智能纺织品器件对电网的过度依赖。

（5）虽然纤维储能器件工业化生产已迈出重要步伐，但对整个智能系统而言，不仅要考虑能源供给，更要考虑其功能多样性。如何将多功能电子元件集成和组装，如何实现人机交互，如何更好地将纤维超级电容器运用于人工智能及可穿戴设备，依旧需要大量研究。

参考文献

[1] SUN H,ZHANG Y,ZHANG J,et al. Energy harvesting and storage in 1D devices [J]. Nature Reviews Materials, 2017,2:17023.

[2] 曾皓月,冯威,杨玉欣. 柔性纤维结构超级电容器研究进展 [J]. 广州化工,2022,50(4):15-17,23.

[3] DALTON A B, COLLINS S, MUÑOZ E, et al. Super-tough carbon-nanotube fibres [J]. Nature, 2003, 423 (6941):703.

[4] ZHAI S L,KARAHAN H E,WANG C J,et al. 1D supercapacitors for emerging electronics:Current status and future directions [J]. Advanced Materials,2020,32(5):1902387.

[5] CHEN C,FENG J,LI J,et al. Functional fiber materials to smart fiber devices [J]. Chemical Reviews,2023,123 (2):613-662.

[6] TAWIAH B,SEIDU R K,ASINYO B K,et al. A review of fiber-based supercapacitors and sensors for energy-autonomous systems [J]. Journal of Power Sources,2024,595:234069.

[7] CHEN X L,QIU L B,REN J,et al. Novel electric double-layer capacitor with a coaxial fiber structure [J].Advanced Materials,2013,25(44):6436-6441.

[8] YU S,PATIL B,AHN H. Flexible,fiber-shaped supercapacitors with roll-type assembly [J]. Journal of Industrial and Engineering Chemistry,2019,71:220-227.

[9] LEE J H,YANG G J,KIM C H,et al. Flexible solid-state hybrid supercapacitors for the Internet of everything (IoE)[J]. Energy & Environmental Science,2022,15(6):2233-2258.

[10] 刘连梅,翁巍,彭慧胜,等. 纤维状超级电容器的发展现状 [J]. 中国材料进展,2016,35(2):81-90,127.

[11] SHAO Y L,EL-KADY M F,SUN J Y,et al. Design and mechanisms of asymmetric supercapacitors [J].Chemical Reviews,2018,118(18):9233-9280.

[12] ZHOU Y,WANG C H,LU W,et al. Recent advances in fiber-shaped supercapacitors and lithium-ion batteries [J]. Advanced Materials,2020,32(5):1902779.

[13] GAO L B,FAN R,XIAO R,et al. NiO-bridged MnCo-hydroxides for flexible high-performance fiber-shaped energy storage device [J]. Applied Surface Science,2019,475:1058-1064.

[14] TENG W L,ZHOU Q Q,WANG X K,et al. Hierarchically interconnected conducting polymer hybrid fiber with high specific capacitance for flexible fiber-shaped supercapacitor [J]. Chemical Engineering Journal,2020,390: 124569.

[15] ZHANG J, HUANG R, DONG Z B, et al. Oxygen vacancies modulated copper oxide on carbon fiber for 3 V high-energy-density supercapacitor in water-soluble redox electrolyte [J]. Carbon, 2022, 199: 33-41.

[16] SENTHILKUMAR S T, WANG Y, HUANG H T. Advances and prospects of fiber supercapacitors [J]. Journal of Materials Chemistry A, 2015, 3(42): 20863-20879.

[17] ZHAI S L, CHEN Y. Graphene-based fiber supercapacitors [J]. Accounts of Materials Research, 2022, 3(9): 922-934.

[18] MENG Y N, ZHAO Y, HU C G, et al. All-graphene core-sheath microfibers for all-solid-state, stretchable fibriform supercapacitors and wearable electronic textiles [J]. Advanced Materials, 2013, 25(16): 2326-2331.

[19] XU T, YANG D Z, FAN Z J, et al. Reduced graphene oxide/carbon nanotube hybrid fibers with narrowly distributed mesopores for flexible supercapacitors with high volumetric capacitances and satisfactory durability [J]. Carbon, 2019, 152: 134-143.

[20] QU G X, CHENG J L, LI X D, et al. A fiber supercapacitor with high energy density based on hollow graphene/conducting polymer fiber electrode [J]. Advanced Materials, 2016, 28(19): 3646-3652.

[21] DING J S, YANG Y, POISSON J, et al. Recent advances in biopolymer-based hydrogel electrolytes for flexible supercapacitors [J]. ACS Energy Letters, 2024, 9(4): 1803-1825.

[22] JIN X T, SONG L, YANG H S, et al. Stretchable supercapacitor at-30℃ [J]. Energy & Environmental Science, 2021, 14(5): 3075-3085.

[23] ZHANG K F, PANG Y J, CHEN C Z, et al. Stretchable and conductive cellulose hydrogel electrolytes for flexible and foldable solid-state supercapacitors [J]. Carbohydrate Polymers, 2022, 293: 119673.

[24] LIU Q, ZHAO A R, HE X X, et al. Full-temperature all-solid-state $Ti_3C_2T_x$/aramid fiber supercapacitor with optimal balance of capacitive performance and flexibility [J]. Advanced Functional Materials, 2021, 31(22): 2010944.

[25] WU G, WU X J, ZHU X L, et al. Two-dimensional hybrid nanosheet-based supercapacitors: From building block architecture, fiber assembly, and fabric construction to wearable applications [J]. ACS Nano, 2022, 16(7): 10130-10155.

[26] MENG F C, LI Q W, ZHENG L X. Flexible fiber-shaped supercapacitors: Design, fabrication, and multi-functionalities [J]. Energy Storage Materials, 2017, 8: 85-109.

[27] HAN X R, ZHU J H, LEI L N, et al. Constructing novel fiber electrodes with porous nickel yarns for all-solid-state flexible wire-shaped supercapacitors [J]. New Journal of Chemistry, 2020, 44(44): 19076-19082.

[28] JIANG Q, KURRA N, ALHABEB M, et al. All pseudocapacitive MXene-RuO_2 asymmetric supercapacitors [J]. Advanced Energy Materials, 2018, 8(13): 1703043.

[29] LEVITT A S, ALHABEB M, HATTER C B, et al. Electrospun MXene/carbon nanofibers as supercapacitor electrodes [J]. Journal of Materials Chemistry A, 2019, 7(1): 269-277.

[30] HE J, MA F Q, XU W P, et al. Wide temperature all-solid-state $Ti_3C_2T_x$ quantum dots/L-$Ti_3C_2T_x$ fiber supercapacitor with high capacitance and excellent flexibility [J]. Advanced Science, 2024, 11(7): 2305991.

[31] LI S, FAN Z D, WU G Q, et al. Assembly of nanofluidic MXene fibers with enhanced ionic transport and capacitive charge storage by flake orientation [J]. ACS Nano, 2021, 15(4): 7821-7832.

[32] WANG Z Y, QIN S, SEYEDIN S, et al. High-performance biscrolled MXene/carbon nanotube yarn supercapacitors [J]. Small, 2018, 14(37): 1802225.

[33] LEVITT A, ZHANG J Z, DION G, et al. MXene-based fibers, yarns, and fabrics for wearable energy storage devices [J]. Advanced Functional Materials, 2020, 30(47): 2000739.

[34] ISLAM M R, AFROJ S, NOVOSELOV K S, et al. Smart electronic textile-based wearable supercapacitors [J]. Advanced Science, 2022, 9(31): 2203856.

[35] KHUDIYEV T, LEE J T, COX J R, et al. 100m long thermally drawn supercapacitor fibers with applications to 3D printing and textiles [J]. Advanced Materials, 2020, 32(49): 2004971.

[36] SATHARASINGHE A, HUGHES-RILEY T, DIAS T. Solar energy-harvestingE-textiles to power wearable devices [C]//International Conference on the Challenges, Opportunities, Innovations and Applications in Electronic Textiles. MDPI, 2019: 1.

[37] WANG C Y, LI X, GAO E L, et al. Carbonized silk fabric for ultrastretchable, highly sensitive, and wearable strain sensors [J]. Advanced Materials, 2016, 28(31): 6640-6648.

第 7 章　纤维基电池及纺织品

随着科技的进步和人们对便携式、可穿戴电子设备需求的增加，传统的电池形式逐渐无法满足人们的需求。纤维基电池及纺织品作为一种新型的储能技术，因其轻便、柔性、透气及可穿戴等特点，正成为这一领域的热点研究方向。通过将电池材料集成到纺织纤维中，研究人员成功地开发出具有柔性、可弯曲甚至可洗涤的纺织品电池，为未来的智能纺织品和可穿戴电子设备提供了全新的解决方案。

早在 2010 年纤维基电池的概念一经提出便很快引起了学术界的研究兴趣。此后，研究人员致力于开发更多的纤维基电池系统，并借鉴基于平面电池和超级电容器的组装原理的相关经验来扩展其实际应用。纤维基电池的研发不仅是电池技术的革新，更是功能性纺织品的重大突破。传统纺织品主要关注舒适性、美观性和耐用性，而引入电池功能后，这些纺织品将具备储能、供电、显色等智能功能。例如，运动服装可以通过嵌入纤维基电池来监测佩戴者的生理数据，并实时传输到智能设备，从而提升用户体验和健康管理水平。此外，纤维基电池在医疗领域也展现出巨大的潜力，可用于制造智能绷带和可穿戴医疗设备，实时监测病人的身体状况，并提供及时的医疗反馈。

纤维基电池与纺织品的结合不仅具有广阔的应用前景，还推动了相关材料科学、化学、电化学等多学科的交叉融合。开发高性能、环保的纤维基电池材料是当前研究的重点方向之一，科学家们正在探索各种新型材料和制备工艺，以提高电池的能量密度、循环寿命和安全性。同时，如何将这些材料高效、无缝地集成到纺织纤维中，也是一个亟待解决的技术难题。未来，随着技术的不断进步和多学科的协同合作，纤维基电池与纺织品有望在智能穿戴、医疗健康、军事装备等领域实现更多创新应用，开创一个智能、互联的新时代。

7.1　纤维基电池及纺织品的概念及分类

7.1.1　纤维基电池及纺织品的概念

7.1.1.1　纤维基电池

纤维基电池作为一种以纤维为载体的新型异状电池技术，其基本工作原理与传统的锂离子电池等电池体系相似，通过设计纤维结构和电极材料，实现电能存储和释放。纤维基电池的核心由一根或多根具有导电性的纤维组成，这些纤维通常被包裹在电解质和活性材料中。纤维基电池的设计使其能够在各种柔性和可穿戴电子设备中使用。

纤维基电池的独特之处在于通过对纤维基进行设计使得电池可以编织、缝合或嵌入到各种织物和材料中。如图 7-1 所示，人们最初可以轻松地将两根导电纤维编织成超级电容器，并将其视为最容易制造的纤维基能量存储设备，因而得到了快速的发展。相比之下，纤维基锂离子电池的发展稍晚，原因在于寻找适合的电极材料和制造方法较为困难。但是，纤维状锂离子电池一经问世，激发了学术界和工业界的浓厚兴趣，促使人们投入大量力量开发更多的能量存储系统。除了锂离子电池，其他类型的纤维基电池，如锌空气电池、铝空气电池锂硫电池、锂空气电池、钠离子电池、锌离子电池以及集成系统等不断取得突破，并且可迅速应用于可穿戴、生物医学、人工智能等领域，其纤维基结构不仅具有高灵活性，还可以通过增加纤维的长度或数量来增加电池的容量。采用固态或凝胶电解质可进一步提升电池的耐用性与安全性，降低了漏液和短路的风险。目前，纤维基储能设备已成为跨学科研究热点，引领能源、材料、生物医学等多领域发展。

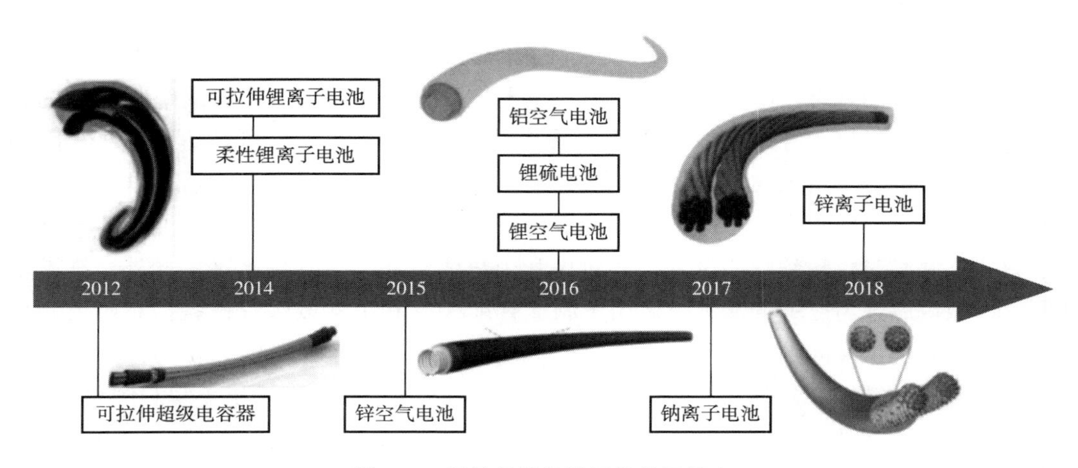

图 7-1　纤维基储能装置的发展简史

7.1.1.2　纤维基电池纺织品

纤维基电池纺织品是一种融合了先进材料科学与纺织技术的创新产品，为现代生活及多个行业的发展提供了新的可能。纤维基电池纺织品凭借独特的一维纤维结构，可以弯曲或缠绕成各种形状。这种纺织品通过将电池技术整合到纤维内部，实现轻量柔韧，突破传统电池的笨重局限，使纤维基电池如织物般柔软延展。高科技材料与先进工艺确保其卓越性能，引领便携式电子进入新纪元。这些纺织品通常使用具有高导电性和高储能密度的碳纳米管、石墨烯、纳米金属氧化物等先进材料，通过先进工艺如化学沉积、电化学处理，精准分布材料于纤维内外，构建高效储能单元。经耐磨耐洗性能测试，纤维电池纺织品在日常使用中稳定安全性更高，电性能更持久。同时，其设计也考虑了环保因素，通过使用可循环利用的材料和环保生产工艺，降低了对环境的负面影响。

纤维基电池纺织品的应用前景广阔，涵盖了从消费电子到医疗保健、军事防护等各个领域。在消费电子领域，纤维基电池纺织品可用于智能穿戴设备，如智能手套、智能运动服等，为用户提供更长时间的续航能力和更丰富的功能体验。在医疗保健领域，纤维基电池纺织品可以被用于开发新型的监测设备，如智能绷带和可穿戴传感器。这些设备能够实时监测病人的生理参数，并通过无线传输技术将数据发送到医生或护理人员的设备上，从而提高诊断和治疗的有效性与准确性。在军事防护领域，纤维基电池纺织品可以整合到军服和装备中，提高战场上电源供应的可靠性，为士兵提供更好的战术支持。纤维基电池纺织品代表着未来科技发展的重要方向，其灵活性、功能性和环保性将不断推动这一领域的创新和突破，为人类生活带来更多的便利和可能性。

7.1.2　纤维基电池的分类

7.1.2.1　纤维基锂离子电池

锂离子电池由正极、负极和电解液构成，是一种可多次充放电的二次电池。典型的正极材料包括 $LiCoO_2$、$LiMn_2O_4$、$LiFePO_4$ 等，负极则通常为石墨或硅等碳基材料，电解液是由溶解锂盐的有机溶剂组成。锂离子电池的充放电过程一般并不涉及金属锂，但涉及锂离子的嵌入和脱嵌。其本质是利用锂离子浓度差来产生电流。如图 7-2 所示，在锂离子电池的工作过程中，以石墨作负极的情况下，充电时，锂离子从正极材料（如 $LiCoO_2$）中脱嵌，并通过电解液嵌入负极的石墨层。此时，正极发生氧化反应失去电子，进入负锂态；同时，电子通过外部电路流向负极，使其发生还原反应进入富锂态。这一过程将外部能量转化为电池内部的电能。在使用电池时，负极的锂离子从石墨中脱嵌，通过电解液重新嵌入正极材料。此时，负极发生氧化反应失去电子，电子流经外部电路到达正极，产生电流。整个过程实现了化学能向电能的转换。锂离子在充放电循环过程中，从正极向负极移动再返回正极，如同一把摇椅的摇动过程。因此，锂离子电池被形象地称为摇椅式电池。

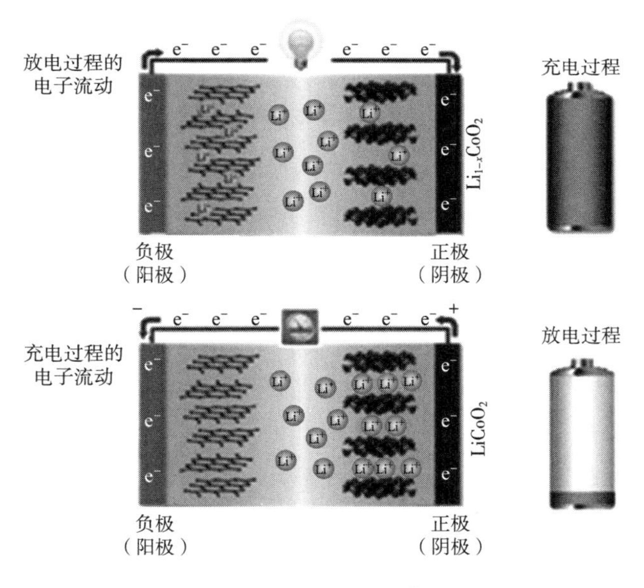

图 7-2　锂离子电池工作原理

纤维基锂离子电池是一种新型的电池技术，在能源存储领域显示出显著的潜力。首先，它具有较高的能量密度和优异的灵活性，能够适应多种复杂形状的设备和应用需求。其次，纤维状结构赋予了电池的弯曲性和可塑性，使其在穿戴设备、智能服装等领域具备了革命性的应用可能。此外，纤维状锂离子电池随着生产成本逐步降低、技术不断进步，已经成为未来可持续能源解决方案的研究重点之一。

7.1.2.2 纤维基钠离子电池

钠离子电池是一种与锂离子电池类似的新型能量存储技术，其利用钠离子作为载流子，在两极间发生氧化还原反应实现储能。钠离子电池的工作原理如图 7-3 所示。充电时，钠离子从正极脱出，经过电解液向负极方向移动，最终嵌入负极材料，此时负极处于富钠状态，正极则处于贫钠状态，为确保负极电荷的平衡，补偿电子会经过外电路抵达负极，产生定向电流。放电过程和充电过程相反，负极的钠离子从电极中脱出，经过电解质向正极方向移动并嵌入正极，此时正极处于富钠状态，而负极处于贫钠状态，同时外电路形成定向移动的电子，产生电流。在一个充放电循环过程中，通过离子的脱出/嵌入行为实现电能和化学能的转换。

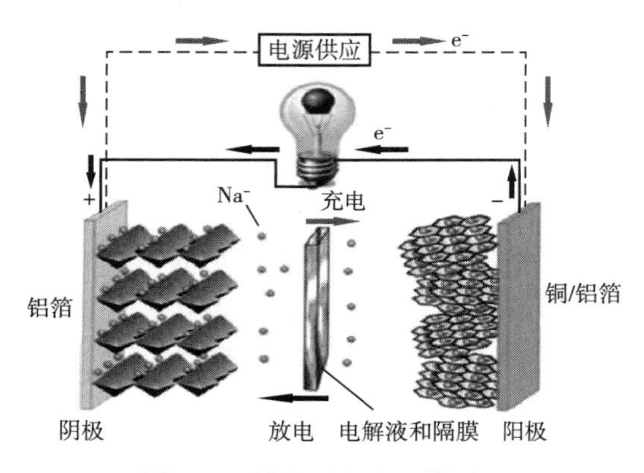

图 7-3 钠离子电池工作原理

相较于目前广泛使用的锂离子电池，钠离子电池在三个方面展现出显著优势：首先，钠金属资源储备丰富、分布均匀且价格低廉，满足大规模能源储存和商业化应用；其次，在相同条件下钠离子电池的半电池电势比锂离子电池高约 0.3V，扩大了电解质选择范围，为未来发展提供了更多可能性；最后，钠离子电池表现出相对稳定的电化学性能，使用更加安全可靠。尽管钠离子电池产业化仍处于初期发展阶段，但随着技术不断成熟和市场需求增长，钠离子电池将在未来取得更大突破，并逐渐成为能源存储领域的重要选择之一。

7.1.2.3 纤维基水系锌离子电池

水系锌离子电池通过二价锌离子进行能量存储，具有高能量密度、高安全性以及高成本效益，已成为可穿戴电子设备中锂离子电池的有力替代品。与传统使用有机电解质的锂离子电池等体系不同，水系锌离子电池的制造过程不需要特定的保护环境，这使得过程更加方便、成本效益更高。同时，水系电解液具有良好的离子导电性，并且是非挥发性的。水系锌离子电池通常由锌负极、金属氧化物正极、电解质和分离正负极的隔膜组成，正负两极分别居于电池两端，锌离子通过在电解质中由负极向正极流动来引发化学反应，进而持续地产生电能（图 7-4）。

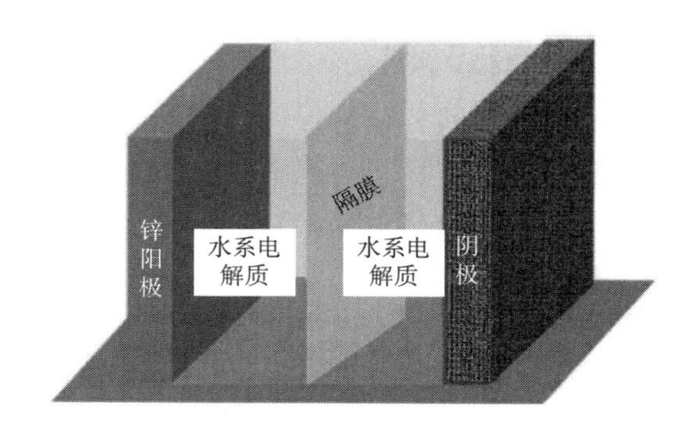

图 7-4　水系锌离子电池结构示意图

近年来，纤维基水系锌离子电池发展非常迅猛，被视为贴身应用的便携式电池的理想选择。余等构建了一种基于锌（Zn）金属的纤维状电池，其特点在于锌丝和浸渍涂覆的二氧化锰（MnO_2）/碳纤维在不同的弯曲状态下具有稳定的容量。然而，该纤维基水系锌电池不可充电，且容量相对较低。为解决这些问题，香港城市大学支春义教授团队随后开发了一种基于 Zn/MnO_2 的可充电纤维基水系电池。这种设计创新地使用了两根双螺旋核壳碳纳米管纤维（CNT），其中 α-MnO_2 和 Zn 分别作阴极和阳极，并使用准固态聚丙烯酰胺电解质。基于这种理想的并联配置，这种可充电纤维基水系锌离子电池具有出色的比容量、显著的稳定性、良好的延展性和优异的防水性能，并成功编织成电池纺织品，实现外接电器的供电需求。

7.1.2.4　纤维基金属—空气电池

金属—空气电池是一种以金属和空气中的氧气为电极反应物质的电池。在电池工作时，以锌、铁等金属作为负极，在电解质溶液中发生氧化反应，释放出电子，并与氧气发生还原反应，形成金属氢氧化物，并吸收空气中的氧气。这一过程持续释放电子，驱动外部电路工作，实现能量转换。

金属—空气电池因其具有多种特点而备受关注。首先，金属—空气电池的能量密度高，可以提供更长的使用时间，适用于需要长时间工作的设备。其次，金属—空气电池对环境友好，使用空气中的氧气作为正极活性物质，减少了对重金属等有害物质的需求，具有很好的可持续性。此外，金属—空气电池在储能和电动车领域具有潜力，为清洁能源发展提供了新的选择。然而，金属—空气电池也面临着一些挑战，比如防止金属在使用过程中过度腐蚀、优化氧化还原反应等问题。金属—空气电池以其高能量密度、环保特性和广泛应用前景，成为电池技术领域的研究热点，为未来清洁能源领域的发展提供了新的可能性。

7.2　纤维基电池的结构

纤维基电池在制备过程中通常会设计成三种结构，分别为并列式、卷绕式和同轴式纤维基电池，如图 7-5 所示。在并列式结构中，活性物质、导电剂和黏结剂按照一定比例混合成浆料，均匀地涂敷在纤维基材上，形成纤维电极。然后将两个电性相反的电极平行排列，中间夹持一片隔膜，并包裹电解质与电极以组装成纤维基电池。若电解质为液态，需采取严格封装措施以防泄漏。卷绕式结构通过旋转传输装置将两个纤维电极缠绕在一起，形成扭曲排列，从而增强电池的柔韧性和适应性。这种结构通常在纤维电极表面预涂固态电解质，以防短路。其结构与织物长丝相似，满足可穿戴应用，并易于编织成规模化储能纺织品。同轴式结构采用逐层组装方法，以一根纤维电极为核心，周围依次包裹隔膜或凝胶电解质，另一根电极缠绕或包覆在轴上，形成核壳结构，所有组件共享同一轴线，类似于平面装置的三明治结构。

图 7-5　三种纤维基电池结构示意图

相较于同轴式，并列式和卷绕式结构具有可调直径、易于制造等优点，适合大规模生产。然而，两根纤维电极间的接触面积及活性材料质量负荷较低，可能影响纤维基电池的能量和功率密度。相比之下，同轴式纤维基电池可提供更大、更紧密的电极间界面区域，有利于实现高活性材料质量负载、更稳定的结构来承受重复变形。然而，同轴式纤维基电池也面临一些挑战，例如精确控制多层电池纤维的高长径比仍在探索中，并且从物理层面看，可供纤维基电池活动的空间十分有限，严重限制了同轴式纤维基电池的可扩展性制造。同时，因其复杂的结构提高了工艺需求，相应的生产成本也会随之增加。

7.2.1　并列式纤维基电池

并列式纤维基电池通过电池内部的纤维电极以平行方式排列的设计，缩短了离子传输路径，从而提高了电池的充放电效率。这种结构的简易制造过程有利于电池的扩展和模块化设计，使其适用于大规模能量存储和供电系统。然而，需要注意的是，并列式纤维基电池在受到弯曲或扭曲时可能会遭受机械应力，导致电极间接触不良或短路。因此，为了提高可穿戴设备中并列式纤维基电池的能量密度，开发 1D 纤维基结构显得尤为重要。

通过将电极制成薄膜并逐层平行堆叠，形成类似薄刀片的电池结构，可以显著增加电池的有效容积和储能密度。此外，电极薄膜在充放电过程中表现出体积均匀地膨胀/收缩特性，以及内部多条锂离子扩散路径的存在，为电池提供了良好的周期稳定性。例如，相关研究人员设计的纤维基锂离子电池展示了这种平行内层结构，正极由涂覆 $LiFePO_4$ 复合浆料的铝箔构成，负极则由沉积硅的铜箔构成。正负极薄膜交替堆叠，并用电解质浸透的聚偏二氟乙烯

(PVDF) 膜作为隔膜，最终用聚合物管封装。组装完成后的带状电池在 0.5C 速率下的放电容量达到 166.4mA·h/g，相当于 $LiFePO_4$ 材料发挥了 98%的利用率。此外，这种薄型并列式锂离子电池的可弯曲性和高密度（2.02g/cm^3）预示着其在纺织品电池中拥有广泛的应用前景。

7.2.2 卷绕式纤维基电池

卷绕式纤维基电池的内部结构通过纤维电极的扭曲排列增加电极间的有效接触面积，从而提升离子传输效率，并赋予电池更好的柔韧性和适应性。这种结构设计使电池能够在弯曲或扭曲时保持性能，并适合于可穿戴设备和柔性电子产品。然而，卷绕式纤维基电池的制造工艺较为复杂，需要精确控制电极的扭曲程度和间距。

卷绕式纤维基电池由于其独特的物理形态，可以轻易地扭曲并编织成纺织结构，从而承受更大的变形和外力。彭慧胜团队开发了首个卷绕式纤维基电池，利用排列整齐的 MWCNT 纤维和锂丝分别作为正负极，制成了纤维基微型锂离子电池，如图 7-6（a）所示。通过化学气相沉积（CVD）技术制备可旋转的 MWCNT 阵列，进而旋转成直径为 2~30μm 的纤维，其强度达到 1.3GPa，导电率为 103S/cm。在 MWCNT 纤维上沉积 MnO_2 以增强正极的电化学特性，所得的纤维基锂离子电池在 2×10^{-3}mA 的条件下实现了 94.37mA·h/cm^3 的比容量。这些排列整齐的 MWCNT/MnO_2 纤维具有优异的导电性（10^2~10^3S/cm）和机械性能（10^2~10^3MPa）。

由于纱线内正负极电极的接触面积较小，界面阻抗较大，纤维基电池的比容量和倍率性能有待提升。值得注意的是，一旦电极表面出现枝晶，纤维基电池会很快出现短路问题。尖晶石 $Li_4Ti_5O_{12}$（LTO）作为一种锂离子电池负极材料，因其超稳定的锂嵌入层结构和约 1.5V 的锂化电位（相对于 Li/Li^+），在使用过程中不会产生枝晶。任等报道了一种将 LTO 和 $LiMn_2O_4$（LMO）纳米颗粒分别嵌入在两个对齐的 MWCNT 纱线中，制成纤维基锂离子电池，如图 7-6（b）所示，MWCNT/LTO 和 MWCNT/LMO 复合纱线分别作为负极和正极，组成了具有出色电化学性能的电池。这种扭曲排列的结构无须集电体和黏合剂，可将单个 MWCNT 的优异机械和电子性能扩展到宏观尺度，使纤维基电池具有强柔韧性，能够变形成各种形状而不损伤结构。连续排列的 MWCNTs 作为电荷传输的有效途径，同时还充当集流体，使复合纱线具有显著的电化学性能。该纤维基锂离子电池在 0.1mA 放电条件下显示出 2.5V 的高放电平台电压、138mA·h/g 的显著比容量，以及 17.7W·h/L 的高体积能量密度和 560W/L 的功率密度。

此外，二硫化钼（MoS_2）作为一种典型的二维层状过渡金属二硫化物材料，具有高储能能力，被视为超级电容器的潜在替代材料。单层或少层 MoS_2 纳米片能提供较大表面积，相互扭转后可提高有效接触面积，有利于提高能量存储。罗等将 MoS_2 纳米片原位生长在排列整齐的 CNT 表面，形成弯曲结构，经扭转处理后得到 CNT/MoS_2 复合纤维电极，如图 7-6（c）所示。对齐的 CNT 被用作限制和指导 MoS_2 增长的模板，MoS_2 纳米片在其周围形成弯曲结构。这种杂化纳米结构结合了 CNT 的高电导率和 MoS_2 的高储能能力，使用这种复合纤维作为正极，组装后的纤维基锂离子电池在 0.2A/g 的条件下提供了 1298mA·h/g 的高比容量，且循环性能稳定，经 100 次循环后容量仍保持在 1250mA·h/g 以上。

最后，在制备方面，3D 打印技术因其良好的可扩展性、低成本和复杂结构形成能力，为卷绕式纤维基电池的制造提供了新的可能性。王等利用 3D 打印技术制作了扭曲状纤维锂离子电池，如图 7-6（d）所示。这项研究将磷酸铁锂（LFP）和 $Li_4Ti_5O_{12}$（LTO）电极材料与 CNT 导电添加剂混合于聚偏二氟乙烯（PVDF）溶液中，制备了用于印刷 LFP 正极和 LTO 负极纤维的电极油墨。印刷的 LFP 和 LTO 纤维与作为准固体电解质的凝胶聚合物扭转在一起，组装成全纤维锂离子电池。所得纤维基锂离子电池表现出高放电容量（50mA/g 电流密度下的比容量约为 110mA·h/g）和良好的机械柔性，可集成到纺织品中或编织到织物上。全纤维基柔性 1D 设备设计与 3D 打印制造相结合，为未来可穿戴电子应用的发展提供了新方向。

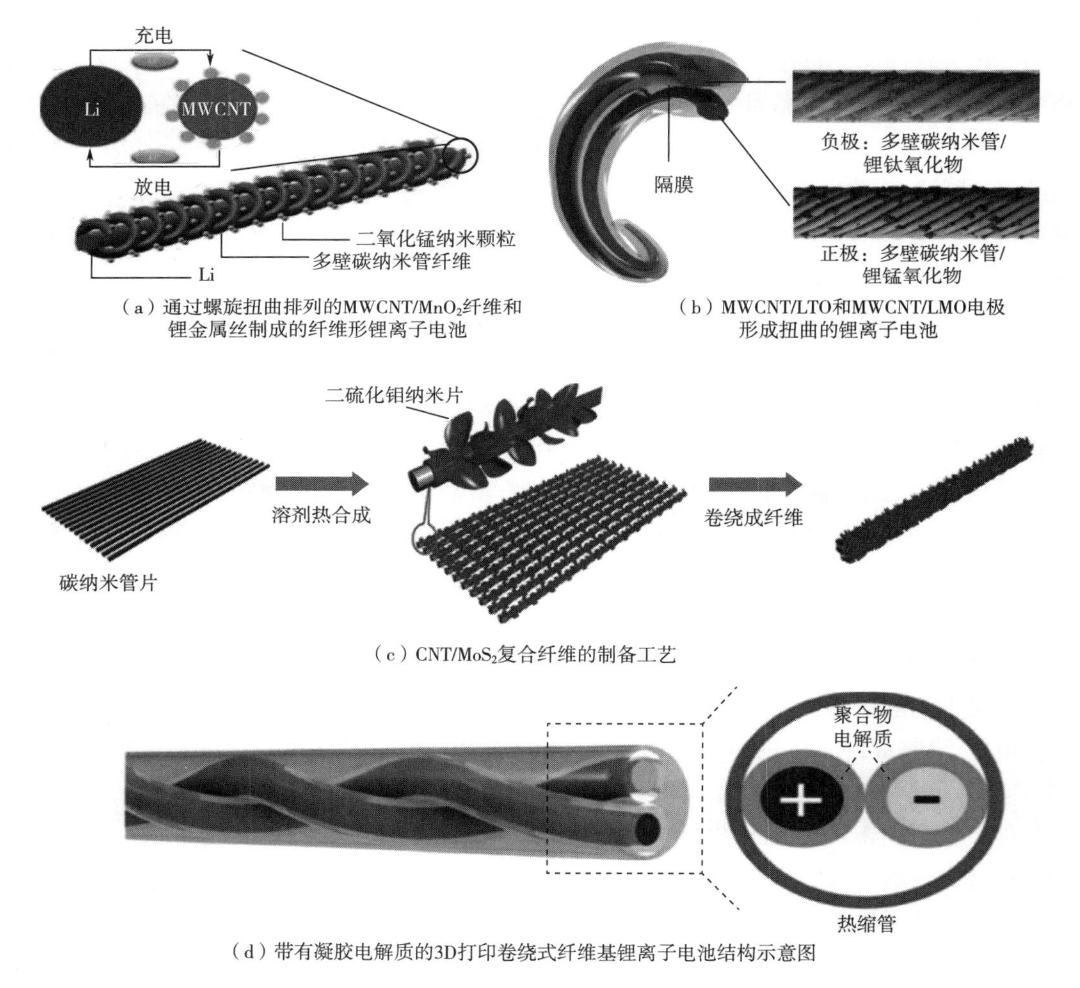

（a）通过螺旋扭曲排列的MWCNT/MnO_2纤维和锂金属丝制成的纤维形锂离子电池

（b）MWCNT/LTO和MWCNT/LMO电极形成扭曲的锂离子电池

（c）CNT/MoS_2复合纤维的制备工艺

（d）带有凝胶电解质的3D打印卷绕式纤维基锂离子电池结构示意图

图 7-6 卷绕式纤维基电池结构示意图

7.2.3　同轴式纤维基电池

同轴式纤维基电池的设计采用同轴排列的纤维电极，这种结构促进了电极间的紧密接触和高效离子传输，同时降低了电池的内阻和体积。在这种设计中，通常将中心材料作为负极，外围依次包裹隔膜和正极材料。负极材料通常选用高比容量的碳材料，如碳纤维或石墨纤维，而隔膜则由不导电的聚合物材料制成，如聚偏二氟乙烯（PVDF）或氧化铝（Al_2O_3），以隔离正负电极并防止短路。正极材料根据电池类型和性能要求选择，如锂离子电池可能使用氧化锂钴（$LiCoO_2$）或氧化锂铁磷酸盐（$LiFePO_4$）。这种结构赋予电池高柔韧性、集成性和结构稳定性，能够抵抗外部应力，提高安全性和可靠性。同轴纤维基电池适用于需要高能量密度和高功率密度的应用场景，如电动汽车和航空航天领域。然而，同轴纤维基电池的制造工艺要求较高，须精确控制电极的同轴度和间距。

同时，由于其包覆结构，同轴式纤维基电池在电极和电解质之间提供了高效的接触面积。当使用高比容量的电极材料和高效离子传导性能的电解质时，同轴式纤维基电池能够展现出较高的能量密度和功率密度。例如，相关研究人员在2012年首次报道了具有柔性螺旋同轴结构的同轴式锂离子电池，如图7-7（a）所示。通过电沉积Ni—Sn活性材料在铜线上，并将其变形为弹簧状结构，制得具有螺旋状中空结构的负极。在该负极周围缠绕了作为隔膜的改性PET无纺布支架和涂有$LiCoO_2$浆料的铝丝正极，如图7-7（b）所示。这种锂电池的比容量为1mA·h/cm，稳定电压为3.5V，由于电解质和活性材料之间的完全接触，电池在不同弯曲应变下能保持稳定的充放电特性，足以为红色LED供电，如图7-7（c）所示。但是，低能量密度和较大直径限制了其在商业可穿戴设备中的应用。

同轴式纤维基电池的同轴结构在尺寸和形状上提供了极高的灵活性，能够适应各种复杂的应用场景。吴等发明的基于CNT编织大薄膜（CMF）的超高能量密度纤维基锂离子电池，其独立式CMF承载了超高能量密度的活性材料，而柔性碳纳米管绳（CMR）集成在中心以连接组件，为电子设备提供能量，如图7-7（d）所示。这种电池性能稳定，对变形不敏感，可以弯曲到4mm以下，可以将具有高振实密度的活性材料渗透到CMF的多孔表面，从而减少分层，将振实密度提高到$10mg/cm^2$。该电池具有215mW的超高体积能量密度和出色的柔韧性，能在各种变形情况下为灯具供电，并且在编织成纺织品后仍能保持稳定性能，如图7-7（e）所示。

此外，同轴式纤维基电池通常具有良好的倍率性能和循环稳定性，这得益于电极材料的纳米结构和电解质的高渗透性。相关研究人员设计的基于碳纤维（CF）的微型纤维基锂离子电池（厚度约22μm），在$13\mu A/cm^2$的电流密度条件下显示出约$4.2\mu A \cdot h/cm^2$的放电容量，并在100次循环后保持了85%的容量，展现出优异的循环稳定性和坚固性，如图7-7（f）所示。

采用缠绕技术制造纤维基锂离子电池是一个连续的过程。翁等通过将碳纳米管/硅（CNT/Si）复合纱负极和碳纳米管/氧化锂锰（$CNT/LiMn_2O_4$）复合纱正极缠绕到棉纤维上，制备了螺旋同轴式的纤维基锂离子电池。在组装前，正极是由$LiMn_2O_4$颗粒沉积的CNT片材

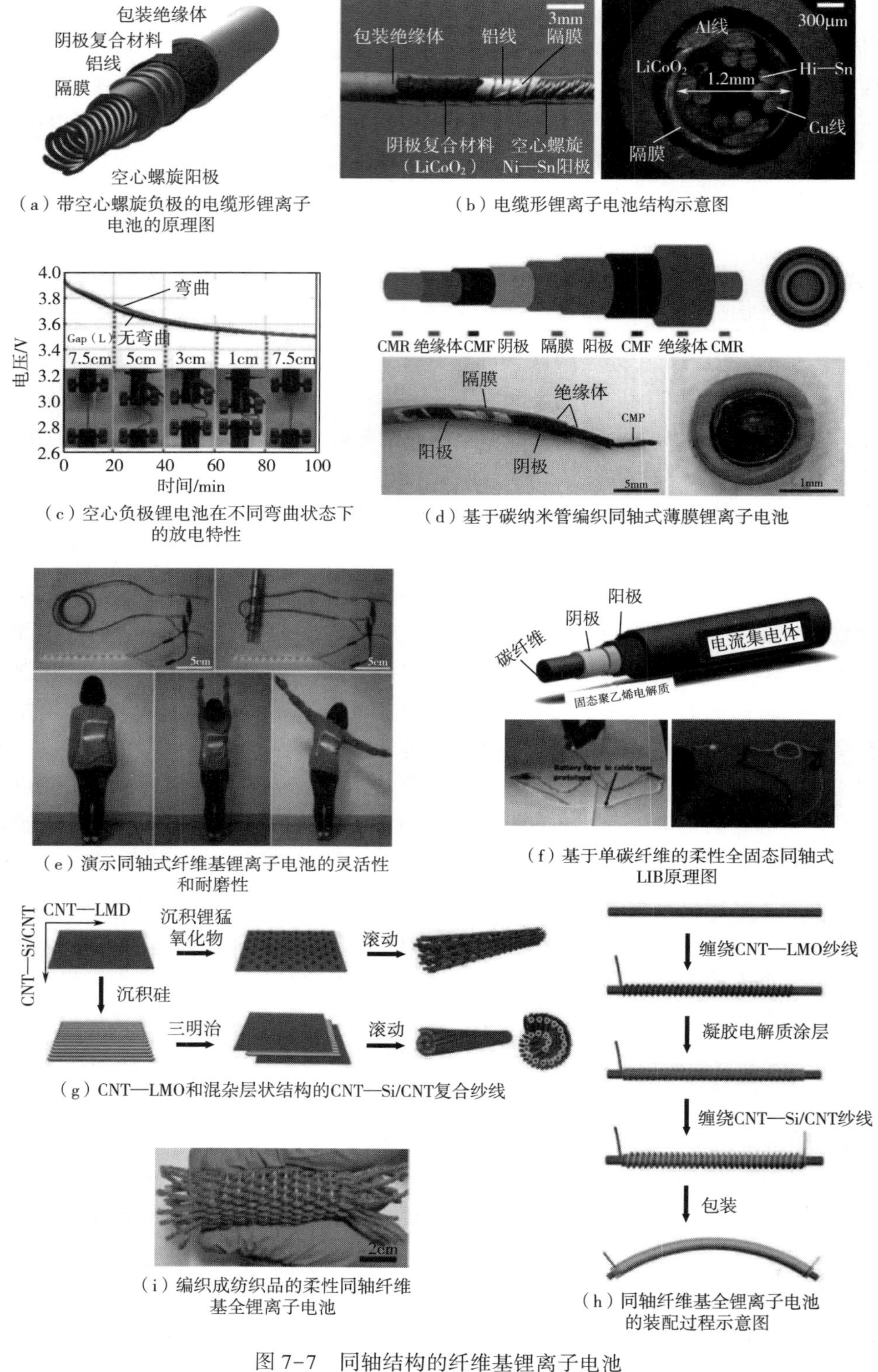

（a）带空心螺旋负极的电缆形锂离子电池的原理图

（b）电缆形锂离子电池结构示意图

（c）空心负极锂电池在不同弯曲状态下的放电特性

（d）基于碳纳米管编织同轴式薄膜锂离子电池

（e）演示同轴式纤维基锂离子电池的灵活性和耐磨性

（f）基于单碳纤维的柔性全固态同轴式LIB原理图

（g）CNT—LMO和混杂层状结构的CNT—Si/CNT复合纱线

（i）编织成纺织品的柔性同轴纤维基全锂离子电池

（h）同轴纤维基全锂离子电池的装配过程示意图

图 7-7　同轴结构的纤维基锂离子电池

卷绕制成，如图7-7（g）横向所示，而负极则由多层裸CNT片材和硅涂层CNT片材层交替卷绕制成，如图7-7（g）纵向所示。将这两个电极和凝胶电解质缠绕在一起，并用收缩管包覆，最终制备得到了螺旋同轴式纤维基锂离子电池，如图7-7（h）所示。该电池的线性容量为0.22mA·h/cm，线性能量密度为0.75mW·h/cm。在编织成柔性织物后，该电池单位能量密度达到4.5mW·h/cm^2的单位能量密度［图7-7（i)］。

7.3 纤维基电池纺织品的应用领域

7.3.1 医疗卫生

纤维基电池纺织品在医疗卫生领域的应用正逐渐受到关注，为可穿戴健康监测设备和医疗设备提供了创新解决方案。纤维基电池可作为可穿戴健康监测设备的能源，如心电图监测器、血糖监测器、血压监测器等。其轻薄柔韧的特性使其可以贴合皮肤或衣物，实现长时间监测。同时，纤维基电池可应用于植入式医疗设备，如心脏起搏器、神经刺激器，减少对患者的侵入损伤。此外，纤维基电池在医疗仪器和手术工具中也有应用，通过创新制造透气皮肤适配技术，推动智能纺织品领域设备发展。例如，传统的心电图（ECG）和肌电图（EMG）监测系统需使用导电凝胶，这可能会刺激皮肤、导致信号质量下降。相比之下可穿戴健康监测系统中的电极则是通过高弹性织物贴附在皮肤上，不仅更加舒适，还可在一定程度上消除噪音。加拿大Hexoskin公司2016年推出了名为“贴身数据实验室”的全新智能运动背心，可监测心率、呼吸、活动强度等数据，能够为用户提供体能训练、睡眠、日常活动时的数据，可通过蓝牙与移动终端连接并进行查看。

复旦大学彭慧胜教授团队在纤维基锂离子电池的研究成果中揭示了纤维长度与内部电阻之间的非线性关系，并成功制备了不同长度的纤维基锂离子电池，实现工业化生产突破。该纤维基电池长度可以达到1m，并实现功能心率监测器等设备2天以上的供能需求。该电池具有能量密度高、循环稳定性强的特点，500次充放电后容量仍保持90.5%，弯曲10万次后容量仍超80%。该研究揭示纤维长度与电池内阻呈双曲余弦关系，为高性能纤维锂离子电池生产提供新路径。如图7-8所示，通过优化工业生产流程，制成长达数米、能量密度高（85.69Wh/kg）的纤维电池，在较高速率下（1C）可以实现与软包电池相当的容量保持率（93%）。该技术可编织成安全可洗电池织物，为健康管理夹克等设备提供了无线充电功能。该技术创新为未来可穿戴电子设备提供了更灵活的电源解决方案。

此外，张等开发了具有高能量密度和优越的灵活性的纤维基锂化硅氧电池，通过设计同轴结构，采用锂化硅/碳纳米管复合纤维作为内部阳极，PVDF-HFP凝胶作为中间电解质，裸碳纳米管片作为外部空气阴极。这些同轴纤维基电池非常细，直径只有500mm，并显示出较高的灵活性，因而可以编织成多种柔性纺织品，如织物和腕带，如图7-9（a）所示。黄等报道高性能可穿戴镍/钴锌基电池，使用可扩展生产的高导电纱线均匀覆盖锌（作为阳极）和氢氧化镍钴纳米片（作为阴极）来制造可充电纱线电池。该电池具有5mAh/cm^3的高比容

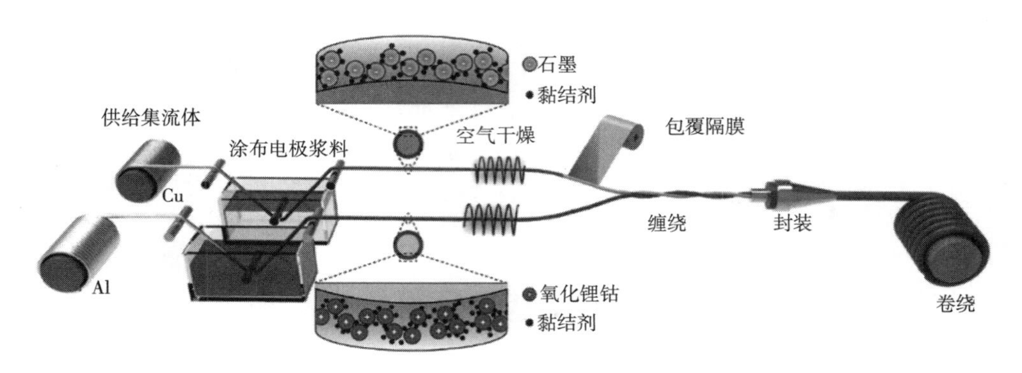

图 7-8　长纤维锂离子电池的连续制造

量、0.12mWh/cm^2 和 8mWh/cm^3 的能量密度。使用该纱线编织成导电布，耐受弯曲、折叠和扭曲，可以作为能量腕带，为电子手表、LED 灯或脉冲传感器电子手表等设备供电，如图 7-9（b）~（d）所示。

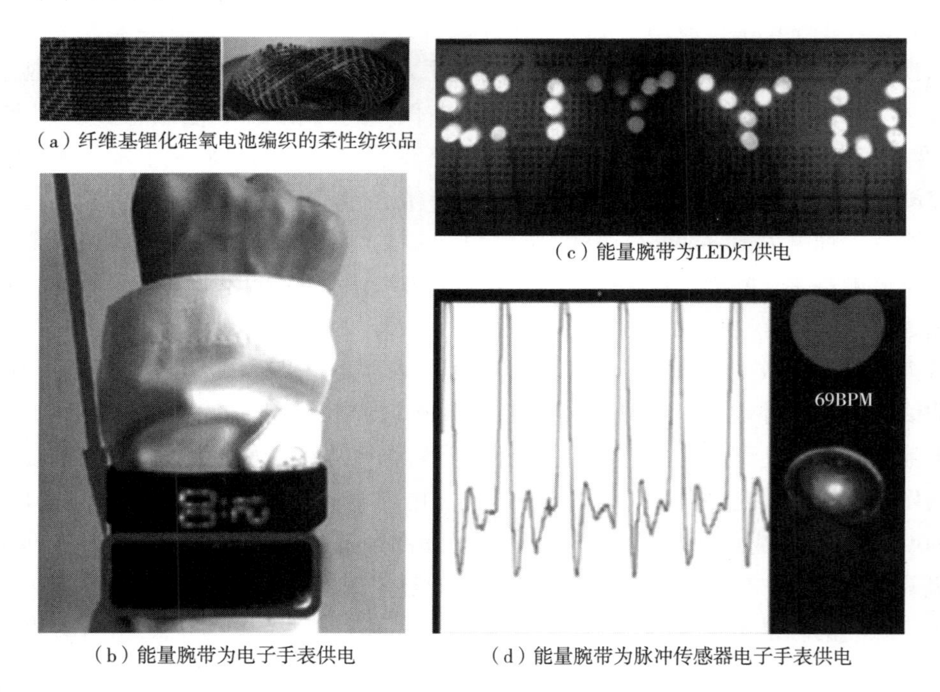

（a）纤维基锂化硅氧电池编织的柔性纺织品

（b）能量腕带为电子手表供电

（c）能量腕带为LED灯供电

（d）能量腕带为脉冲传感器电子手表供电

图 7-9　由纤维基电池供电的智能纺织品

辅助治疗的智能纺织品主要用于为第三方治疗设备供电，适用于各种生物医学设备，如心脏起搏器、连续血糖监测仪等。这些设备需要长期植入体内，因此对电池的安全性和稳定性要求极高。中南大学的相关研究表明，水系锌盐电解液比有机锂盐电解液具有更高的生物安全性，特别是硫酸锌电解液，被证明是生物相容性锌离子电池的理想选择之一。锌离子电池在电化学性能方面表现出色，能够提供高比容量和稳定的长期使用寿命。

7.3.2　智能服饰

未来的智能服饰将成为便携式可穿戴电子产品的集成载体，服装就可以实现手机、计算机、电视、健康监测等多种电子设备的功能。智能服饰大多都需要电源，而传统的电池由于重量和体积大，难以集成到纺织品中。纤维基电池具有高度柔韧性，可以轻松地编织或缝合到衣物中，不影响服装的舒适度和运动自由度，为智能服饰的发展提供了新的可能性，如智能手表、健康监测器、运动追踪器、能源服装、发光显示服装、传感监测服装等。纤维基电池还可以用于加热衣物，为户外活动者在寒冷环境中提供温暖，同时保持轻便和灵活性。

随着智能电子产品的发展，如苹果手表、谷歌眼镜和运动腕带。与平面电极相比，由纤维电极制成的纤维基电化学能量存储器件（FEESD）具有优异的柔韧性和透气性，能够与各种不平坦和移动的表面完美匹配，显示出可穿戴电子产品的巨大应用潜力。李等报道了一种由聚苯胺（PANI）和氧化石墨烯（GO）水凝胶自组装制备的纤维形电极（图 7-10）。与纯还原氧化石墨烯（rGO）纤维相比，该复合纤维具有更高的电容和强度。PANI/GO 杂化水凝胶是通过氢键、PANI 和氧化石墨烯之间的植酸桥接、π—π 堆积和静电效应等多种强大分子相互作用形成的。通过交联的凝胶电解质将纤维形的 PANI/GO 超级电容器组装起来后，可以被重塑成具有弹性和形状记忆的弹簧状结构。组装后的纤维基电池具有优异的机械灵活性，表明这种全水凝胶态器件具有构建集成储能纺织品的潜力。

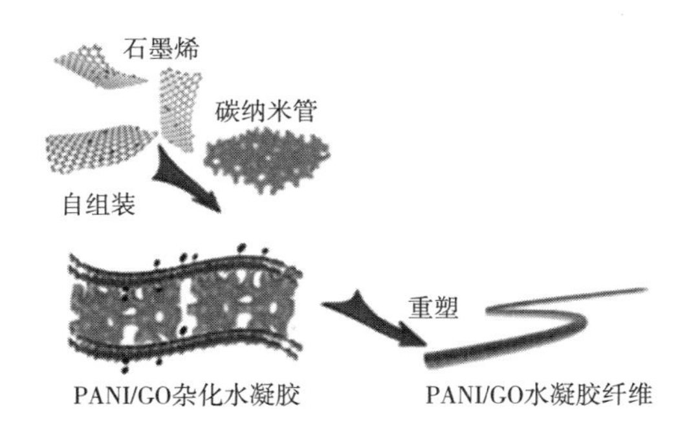

图 7-10　PANI/GO 杂化水凝胶的形成及进一步的成形/还原过程的示意图

储能服装的出现，为智能服装的发展提供了更多可能，可以同时集成柔性传感、监测、显示、声音等多种电子器件，更大限度地扩大智能服装的功能范围，开发更多种类的智能服装。相关研究人员开发了一种由纤维一体线电极构建的高容量可编织纤维基锂离子电池，纤维一体螺纹电极结合 $LiFePO_4$ 正极与 $Li_4Ti_5O_{12}$负极纳米复合材料，经导电生物胶层与多孔膜壳双重保护，显著增强纤维基电池机械稳定性。这种纤维基锂离子电池可编织成织物，保持高拉伸容量，并展现优异织造加工性能。相关研究人员还探索了锂硫电池、含水锂离子电池等可编织锂基系统，进一步扩展电池应用边界。这些纤维形状电池可以与各种柔性结构集成在一起，并可以弯曲、拉伸和扭曲成各种形状，在可穿戴应用领域展示了巨大潜力。图 7-11 展示了纤维基锂离子纺织品为手机充电的场景，充分体现了其广阔的应用前景。

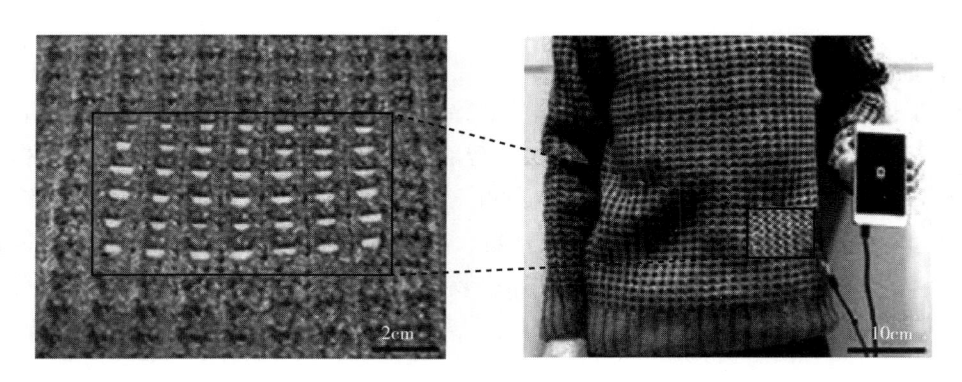

图 7-11　编织成布料和给智能手机充电的纤维基锂离子纺织品

由于传统的液体电解质安全性差，聚合物凝胶电解质替代液体电解质被认为是解决可穿戴电池安全问题和实现高灵活性的通用有效方法。然而，由于润湿性不足，聚合物凝胶电解质和电极之间的界面接触不良，导致电化学性能较差，尤其是在电池变形过程中。陆等提出一种在电极中设计通道结构的策略，以结合聚合物凝胶电解质，从而形成亲密而稳定的界面。该结构的纤维基锂离子电池展现卓越电化学性能（能量密度约 128Wh/kg），生产高效（3600m/h），并编织成 50cm×30cm 的纺织品，容量高达 2975mAh。该纤维基锂离子电池纺织品在极端温度、高压条件下可安全运作，具有抗折叠、压碎、机洗及穿刺特性，且无燃烧爆炸风险。

柔性显示器结合可穿戴技术，可以开发出能够集成到服装中的柔性显示器。这些显示器可以用于显示信息、图案或者作为交互界面。李等制备了一种可定制的纤维基锌离子电池。该电池由聚丙烯酰胺（PAM）凝胶电解质和两个用锌和 α-MnO_2 活性材料改性的双螺旋 CNT 纱线电极构成［图 7-12（a）］。为证明该电池的可编织和可剪裁性质，将 1.1m 长的纤维基锌离子电池切割成 8 个独立部分并编织成储能纺织品，以在不同弯曲状态下为包括 100 个 LED 的长柔性带供电或为 1m 长的电致发光面板供电［图 7-12（b）］。

智能加热纺织品能自主调温，依靠纤维基电池供电。智能加热纺织品结合传感器，实现智能控温，已成功用于电热外套、手套等服饰中。但多功能、稳定可拉伸的功率电极/器件的缺乏，限制了其广泛应用。王等通过将活性电极材料、碳纤维绳和凝胶聚合物电解质有效地结合，设计并制造了一种具有集成器件结构的纤维基锌离子电池。该电池在低温下表现出高效的锌剥离/电镀性能，功率密度达 1.25mW/cm^2，能量密度 0.1752mWh/cm^2。经 2000 次弯曲循环后容量仍保留 91%，在−20℃低温下放电容量仍超 22%。该电池已融入纺织品驱动电子产品，展现出应用前景。此固态电池在低温下运作，与传感器、加热器等无缝集成，为智能加热纺织品提供了稳定电源。

7.3.3　军事安全

纤维基电池及纺织品在军事安全领域扮演着重要的角色。纤维基电池具有高能量密度、轻量化、柔韧性和高安全性等优点，这些特性使其能够被集成到军事装备和服装中，为军事

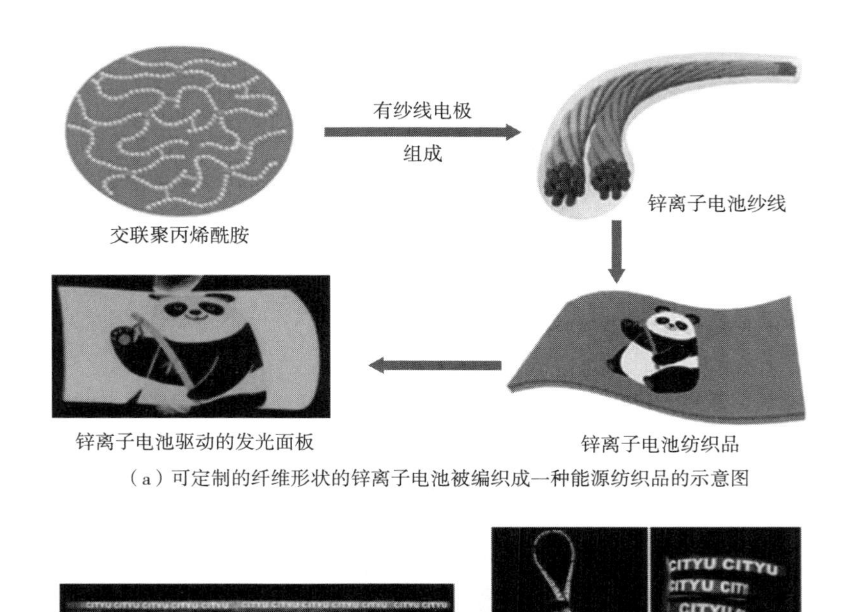

（a）可定制的纤维形状的锌离子电池被编织成一种能源纺织品的示意图

（b）由纤维形AZB驱动的柔性能量纺织品实物图

图 7-12　可定制的纤维基锌离子电池

系统提供理想动力源，以提高士兵的机动性和作战效率。智能纺织品根据特殊军用属性分别对应及实现军事信息指令传输、士兵及装备伪装、战场防护以及战场生存等军事需求和用途。目前，我国军用智能电子纺织品主要应用于“龙族战士”单兵作战系统，包括智能作战服、智能综合头盔，主要功能包括检测士兵的心率、体表温度、血压以及辨别伤者出血部位（智能控制附近军服收缩）、武器控制系统、信息传输和显示等。

军事救援用荧光纺织品在特殊环境中具有显著的应用价值，如提供可见性与警示作用方面。荧光纺织品具有高度可见性，特别是在夜间或低光环境下，能够发出明亮的光芒，为救援人员提供清晰的标识和警示。刘等开发了荧光纤维型水系锌离子电池，采用含亲锌官能团的荧光碳点作为双功能电解质添加剂，既抑制锌枝晶又具备荧光功能。该电解质促进锌的均匀沉积，有效保护锌阳极，从而实现长期镀锌。这种电解质具备明亮发射特性，可作滤色器。组装的高压平台荧光纤维型水系锌离子电池原型机展现了优异的循环能力和高能量密度。如图 7-13 所示，使用荧光凝胶电解质的纤维基电池可以同时实现能量存储和多色发射。此外，具有不同荧光特性的荧光纤维型水系锌离子电池可以编织成多色电池显示纺织品，不仅可应用于可穿戴的黑暗环境下的能源供应，还能在救援行动中发挥作用。

智能防护纺织品可实现防弹、防护等功能，并根据外界环境的刺激或即将受到的刺激进行智能化防护等特性。纤维基电池可以与防弹、防刺、防火等高性能纤维材料结合，制造出更轻便、更舒适的防护装备，同时提供必要的电力支持。例如，一种可穿戴式固态锌离子电池可用于集成智能防护纺织品。该电池由一种新型明胶、PAM 基多级聚合物电解质和

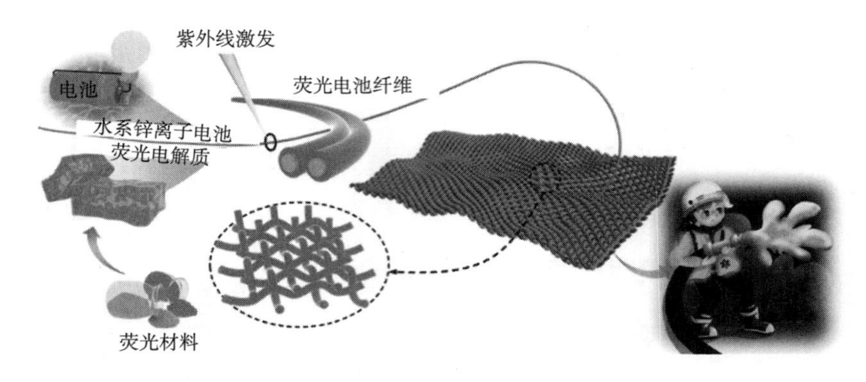

图 7-13 荧光纤维基电池纺织品示意图

α-MnO_2 纳米棒/碳纳米管负极组成。得益于精心设计的电解质和电极，该固态锌离子电池具有高能量密度（6.18mWh/cm、高）功率密度（148.2mW/cm）、高比容量（306mAh/g）和出色的循环稳定性（在 2772mA/g 下循环 1000 次后容量保持率为 97%）。更重要的是，与传统的柔性锂离子电池相比，固态锌离子电池具有较高的安全性能，并且在各种恶劣条件下都可正常工作，如在严重切割、弯曲、锤击、刺穿、缝合、水洗甚至着火情况下均可正常使用。这些结果表明，高安全性的固态锌离子电池在许多实际的可穿戴应用中具有广阔的潜力，并为灵活和可穿戴的能量存储提供了一个新的平台。

7.4 总结与展望

纤维电池技术虽已获得关注，但在实现实用化之前仍需努力。随着能源纺织品的普及，其安全性、舒适性、便利性及耐用性成为关键因素。未来要将研究成果转化为实际应用，需攻克多项技术难题。

（1）纤维状电池所面临的主要挑战在于高内阻问题，这源于其细长结构。如在形变时，随着纤维延长，高内阻会显著削弱电化学性能，涉及纤维电极导电性差、界面电阻增加、电解质导电率低等。金属丝电极具有良好的导电性但刚性过高，而碳基纤维缺乏足够的导电性。此外，反复变形加剧了界面电阻，主要是因为活性材料容易与集流体分离。为了解决这些挑战，需要优化电池组装技术，开发高效的黏合剂来增强界面稳定性，从而减轻内阻对电池性能的影响，推动纤维状电池向更高效、更耐用的方向发展。

（2）纤维基电池制造技术相较于平面电池更为复杂，1D 结构与离散组件的自由度之间相互依赖，给制造带来了挑战，尤其是在柔韧性、适应性和性能均衡性方面。此外，活性材料的溶解、组件黏附以及电解液泄漏等问题也是制造过程中面临的挑战。随着纤维基电池长度的增加，制造难度和成本也急剧上升。因此，迫切需要开发具有更好控制能力的大规模生产设备。

（3）有效的封装技术对纤维基电池而言至关重要。尤其对于需要暴露于空气中以进行气体扩散的金属空气电池来说，由于其高曲率界面，加剧了封装的难度。目前主流的柔性封装材料如热缩管、PET 薄膜、硅橡胶等在防水汽和防氧气方面存在不足。考虑到水活性金属阳极和有机电解质的需求，实现高效疏水封装至关重要。然而，封装材料的加入会增大纤维直径，影响纤维基电池的柔韧性。因此，需要更有效的封装策略来克服纤维基电池在技术上的挑战。

（4）目前关于机器制备纤维基电池纺织品工艺方面的研究相对匮乏，多依赖于手工，实现纤维基电池的大规模机织/编织生产并集成于透气能量纺织品中仍然面临挑战。在机织/编织过程中，设备施加的拉伸应力和摩擦以及单个纤维单元的机械特性都需要引起关注。采用石墨烯或 CNT 纤维基电池的机械强度低，如果采用高强度的导电金属丝作为电流收集器，会出现柔韧性差且易滑移的问题。此外，纤维基电池在织造过程中易发生变形，如何维持其电化学性能是一个更大的难题。

（5）多功能与集成性对纤维基电池应用至关重要。为实现纤维基电池自我修复，研究人员可以采用具有这种功能的聚合物作为外部保护层，或者使用具备内在自我修复功能的聚合物材料作为电解质。一些高级功能如电致变色、光检测、热响应和抗冻性等，因材料选择与工艺复杂，仍需进行大量研究。集成系统常直接连接多种元件，导致集成系统体积大、灵活性低。因此，需跨领域协同合作与精细管理来避免这些问题。同时，需优化光电检测性能以提升能量转换效率。

参考文献

[1] FAKHARUDDIN A,LI H Z,DIGIACOMO F,et al. Fiber-shaped electronic devices [J]. Advanced Energy Materials,2021,11(34):2101443.

[2] LIU Z X,MO F N,LI H F,et al. Advances in flexible and wearable energy-storage textiles [J]. Small Methods,2018,2(11):1800124.

[3] XUE Q,SUN J F,HUANG Y,et al. Recent progress on flexible and wearable supercapacitors [J]. Small,2017,13(45):1701827.

[4] LIN H J,WENG W,REN J,et al. Twisted aligned carbon nanotube/silicon composite fiber anode for flexible wire-shaped lithium-ion battery [J]. Advanced Materials,2014,26(8):1217-1222.

[5] ZHANG X P,LIN H J,SHANG H,et al. Recent advances in functional fiber electronics [J]. SusMat,2021,1(1):105-126.

[6] XU Y F,ZHAO Y,REN J,et al. An all-solid-state fiber-shaped aluminum-air battery with flexibility,stretchability,and high electrochemical performance [J]. Angewandte Chemie International Edition,2016,55(28):7979-7982.

[7] DULAL M,AFROJ S,AHN J,et al. Toward sustainable wearable electronic textiles [J]. ACS Nano,2022,16(12):19755-19788.

[8] CHEN C,FENG J,LI J,et al. Functional fiber materials to smart fiber devices [J]. Chemical Reviews,2023,123(2):613-662.

[9] SHI Q W,SUN J Q,HOU C Y,et al. Advanced functional fiber and smart textile [J]. Advanced Fiber Materials,

2019,1(1):3-31.

[10] MENG F C,LI Q W,ZHENG L X. Flexible fiber-shaped supercapacitors:Design,fabrication,and multi-functionalities [J]. Energy Storage Materials,2017,8:85-109.

[11] GULZAR U,GORIPARTI S,MIELE E,et al. Next-generation textiles:From embedded supercapacitors to lithium ion batteries [J]. Journal of Materials Chemistry A,2016,4(43):16771-16800.

[12] CHEN D,LOU Z,JIANG K,et al. Device configurations and future prospects of flexible/stretchable lithium-ion batteries [J]. Advanced Functional Materials,2018,28(51):1805596.

[13] LIAO M,YE L,ZHANG Y,et al. The recent advance in fiber-shaped energy storage devices [J]. Advanced Electronic Materials,2019,5(1):1800456.

[14] WANG L, FU X M, HE J Q, et al. Application challenges in fiber and textile electronics [J]. Advanced Materials,2020,32(5):1901971.

[15] SONG W J,YOO S,SONG G,et al. Recent progress in stretchable batteries for wearable electronics [J]. Batteries & Supercaps,2019,2(3):181-199.

[16] REN J,LI L,CHEN C,et al. Twisting carbon nanotube fibers for both wire-shaped micro-supercapacitor and micro-battery [J]. Advanced Materials,2013,25(8):1155-1159.

[17] ALABOSON J M P,SHAM C H,KEWALRAMANI S,et al. Templating sub-10nm atomic layer deposited oxide nanostructures on graphene *via* one-dimensional organic self-assembled monolayers [J]. Nano Letters,2013,13(12):5763-5770.

[18] JIN Z Y,LI P P,JIN Y,et al. Superficial-defect engineered nickel/iron oxide nanocrystals enable high-efficient flexible fiber battery [J]. Energy Storage Materials,2018,13:160-167.

[19] WU Z P,WANG Y L,LIU X B,et al. Carbon-nanomaterial-based flexible batteries for wearable electronics [J]. Advanced Materials,2019,31(9):1800716.

[20] TAT T,CHEN G R,ZHAO X,et al. Smart textiles for healthcare and sustainability [J]. ACS Nano,2022,16(9):13301-13313.

[21] 张智涛,张晔,李一明,等. 新型纤维状能源器件的发展和思考 [J]. 高分子学报,2016,47(10):1284-1299.

[22] 闫源,刘伟,孙刚,等. 柔性纤维状锂离子电池材料研究进展 [J]. 化工新型材料,2023,51(6):24-28,33.

[23] 张晔,彭慧胜. 可穿戴纤维状锂离子电池[C]//中国化学会第 30 届学术年会摘要集-第四十一分会:纳米材料与器件. 大连,2016:56.

[24] ZHOU Y,WANG C H,LU W,et al. Recent advances in fiber-shaped supercapacitors and lithium-ion batteries [J]. Advanced Materials,2020,32(5):1902779.

[25] ZHANG Y,WANG Y H,WANG L,et al. A fiber-shaped aqueous lithium ion battery with high power density [J].Journal of Materials Chemistry A,2016,4(23):9002-9008.

[26] HE J Q,LU C H,JIANG H B,et al. Scalable production of high-performing woven lithium-ion fibre batteries [J].Nature,2021,597(7874):57-63.

[27] LI Y S,LIANG X H,ZHONG G B,et al. Fiber-shape $Na_3V_2(PO_4)_2F_3$@ N-doped carbon as a cathode material with enhanced cycling stability for Na-ion batteries [J]. ACS Applied Materials & Interfaces,2020,12(23):25920-25929.

[28] YAO M,OKUNO K,IWAKI T,et al. Long cycle-life $LiFePO_4$/Cu-Sn lithium ion battery using foam-type

three-dimensional current collector [J]. Journal of Power Sources,2010,195(7):2077-2081.

[29] YANG C,XIN S,MAI L Q,et al. Materials design for high-safety sodium-ion battery [J]. Advanced Energy Materials,2021,11(2):2000974.

[30] WANG J,WANG Z Z,NI J F,et al. Electrospinning for flexible sodium-ion batteries [J]. Energy Storage Materials,2022,45:704-719.

[31] ZHAO L N,ZHANG T,LI W,et al. Engineering of sodium-ion batteries:Opportunities and challenges [J]. Engineering,2023,24:172-183.

[32] 刘强. 柔性纤维状钠离子电池负极材料的制备及其性能研究 [D]. 太原:中北大学,2019.

[33] WANG W W,GUO S Z,ZHANG P L,et al. Polypyrrole-wrapped SnS_2 vertical nanosheet arrays grown on three-dimensional nitrogen-doped porous graphene for high-performance lithium and sodium storage [J]. ACS Applied Energy Materials,2021,4(10):11101-11111.

[34] QIN R Z,WANG Y T,YAO L,et al. Progress in interface structure and modification of zinc anode for aqueous batteries [J]. Nano Energy,2022,98:107333.

[35] YU Y X,XU W,LIU X Q,et al. Challenges and strategies for constructing highly reversible zinc anodes in aqueous zinc-ion batteries:Recent progress and future perspectives [J]. Advanced Sustainable Systems,2020,4(9):2000082.

[36] JIA H,LIU K Y,LAM Y,et al. Fiber-based materials for aqueous zinc ion batteries [J]. Advanced Fiber Materials,2023,5(1):36-58.

[37] YU X,FU Y P,CAI X,et al. Flexible fiber-type zinc-carbon battery based on carbon fiber electrodes [J]. Nano Energy,2013,2(6):1242-1248.

[38] LI H F,LIU Z X,LIANG G J,et al. Waterproof and tailorable elastic rechargeable yarn zinc ion batteries by a cross-linked polyacrylamide electrolyte [J]. ACSNano,2018,12(4):3140-3148.

[39] XIAO X,XIAO X,ZHOU Y H,et al. An ultrathin rechargeable solid-state zinc ion fiber battery for electronic textiles [J]. Science Advances,2021,7(49):eabl3742.

[40] ZHANG Y,ANG E H,DINH K N,et al. Recent advances in vanadium-based cathode materials for rechargeable zinc ion batteries [J]. Materials Chemistry Frontiers,2021,5(2):744-762.

[41] LI T,XU Q S,WAQAR M,et al. Millisecond-induced defect chemistry realizes high-rate fiber-shaped zinc-ion battery as a magnetically soft robot [J]. Energy Storage Materials,2023,55:64-72.

[42] ZHENG X H,TANG J H,DING B B,et al. Boosting interfacial reaction kinetics in yarn-shaped zinc-$V_2O_5 \cdot nH_2O$ batteries through carbon nanotube intermediate layer integration [J]. Journal of Power Sources,2024,608:234618.

[43] RAHMAN M A,WANG X J,WEN C E. High energy density metal-air batteries:Areview [J]. Journal of the Electrochemical Society,2013,160(10):A1759-A1771.

[44] LEE J S,KIM S T,CAO R G,et al. Metal-air batteries with high energy density:Li-air versus Zn-air [J]. Advanced Energy Materials,2011,1(1):34-50.

[45] WANG Q C,KAUSHIK S,XIAO X,et al. Sustainable zinc-air battery chemistry:Advances,challenges and prospects [J]. Chemical Society Reviews,2023,52(17):6139-6190.

[46] YE L,HONG Y,LIAO M,et al. Recent advances in flexible fiber-shaped metal-air batteries [J]. Energy Storage Materials,2020,28:364-374.

[47] MO F N, LIANG G J, HUANG Z D, et al. An overview of fiber-shaped batteries with a focus on multifunctionality, scalability, and technical difficulties [J]. Advanced Materials, 2020, 32(5): 1902151.

[48] KIM J K, SCHEERS J, RYU H S, et al. A layer-built rechargeable lithium ribbon-type battery for high energy density textile battery applications [J]. Journal of Materials Chemistry A, 2014, 2(6): 1774-1780.

[49] PRAVEEN S, SIM G S, HO C W, et al. 3D-printed twisted yarn-type Li-ion battery towards smart fabrics [J]. Energy Storage Materials, 2021, 41: 748-757.

[50] REN J, ZHANG Y, BAI W Y, et al. Elastic and wearable wire-shaped lithium-ion battery with high electrochemical performance [J]. Angewandte Chemie International Edition, 2014, 53(30): 7864-7869.

[51] LUO Y F, ZHANG Y, ZHAO Y, et al. Aligned carbon nanotube/molybdenum disulfide hybrids for effective fibrous supercapacitors and lithium ion batteries [J]. Journal of Materials Chemistry A, 2015, 3(34): 17553-17557.

[52] WANG Y B, CHEN C J, XIE H, et al. 3D-printed all-fiberLi-ion battery toward wearable energy storage [J]. Advanced Functional Materials, 2017, 27(43): 1703140.

[53] ZHANG Y, WANG L, GUO Z Y, et al. High-performance lithium-air battery with a coaxial-fiber architecture [J]. Angewandte Chemie International Edition, 2016, 55(14): 4487-4491.

[54] KWON Y H, WOO S W, JUNG H R, et al. Cable-type flexible lithium ion battery based on hollow multi-helix electrodes [J]. Advanced Materials, 2012, 24(38): 5192-5197.

[55] WU Z P, LIU K X, LV C, et al. Ultrahigh-energy density lithium-ion cable battery based on the carbon-nanotube woven macrofilms[J]. Small, 2018, 14(22): 1800414.

[56] YADAV A, DE B, SINGH S K, et al. Facile development strategy of a single carbon-fiber-based all-solid-state flexible lithium-ion battery for wearable electronics [J]. ACS Applied Materials & Interfaces, 2019, 11(8): 7974-7980.

[57] WENG W, SUN Q, ZHANG Y, et al. Winding aligned carbon nanotube composite yarns into coaxial fiber full batteries with high performances [J]. NanoLetters, 2014, 14(6): 3432-3438.

[58] 莫崧鹰,何继超．崭新电子纺织品技术的发展 [J]. 纺织导报,2019(5):34-41.

[59] ZHANG Y, JIAO Y D, LU L J, et al. An ultraflexible silicon-oxygen battery fiber with high energy density [J]. Angewandte Chemie, 2017, 129(44): 13929-13934.

[60] HUANG Y, IP W S, LAU Y Y, et al. Weavable, conductive yarn-based NiCo//Zn textile battery with high energy density and rate capability [J]. ACS Nano, 2017, 11(9): 8953-8961.

[61] TANG B Y, SHAN L T, LIANG S Q, et al. Issues and opportunities facing aqueous zinc-ion batteries [J]. Energy & Environmental Science, 2019, 12(11): 3288-3304.

[62] ARIYATUM B, HOLLAND R, HARRISON D, et al. The future design direction of Smart Clothing development [J]. The Journal of the Textile Institute, 2005, 96(4): 199-210.

[63] 肖顶,吕辉跃,寿凤萍．可穿戴技术在纺织服装中应用研究进展 [J]. 纺织科学研究,2023,34(8):62-64.

[64] LI P P, JIN Z Y, PENG L L, et al. Stretchable all-gel-state fiber-shaped supercapacitors enabled by macromolecularly interconnected 3D graphene/nanostructured conductive polymer hydrogels [J]. Advanced Materials, 2018, 30(18): 1800124.

[65] HA S H, KIM S J, KIM H, et al. Fibrous all-in-one monolith electrodes with a biological gluing layer and a membrane shell forweavable lithium-ion batteries [J]. Journal of Materials Chemistry A, 2018, 6(15): 6633-6641.

[66] WANG L, PAN J, ZHANG Y, et al. A Li-air battery with ultralong cycle life in ambient air [J]. Advanced Mate-

rials,2018,30(3):1704378.

[67] LU C H,JIANG H B,CHENG X R,et al. High-performance fibre battery with polymer gel electrolyte [J]. Nature,2024,629(8010):86-91.

[68] 汪亮,鲜春梅,万军军,等. 军用智能纺织品的发展现状与展望 [J]. 棉纺织技术,2018,46(7):81-84.

[69] LIU F, XU S H, GONG W B, et al. Fluorescent fiber-shaped aqueous zinc-ion batteries for bifunctional multicolor-emission/energy-storage textiles [J]. ACS Nano,2023,17(18):18494-18506.

[70] LI H F,HAN C P,HUANG Y,et al. An extremely safe and wearable solid-state zinc ion battery based on a hierarchical structured polymer electrolyte [J]. Energy & Environmental Science,2018,11(4):941-951.

第 8 章　水伏发电纤维及纺织品

社会的发展离不开电能，持续稳定且充足的电力供应在保持经济快速发展和社会正常运行中发挥着无可替代的作用。根据国际能源署（IEA）的数据统计，近年来全球电力的消耗急剧增加。因此，迫切需要开发高效、持续的发电设备来解决人类不断增长的电力能源需求。水在温暖的区域吸收太阳能，在寒冷的区域通过蒸发、对流等过程凝结释放能量，再通过径流等方式流入大海。地球的水文循环无时无刻不在传递着巨大的能量（图 8-1）。

图 8-1　地球水文循环示意图

水是水伏发电系统的基础，水的极性和两性性质使其成为许多离子和电荷的载体。水的流体性质有助于其通过活性材料传输带电物质（离子和电荷）而产生电流，从而构成水伏发电。当具有带电壁的通道里充满离子溶液时，会在通道的内表面形成双电层（EDL），由于微小的通道尺寸，通常导致反离子重叠，在压力梯度或毛细作用力的驱动下，反离子随着溶液定向迁移产生电势差，从而形成电流。自 2015 年首次开发了一种湿气发电机以来，基于离子扩散、流动电位等各类水伏发电模型被提出并开发，推动了该领域的发展。水伏发电产生的电能可为智能可穿戴器件供能，然而传统的水伏发电模块由于其形态、性质的限制无法与纺织服装领域有效集成。除此之外，单组件水伏器件的低发电量限制了其在智能可穿戴领域的应用。因此开发机械强度高、柔韧性好、发电稳定、高效的水伏设备至关重要。而纺织材料及纺织品具有出色的灵活性、便捷的加工性、优异的规模性等特性，可以灵活形变、裁切缝拼以实现特定功能，并且可简便地适用于多种加工优化、复合改性工艺。此外这些材料可以通过成熟且规模化的生产线制备强实用性的器件（图 8-2）。因此，水伏发电纤维及纺织品具有广阔的发展前景和意义。

图 8-2 总结了水伏发电的主要材料、运行机理、影响因素和实际应用情况。

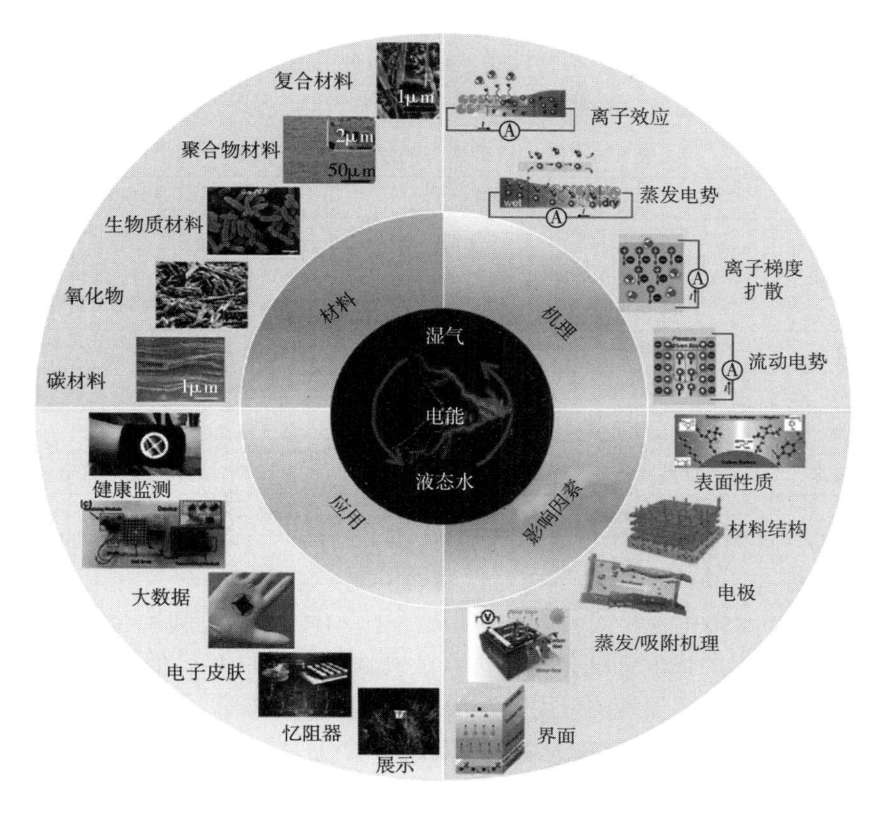

图 8-2 水伏发电的综合示意图

8.1 水伏发电的概念及机理

8.1.1 水伏发电的概念

水伏发电是指水与活性材料相互作用而产生电能的过程，水的来源包括但不限于雨水、湿气、蒸发、波浪等地球水文循环过程。简单来说，就是通过材料与水的流动、波动、扩散和蒸发等过程的相互作用，引起能量转换效应，从而产生电信号。水伏发电效应的出现扩展了对水的化学势能的利用方式，为高效、绿色发电提供了新思路。水蒸发驱动和湿气流通引起的发电具有普遍性、自发性和直流输出等优点。目前，水伏器件的应用集中在发电、传感器和海水淡化等领域。随着物联网（IoT）的发展，研发一种能够自发地在现场给低功率设备（如智能手表、蓝牙耳机、身体监测设备等智能可穿戴设备）持续供给电量的发电机变得至关重要。

8.1.2 水伏发电的机理

水伏发电的研究和应用大多停留在实验室和概念阶段，还需深入了解其机理，进行广泛的研究和实践以提高其在绿色能源生产中的性能。深入了解水伏发电设备的工作机理将有助于开发、优化、改进高性能的水伏发电设备。根据研究报道，水伏发电器件的主要机理分为离子扩散诱导机理和流动电势诱导机理（表 8-1）。

表 8-1　两种机理诱导的水伏发电对比表

	离子扩散诱导	流动电势诱导
发电过程简述	①从湿气环境中吸收水分子 ②离子浓度差的形成 ③电荷沿着浓度梯度迁移	①在液—固界面处形成 EDL 层 ②由毛细力驱动的液体流动 ③电荷随着液体流动方向迁移
能量转化	化学势能转化电能	机械能转化电能
水组成	气液混合相（湿气）	气液相是相互独立但又相辅相成
材料类型	有机/无机碳材料	基于亲水性的纳米材料
材料结构要求	材料需形成梯度结构	材料需形成多孔/纳米通道结构
输出电压	双向且间歇	单向且连续

（1）离子电势诱导机理的核心是在器件两端以离子浓度差诱导，将化学势能转换为电能。具体而言，液态水转化为气态水时会解离出离子（H^+），通过利用在活性材料表面中构建的吸湿或含氧官能团的浓度梯度差，离子会从高浓度一侧迁移至低浓度一侧而产生电能[图 8-3（a）]。阴阳离子基器件均可用于水伏发电，由于阳离子（如 H^+）具有更好的获取性和流通性等，因而阳离子基器件被广泛应用。2015 年曲良体课题组提出了离子电势诱导机理发电，通过制备一种具有含氧官能团梯度的器件，实现对湿度变化高灵敏度响应发电，该器件可以将人类呼吸产生的水分转化为电能。

随着研究的深入，离子电势诱导驱动的水伏发电取得了较大的进展，2017 年研究人员利用具有异性结构的吸湿性氧化石墨烯开发出了输出电压接近 1.5V 的高性能离子诱导型湿气发电设备。2021 年，研究人员开发了一种基于双层电解质膜的非均匀湿气发电器件，通过对空气中水分子的自发吸附和带相反电荷的离子的诱导扩散来发电，这种器件大规模集成后可在相对湿度（RH）为 25%、25℃下提供 1000V 输出电压。为了确保这种基于离子电势诱导机理水伏发电器件的长期运行，2023 年研究人员开发了一种不对称湿润的 Janus 双层膜构建新型的水伏发电器件，通过亲水层和疏水层的隔离形成单独的湿区和干区，该器件在盐水中产生的输出电压和电流分别为 0.55V 和 60μA，并可连续发电 7 天。

离子电势诱导机理中最常见的官能团梯度活性材料为碳基材料，浓度梯度在大多数碳基材料中可容易地建立和调控。碳基材料上的含氧亲水性官能团如—OH、—COOH、—NH_2、—SO_3H 等与极性水分子接触后会发生解离，释放出阳离子或者阴离子。为实现这一过程，首先在活性材料上合理设计出官能团的梯度差，使器件不同区域具有差异化水合程度而产生浓度梯度。离子将通过在熵增的方向上的扩散自发地从较高离子浓度的区域迁移到较低浓度区域以平衡系统，因此通过固定电势可以实现连续的离子流，并使其成为离子电势诱导水伏发电的驱动力。

（2）另一种类型的水伏发电机理是流动电势诱导机理。该机理利用水体流动驱动质子和离子迁移，并产生定向电势差发电。一般来说，水流在毛细作用下通过带电的（电壁的电负性取决于活性材料的性质）纳米通道结构，通过蒸发过程使水分由液态转换为气态，水中电荷通过液—固界面的毛细力输送，并在顶端产生电荷聚集而形成电势差［图 8-3（b）］。

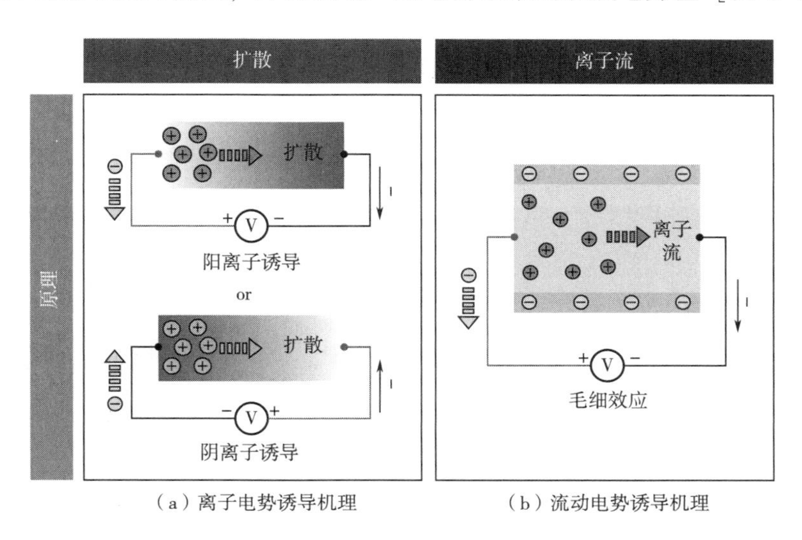

（a）离子电势诱导机理　（b）流动电势诱导机理

图 8-3　水伏发电两种机理示意图

2017 年，研究人员证明了通过水蒸发驱动毛细力，可在纳米通道形成定向的水流，基于流动电势诱导机理可以产生电力。

2019 年，研究人员制备了一种双层氢氧化物的柔性发电器件，其中几个纳米通道形成二维堆叠结构，可用作蒸发基发电材料。

静电纺碳纳米纤维具有孔隙率高、形态可控等特点被应用于水伏发电设备，2021 年研究人员制备了一种聚丙烯腈基电纺膜，经过氧等离子体处理后形成碳纳米纤维毡。该纤维毡具有 $83nW/cm^2$ 的面功率密度，是当时其他设备的 10 倍左右。

以碳材料为例，碳材料表面含有大量的羧基（—COOH）、羟基（—OH）和羰基（—CO—），这些含氧官能团在水中的解离是碳材料表面带负电的主要原因。水是主要的电荷载体，碳纳米颗粒表面的负电荷会排斥水中相同极性电荷的离子（OH^-）并会吸引相反极性电荷的离子（H^+）。

随着水在器件顶部的不断蒸发，水中受阻的电荷载流子（H^+）在毛细力的驱动下沿着纳米通道向上迁移，并在发电器件顶部产生电荷聚集形成正极性；同时，水中剩余的负电荷（OH^-）在发电器件的底部聚集形成负极性，因此在器件两端形成稳定的电势差，进而产生流动电流。

8.1.3　水伏发电纤维及纺织品的特性

纤维是一种具有一定长度、机械性能和加工性能的细而软的材料，常规的纤维的尺寸从几微米到几十微米，而新兴的纳米纤维的尺寸可达几纳米到几百纳米。

纤维可分为天然纤维和化学纤维，天然纤维具有良好的亲水性、原料丰富和低成本等特点；化学纤维具有性能丰富、稳定性好、强度高等特点。除此之外，碳纤维和石墨烯纤维等高导电的新型复合材料也被广泛研发使用。纤维材料和纤维材料所构成的各类纺织品的丰富性和多样性使其在水伏发电中有着广泛的应用场景。开发廉价、机械强度高、柔韧性好、能够稳定发电的水伏发电设备至关重要。

纺织材料具有可加工性强、结构可塑性好、制备简单、成本廉价、性能齐全、种类繁多等特点而展现出极强的竞争力。图 8-4 列举了纺织材料在水伏发电领域的应用。

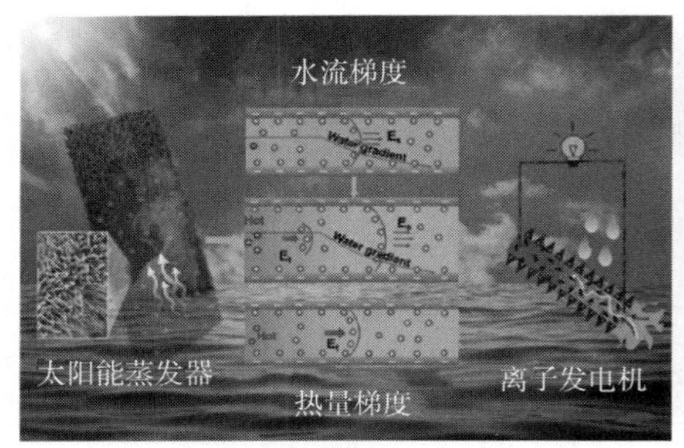

（a）化学气相沉积法制备的PPy纤维素薄膜

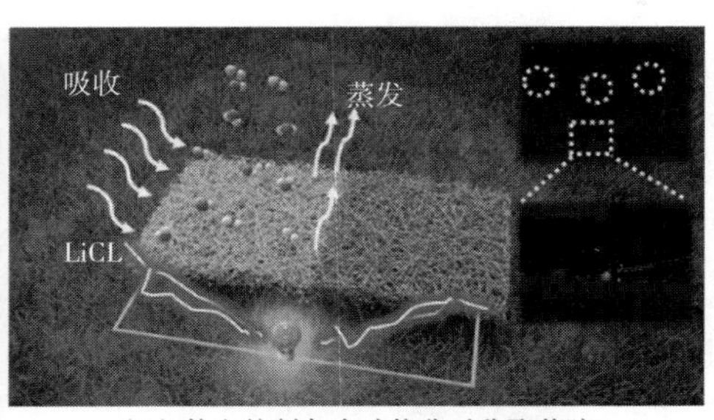

（b）静电纺制备多功能非对称聚苯胺/碳纳米管/聚乙烯醇膜

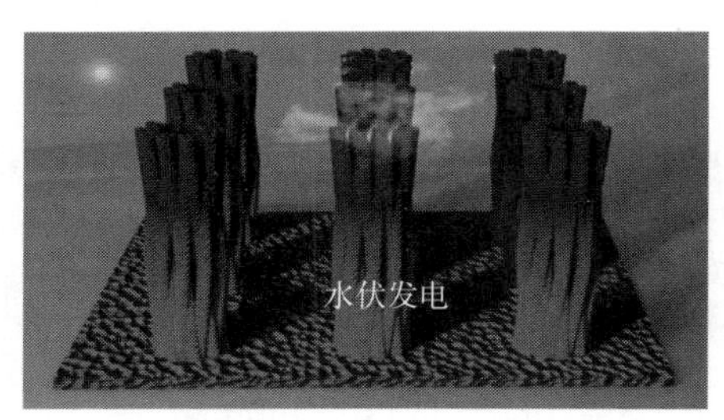

（c）编织和加捻法制备天丝纤维/CB/PPy立体织物

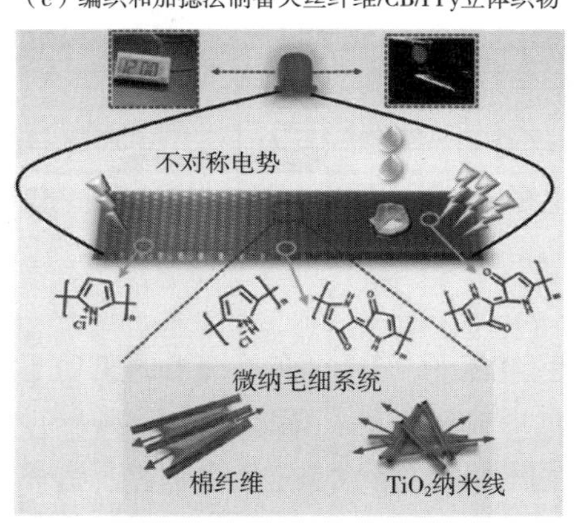

（d）基于棉织物不对成微纳米分级毛细管装饰的柔性纺织品水伏设备

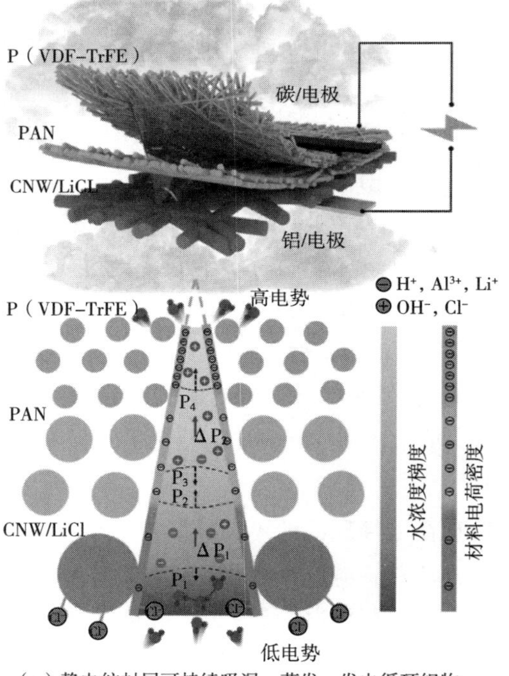

（e）静电纺封层可持续吸湿—蒸发—发电循环织物及发电原理示意图

图 8-4　纺织纤维材料在水伏发电中的应用

图 8-4（a）应用可扩展的常温化学气相沉积（CVD）方法来制造具有高效离子发电性能的聚吡咯（PPy）纤维素薄膜，在太阳光辐射下薄膜可以产生约 0.7V 的持续电压输出和高

达 1.67kg/(m^2·h) 的水蒸发速率。

图 8-4 (b) 制备了一种多功能非对称聚苯胺/碳纳米管/聚乙烯醇 (APCP) 器件，其可以从盐水和湿气中产生电能，同时产生淡水。所构建的 APCP 具有带负电荷的多孔结构，允许连续产生质子和离子并通过材料扩散，以亲水—疏水界面维持恒定的电势差和可持续的输出。

图 8-4 (c) 通过加捻和编织技术制备了具有可调水流的炭黑 (CB)/PPy 修饰的多孔纤维框架，确保了合理的水分供应、长时间的水蒸发和水伏发电。

图 8-4 (d) 呈现了灵活的、非对称微纳米层次毛细管系统的棉织物，当水滴遇到该织物时会产生 0.65V 的电压和 0.8μA 的电流。

图 8-4 (e) 制备了一种可持续吸湿—蒸发循环织物，基于织物中的循环单向导湿和负电荷通道引起的电荷分离，能够实现可持续的恒压发电。纺织材料可以简便高效地负载各种官能团和功能纳米材料，并且具有灵活的结构调控性保证水流和电荷持续地传输和迁移，因此纺织纤维材料是水伏发电理想基材选择之一。

8.1.4 影响水伏发电的因素

8.1.4.1 影响水伏发电的内在因素

纤维及纺织品的官能团含量及特性对水伏发电有巨大影响。选择具有更高官能团含量或更快离子导电性的材料，可增强离子扩散并诱导水伏发电的电压输出，可以通过激光照射或氧等离子体处理等方式实现。功能材料的表面性质显著影响官能团含量与水分的相互作用和 H^+ 的能量密度，从而进一步影响功率输出。通过官能团的调控可获得不同的电压输出，丰富应用场景。在流动电势诱导水伏发电中，功能材料表面产生的双电层 (EDL) 是流动电流的来源。因此，具有更高亲水性或优化缺陷的改性固体表面有利于促进电荷转移并获得更高的电输出。当具有强亲水性的含氧官能团 (如—OH、C—O—C、C═O 和—COOH) 与水接触时，H^+ 从官能团中释放，并随着水分子的扩散迁移而产生电能。通过改变纤维基材的官能团带电特性，可以实现对水伏发电的调控。如图 8-5 所示，通过聚醚酰亚胺 (PEI) 对碳膜 (CB) 进行修饰，PEI 上的氨基可使 CB 表面带有正电荷，并得到与初始电压符号相反的电压，若继续用 1,2,3,4-丁烷四羧酸 (BTCA) 改性，CB 表面再次带有负电荷，并产生正电压。

纤维及纺织品的孔隙结构及分布对水伏发电有巨大影响。纳米孔和纳米通道对驱动水和离子传输至关重要。拥有更大的孔径有利于离子的解离和移动，离子解离产生更多的载离子，可加速迁移并提高了发电量。多孔材料在湿气离子诱导发电中展现了巨大潜力，对于常见的静电纺丝膜基的湿气发电器件，除了调控纺丝参数，静电纺丝膜可以通过施加高压、退火、碳化等方式调控孔隙率和孔隙分布。研究表明在相对较高的孔隙度下，可以通过构建较小的孔隙以形成更多的纳米通道来进一步提高发电性能。在流动电势诱导水伏发电中，减小纤维直径也会减小由纤维包围的孔隙尺寸，随着孔隙尺寸减小，驱动水上升的毛细力或拉普拉斯压力会增加，可提高电能的输出。

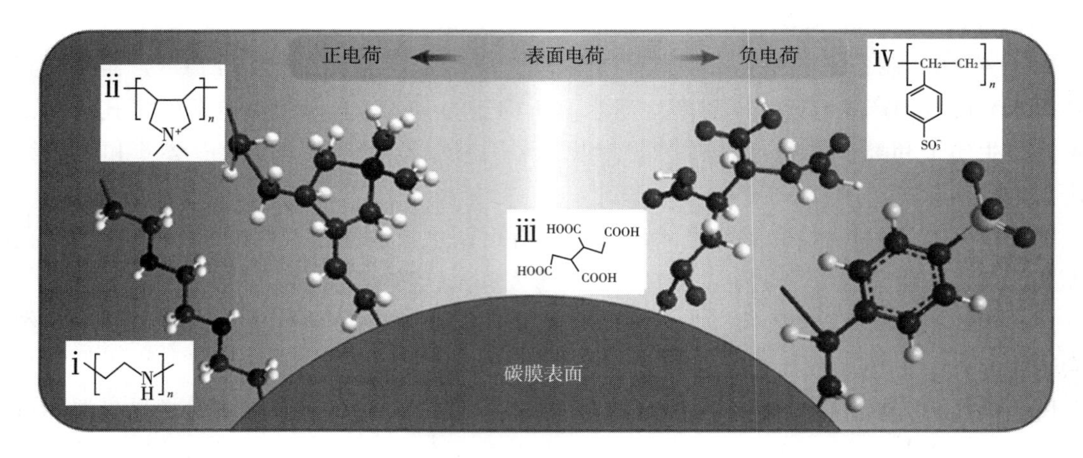

图 8-5　碳纳米颗粒上不同分子的化学改性示意图

纤维及纺织品的比表面积对水伏发电有巨大影响。通过增大活性材料的比表面积，提高与水分反应的活性位点数量可以增强反应强度，从而增加水伏发电。除此之外，还可以使用多孔电极来扩大活性材料与水分的接触面积。当颗粒尺寸减小到纳米级，与散装材料相比，材料的比表面积与体积比显著增加，这导致水—界面相互作用增加，并进一步提高电力输出。纤维直径减小也可增加活性材料的比表面积并提高了水蒸发和离子传输速率，有利于水伏发电。

8.1.4.2　影响水伏发电的外在因素

影响水伏信号的外在因素主要可以分为液体特性和环境参数。液体特性包括液体的离子半径、液体酸碱度、液体种类等，环境参数包括温度、湿度、风速等。

与去离子水相比，盐溶液中的阳离子吸附在材料表面，增大了表面电荷密度，降低了溶液的内阻，有利于提高开路电压和短路电流。较小的水合阳离子半径产生较高的电压和电流，这是因为当离子向 EDL 的边界移动时，小半径阳离子可以更灵活地移动并产生更强的电信号。

对于液体酸碱度而言，随着 pH 的降低，开路电压和输出功率增加，液体的性质明显影响发电性能。以负电势的活性基材为例，在电离后，负 zeta 电位引起 H^+和 OH^-的分离排斥，而在酸性溶液中 H^+离子含量高可以传输更多的 H^+离子，从而提高表面的电荷密度，有利于水伏发电。有研究表明使用去离子水发电性能低（低于 40mV），这是由于其属于中性溶液且 H^+离子浓度非常低，导致表面电荷密度减少。在水伏发电过程，如果采用非极性液体（如二氯甲烷）和极性非质子液体（如乙酸乙酯和碳酸丙烯酯）不产生电压，而极性质子液体（如异丙醇、甲醇、水等）会产生电压，这是由于极性质子液体具有解离质子的能力，从而可实现离子梯度，促使离子定向移动产生电压。

水伏发电与水分的蒸发或环境的湿度有关。环境因素（如温度、湿度和风速等）都可能通过影响水的吸附传输和蒸发来影响发电性能。一般来说，水伏发电的性能与湿度呈逆相关。对于离子扩散诱导性水伏发电，当湿度过大时，水梯度可能会受到影响，润湿不对称性的程度减少会导致发电量减少；对于流动电势诱导性水伏发电，周围的大气湿度越大，蒸发速率越慢。水的蒸发速率与环境温度呈正相关。在初始阶段，温度的升高将促进离子的运动，从而产生较高电压输出，但由于蒸发速率加快、温度的进一步升高将抑制材料对水分子的吸收，从而降低电压输出。水的蒸发速率与风速也呈正比，环境的风速会加快毛细流动和蒸发，有研究表明当风速从 0 增加到 3m/s 时，相对湿度从 75%降低到 60%，输出电压从 0.8V 显著增加到 1.8V。

8.2 水伏发电纤维及纺织品的结构

水伏发电纺织品的性能与水伏材料的选择息息相关。为制得高性能的水伏发电纺织品，不仅需要选取合适且优异的制备原料，还需要优化制备工艺和器件的结构形貌。根据水伏发电纺织品的构造分为一维纤维/纱线基水伏系统、二维织物/静电纺丝膜基水伏系统、三维纤维木材/凝胶基水伏系统。不同构造的水伏系统具有独特的优势和应用场景，在清洁水伏发电及应用方面被广泛研究。

8.2.1 一维纤维/纱线基水伏系统

一维纤维/纱线水伏系统可以承受几倍的机械弯曲和扭曲，具有出色的机械强度和柔韧性，可用于混纺。在制备水伏纺织品时，既实现了发电性能，又兼顾了透气性和舒适性。此外，纤维和纱线具有进一步编织成各种纺织品的潜力，可以满足人们对服装舒适性和美观性的追求。

纤维基水伏系统常将碳材料作为活性材料，如氧化石墨烯、碳纳米管和炭黑等。这些碳材料具有出色的导电性和大表面积，有利于离子的表面吸附和电势的建立。湿法纺丝因其生产的纤维形态可控、生产效率高、原料适用性广、纤维性能丰富等因素而被广泛用于制备纤维基水伏系统。湿法纺丝通过使用合适的溶剂将聚合物溶解，制备成纺丝原液，再通过注射器注入凝固浴中，使其凝固成纤维，并通过收集辊牵伸卷绕。CNT 是湿法纺丝中常用的水伏活性材料，由于 CNT 容易发生 π—π 附聚，纺丝原液中的高含量 CNT 难以均匀分散并保持长时间稳定，从而对纺丝工作造成一定的困扰，陈等以再生纤维素（RC）和改性碳纳米管（CNT）为原料制成纺丝原液，并在凝固浴中进行湿法纺丝（图 8-6），其中需对纺丝原液进行处理以避免 CNT 发生团聚，该过程不会对 CNT 固有功能造成任何化学损伤。用该种方法制备的水伏纤维力学性能较好，界面结合性好，可直接制成服用纱线。

纱线基水伏发电系统的结构多样，包括缠绕结构、编织结构、芯鞘结构，通过多样化的结构设计，实现具有不同的水伏功能和性能。

缠绕结构的纱线基水伏发电器件一般选择富有弹性和柔韧性的纱线作为基材，以确保器件的机械性和柔韧性，随后将活性膜材料缠绕在纱线表面用于提升性能。活性薄膜可选用多壁碳纳米管（MWCNT）、炭黑等碳材料。这种方式制造而成的纱线基水伏发电器件通常具有

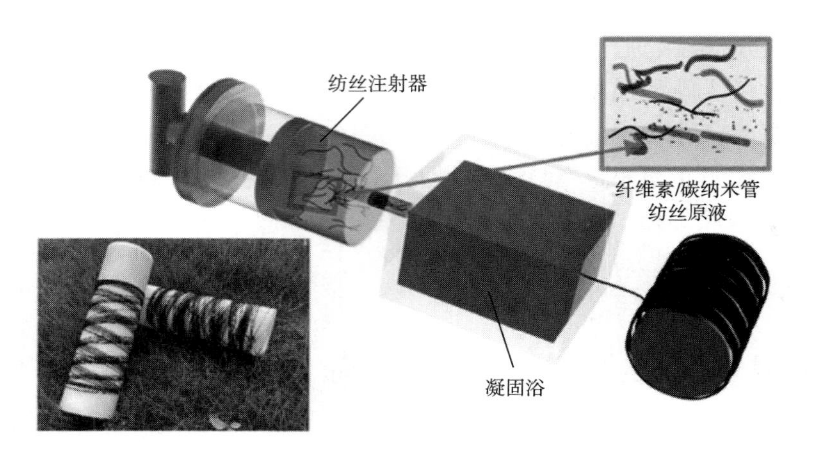

图 8-6 湿纺法制造 RC/CNT 水伏纤维

较好的柔韧性以及耐用性。彭等选用橡胶纤维作为弹性基底，并使用宽度为 0.9cm 的多壁碳纳米管（MWCNT）膜对其进行包裹，随后在其表面沉淀有序介孔碳，再包裹另一层 MWCNT 膜［图 8-7（a）］，由于 MWCNT 的表面表现为负 Zeta 电位，当水在器件表面流动时，阳离子吸附在 MWCNT 上形成了一个斯特恩（stern）层。然而，扩散层中的阴离子在迁移中受到阻碍以抵消 stern 的净电荷。因此，电子从 MWCNT 中迁移出以平衡过量电荷，从而引起电势差。所制的水伏发电器件可以实现 23.3%的最大功率转换效率。此外，该器件还具有高稳定性和耐用性，即使在 100 万次变形循环后，发电性能依然保持良好。

编织结构是指将多根纱线通过相互编织的方式形成一根股线。并对编织绳进行加工使之具有较大的表面能、良好的吸附性以及出色的电学性能。罗等以废弃口罩带为基底材料，并在其表面负载 CNT，干燥后连接电极即可制备纱线基器件［图 8-7（b）］。碳纳米材料可使纤维细丝紧密吸附在一起，形成纳米级通道的毛细管网络，从而增强水伏效应的电输出能力。该发电器件具有优异的发电性能以及可拉伸、可编织和可穿戴的特性，且因合理的材料设计打破了目前大多数水伏纳米发电器件在弯曲、扭曲和拉伸等大机械变形下难以稳定工作的障碍。

对于芯鞘结构的复合纱线，最内部的芯纱常作为导电层，外包覆一层水伏活性材料，最后再额外沉积或缠绕一层导电层。这种结构可以提高纱线基水伏发电器件的耐磨性以及水伏电力输出稳定性。例如，邵等将银线作为一个芯层电极，并在其表面覆盖一定厚度的氧化石墨烯（GO）层形成发电壳，然后用银线包覆该发电器件作为另外一个电极［图 8-7（c）］。当该纱线与水接触时，最外层 GO 吸水并产生游离的 H^+，从而在外部和内部 GO 层中产生游离 H^+的浓度差，H^+的自发定向运动在外电路中产生感应电势，进而产生水伏发电效应。该纤维发生器件具有良好的成形特性，还具有与机织物的高度兼容性，且在 70%的相对湿度下，其功率密度高达 0.21μW/cm。

8.2.2 二维织物/静电纺丝膜基水伏系统

由于二维织物/静电纺丝膜基水伏系统具有更大的比表面积，因而在同等情况下，会具有

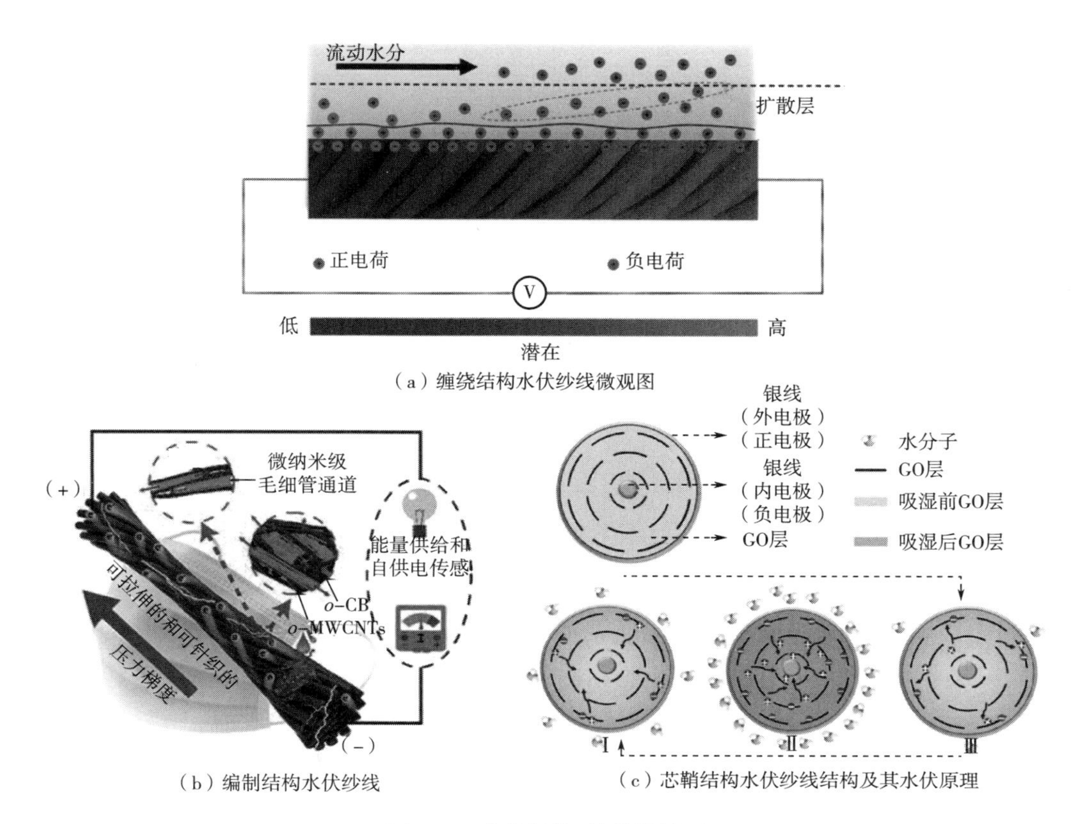

(a)缠绕结构水伏纱线微观图

(b)编制结构水伏纱线

(c)芯鞘结构水伏纱线结构及其水伏原理

图 8-7 水伏纤维/纱线结构图

比一维系统更好的水伏发电性能。柔韧且灵活的织物/静电纺丝膜基材非常适合制成可穿戴纺织品，以用于为微型电子设备供能。织物基材具有独特的易加工性和便捷性，因此，通过最简便有效的直接涂覆方法即可使其拥有出色的水伏发电性能。

亲水织物本身富含亲水官能团，以及纤维素纤维形成的固有毛细管道，因而水分和离子易于快速传输，利于电荷的积聚。张等以棉织物为基底材料，用羟基化碳纳米管（CNT—OH）与 MXene 溶液对其进行浸渍处理，不仅改善了器件导电性，而且亲水性 MXene 层状纳米片和管状 CNT—OH 结构提供了大量的毛细通道，从而提高毛细管芯吸速率，同时还在棉纤维上形成了“树皮状”的结构，进一步提高了水在其表面的毛细管流速。对于常见的纸张，可直接通过简易的铅笔涂画的方式进行负载加工。相关研究人员以具有丰富纤维素网络和曲折孔隙的滤纸作为基材，用 HB 铅笔在纸的两端绘制电极，用导电银浆将 250μm 的银线连接在石墨电极上用作导线，制备出一种廉价且柔韧性极高的器件，其最大输出功率约 640pW。

相比于织物器件，静电纺丝膜具有高比表面积、低成本、可定制性、高孔隙性以及优异柔韧性等特点。膜的高比表面积以及多孔结构增加了与环境的接触面积，一方面提供了足够的水分吸附位点，另一方面确保了离子/质子有足够的相互作用面积，能够实现有效的水分捕获和电荷收集。水分子由于定向离子迁移和氧化还原反应之间的协同作用，可在水流作用下完成电离、选择性定向运输以及电荷转换等过程并产生可持续的电力输出（图 8-8）。

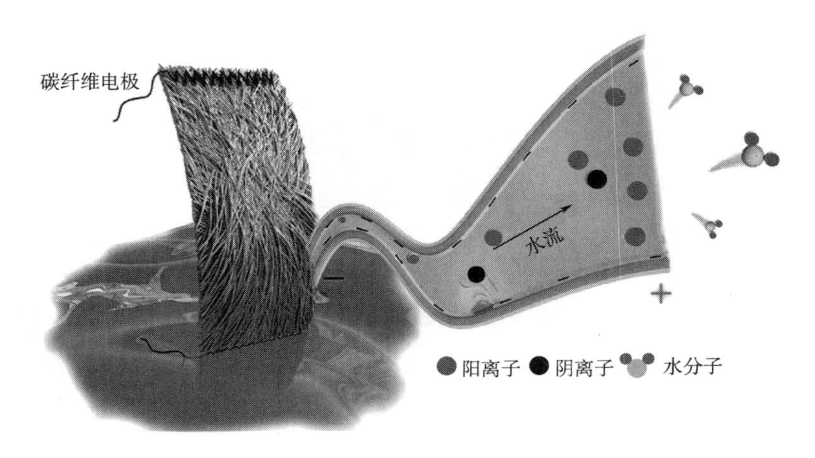

图 8-8 静电纺丝基水伏系统示意图

静电纺丝技术具有低成本、制造简便、功能丰富等优势。具有独特的多孔结构、众多的微纳尺度通道、丰富的官能团的静电纺丝膜可实现离子扩散和流动电势的协同发电。电流不仅可以在由浓度梯度驱动的离子扩散中的产生，还可以在液体流通带电纳米通道的过程中产生。除此之外，便捷的操作性能使制备更加简单，既可以通过调整纺丝的参数来控制纳米纤维膜孔隙数量以及大小，也可以通过调整电纺时间来控制纳米纤维膜厚度，从而制备出性能最佳水伏系统。因此，静电纺丝基系统普遍具有较优的水伏性能。

静电纺丝基系统常用的制备方法有共混纺丝法及电纺涂层法。共混纺丝法是将水伏活性材料与纺丝溶液混合，通过静电纺丝的方式制成水伏纳米纤维膜。由于活性材料与纺丝溶液混合在一起，因此活性材料极难脱落，所制成的水伏电纺膜稳定性较高，但其机械性能较差，从而限制了其应用和发展。电纺涂层法是通过在静电纺丝基底上负载活性纳米材料来制备水伏发电器件。基底纳米纤维起到支撑整体的骨架作用，通过纤维与纤维之间的间隙构建的纳米通道用于水分和离子传输。而活性材料可通过直接浸渍等方式将其负载在基底纳米纤维上。由于存在一层机械性能较强的基底纳米纤维，故电纺涂层式器件的机械稳定性更高。同时，可以通过调整基底纳米纤维电纺参数、水伏活性材料负载量来制得性能最佳的水伏系统。

此外，可对静电纺丝膜进行后处理，以进一步提升水伏发电性能。通过热压处理，可使纳米纤维堆积并变得致密且稳固，从而调整孔隙结构大小，优化水分和离子在膜内的传输。其次，可以通过退火处理调控静电纺丝膜的内部孔隙，使纳米纤维之间的接触点融合，有利于纳米通道的形成。吕等通过对电纺后的醋酸纤维素膜进行压缩和退火处理，将最大电压从 80mV 增加至 300mV。此外，还可以通过对静电纺丝膜进行氧等离子处理以增加纤维表面极性基团的数量，从而提高电纺水伏系统的水伏发电性能。但等离子处理也会带来一些不利的影响，例如降低材料的电阻和纤维的机械性能。因此，在进行等离子处理时，应当根据自身材料的性能，合理地设计处理的强度，确保系统的水伏发电性能。

8.2.3 三维纤维木材/凝胶基水伏系统

由于三维纤维木材/凝胶基水伏系统内部具有更多的离子通道，因而在同等情况下，会具有比二维水伏系统更高的发电强度。同时，由于大量的纳米通道位于水伏系统的内部，发电效率受到外界条件（温度、空气流动等）的影响较二维水伏系统要小。除此之外，由于独特的立体结构，其机械性能普遍要优于二维水伏系统，使用寿命要高于二维水伏系统。常见三维水伏系统可分为三维纤维素木材类和三维纤维凝胶类两大类。

木材是地球上一种低成本且可再生的自然资源。其内部具有丰富的各向异性垂直通道（图8-9），并且含有大量的含氧官能团（如羟基和羧基）。除此之外，其机械强度高、环境友好等优点使木材成为制造水伏系统的理想材料。木材基水伏系统的改性通常通过化学处理法和碳化法实现。化学处理法通过去除内部木质素及半纤维素，可以释放木材细胞壁中的微米和纳米孔，从而获得更丰富的孔洞结构。化学改性还可以使通道内部附着更多的极性官能团，从而促进质子和离子的解离和迁移。利用碱性溶液对木材的化学处理是去除木材中木质素常用的方法之一，王等将木材置于碱性溶液中，通过化学处理方法去除了木材中的木质素及半纤维素，然后用聚（3,4-乙烯二氧基噻吩）-聚（苯乙烯磺酸）（PEDOT：PSS）溶液对处理后的木材进行浸渍处理。通过化学处理既提高了木材的孔隙率，又提高木材内孔洞的导电性，从而使木材的水伏发电性能大幅度提高。

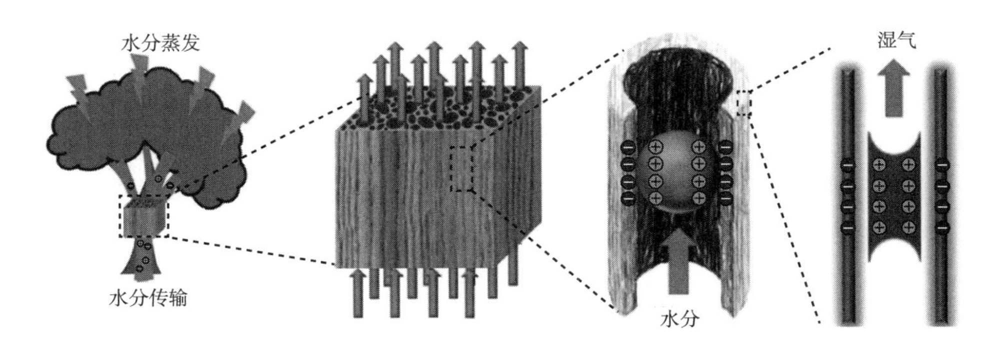

图8-9 木材基水伏系统原理图

通过碳化法可以改善天然木材因绝缘造成的巨大内阻，以提高输出电流密度并降低功率损失。但过高的碳化温度和时长会显著降低材料表面含氧官能团的含量，并抑制发电。因此，制备富含含氧官能团的高导电木材作为水伏系统材料是一项挑战。张等通过路易斯酸性金属盐催化碳化策略制备了具有丰富羟基官能团的高导电椴木。进一步的分析表明，与未碳化木材相比，碳化后的木材具有较低的电阻和较高的 Zeta 电位，从而促进了水蒸发发电的性能。因此，由优化的碳木制备的水伏系统表现出 10.5mA 的超高电流和 96mV 的电压。同时，其电压和电流可稳定输出超过 24h，表现出优异的连续发电能力。

三维织物基水伏系统器件可分为双活性层和单活性层两种结构。双活性层采用“三明治”式结构，其设计的核心是两侧采用不同极性的材料，使阴离子和阳离子分别在两端聚集从而形成电势差。对于单活性层器件而言，一般是对纺织品进行后处理，使其具有优良的导电性，并在其内部形成较为致密的纳米通道。纤维素凝胶具有高比面积、良好的隔热性能和高孔隙率，在隔热、储能、水处理等领域应用广泛。改性生物材料如纤维素纳米原纤维、蚕丝丝素蛋白纳米纤维、几丁质纳米纤维等可作为原料制备具有定向排列纳米通道的凝胶结构。基于凝胶制备的系统主要包含 Janus 双层结构及一体化单层结构。

不对称离子膜结构，即 Janus 结构，是通过两层不同性质的纳米纤维材料复合而成。这里所说的不同性质可以是化学性质的不同、亲疏水性的不同、材料电性的不同等。这些纳米纤维可以捕获水分，水分子的存在将使纳米纤维上的极性基团（—OH、—COOH、—NH_2、—SO_3H 等）解离出阳离子或阴离子。两端不同性质的材料，对水分与离子的吸附、解析与迁移能力不同，因而产生离子浓度梯度，并引起电荷的定向运动与聚集，最终形成电势差。

杨等利用了带相反电荷的生物纳米纤维制备了不对称离子凝胶水伏系统，负电性的四甲基哌啶-1-氧基氧化纤维素纳米纤维（TEMPO-CNFs）及正电性的季铵化纤维素纳米纤维（Quatern-CNFs）为水伏气凝胶的主体材料。首先将 Quatern-CNFs 悬浮液倒入模具中，用液氮进行单向冷冻。随后倒入另一种 TEMPO-CNFs 溶液，再次进行单向冷冻，最后将气凝胶压在两个铂网电极之间。当器件放置在潮湿的空气中，不对称离子气凝胶可以感应出高达 115mV 的开路电压和 45nA 的最大短路电流。相关研究人员则利用 GO 和 TEMPO-CNFs 的混合溶液，采用冷冻干燥的方法制备得到多孔凝胶。由于 GO 和 TEMPO-CNFs 中的丰富含氧官能团，使凝胶具有高亲水性。随后，在凝胶表面气相沉积了自组装的全氟辛基三氯硅烷（PFOTS）单层，使其表面疏水，然后将亲水层和疏水层层压成一块，分别在上下两侧装上碳带电极就制得了不对称润湿性的 Janus 水伏器件（图 8-10）。当水分从亲水层流向疏水层时，水分子将亲水层中的羧酸钠、羟基和羧基等亲水性基团水解电离出阳离子（H^+、Na^+等），而使亲水层带负电，而阳离子则随水流方向选择性扩散，最终在疏水面聚集，使疏水面带正电，从而形成电势差。

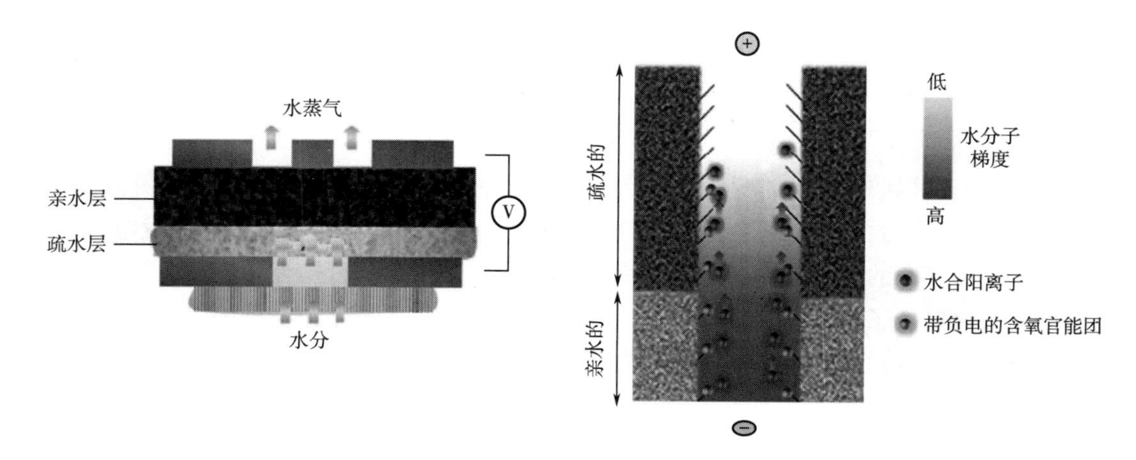

图 8-10　不对称润湿性的 Janus 水伏系统双层结构

相较于双层 Janus 结构，单层气凝胶的制作过程相对简单。通过将液态材料固化，在其表面和内部形成数量可观的亲水性纤维纳米通道。这些通道主要通过利用水扩散的延迟性在材料中形成干/湿界面，以形成离子浓度梯度。同时纳米管道流动的水与管壁的“电动效应”也被用于发电。蔡等制备出一种具有定向结构的凝胶水伏系统。在发电过程中，该系统的下表面作为主要的吸湿点。由于梯度化的吸湿能力使潮湿侧的水将附着在孔洞上的极性基团水解，在干湿侧形成较大的离子浓度差异，导致水解出的阳离子定向移动至干湿侧，从而在干湿两侧产生了电势差。陈等制备了高度有序的醋酸纤维素蜂窝膜。通过控制相对湿度以控制聚合物膜中产生的微孔形态，并在显微镜下观察到孔以极其有序的方式排列。这种极其有序的多孔结构在传质和扩散方面具有明显的优势（图 8-11），所制得的器件的电学输出高达 302mV 和 3.7μA/cm^2。

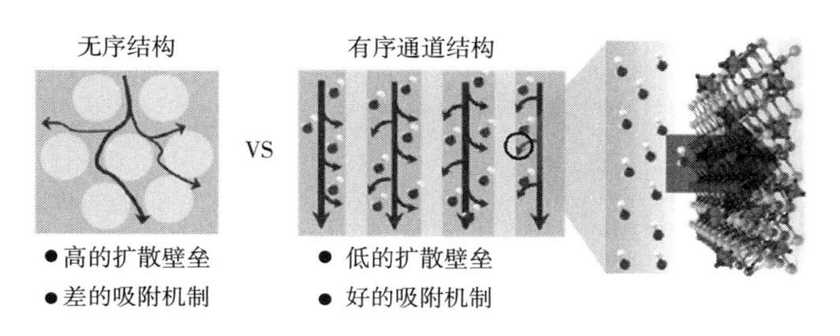

图 8-11　水分在有序孔和无序孔中的传输机制分析

8.3　水伏发电纤维及纺织品的应用领域

随着水伏发电系统机理的完善以及性能的提升，水伏发电纤维及纺织品的应用领域逐渐拓宽。在柔性应用领域，传感器、能量供给、能量储存等应用方式得到广泛研发和推广（图 8-12）。

8.3.1　传感器

传感器在电子仪器中至关重要，其作用十分显著。传感器能够捕捉、转换和传输信息，实现设备的智能化和自动化。在工业控制系统和智能家居中，传感器起着不可或缺的作用，能够实时监测环境参数，提高生产效率，改善生活质量。随着科技不断进步，传感器的功能不断丰富，为各行业的发展注入了新的动力。

由于水伏发电器件对水分和湿气的高度敏感，其发电信号会随之波动，因此研制出了形态各异的水伏传感器，其在人体呼吸监测方面具有巨大的潜力。人体呼吸湿气的变化可以导致水伏传感器电信号的变化，从而可以反映人体呼吸的特征，比如呼吸频率和强度，还可为异常生理状况提供诊断。成人呼出空气湿度在 3~5s 相对湿度可以达到 90%以上，因此可以通过湿度监测反映呼吸的状态。因此，郑等用磺酸盐—聚苯胺—双官能化木质素和聚丙烯腈的混合溶液，以静电纺丝的方法制备了生物质衍生的水伏发电系统。该系统可以区分不同

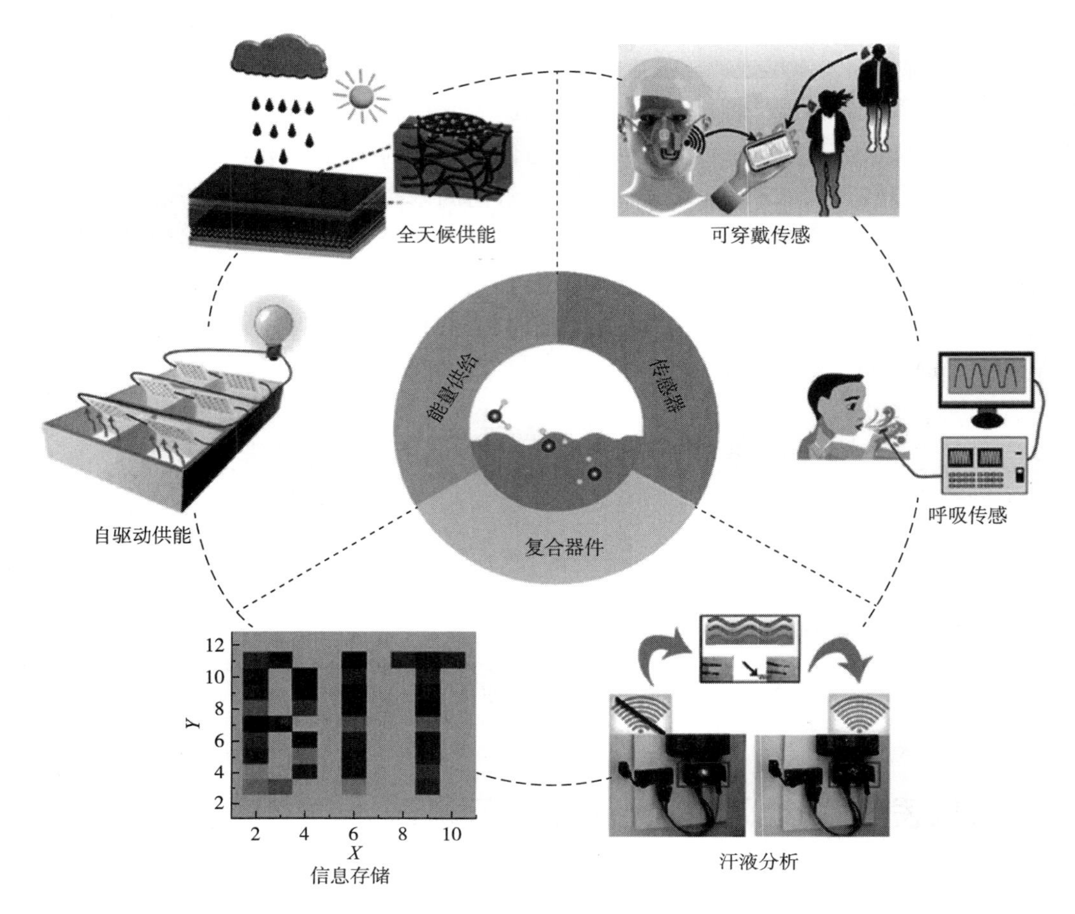

图 8-12 水伏发电纤维及纺织品的典型应用

的呼吸强度，如正常呼吸（20cm/s）、快速呼吸（30cm/s）和缓慢呼吸（10cm/s），具有良好的稳定性和灵敏度。但需注意，呼吸产生的高气流强度对系统的影响可能会导致纳米纤维表面的局部变形，这可能会进一步提高电输出，从而为连续监测呼吸提供了广阔应用前景。

人类的手指通常被相对潮湿的空气所包围，这些湿气来自汗水的蒸发。当手指接近或触摸水伏纺织品时会在其附近产生相对湿度波动，进而产生电流变化。因此，水伏纺织品可用于制备触摸传感器。通过在铜电极和铝电极之间夹层明胶蛋白膜，制备了触摸传感器矩阵。在指尖接近时，通过映射不同基质位置的湿度变化来实现传感过程。基于二氧化钛（TiO_2）纳米线网络的传感器通过对来自人手指的水分的响应，可产生 150mV 的电压波动。传感器的电压随手指按压发生波动，有望同时实现压力和湿度的多功能检测。即使没有直接接触，柔性的纺织器件也能在手指至装置距离分别为 1mm、2mm 和 3mm 时产生密度高达 $10mA/cm^2$、$8mA/cm^2$ 和 $4.5mA/cm^2$ 的电流响应。这一特性使装备有水伏纺织品皮肤的机器人可以依据智能化方案追踪接近的手指。

对湿度、温度、光强度和可吸收分子的敏感性使水伏纺织品可被用作环境传感器。通过将功能化的纺织品缠绕在手指上，柔性器件在 20%~90%的湿度范围内展示出快速响应和弛豫时间（4.5s 和 2.8s）。此外，基于 TiO_2 纳米线的乙醇传感器展示出对乙醇的宽检测范围（50~1000ppm），为低功耗性的呼气酒精测试仪提供了全新的解决方案。由 Janus 纤维凝胶制成的装置可以简便地量化绿色植物在全天内不断变化的环境中的蒸腾强度，进一步证明了水伏发电器件的输出电压是环境光强度、温度和湿度的函数。

8.3.2　能量供给

由于成本低廉、灵活性强和功率密度高的特点，水伏发电器件在能量供给方面具有巨大潜力。早在 2013 年，科研人员研发了一种由水滴阵列组成的原始水伏发电器件，可以点亮了三个串联的 LED。到 2020 年，一种更为成熟的水伏发电器件通过扩散水滴与聚合物薄膜的即时接触，可产生 100~200V 电压，并同时点亮 400 个 LED。通过电源管理电路，可以成功地将离散的电脉冲转换为恒定输出。在经过液滴感应电进行预充电后，集成设备可以为智能手机提供稳定的电源供给。

水蒸发驱动的水伏纺织品可连续稳定地产生电力，这为其提供了巨大的应用潜力。通过串联 5 个碳膜即可产生 1.45V 的电压和 2.85μA 的电流，产生能量足以驱动微米级银结构的电沉积。何等制备了一个自发电储电的混合动力装置，水伏发电器件可通过水蒸发过程收集环境热能和机械能，并可同时为超级电容器充电。由三个串联的器件即可提供 2.75~3.05V 的电压，通过调节水伏发电器件的电流方向来实现电阻器的快速开关切换。单器件的供能达到了 1V 和 100nA，三个串联的器件即可驱动记忆电阻器工作。通过在氧化铝（Al_2O_3）基板上印刷碳浆可制造包含三个水伏发电机的集成设备，该设备的电气输出能够敏感地检测到空气的质量和组成，并同时为无线发射器供电以传输传感信息。

水伏纺织品可利用呼吸产生的湿气变化用于能量供给。例如，当在呼吸作用驱动下，口罩内集成的水伏发电器件即可将电容器充电至 0.9V。陈等通过将导电聚合物纳米线集成在口罩中，在呼吸作用下为两个电容器充电，使电容器的电压可达 1.4V，产生的能量可为实时监测呼吸条件的温湿度传感器提供动力。此外，通过在湿度绝缘基底上印刷 GO 而制造的水伏发电器件阵列，可用于驱动液晶计算器运行。丰富的供能应用证明了水伏纺织品在未来可作为绿色能源驱动技术得到发展。

8.3.3　能量储存

电容器通常用于存储电荷，并在电路中调节电压和电流。水伏纺织品因其独特的结构和出色的供能性能，可通过对其优化构造设计实现能量储存。通过在双电极间填充电解质，器件的放电时间可持续长达数百秒，显示出超级电荷存储能力。纺织器件的高比电容可归因于良好的润湿性、离子传输能力和导电性的组合。除此之外，通过与电容器的连接组合也可达到储存能量的目的，杨等将制作的水伏系统与商用电容器（电容 3.3mF）连接，可点亮驱动电压大约为 1.5V 的红色 LED，因此，水伏纺织品可作为日常电器的电源。陈等将水伏发电器件对 1μF 和 10μF 的商用电容器充电，无须任何辅助放大或整流电路即可分别达到 1.77V

和0.61V的电压储存。利用有效的电压输出，单个器件就能在潮湿状态下触发电致变色智能窗（2V，1μA）从透明到黑暗的相变。在稳定的电压输出下，器件可以为电致变色智能窗提供电力，使其经历若干次充电（变暗）到放电（变透明）的循环运行。

8.4 总结与展望

随着人口的增长和不可再生能源的不断消耗，全球电力的供应短缺问题更加严重。《“十四五”现代能源体系规划》提出要加速能源转型，加快推动绿色能源发展。水覆盖了地球表面的71%，吸收了35%左右到达地球表面的太阳能，总量达千万亿瓦。在地球的水文循环中无时无刻不在传递着巨大的能量，因此，将水用于发电具有重大的经济价值和社会意义。水伏发电可通过将水中的化学能转化为清洁电能用于满足日常生活所需。纤维材料具有独特的灵活性、可加工性、多功能性和实用性，将不同原料、结构、形貌的纤维材料经过定制加工后可在水分收集、质子解离、离子分离和电荷积累等水伏过程中表现出出色的功能。因此，水伏发电纤维及纺织品的探索和发展对于提升水伏性能和拓展实用性具有重要意义。

参考文献

[1] GUAN P Y, ZHU R B, HU G Y, et al. Recent development of moisture-enabled-electric nanogenerators [J]. Small, 2022, 18(46): 2204603.

[2] GE C, XU D, QIAN Y, et al. Carbon materials for hybrid evaporation-induced electricity generation systems [J]. Green Chemistry, 2023, 25(19): 7470-7484.

[3] WANG X F, LIN F R, WANG X, et al. Hydrovoltaic technology: From mechanism to applications [J]. Chemical Society Reviews, 2022, 51(12): 4902-4927.

[4] SHAO B B, SONG Y H, SONG Z H, et al. Electricity generation from phase transitions between liquid and gaseous water [J]. Advanced Energy Materials, 2023, 13(16): 2204091.

[5] LIM H, KIM M S, CHO Y, et al. Hydrovoltaic electricity generator with hygroscopic materials: A review and new perspective [J]. Advanced Materials, 2024, 36(12): 2301080.

[6] WANG X, FANG S M, TAN J, et al. Dynamics for droplet-based electricity generators [J]. Nano Energy, 2021, 80: 105558.

[7] ZHAO F, CHENG H H, ZHANG Z P, et al. Direct power generation from a graphene oxide film under moisture [J]. Advanced Materials, 2015, 27(29): 4351-4357.

[8] SUN Z Y, WEN X, GUO S, et al. Weavable yarn-shaped moisture-induced electric generator [J]. Nano Energy, 2023, 116: 108748.

[9] MA W J, ZHANG Y, PAN S W, et al. Smart fibers for energy conversion and storage [J]. Chemical Society Reviews, 2021, 50(12): 7009-7061.

[10] ZHANG Z H, LI X M, YIN J, et al. Emerging hydrovoltaic technology [J]. Nature Nanotechnology, 2018, 13(12): 1109-1119.

[11] AL-TURJMAN F, ALTRJMAN C, DIN S, et al. Energy monitoring in IoT-based ad hoc networks: An overview

[J]. Computers & Electrical Engineering,2019,76:133-142.

[12] SHEN D Z,DULEY W W,PENG P,et al. Moisture-enabled electricity generation:From physics and materials to self-powered applications [J]. Advanced Materials,2020,32(52):2003722.

[13] KO H,SON W,KANG M S,et al. Why does water in porous carbon generate electricity? Electrokinetic role of protons in a water droplet-induced hydrovoltaic system of hydrophilic porous carbon [J]. Journal of Materials Chemistry A,2023,11(3):1148-1158.

[14] LU W H,DING T P,WANG X Q,et al. Anion-cation heterostructured hydrogels for all-weather responsive electricity and water harvesting from atmospheric air [J]. Nano Energy,2022,104:107892.

[15] HUANG Y X,CHENG H H,YANG C,et al. Interface-mediated hygroelectric generator with an output voltage approaching 1.5 volts [J]. Nature Communications,2018,9(1):4166.

[16] WANG H Y,SUN Y L,HE T C,et al. Bilayer of polyelectrolyte films for spontaneous power generation in air up to an integrated 1,000V output [J]. Nature Nanotechnology,2021,16(7):811-819.

[17] EUN J,JEON S. Janus membrane-based hydrovoltaic power generation with enhanced performance under suppressed evaporation conditions [J]. ACS Applied Materials & Interfaces,2023,15(43):50126-50133.

[18] LIANG Y,ZHAO F,CHENG Z H,et al. Self-powered wearable graphene fiber for information expression [J]. Nano Energy,2017,32:329-335.

[19] BAI J X,HU Y J,GUANG T L,et al. Vapor and heat dual-drive sustainable power for portable electronics in ambient environments [J]. Energy & Environmental Science,2022,15(7):3086-3096.

[20] DENG W,FENG G,LI L X,et al. Capillary front broadening for water-evaporation-induced electricity of one kilovolt [J]. Energy & Environmental Science,2023,16(10):4442-4452.

[21] XUE G B,XU Y,DING T P,et al. Water-evaporation-induced electricity with nanostructured carbon materials [J]. Nature Nanotechnology,2017,12(4):317-321.

[22] SUN J C,LI P D,QU J Y,et al. Electricity generation from a Ni-Al layered double hydroxide-based flexible generator driven by natural water evaporation [J]. Nano Energy,2019,57:269-278.

[23] TABRIZIZADEH T,WANG J,KUMAR R,et al. Water-evaporation-induced electric generator built from carbonized electros punpolyacrylonitrile nanofiber mats [J]. ACS Applied Materials & Interfaces, 2021, 13(43): 50900-50910.

[24] LIN J Y,ZHANG Z,LIN X M,et al. All wood-based water evaporation-induced electricity generator [J]. Advanced Functional Materials,2024,34(30):2314231.

[25] ZHANG Z M,ZHENG Y R,JIANG N,et al. Electricity generation from water evaporation through highly conductive carbonized wood with abundant hydroxyls [J]. Sustainable Energy & Fuels,2022,6(9):2249-2255.

[26] LIU H,ZHU Y T,ZHANG C W,et al. Electrospun nanofiber as building blocks for high-performance air filter:A review [J]. Nano Today,2024,55:102161.

[27] GE C,XU D,DU H,et al. Recent advances in fibrous materials for interfacial solar steam generation [J]. Advanced Fiber Materials,2023,5(3):791-818.

[28] LIU C Y,GUI J X,LI D H,et al. Ionic power generation on a scalable cellulose@ polypyrrole membrane:The role of water and thermal gradients [J]. Advanced Fiber Materials,2024,6(1):243-251.

[29] SUN S J,LI H,ZHANG M M,et al. Amultifunctional asymmetric fabric for sustained electricity generation from multiple sources and simultaneous solar steam generation [J]. Small,2023,19(46):2303716.

[30] GE C, XU D, SONG Y H, et al. Fibrous solar evaporator with tunable water flow for efficient, self-operating, and sustainable hydroelectricity generation [J]. Advanced Functional Materials, 2024, 34(40): 2403608.

[31] XIE J H, WANG Y F, CHEN S G. Textile-based asymmetric hierarchical systems for constant hydrovoltaic electricity generation [J]. Chemical Engineering Journal, 2022, 431: 133236.

[32] HU Y H, YANG W F, WEI W, et al. Phyto-inspired sustainable and high-performance fabric generators *via* moisture absorption-evaporation cycles [J]. Science Advances, 2024, 10(2): eadk4620.

[33] ZHENG H, ZHOU A W, LI Y S, et al. A sandwich-like flexible nanofiber device boosts moisture induced electricity generation for power supply and multiple sensing applications [J]. Nano Energy, 2023, 113: 108529.

[34] HOU B F, CUI Z Q, ZHU X, et al. Functionalized carbon materials for efficient solar steam and electricity generation [J]. Materials Chemistry and Physics, 2019, 222: 159-164.

[35] LI J, LIU K, DING T P, et al. Surface functional modification boosts the output of an evaporation-driven water flow nanogenerator [J]. Nano Energy, 2019, 58: 797-802.

[36] CAI T L, LAN L Y, PENG B, et al. Bilayer wood membrane with aligned ion nanochannels for spontaneous moist-electric generation [J]. Nano Letters, 2022, 22(16): 6476-6483.

[37] LYU Q Q, PENG B L, XIE Z J, et al. Moist-induced electricity generation by electrospun cellulose acetate membranes with optimized porous structures [J]. ACS Applied Materials & Interfaces, 2020, 12(51): 57373-57381.

[38] JIANG S H, CHEN Y M, DUAN G G, et al. Electrospun nanofiber reinforced composites: Areview [J]. Polymer Chemistry, 2018, 9(20): 2685-2720.

[39] XU T, DING X T, HUANG Y X, et al. An efficient polymer moist-electric generator [J]. Energy & Environmental Science, 2019, 12(3): 972-978.

[40] TABRIZIZADEH T, WANG J, KUMAR R, et al. Water-evaporation-induced electric generator built from carbonized electrospun polyacrylonitrile nanofiber mats [J]. ACS Applied Materials & Interfaces, 2021, 13(43): 50900-50910.

[41] CHEN J Y, LI Y H, ZHANG Y Z, et al. Knittable composite fiber allows constant and tremendous self-powering based on the transpiration-driven electrokinetic effect [J]. Advanced Functional Materials, 2022, 32(30): 2203666.

[42] JIAO S P, LIU M, LI Y, et al. Emerging hydrovoltaic technology based on carbon black and porous carbon materials: A mini review [J]. Carbon, 2022, 193: 339-355.

[43] ZHANG X Y, WANG Y T, ZHANG X F, et al. Preparation and study of bark-like MXene based high output power hydroelectric generator [J]. Chemical Engineering Journal, 2023, 465: 142582.

[44] GAO X, XU T, SHAO C X, et al. Electric power generation using paper materials [J]. Journalof Materials Chemistry A, 2019, 7(36): 20574-20578.

[45] LV Y L, GONG F, LI H, et al. A flexible electrokinetic power generator derived from paper and ink for wearable electronics [J]. Applied Energy, 2020, 279: 115764.

[46] SUN Z Y, FENG L L, WEN X, et al. Nanofiber fabric based ion-gradient-enhanced moist-electric generator with a sustained voltage output of 1.1 volts [J]. Materials Horizons, 2021, 8(8): 2303-2309.

[47] SUN Z Y, FENG L L, XIONG C D, et al. Electrospun nanofiber fabric: An efficient, breathable and wearable moist-electric generator [J]. Journal of Materials Chemistry A, 2021, 9(11): 7085-7093.

[48] QIN Y S, WANG Y S, SUN X Y, et al. Constant electricity generation in nanostructured silicon by evaporation-

driven water flow [J]. Angewandte Chemie International Edition, 2020, 59(26): 10619-10625.

[49] LI Y J, WU Y F, SHAO B B, et al. Asymmetric charged conductive porous films for electricity generation from water droplets via capillary infiltrating [J]. ACS Applied Materials & Interfaces, 2021, 13(15): 17902-17909.

[50] XU Y F, CHEN P N, ZHANG J, et al. A one-dimensional fluidic nanogenerator with a high power conversion efficiency [J]. Angewandte Chemie International Edition, 2017, 56(42): 12940-12945.

[51] LUO G X, XIE J Q, LIU J L, et al. Highly stretchable, knittable, wearable fiberform hydrovoltaic generators driven by water transpiration for portable self-power supply and self-powered strain sensor [J]. Small, 2024, 20(12): 2306318.

[52] SHAO C X, GAO J, XU T, et al. Wearable fiberform hygroelectric generator [J]. Nano Energy, 2018, 53: 698-705.

[53] ZHAO T C, HU Y J, ZHUANG W, et al. A fiber fluidic nanogenerator made from aligned carbon nanotubes composited with transition metal oxide [J]. ACS Materials Letters, 2021, 3(10): 1448-1452.

[54] DAS S S, KAR S, ANWAR T, et al. Hydroelectric power plant on a paper strip [J]. Lab on a Chip, 2018, 18(11): 1560-1568.

[55] QU M J, WANG H, ZHANG R, et al. Poly(phthalazinone ether ketone)-Poly(3,4-ethylenedioxythiophene) fiber for thermoelectric and hydroelectric energy harvesting [J]. Chemical Engineering Journal, 2022, 450: 138093.

[56] GE C L, WANG Y F, WANG M X, et al. Silk fibroin-regulated nanochannels for flexible hydrovoltaic ion sensing [J]. Advanced Materials, 2024, 36(15): 2310260.

[57] HE S S, ZHANG Y Y, QIU L B, et al. Chemical-to-electricity carbon: Water device [J]. Advanced Materials, 2018, 30(18): 1707635.

[58] ZHU H L, LUO W, CIESIELSKI P N, et al. Wood-derived materials for green electronics, biological devices, and energy applications [J]. Chemical Reviews, 2016, 116(16): 9305-9374.

[59] WANG C, TANG S S, LI B X, et al. Construction of hierarchical and porous cellulosic wood with high mechanical strength towards directional Evaporation-driven electrical generation [J]. Chemical Engineering Journal, 2023, 455: 140568.

[60] ISHIMARU K, HATA T, BRONSVELD P, et al. Spectroscopic analysis of carbonization behavior of wood, cellulose and lignin [J]. Journal of Materials Science, 2007, 42(1): 122-129.

[61] CAI C Y, CHEN Y, CHENG F L, et al. Biomimetic dual absorption-adsorption networked MXene aerogel-pump for integrated water harvesting and power generation system [J]. ACS Nano, 2024, 18(5): 4376-4387.

[62] YANG W Q, LI X K, HAN X, et al. Asymmetric ionic aerogel of biologic nanofibrils for harvesting electricity from moisture [J]. Nano Energy, 2020, 71: 104610.

[63] CHEN T, ZHANG D L, TIAN X Z, et al. Highly ordered asymmetric cellulose-based honeycomb membrane for moisture-electricity generation and humidity sensing [J]. Carbohydrate Polymers, 2022, 294: 119809.

[64] ZHAO L, LIU S X, ZENG X H, et al. A potential biogenetic membrane constructed by hydrophilic carbonized rice husk for sustaining electricity generation from hydrovoltaic conversion [J]. Ceramics International, 2023, 49(19): 30951-30957.

[65] MANDAL S, ROY S, MANDAL A, et al. Protein-based flexible moisture-induced energy-harvesting devices as self-biased electronic sensors [J]. ACS Applied Electronic Materials, 2020, 2(3): 780-789.

[66] SHEN D Z, XIAO M, ZOU G S, et al. Self-powered wearable electronics based on moisture enabled electrici-

ty generation [J]. Advanced Materials,2018,30(18):1705925.

[67] CHENG H H,HUANG Y X,QU L T,et al. Flexible in-plane graphene oxide moisture-electric converter for touchless interactive panel [J]. Nano Energy,2018,45:37-43.

[68] SHEN D Z,XIAO M,XIAO Y,et al. Self-powered,rapid-response,and highly flexible humidity sensors based on moisture-dependent voltage generation [J]. ACS Applied Materials & Interfaces,2019,11(15):14249-14255.

[69] SHEN D Z,XIAO Y,ZOU G S,et al. Exhaling-driven hydroelectric nanogenerators for stand-alone nonmechanical breath analyzing [J]. Advanced Materials Technologies,2020,5(1):1900819.

[70] MOON J K,JEONG J,LEE D Y,et al. Electrical power generation by mechanically modulating electrical double layers [J]. Nature Communications,2013,4:1487.

[71] XU W H,ZHENG H X,LIU Y,et al. A droplet-based electricity generator with high instantaneous power density [J]. Nature,2020,578(7795):392-396.

[72] LI X M,NING X Y,LI L X,et al. Performance and power management of droplets-based electricity generators [J]. Nano Energy,2022,92:106705.

[73] DING T P,LIU K,LI J,et al. All-printed porous carbon film for electricity generation from evaporation-driven water flow [J]. Advanced Functional Materials,2017,27(22):1700551.

[74] HE H X,ZHAO T M,GUAN H Y,et al. A water-evaporation-induced self-charging hybrid power unit for application in the Internet of Things [J]. Science Bulletin,2019,64(19):1409-1417.

[75] ZHOU G D,REN Z J,WANG L D,et al. Resistive switching memory integrated with amorphous carbon-based nanogenerators for self-powered device [J]. Nano Energy,2019,63:103793.

[76] ZHONG T Y,GUAN H Y,DAI Y T,et al. A self-powered flexibly-arranged gas monitoring system with evaporating rainwater as fuel for building atmosphere big data [J]. Nano Energy,2019,60:52-60.

[77] CHEN N,LIU Q W,LIU C,et al. MEG actualized by high-valent metal carrier transport [J]. Nano Energy,2019,65:104047.

[78] LIANG Y,ZHAO F,CHENG Z H,et al. Electric power generation *via* asymmetric moisturizing of graphene oxide for flexible,printable and portable electronics [J]. Energy & Environmental Science,2018,11(7):1730-1735.

[79] LIU C,WANG S J,WANG X,et al. Hydrovoltaic energy harvesting from moisture flow using an ionic polymer-hydrogel-carbon composite [J]. Energy & Environmental Science,2022,15(6):2489-2498.

第 9 章 温度传感纤维及纺织品

智能传感纺织品是科技与纺织领域相结合的创新产品，通过集成传感材料、微处理器和无线通信等先进技术，使纺织品能够感知外界环境或人体状态的变化，并据此做出相应的反应或调整。其中，温度传感纤维及纺织品作为智能纺织领域的重要分支，正逐渐引起人们的广泛关注。这类产品通过融合先进的材料科学与纺织技术，实现了对温度的实时监测与智能调控，为人们的生活带来了前所未有的舒适与便捷。

20 世纪 90 年代后，随着微电子技术、计算机技术和自动测试技术的快速发展，智能温度传感器（亦称数字温度传感器）应运而生。这些传感器内部集成了温度传感器、A/D 转换器、信号处理器等元件，能够输出温度数据及相关的温度控制信号。在此基础上，温度传感纤维开始兴起。这些纤维通过嵌入温度传感器元件或利用材料的热电效应等特性，实现了对温度的感知和测量。

温度传感纤维的核心技术在于其能够感知并响应外界或人体自身的温度变化。这一功能的实现主要依赖于热阻转化机制、热电材料、纳米复合材料等高科技手段。例如，智能温控纤维通过高分子聚合材料包覆热阻/热电材料并植入纤维内部，使纤维材料具有温度传感的能力。当外界环境温度升高时，热阻/热电材料相对应的电阻/电压值将会发生变化，从而影响复合材料的电输出性能。

除智能温控纤维外，近年来还涌现出了一系列具有连续和实时监测能力的纤维型可穿戴温度传感器。这些传感器通常使用聚合物纳米复合材料制成，具有灵敏度高、响应速度快、耐用性好等优点。这些传感器能够稳定地集成在纺织品中，实现对人体体温或外界环境温度的实时监测，并在需要时通过调整织物的孔隙度或电磁耦合等方式来调节热量的传递，以达到降温或保暖的效果。随着柔性电子技术的发展，柔性可穿戴温度传感器成为研究的热点。这些传感器不仅具有良好的温度感知能力，还具备佩戴舒适性、动态表面适应性、良好透气性和高机械稳定性等优点。例如，热阻/热电纤维编织而成的温度传感电子纺织品在自供电传感、环境温度感知和消防服高温预警应用等方面展现出了巨大的应用潜力。

温度传感纤维及纺织品的出现，不仅极大地提升了纺织品的舒适性和功能性，还为个性化医疗保健、运动科学、智能家居等领域提供了全新的解决方案。在医疗保健领域，可穿戴的温度传感器可以实时监测患者的体温变化，为医生提供重要的诊断依据；在运动科学领域，温度传感纤维及纺织品则可以通过捕捉运动员的体温和排汗情况，优化运动装备的设计，进而提高运动表现。温度传感纤维及纺织品作为智能纺织领域的重要内容，正以其独特的优势和广泛的应用前景引领智能纺织行业的未来发展。随着技术的不断进步和成本的进一步降低，温度传感纤维及纺织品将在未来的生活中发挥越来越重要的作用。

9.1 温度传感纤维及纺织品的概念

9.1.1 温度传感纤维

温度传感纤维是指能够感知外界温度变化，并通过某种机制将这种变化转化为电信号或其他可测量信号的纤维材料。这种转化机制可能基于材料的物理性质（如电阻、热电效应等）而随温度变化，或者基于材料中特定成分（如相变材料）在温度变化时发生的相变等。温度传感纤维在多个领域具有广泛的应用前景，特别是在智能纺织品、消防安全、医疗监测等领域。

9.1.2 温度传感纺织品

温度传感纺织品是指内置了温度传感元件或采用了特殊材料，将纺织技术与温度传感技术相结合，并且能够实时监测和响应温度变化的纺织品，此类纺织品能够感知外界或内部温度的变化，并通过特定的机制将这种变化转化为可测量或可识别的信号。温度传感纺织品不仅保留了传统纺织品的舒适性和耐用性，还具备智能感知和调节温度的功能。

随着材料科学和微纳技术的不断发展，温度传感纤维及纺织品的性能将不断提升，如提高灵敏度、拓宽测温范围、增强耐用性等。同时，随着智能纺织品和可穿戴设备的兴起，温度传感纤维及纺织品的市场需求也将持续增长。未来，温度传感纤维及纺织品有望在更多领域发挥重要作用，为人们的生活带来更多便利和安全。

9.2 温度传感纤维及纺织品的分类

9.2.1 热阻响应型温度传感纤维及纺织品

热阻响应型温度传感纤维是指利用材料电阻随温度变化的特性，通过测量电阻值来反映温度的纤维材料。这类纤维内部通常包含金属、半导体或特殊复合材料等电阻敏感元件，当外界温度发生变化时，这些元件的电阻值会随之改变，从而实现对温度的感知和测量。

热阻响应型温度传感纤维具有较高的温度测量精度，能够准确反映温度的变化。并且由于电阻值的变化与温度变化几乎同步，因此这类纤维具有较快的响应速度。更重要的是，热阻响应型温度传感纤维易于与其他电子元件集成，形成智能化的温度传感系统。

热阻响应型温度传感纤维及纺织品工作原理的具体表现为：

（1）温度变化导致电阻变化。当热阻响应型温度传感纤维及纺织品暴露在待测温度环境时，其内部的电阻体会随着环境温度的变化而发生电阻值的变化。这种变化是由于材料内部的载流子（如电子或空穴）浓度、迁移率等参数随温度变化而引起的。

（2）信号传输与处理。电阻值的变化可以通过专用的电路进行检测和转换，将电阻值的变化转换为电信号（如电压或电流的变化）。电信号可以通过信号处理电路进行放大、滤波等处理，以便后续数据的采集和分析。

（3）温度测量与显示。经过处理的电信号可以与温度建立对应关系，从而实现温度的测量和显示。通过专用的温度显示装置或软件界面，可以直观地看到被测环境的温度值。

热阻响应型温度传感纤维及纺织品能够实时、准确地监测材料所在环境的温度变化，为用户提供即时的温度信息。部分热阻响应型温度传感纤维及纺织品还具备智能调节温度的功能，如根据环境温度的变化自动调整织物的保暖性或透气性。因此热阻响应型温度传感纤维及纺织品在智能穿戴、医疗健康、消防安全、航空航天等领域具有广泛的应用前景。

9.2.2 热电响应型温度传感纤维及纺织品

随着5G等通信技术的迅速发展，各种尺寸的设备能够无缝连接并相互通信。物联网节点的数量已远超人类种群数量。尤其是在个性化医疗保健和通信领域，受皮肤启发的可穿戴电子产品正成为物联网平台的关键组成部分。互连所需的永久耐久性对于实现最佳用户体验至关重要，其中长期存在的需求是实现无须额外电池的自供电电子设备。然而，当前大多数电子设备和物联网节点传感器仍然依赖于有限寿命的电池，这些电池需频繁充电或更换，这不仅增加了成本，还对环境造成了负担。有限寿命的电池限制了这些设备在广泛分布场景中的应用。因此，利用从身体和环境中获取的能量来实现可穿戴电子设备和物联网节点传感器的自我供电已成必然趋势。热电发电器通过收集身体热量或低品位废热转化为电能，具有无移动部件、无移动流体、无噪声、易于维护（或无须维护）和高可靠性等优点，可能是缓解能源供应问题的一个解决方案。

热电响应型温度传感纤维是热电效应与纺织纤维技术相结合的产物。它利用热电材料的特殊性质，在温度变化时产生热电势（即温差电势），通过测量这个热电势来间接反映温度的变化。这种纤维不仅具有传统纺织品的柔韧性和耐用性，还具备了智能感知温度的能力。热电响应型温度传感纤维的工作原理基于热电效应，主要包括塞贝克效应（Seebeck effect）等。当热电材料的两端出现温度差时，材料内部载流子（如电子或空穴）会发生定向移动，从而产生热电势。这个热电势与温度差之间存在一定的关系，通过测量热电势的大小，就可以推算出温度的变化。

热电（TE）材料作为一种特殊的材料，具备热能与电能相互转换的能力。其基础理论建立在热电效应之上。当这类材料受到温度梯度的作用时，便会产生电压或电流。这种现象主要基于3种基本的TE效应：塞贝克效应、帕尔贴效应和汤姆孙效应（图9-1）。

（1）塞贝克效应。热电材料的塞贝克系数（Seebeck系数）是衡量塞贝克效应的重要指标，是用来衡量材料在温度梯度下产生热电效应的关键参数之一。简单来说，它反映了单位温度梯度下材料能够产生的电压与温度差之间的比例关系。通常以热电偶为例，热电偶由两种不同材料的接触形成。在温度梯度下，电子将从一个材料（热端）流向另一个材料（冷端），导致电子浓度和电荷分布不均，最终形成电势差。塞贝克系数用来衡量这种材料产生

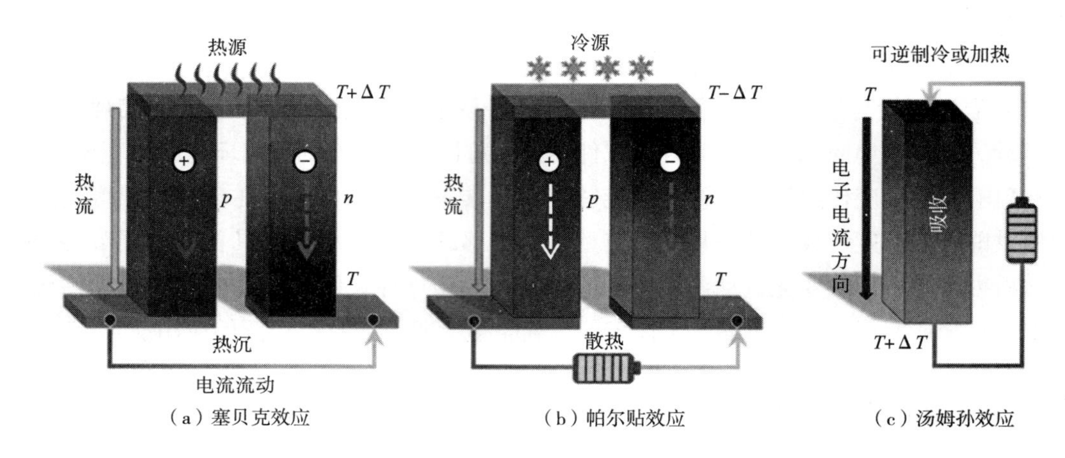

（a）塞贝克效应　（b）帕尔贴效应　（c）汤姆孙效应

图 9-1　热电效应示意图

电压的效率，其大小决定了热电材料的性能优劣。一个理想的 TE 材料应当具有较高的塞贝克系数，这意味着在单位温度梯度下能够产生更大的电压。

（2）帕尔贴效应。TE 材料的帕尔贴效应是指当电流通过两种不同材料的接触界面时，会在该界面产生热量吸收或释放的现象。这种效应与 TE 材料的电流密度和 TE 系数有关。当电流通过不同导电特性的两种热电材料的界面时，电子将穿梭并传递热能，从而在该接触面上释放或吸收热量。具体而言，当电流流经时，一个表面会吸收热量，另一个表面则会释放热量。这个效应与热电材料的电流流向有关，改变电流的方向也将改变热量释放或吸收的方向。

帕尔贴效应可用于热电制冷器或热电加热器的技术中。利用该效应，相关人员可以设计制造出用于温控设备或温度调节的器件，这些器件不仅可应用于温度控制、制冷或加热领域，同时也在热管理和能量转换方面具有潜在的应用价值。尽管目前该效应在实际应用中面临一些技术和制造方面的挑战，但其在改善能源利用效率和热管理方面的应用前景仍然广阔。

（3）汤姆孙效应。热电材料的汤姆孙效应是指当电流通过材料时，材料在温度梯度存在的情况下释放或吸收热量的现象。这一效应通常在电流和温度梯度共同作用下发生，热量的释放或吸收程度取决于材料的特性和条件。当电流通过热电材料时，电子的流动不仅会引起热量的传输，还会在温度梯度区域内产生或吸收热量。换句话说，电子的流动使热量在材料中的传播方式发生改变，导致该材料在电流流动过程中释放或吸收热量。

热电响应型温度传感纤维及纺织品是一种结合了热电效应与纺织技术的创新产品，它利用热电材料的特殊性质实现对温度的智能感知和测量。这类纤维及纺织品具有高精度、快速响应、可穿戴性强和智能化等特点，在智能穿戴、医疗健康、消防安全和工业监测等多个领域具有广泛的应用前景。随着材料科学和纺织技术的不断发展，热电响应型温度传感复合材料的性能将不断提升，应用领域也将进一步拓展。

9.3 温度传感纤维的制备方法

9.3.1 湿法纺丝法

李等以碳化钛（$Ti_3C_2T_x$）MXene与聚氨酯（PU）混合作为纺丝溶液，通过湿法纺丝技术制备可拉伸的n型热电纤维［图9-2（a）］。研究表明，所制备的热电纤维电导率为1.25×10^3S/m，拉伸率为434%，断裂应力为11.8MPa，塞贝克系数为-8.3μV/K。尽管在湿法纺丝溶液中加入了聚氨酯等可纺性好的高分子聚合物来得到可拉伸的热电纤维，但是由于这些高分子聚合物本身是不导电的，在一定程度上限制了热电纤维的热电性能和应用范围。因此，研究人员开始尝试引入导电性好且具有柔韧性的有机材料，以改善热电纤维的性能。常见的聚吡咯、聚苯胺、聚（3,4-乙烯二氧噻吩）等导电聚合物作为替代材料，在未来将会有更广泛的应用前景。许等报道了一种基于PEDOT：PSS/锑（Te）纳米线的有机—无机复合纤维，该纤维具备出色的柔韧性和机械性能，能够轻松地编织或集成到纺织品中［图9-2（b）］。此外，随着Te纳米线含量的增加，Seebeck系数显著提高了480%，但纤维中纳米线的取向受到控制，使得电导率降低了17%。当Te纳米线含量达到50%时，最佳功率因数可达到78.1μW/(m·K^2)。

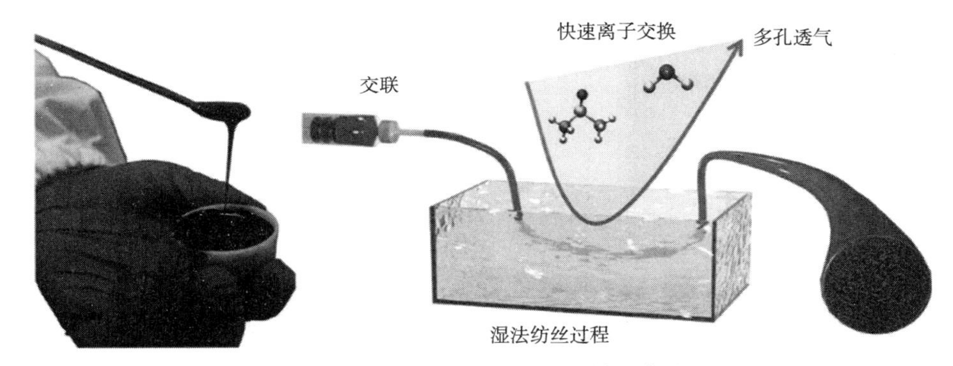

（a）纺丝原液及MXene/PU多孔纤维的制备示意图

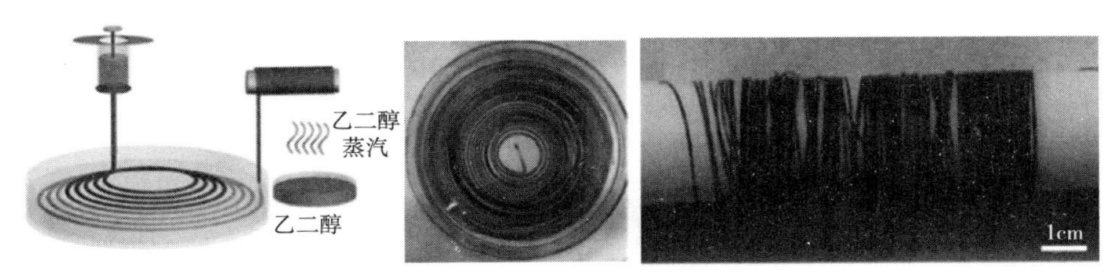

（b）PEDOT：PSS/TeNWs复合纤维的湿法纺丝示意图以及真实纤维展示

图9-2 湿法纺丝法制备温度传感纤维

9.3.2 表面涂覆法

表面涂覆法是制备温度传感纤维材料的重要方法，其在纤维领域的应用取得了显著的进展。许多研究者使用多组分涂层来构建温度传感纤维。通过选择不同的温度传感材料和添加适当的载体材料，可以调控热电性能，实现优异的电导率和热导率的平衡。

吴等首先采用湿捻法制备 CNT 纱线，并分别在其表面刷涂 p 型 PEDOT：PSS 和 n 型聚乙烯亚胺（PEI），制备了 p—n 交替的热电纤维［图 9-3（a）］。经过三次 PEDOT：PSS 刷涂后，p 型段表现出最佳的热电性能，其中电导率提高了 17.5%，塞贝克系数（58μV/K）几乎不变，功率因数从 $529\mu W/(m \cdot K^2)$ 增加至 $667\mu W/(m \cdot K^2)$。此外，与原始纱线相比，热电纱线的导热系数略有降低，有利于提高热电性能。相同尺寸的 p—n 分段 CNT 纱线与原始纱线相比，电阻更低，热电纱线从而获得了更高的导电性。同时，研究人员还测试了不同曲率半径下 p—n 分段纱线的力学稳定性。经过 1000 次弯曲测试后，纱线的表面形貌保持不变，热电纱线的断裂应力约为 630MPa，几乎是弯曲前的 3 倍，这主要归因于弯曲使纱线结构更加紧密。蒋等以棉纱为主要衬底，以 CNTs 为热电材料制备 CNTs 复合纱线。如图 9-3（b）所示，采用简单的两步浸涂和溶液掺杂工艺，以单壁碳纳米管（SWCNTs）

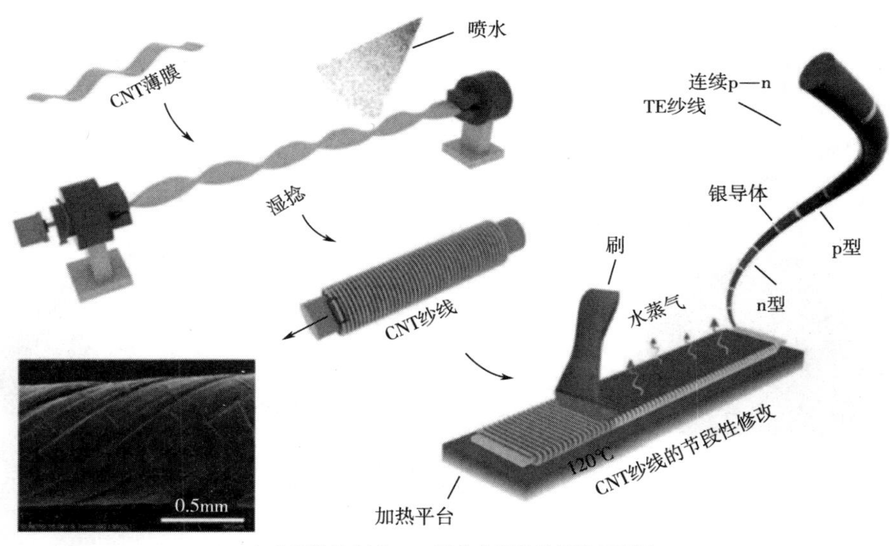

（a）刷涂法制备p—n型热电纤维的制备原理图

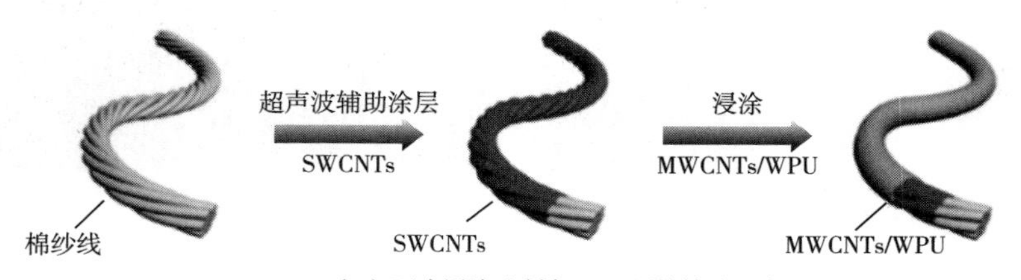

（b）两步浸涂法制备CNTs原始棉纱示意图

图 9-3　表面涂覆法制备温度传感纤维

和多壁碳纳米管（MWCNTs）/水性聚氨酯（WPU）复合材料为热电材料制备了 p 型和 n 型节段结构的热电纱线。通过调整两步浸涂中的成分分散，可以逐步获得优异的热电性能［塞贝克系数≈43.13μV/K，电导率≈10S/cm，功率因数≈2μW/(m·K^2)］。另外，进一步用聚（3,4-乙烯二氧噻吩）、PEDOT：PSS 溶液和 n 型掺杂 PEI 对上述制备的纤维进行交替处理，得到的热电纤维具有高 p 型和 n 型的热电性能，功率因数分别为 4.79μW/(m·K^2) 和 2.09μW/(m·K^2)。

9.3.3 热拉伸法

热拉伸法作为纳米材料制备的关键技术，在温度传感纤维的制备领域发挥着重要作用，并得到了广泛应用。该方法利用高温下热塑性材料的特性，使其在拉伸过程中发生形变，从而制备出具有微纳米级结构的温度传感纤维。目前已经广泛用于制备无机热电材料纤维，如硒化铋（Bi_2Se_3）等。通过高温拉伸过程，形成的纳米级结构有助于提高材料的柔韧性和延展性，使其更适合用于柔性电子器件和可穿戴设备。张等采用热拉伸技术成功地将高性能、本质结晶的无机热电微/纳米线集成到柔性、超长的热电纤维载体中（图 9-4）。通过测试得到的 p 型 $Bi_{0.5}Sb_{1.5}Te_3$ 和 n 型 Bi_2Se_3 纤维的热电性能，结果表明，该纤维在保持与无机块体纤维相同的高热电性能的同时，还具有柔性和超长的特点。

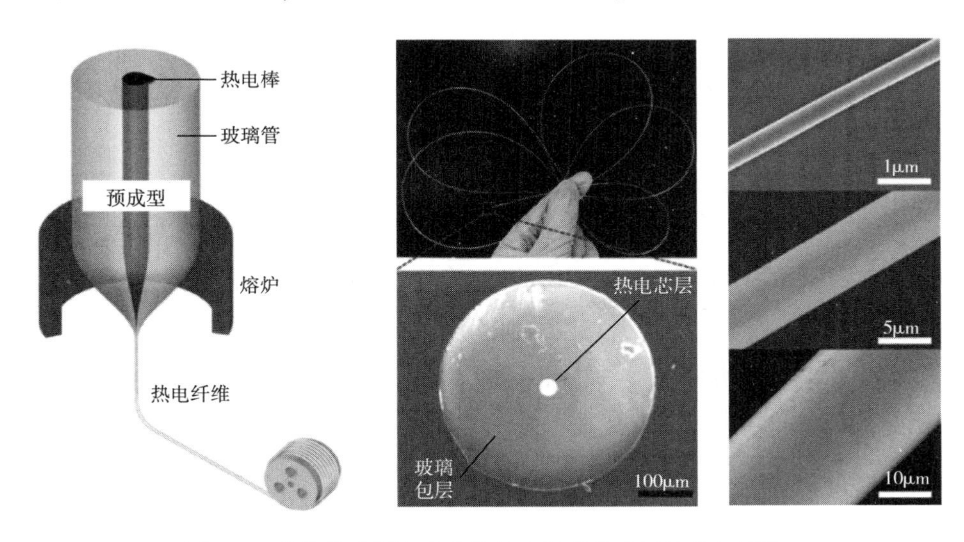

图 9-4　热拉伸法制备直径从纳米级到微米级的热电纤维

9.3.4 静电纺丝法

静电纺丝过程如图 9-5（a）所示，何等提出了一种可大规模生产的凝固浴静电纺丝技术，该技术采用自组装策略制备了热电纳米纤维纱线。通过反渗透和自组装效应，实现了 CNT 和 PEDOT：PSS 在每根纳米纤维上的沉积，最大限度地发挥了聚氨酯（PU）纳米纤维与热电材料的相互作用。研究结果表明，热电纳米纤维纱线具有较高的塞贝克系数（44μV/K）

和出色的拉伸性能（350%）。此外，该纱线表现出良好的机械稳定性，在经过多次弯曲和加捻后仍然保持稳定的热电性能。将纱线缝入织物制成的柔性热电装置固定在手腕上，在室温下可产生 1.1mV 的输出电压。秦等采用静电纺丝法制备了掺杂 Cu 的硫化亚锡纳米纤维，随后采用溶剂热法在 SnS 纳米纤维上实现了 Cu 掺杂的原位生长，形成了复合结构［图 9-5（b）］。这种掺杂策略有效提高了 SnS 热电材料的载流子浓度和载流子迁移率，显著提高了材料的导电性。同时，通过这种同轴纳米结构的原位生长，成功减小了晶粒尺寸，增加了晶界数量，有助于通过晶界散射降低导热系数。研究结果表明，与纯相 SnS 相比，Cu 的掺杂使电导率从 4.11S/cm 提高到 31.57S/cm，复合质量分数为 2% SnS 纳米纤维的室温导热系数从 1.38W/(m·K^2) 降低到 0.64W/(m·K^2)。通过采用掺杂复合纤维的方法，成功提升了 SnS 材料的热电性能。

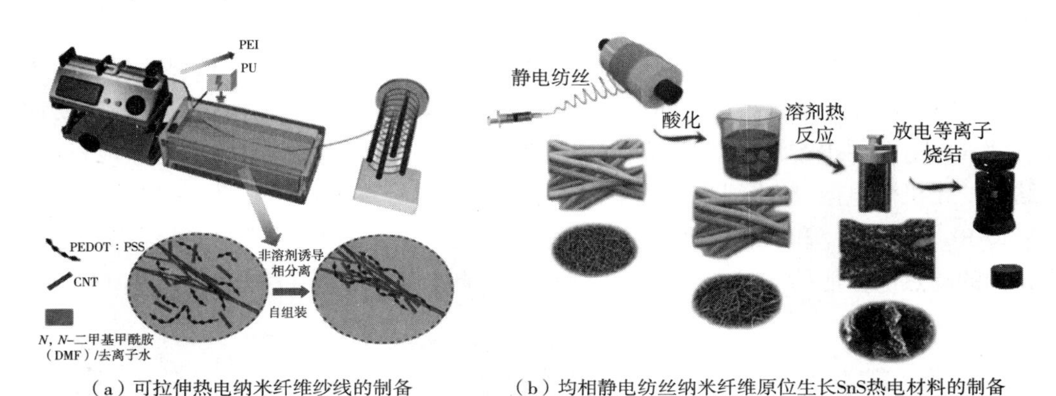

（a）可拉伸热电纳米纤维纱线的制备　（b）均相静电纺丝纳米纤维原位生长SnS热电材料的制备

图 9-5　静电纺丝制备温度传感纤维

9.4　温度传感纤维及纺织品的应用领域

9.4.1　可温度传感的消防服

火灾是一种极具破坏力的突发灾害，对人们的生命和财产安全构成巨大威胁。在应对火灾的过程中，消防服发挥至关重要的作用。消防服的隔热层虽然能够在高温环境下为消防员提供必要的保护，但是经常使得消防员无法准确获取外层的温度信息。一旦消防服的外层受到高温侵害而烧损，将直接威胁到了消防员的安全。因此，开发一种能够实时监测消防服外层温度的可穿戴温度传感器对提高消防员的工作安全性至关重要。

何等基于半导体纳米四氧化三铁（Fe_3O_4NPs）的负温度系数特性，以海藻酸钙（CA）、纳米四氧化三铁和银纳米线（AgNWs）为原材料，通过湿法纺丝、溶胶/凝胶转变、水/醇溶剂交换、冷冻干燥以及喷涂等一系列技术制备了热引发导电气凝胶纤维（TIF—AF），对其进行编织得到电子纺织品（图 9-6）。

Fe_3O_4 NPs 温度响应电阻变化特性赋予电子织物高温预警能力。如图 9-7 所示，电子纺织品在连接报警灯和低压直流电源（21V）时，对高温的检测可快速响应。当电子纺织品暴

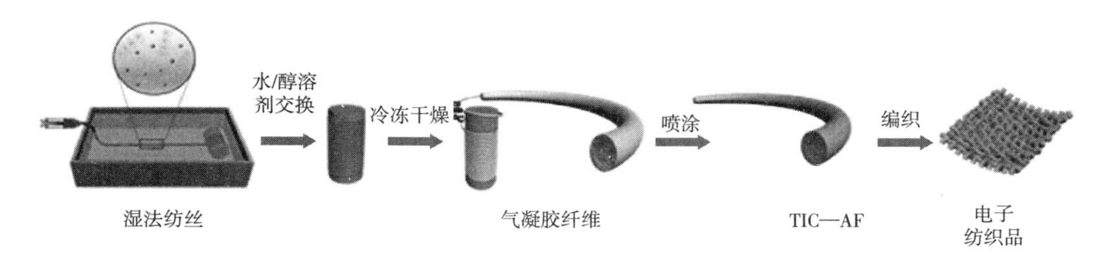

图 9-6　热引发导电气凝胶纤维及电子纺织品的制备过程

露于火灾时，报警灯在 2~3s 内快速触发，电流达到 0.003A 以上，表明电子纺织品暴露于火灾时具有超灵敏的火灾报警响应。将合成的电子纺织品集成到消防防护服中，实现了 100~400℃的大范围温度传感和可重复的火灾报警功能，在极端火灾环境下，可在消防防护服发生故障前及时向穿着者发送报警信号（图 9-8）。

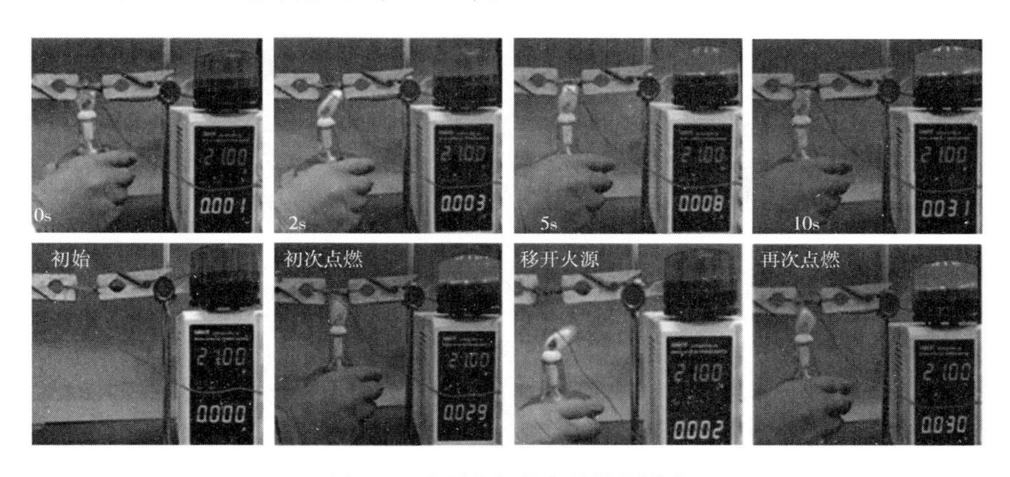

图 9-7　电子纺织品高温报警测试

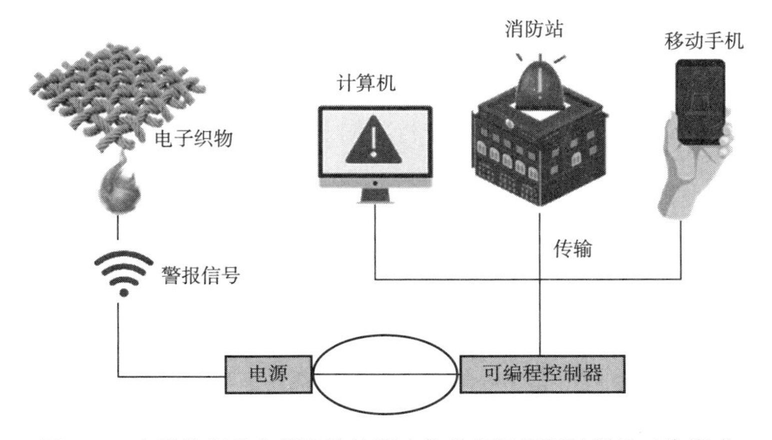

图 9-8　电子纺织品在消防防护服中作为高温报警材料的工作模式

于等为保护消防员在灭火救援过程中不被烧伤，开发了适用于消防服的可穿戴火灾预警纺织品，并赋予消防服高温预警功能，该纺织品对消防员的安全防护意义重大。如图 9-9 所示，研究人员采用连续交替同轴湿法纺丝技术，以 n 型的 MXene 和 p 型的 MXene/羧基化单层碳纳米管（SWCNT—COOH）作为核层，坚韧的芳纶纳米纤维（ANFs）和蒙脱土（MMT）作为壳层，制备了交替的 p—n 串联分段热电气凝胶纤维。高性能 ANFs 壳层在提升 MXene 可纺性的同时，大大增强了 MXene 基纤维的力学性能及环境稳定性。此外，基于其热电输出电压与温度变化之间的线性关系，该热电气凝胶纤维基火灾预警传感器可被集成到消防服装，实现了防护服在 100~400℃ 环境下实时、精准的监测。

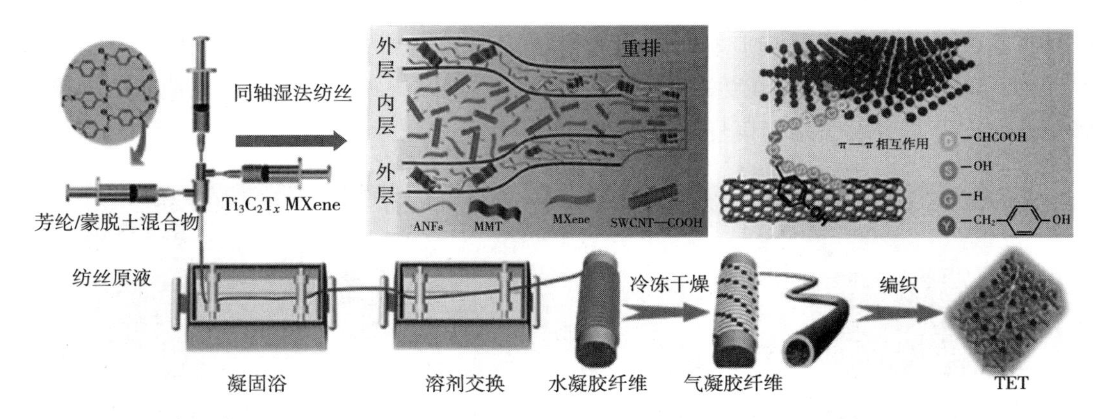

图 9-9 连续交替 p—n 串联分段式热电气凝胶纤维的制备

通过将该热电气凝胶纤维编织到具有一定厚度芳纶织物中，成功构建了含有 50 对 p—n 片段的热电织物（TET）（5cm×4.5cm，厚度为 0.5mm）。首先，该 TET 中 p—n 对的密度为 2.2 对/cm^2，连续 p—n 对交替暴露于冷热面，实现了 p—n 热电单元中载流子的定向流动。其次，结合有限元模拟系统研究了热电织物在温差发电模式下的热电传输机制，并建立了基于热电织物的热路图（图 9-10）。TET 展现了良好的动态表面一致性，如弯曲和折叠，因此可集成到消防服中（图 9-11）。另外，TET 的输出电压与温差具有良好的线性关系，当温差为 400℃时，输出电压为 9.83mV（图 9-12）。基于其电信号与温度变化之间的线性关系，该热电织物在火场环境下可对消防服装的温度进行实时、精准监测，为消防服用自供电火灾预警电子纺织品的设计制备提供了一条新思路。

9.4.2 可视化监测电子设备的电池热安全性

金属离子电池作为储能系统不可缺少的核心部件之一，具有循环寿命长、比容量高、环保等优点，逐渐发展成为储能系统的主导部件。然而，各种金属的活性化学性质在使用不当时容易引发严重的电池热失控。因此，加强高效的热安全保护和预警技术的研发愈发迫切。

作为预警系统的重要组成部分，热响应式柔性传感器确保了对电池温度的准确监测，其

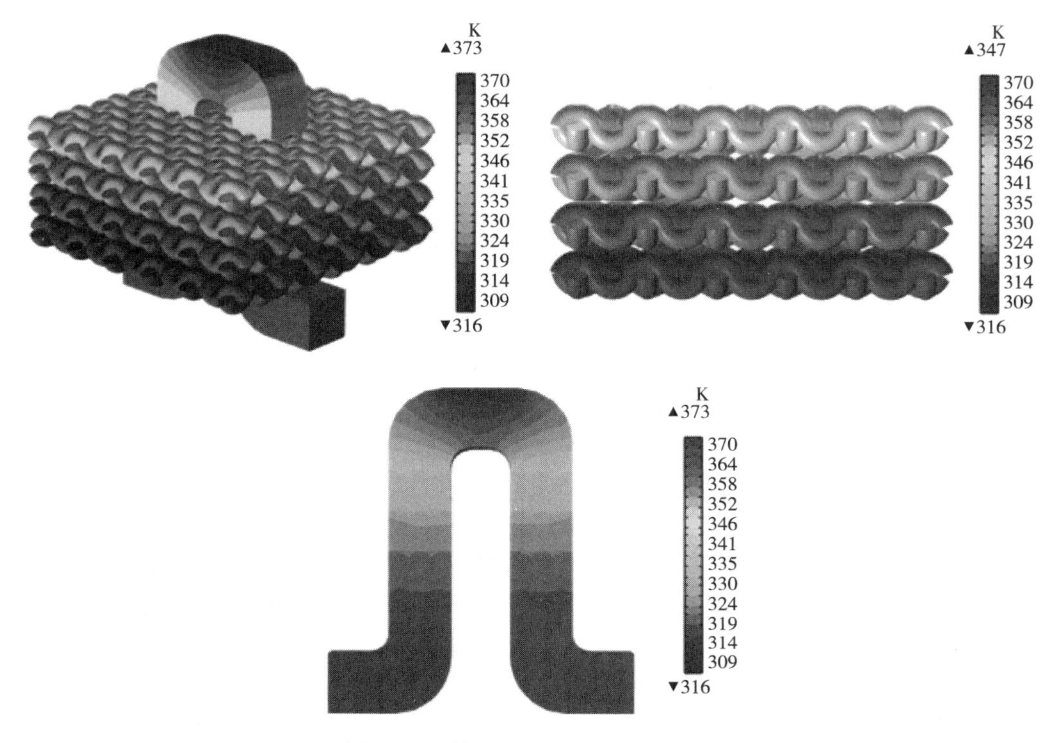

图 9-10　热电织物（TET）热路图

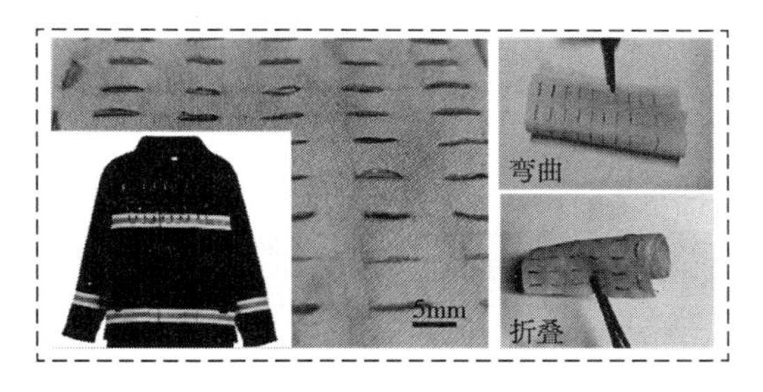

图 9-11　热电织物的柔韧性

中光纤布拉格光栅（FBG）传感器具有优异的稳定性和测量精度，但扩大传感范围在于引入宽带光纤光源。同时，信号去耦比较复杂，随着 FBG 传感器灵敏度的提高，通常需要配备精密的去耦设备，这必然增加了相关成本。相比之下，黄等提出了一种简单的两步合成方法来获得柔性纤维形状的氧化镍（NiO）/碳纳米管（CNTF）纤维复合材料作为温度传感元件(图 9-13)。该温度传感器工作范围广、灵敏度高、可变形性好。基于该传感器，研究人员构建了温度监测预警系统，并将其应用于储能电池和智能手机的温度监测，防止电池热失控或电子设备异常充放电过程引发火灾事故（图 9-14)。

在温度监测和预警系统中，通过设定高温和低温的预定阈值，使用三种不同颜色的 LED 作为高温、常温和低温的指示灯。过热温度范围、正常温度范围和过低温度范围，分别用红

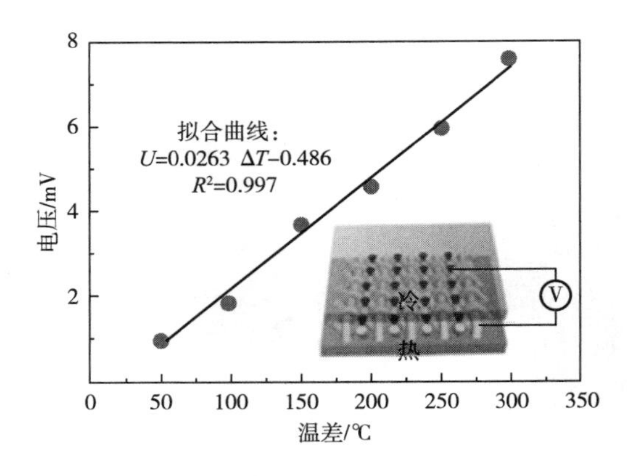

图 9-12 热电织物（TET）传感性能

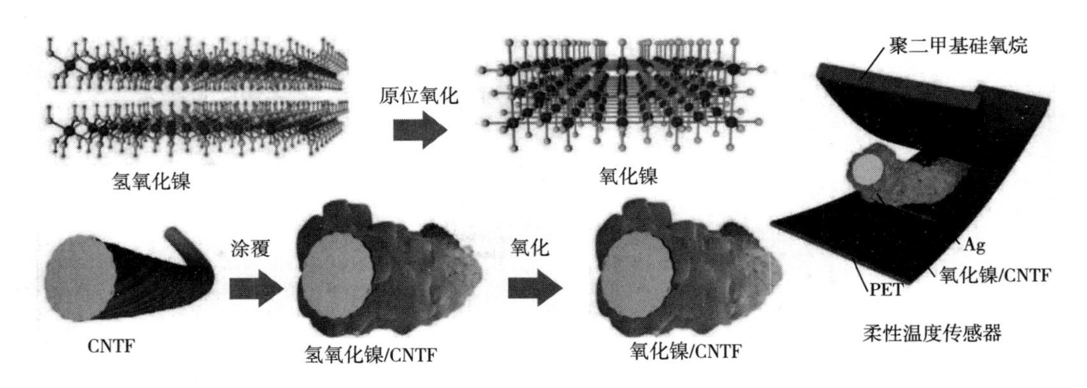

图 9-13 NiO/CNTF 柔性温度传感器的制备

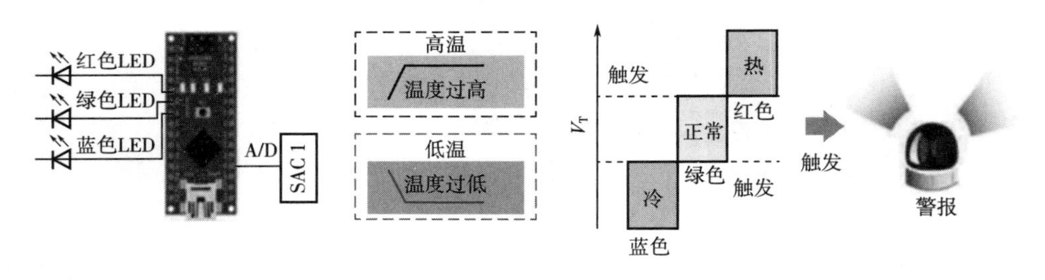

图 9-14 NiO/CNTF 柔性温度传感器阈值设置

色、绿色、蓝色指示灯表示。结果表明，NiO/CNTF 柔性温度传感器可成功应用于温度监测系统。

由于对目标物体的灵敏监测和即时预警，温度监测系统被进一步应用于储能装置的温度管理中。以锂离子聚合物电池为例，NiO/CNTF 柔性温度传感器可以轻松地附着在电池表面，并通过系统实时监测温度，如图 9-15（a）所示。当电池发生热失控时，温度在 1min 内从 23℃迅速升至 59℃，指示灯由绿色变为红色，说明温度监控系统可以检测到电池过热可能引起的火灾隐患。此外，NiO/CNTF 柔性温度传感器还可应用于智能手机等电子设备的温度传感。

电池异常充放电过程引起的智能手机热行为可能导致电池寿命缩短，甚至引发火灾事故。因此，监测智能手机的即时温度变化是非常重要的。如图 9-15（b）所示，将温度传感器安装在智能手机背面，在充电过程中检测并记录传感器的相对电阻和相应的温度。手机在充电时，温度从 25℃上升到 30.7℃，断开连接，随后，温度慢慢恢复到 25℃，表示智能手机逐渐冷却。

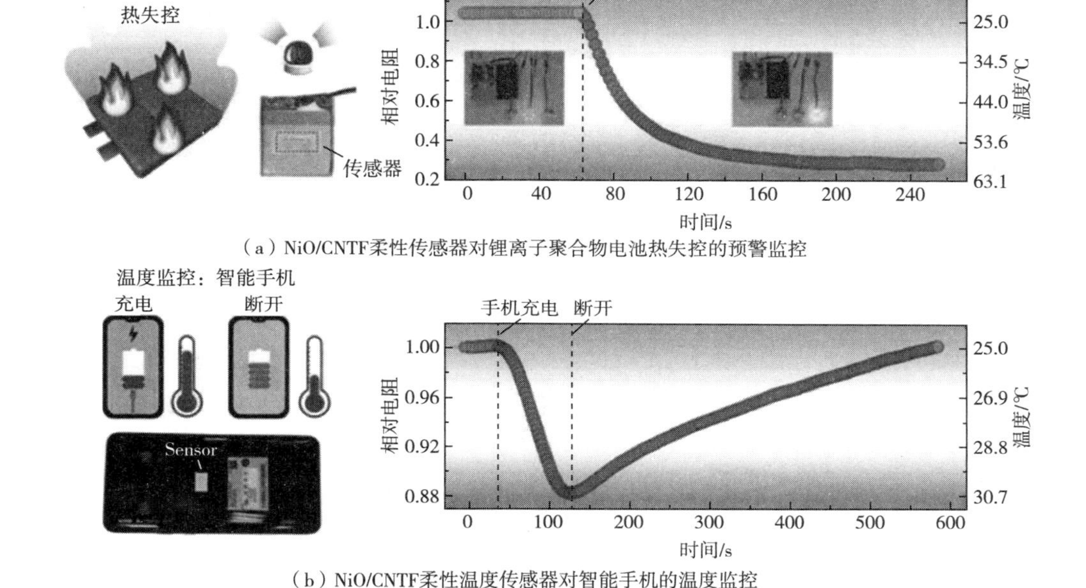

（a）NiO/CNTF柔性传感器对锂离子聚合物电池热失控的预警监控

（b）NiO/CNTF柔性温度传感器对智能手机的温度监控

图 9-15　NiO/CNTF 柔性温度传感器在温度监测和预警系统中的应用

9.4.3　医疗保健体系

随着个性化医疗保健的日益普及，具有连续和实时监测能力的纤维型可穿戴温度传感器在柔性可穿戴电子领域受到广泛关注。尽管纤维型可穿戴温度传感器的研究已经取得了一定的进展，但以往制造方法生产效率低、缺乏物理耐久性和纤维结构稳定性，大大降低了纤维型温度传感器长期连续监测的适用性。

韩国科学技术院朴成俊（Seongjun Park）教授团队开发了基于聚合物纳米复合材料的柔性纤维温度传感器，在 25~45℃的温度范围内电阻变化灵敏（-0.285%/℃），同时具有较快响应和恢复时间，分别为 11.6s 和 14.8s，且耐用性好。该传感器由预制件经过热拉伸工艺（TDP）制造而成（图 9-16），且横截面尺寸可控。预制件由三层不同的材料组成，最内层由具有电阻温度依赖性的还原氧化石墨烯（rGO）和聚乳酸（PLA）组成；中间层是线性低密度聚乙烯（LLDPE），这为纤维温度传感器的机械和化学耐久性提供了柔性保护；最外层则是聚苯乙烯（PS）层，确保预制件能够稳定连续地热拉伸。

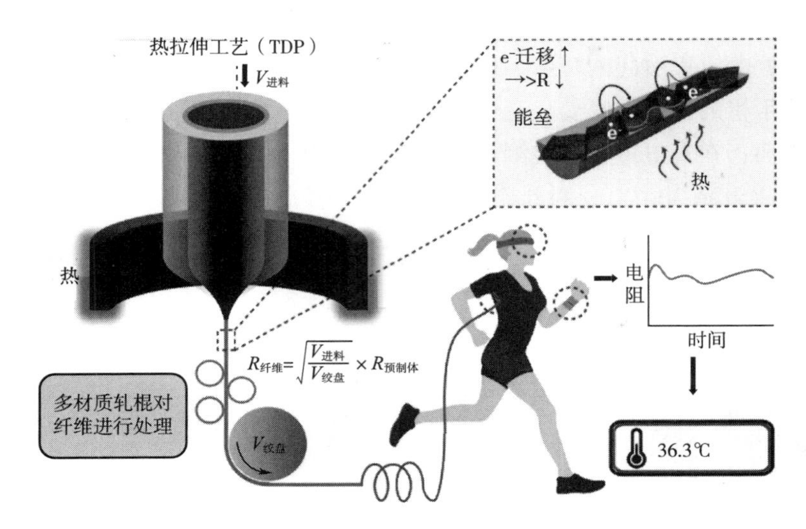

图 9-16　纤维温度传感器的制造过程、温度感应机制

在实际应用情况下，纤维的柔韧性和可调节的直径使其能够编织或缝制到织物上（图 9-17），从而实现对人体日常活动如呼吸、说话、运动等过程中体温变化的实时监测。此外，将纤维温度传感器缝合到手套上后，对热物体或冷物体都能表现出色的温度响应（图 9-18），从而揭示了该纤维温度传感器在可穿戴设备实际应用中的潜力。

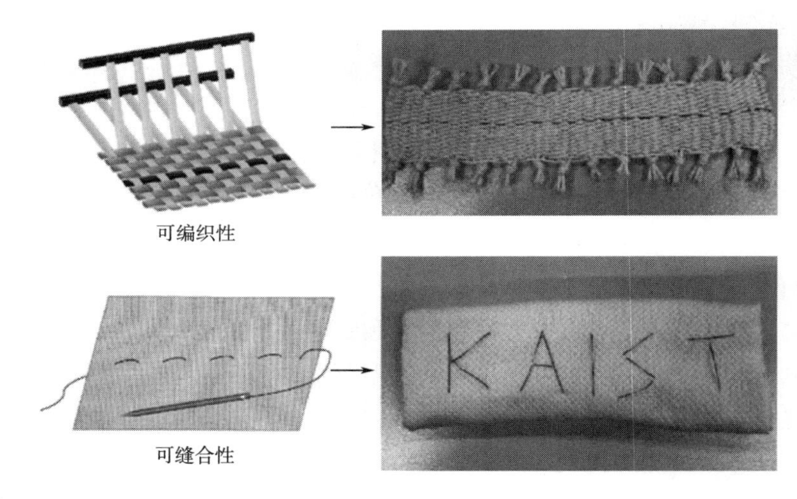

图 9-17　纤维温度传感器编织和缝制到织物实物图

9.4.4　可穿戴设备供能

热电纤维材料可以编织成织物，利用外界环境与人体皮肤之间的温差为穿戴电子设备供能。这种方式不仅环保，还能延长设备的续航时间。与薄膜或块状材料相比，热电纤维的物理尺寸较小，且具有可编织的特性，更适合应用于小型便携或可穿戴的设备，因此引发了广泛的关注。

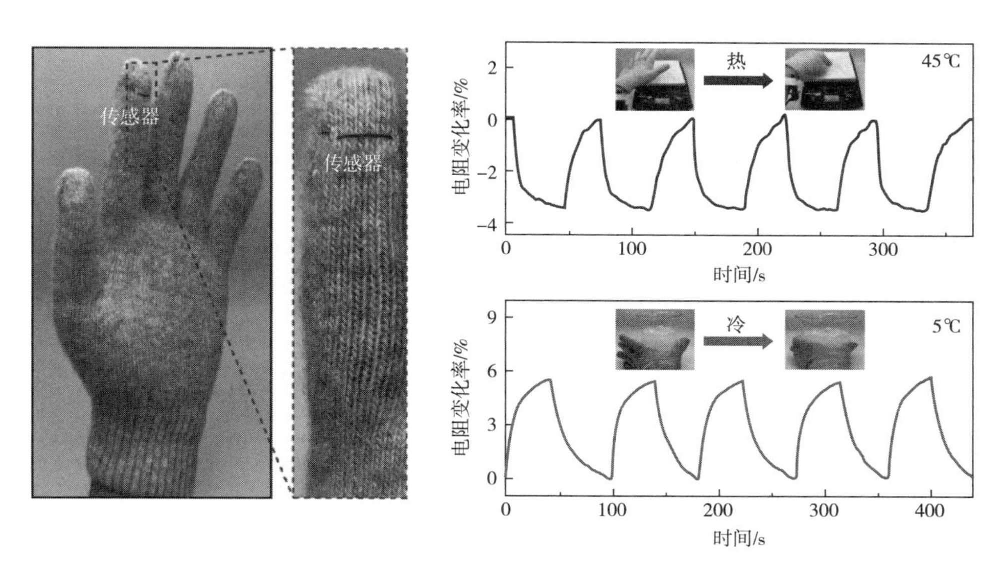

图 9-18 纤维温度传感器的可穿戴应用

同济大学蔡克峰教授课题组通过原位包覆的方式研制了一种表面包覆有 PEDOT：PSS 纳米层的碲（Te）纳米线（PC—TeNWs），并通过连续湿法纺丝和后处理制备了一系列 PEDOT：PSS/PC—TeNWs 复合纤维。Te 纳米线表面 PEDOT：PSS 纳米层的存在，一方面降低了由于表面能太高而产生的团聚现象，另一方面提高了 PC—TeNWs 和 PEDOT：PSS 基质的相容性，使得 PC—TeNWs 在复合纤维中的质量分数高达 70%。PC—TeNWs 的高长径比和纺丝过程中针头内壁的压力使得 PC—TeNWs 沿着复合纤维的轴向较为有序地排列，相邻纳米线之间互相桥接形成通路。由于 PC—TeNWs 的高含量和取向排列，复合纤维的塞贝克系数可以超过 200μV/K，但电导率较低。经 H_2SO_4 和聚乙二醇（PEG）处理后，复合纤维的塞贝克系数为 121.2μV/K，电导率达到了 262.5S/cm，相应的功率因数为 385.39μW/(m · K^2)，如图 9-19 所示。由该复合纤维组装而成的柔性热电发电机也展现出良好的输出性能。

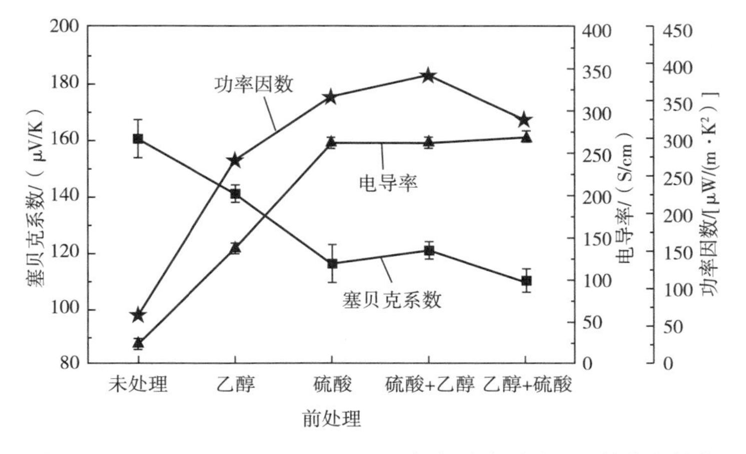

图 9-19 PEDOT：PSS/PC—TeNWs 复合纤维后处理后的热电性能

9.4.5 火灾预警传感器

温度传感纤维具有良好的热敏性和电敏性，可以设计成各种传感器，用于监测温度、湿度等环境参数。将温度传感纤维编织成柔性织物，可以在二维弯曲平面内实现高灵敏性和精确的温度传感。

于等通过湿法纺丝技术将 $Ti_3C_2T_x$ MXene 与银纳米线（AgNWs）引入芳纶纳米纤维中，并在内部构建 AgNWs/MXene 的 3D 导电网络结构，实现了自供电的火灾超前精确预警。该温度传感纤维可编织成织物基柔性传感器，可将外界温度信号转化为电压信号，并根据所产生的电压与温度的线性关系，实现对 100~400℃ 范围内温度的实时监测（图 9-20）。

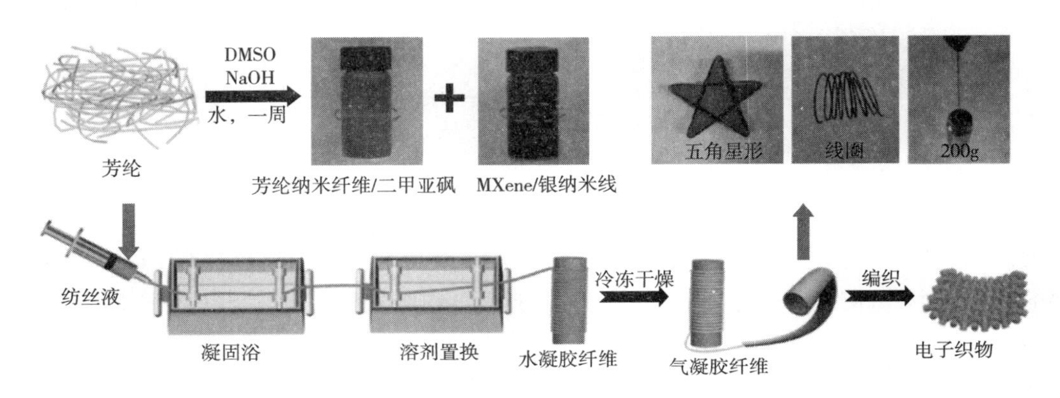

图 9-20 芳纶基热电纤维及自供电火灾预警柔性传感器的制备

基于 2D MXene 纳米片的热电响应特性和高导电性，以及 1D AgNWs 桥接 2D MXene 的互连导电网络协同作用，该热电纤维基火灾预警传感器无须外部电源可实现重复的火灾预警。当电子织物遭受火焰灼烧时，该柔性传感器在 1.6s 内即可触发火灾预警系统。当电子织物第二次暴露于火焰时，受热的传感器依然能够在 2s 内触发预警系统，具有可重复的温度监测能力（图 9-21、图 9-22）。

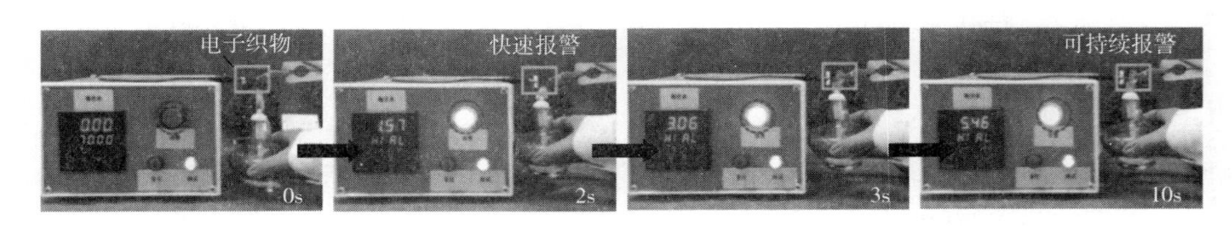

图 9-21 火灾预警传感电子织物火灾预警性能展示

然而，以生物质大分子为基材的热电纤维无源温度传感器，往往缺乏对极端条件的机械适应性，常因多次拉伸和弯曲而损坏或断裂，造成传感再现性降低甚至失效，从而导致器件寿命缩短。目前，自愈合材料为传感纤维从各种形式的损伤中恢复提供了可能，如穿孔、划痕和切片，为增强传感器的稳健性与延长其使用寿命提供了新思路。然而，如何通过合理的纤维分子结构设计及分子水平上内部相互作用的调控，实现同时具备高导电性和优异的自修

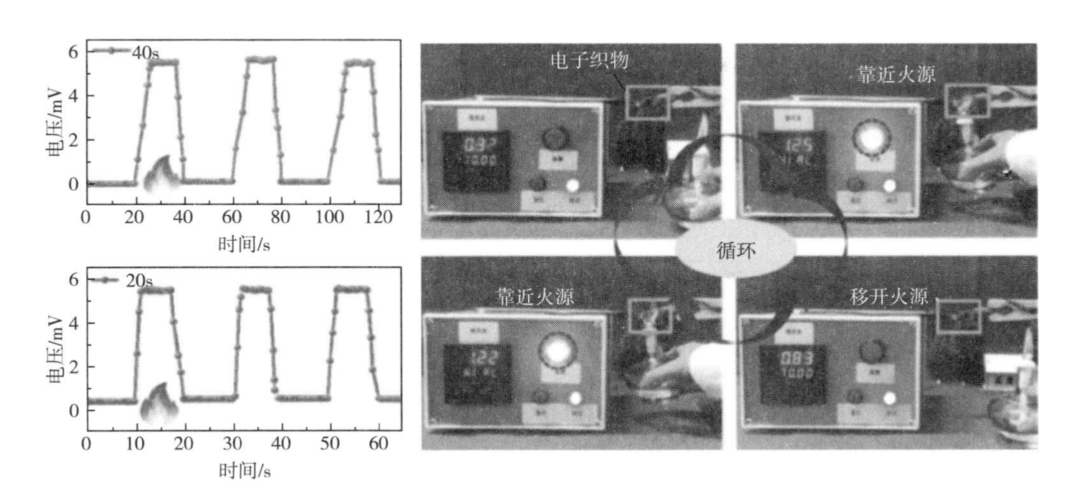

图 9-22 火灾预警传感电子织物可重复火灾预警性能展示

复能力，仍然是一个亟待解决的难题。

为此，何等受生物体自愈合能力的启发，通过在海藻纤维中引入可逆的动态共价键（氢键），制备了一种基于丝胶蛋白（SS）与氧化海藻酸钠（OSA）之间的动态席夫碱反应的自愈合热电气凝胶纤维，通过同轴湿法纺丝策略实现具有灵敏温度传感的芯层和耐用的自愈合壳层（图 9-23）。该自愈合热电纤维在 200~400℃ 温度范围内表现出灵敏的温度传感性能。当暴露在火焰中时，纤维可以在 1.17s 内触发 3.36mV 的火灾报警电压（图 9-24、图 9-25）。当自愈合热电纤维再次遭遇异常高温时，该传感器依然可以表现出可逆的高温报警性能。这项工作为制备基于自愈合热电纤维的自供电高温预警温度传感器开辟了一条新途径，提高了温度传感纤维的可靠性和耐用性。

图 9-23 自愈合热电纤维示意图

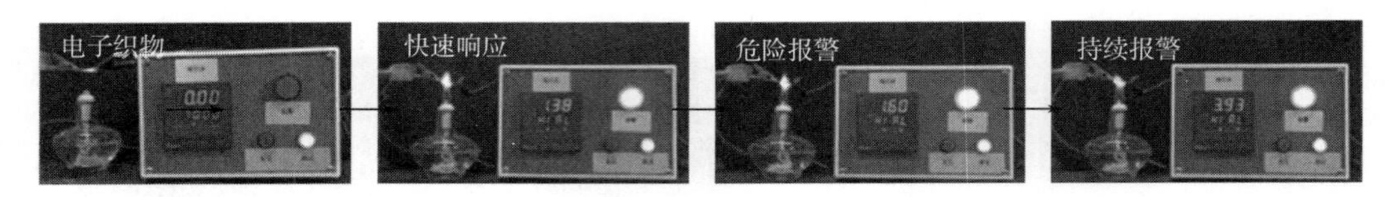

图 9-24　自愈合同轴热电纤维作为柔性高温预警传感器的应用

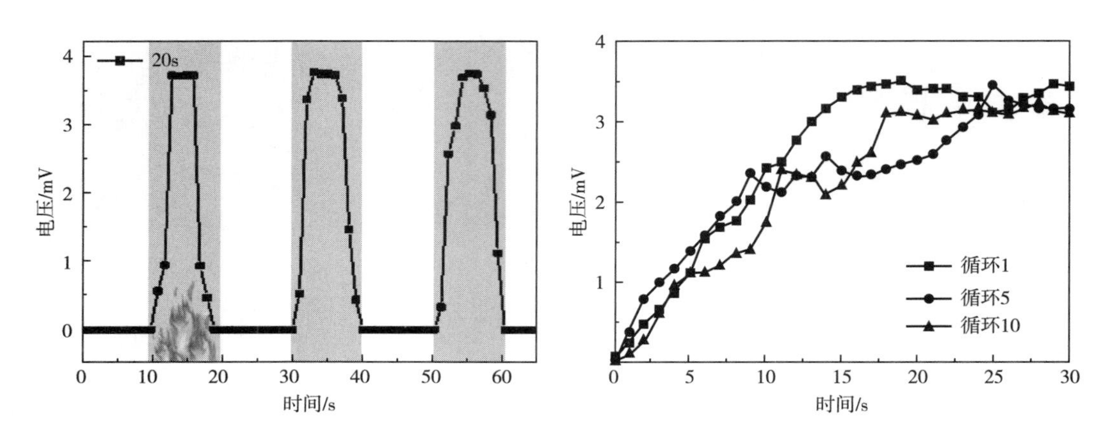

图 9-25　自愈合同轴热电纤维温度传感性能

9.5　总结与展望

温度传感纤维及纺织品的未来充满了无限的可能性。随着科技的不断进步，其测量精度将进一步提高，同时集成更多的智能化功能，如自我诊断、自我校准等，以确保长期测量的准确性和可靠性。同时温度传感纤维及纺织品将更多地采用无线通信技术，如 LoRa、NB-IoT、Zigbee 等低功耗无线通信技术，实现远程监控和控制，提高数据传输的实时性和便捷性。最重要的是，技术的进步将推动传感器小型化和微型化，便于集成到各种纺织品中。

未来温度传感纤维及纺织品将更加注重使用环保材料，以减少对环境的影响。同时，开发可降解、可回收的传感纤维和纺织品将成为重要趋势。采用能量收集技术，如热电发电（TEG）或环境能量收集技术，使温度传感纤维及纺织品能够在没有外部电源的情况下运行，以降低能耗和成本。

温度传感纤维及纺织品未来将与纳米技术、生物技术、信息技术等新材料技术相结合，开发出具有更高性能、更多功能的传感复合材料。与此同时，温度传感纤维及纺织品的研究将涉及材料科学、电子工程、计算机科学等多个学科领域，推动跨学科融合与创新发展。

温度传感纤维及纺织品的未来充满了机遇和挑战。随着技术的不断创新和应用领域的不断拓展，温度传感纤维及纺织品将在智能制造、医疗健康、智能家居等多个领域发挥重要作用，为人类的生活带来更加便捷、舒适和智能的体验。

参考文献

[1] RASHEED A, IMRAN A, ABRAR A, et al. Design and integration of textile-based temperature sensors for smart textile applications[J]. Smart Material Structures, 2024, 33(2): 025012.

[2] ZHAO P F, SONG Y L, XIEP, et al. All-organic smart textile sensor for deep-learning-assisted multimodal sensing [J]. Advanced Functional Materials, 2023, 33(30): 2301816.

[3] LU W D, WU G X, GAN L L, et al. Functional fibers/textiles for smart sensing devices and applications in personal healthcare systems [J]. Analytical Methods, 2024, 16(31): 5372-5390.

[4] TALATAISONG W, ISMAEEL R, BRAMBILLA G. A review of microfiber-based temperature sensors[J]. Sensors, 2018, 18(2): 461.

[5] CAI J Y, DU M J, LI Z L. Flexible temperature sensors constructed with fiber materials[J]. Advanced Materials Technologies, 2022, 7(7): 2101182.

[6] WANG Y B, ZHU M M, WEI X D, et al. A dual-mode electronic skin textile for pressure and temperature sensing [J]. Chemical Engineering Journal, 2021, 425: 130599.

[7] LIU H D, ZHANG H J, REN B, et al. Robust ionics reinforced fiber as implantable sensor for early operando monitoring cell thermal safety of commercial lithium-ion batteries[J]. Nano Letters, 2024, 24(7): 2315-2321.

[8] RYU W M, LEE Y, SON Y, et al. Thermally drawn multi-material fibers based on polymer nanocomposite for continuous temperature sensing[J]. Advanced Fiber Materials, 2023, 5(5): 1712-1724.

[9] 宗毓东, 李鸿冰, 丁其军, 等. 热电发电器件的研究与应用进展 [J]. 中国材料进展, 2023, 42(11): 884-895.

[10] SHI X L, ZOU J, CHEN Z G. Advanced thermoelectric design: From materials and structures to devices[J]. Chemical Reviews, 2020, 120(15): 7399-7515.

[11] PHAM N H, FARAHI N, KAMILA H, et al. Ni and Ag electrodes for magnesium silicide based thermoelectric generators[J]. Materials Today Energy, 2019, 11: 97-105.

[12] XU S D, SHI X L, DARGUSCH M, et al. Conducting polymer-based flexible thermoelectric materials and devices: From mechanisms to applications[J]. Progress in Materials Science, 2021, 121: 100840.

[13] LI X, CAI K F, GAO M Y, et al. Recent advances in flexible thermoelectric films and devices[J]. Nano Energy, 2021, 89: 106309.

[14] ZHANG R, QU M J, WANG H, et al. Sodium alginate based skin-core fibers with profoundly enhanced moisture-electric generation performance and their multifunctionality [J]. Journal of Materials Chemistry A, 2023, 11(7): 3616-3624.

[15] ZHANG C Y, ZHANG Q, ZHANG D, et al. Highly stretchable carbon nanotubes/polymer thermoelectric fibers [J]. Nano Letters, 2021, 21(2): 1047-1055.

[16] 孙敏, 路旭, 袁刚, 等. 微纳热电纤维的研究进展 [J]. 激光与光电子学进展, 2023, 60(13): 1316012.

[17] LI J H, XIA B L, XIAO X, et al. Stretchable thermoelectric fibers with three-dimensional interconnected porous network for low-grade body heat energy harvesting [J]. ACS Nano, 2023, 17(19): 19232-19241.

[18] XU H F, GUO Y, WU B, et al. Highly integrable thermoelectric fiber [J]. ACS Applied Materials & Interfaces, 2020, 12(29): 33297-33304.

[19] LEE T, PARK K T, KU B C, et al. Carbon nanotube fibers with enhanced longitudinal carrier mobility for

high-performance all-carbon thermoelectric generators [J]. Nanoscale,2019,11(36):16919-16927.

[20] SUN T T,ZHOU B Y,ZHENG Q,et al. Stretchable fabric generates electric power from woven thermoelectric fibers [J]. Nature Communications,2020,11(1):572.

[21] ZHANG X F,LI T-T,REN H-T,et al. Flexible and wearable wristband for harvesting human body heat based on coral-like PEDOT:Tos-coated nanofibrous film [J]. Smart Materials and Structures,2021,30(1):015003.

[22] 李斗,徐长江,李旭光,等. La 掺杂 P 型 $Ce_yFe_3CoSb_{12}$ 热电材料及涂层的热电性能 [J]. 金属学报,2023,59(2):237-247.

[23] WU B,WEI W,GUO Y,et al. Stretchable thermoelectric generators with enhanced output by infrared reflection for wearable application [J]. Chemical Engineering Journal,2023,453:139749.

[24] JIANG W K,LI T T,HUSSAIN B,et al. Facile fabrication of cotton-based thermoelectric yarns for the construction of textile generator with high performance in human heat harvesting [J]. Advanced Fiber Materials,2023,5(5):1725-1736.

[25] CHEN M X,WANG Z,ZHANG Q C,et al. Self-powered multifunctional sensing based on super-elastic fibers by soluble-core thermal drawing [J]. Nature Communications,2021,12(1):1416.

[26] MARION J S,GUPTA N,CHEUNG H,et al. Thermally drawn highly conductive fibers with controlled elasticity [J]. Advanced Materials,2022,34(19):2201081.

[27] RYU W M,LEE Y,SON Y,et al. Thermally drawn multi-material fibers based on polymer nanocomposite for continuous temperature sensing [J]. Advanced Fiber Materials,2023,5(5):1712-1724.

[28] ZHOU T Z,CAO C,YUAN S X,et al. Interlocking-governed ultra-strong and highly conductive MXene fibers through fluidics-assisted thermal drawing [J]. Advanced Materials,2023,35(51):2305807.

[29] ZHANG T,LI K W,ZHANG J,et al. High-performance,flexible,and ultralong crystalline thermoelectric fibers [J]. Nano Energy,2017,41:35-42.

[30] JI D X,LIN Y G,GUO X Y,et al. Electrospinning of nanofibres [J]. Nature Reviews Methods Primers,2024,4:1.

[31] HE X Y,SHI J,HAO Y N,et al. Highly stretchable,durable,and breathable thermoelectric fabrics for human body energy harvesting and sensing [J]. Carbon Energy,2022,4(4):621-632.

[32] HE X Y,LI B Y,CAI J X,et al. A waterproof,environment-friendly,multifunctional,and stretchable thermoelectric fabric for continuous self-powered personal health signal collection at high humidity [J]. SusMat,2023,3(5):709-720.

[33] 孙晓萌,孙婷婷,吴鑫,等. 静电纺丝制备 Te 纳米线/PEDOT:PSS 热电薄膜及性能研究 [J]. 中国材料进展,2021,40(7):518-524.

[34] HE X Y,GU J T,HAO Y N,et al. Continuous manufacture of stretchable and integratable thermoelectric nanofiber yarn for human body energy harvesting and self-powered motion detection [J]. Chemical Engineering Journal,2022,450:137937.

[35] QIN Y,XIE M Q,ZHANG Y J,et al. Reduced thermal conductivity and improved ZT of Cu-doped SnS-based bulk thermoelectric materials *via* compositing SnS nano-fiber strategy [J]. Ceramics International,2023,49(22):34481-34489.

[36] HE H L,LIU J R,WANG Y S,et al. An ultralight self-powered fire alarm e-textile based on conductive aerogel fiber with repeatable temperature monitoring performance used in firefighting clothing[J]. ACS Nano,2022,16

(2):2953-2967.

[37] HE H L,QIN Y,ZHU Z Y,et al. Temperature-arousing self-powered fire warning E-textile based on p-n segment coaxial aerogel fibers for active fire protection in firefighting clothing[J]. Nano-Micro Letters,2023,15(1):226.

[38] YANG C,MA H C,YUAN R C,et al. Roll-to-roll prelithiation of lithium-ion battery anodes by transfer printing[J]. Nature Energy,2023,8(7):703-713.

[39] ZHANG J Z,WANG Y N,JIANG B B,et al. Realistic fault detection of li-ion battery via dynamical deep learning[J]. Nature Communications,2023,14:5940.

[40] HU A J,CHEN W,LIF,et al. Nonflammable polyfluorides-anchored quasi-solid electrolytes for ultra-safe anode-free lithium pouch cells without thermal runaway[J]. Advanced Materials,2023,35(51):2304762.

[41] WU Y K,ZENG Z Q,LEI S,et al. Passivating lithiated graphite *via* targeted repair of SEI to inhibit exothermic reactions in early-stage of thermal runaway for safer lithium-ion batteries[J]. Angewandte Chemie International Edition,2023,62(10):e202217774.

[42] HUANG J Q,ALBERO BLANQUER L,BONEFACINO J,et al. operando decoding of chemical and thermal events in commercial Na(Li)-ion cells *via* optical sensors[J]. Nature Energy,2020,5(9):674-683.

[43] LI J J,WANG J H,YANG X,et al. Wet spun composite fiber with an ordered arrangement of PEDOT:PSS-coated Te nanowires for high-performance wearable thermoelectric generator [J]. Advanced Functional Materials,2024,34(41):2404195.

[44] HE H L,QIN Y,LIU J R,et al. A wearable self-powered fire warning e-textile enabled by aramid nanofibers/MXene/silver nanowires aerogel fiber for fire protection used in firefighting clothing[J]. Chemical Engineering Journal,2023,460:141661.

[45] JIANG Q,WAN Y H,QIN Y,et al. Durable and wearable self-powered temperature sensor based on self-healing thermoelectric fiber by coaxial wet spinning strategy for fire safety of firefighting clothing[J]. Advanced Fiber Materials,2024,6(5):1387-1401.

第10章 应变传感纤维及纺织品

10.1 应变传感纤维及纺织品的概念

应变传感纤维及纺织品是一种特殊的纤维和纺织品，通常设计用来检测和响应机械变形，如拉伸、压缩或弯曲。这些纤维和纺织品通常包含导电材料或采用特殊结构，当受到机械变形时，其电阻、电容或其他电学特性会发生变化。这种变化可以被检测并转换为电信号，从而提供关于施加在纤维或纺织品上的力的相关信息。

应变传感纤维通常是通过将导电材料（如金属纳米颗粒、碳纳米管、石墨烯等）与纤维材料（如聚酯、尼龙、棉等）复合，或通过特殊工艺（如静电纺丝、涂层等）来制备。这些导电材料在纤维中形成导电网络，当纤维受到拉伸或压缩时，网络中的导电通路会发生变化，进而改变纤维的电阻。

应变传感纺织品则是由应变传感纤维编织或针织等技术手段获得。这些纺织品可以集成到服装、鞋类或其他可穿戴设备中，用于监测人体的运动、姿态、压力分布等。应变传感纺织品在运动监测、健康监测、人机交互等领域有着广泛的应用前景。

10.2 应变传感纤维及纺织品的制备方法

纤维及纺织品应变传感器是一种新兴的传感技术，可以实时监测和记录纤维及纺织品的应变情况，并将其转化为电信号输出。其中制备方法是其成功应用的关键。应变传感纤维及纺织品可以通过各种方法制造，例如在纤维、纱线或织物上采用涂层技术负载导电材料，或构建导电纤维的特殊结构，也可以通过纺丝技术制备复合纤维或同轴纤维，还可以通过纱线的几何操作（例如屈曲和卷绕和编织）来实现。

10.2.1 涂层技术

涂层是一种常见且高效的纤维及纺织品应变传感器的制备技术，具有简便、快速、可扩展和成本低等优点。

涂层技术是将功能材料或传感材料涂覆在纤维或织物表面，以赋予其应变传感功能的方法，是制造纺织品应变传感器的一种简便方法，可以通过原位聚合、气相聚合、浸渍、喷涂等具体操作来实现。涂层方法可以使织物应变传感器具有高灵敏度和相对较大的传感范围。然而，通过涂层实现高线性度和循环稳定性是具有挑战性的。涂层技术的性能受到涂层材料和涂层过程的影响，因此需要进行优化和控制，以获得最佳性能。在实际应用中，可以根据具体需求选择合适的技术。

纤维及纺织品应变传感器的浸渍处理方法是将功能材料或传感材料通过液体介质均匀地涂覆在纤维或织物表面的过程。首先准备好具有所需性能的功能材料，并将其溶解或分散在适当的溶剂中。随后，将预处理过的纤维或织物浸入含有功能材料的溶液中，使材料充分渗透到纤维的空隙中。浸渍完成后，需要将纤维或织物取出并去除多余的液体，通常通过晾干或使用干燥设备来完成。之后，可能需要通过加热、光照等方式使涂层固化，以确保其稳定性和耐用性。最后，对处理过的纤维或织物进行性能测试，以验证传感器的灵敏度、线性度和循环稳定性。

董凯等采用浸渍处理的方式制备得到了高性能摩擦电纤维应变传感器。首先将有机铁电聚合物（PVDF-TrFE）溶解于 N,N-二甲基甲酰胺（DMF）中，并在 60℃的条件下搅拌 2h 以确保充分混合。混合均匀后，将溶液均匀涂覆在银纱上，随后将其置于通风环境中自然风干。这一过程重复 5 次以形成多层均匀的涂层，从而制备出摩擦电纤维传感器的内芯。待涂层纤维制备完成后，在 120℃的真空环境中对其进行 2h 退火处理，以优化其性能。与此同时，采用紧密且均匀的方式将银线缠绕在聚丙烯管上，并涂覆一层硅橡胶，确保银线得到均匀且有效的封装。随后，取下聚丙烯并将银纳米线插入已经准备好的内芯中，以此形成触点分离所需的适当间隙，这是摩擦电传感器工作原理中非常关键的一步。最终，使用硅橡胶来完成整个封装工艺，确保传感器的结构稳定性和长期使用的可靠性（图 10-1）。通过这一系列精细的操作，成功制备出了高性能的摩擦电纤维应变传感器。在此制备基础上创新性地推出了智能救生衣（SPLJ），开发出全面的系统来监测溺水个体，实现了 100%的识别准确率，彰显了系统的高效和可靠性。

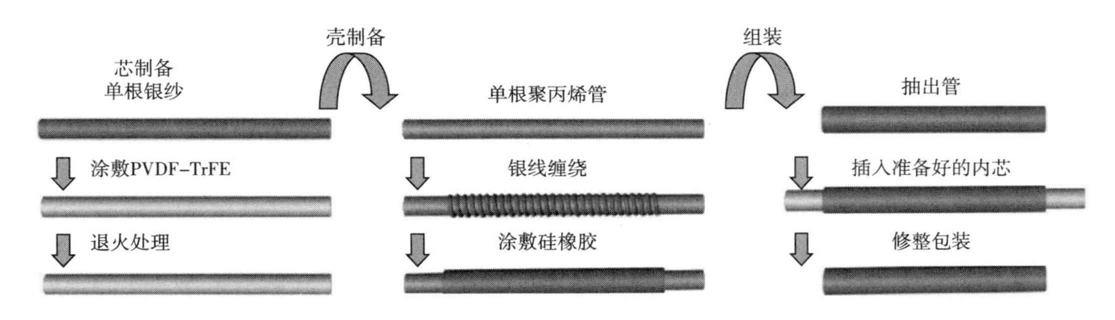

图 10-1　摩擦电纤维传感器的制备过程

此外，喷涂方法作为一种高效、具有良好可扩展性和成本效益的纤维及纺织品应变传感制备技术，为纤维及纺织品的功能化提供了强有力的支持。首先通过优化喷涂浆料的成分，确保喷涂液的黏度和稳定性，以便于实现均匀喷涂。随后使用喷枪或其他喷涂设备将喷涂液均匀地喷涂在纤维及织物表面。喷涂时需要控制喷涂的厚度、均匀性和覆盖面积从而确保传感器的性能。喷涂完成后，需要将纤维或织物放置在适当的环境中进行干燥，确保溶剂挥发，并使导电材料固化在织物表面。喷涂方法可以提高纤维及纺织品应变传感器的性能，为各种应用场景提供可靠和高效的传感解决方案。

李泰民等使用碳纳米材料和压阻材料，成功制备了基于商业纺织品高度耐用的无线柔性应变传感器。首先使用化学改性的碳纳米管（CNTs）悬浮液通过在涤纶（PET）纺织品上喷涂形成 CNTs 包裹层。再涂覆还原氧化石墨烯（rGO）悬浮液，从而为氧化锌纳米线（ZnONW）阵列的生长提供连续的导电网络和平台。之后将混合 CNTs/rGO 基材在 60℃ 下干燥以增强机械强度。此后，使用简单的两步工艺生长出排列良好的氧化锌纳米线阵列：第一步，将 ZnO 纳米晶体喷涂到 CNTs/rGO 涂层 PET 纺织品的表面形成晶种。第二步，将涂覆的基底浸入 90℃ 的水合硝酸锌和六亚甲基四胺的水溶液中来进行水热生长 ZnO。采用喷涂方法能够在大面积在纺织物上形成均匀的 ZnO 纳米线涂层。最后，将传感器与无线发射器连接后性能得到了扩展（图 10-2）。

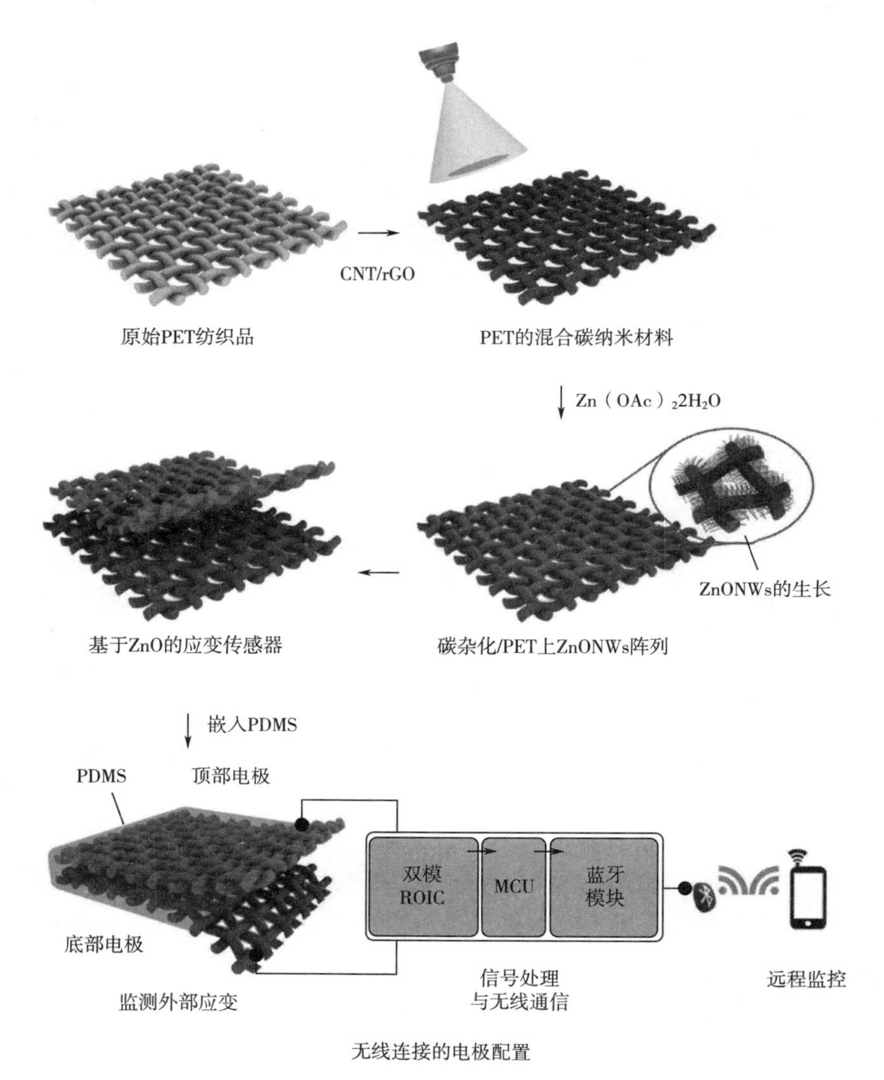

图 10-2　功能性纳米材料对原始 PET 纺织品进行改性以形成具有无线监控系统应变传感器示意图

10.2.2　结构设计和调控

在纺织应变传感器中，涂层技术与结构设计和调控是实现材料的特殊功能的两种不同的方法。涂层技术是在纺织品的表面涂覆一层或多层特殊材料，以改变其原有的性能。这种技术通常使用物理或化学方法将功能性物质直接涂在纤维表面，形成一层保护膜，使纺织品表面具有相应功能效果。然而，涂层可能会随着时间和使用而磨损或脱落，从而降低其性能。

相比之下，结构设计和调控则是通过改变纺织品本身的微观结构或者在材料选择后通过构建不同功能织物结构的来赋予其特定的功能。这种方法涉及对纤维及纺织品形态、排列和空间结构的调整，其特点在于不依赖于额外的涂层，而是通过设计纤维或纺织品的结构来实现功能性。例如，赵等为解决灵敏度和传感范围之间的内在矛盾而提出了一种两步预拉伸策略。研究人员将碳纳米管（CNTs）导电层上的皱裂结构集成到具有中空多孔结构的热塑性聚氨酯（TPU）纤维中（图 10-3）。得益于导电层的协同结构，该纤维应变传感器同步实现了宽传感范围、高灵敏度、低检测限以及令人满意的稳定性和耐用性。可在紫外线（UV）下实时可视化监测应变。该传感器在人体生物信号采集和风向监测等领域表现出良好性能，具有广阔的应用前景。

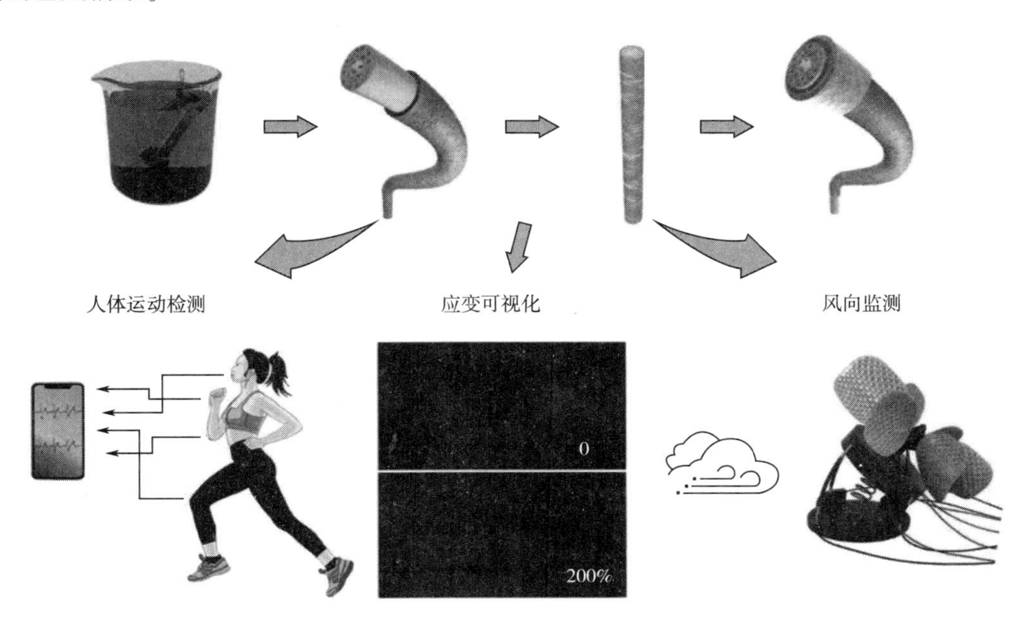

图 10-3　多重微结构纤维状应变传感器制备及应用

王等创新性地提出了一种可拉伸和可清洗的摩擦电纳米发电机（SI-TENG），用于生物力学能量收集和多功能压力传感（图 10-4）。并以类似的方法制作基于 SI-TENG 的 8×8 传感单元的压力传感阵列。SI-TENG 是一种自供电多功能传感器，用于监测人体生理信号，如动脉脉搏和声音振动。此外，智能假手、自供电计步器/速度计、柔性数字键盘、8×8 传感像素的压力传感器阵列等均充分展示了 SI-TENG 的实用性。基于这些优点，这一创新无疑为未来智能设备和健康监测技术开辟了新的可能。

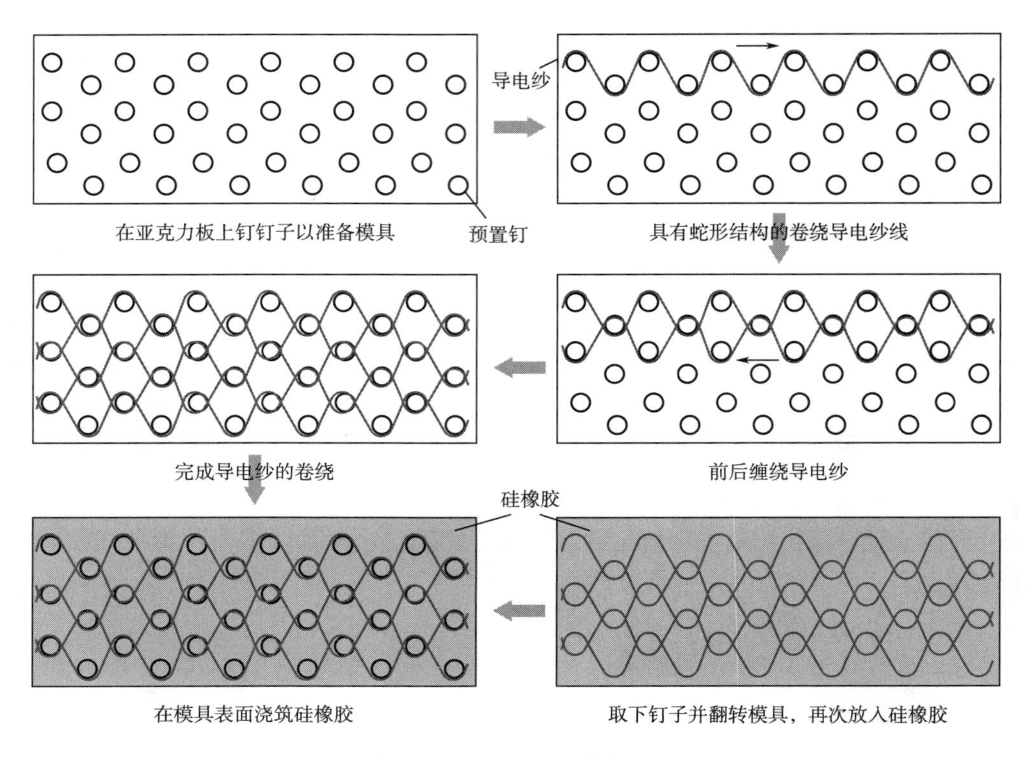

图 10-4　SI-TENG 的制作过程

10.2.3　纺丝技术

纺丝技术是一种精密的材料转化技术，涉及高分子化合物的预处理及其流变学行为。

王等制备了一种基于静电纺丝，具有防紫外线（UV）、自清洁、抗菌和自供电功能的纳米纤维摩擦电纳米发电机（TENG），用于机械能收集和自供电传感（图 10-5）。多功能 TENG 设计有三个功能层：底层为 AgNW/TPU 纳米纤维网络，作为电极；中间层为聚四氟乙烯（PTFE），用以预防电极进水；顶层为 TiO_2@PAN（二氧化钛纳米粒子@聚丙烯腈）纳米纤维膜，用于吸收和保护紫外线。特别是将二氧化钛纳米粒子（TiO_2NPs）添加到微纳米级多孔 PAN 纳米纤维中，通过静电纺丝方法制备得到均匀的 TiO_2@PAN 纳米纤维膜，使 TENG 具有优异的抗紫外线、自清洁和抗菌性能。当膜暴露在阳光下时，400~800nm 波长范围内的可见光可以轻松穿过复合纳米纤维膜。而 TiO_2@PAN 复合薄膜则充当了反射和散射大部分紫外线的屏障层。此外，TiO_2@PAN 薄膜的多孔结构可以增强 TiO_2 半导体性能（如吸收紫外线）将太阳能转化为热能或化学能，使 TENG 具有良好的抗紫外线能力，可以保护人体皮肤免受紫外线的侵害。同时，TiO_2@PAN 纳米纤维还具有光催化降解能力，使 TENG 具有自清洁性能。分散在表层的 TiO_2 受到紫外光激发，导致自由电子（e^-）向导带（CB）移动，并在价带（VB）产生空穴，释放出高能电荷载体并产生自由基，这些自由基可将有机化合物降解成无毒的小分子，如 H_2O 和 CO_2。由于 TiO_2 的高效光催化作用，有机污染物可以被快速降解并从表面去除。因此，由 TiO_2@PAN 纳米纤维构建的 TENG 在自清洁方面具有潜在的应用前景。此外，由于具有微纳米级多孔结构，基于全纳米纤维的 TENG 可以作为自供电计步器来检测和跟踪人体运动行为。

（a）TENG结构和应用机理示意图

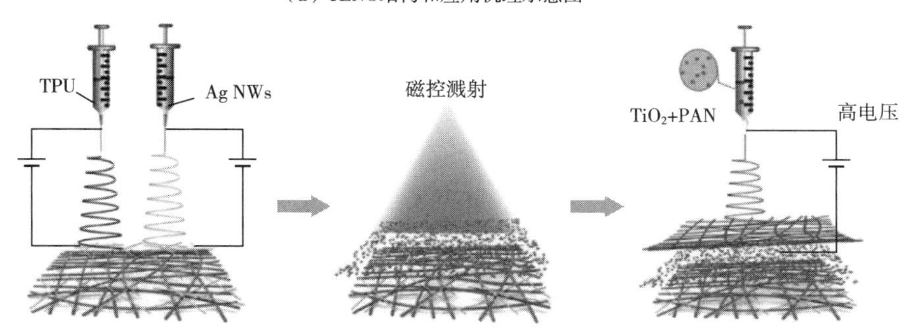

（b）TiO_2@PAN纳米纤维的制备工艺示意图

图 10-5　TENG 结构设计及工作机制

高导电性和可拉伸纤维是可穿戴电子系统的重要组成部分。此类纤维必须具有出色的导电性、拉伸性和耐磨性。然而，现有技术在满足这些设计要求方面仍然有限。因此周等提出通过热塑性弹性体包裹碳纳米管纤维的同轴湿法纺丝技术，获得具有同轴结构的纤维，以制备得到高拉伸和高灵敏度应变传感器，图 10-6 为同轴湿法纺丝及后处理工艺示意。纺丝喷嘴设计有同轴的内通道和外通道，内层纺丝原液质量分数为 2% 单壁碳纳米管/甲基磺酸（SWCNT/CH_3SO_3H），其中 CH_3SO_3H 充当高浓度 SWCNT 的分散剂。二氯甲烷（CH_2Cl_2）溶解热塑性弹性体（TPE）作为外层纺丝溶液，其中 TPE 作为一种电绝缘弹性体，可以保护纤维电极免受短路和环境的影响。在纺丝过程中，将来自内通道的 SWCNT/CH_3SO_3H 溶液和来自外通道的 TPE/CH_2Cl_2 溶液同时引入乙醇凝固浴中，随后成功湿纺并收集单根 TPE 包裹的

SWCNT 同轴纤维，长度超过 5m，显示了该纤维大规模生产的潜力。随后，将纤维浸入丙酮浴中去除 SWCNT 芯中的酸，并用玻片压紧，得到带状同轴纤维。该方法以其显著的简便性和实用性，在工业层面展现出极高的可行性。值得一提，该方法成功地扩展了湿法纺丝技术的适用范围，使难以通过传统工艺处理的导电纳米材料得以高效纺丝，为相关领域的生产和应用开辟了新的途径。

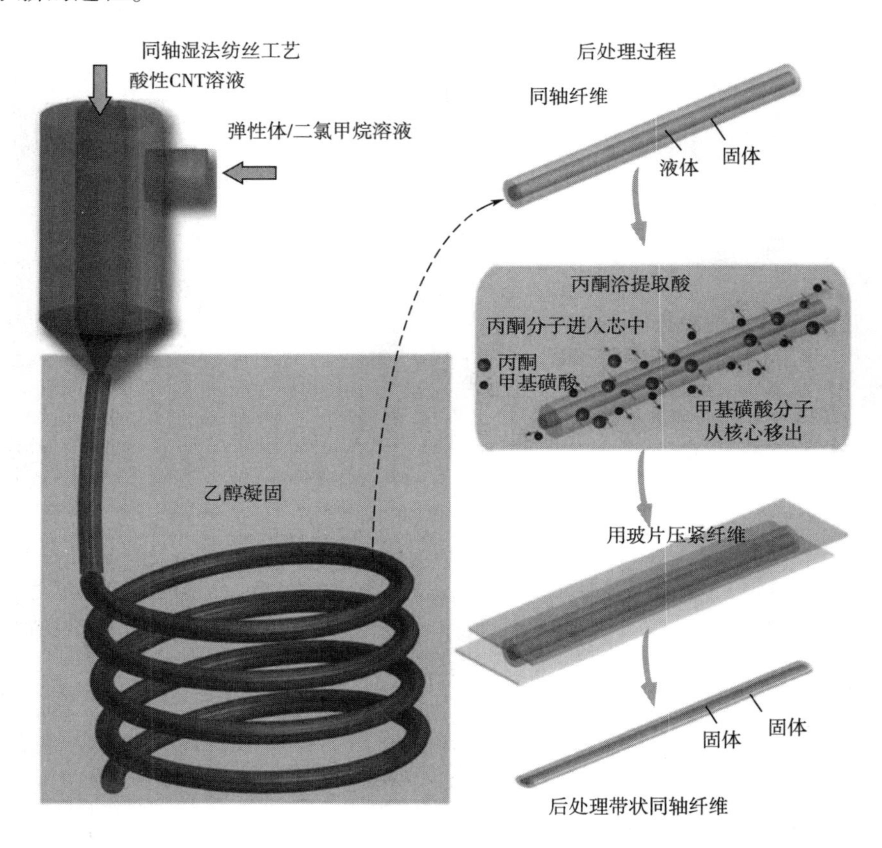

图 10-6　同轴湿法纺丝及后处理工艺示意

10.2.4　编织技术

编织技术是制备应变传感纤维及纺织品的一种方法，通过使用不同的线材和编织方式，可以设计和制造出具有不同特性和功能的应变纺织传感器，为纺织品的应变监测和控制提供有力的支持。

相关研究人员利用三维五向编织（3DB）结构，设计并制备了一种具有高柔韧性、形状适应性、结构完整性、可循环洗涤性和优异机械稳定性的电力和传感的 TENG。该研究选择成本低、易于获取且在工业生产中已经成熟的商业镀银尼龙纱作为电极。由于聚二甲基硅氧烷（PDMS）弹性体具有良好的生物相容性、优异的耐水性、高机械耐久性和强电子倾向性，因此采用 PDMS 弹性体作为介质材料。为了提高纱线电极的导电性和机械鲁棒性，采用了多轴缠绕法。如图 10-7（a）所示，多根导电纱线从相应的锭子上的线轴中抽出，然后在收紧套筒处相互交织。纱锭在底盘上从一个圆盘到另一个圆盘的往复运动有助于纱线的交织。借助顶部卷取装置，多轴卷绕纱线可以不受长度限制连续、均匀地卷绕在辊子上［图 10-7（b）］。多轴缠绕法在电子纺织领域具有重要意义，它提供了一种简便、快速、高效和可扩展的方法来制造具有优异电气和机械性能的功能性纱线。通过 SEM 观察到十轴绕制纱线的表面形态，表明单根纱线沿轴向螺旋前进，并在整个横截面上与其他纱线交织［图 10-7（c）和图 10-7（d）］。在自行研制的三维编织机上，以涂覆 PDMS 的能量纱为编织纱，以八轴缠绕纱为轴向纱，采用四步矩形编织工艺制作了 3DB-TENG。

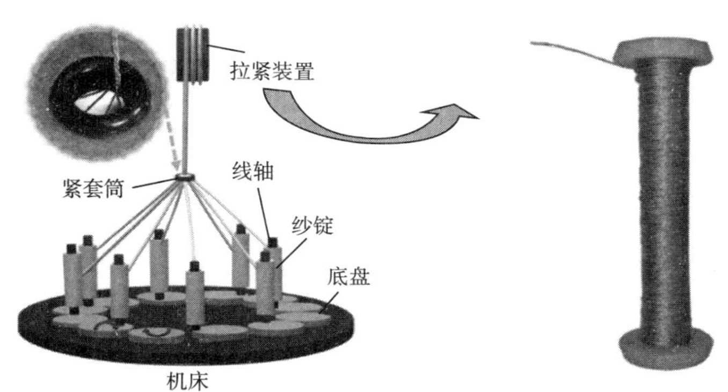

（a）多轴绕纱机的示意图，左上方放大的图片为正在收紧的套筒

（b）用连续多轴卷绕纱缠绕的线轴照片

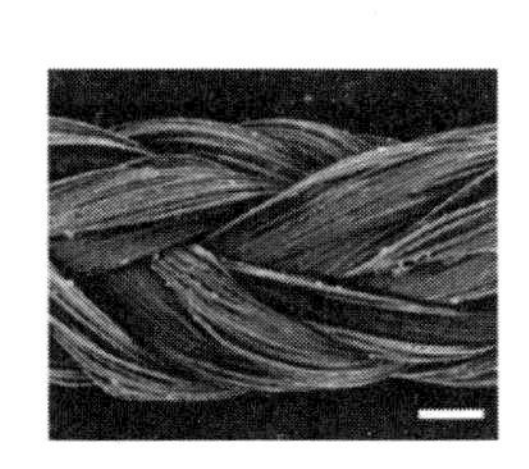

（c）十轴卷绕纱（标尺：200μm）的表面形貌SEM图像

（d）十轴绕线纱线结构图

图 10-7　PDMS 包覆能量纱结构设计及性能分析

另外，吴等利用编织技术开发了一种高集成度、高可扩展性的纺织用导电复合纤维制造方法，有望解决集成化和批量制造工艺的问题。该纤维具有液态合金/硅橡胶芯/壳结构，是通过同时将液态合金和硅橡胶注入同轴针的单独输入端口，并从输出端自动组装而成。具体来讲为液态合金通过喷射泵 A 挤入同轴针的中心通道，同时硅橡胶通过喷射泵 B 挤入同轴针的外通道。通过独立控制液态合金和硅橡胶的挤出速率并保持同步挤压，导电复合纤维可从同轴针的输出端口自动组装［图 10-8（a）和图 10-8（b）］。如图 10-8（c）所示，液态合

金中心电极成功嵌入硅橡胶纤维内，并形成均匀、连续、无孔的液态合金/硅橡胶芯/壳纤维（LCFs）。液态合金中心电极成功嵌入硅橡胶纤维的关键部件是特定的同轴针，它确保了 LCFs 具有芯壳结构［图 10-8（d）］。高度集成的 LCFs 经过缠绕，使其可以像传统纱线一样储存［图 10-8（e）］，也可以经过编织，制备得到不同形状的纺织摩擦纳米发电机（t-TENGs）［图 10-8（f）和图 10-8（g）］。这种基于高度集成 LCFs 可穿戴 t-TENGs 不仅可以收集能量，还可以监测人体运动。

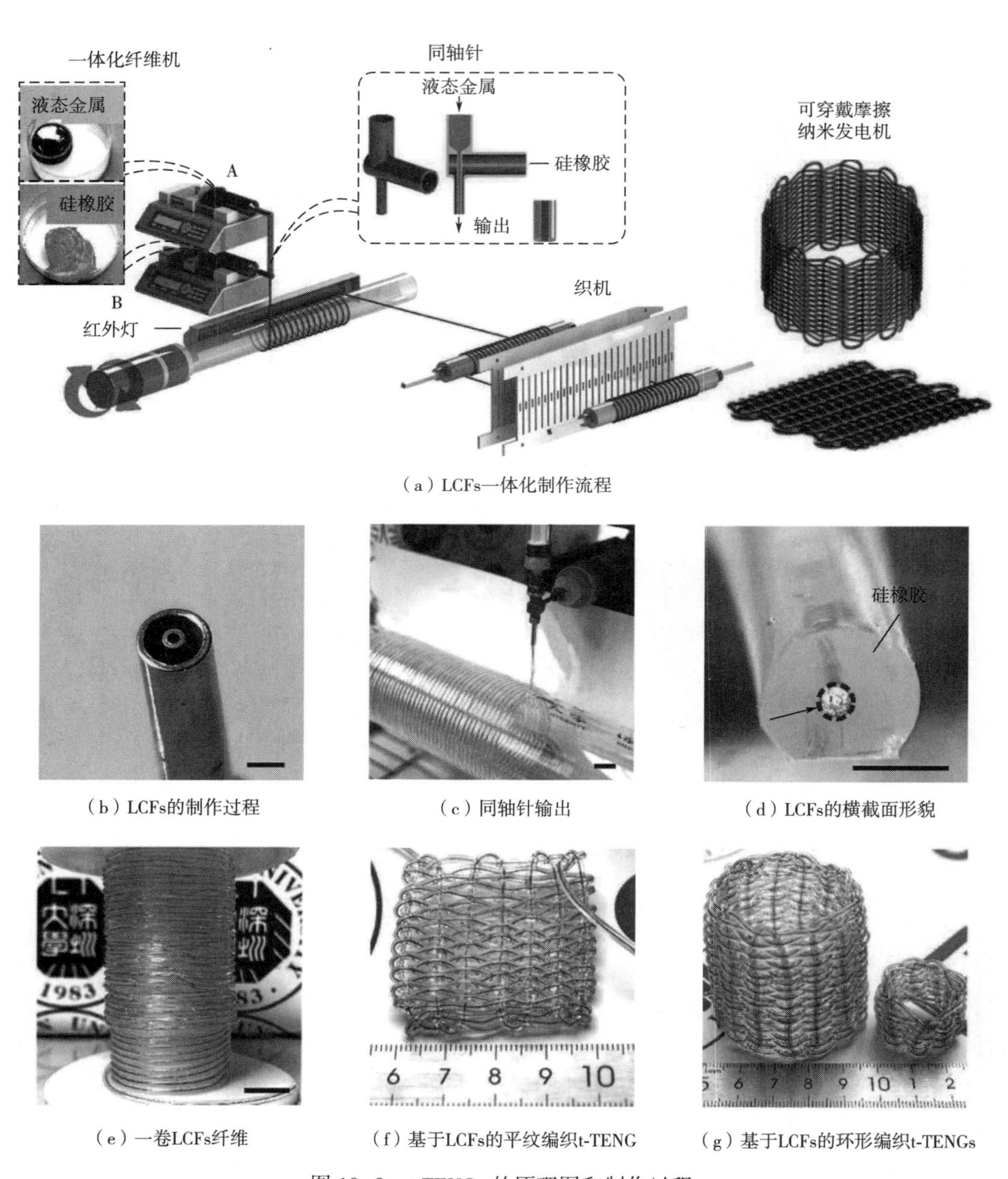

（a）LCFs一体化制作流程

（b）LCFs的制作过程

（c）同轴针输出

（d）LCFs的横截面形貌

（e）一卷LCFs纤维

（f）基于LCFs的平纹编织t-TENG

（g）基于LCFs的环形编织t-TENGs

图 10-8　t-TENGs 的原理图和制作过程

10.3 应变传感纤维及纺织品的应用领域

在现代科技的推动下，应变传感纤维及纺织品已经成为智能材料领域的一颗璀璨明珠。这些材料以其独特的性能，能够在受到外部力量作用时改变其电阻、电容等物理特性，从而实现对力学变形的精确监测。应变传感纤维及纺织品的出现，不仅为传统的纺织行业注入了新的活力，更在医疗健康、运动科学、安全防护、智能穿戴、娱乐设施等多个领域展现出广阔的应用前景。随着技术的不断进步，应变传感纤维及纺织品正逐步融入我们的日常生活，为人们提供更加智能、便捷、安全的生活体验。

10.3.1 医疗保健

近年来，医疗保健领域的快速发展得益于科技的不断进步，尤其是纤维及纺织品应变传感器的创新应用。这些传感器以其独特的柔韧性、轻便性和贴合性，正在悄然改变医疗设备的传统格局。

相关研究人员开发了一种基于全纺织结构的自供电多点身体运动传感网络（SMN）组成的高度集成步态识别系统。如图10-9（a）、（b）所示，具有多个传感节点的SMN分别集成在肘部和膝盖位置。当人体行走时，伴随着肢体的弯曲和摆动，SMN会产生相应的多路电信号，这些信号作为机器学习数据分析的来源。异常病理性步态包括帕金森氏步态（PG）、剪刀步态（SG）、拖把步态（MG）、臀大肌步态（GG）和跨阈步态（CG）。五种常见的病理性步态通常是由神经系统发育迟缓、肌肉萎缩或外部损伤引起的。每个变形步态都有其特殊的姿势和肢体方向，因此每个变形步态具有特定电信号波形［图10-9（c）］。为了实现良好的步态信号分析和准确的分类功能，研究人员将机器学习算法引入步态感知系统，其中，支持向量机（SVM）是一种具有完善数学理论的线性分类和监督学习算法。基于SMN和机器学习算法的步态识别系统的分类准确率高达96.7%，并且具有很强的鲁棒性［图10-9（d）］。对于其他类型的算法，该步态识别系统的所有的识别准确率都超过80%［图10-9（e）］。为了更直观地显示五种步态的肢体差异和信号差异，采用主成分分析（PCA）方法对其进行分析。对于高维非线性数据，PCA可以通过简单的正交变换将样本映射到线性非相关变量。此外，PCA可以将高维的步态数据降维到二维空间［图10-9（f）］，五种步态的降维输出表现为良好的聚类特性［图10-9（g）］。这充分展示了机器学习方案在医学诊断领域的应用前景广阔。

在医疗保健领域，呼吸监测对于早期疾病检测和生理监测至关重要，贯穿于疾病预防、诊断、治疗和康复的各个环节。呼吸监测是疾病诊断的关键手段之一，可以帮助医生识别呼吸系统的异常，如呼吸频率和深度的变化，以及血氧饱和度的波动，这些都是发现潜在疾病如肺炎、哮喘、慢性阻塞性肺疾病等的重要线索。呼吸监测能够提高疾病诊断的准确性，优化治疗方案，保障患者安全，改善患者生活质量，并在公共卫生事件中提供科学的数据支持。

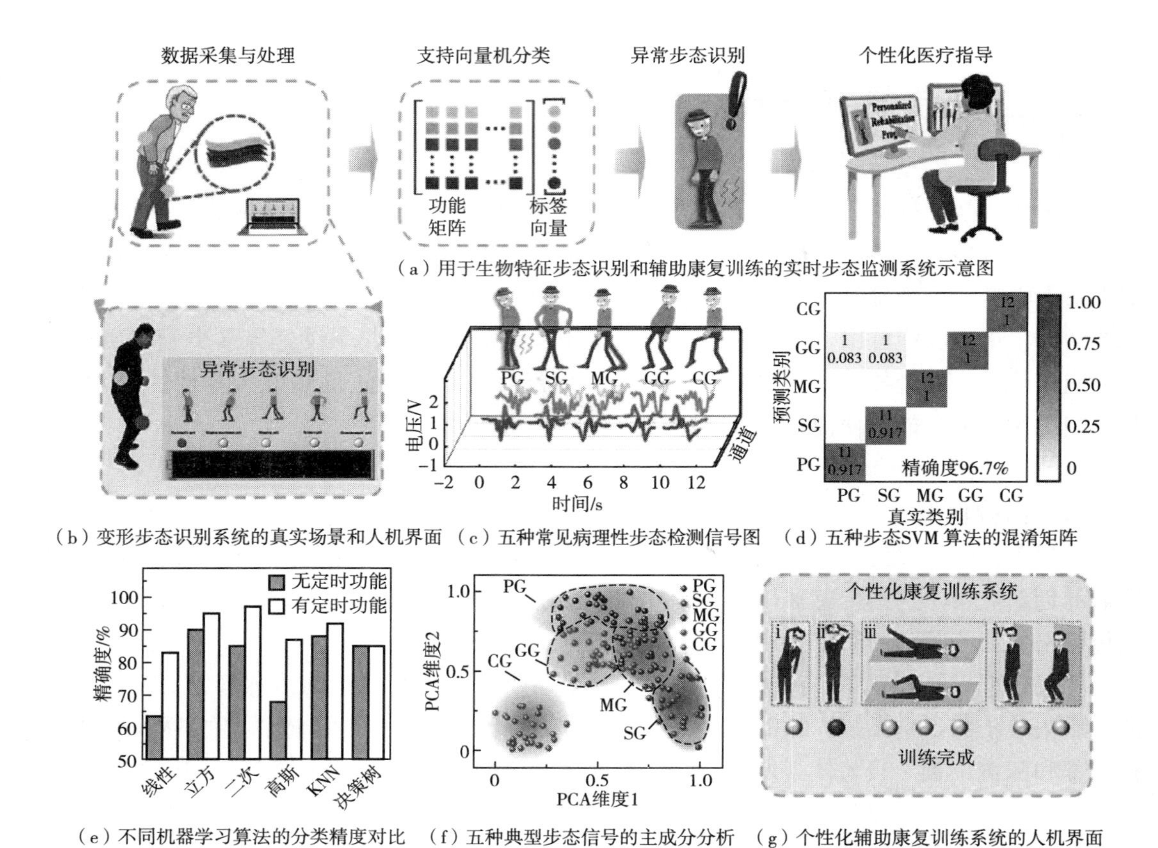

（a）用于生物特征步态识别和辅助康复训练的实时步态监测系统示意图

（b）变形步态识别系统的真实场景和人机界面（c）五种常见病理性步态检测信号图（d）五种步态SVM 算法的混淆矩阵

（e）不同机器学习算法的分类精度对比（f）五种典型步态信号的主成分分析（g）个性化辅助康复训练系统的人机界面

图 10-9 基于 SMN 的高度集成步态识别系统

此外，穿戴式呼吸传感器为实时、无创且舒适地监测人类呼吸行为提供了可能。其中 FVC（用力肺活量）、FEV1（第一秒用力呼气容积）、PEF（呼气峰值流量）等呼吸信息对于呼吸状况评估、疾病诊断和医疗治疗非常重要。FEV1/FVC 值是判断是否有呼吸道疾病的重要依据。

董等开发制备了螺旋纤维应变传感器（HFSS）胸带，并将其固定在腹部上部，用于监测人体呼吸。如图 10-10（a）、（b）所示，吸气时，膈膜收缩并下拉以增加胸腔和腹部的体积，从而拉伸 HFSS 并发出电信号。相反，呼气时膈肌放松，减少胸腔和腹部的体积，从而释放 HFSS，并给出相反的电信号。在此过程中，HFSS 有规律地拉伸和收缩，从而产生连续的电信号［图 10-10（c）］。图 10-10（d）是对应于完整呼吸周期的电信号。图 10-10（e）显示了商用电子肺活量计测量的呼出空气量随时间变化的曲线。图 10-10（f）显示了 HFSS 多次循环下电压随时间的变化曲线，可以看出，五对曲线趋势在整个时域上表现出良好的匹配性。HFSS 的电压与呼出气体量之间的关系如图 10-10（g）所示。正负峰之间的差值表示为 V_{total}，它与 FVC 正相关，FEV1 是与 FVC 正相关的第一秒值与 FVC 正相关值之间的差值。FEV1 对应于第一秒的值与负峰值（V_{1s}）之间的差值。呼气速率为 $V—t$ 曲线的斜率［图 10-10（h）］，PEF 通过最大斜率（S_{max}）表示。FVC、FEV1 和 PEF 可以通过商用电子肺活量计直接测量。如图 10-10（i）~（l）所示，FVC、FEV1、PEF 和 FEV1/FVC 的五个测量值分别与相应的输出电压进行了比较。可以看出，两种方法测得的结果仅存在微小误差。因此，HFSS 可用于评估呼吸，用于疾病预防和医疗诊断。

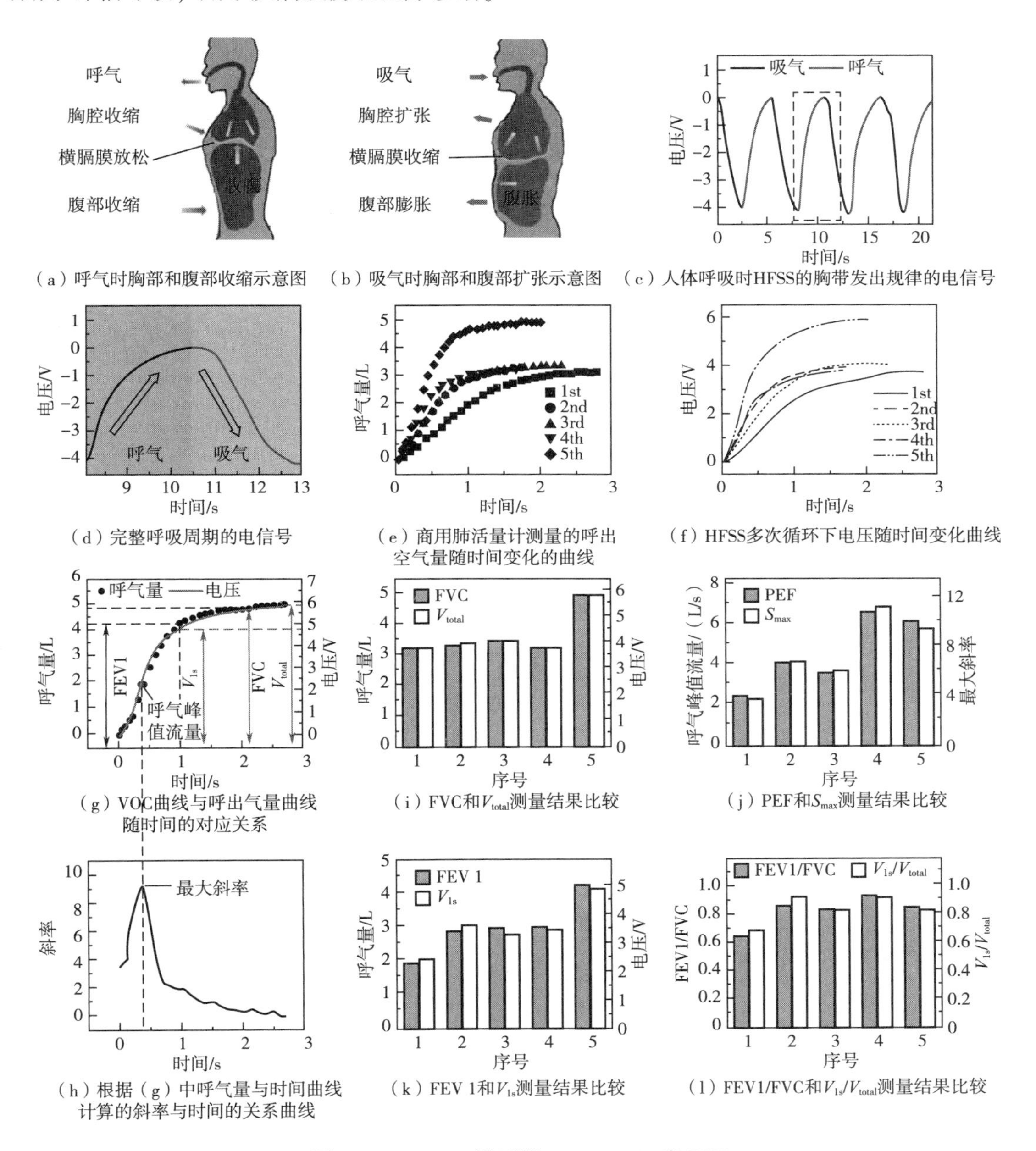

（a）呼气时胸部和腹部收缩示意图（b）吸气时胸部和腹部扩张示意图（c）人体呼吸时HFSS的胸带发出规律的电信号

（d）完整呼吸周期的电信号（e）商用肺活量计测量的呼出空气量随时间变化的曲线（f）HFSS多次循环下电压随时间变化曲线

（g）VOC曲线与呼出气量曲线随时间的对应关系（i）FVC和V_{total}测量结果比较（j）PEF和S_{max}测量结果比较

（h）根据（g）中呼气量与时间曲线计算的斜率与时间的关系曲线（k）FEV 1和V_{1s}测量结果比较（l）FEV1/FVC和V_{1s}/V_{total}测量结果比较

图 10-10　HFSS 用于测 FVC、FEV1 和 PEF

10.3.2　运动科学

智能皮肤和智能纺织品中集成的应变传感器在个性化健康监测和生活方式、健身应用具有重要的意义。这种连续实时的感测技术可以帮助用户了解自身的运动状况，进而做出适当的调整和改进。根据上述需求，相关研究人员针对性地开发了一种具有同轴芯套和内置弹簧状螺旋缠绕结构的高拉伸纱线摩擦电纳米发电机（TENG），用于生物力学能量收集并实现实时人机交互传感。基于两种先进的结构设计，该 TENG 可以用作自计数的跳绳等。该跳绳由三部分组成：手持部分、底部触地部分和中间连接部分［图 10-11（a）］。跳绳的实物图和实际操作状态分别如图 10-11（b）、（c）所示。手持部分要求具有一定的伸长性和良好的机械稳定性，这与所制备的 TENG 纱线的基本性能相吻合。因此，在手持部分放置两个纱线基 TENG 作为手柄。跳绳的计数信号来源于底部触地部分与地面的接触分离运动［图 10-11（d）］。为了增加底部接地段的电输出并提高其机械强度，相关研究人员设计了一种双层结构，即在芯导电丝上涂覆硅橡胶，然后螺旋缠绕外导电纱，最后外封硅橡胶层［图 10-11（a）、（d）］。中间连接部分作为连接介质和支撑，起到传递电信号的作用。由此研制出了一种高灵敏度、柔韧的自计数跳绳。其工作原理为单电极模式 TENG［图 10-11（e）］。所开发的自计数跳绳不仅为未来的自动计数系统提供了更多的选择，还拓宽了自供电人机交互系统的应用领域。

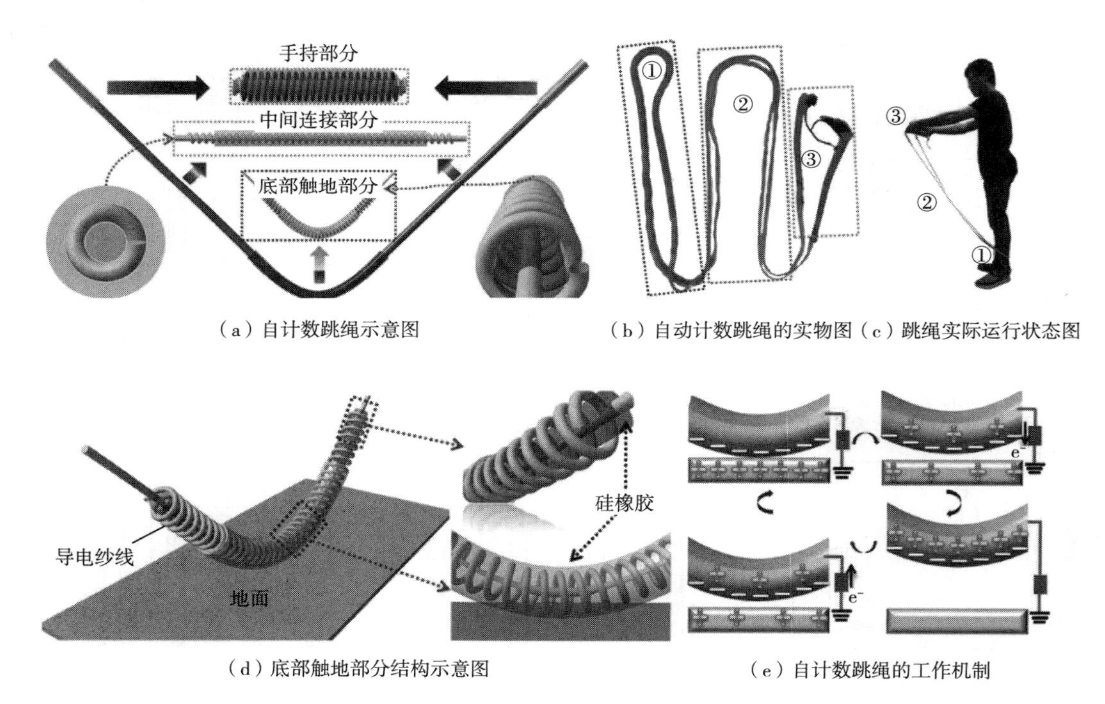

（a）自计数跳绳示意图　（b）自动计数跳绳的实物图（c）跳绳实际运行状态图

（d）底部触地部分结构示意图　（e）自计数跳绳的工作机制

图 10-11　纱线 TENG 作为自计数跳绳的应用

此外，张思妍等提出并制备了一体化可穿戴设备，该设备具有高灵敏度和机械耐久性的可印刷微结构纺织应变传感器。通过简单的印刷工艺，将导电混合物、弹性微珠和导电聚合物组成的复合油墨融入传感器中。为了进行呼吸和运动监测，该团队将珠状混合复合墨水印刷在运动服上，并在其中集成了带有无线传输电路的印刷应变传感器，通过电信号发送信息

[图 10-12（a）]。图 10-12（b）展示了带有呼吸传感器和手臂运动传感器墨水印刷集成的可穿戴用户界面（UI）设备。佩戴集成传感器设备后可观察到实时电阻信号 [图 10-12（c）]。通过 UI 运动服测量不同的呼吸模式（每分钟呼吸 43 次、25 次和 15 次），而带有印刷应变传感器的可穿戴 UI 设备可通过 15 种呼吸模式进行感知，通过电阻变化，能够用于评估个人肺活量 [图 10-12（d）]。此外，当手臂处于弯曲和伸直状态时，阻力信号分别达到波峰和波谷，甚至在行走过程中也能观察到与手臂运动相应的阻力变化信号 [图 10-12（e）]。印刷构建的纺织品应变传感器，有望为智能医疗、物联网以及人机界面的实现开辟道路。

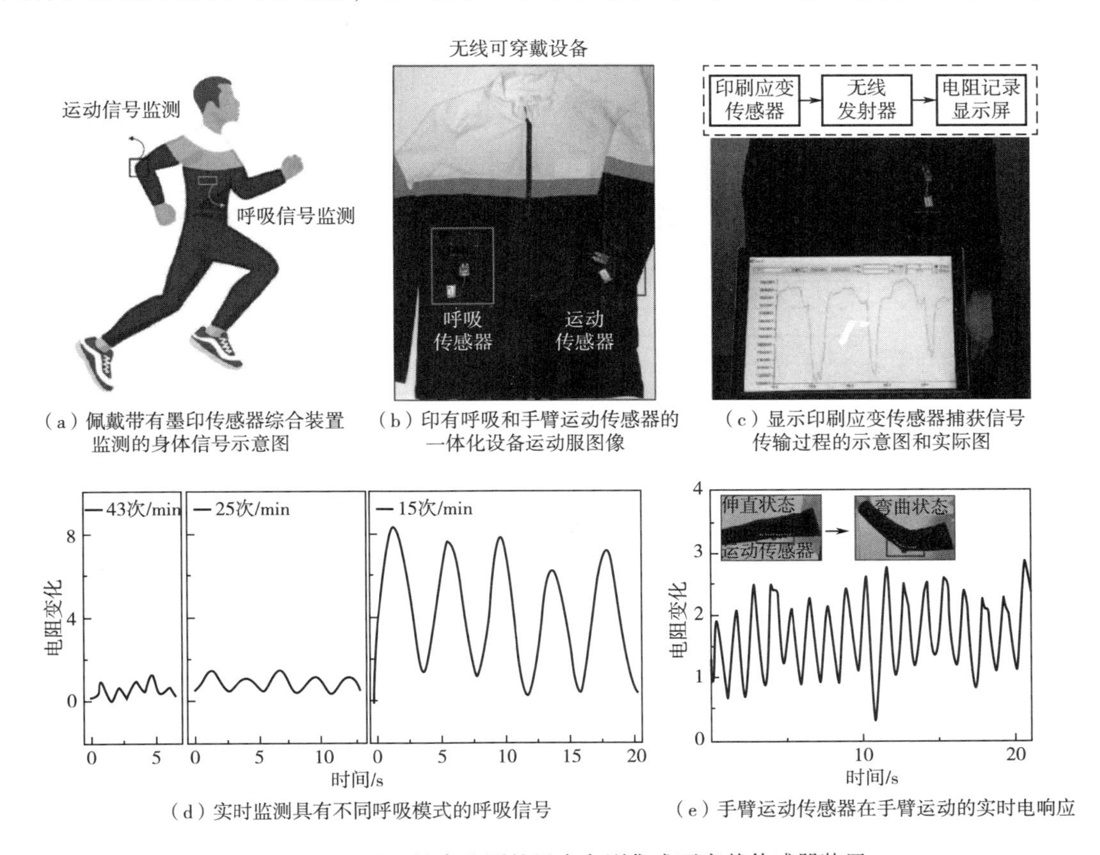

（a）佩戴带有墨印传感器综合装置监测的身体信号示意图
（b）印有呼吸和手臂运动传感器的一体化设备运动服图像
（c）显示印刷应变传感器捕获信号传输过程的示意图和实际图
（d）实时监测具有不同呼吸模式的呼吸信号
（e）手臂运动传感器在手臂运动的实时电响应

图 10-12 用于健康监测的墨水印刷集成可穿戴传感器装置

10.3.3 安全防护

应变传感纤维及纺织品以独特的特点和广泛的应用，正在对多个行业产生影响，能够提高效率、保障安全以及推动科技进步。为顺应并推动科技发展，董等提出了一种基于水下电缆自供电摩擦电动纳米发电机（CS-TENG），该 CS-TENG 可用于水下机械运动/触发的监测，以及海上的搜索和救援。多根水下电缆按经纬方式交织，形成传感器网络。基于 LabVIEW 软件平台，董等设计了与多路信号采集模块相配合的信号微分和处理模块，并用一个小亚克力板来模拟具有一定动量和体积的潜水器 [图 10-13（a）]。改变潜水深度或水平运动所引起的作用点或冲击力的变化，均由水平传感器网络捕获，这种变化将以色块变化的形式直观地呈现出来。水平网络用于感知潜水深度的变化，与垂直网络的工作原理相同［图 10-13（b）］。这种定位方法可实现对潜水器运动方向、下潜深度、速度等信息的监测，比采用并联电缆阵列实现的定位更具体、更准确。在实际作战中，搜救或拦截也会更加精准，有效节省了人力物力。同时为了实现基于 CS-TENG 水下传感器网络在实际过程中的应用，测试中使用模型与实际对象之间的比例如图 10-13（c）所示。信号识别和处理模块采用新算法进行优化，因此自供电传感系统还具有检测物体形状、大小和动量的功能［图 10-13（d）］。结合监测到的形状和尺寸，可以得到水下物体的大致轮廓，这是单根缆索或平行缆索阵列无法实现的。因此，该 CS-TENG 有望为神秘深海区域的逐渐可视化和透明化做出贡献。

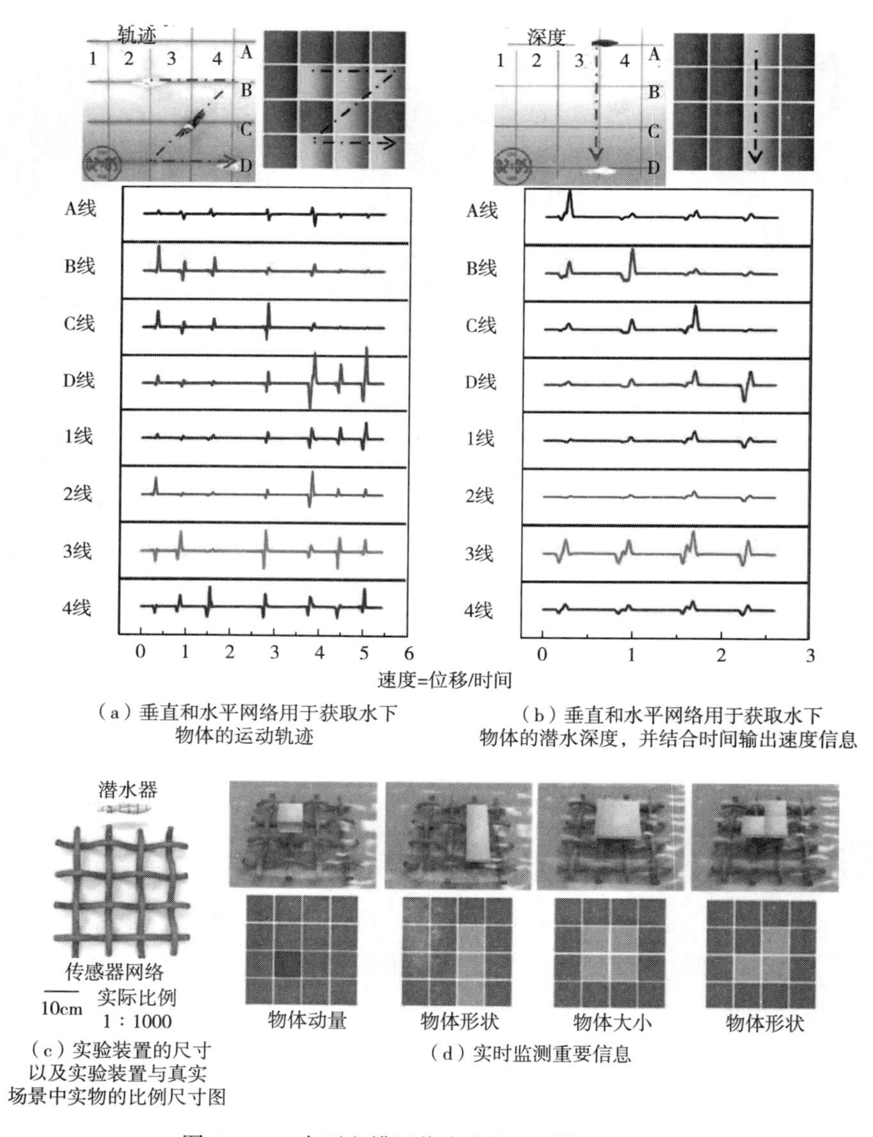

（a）垂直和水平网络用于获取水下物体的运动轨迹

（b）垂直和水平网络用于获取水下物体的潜水深度，并结合时间输出速度信息

（c）实验装置的尺寸以及实验装置与真实场景中实物的比例尺寸图

（d）实时监测重要信息

图 10-13　水下电缆网络定位与多功能监测原理

此外，将柔性和可伸缩纺织品与自供电传感器相结合，为物联网时代的可穿戴功能电子产品和网络安全提供了新的见解。针对网络安全，董等开发了一种夹层结构的高度灵活和自供电织物基摩擦电动纳米发电机（F-TENG），用于生物机械能量收集和实时生物识别验证（图 10-14），通过集成大面积 F-TENG 传感器阵列，制作了一种自供电可穿戴键盘（SPWK），该键盘不仅可以跟踪和记录电生理信号，还可以利用哈尔（Haar）小波识别个体的打字特征。研究发现，即使数字密码暴露，也只有一个特定的匹配用户能够成功进入系统。SPWK 具有生物识别功能，可以动态识别操作用户，防止未经授权的访问。因此，SPWK 在人机交互设备和个人用户识别系统中具有实际应用价值。

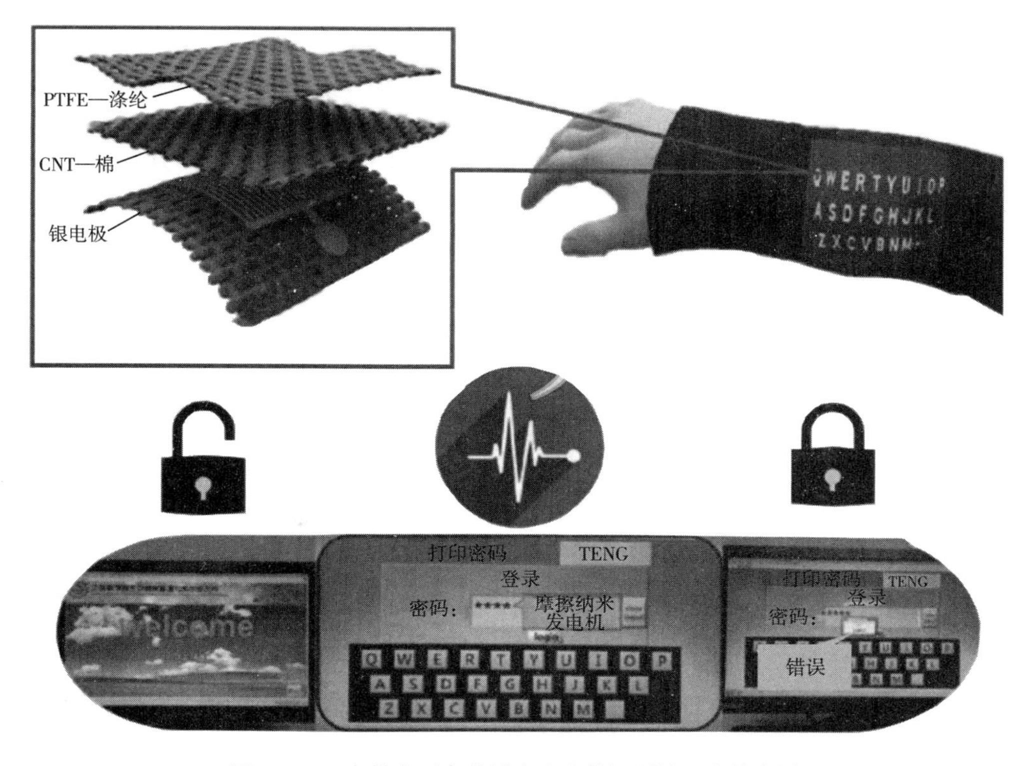

图 10-14　自供电可穿戴键盘在生物识别认证中的应用

10.3.4　智能穿戴

近年来，在智能可穿戴技术的革新浪潮中，纤维及纺织品应变传感器作为关键技术之一，发挥着至关重要的作用。在纺织工艺进步和集成技术发展之下，王等开发了一种大规模制造结构稳定的核壳摩擦电编织纤维的方法，可进一步集成到不同织物结构的动力纺织品中，达到生物力学能量收集或足底压力分布监测的目的。足底压力分布监测在人类疾病诊断、生物力学和步态分析中具有重要作用。例如，足底压力的诊断可以预测糖尿病足溃疡并预测影响足部和脚踝的疾病。将动力纺织品与传统袜子编织在一起，可生产出用于检测足底压力分布的智能袜。图 10-15（a）展示了足底压力测绘系统。整个足底压力测绘系统由三个主要部分组成：智能袜子、信号处理电路和基于 Labview 的计算机程序。站立姿势时袜子底部 16 个单传感传感器单元的输出电压值和足底压力映射分别如图 10-15（b）（Ⅰ）和图 10-15（c）（Ⅰ）所示。此外，测试人员还尝试了单脚站立、踮起脚尖、下蹲、前弓步、侧弓步等五种不同的瑜伽姿势。结果表明，足底压力分布随着瑜伽姿势的变化而出现几种特征模式。单左脚站立时，左脚承受身体大部分重量，足底压力值远高于右脚。对于踮起脚尖的姿势，足底压力集中在前脚区域（传感器 1 和 9），跖骨、中足和脚后跟区域的足底压力降低。下蹲时，双脚的压力分布比较均匀，双脚外侧的压力值减小，双脚内侧的压力值增大。前弓步姿势时，身体重心前移，右脚承受的压力增大，其中右脚前部压力最大，此时，左脚前部与地面接触但压力较小，左脚的其余部分不与地面接触。在侧弓步姿势中，重心将转移到左侧并增加左脚的压力，右脚压力减小，右脚前部压力变化不大，脚跟和足弓区压力最低。5 个姿势的输出电压值和足底压力映射分别如图 10-15（b）（Ⅱ）~（Ⅵ）和图 10-15（c）（Ⅱ）~（Ⅵ）所示。因此，智能袜具有高度灵敏性，可以轻松检测身体不同姿势下足部压力的映射分布，为可穿戴智能运动提供了有趣的应用场景。

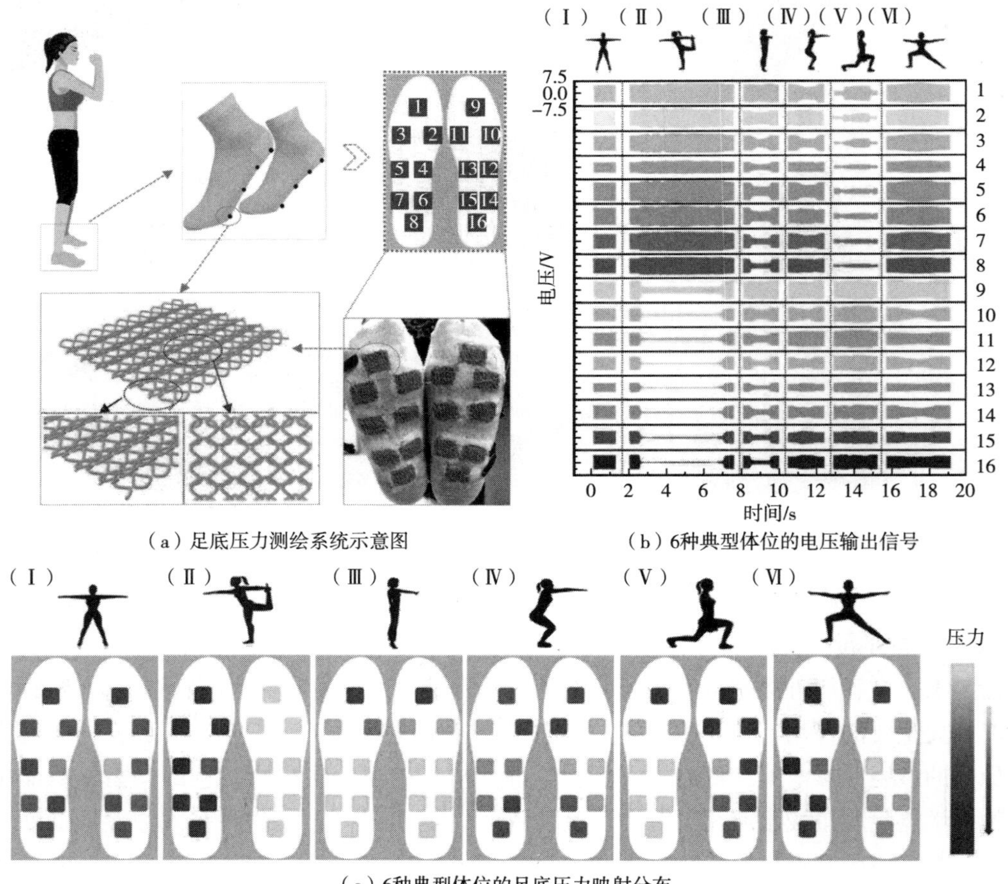

（a）足底压力测绘系统示意图

（b）6种典型体位的电压输出信号

（c）6种典型体位的足底压力映射分布

图 10-15　不同姿势的足底压力测绘系统

此外，金化钟等报告了一种在原位成形过程中使用无害材料制造的纤维应变传感器。基于纤维应变传感器的智能纺织品可以通过测量人体关节产生的应变来实时监测简单的身体运动。通过将传感器缝在衣服的肘部、手套和弹性护膝上，可以有效地集成纤维应变传感器［图 10-16（a）］。肘部装有纤维应变传感器的服装通过电阻响应稳定地检测到手臂的重复弯曲运动［图 10-16（b）］。此外，集成在手套中的纤维应变传感器可以根据电阻响应成功区分手指的不同弯曲角度［图 10-16（c）］。此外，手套中的纤维应变传感器还对手指在每个弯曲角度内的重复弯曲运动表现出稳定的响应，证明了传感器的稳定性。与运动感应手套类似，通过集成纤维应变传感器，还开发了一种可以连续监测膝盖弯曲和伸展运动的智能护膝。由于纤维传感器高稳定性，智能护膝可根据用户的行走和跑步表现出清晰稳定的响应［图 10-16（d）］。另外该团队还展示了一种用于运动或康复应用的姿势辅助智能纺织品［图 10-16（e）］。在深蹲期间，通过无线测量护膝中纤维传感器的电阻从而监测运动过程中膝关节的弯曲情况。在深蹲的下降阶段，膝关节弯曲导致束带膝盖部分的应变增大，其纤维

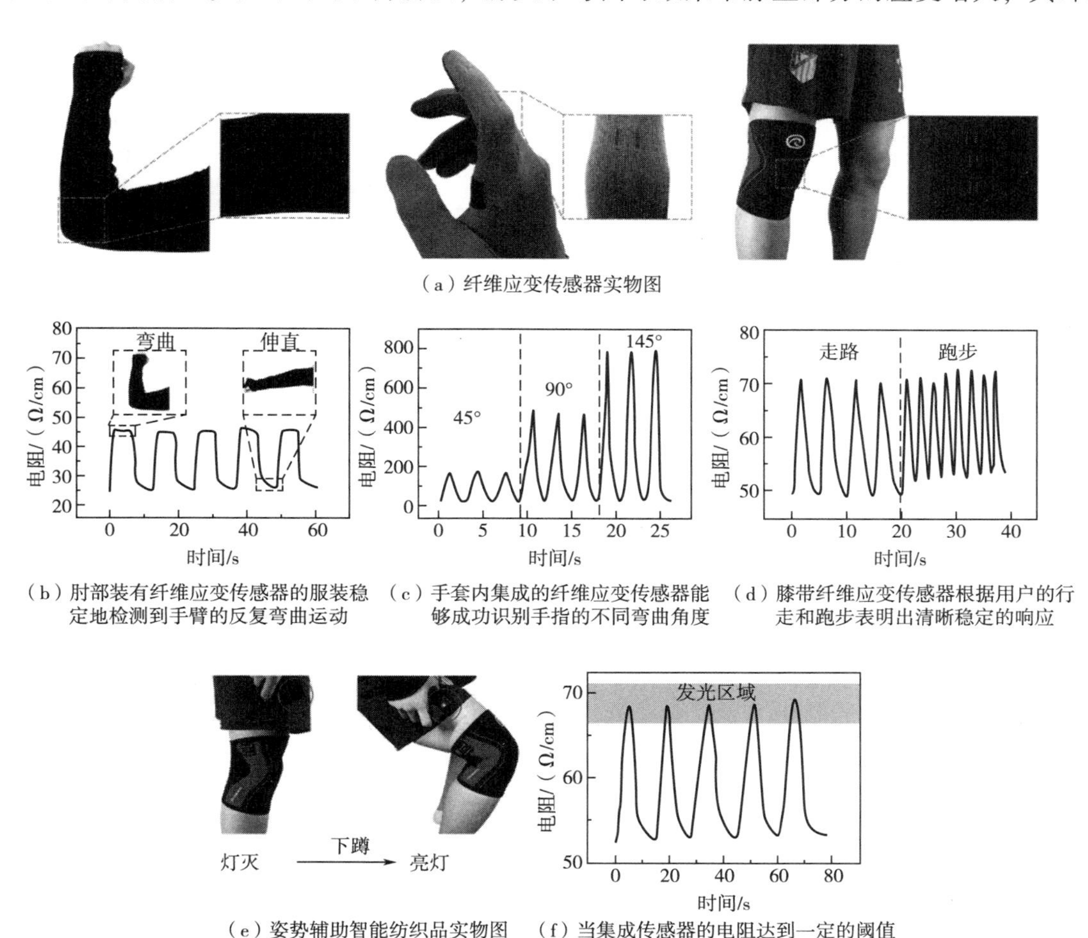

（a）纤维应变传感器实物图

（b）肘部装有纤维应变传感器的服装稳定地检测到手臂的反复弯曲运动

（c）手套内集成的纤维应变传感器能够成功识别手指的不同弯曲角度

（d）膝带纤维应变传感器根据用户的行走和跑步表明出清晰稳定的响应

（e）姿势辅助智能纺织品实物图

（f）当集成传感器的电阻达到一定的阈值（上层阴影区域）时，智能纺织系统中的LED打开

图 10-16　基于纤维应变传感器的智能纺织品可穿戴传感系统

传感器上的电阻也随之增加。同样，在深蹲的上升阶段，传感器的电阻减小至原始状态。膝带中的纤维应变传感器对重复下蹲的电阻响应性能稳定可靠［图 10-16（f）］。为了帮助用户在运动过程中保持准确的姿势，智能护膝集成了 LED 的警报系统。当传感器的电阻响应达到某个阈值并且膝盖弯曲到足以成为深蹲的正确姿势时，系统中的 LED 打开［图 10-16（e）］，而当纤维传感器的电阻降至阈值以下时 LED 关闭。基于 LED 的警报系统和智能护膝可以使用户在锻炼过程中保持正确的姿势，同样对于骨科应用的康复也非常有益。因此，用无害材料制造的纤维应变传感器在先进可穿戴系统、可拉伸电子设备和纺织电子设备领域展现出巨大潜力。

10.3.5 娱乐设施

纤维和纺织品传感器为娱乐行业提供了新的创新点，不仅促进传统娱乐形式的升级，还能创造出全新的个性化体验。在此，董等报道了一种可拉伸、可清洗、超薄皮肤启发的摩擦电纳米发电机（SI-TENG），并基于该 SI-TENG 设计了一种具有透明、灵活、舒适、自供电等特点的超伸缩游戏控制器。图 10-17（a）为 3×3 SI-TENG 阵列示意图。如图 10-17（b）所示，自供电游戏控制器由 9 个 3×3 阵列传感单元组成，包括 PDMS 带电层、热塑性聚氨酯/银纳米线（TPU/AgNWs）电极层、高强度压敏胶（VHB）绝缘层、TPU/AgNWs 屏蔽层、VHB/TPU 衬底层。此外，它还可以在弯曲表面上工作，比如手背［图 10-17（c）］。在实际应用中，将 SI-TENG 与信号处理电路相结合，开发了一种类皮肤游戏控制器传感系统。如图 10-17（d）所示，游戏控制器系统由三大部分组成：带有 3×3 传感阵列的 SI-TENG、信号处理电路和基于 Labview 编程的计算机。一旦手指轻轻触摸传感器，传感器就会对外界机械运动做出反应产生不同大小的电压，通过模数（A/D）转换器，将电压信号转换成数字信号，并进一步触发多控制单元。经过信号滤波和转换处理后，所设计的程序可以实时显示结果，从而控制游戏中的角色移动。图 10-17（e）展示了自供电的类皮肤游戏控制器系统，各通道放大后的实时电压信号如图 10-17（f）所示，图 10-17（g）显示了每个通道对应的输出电压信号和时间，表明传感系统的可行性。因此，该自供电类皮肤游戏控制器在自动控制、人机界面、远程操作和安全系统等各个领域都显示出潜力。

此外，叶等开发了一种可穿戴、可拉伸触觉和非接触传感器，并将其称为双模全织物（BAT）传感器，该传感器可用于拳击出拳力和速度检测。为了验证 BAT 传感装置在拳击运动中智能数字化应用的可行性，相关研究人员进行了相关的研究测试。通过检测非接触信号和触觉信号，实现了出拳速度（v）和力（p）的连续实时转换［图 10-18（a）］。将 $\Delta C/C_0$—时间非接触曲线与 $\Delta C/C_0$—高度曲线相结合，转化为时空曲线，并对两者进行微分得到冲孔速度。通过 $\Delta C/C_0$—时间触觉感知曲线结合 $\Delta C/C_0$—压力曲线来分析冲压力。将该 BAT 传感装置缝入拳击训练服中，以在运动过程中连续检测出拳速度和力度［图 10-18（b）］。此外，研究人员还研究了三种不同的出拳速度和力量（慢速出拳、中速出拳和快速出拳），如图 10-18（c）所示。冲压速度越快，电容变化越大，冲压力越大。而且，这 3 种不同变化幅度的曲线均清晰且连续地检测非接触式和触觉式传感信号。图 10-18（d）是图 10-18（c）慢

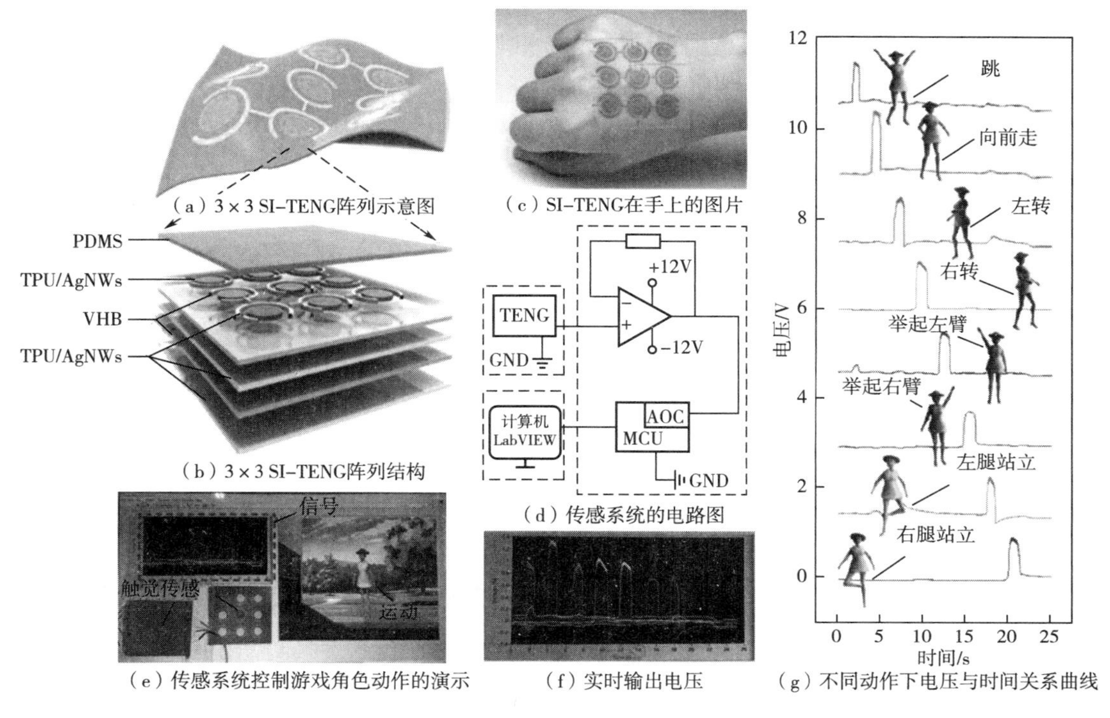

（a）3×3 SI-TENG阵列示意图

（b）3×3 SI-TENG阵列结构

（c）SI-TENG在手上的图片

（d）传感系统的电路图

（e）传感系统控制游戏角色动作的演示

（f）实时输出电压

（g）不同动作下电压与时间关系曲线

图 10-17 演示所开发 SI-TENG 作为游戏机触觉传感器的应用

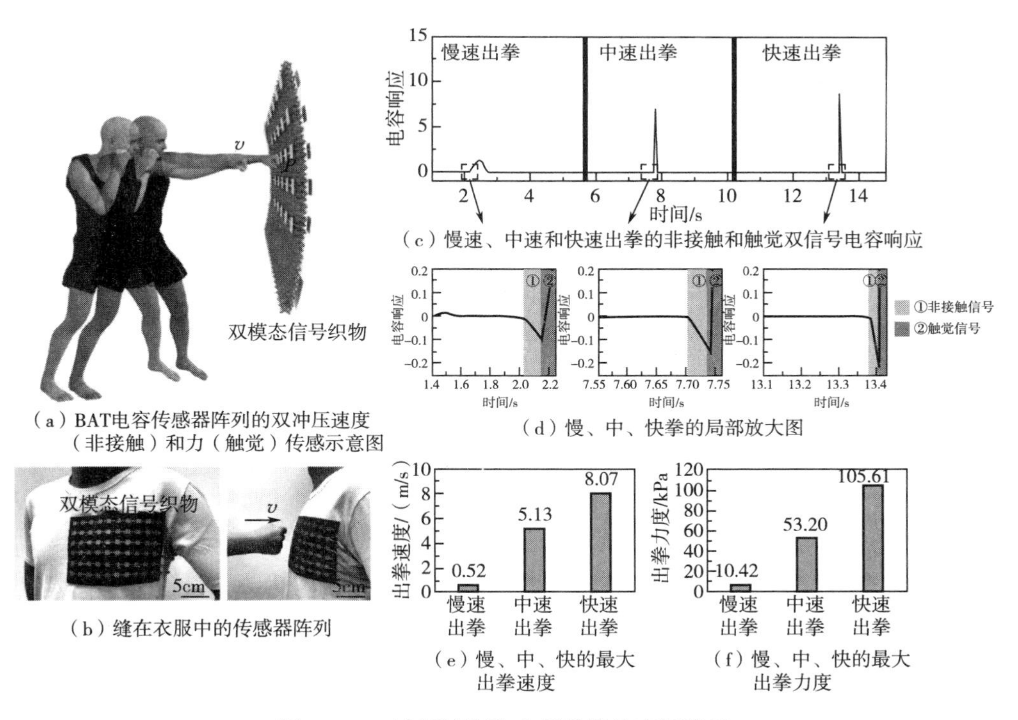

（a）BAT电容传感器阵列的双冲压速度（非接触）和力（触觉）传感示意图

（b）缝在衣服中的传感器阵列

（c）慢速、中速和快速出拳的非接触和触觉双信号电容响应

（d）慢、中、快拳的局部放大图

（e）慢、中、快的最大出拳速度

（f）慢、中、快的最大出拳力度

图 10-18 冲压速度和力量检测的应用演示

速、中速和快速出拳的局部放大图，其中①和②填充的背景分别代表非触摸和触觉传感信号。结果表明慢速、中速和快速冲力达到相同冲力（相对电容变化 20%）所需时间逐渐缩短，分别为 0.07s、0.004s 和 0.002s；慢速、中速和快速的最大出拳速度分别为 0.52m/s、5.13m/s 和 8.07m/s［图 10-18（e）］；慢速、中速和快速的力量分别为 10.42kPa、53.20kPa 和 105.61kPa［图 10-18（f）］。因此，该 BAT 传感器可以同时获得灵活、稳定、准确的非接触（速度）和触觉（力）信号，为体育锻炼提供了重要的信息采集、监测和评估功能。此外，BAT 传感器有望在人体格斗运动训练的智能数字化中得到实际应用。

参考文献

[1] ZHANG Y P, LI C Y, WEI C H, et al. An intelligent self-powered life jacket system integrating multiple triboelectric fiber sensors for drowning rescue [J]. InfoMat, 2024, 6(5): e12534.

[2] LEE T, LEE W, KIM S W, et al. Flexible textile strain wireless sensor functionalized with hybrid carbon nanomaterials supported ZnO nanowires with controlled aspect ratio [J]. Advanced Functional Materials, 2016, 26(34): 6206-6214.

[3] ZHAO X X, GUO H, DING P, et al. Hollow-porous fiber-shaped strain sensor with multiple wrinkle-crack microstructure for strain visualization and wind monitoring [J]. Nano Energy, 2023, 108: 108197.

[4] DONG K, WU Z Y, DENG J N, et al. A stretchable yarn embedded triboelectric nanogenerator as electronic skin for biomechanical energy harvesting and multifunctional pressuresensing [J]. Advanced Materials, 2018, 30(43): 1804944.

[5] JIANG Y, DONG K, AN J, et al. UV-protective, self-cleaning, and antibacterial nanofiber-based triboelectric nanogenerators for self-powered human motion monitoring [J]. ACS Applied Materials & Interfaces, 2021, 13(9): 11205-11214.

[6] ZHOU J, XU X Z, XIN Y Y, et al. Coaxial thermoplastic elastomer-wrapped carbon nanotube fibers for deformable and wearable strain sensors [J]. Advanced Functional Materials, 2018, 28(16): 1705591.

[7] DONG K, PENG X, AN J, et al. Shape adaptable and highly resilient 3D braided triboelectric nanogenerators as e-textiles for power and sensing [J]. Nature Communications, 2020, 11(1): 2868.

[8] WU Y P, DAI X Y, SUN Z H, et al. Highly integrated, scalable manufacturing and stretchable conductive core/shell fibers for strain sensing and self-powered smart textiles [J]. Nano Energy, 2022, 98: 107240.

[9] WEI C H, CHENG R W, NING C, et al. A self-powered body motion sensing network integrated with multiple triboelectric fabrics for biometric gait recognition and auxiliary rehabilitation training [J]. Advanced Functional Materials, 2023, 33(35): 2303562.

[10] NING C, CHENG R W, JIANG Y, et al. Helical fiber strain sensors based on triboelectric nanogenerators for self-powered human respiratory monitoring [J]. ACS Nano, 2022, 16(2): 2811-2821.

[11] DONG K, DENG J N, DING W B, et al. Versatile core-sheath yarn for sustainable biomechanical energy harvesting and real-time human-interactive sensing [J]. Advanced Energy Materials, 2018, 8(23): 1801114.

[12] JANG S, CHOI J Y, YOO E S, et al. Printable wet-resistive textile strain sensors using bead-blended composite ink for robustly integrative wearable electronics [J]. Composites Part B: Engineering, 2021, 210: 108674.

[13] ZHANG Y H, LI Y Y, CHENG R W, et al. Underwater monitoring networks based on cable-structured

triboelectric nanogenerators [J]. Research,2022,2022:9809406.

[14] YI J,DONG K,SHEN S,et al. Fully fabric-based triboelectric nanogenerators as self-powered human-machine interactive keyboards [J]. Nano-Micro Letters,2021,13(1):103.

[15] LI Y Y,ZHANG Y H,YI J,et al. Large-scale fabrication of core-shell triboelectric braided fibers and power textiles for energy harvesting and plantar pressure monitoring [J]. EcoMat,2022,4(4):e12191.

[16] KIM H, SHAQEEL A, HAN S, et al. In situ formation of Ag nanoparticles for fiber strain sensors: Toward textile-based wearable applications [J]. ACS Applied Materials & Interfaces,2021,13(33):39868-39879.

[17] JIANG Y, DONG K, LI X, et al. Stretchable, washable, and ultrathin triboelectric nanogenerators as skin-like highly sensitive self-powered haptic sensors [J]. Advanced Functional Materials,2021,31(1):2005584.

[18] YE X R,SHI B H,LI M,et al. All-textile sensors for Boxing punch force and velocity detection [J]. Nano Energy,2022,97:107114.

第11章　气体传感纤维及纺织品

人们对气体传感器的初步认识可以追溯到19世纪。在早期矿井工作中，瓦斯爆炸、工人窒息等事故不断发生，严重威胁工人的生命安全。起初，人们根据金丝雀对矿井内气体反应程度来判定作业环境是否安全，因此，金丝雀作为一种天然生物类气体传感器被加以利用。后来，英国化学家在1815年发明了煤矿安全灯，为矿业安全做出了巨大贡献。1926年，科学家首次研发出了气体传感器模型，经过不断的尝试和改良，最终在1969年开发出了可以检测爆炸性气体的气体传感器。1968年，日本费加罗公司生产的第一个氧化物半导体气体传感器TGS已被用于检测燃气泄漏，并投放市场后因其优异的性能畅销海内外。

现如今，随着工业化进程的不断深化，环境污染问题日益突出。一方面，大气污染物会引起呼吸系统疾病、心脑血管疾病等，严重危害人类的身心健康。因此，对大气中的污染物进行实时监测具有重要意义。另一方面，室内空气污染，包括甲醛、苯、挥发性有机化合物（VOCs）等对人体健康的危害，日益受到人们重视。此外，除了室内环境气体，2021年，美国卫生与公众服务部（HHS）提供3800万美元将NASA开发的“电子鼻”多功能化，通过对呼出的气体检测，实现了对人体疾病的无损智能检测，成为21世纪研究的热点内容之一。总体来讲，气体检测技术得到了广泛研究和快速发展。

鉴于气体传感器在工业生产、食品安全、建筑施工、农业畜牧业等领域有重要的作用和地位，同时随着科技的发展，对低功耗、可穿戴气体传感器的要求日益提升。因此，研制高性能、低成本、安全、低功耗、柔性且易于集成的气体传感器尤为迫切。具有微型化、集成化、智能化和互联化的气体传感器在大气污染防治、工业生产、智能家居、健康监测与诊疗、食品安全检测等领域初露锋芒。在此背景下，气体传感纤维及纺织品因其贴合度高、舒适性好且无须外嵌传感功能模块并可实现智能感知的技术特点成为当前气体传感备受青睐的选择。

11.1　气体传感纤维及纺织品的概念及评价参数

11.1.1　气体传感纤维及仿织品的概念

国家标准GB/T 7665—2005对传感器的定义是：“能感受被测量并按照一定的规律转换成可用输出信号的器件，通常由敏感元件和转换元件组成。”气体传感是指用于探测在一定区域范围内是否存在特定气体和/或能连续测量气体成分浓度的传感器，其主要工作原理是传感材料与气体相互作用，将气体的浓度信号转变为可输出的电信号等，从而监控气体浓度。

气体传感纤维及纺织品是指能够感知外界气体条件刺激，并做出响应及适应行为的织物，具有非侵入性和连续监测的优点。在物联网时代，可穿戴技术已经成为日常生活中不可或缺的一部分，作为柔性可穿戴传感器的重要研究方向之一，高灵敏、柔性和可拉伸的智能纤维和纺织品气体传感器在可穿戴电子应用中备受关注。相比于传统的生物传感器，基于智能纤维和纺织品的可穿戴传感器在隐私保护、无缝集成、自然交互、舒适性、美观性及多功能性方面显示出巨大的优势。

气体传感器的分类方法多种多样，1991 年国际纯粹与应用化学联合会（IUPAC）的分析化学部门根据转换机制不同，将气体传感分为以下六类（图 11-1）：电导（电阻）气体传感、质量敏感气体传感、电化学气体传感、光学气体传感、磁性气体传感、量热（测温）气体传感。

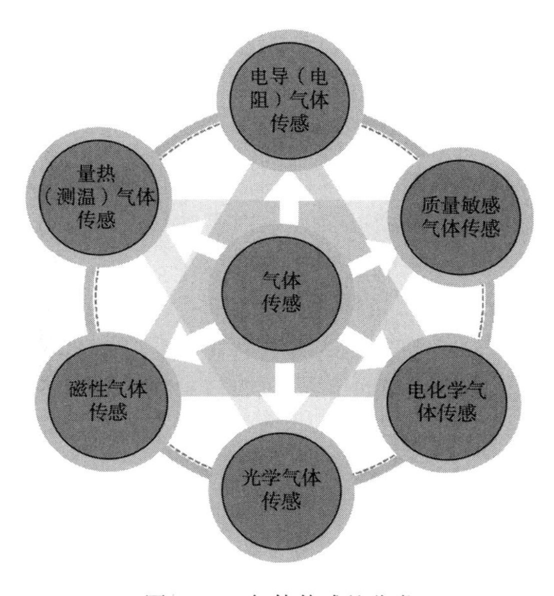

图 11-1　气体传感的分类

11.1.2　气体传感纤维及纺织品的评价参数

对气体传感器来说，灵敏度、最佳工作温度、响应—恢复时间、选择性、稳定性以及检测限是考量其气敏特性的主要评价标准，如何提高这些性能也是气体传感领域的研究目标。以电导式气体传感器为例介绍传感器气敏特性的主要评价参数，具体如下。

（1）灵敏度（sensitivity）。灵敏度是衡量传感器气敏特性的主要参数。灵敏度通常定义为气体传感器在空气气氛中的电阻（R_a）与其在测试气体中的电阻（R_g）的比值，表示为 $S=(R_g-R_a)/R_a(R_g>R_a)$ 或 $S=(R_a-R_g)/R_a(R_a>R_g)$。

（2）最佳工作温度（optimal operating temperature）。气体传感器的工作温度是影响气体在敏感材料表面反应的重要因素，在不同的工作温度下传感器对待测气体的响应值不同。通常在工作温度较低时，敏感材料表面的吸附氧与待测气体反应的活化能较低，导致响应值低；当工作温度过高时，气体分子在敏感材料表面脱附速度过快，造成低的敏感体利用率，传感器对待测气体的响应值也会低。一般来说，随着工作温度升高，气体传感器的响应值会出现先增大后减小的变化趋势，当传感器对待测气体的响应值取最大值时，此时的工作温度称为最佳工作温度。

（3）响应—恢复时间（response-recovery time）。响应—恢复时间反映了气体传感器的响应和恢复速率，是评价传感器性能的重要指标。响应时间通常定义为传感器从初始状态（空气中）到稳定状态（待测气体中）的电阻值变化或灵敏度变化达到 90%所需要的时间。恢复时间为传感器重新置于空气中恢复到下一个稳定状态（空气中）的电阻值变化或灵敏度变化达到 90%所需要的时间。

（4）选择性（selectivity）。选择性是评价气体传感器性能的另一个重要指标，是对目标气体的选择性检测而排除其他气体的干扰，通常表示为 S_0/S_i，S_0 为对目标气体的灵敏度，S_i 为对其他气体的灵敏度。在实际应用中，利用传感器能实现对目标气体选择性识别，因此传感器应具有较高的选择性（S_0/S_i）。

（5）稳定性（stability）。稳定性是指传感器在工作温度下，零点和灵敏度随时间的变化，是考察气体传感器使用寿命的关键参数。气体传感器经过一段时间的测试后，其响应值并不是一成不变的，而是受环境温度、湿度以及其他因素的影响，使气体传感器的响应值以及响应—恢复时间产生波动。传感器的响应值变化幅度越小，表明该器件的长期稳定性越好。短期稳定性是指气体传感器对同浓度的目标气体经过多次重复循环测试后响应值的变化程度。短期稳定性和长期稳定性是判断气体传感器的重复性以及受环境因素影响的参数，稳定性越好，器件的使用寿命就越长。因此，提高传感器的稳定性是降低维护成本、获得可靠数据的关键。

（6）检测限（limit of detection，LOD）。检测限是指气体传感器能检测到目标气体的最低浓度值。气体传感器的检测下限越低，意味着其能够检测到更低浓度的气体。对于一些易燃易爆、有毒、有害的气体来说，具有更低检测下限的传感器对于实际检测具有十分重要的意义。在煤矿、工厂等一些特殊的工作环境，能够检测更低量级的气体传感器非常有应用价值。目前已经报道的大多数气体传感器已经能够达到 ppm（10^{-6}）量级以及 ppb（10^{-9}）量级，甚至一些气体传感器已经达到了 ppt（10^{-12}）量级。[1]检测限是气体传感器的一个重要参数，开发超低检测限的气体传感器对于传感器的研究以及商品产业化来说具有深远的意义。

11.2 气体传感纤维及纺织品的制备方法及气体传感的原理

随着医疗保健智能化、数字化的发展，可穿戴式传感纤维及纺织品因其便携、实时的监测能力而备受关注。其中，可穿戴式气体传感器既可以检测人体的气体标志物，也可以检测

[1] 气体浓度（mol/m^3）$=\dfrac{\text{ppm 值}\times10^{-6}\times\text{气体分子量}}{22.414}$；$1ppm=1\times10^{-3}ppb=1\times10^{-6}ppt$。

环境中的有害气体，因此，引起了人们的极大关注。为了提高气体传感器的可穿戴性和携带性，气体传感纤维及纺织品传感器元件的尺寸不断减小，大量的研究旨在制备一种高灵敏、快响应、无创、易于操作、稳定性高及可穿戴的用于检测气体的传感器，因此，气体传感纤维及纺织品成为备受欢迎的柔性传感基底材料，如图 11-2 所示。

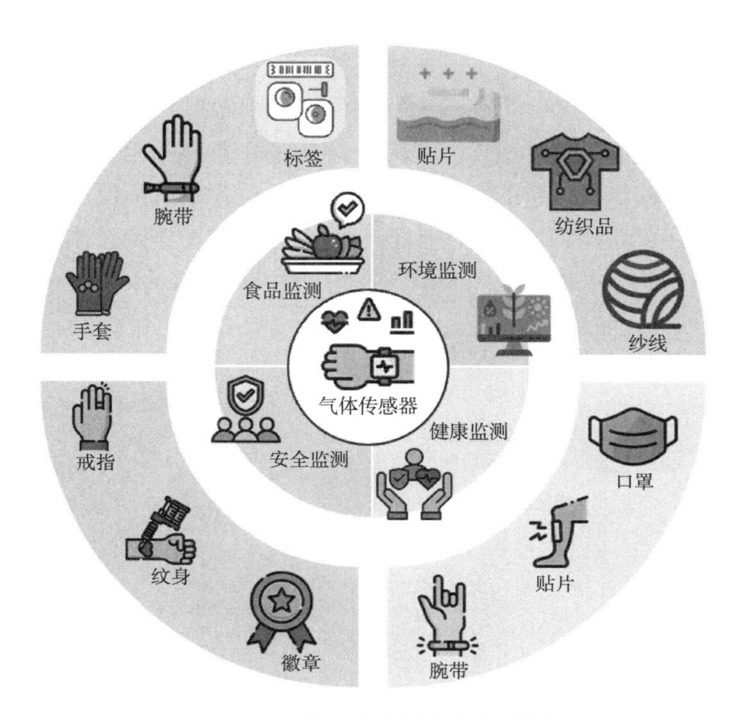

图 11-2　可穿戴式气体传感纤维及纺织品

大量研究结果表明，无论材料的物化性质、结构或电性能如何，理论上所有材料都能用于制备气体传感器。基于共价半导体、金属氧化物半导体、固体电解质、碳材料、聚合物等典型气体传感材料见表 11-1。一般来讲，气体传感纺织品包括导电纤维、纱线、织物以及这些材料制成的纺织产品。通过与周围环境或用户互动，以智能方式响应和适应各种行为，从而更加实时有效地传递所需信息，是制备智能纺织品的先决条件。

表 11-1　典型的气体传感材料

材料类型	常见传感材料	检测气体
共价半导体	GaAs、Si、GaN、SiC、InP	NO_2、CO、NO、H_2
金属氧化物半导体	In_2O_3、WO_3、SnO_2、Co_3O_4	CO、H_2、CH_4、NO_x、VOCs
固体电解质	$K_2Fe_4O_7$、$DyFeO_3$、$PrFeO_3$、$GdFeO_3$、$ErFeO_3$、$SmCrO_3$、$Ce_{0.8}Gd_{0.2}O_{1.95}$	NO、NO_2
碳材料	碳纳米管、石墨烯	乙醇、NO_2、NH_3
聚合物	聚吡咯、聚噻吩、聚苯胺、酞菁	NO_x、H_2O、NH_3、三乙胺

11.2.1 气体传感纤维及纺织品的制备方法

可穿戴式纤维及纺织品气体传感器具有体积小、重量轻、功耗低、易于集成等特点，通常以贴片等形式附着在皮肤表面，也可以集成到服装或配饰中，如腕带、戒指、衣服、口罩、手套等。为确保生物安全性和可穿戴性，可穿戴式气体传感器必须具有良好的生物相容性和机械变形性，才能在不受刺激的情况下，能够保持形状并稳定地附着在人体，或与其他设备集成而不会出现异常行为。此外，可穿戴式气体传感器中敏感材料与柔性纤维及纺织品的有效匹配也是保证传感器性能的重要因素，因为柔性基底的变形可能会导致传感材料开裂甚至脱落，从而影响气体传感器的传感能力。因此，合适的制造方法不仅可以有效地简化工艺步骤，降低生产成本，还可以提高传感器的性能，为可穿戴式气体传感器的广泛应用提供有力支持。目前，关于气体传感纤维及纺织品制备技术如图 11-3 所示，关于各种制备技术的简要比较见表 11-2。

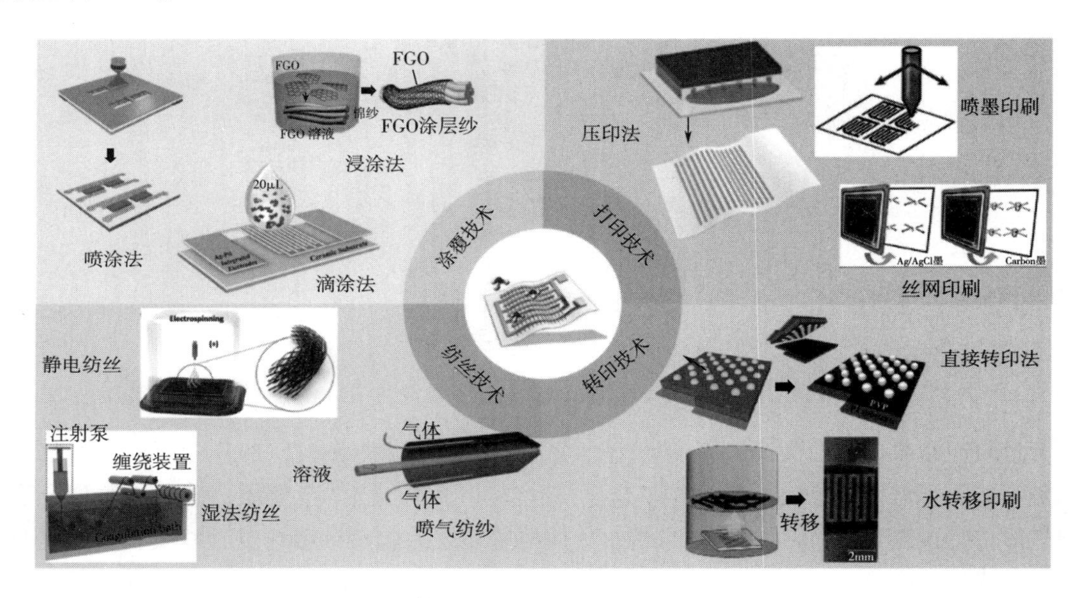

图 11-3 气体传感纤维及纺织品制备技术示意图

表 11-2 各制备技术的主要优点、缺点及对传感材料的要求

制备技术	主要优点	主要缺点	对传感材料的要求
滴涂法	便捷、高效	形状不可调控	溶液中溶解或分散
旋涂法	便捷、均匀	传感材料浪费	溶液中溶解或分散
喷涂法	形状可调控	喷嘴易堵塞、基底可选择性受限	溶液中溶解或分散
浸渍法	便捷、多样化	形状不可调控	溶液中溶解或分散
油墨打印	形状可调控、高效	喷嘴易堵塞	溶液中溶解或分散
丝网印刷	形状可调控、高效	规格限制	溶液中溶解或分散
手写印刷	便捷	效率低	无限制

续表

制备技术	主要优点	主要缺点	对传感材料的要求
静电纺丝	高精度、高效、经济	形状不规则，喷嘴易堵	溶液中溶解或分散
其他纺丝技术	高效、经济	形状不规则，喷嘴易堵	溶液中溶解或分散
干转移	便捷	形状零散	无限制
湿转移	便捷	效率低，位置不可控	低密度

11.2.1.1　涂覆技术

涂覆技术是一种简单、方便、高效的方法，通常将可溶性敏感材料制备成基底表面的膜结构。在可穿戴纤维及纺织品气体传感器中，涂覆技术主要包括有滴涂、旋涂、喷涂和浸渍法，其中浸渍涂覆与其他涂覆技术相比，因其适应于包括规则和不规则形状的基底，在纤维基可穿戴气体传感器的制备中应用更加广泛。沈等分别研究了几种基于 SWCNT、MWCNT 和 ZnO 量子点修饰 SWCNT 的光纤可穿戴气体传感器［图 11-4（a）］。这些传感材料悬浮液在超声环境下通过浸渍法沉积在纤维上，随后在室温下干燥，制备得到的气体传感器对 C_2H_5OH、HCHO 和 NH_3 具有不同的响应。通过将这些气体传感器与不同的 LED 集成，实现了根据不同颜色 LED 选择性地检测三种气体。此外，得益于纤维基底的优异柔韧性和有效的涂层方法，气体传感器表现出良好的机械稳定性和耐洗性，具有优异的可穿戴功能。同样，通过采用多步浸涂策略，任等将氧化石墨烯/介孔氧化锌纳米片（ZnO NSs）包裹在普通的棉花/弹力线上，制备了一种高度可拉伸/扭曲的气体传感器［图 11-4（b）］。得益于稳定的组合结构，该传感器实现了长达 84 天的长期稳定性，实现了 LOD 低至 43.5ppb 的 NO_2 检测，

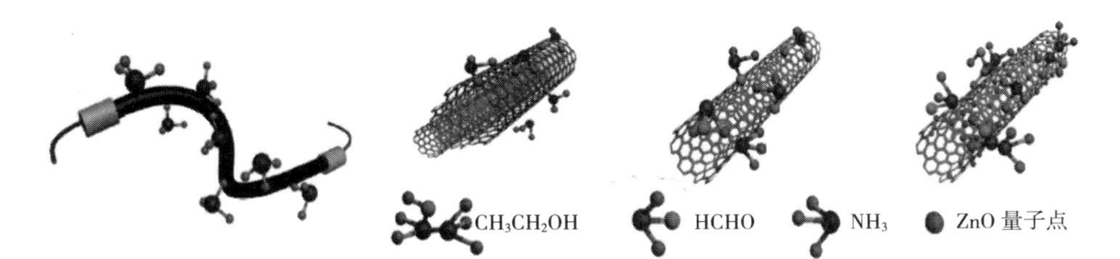

（a）浸渍法制备的 C_2H_5OH、HCHO 和 NH_3 检测的 SWCNT、MWCNT 及 ZnO 修饰的 SWCNT 纤维气体传感器

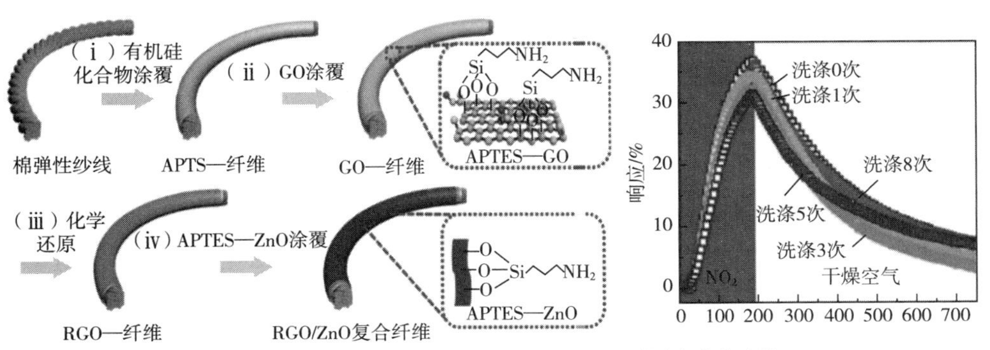

（b）浸渍法制备的 NO_2 检测的可形变的普通棉线及弹力棉线气体传感器

图 11-4　涂覆技术制备气体传感器

同时具有可编织性和洗涤耐久性。此外，该传感器在 3000 次弯曲、1000 次扭转、65%的应变强度后仍能保持优异的传感性能，为实际应用的多功能织物的研究和制造提供了新的研究思路。

11.2.1.2 打印技术

打印技术是通过相应的打印机在基底上制备功能材料悬浮体的最先进和创新的制造技术之一，在柔性和可穿戴电子制造领域得到了广泛的应用。通过采用打印技术，可大规模制造可穿戴式气体传感器，其图案、厚度和边界范围均可以达到理想的预期效果。气体传感纤维及纺织品的打印技术，主要包括喷墨印刷、丝网印刷、书写印刷和压印。

海克（Haick）等报道了一种折纸分层传感器阵列（OHSA），用于识别多种物理和化学刺激，甚至包括 VOCs 的结构异构体和手性对映体（图 11-5）。该传感系统由 11 列 2cm×2cm

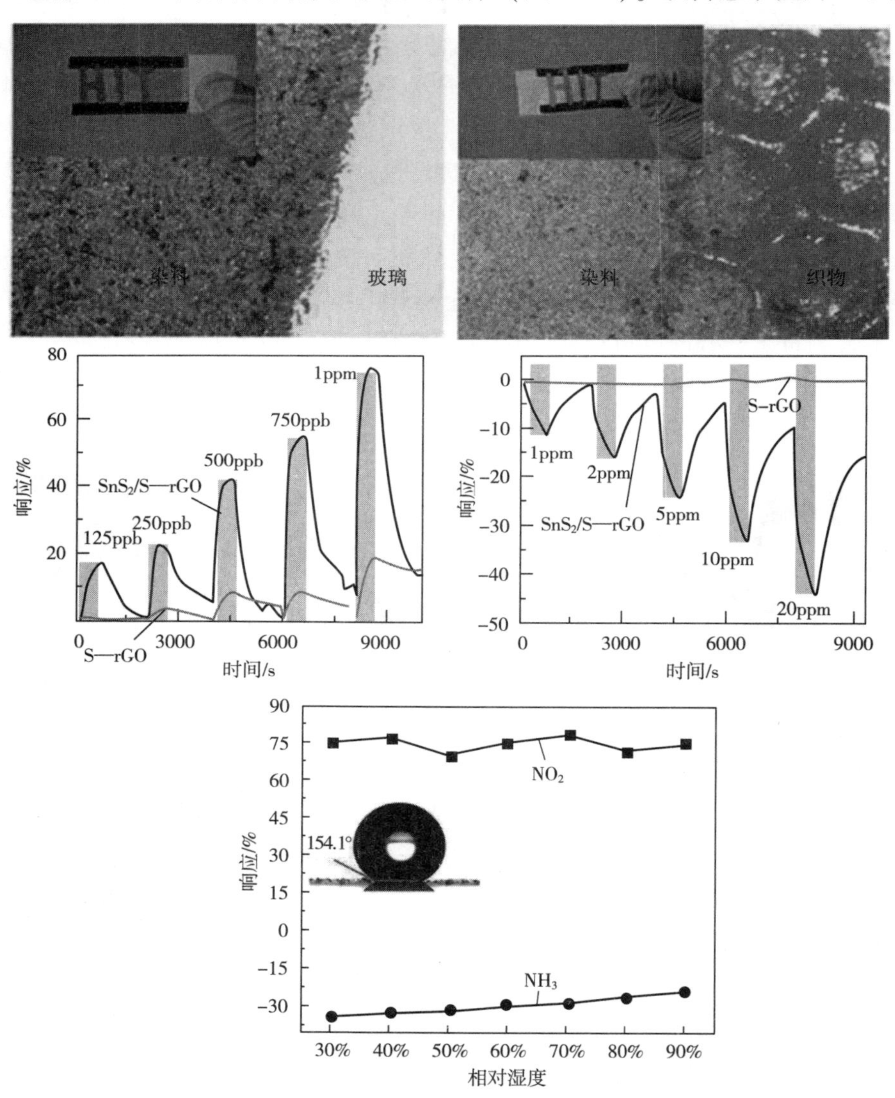

图 11-5 打印技术制备的用于检测 NO_2 和 NH_3 的可穿戴式抗湿度气体传感器

大小的纸张组成，气敏膜是通过在0.5cm×1cm大小的纸张中间直接写入生物感应导电墨水（聚多巴胺—rGO，P/G墨水），并在室温下干燥制成。生物墨水折纸层次化结构本质上是由折纸堆叠中具有不同渗透性的纸张组成的传感器阵列，即使在相同的VOCs浓度下，由于每种VOC的固有渗透性所导致的时间延迟使每个传感器检测到的“有效”浓度不同，而实现独特的时间—空间分辨、高分辨模式识别特征。该传感系统可同时感知和识别温度、湿度、光线和VOCs，特别是VOCs的结构异构体和手性对映体，为气体识别电子鼻的设计提供了新的途径。

11.2.1.3 纺丝技术

纺丝是一种常见且经济的技术，通过将前驱体功能溶液（例如聚合物溶液或熔体）从喷嘴中抽出并沉积在收集器上，可制造直径为微/纳米级、长且连续的一维纤维。特别是，纺丝产品可通过调整功能溶液的性质和工作环境等操作参数来控制纤维直径，随后通过涂覆敏感材料形成可穿戴式气体传感纤维及纺织品。此外，通过在前驱体溶液中加入气敏材料，可以直接制成基于敏感纤维的气体检测柔性电子器件。在各种纺丝技术中，静电纺丝法受到极大关注，并广泛用于可穿戴式器件的制备。

在静电纺丝过程中，当施加电压超过阈值时，前驱体溶液的表面张力会克服静电斥力，使前驱体溶液从喷嘴尖端喷出，并以丝状形式沉积在接地的导电集电极上，从而能够以更有效和可控的方式制备功能性纤维。从制备流程中可以看出，纤维/膜的直径、组成、形态、孔隙度和取向会受到多个参数的影响，包括外加电场、功能溶液的组成、距离、操作环境（如湿度、温度等）。然而，即使精心设计和调整这些参数，也很难获得均匀直径、规则取向或特定结构的纤维。琼（Joon）等研究了一种基于有机场效应晶体管（OFET）的可穿戴气体传感器，该传感器采用标准静电纺丝工艺制造的有机半导体聚合物纳米纤维（NFs）作为有源层（图11-6）。当施加电压为15kV，喷嘴尖端与收集器之间的距离为10cm，溶液进料速率为6~8mL/min，收集器转速为1500rpm时，沉积在PET基板上的聚合物NFs的直径约为500nm。由于聚合物NFs的纳米结构和表面功能化，OFET传感器在0.5mm弯曲半径下几乎保持恒定的电性能，并且对乙醇（灵敏度为192%）、甲苯（灵敏度为229%）和正己烷（灵敏度为121%）展现出较强的灵敏度，表明应用静电纺丝方法制造基于纤维的柔性OFET用于

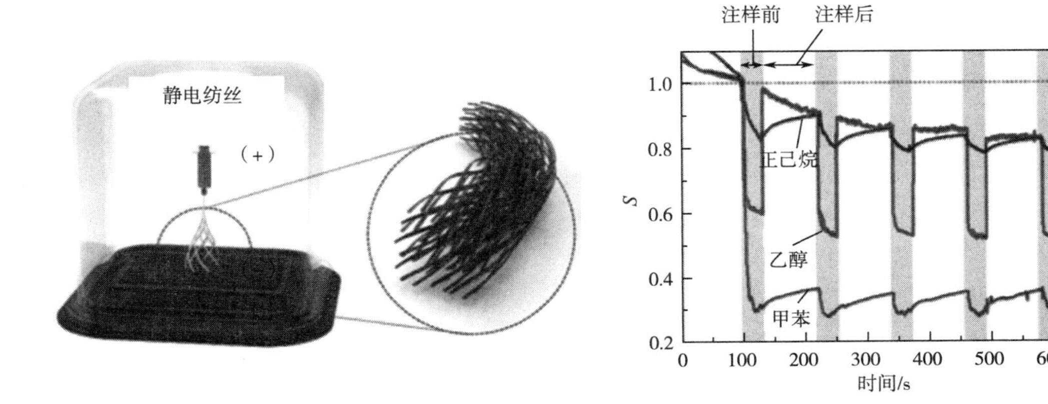

图11-6 静电纺丝技术制备的用于乙醇、甲苯和正己烷检测的OFET气体传感器

VOCs 检测的巨大潜力。

除静电纺丝外，其他一些纺丝技术（如湿法纺丝等）也被广泛用于制造可穿戴式气体传感器。例如，郑（Jung）等采用湿法纺丝技术，设计了基于纤维素纳米纤维（TCNF）/碳纳米管（CNTs）纤维的可穿戴气体传感器，用于超低工艺成本的 NO_2 传感（图 11-7）。在湿法纺丝过程中，通过将 TCNF 与 CNTs 混合溶液作为前驱体溶液，一步连续制备得到纳米级 TCNF/CNTs 纤维，无须额外的工艺（如还原、掺杂、包覆）。由于 TCNF/CNTs 纤维具有丰富的羟基化学性质、大孔表面和优异的导电性，可穿戴式气体传感器对浓度为 125ppb 的 NO_2 表现出高选择性和传感能力。同时，优异的柔韧性以及在复杂机械变形（如紧结、紧捻）下几乎恒定的传感能力，使 TCNF/CNTs 纤维能够与传统的编织工艺相结合，为可穿戴电子产品的大规模生产提供了有利途径。

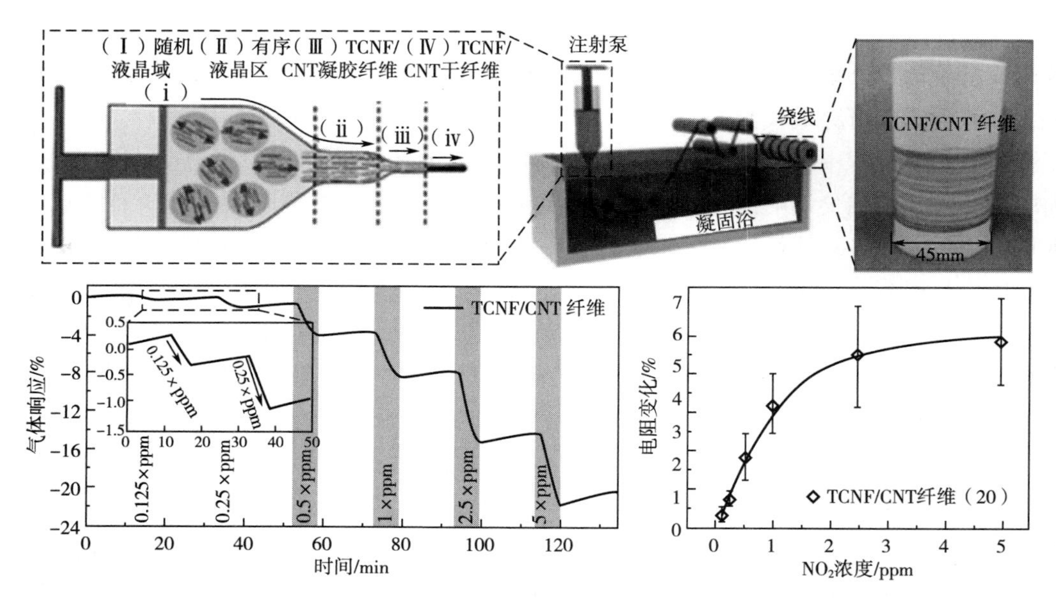

图 11-7 湿法纺丝技术制备的可穿戴 NO_2 气体传感器

11.2.1.4 转印技术

鉴于一些纤维及纺织品柔性基底在某些传统制造技术［如化学气相沉积（CVD）］中无法承受极端制造条件（如高温、化学蚀刻试剂），消除不相容性的最佳方法是将传统制造技术在刚性衬底（如硅、玻璃）上制备的纳米结构或膜转移到柔性纺织衬底上。因此，高效的转印技术在可穿戴电子产品的制造中非常重要，这将使许多仅适用于硬基底的传统制造工艺能够用于可穿戴传感器的制造。有时，转印技术也被归类为印刷技术，可穿戴气体传感器主要包括干转移，湿转移和支持层辅助转移。

根据不同的附着力，干转移方法可以在不改变相对位置的情况下转移相互分散的颗粒。例如，明（Myoung）等将在玻璃基板上制备的排列整齐的 ZnO 涂层聚苯乙烯微粒（MPs）转移到聚乙烯吡咯烷酮（PVP）黏合剂涂层的聚酰亚胺（PI）基板上，然后去除 MPs 形成碗状 ZnO 壳，并在壳的内外表面生长 ZnO 纳米棒（NR），最终形成双面（DF）ZnO 纳米花（NF）

网络（图 11-8）。由于 ZnO 电极和 SWCNT 电极之间具有独特的肖特基（Schottky）屏障，该可穿戴式气体传感器对 NO_2 的响应高达 218.1%，响应时间和恢复时间分别为 25.0s 和 14.1s，恢复率高达 98%。对于具有多传感层集成的系统，干转移是一种将各个传感层转移到集成基板中相应位置的合适方法。例如，许等提出了一种基于两层传感的多功能可穿戴传感器，可实现对生理信号和 VOC 的无干扰实时监测。通过将四种不同的卟啉修饰的氧化石墨烯薄膜转移到基底层，形成气敏单元。由于采用了卟啉改性工艺，该气体传感器对挥发性有机化合物的反应非常敏感，结合模式识别方法，可以监测和区分八种不同的 VOC，为制造无信号干扰的多功能传感系统提供了新的设计思路。

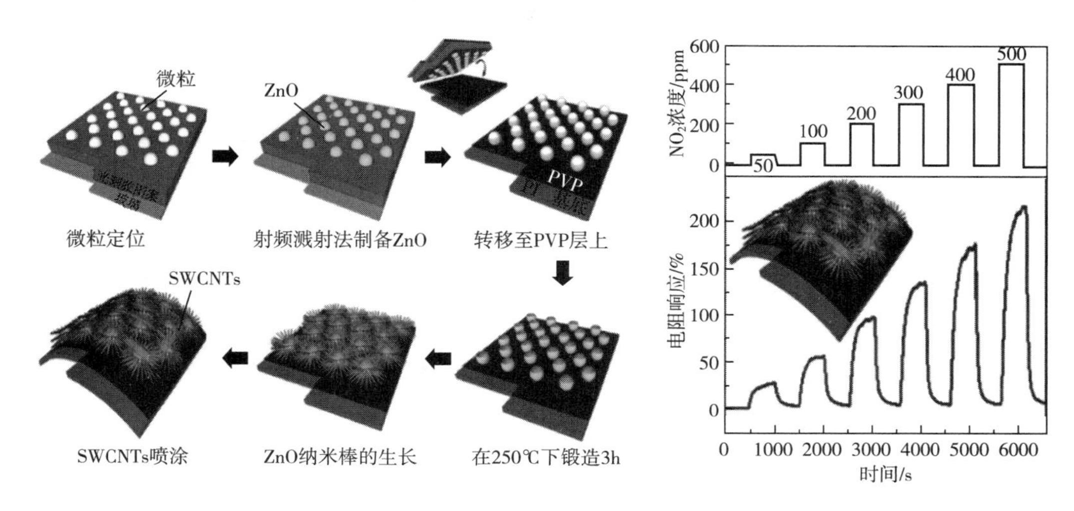

图 11-8　转印技术制备的可穿戴双面 NO_2 气体传感器

11.2.2　气体传感的原理

11.2.2.1　金属氧化物半导体的气敏机理

著名气体传感器科学家山添教授等对气体传感器的敏感机理进行了系统的研究，提出了影响气体传感器性能的三个关键要素：识别功能、转换功能以及敏感气体利用率，如图 11-9 所示。

识别功能就是氧化物半导体敏感材料表面对检测目标气体的识别能力，即通过敏感材料与目标气体在材料表面相互作用而引起输出化学信号的变化，实现对气体的识别。敏感材料的识别功能依赖于材料的表面性质，与材料的比表面积、催化能力、表面吸附特性以及材料表面的酸碱性等因素密切相关。转换功能是指将敏感材料表面发生反应的检测目标气体的浓度信号转换为电信号能力。而敏感体利用率则指敏感材料的聚集体（如薄膜、厚膜等）中被有效利用的部分占整体的比例，是衡量传感器敏感材料利用效率的重要指标。

11.2.2.2　导电高分子的气敏机理

20 世纪 70 年代，日本化学家白川英树、美国化学家艾日伦·黑格尔和艾伦·麦克迪尔米德等合作研究发现碘掺杂或五氟化砷（AsFs），掺杂的聚乙炔具有导电性。聚合物这一性

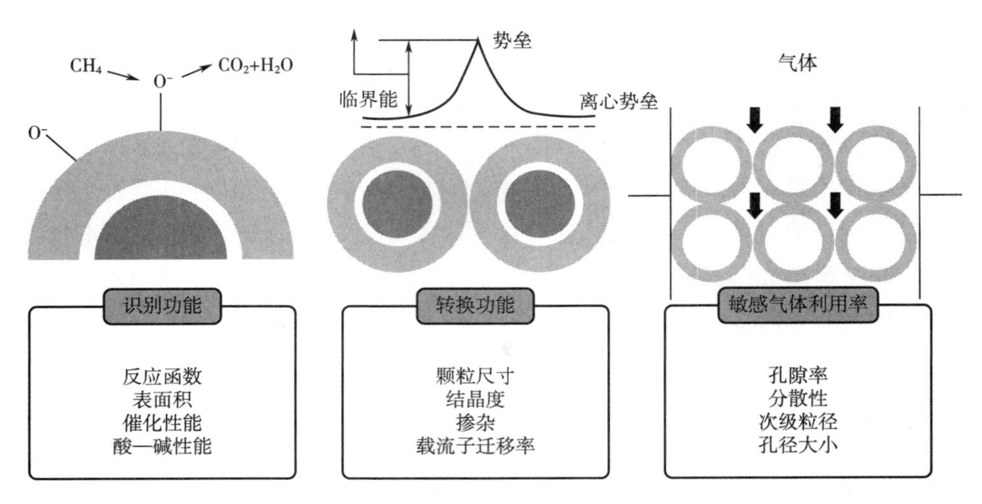

图 11-9 影响气体传感器性能的关键要素

质的发现促进了导电高分子理论的建立和发展。导电高分子也称导电聚合物，既具有聚合物的特征，又具有导电体的性质。

导电高分子需要具备两个条件：①共轭高分子的 π 轨道可以强力离域，产生大量载流子（电子、空穴或离子等）；②链内和链间 π 电子轨道重叠形成导电通道。掺杂是区分导电聚合物与其他类型聚合物的最主要的方式。掺杂过程相当于把价带中一些能量较高的电子氧化掉，产生空穴或阳离子自由基。阳离子自由基在邻近聚合物链段上离域，并通过极化其周围的介质实现能量稳定，因而掺杂也称极化子。如果对共轭链进行重掺杂，极化子（离子自由基）可能向双极化子（双离子）或双极化子带转变。极化子或双极化子沿共轭链传递，从而实现导电。掺杂通过对聚合物结构进行化学修饰，在聚合物链中产生电荷载流子，并且聚合物和掺杂剂存在电荷交换，即中性链可以通过将过量或不足的 π 电子引入聚合物晶格中而被部分氧化或还原。而通过对聚合物电荷载流子的去除或化学补偿实现去掺杂。由于每个重复单元都是潜在的氧化还原位点，共轭聚合物可以通过 n 型（还原）或 p 型（氧化）掺杂实现电荷载流子浓度的增加。在掺杂过程中，有机聚合物，无论是绝缘体还是低电导率的半导体（电导率通常在 10^{-10}～10^{-5}S/cm），电导率都会有较大幅度的提升。与其他材料相比，几种导电高分子的电导率变化范围，如图 11-10 所示。可以看出，掺杂后的导电聚合物的电导率分布范围较宽，初级掺杂的程度取决于掺杂剂的类型及其在聚合物中的分布。

由于共轭聚合物的 π 电子的离域范围大，既有亲电子能力，又能表现出较低的电子解离能。这使得高分子既可以被氧化实现 p 型掺杂，又可以被还原实现 n 型掺杂。掺杂后高分子呈现较高的导电性，即载流子在电场的作用下定向运动。导电高分子的载流子是“离域”产生的电子或空穴与掺杂剂形成的孤子、极化子、双极化子等。根据能带理论，能带区部分填充使导电高分子具有导电性，因此 p 型掺杂使价带变成半满状态，或是 n 型掺杂使导带中有电子，都能实现导电，如图 11-11 所示。图 11-11（a）是未掺杂状态，此时禁带宽度（E）较大，室温下电子难以被激发到导带，因而不导电；图 11-11（b）是 p 型掺杂，此时价带不

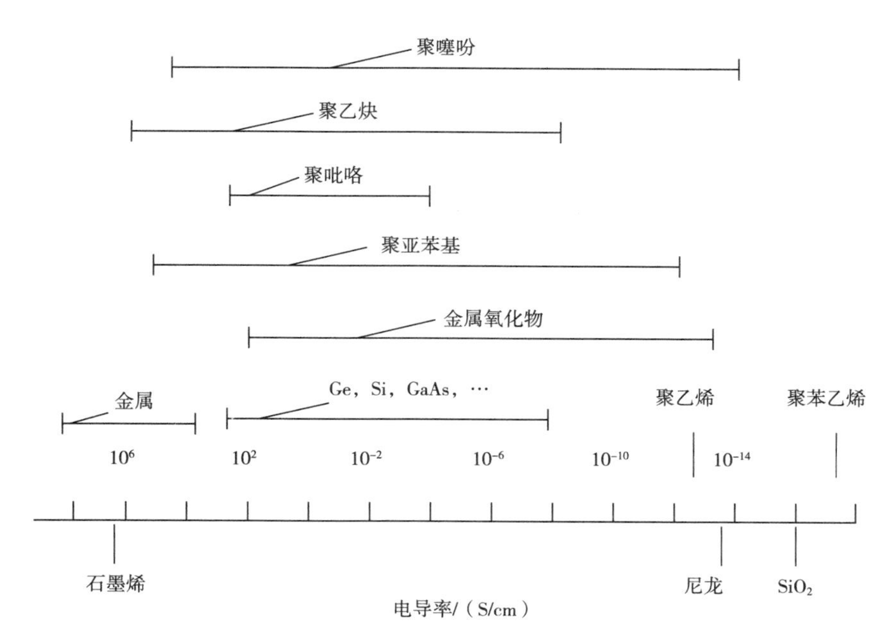

图 11-10　几种导电聚合物系统的电导率范围与传统材料的比较

是满带，显示出导电性；图 11-11（c）是 n 型掺杂，导带有了自由电子，不是空带，因而显示出导电性。通过计算和理论研究表明，导电聚合物主链共轭程度高有利于 π 电子的离域，可以增加载流子的迁移率，因此导电性好。

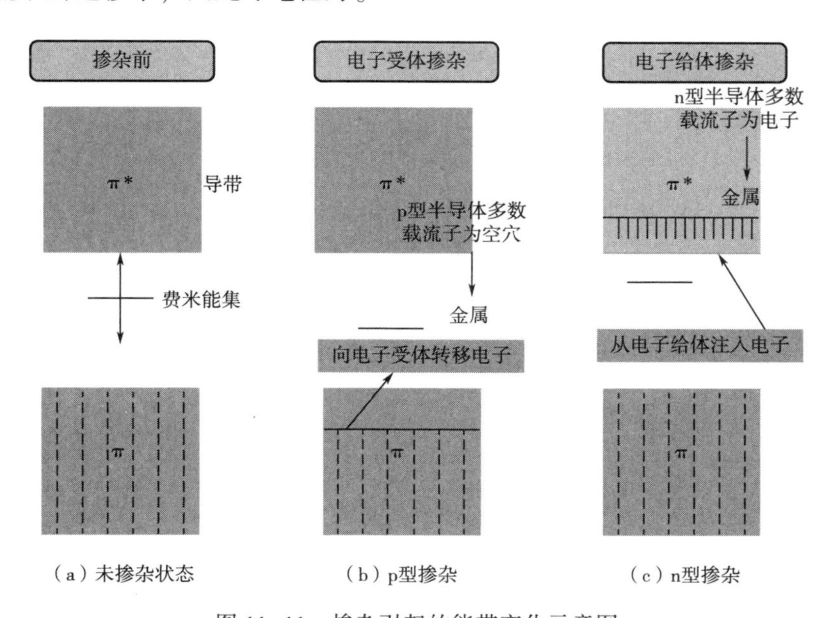

图 11-11　掺杂引起的能带变化示意图

（1）聚苯胺的敏感机理。聚苯胺（PANI）的能隙较大，因此本征态的聚苯胺不导电，只有掺杂才能导电。在化学氧化聚合期间，通过掺杂作用，聚苯胺从绝缘态向导电态转变。

实验表明，当本征态聚苯胺暴露在 HCl 中时，电阻快速减小。聚苯胺的掺杂是通过 HCl 对亚胺氮的质子化实现。电导率的变化是由沿聚合物主链形成的极化子（阳离子自由基）产生的。这种掺杂过程通常在酸性介质中合成 PANI 而直接获得，即用质子酸掺杂不导电的聚苯胺亚胺碱（PANI—EB）形成导电的聚苯胺亚胺盐（PANI—ES），过程如图 11-12 所示。

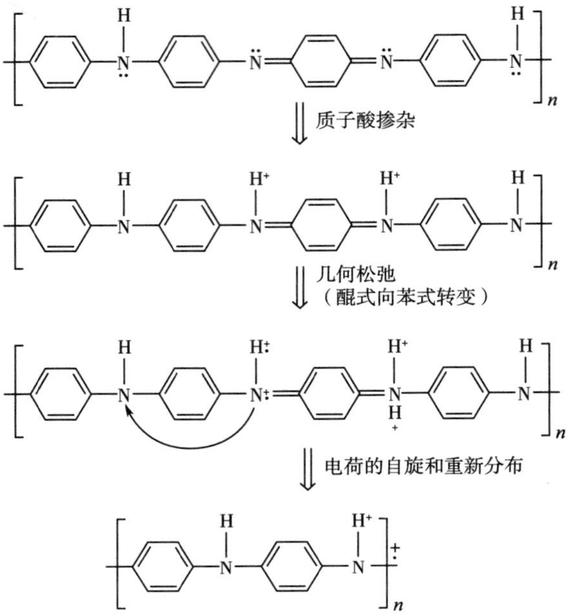

质子酸掺杂

几何松弛
（醌式向苯式转变）

电荷的自旋和重新分布

图 11-12　聚苯胺的质子酸掺杂过程

PANI 的质子酸掺杂剂主要包括无机小分子质子酸（盐酸、硫酸、高氯酸等）和有机大分子质子酸（植酸、十二烷基苯磺酸等）。掺杂质子酸的作用为：①为反应提供所需要的酸性条件；②以掺杂剂的形式进入 PANI 链使其导电。与其他导电高分子不同，PANI 的掺杂是氢离子的得失，而电子数目不发生改变，掺杂状态可以通过酸碱反应来控制，因此被广泛应用于检测酸性或碱性气体，尤其是 NH_3。当暴露在 NH_3 中时，酸化 PANI 通过去质子化进行去掺杂，相互作用机理如图 11-13 所示。

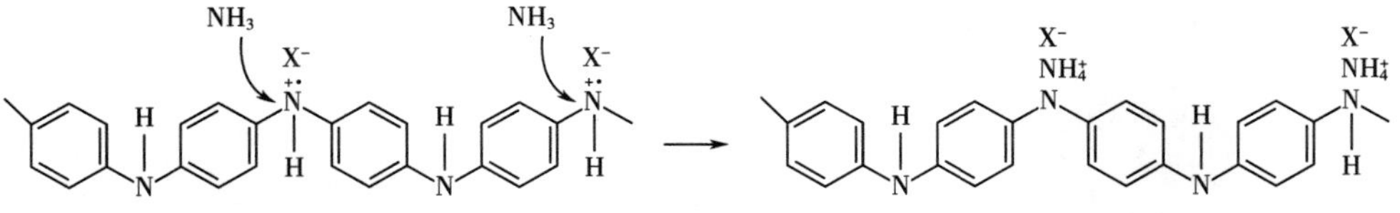

图 11-13　酸化聚苯胺与 NH_3 的反应机理

（2）聚吡咯的敏感机理。聚吡咯（PPy）具有单—双键交替的共轭结构，分子内 π 电子云重叠分布在分子链上，在外电场的作用下，X 电子沿分子链移动，从而导电。如图 11-14 所示，PPy 的氧化过程是通过化学或电化学氧化作用消除 PPy 链中的部分电子，产生空穴。

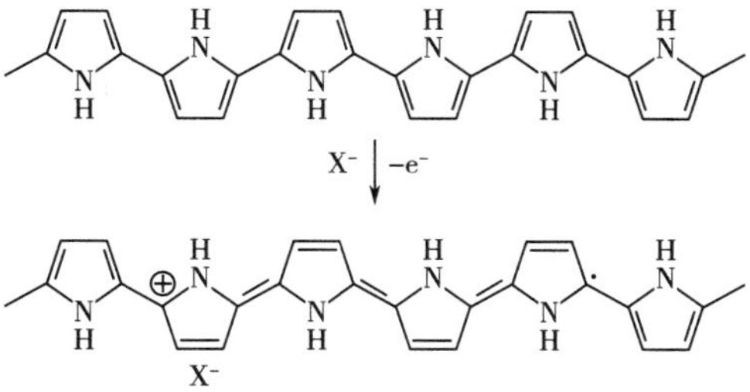

图 11-14　PPy 的氧化掺杂

此外，PPy 与 NH_3 的反应如图 11-15 所示。

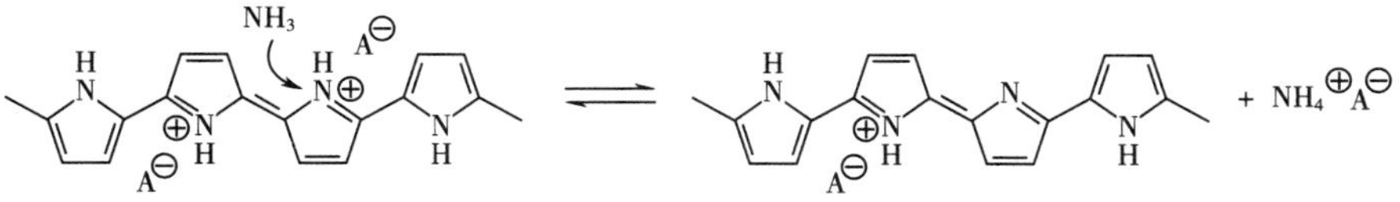

图 11-15　PPy 与 NH_3 的反应

（3）聚噻吩的敏感机理。聚噻吩（polythiophene，PTh），是另一种比较常用的本征型导电高分子材料，其结构式如图 11-16 所示，是一种五元杂环。本征态聚噻吩不易溶于水或有机溶剂，因此通常通过在噻吩环上引入长链烷烃以改善其溶解性。聚噻吩具有较小的能带结构，但氧化掺杂后，其电位较高，导致在空气中不稳定，容易被还原为本征态，其氧化还原状态如图 11-17 所示。聚噻吩的主要敏感机理是氧化还原机理，与 PANI 类似，聚噻吩在不同氧化还原状态的电导率不同，因此可以对能改变聚噻吩氧化还原状态的气体进行检测。

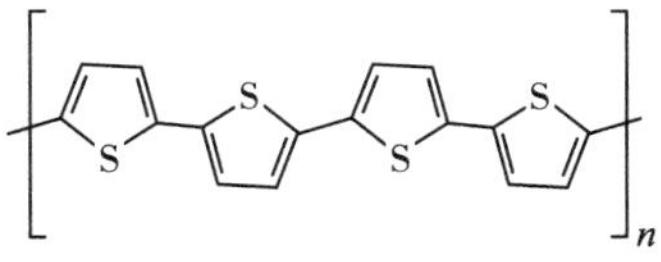

图 11-16　聚噻吩的结构式

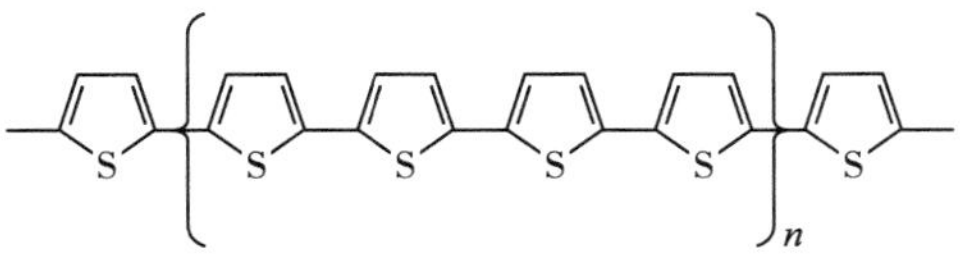

（a）还原型

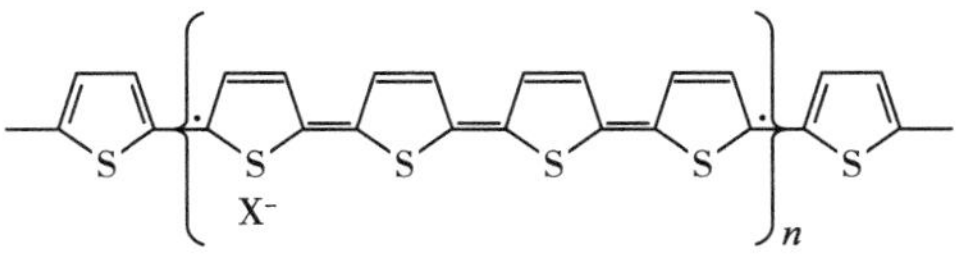

（b）半氧化型（极化子）

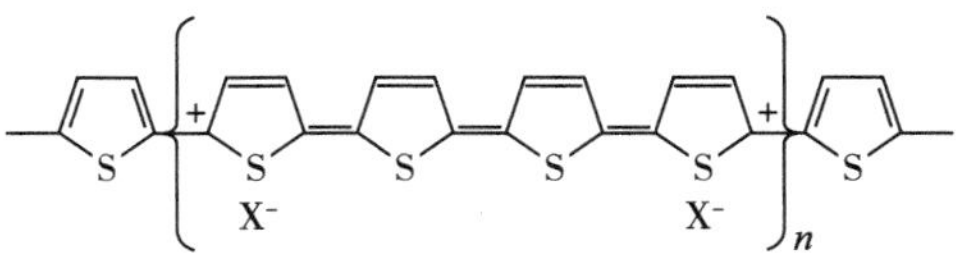

（c）氧化型（双极化子）

图 11-17　聚噻吩的不同氧化还原转态

11.3 气体传感纤维及纺织品的应用领域

气体传感器对于工业/农业监测、环境保护、医疗诊断、医疗保健与健身、公共安全和家庭自动化等方面的应用是不可或缺的。因此，开发可穿戴气体传感器对于监测环境气体、气态污染物、挥发性有害物质、湿度、呼出气体、体味、神经毒剂或爆炸物的存在以及食品质量和安全具有重要意义。

11.3.1 环境监测

随着城市化和工业化的发展，空气污染程度不断加重。此外，由于汽车使用量的增加、农业和工业中农药使用的增加，个人暴露于各种有害的气态污染物中的风险增加。通过吸入此类有害气体会严重影响人体呼吸、心血管、神经和其他系统的健康。因此，环境监测对于保护人们免受气态污染物和有毒气体的侵害是必要的。

11.3.1.1 气态污染物

气态污染物如 NO_2、SO_2、NH_3、H_2S、CO、NO 等，主要产生于车辆、工业、发电机组、农业/废物焚烧、家庭的气态污染物。人类暴露其中会增加心脏病、中风、慢性阻塞性肺病、肺癌、急性呼吸道感染等风险。因此，开发能够监测周围不同污染气体的可穿戴气体传感器对于改善人类健康和安全具有重要意义。

康（Kang）等采用三种有机分子［七氟丁胺（HFBA）、1-(2-甲氧基苯基）哌嗪（MPP）和 4-(2-酮-1-苯并咪唑啉基）哌啶（KBIP）］对 GO 进行功能化改性得到功能化氧化石墨烯（FGO）。通过将单纱和织物浸入 FGO 溶液中进行改性，使其实现对 NH_3 和 NO_2 的检测。基于纱线传感器上的 FGO 表现出比基于 rGO 的设备更高的灵敏性以及耐磨性，可进一步应用于人体的传感。如图 11-18 所示，Cheong 等通过石墨烯和纤维素纤维之间的氢键相互作用，成功制备出一种还原氧化石墨烯涂层莲花纤维（RGOLF），RGOLF 在短曝光时间（3min）内表现出较高的电导率，并对有害 NO_2 气体分子的卓越传感性能，包括低检测限（1ppm）、高选择性和耐相对湿度。因此，可将 RGOLF 用于监测空气中的 NO_2 气体。

瑞等结合金属有机框架（MOF）与多壁碳纳米管（MWCNT），开发出 MOF/MWCNT 和衍生金属氧化物（MO）/MWCNT 混合纤维，两种纤维均可实现低至 0.1ppm 的 NO_2 超低检测限。如图 11-19 所示，MOF/MWCNT 混合纤维具有高柔韧性，实现了可根据实际需求变形为各种形状，通过将其缝入市售纺织面料，并用透明聚对苯二甲酸乙二醇酯（PET）柔性基板、银浆和铜线来固定 MWCNT 基光纤，最后将其与信号输出设备连接，实现对实验室 NO_2 气体的实时监测。图（a）为编织成实验外套的混合纤维的照片和织物气体传感器的示意图；图（b）为具有不同 Co_3O_4 负载量的 Co_3O_4/MWCNT 混合纤维在 0.1~20ppm 浓度范围内的归一化实时相关响应曲线；图（c）为计算得出的 Co_3O_4/MWCNT 混合纤维响应与 0.1~20ppm 范围内 NO_2 浓度的函数关系。

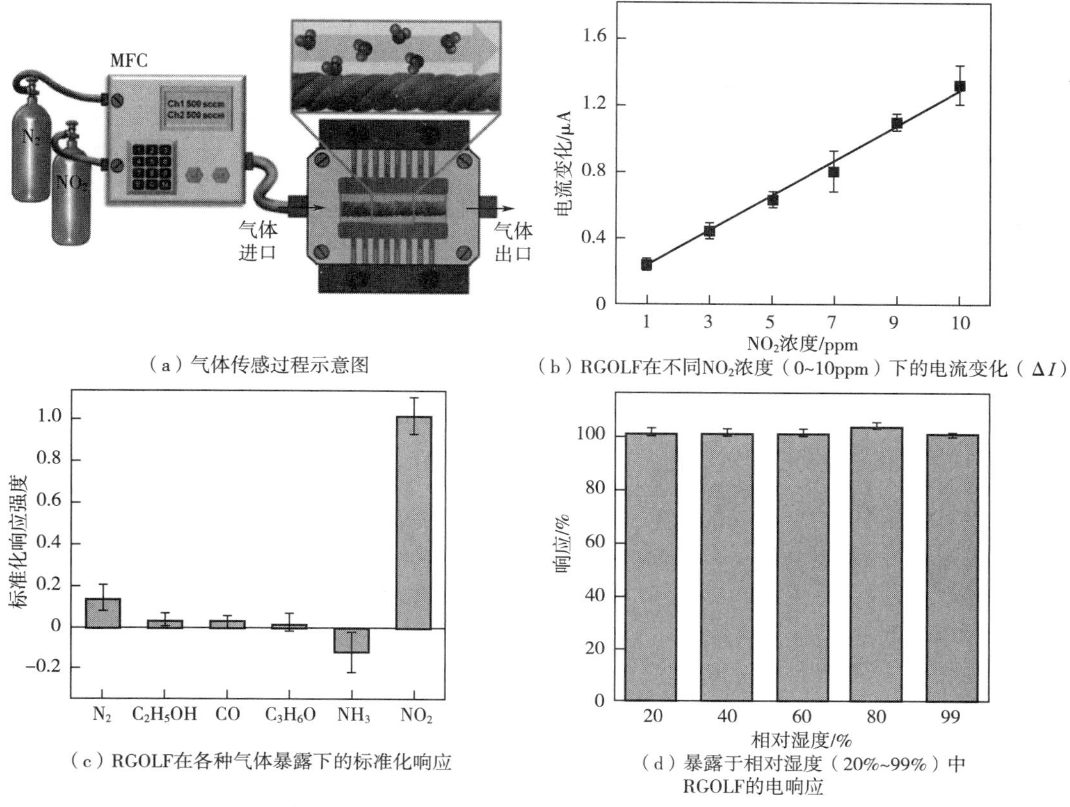

（a）气体传感过程示意图

（b）RGOLF在不同NO_2浓度（0~10ppm）下的电流变化（ΔI）

（c）RGOLF在各种气体暴露下的标准化响应

（d）暴露于相对湿度（20%~99%）中RGOLF的电响应

图 11-18　RGOLF 作为气体传感器监测气态污染物

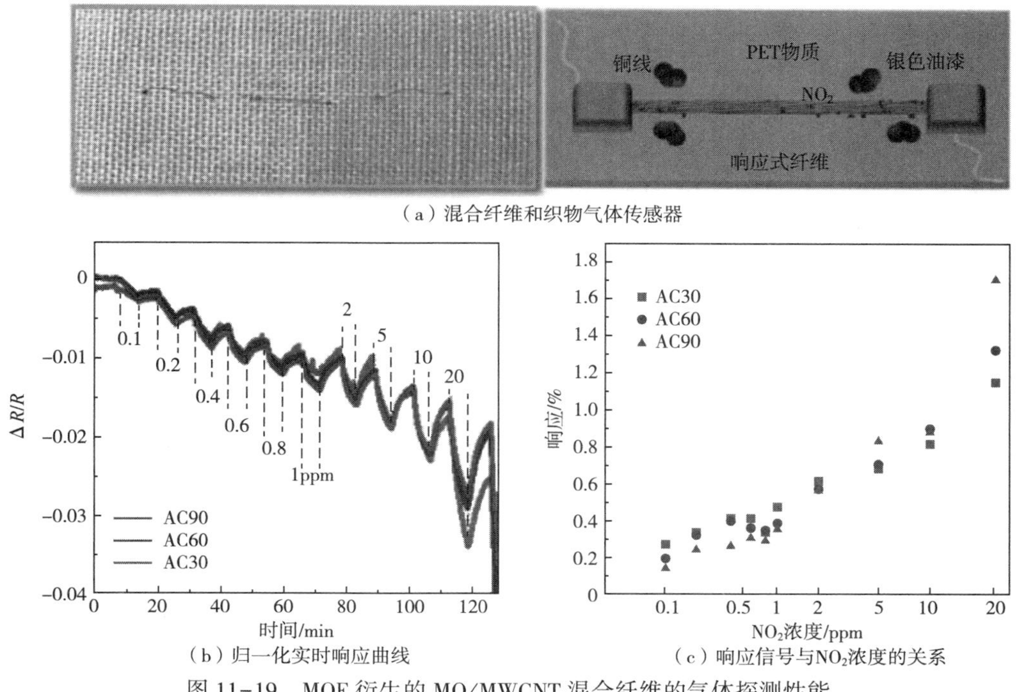

（a）混合纤维和织物气体传感器

（b）归一化实时响应曲线

（c）响应信号与NO_2浓度的关系

图 11-19　MOF 衍生的 MO/MWCNT 混合纤维的气体探测性能

11.3.1.2 挥发性有机化合物

随着各种产品中有机化学品的使用越来越多，许多挥发性有机化合物（VOC）会在室温下蒸发，吸入VOC会严重影响健康。因此，不仅在工业中，而且在日常生活中，均迫切需要监测VOC。为了便于收集有关VOC存在的信息，迫切需要开发一种易于携带、易于佩戴且舒适的传感器。

蒋等采用简单的丝网印刷技术研发了一种用于可穿戴甲醇传感应用的电化学传感器（图11-20）。该传感器可在各种基底上（如PET、棉质和丁腈手套）表现出良好的线性关系、高选择性（多种挥发性化合物）、可靠的重复性、良好的稳定性以及优异的拉伸和弯曲性能，且无须预处理或在功能墨水中添加任何聚合物。由于其良好的蒸气或液体环境适应性以及通过不同含量的铂催化剂修饰而具有多种传感行为（高灵敏度和宽线性范围），该甲醇传感器在智能可穿戴设备的环境监测中具有巨大的应用潜力。

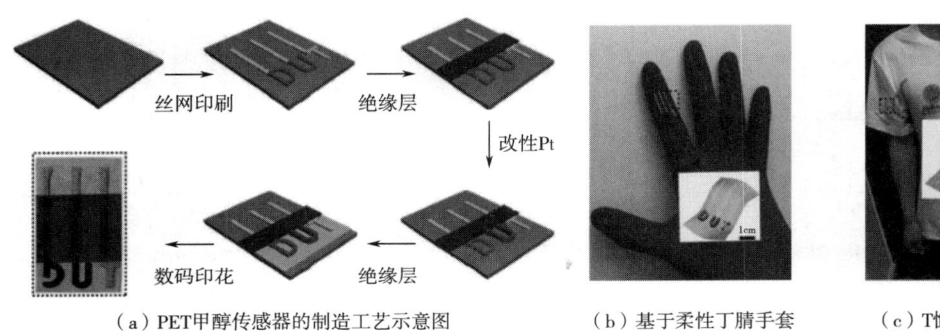

（a）PET甲醇传感器的制造工艺示意图

（b）基于柔性丁腈手套传感器阵列的光学图像

（c）T恤中柔性棉基传感器的光学图像

图11-20 用于甲醇分析的可穿戴传感器

11.3.1.3 湿度

高等采用一种新型原位冷冻聚合辅助逐层自组装方法制备了具有高导电性的再生纤维素纤维—聚吡咯（RCF—PPy）复合纤维，该复合纤维具有87.66mS/cm的高电导率和出色的湿度监测传感性能（灵敏度可达0.895%/RH）。如图11-21所示，通过将RCF—PPy3传感器置于博物馆中，用于实时监测文物所处空气环境的湿度状况，从而保护文物。

11.3.2 健康监测

疾病的早期诊断和预防越来越受到个性化医疗保健的关注。因此，持续获取和监测健康状况至关重要。然而，目前的医疗实践需要昂贵的设备、训练有素的人员、专门的实验室和长时间的分析，这对于实时健康监测和疾病诊断/预防来说并不是最佳选择。监测设备需要能够安装在皮肤表面或嵌入穿戴式产品中，以实现实时、便携、持续且无创的有效医疗保健。

11.3.2.1 呼吸监测

人类呼出的气体中含有多种挥发性有机和无机化合物，主要气态成分为N_2（78.04%）、

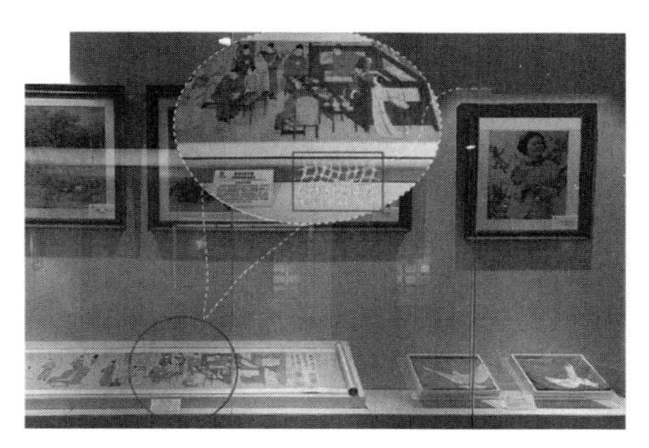

（a）遗产保护中的智能湿度传感

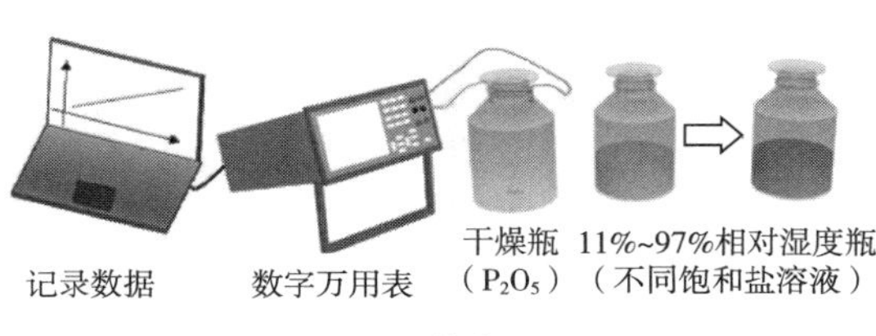

（b）湿度传感装置

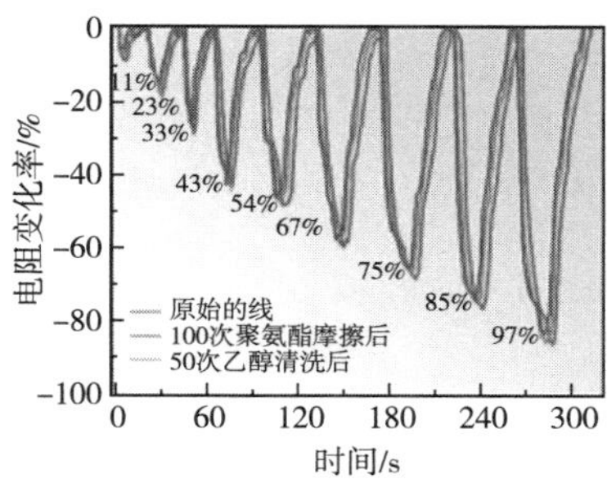

（c）RCF—PPy3的耐摩擦和耐洗涤性

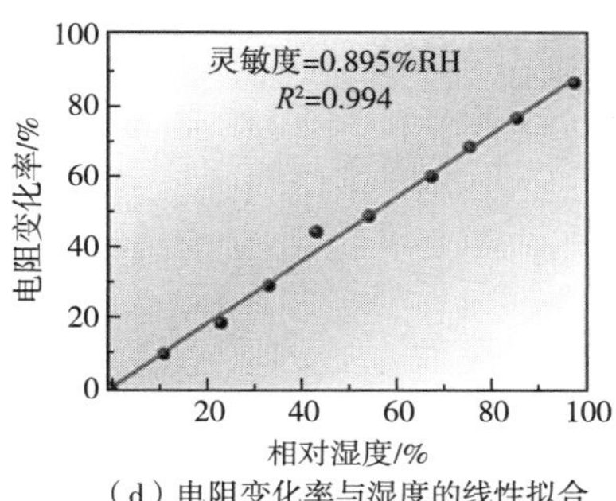

（d）电阻变化率与湿度的线性拟合

图 11-21　RCF—PPy3 湿度传感器

O_2（16%）、CO_2（4%~5%）和水蒸气。VOC 通常作为各种细胞代谢过程或氧化应激的副产品产生，因此，VOC 的浓度通常取决于饮食、环境和患者的疾病状态。广泛的临床试验已将包括癌症、阿尔茨海默病、帕金森病、糖尿病、哮喘等在内的多种严重疾病与人类呼出的挥发性分子联系起来。因此，对人类呼出气体中的生物标志物进行分析是一种廉价、快速、无害、非侵入性的疾病检测和健康监测途径。但传统方法需要昂贵的设备和高水平的专业知识，因此不适合实时健康监测。

高等制造了具有单壁碳纳米管（SWCNT）、多壁碳纳米管（MWCNT）和 ZnO 装饰的 SWCNT（SWCNTs@ZnO）柔性光纤气体传感器。如图 11-22 所示，这些灵活的光纤气体传感器可在室温下以良好的灵敏度和恢复时间检测目标气体，并显示出优越的长期稳定性以及良好的器件机械弯曲能力。通过将这些柔性气体传感器集成到面罩中，制造的可穿戴式智能口罩可选择性检测 C_2H_5OH、HCHO 和 NH_3，这样的智能口罩在物联网、可穿戴等领域有着巨大的应用潜力。

11.3.2.2　伤口监测

龚等利用便捷的湿法纺丝技术，选用不同含量的本征导电纳米纤维素（CNFene）成功制备出增强的多功能再生纤维（SF）。受不同愈合阶段伤口周围湿度水平不同的启发，将具有良好湿度敏感性的 SF_1 纤维作为监测伤口愈合的智能敷料。将 SF_1 附着在绷带内侧，通过纤维的电阻值来确定伤口周围的湿度值，从而判断伤口的愈合情况，并实现伤口愈合情况的可视化（图 11-23）。

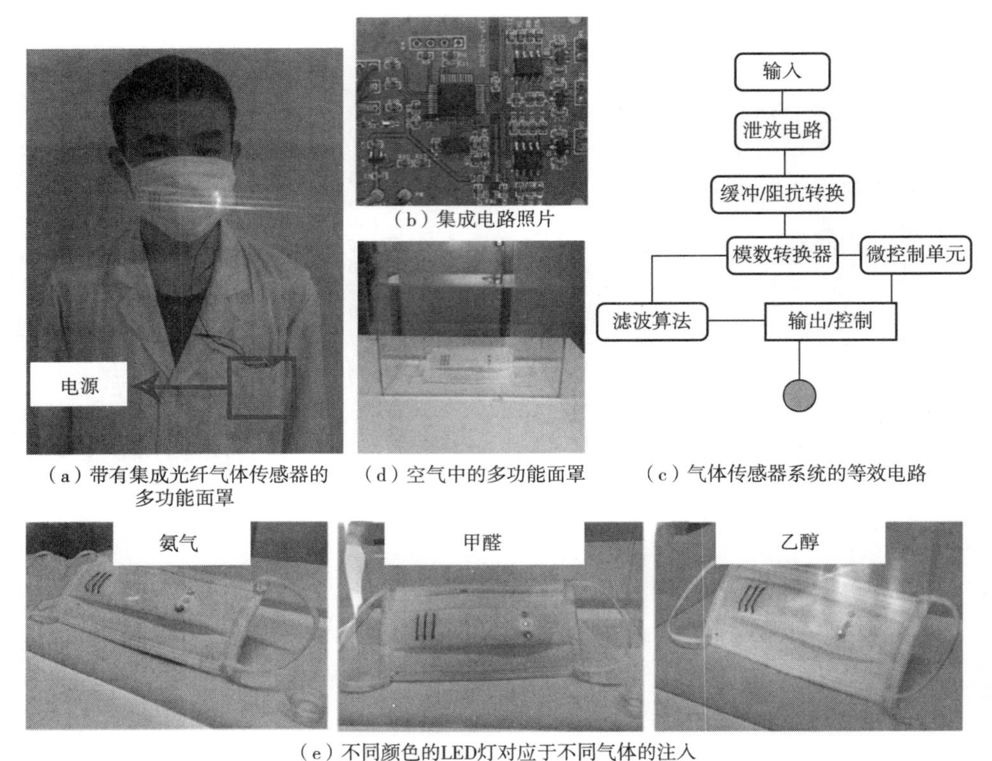

（a）带有集成光纤气体传感器的多功能面罩　（b）集成电路照片　（c）气体传感器系统的等效电路　（d）空气中的多功能面罩　（e）不同颜色的LED灯对应于不同气体的注入

图 11-22　SWCNT（SWCNTs@ ZnO）柔性光纤气体传感器

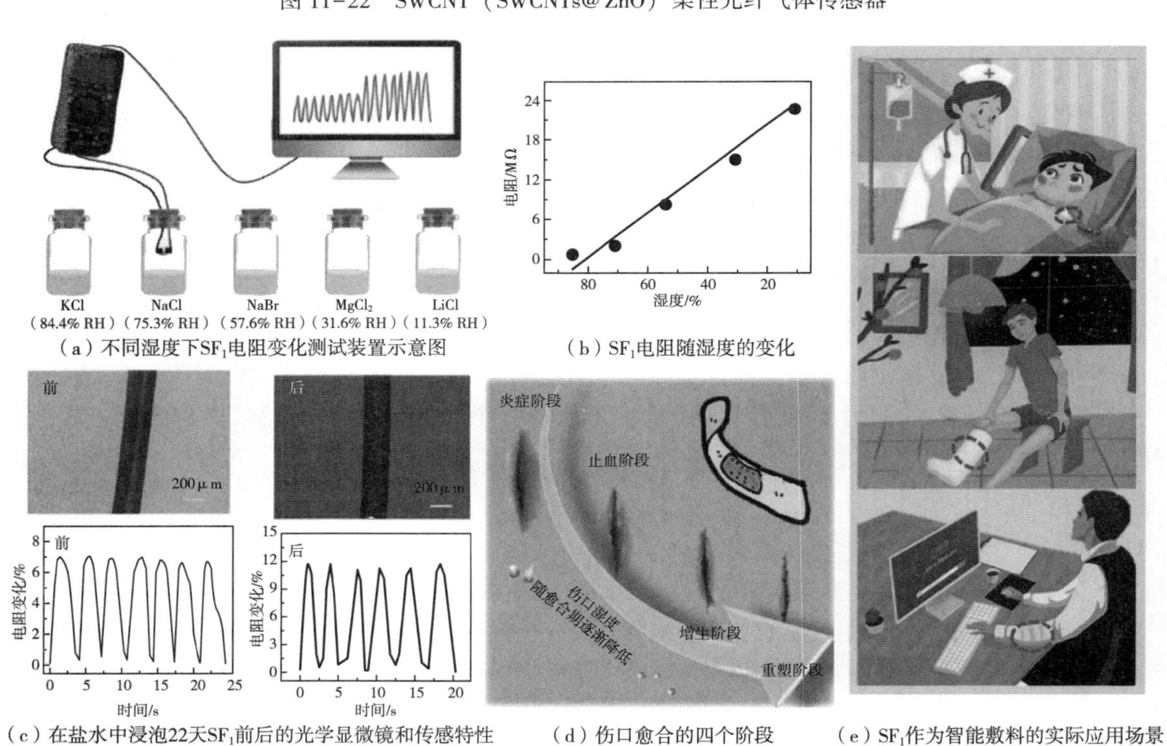

（a）不同湿度下SF_1电阻变化测试装置示意图　（b）SF_1电阻随湿度的变化　（c）在盐水中浸泡22天SF_1前后的光学显微镜和传感特性　（d）伤口愈合的四个阶段　（e）SF_1作为智能敷料的实际应用场景

图 11-23　SF_1 作为智能敷料的潜在应用

11.3.2.3　智能家居

物联网（IoT）技术和 5G 通信的普及为智慧城市和智能家居的快速发展提供了机遇，在构建安全健康可持续的未来城市中，基于大数据云平台的智能气体传感器发挥着重要的作用。预计在未来的城市生活中，每个家庭都将安装智能气体传感器，可高精度地实时监测可燃气体和有毒气体，如 H_2、CO、NO_2、甲醛、甲苯等。

欧阳等通过选择性蚀刻纱线的表面而不损坏其内部结构，随后利用由聚苯胺（PANI）和碳纳米管（CNT）组成的定制导电涂料进行功能化涂覆得到具有高强度、高电导率、可监测有害气体的智能纤维 SCP20。如图 11-24 所示，采用 SCP20 组装的便携式气体传感装置可以在浴室、卧室、厨房和客厅中，实时监测四种挥发性有害气体（氨气、甲醛、甲苯和乙醇）的浓度。

11.3.3　公共安全与安保

由于当前化学武器和爆炸物造成的安全威胁，检测此类危险对于全球公共安全和安保至关重要。化学武器可分为神经毒剂（膦酸的酰胺或酯衍生物）、起泡毒剂（硫芥、氮芥）、窒息性毒剂（氯和光气）、血液毒剂（氰化氢、氯化氰）等。神经毒剂因其剧毒的生物效应而被用来制造社会威胁，并且通过常用化学物质的简单反应即可轻松制备。大多数这些有毒气体既不易被察觉，也不能在人体中检测到，但暴露可能造成严重伤害。因此，现场快速检测此类能够威胁人类生命的有毒气体至关重要。

11.3.3.1　神经毒剂检测

神经毒剂如环沙林（GF）、甲基硫代膦酸（VX）、沙林（GB）、索曼（GD）、塔崩（GA）等，属于有机磷（OP）家族，是磷酸酯衍生物，其结构与几种杀虫剂类似。这些神经

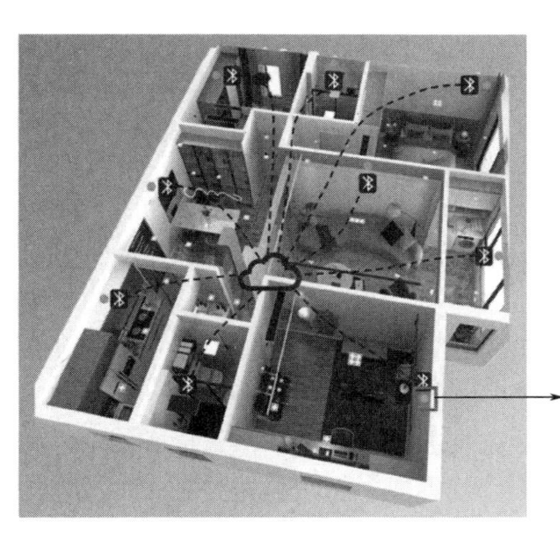

（a）智能家居无线气体传感装置布局

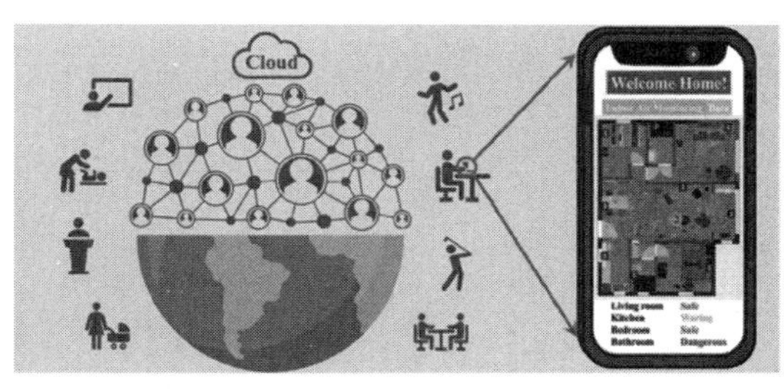

（b）利用智能手机对不同地点进行远程气体监测

（c）无线气体传感装置的组成和结构示意图

图 11-24

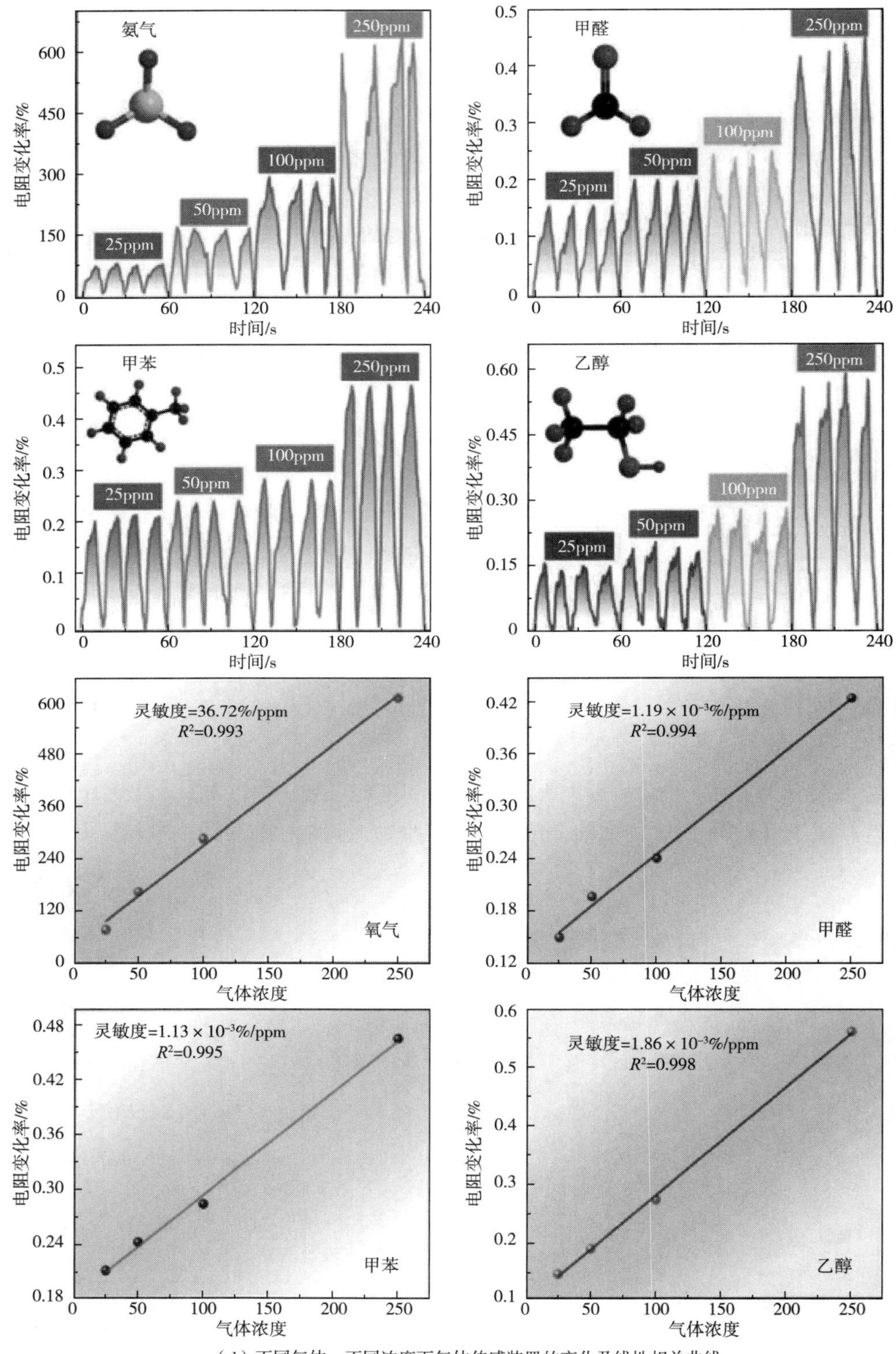

（d）不同气体、不同浓度下气体传感装置的变化及线性相关曲线

图 11-24 便携式设备对有害气体的实时监测

毒剂特别是 G 系列毒剂，如沙林、索曼、塔崩等，通过不可逆地抑制关键中枢神经酶乙酰胆碱酯酶（AChE）来阻止神经递质乙酰胆碱（ACh）的水解，使乙酰胆碱在突触连接处积聚并阻止肌肉放松，使中枢神经系统失去功能，这可能导致瘫痪，甚至加速死亡。

11.3.3.2 炸药检测

爆炸物的存在不仅会造成巨大的财产损失和人员伤亡，而且会通过长期和短期接触对健康造成威胁。因此，快速、有选择性和灵敏地检测爆炸物对于最大限度减少伤亡和损害至关重要。爆炸物可以埋藏，并且对冲击、摩擦或撞击非常敏感，因此，对这些威胁进行非接触式气相检测非常必要。由于大多数炸药在常温下具有极低的蒸气压，因此检测这些微量爆炸物十分困难。目前，已经开发了多种方法检测爆炸物，例如离子迁移谱（IMS），质谱，气相色谱，气相色谱耦合与质谱联用（GC—MS）等。现有检测技术大多数都具有高度选择性，但有些技术体积庞大且昂贵，此外，有些则不易现场部署，需要耗时校准以及经过培训的人员来操作。因此，公共场所的爆炸物检测需要用户友好、低成本、高灵敏度、高选择性、可大规模部署的小型化传感器。为此，可穿戴的气体传感纤维及纺织品受到了极大关注。

陈等将单壁碳纳米管附着到布料上成功制备出在可穿戴电子产品方面具有巨大潜力的 SWNT 化学传感器。如图 11-25 所示，这些 SWNT 化学传感器在室温下对化学蒸气［包括 8ppb 三硝基甲苯（TNT）和 40ppb NO_2］表现出良好的灵敏度。此外，为实现爆炸物电子鼻（e-nose）系统的概念，相关研究人员制造了基于氧化锌纳米线的化学传感器，该传感器在室温下对 TNT 分子的检测限为 60ppb，接近美国职业安全与健康管理局规定的 1.5ppb TNT 限值。这表明 SWNT 化学传感器可立即应用于需要机械灵活性、重量轻和高灵敏度的系统。

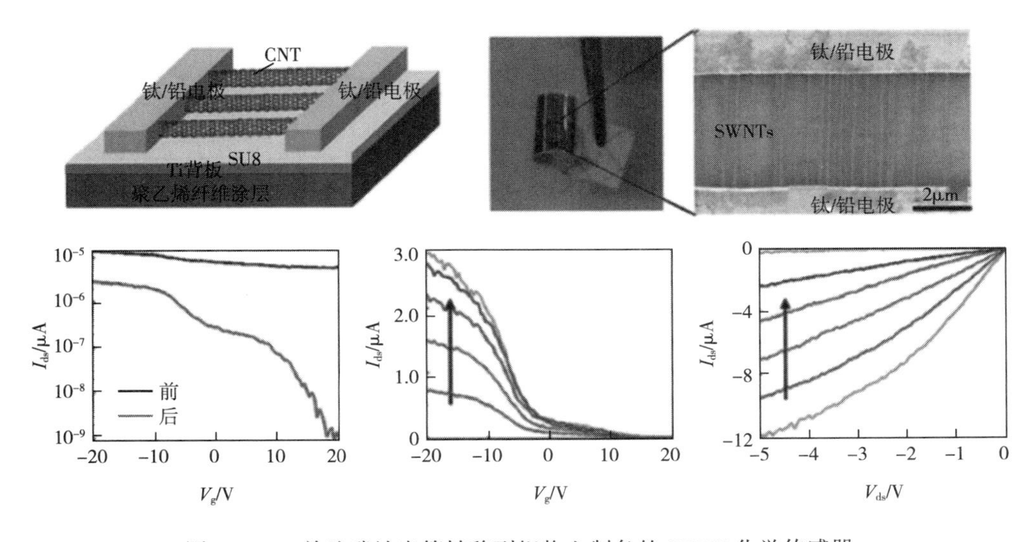

图 11-25 单壁碳纳米管转移到织物上制备的 SWNT 化学传感器

11.3.4 食品安全监测

根据调查，全球生产的食品有三分之一在收获、包装、分配、加工或消费过程中变质。食用变质的食物会导致不同类型的食源性疾病，这也成为一个日益受到社会关注的问题。因此，开发经济可行且方便的方法来检查或监测食品腐败、污染以及保存以确保食品安全和卫生非常重要。

唐等开发了一种基于柔性纳米线、支持智能手机传感器的集成系统，用于实时监测 NH_3，检测信号被发送到智能手机并实时显示在屏幕上（图 11-26）。这种基于纳米线的传感器表现出优异的灵活性和耐久性。此外，集成的 NH_3 传感系统具有更强的检测性能，检测限为 100ppb，并具有高选择性和重现性。柔性纳米线传感器的功耗低至 3μW。使用该系统进行测量，可获得有关食品腐败的可靠信息。这种基于柔性纳米线传感器的智能手机集成系统提供了一种便携式、高效的方法来监测日常生活中的 NH_3。

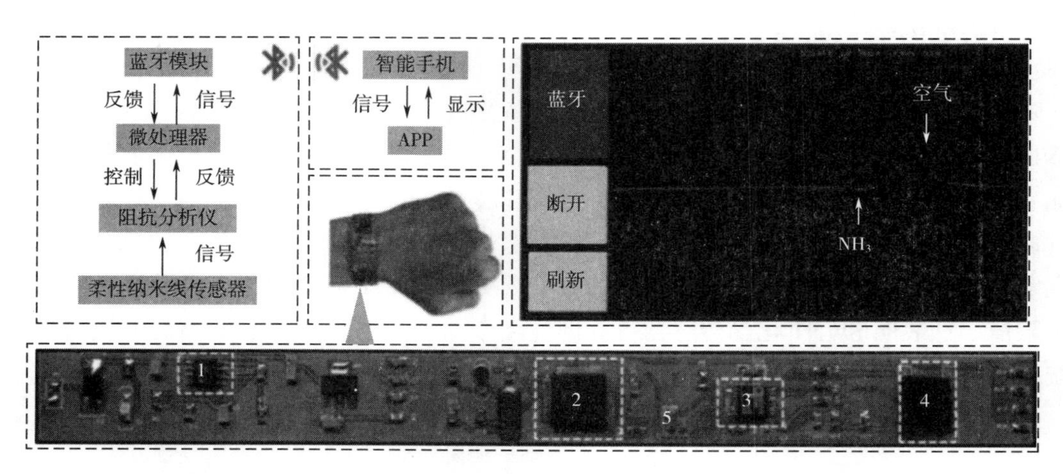

图 11-26 基于柔性纳米线的智能集成系统用于食品腐败实时监测

11.4 总结与展望

纤维和纺织品具有柔软、透气的特点，但在对其进行功能化的同时，会牺牲纺织品的固有优点。因此，开发纺织基气体传感器时，在不降低传感灵敏度的前提下，如何保持纤维原有的柔性、透气性也是需要考虑的问题。气体传感器的敏感材料开发器件结构设计日新月异，构筑的柔性气体传感纤维及纺织品，面向可穿戴和柔性电子领域的需求，还需要关注以下几个方面：

（1）敏感材料是气体传感器的基础，但目前敏感材料的选择缺乏理论指导。以后相关研究人员还需探索和制备高性能的敏感材料体系，深入研究和归纳敏感材料和性能之间的关系，并总结规律。

（2）虽然通过调控敏感材料的形貌、结构可以提高传感器的气敏性能，但是室温气体传感器的响应和恢复速率以及长期稳定性仍有待提高。如何提升气体传感器的响应—恢复速率和稳定性，将是未来研究的重点。

（3）构筑的柔性室温气体传感器的应用目标领域是可穿戴电子设备。因此，相关研究人员在未来的研究中要注重对传感器柔性性能的分析，模拟真实应用环境，完善器件的气敏性能和耐弯曲性能，努力实现向实际应用的转化。

参考文献

[1] HUFENBACH W, ADAM F, FISCHER W J, et al. Mechanical behaviour of textile-reinforced thermoplastics with integrated sensor network components [J]. Materials & Design, 2011, 32(10): 4931-4935.

[2] NAUMAN S, CRISTIAN I, KONCAR V. Simultaneous application of fibrous piezoresistive sensors for compression and traction detection in glass laminate composites [J]. Sensors, 2011, 11(10): 9478-9498.

[3] MATTMANN C, CLEMENS F, TRÖSTER G. Sensor for measuring strain in textile [J]. Sensors, 2008, 8(6): 3719-3732.

[4] KNITTEL D, SCHOLLMEYER E. Electrically high-conductive textiles [J]. Synthetic Metals, 2009, 159(14): 1433-1437.

[5] 孙华悦，向宪昕，颜廷义，等. 基于智能纤维和纺织品的可穿戴生物传感器 [J]. 化学进展，2022，34(12)：2604-2618.

[6] 李冬梅，黄元庆，张佳平，等. 几种常见气体传感器的研究进展 [J]. 传感器世界，2006，12(1)：6-11.

[7] QIAN R C, LONG Y T. Wearable chemosensors: A review of recent progress [J]. Chemistry Open, 2018, 7(2): 118-130.

[8] YI N, SHEN M Z, ERDELY D, et al. Stretchable gas sensors for detecting biomarkers from humans and exposed environments [J]. TrAC Trends in Analytical Chemistry, 2020, 133: 116085.

[9] MISHRA R K, BARFIDOKHT A, KARAJIC A, et al. Wearable potentiometric tattoo biosensor for on-body detection of G-type nerve agents simulants [J]. Sensors and Actuators B: Chemical, 2018, 273: 966-972.

[10] MISHRA R K, MARTÍN A, NAKAGAWA T, et al. Detection of vapor-phase organophosphate threats using wearable conformable integrated epidermal and textile wireless biosensor systems [J]. Biosensors and Bioelectronics, 2018, 101: 227-234.

[11] YANG L, YI N, ZHU J, et al. Novel gas sensing platform based on a stretchable laser-induced graphene pattern with self-heating capabilities [J]. Journal of Materials Chemistry A, 2020, 8(14): 6487-6500.

[12] TANG N, ZHOU C, XU L H, et al. A fully integrated wireless flexible ammonia sensor fabricated by soft nano-lithography [J]. ACS Sensors, 2019, 4(3): 726-732.

[13] SEMPIONATTO J R, MISHRA R K, MARTÍN A, et al. Wearable ring-based sensing platform for detecting chemical threats [J]. ACS Sensors, 2017, 2(10): 1531-1538.

[14] LI W W, CHEN R S, QI W Z, et al. Reduced graphene oxide/mesoporous ZnO NSs hybrid fibers for flexible, stretchable, twisted, and wearable NO_2 E-textile gas sensor [J]. ACS Sensors, 2019, 4(10): 2809-2818.

[15] GAO Z Y, LOU Z, CHEN S, et al. Fiber gas sensor-integrated smart face mask for room-temperature distinguis-

hing of target gases [J]. Nano Research,2018,11(1):511-519.

[16] MA H T,JIANG Y,MA J L,et al. Highly selective wearable smartsensors for vapor/liquid amphibious methanol monitoring [J]. Analytical Chemistry,2020,92(8):5897-5903.

[17] SINGH E,MEYYAPPAN M,NALWA H S. Flexible graphene-based wearable gas and chemical sensors [J]. ACS Applied Materials & Interfaces,2017,9(40):34544-34586.

[18] WANG T,GUO Y L,WAN P B,et al. Flexible transparent electronic gas sensors [J]. Small,2016,12(28):3748-3756.

[19] BROZA Y Y,VISHINKIN R,BARASH O,et al. Synergy between nanomaterials and volatile organic compounds for non-invasive medical evaluation [J]. Chemical Society Reviews,2018,47(13):4781-4859.

[20] ZHOU X Y,XUE Z J,CHEN X Y,et al. Nanomaterial-based gas sensors used for breath diagnosis [J]. Journal of Materials Chemistry B,2020,8(16):3231-3248.

[21] ZHENG Y G,LI H Y,SHEN W F,et al. Wearable electronic nose for human skin odor identification:A preliminary study [J]. Sensors and Actuators A:Physical,2019,285:395-405.

[22] ZHU R,DESROCHES M,YOON B,et al. Wireless oxygen sensors enabled by Fe(Ⅱ)-polymer wrapped carbon nanotubes [J]. ACS Sensors,2017,2(7):1044-1050.

[23] YUN Y J,HONG W G,CHOI N J,et al. Ultrasensitive and highly selective graphene-based single yarn for use in wearable gas sensor [J]. Scientific Reports,2015,5:10904.

[24] NGUYEN N,PARK J G,ZHANG S L,et al. Recent advances on 3D printing technique for thermal-related applications [J]. Advanced Engineering Materials,2018,20(5):1700876.

[25] BIHAR E,DENG Y X,MIYAKE T,et al. A Disposable paper Breathalyzer with an alcohol sensing organic electrochemical transistor [J]. Scientific Reports,2016,6:27582.

[26] CROWLEY K,MORRIN A,HERNANDEZ A,et al. Fabrication of an ammonia gas sensor using inkjet-printed polyaniline nanoparticles [J]. Talanta,2008,77(2):710-717.

[27] ZHANG M,SUN J J,KHATIB M,et al. Time-space-resolved origami hierarchical electronics for ultrasensitive detection of physical and chemical stimuli [J]. Nature Communications,2019,10(1):1120.

[28] ARICA T A,ISıK T,GUNER T,et al. Advances in electrospun fiber-based flexible nanogenerators for wearable applications [J]. Macromolecular Materials and Engineering,2021,306(8):2100143.

[29] WANG X M,SUN F Z,YIN G C,et al. Tactile-sensing based on flexible PVDF nanofibers *via* electrospinning:A review [J]. Sensors,2018,18(2):330.

[30] WANG Y,YOKOTA T,SOMEYA T. Electrospun nanofiber-based soft electronics [J]. NPG Asia Materials,2021,13:22.

[31] STANKUS J J,GUAN J J,FUJIMOTO K,et al. Microintegrating smooth muscle cells into a biodegradable,elastomeric fiber matrix [J]. Biomaterials,2006,27(5):735-744.

[32] KIDOAKI S,KWON I K,MATSUDA T. Mesoscopic spatial designs of nano-and microfiber meshes for tissue-engineering matrix and scaffold based on newly devised multilayering and mixing electrospinning techniques [J]. Biomaterials,2005,26(1):37-46.

[33] KWEON O Y,LEE M Y,PARK T,et al. Highly flexible chemical sensors based on polymer nanofiber field-effect transistors [J]. Journal of Materials Chemistry C,2019,7(6):1525-1531.

[34] CHO S Y,YU H,CHOI J,et al. Continuous meter-scale synthesis of weavable tunicate cellulose/carbon nanotube

fibers for high-performance wearable sensors [J]. ACS Nano,2019,13(8):9332-9341.

[35] CHEN P C,SUKCHAROENCHOKE S,RYU K,et al. 2,4,6-trinitrotoluene(TNT) chemical sensing based on aligned single-walled carbon nanotubes and ZnO nanowires [J]. Advanced Materials,2010,22(17):1900-1904.

[36] LINGHU C H,ZHANG S,WANG C J,et al. Transfer printing techniques for flexible and stretchable inorganic electronics [J]. NPJ Flexible Electronics,2018,2:26.

[37] ZHOU H L,QIN W Y,YU Q M,et al. Transfer printing and its applications in flexible electronic devices [J]. Nanomaterials,2019,9(2):283.

[38] SUN Y,WANG H H. High-performance,flexible hydrogen sensors that use carbon nanotubes decorated with palladium nanoparticles [J]. Advanced Materials,2007,19(19):2818-2823.

[39] KIM J W,PORTE Y,KO K Y,et al. Micropatternable double-faced ZnO nanoflowers for flexible gas sensor [J]. ACS Applied Materials & Interfaces,2017,9(38):32876-32886.

[40] XU H,XIANG J X,LU Y F,et al. Multifunctional wearable sensing devices based on functionalized graphene films for simultaneous monitoring of physiological signals and volatile organic compound biomarkers [J]. ACS Applied Materials & Interfaces,2018,10(14):11785-11793.

[41] KANG M N,JI S,KIM S,et al. Highly sensitive and wearable gas sensors consisting of chemically functionalized graphene oxide assembled on cotton yarn [J]. RSC Advances,2018,8(22):11991-11996.

[42] CHEONG D Y,LEE S W,PARK I,et al. Bioinspired lotus fiber-based graphene electronic textile for gas sensing [J]. Cellulose,2022,29(7):4071-4082.

[43] RUI K,WANG X S,DU M,et al. Dual-function metal-organic framework-based wearable fibers for gas probing and energy storage [J]. ACS Applied Materials & Interfaces,2018,10(3):2837-2842.

[44] GAO Z Y,WANG C,DONG Y J,et al. Freeze polymerization to modulate transverse-longitudinal polypyrrole growth on robust cellulose composite fibers for multi-scenario signal monitoring [J]. Chemical Engineering Journal,2024,485:149785.

[45] GONG R X,DONG Y J,GE D,et al. Wet spinning fabrication of robust and uniform intrinsically conductive cellulose nanofibril/silk conductive fibers as bifunctional strain/humidity sensor in potential smart dressing [J]. Advanced Fiber Materials,2024,6(4):993-1007.

[46] OUYANG Z F,LI S H,LIU J T,et al. Bottom-up reconstruction of smart textiles with hierarchical structures to assemble versatile wearable devices for multiple signals monitoring [J]. Nano Energy,2022,104:107963.

第 12 章　汗液传感纤维及纺织品

近年来，随着科技的迅速发展，心率、体温、血压等生命体征已经能够被可穿戴电子设备准确测量。然而，这些生物物理参数虽能直接反映人体的基本生理状态，但往往缺乏对人体内部动态生化与代谢过程的直接信息。生物体液（包含汗液、眼泪、唾液和组织液），特别是汗液，因具有便捷无创的采集方式、丰富的生理信息含量以及与血液生化指标的高度相关性，在揭示人体更深层次的生物分子状态、提供连续且实时生理信息方面也表现出巨大的潜力。因此，利用可穿戴式汗液传感监测平台在汗液产生的部位进行汗液收集和分析，进而实现自主、连续、实时的传感功能，对于监测生理健康状况和诊断疾病具有重要意义。其中，纤维及纺织品因具有高孔隙度、优异的柔韧性、卓越的透气性等优点，成为汗液传感系统构建的理想材料。

12.1　汗液传感纤维及纺织品的概念及传感机制

12.1.1　汗液生理学

汗液是一种由几乎在分布整个皮肤表面的汗腺分泌的生物液体，在维持生物体核心温度及皮肤内环境平衡等方面起着非常重要的作用。其主要由水和盐组成，但也包含多种其他生物成分，如电解质（K^+、Na^+、Cl^-）、代谢物（乳酸、葡萄糖、尿素、氨基酸）、激素（皮质醇，脱氢表雄酮）、蛋白质（细胞因子，抗体）、和微量营养素（维生素 C、钙、铁）等。汗液中富含生物标志物的浓度与生物体的生理状态和心理信息等有着密切的关联。

近年来，人们对汗腺结构和汗液分泌机制等汗液生理学的认识不断加深。汗腺的形态为管状，起源于真皮层，并通过表皮和角质层延伸到皮肤表面。汗腺由分泌线圈及导管（近端、远端）组成。分泌线圈在真皮层内呈盘绕状分布，主要产生高渗原始汗液，并在渗透压的驱动下由近端导管向远端导管推进，最终到达皮肤表面。根据生理条件和外部刺激的不同，汗液分泌的形式也存在差异，包含自然分泌出汗、热调节性出汗、运动性出汗、精神性出汗及离子诱导出汗等。汗腺分泌汗液主要受交感神经系统胆碱能纤维的调节。分泌过程可分为两个阶段，即最初产生高浓度汗液，随后离子的重吸收导致汗液变成低渗汗液。值得注意的是，不同诱导方式下的汗液分泌速率存在差异，会对汗液中生物标志物的浓度造成影响。因此，在进行汗液生物标志物研究时，需综合考虑各种因素，如个体差异、环境因素干扰等。此外，为了有效地将无创汗液测量与系统水平的时间和浓度变化联系起来，进一步阐明导致动态汗液浓度和分析物分配的内在关联，并增加对汗腺和周围皮肤组织的生理学的理解。

12.1.2　汗液传感纤维及纺织品的概念

汗液传感纤维及纺织品是一种具备检测、识别和响应人体汗液中生化数据功能的特殊材料。其中纤维及纺织品由于其固有特性，如优异的透气性、柔软性、吸湿性等，可以很好地适应多种可变形应用场景，提供优异的舒适度和自由度，因而在该领域备受瞩目。完整的传感系统通常包含汗液收集与运输基底、传感工作电极、信号处理及信息传输元件和功能模块四大部分。

12.1.3　汗液传感纤维及纺织品的传感机制

基于各种检测方法的新型汗液传感平台引起了人们对于个性化医疗现场无创和实时生物标志物检测领域的极大关注。目前，常见的汗液传感纤维及纺织品大多数都是基于光学和电化学检测机制（图 12-1）。

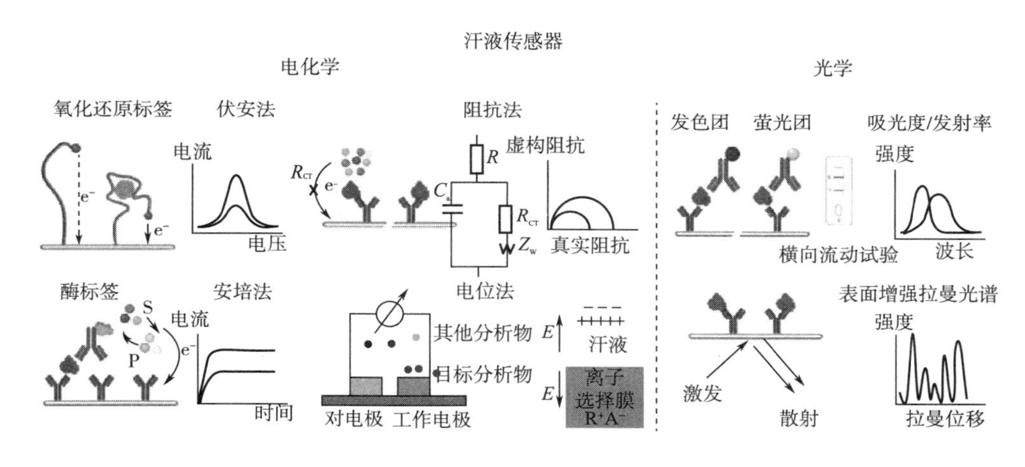

图 12-1　基于光学和电化学检测机制的汗液传感纤维及纺织品

12.1.3.1　基于光学检测的汗液传感纤维及纺织品

基于光学的汗液传感纤维及纺织品通常通过监测吸光度（比色法）、发射（荧光或发光）或散射（等离子体）来检测生物标志物。在比色传感中，目标分析物和比色底物的化学反应产物可引起光波长或强度的可量化变化，从而致使比色试剂颜色发生可见的改变。依照所产生的颜色变化，人们能够对目标分析物进行定量分析。根据刺激机制的不同，显色试剂的变色过程可分为电致变色（用于酶促反应中的电子转导）、离子致变色（用于靶离子检测）或盐致变色（用于 pH 感应）。比色传感具有结构简单、成本低等优点，并且在检测过程中无须消耗电能，从而使构建无电源的可穿戴汗液传感纤维及纺织品成为可能。比色传感通常与微流控平台相结合，可用于快速、便携和一次性检测的应用场景。

此外，荧光传感和等离子体传感也都是典型的基于光学检测的汗液传感方式。荧光传感利用目标分析物引起纳米材料荧光强度或激发发射峰位置的变化，实现对目标分析物定性和定量分析；等离子体传感利用电磁场和等离子体金属纳米结构来增强信号。但这两种方法，通常需要额外借助外部设施，如光源、光学附件、表面增强拉曼光谱（SERS）设备等，操作过程较为烦琐，因此不适用于日常的佩戴和长期监测。

12.1.3.2 基于电化学检测的汗液传感纤维及纺织品

基于电化学检测的汗液传感纤维及纺织品具有高选择性、高灵敏度、高稳定性等特点，是测量汗液中生物标志物的理想方法。根据测试方法，主要分为电位法、伏安法、安培法和电化学阻抗法。

电位法一般是指开路电位（OCP）试验，通过测试两个电极之间的电位差来表示被分析物的浓度。电位型汗液传感器通常由一个用目标敏感成分修饰的传感电极和一个在不同溶液（如汗液）中保持稳定电位的参比电极（RE）组成。该方法常用来检测汗液中的主要离子，如 K^+、Na^+、Ca^{2+}、H^+等。电位法操作简单，选择性高，但灵敏度较低，仅适用于测定较高浓度的汗液离子（一般在 μmol/L～mmol/L 之间）。在伏安检测中，动态电压以线性或循环扫描方式施加在工作电极上，诱导目标生物标志物在工作电极表面被氧化或还原，产生电流，从而获得伏安曲线。常用的伏安法有循环伏安法（CV）、方波伏安法（SWV）、差分脉冲伏安法（DPV）、线性扫描伏安法（LSV）等。

伏安法通常涉及一个三电极系统，包括具有高稳定性和高表面积的工作电极（WE），形成闭合电路的对电极（CE）和具有稳定电位的参比电极。伏安法检测灵敏度高，可以通过改变电势扫描方式来实现不同的检测需求，因此可广泛应用于汗液中多种分析物的检测，如葡萄糖、尿酸、抗坏血酸、咖啡因等。但伏安法仍然存在一些不足之处亟待进一步优化，如电压扫描可能会触发背景反应从而导致所需信号被阻塞或干扰，从而需要更复杂的后处理来提取和识别分析物相对应的峰。

安培法对目标物质的检测也依赖于一个三电极系统。工作电极通常使用能够对目标生物标志物进行特定催化的催化剂进行修饰。最常见的安培传感器类型是酶基传感器，其中具有高目标特异性和灵敏度的生物催化剂被固定在电极表面的亲水多孔基质中，作为生物活性催化剂。在传感过程中，在工作电极和对电极之间施加恒定电压，使目标物质通过酶发生催化氧化反应，产生法拉第电流。电流信号的强度与目标分析物的浓度线性相关，因此可以通过测量电流强度来确定分析物的浓度。在理想的安培传感器中，电流密度应与目标浓度呈线性比例关系。目前，安培传感器已被应用于可穿戴的不同应用领域，如监测汗液中的天然代谢物，食物和药物的摄入量，以及潜在的环境危害等。此外安培法可以与电位法相组合，可拓宽其检测生物标志物的类别。

电化学阻抗法也是一种重要的电化学分析方法。该方法通过测量电化学系统在不同频率下的阻抗响应，来研究汗液中特定成分的电化学行为。其原理在于，当向电化学传感器施加一个小的交流电压或电流信号时，会引起电极与汗液界面处电荷分布的变化，进而产生阻抗响应。通过分析这些阻抗响应，可以获取关于汗液中离子浓度、电荷转移过程以及界面反应动力学的信息。电化学阻抗法能够提供丰富的电化学信息，包括电荷转移电阻、双电层电容等参数，然而由于汗液成分的复杂性，多个电化学过程可能同时发生，这导致阻抗谱的解析变得复杂。并且电化学阻抗法的测量结果受到多种因素的影响，如温度、湿度、电极材料等，因此需要严格控制实验条件以确保测量结果的准确性。

12.2　汗液传感纤维及纺织品工作电极的制备方法

12.2.1　汗液传感纤维及纺织品工作电极材料选取

汗液传感纤维的工作电极是实现汗液中特定成分检测的关键部分，它通常由电极基底以及具有特异响应性的功能材料组成。这些功能材料不仅需要具备良好的导电性以确保电子的传输，还需具备对汗液中特定成分（如离子、代谢物等）的特异性识别和响应能力。目前常用的材料有光敏材料、金属材料、碳材料、导电聚合物材料、生物受体材料等。

12.2.1.1　光敏材料

光敏材料是一类能够响应光信号并产生电信号或光信号变化的材料。在汗液传感领域，光敏材料通常被用来构建光学传感器，通过检测光信号的变化来间接反映汗液中特定成分的存在或浓度。常见的光敏材料有量子点、荧光染料、发光蛋白等。其中量子点是一种纳米尺度的半导体材料，具有独特的光学性质，如可调谐的荧光发射波长和较高的量子产率。通过选择合适的量子点种类和表面修饰方法，可以实现对汗液中特定离子或分子的高灵敏度检测。某些量子点可以与汗液中的金属离子发生络合作用，导致荧光强度或波长的变化，从而实现对离子的定量检测。而荧光染料是另一类常用的光敏材料，能够在特定波长的光激发下发出荧光。通过选择合适的荧光染料和相应的猝灭剂，可以构建基于荧光猝灭原理的传感器，用于检测汗液中的某些成分。当汗液中的特定物质与荧光染料结合时，会导致荧光强度的降低，从而实现对目标物质的检测。

12.2.1.2　金属材料

金属材料，特别是金属纳米材料及其衍生物，在汗液传感领域发挥着独特的作用。其中，贵金属［如金（Au）、银（Ag）、铂（Pt）等］，是常见的电极制备材料，不仅具有优异的导电性的同时，还表现出高效的催化氧化还原活性。此外，涵盖了铜（Cu）、钴（Co）、镍（Ni）、铁（Fe）等元素的过渡金属化合物，也具有丰富的化学与物理特性。相较于传统贵金属材料，过渡金属化合物以其更为稳定的化学性质及卓越的催化性能脱颖而出。其核心优势在于其纳米结构，该结构赋予了过渡金属化合物对生物小分子等目标物非凡的电催化活性，使其成为制备高性能非酶传感器的理想选择。过渡金属化合物不仅限于单一金属化合物形式，更可巧妙融合为双金属乃至多金属复合化合物，通过协同效应进一步提升催化效能与传感性能，这极大程度上拓宽其在汗液传感领域的应用范围。而金属有机框架（MOFs）材料是由金属离子/团簇和有机桥接配体通过配位键自组装形成的一类新型多孔晶体材料，其独特的结构、优异的催化性能、良好的导电性、稳定的化学性质以及灵活的集成性为汗液传感技术的发展提供了新的思路和方法，目前已然成为该领域的一大研究热点。当然，包含液态金属（LM）在内的新型金属材料也具有良好的发展潜力。

12.2.1.3 碳材料

碳材料，包含炭黑、石墨烯、氧化石墨烯（GO）、还原氧化石墨烯（rGO）、碳纳米管（CNTs）等，因其优异的导电性、低成本和批量生产潜力以及易于功能化而被广泛应用于汗液传感器中。石墨烯作为一种二维碳材料，具有极高的电子迁移率和比表面积，是电化学传感的理想材料。在汗液传感领域，石墨烯及其衍生物常被用作工作电极，能够高效地捕获汗液中的生物标志物并进行电化学检测。CNTs具有独特的中空结构和优异的电学性能，在汗液传感中也得到了广泛应用。CNTs不仅可以作为电极材料，提高传感器的导电性和灵敏度，还可以通过表面改性或复合其他材料，进一步提升传感器的选择性和稳定性。此外，包括碳纳米管纤维在内的碳纤维电极材料因其比表面积大、可变形性好、抗拉强度优异而备受关注。

12.2.1.4 导电聚合物材料

在导电聚合物中，用于汗液传感的材料主要包括聚苯胺（PANI）、聚吡咯（PPy）聚（3,4-乙烯二氧噻吩）（PEDOT）及其衍生物聚（3,4-乙烯二氧噻吩）-聚（苯乙烯磺酸盐）（PEDOT：PSS）等。这些导电聚合物因其优异的导电性、化学稳定性和生物相容性，在汗液传感领域具有广泛的应用前景。此类聚合物可以用于制备各种电化学传感器，用以检测汗液中的多种标志物。这些标志物可能包括但不限于电解质离子（如 Na^+、K^+）、乳酸、葡萄糖等代谢产物，以及pH等。然而，具体的传感目标取决于传感器的设计和优化。

12.2.1.5 生物受体材料

生物受体材料是一类能够与生物分子发生特异性相互作用的材料。当汗液样本与传感器接触时，目标分子会与生物识别元件发生特异性结合，从而触发传感器的响应。这种特异性相互作用使得传感器能够准确地区分和检测汗液中的目标分子，从而避免非特异性干扰。其中，酶是一种最典型的生物受体材料，在汗液传感领域扮演着至关重要的角色。常见的酶有葡萄糖氧化酶、乳酸氧化酶、胆碱氧化酶、尿酸氧化酶等。这些酶具有很高的选择性，能够特异性地识别并催化汗液中的特定底物，从而产生可检测的信号，用于监测人体的生理状态、代谢过程以及某些疾病标志物。研究人员通常会提高电极的比表面积并增加粗糙度，来提高酶的负载量，进而优化响应速度和检测灵敏度。但值得注意的是，在长期使用过程中，酶的活性可能受到温度、湿度、pH等环境因素的影响而降低，甚至失活。因此，基于酶的汗液传感纤维及纺织品往往不适用于长期的监测应用。为了解决这个问题，可以采用固定化酶技术（如吸附法、包埋法、交联法等）将酶固定在电极表面或载体上，以提高汗液传感纤维及纺织品稳定性和可重复使用性。

此外，生物受体材料还包含抗体、核酸和仿生材料等。抗体因其具有对靶点的亲和性、特异性、多功能性和商业可用性，也是应用非常广泛的生物受体。而适配体是一类新的生物受体，经体外筛选技术得到的寡核苷酸序列，与相应的配体有严格的识别能力和高度的亲和力。值得注意的是，仿生材料，特别是分子印迹聚合物（MIPs），是一类低廉、可批量生产的新兴仿生生物受体，在汗液传感领域具有良好的应用前景。

12.2.2 汗液传感纤维及纺织品的制备工艺

汗液传感纤维及纺织品的制备集中在工作电极上引入能够对汗液中生物标志物产生特异性响应的传感物质。通常采用的方法包含涂层法、沉积法、纺丝法、组装法等（图 12-2）。

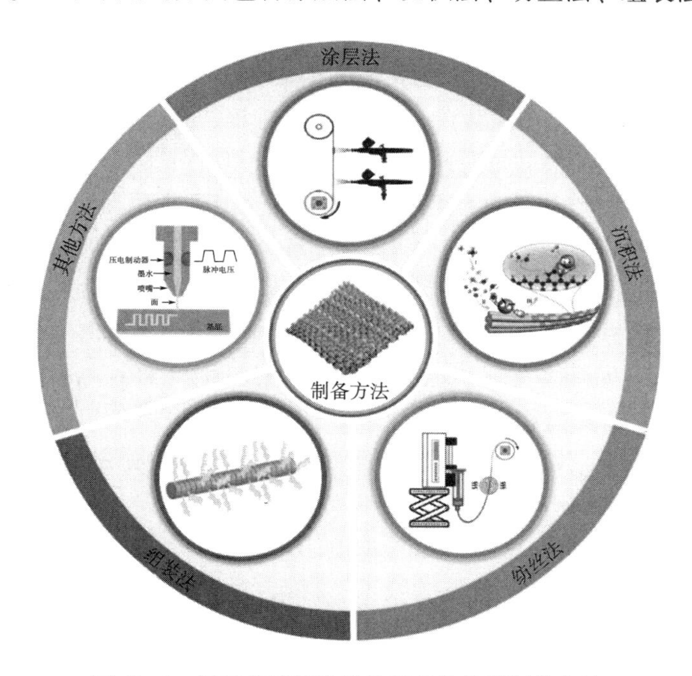

图 12-2 汗液传感纤维及纺织品的常用制备方法

12.2.2.1 涂层法

涂层法是实现纤维功能化的一种有效策略，一般包括浸涂和喷涂。其流程可简要概述四个步骤：所需传感功能活性材料均匀分散液的制备；传感材料喷涂、滴铸或浸渍在纤维基底；多余液体的去除；自然晾干、加热、光照等方式使涂层固化。

以这种方式获得的汗液传感纤维保留了其固有的柔韧性，还具有简单、低成本、可扩展制造和大规模生产的优势。有报道称，用涂有导电油墨的柔性纤维作为传感电极，并分别采用浸涂法和滴涂法，引入 Na^+/NH_4^+ 离子选择性混合膜溶液、普鲁士蓝油墨、壳聚糖溶液以及乳酸氧化酶，可以实现对汗液中电解质及代谢物的精准监测。同样，利用喷涂法将离子选择电极材料均匀分散在基于干法制备的二茂铁功能化的 rGO 纤维上制备得到的汗液传感纤维，可以灵活地集成到穿戴的服装中，以实现休息乃至运动期间对汗液中生物标志物的连续监测。

涂层法在功能性纤维的规模化生产中占据重要位置，其流程依托包含承重结构、溶液罐、干燥器等设备的综合生产线。然而，纤维的微小尺寸对涂层均匀性构成挑战，尤其是在确保传感活性成分均匀分布方面。其中，浸渍涂层法虽能形成均匀的传感层，但伴随着较高的材料消耗。相比之下，喷涂技术不受基材形状的限制，能够有效地覆盖大面积，但在精确控制涂层厚度方面面临着挑战。涂层法普遍缺乏与纤维形成高亲和力化学键的能力，可能导致附着力较差。因此可考虑在涂层前对纤维进行表面处理，如等离子体处理，以增加涂层的附着力和稳定性。

12.2.2.2 沉积法

沉积法也经常用于汗液传感纤维的制备。根据沉积过程中涉及的物理和化学机制，沉积法可以分为多种类型，其中气相沉积和电化学沉积是两种较为普遍的方法。

气相沉积技术是利用气相中发生的物理、化学过程，在基材表面形成具有特殊性能的金属或化合物涂层的技术。根据过程的本质，气相沉积可分为化学气相沉积（CVD）和物理气相沉积（PVD）两大类。CVD 利用气态物质在一定温度下与固体表面进行化学反应，生成固态沉积膜。例如，将羧化-3,4-乙烯二氧噻吩（EDOT—COOH）通过化学气相沉积聚合技术引入纳米纤维膜上，并进一步与特定生物探针（皮质醇适体传感器）偶联，可作为传感器通道来检测靶标。而 PVD 则是将金属、合金或化合物放在真空室中蒸发或溅射，使气相原子或分子沉积在基材表面。通过将热塑性聚氨酯（TPU）静电纺丝与金溅射涂层相结合的方法，可以制备具有机械柔性的纳米纤维表面增强拉曼散射活性衬底。该衬底可作为 pH 汗液传感器使用，仅需要 1μL 汗液即可测量，具有良好的分辨率，并且 35 天后的性能无明显差异。

此外，电化学沉积（ECD）是一种在外加电场作用下，促使电流通过特定的电解质溶液，在电极上发生氧化还原反应而形成涂层的技术。材料在纤维表面的数量和形态可以很容易地通过不同的电化学参数来调节，并在原子水平上改变表面性质，从而使活性材料与纤维电极的结合更加紧密。典型地，利用苯胺溶液在碳涂层纤维表面沉积 PANI 作为传感元件，已显示出在汗液 pH 检测中的潜力。这种沉积策略也可扩展并可转移到多种活性材料，如 CNTs、MOFs、PPy 等。然而，ECD 的局限性在于该方法不能直接应用于非导电纤维。

12.2.2.3 纺丝法

纺丝作为一种将高分子材料转化为纤维的工艺过程，为汗液传感纤维的制造提供了多样化的途径和可能性。其基本原理是将前驱体纺丝液，通过纺丝泵连续、定量且均匀地从喷丝头或喷丝板的毛细孔中挤出，形成液态细流。随后，这些细流在空气、水或特定的凝固浴中固化成丝条，这一过程也被称为纤维成形。纺丝具有多种形式，包括静电纺丝、湿法纺丝、干法纺丝以及熔融纺丝等。

静电纺丝制备的纤维通常具有高的比表面积，有利于传感功能材料的负载，并提供更多的反应位点。静电纺丝法和静电喷涂法相结合，可将 MOF 等传感功能材料有效整合到纳米纤维膜中，用于检测溶液中的生物标志物。此外，湿法和干法纺丝技术也得到了广泛的使用。邵等开发了一种简单的湿法纺丝策略来制备多功能还原氧化石墨烯/苯胺四聚体（rGO/TANi）混合纤维。利用 TANi 的多电化学氧化还原态和质子掺杂/脱掺杂特性，该杂化纤维可同时用作储能和生物传感活性电极。当同步应用于汗液传感器时，该杂化纤维对 pH、葡萄糖、K^+ 都表现出高灵敏度、超选择性和长期稳定性。相对而言，熔融纺丝主要用于生产直径较大的纤维，尤其适用于可熔融或加热转化为黏性流动状态的聚合物，而不会发生明显的降解。然而，熔融纺丝方法在汗液传感纤维的制备领域应用并不是很广泛，仍然需要进一步探索。

12.2.2.4　组装法

组装法通常包含原位生长、自组装和逐层组装三种方式。原位生长适用于在纤维表面原位制备纳米颗粒或其他材料。该方法可以实现纳米材料在纤维表面高效可控的定向生长和组装，从而实现纤维的功能改性和性能提升。张等通过自下而上的水热合成方法，在碳纳米管纤维上原位生长了垂直排列的三苯乙烯镍—金属儿茶酚酸盐（NiCAT）纳米线阵列。其高度有序的 π—d 共轭晶体结构具有较高的导电性和机械稳定性，可构建用于钠离子检测、具有固体接触离子选择电极（SC-ISE）和参比电极（RE）的电位传感器。需要注意的是，在原位生长过程中，须严格控制生长条件和反应过程，以保证生长的纳米颗粒或材料能够均匀分布在纤维表面，并与纤维紧密结合。此外，生长材料的选择、生长条件的优化与控制、纤维表面处理方法的选择对纳米材料的生长和纤维性能也有显著影响。

自组装法是利用分子或纳米粒子之间的相互作用力（如静电引力、氢键、范德瓦耳斯力等），在无须外部干预的情况下自发形成有序结构的方法。刘等受自然景观雾凇启发，构建了一种新型仿生 MOF 传感器件。通过电化学沉积方法，在石墨烯包裹的活性炭纤维（ACF）表面沉积 MOF，并诱导 MOF 在柔性骨架上的原位自组装。合适的表面结构不仅促进被分析物的快速扩散，还显著增强电子转移动力学，使具有空间填充宏—中—微孔结构的 MOF 膜成为非酶汗液生物传感的理想材料。该 MOF 膜在同时测定乳酸和葡萄糖方面表现出了优异的电化学传感性能，包括高灵敏度、优异的选择性和在大 pH 范围内的宽线性响应。

逐层组装法通过机械、物理、化学或生物的方法，将原子、分子或分子聚集体逐层组装在基底上，形成具有功能性的多层膜结构。罗伯森等通过层层组装法（LBL）在柔性棉织物衬底上制备了一种可穿戴式皮质醇传感器。衬底上依次涂有导电纳米多孔碳纳米管/纤维素纳米晶体（CNT/CNC）复合悬浮液、导电 PANI 和选择性皮质醇印迹聚（甲基丙烯酸甘油酯—共乙二醇二甲基丙烯酸酯）（GMA—co—EGDMA），进行逐层组装。得到的传感器可快速（<2min）响应 9.8～49.5ng/mL 的皮质醇，在整个动态范围内平均相对标准偏差（RSD）为 6.4%，具有良好的精度。并且该传感器的检出限（LOD）为 8.0ng/mL，符合人体汗液的典型生理水平。该传感器贴片可以在 30 天内重复使用 15 次，并且没有性能损失，具有出色的可重用性。这种逐层自组装方法的关键在于控制每一层的沉积过程，以及层与层之间的相互作用，以实现多层膜的有序性和功能性。

12.2.2.5　其他方法

此外，还有一些其他的有效方法可用来制备汗液传感纤维。印刷作为一种自上而下的制造技术，由于其环保和可定制的特性，在汗液传感纤维及纺织品的制备中具有重要的应用前景。丝网印刷具有设备简单、操作方便、通用性强的特点。直接墨水书写（DIW）虽然可以高精度地制备复杂的图案和结构，但其设备成本和操作复杂性较高。而喷墨打印在分辨率、灵活性和成本效益方面取得了全面的平衡，是制备高灵敏度、高选择性汗液传感器的理想选择。该方法可以精确地打印出传感器所需的电极、电解质层和其他功能层，从而实现对汗液中多种成分的精确检测。此外，3D 打印技术（也称为增材制造技术），作为一种新兴策略，在材料处理、设计自由度和精度控制等方面具有显著优势。这为汗液传感纤维的定制化设计提供了更多的可能。

值得一提的是，利用激光来制备汗液传感纤维也是一种很有前途的技术。帕克等报道了一种基于衍生的分层多孔 TiO_2 纳米催化剂互连的三维纤维碳纳米杂化电极的电化学—电生理多模态生物传感贴片。纳米杂化电极是通过优化激光速度（提高 10%）和功率（降低 6.5%），通过直接 CO_2 激光碳质热氧化制备的，具有优异的导电性，丰富的有效电子传输活性边，以及大量的酶固定化位点。这些特征归因于三个协同效应：①内部未氧化的 MXene 层的导电性；②外部 TiO_2 纳米颗粒的快速非均质电子传输；③多孔无序碳的电子“桥”效应。在此基础上，将纳米杂化改性生物传感贴片集成到纺织品中，能够同时精确监测 pH 调节下的汗液葡萄糖和心电图信号。这种新颖的方法为纳米杂化材料的受控研究、多种功能化设计选择以及实际应用中所需的大规模制造能力铺平了道路。

12.3 汗液传感纤维及纺织品的应用领域

材料科学领域的持续创新和传感技术的日益精进，使得快速、敏感且选择性地检测汗液中的生物标志物已成为可能。更重要的是，当这些先进技术与小型化电路、高效无线传输模块和数据处理元件相结合时，将极大地丰富汗液传感纤维及纺织品的功能性，并拓展其应用场景。迄今为止，汗液传感纤维及纺织品在以下几个主要领域显示出巨大的潜力，如运动监测、囊性纤维化诊断、饮食营养监测、精神压力监测、慢性疾病监测、治疗药物监测等。

12.3.1 运动监测

健身和运动生物识别跟踪是汗液传感纤维及纺织品的典型应用之一。可穿戴汗液传感器获取的连续、实时、非侵入性的生理数据，包含电解质平衡、水合作用状态以及代谢物浓度等，对于设计科学的个性化训练计划至关重要。通过对这些数据的解析，能够有效提高穿戴者运动表现，并在很大程度上降低损伤的可能性。

在进行高强度或长时间的运动时，人体为了维持体温平衡，不可避免地会通过皮肤排出大量汗液。然而，这也意味着体内水分和电解质正在快速流失。如果不能得到及时且恰当的补充，这种流失就可能导致汗液中的电解质平衡紊乱，进而影响神经肌肉功能，增加肌肉疲劳和抽筋的风险。因此，对于汗液中 Na^+、K^+、Cl^-的平衡监测尤为关键。郑等开发了一种集成纺织腕带，用于实时无线汗液 K^+分析［图 12-3（a）］。在保持纺织品固有的多孔结构的基础上，研究人员利用聚合物辅助金属沉积和双面光刻技术，实现了电极和电路在纺织品上相互连接。该腕带具有优异的透气性（79mm/s）和透湿性［270g/(m^2 · day)］，并且可以在0.3~40mmol/L范围内连续、稳定、准确地监测汗液中K^+浓度。作为概念验证，使用该汗液传感纺织系统监测志愿者汗液中的K^+浓度，并通过高性能电感耦合等离子体质谱（ICP-MS）进行标准测试，验证纺织腕带的结果准确性。该系统电压放大的拟合优度高达0.994，表明其处理生物信号的可靠性，能够实现生物信号向手机的准确传输［图12-3（b）、（c）］。这项工作为制造可穿戴生物分析设备提供了一种有前途的策略，展示了其在运动监测和即时护理测试等方面的巨大潜力。于等采用简单而新颖的电辅助芯纺丝技术（EACST），开发了一种基于皮芯结构传感纱的电化学织物传感器。由于该织物经、纬纱亲疏水性差异显著，因此可以在皮肤传感区域实现汗液极限域的吸收，从而使传感器在短时间内（2.1s）快速响应，并实现长期稳定的传感（6000s以上）。该汗液传感织物具有良好的选择性、潜在的再现性、低噪声和信号漂移（3.6×10^{-2}mV/s），并且可以缝制到衣服上，在运动过程中有效地收集汗液，实时监测人体分泌汗液中的K^+信号。

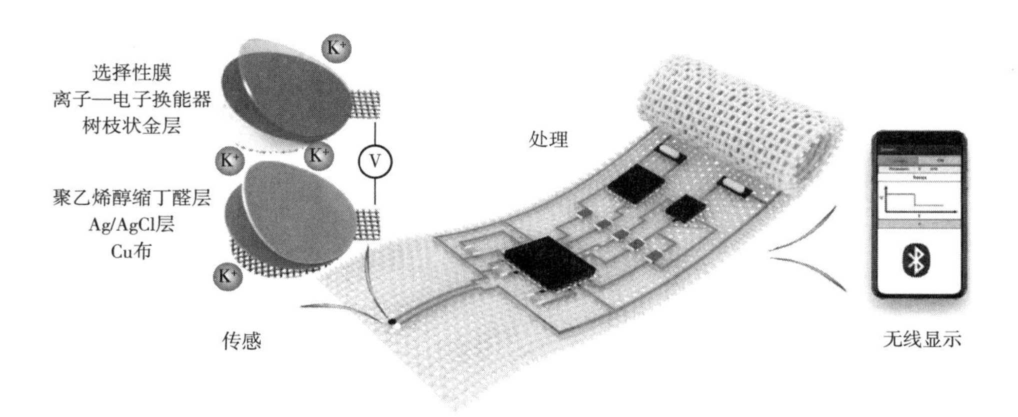

（a）无线汗液K+分析的纺织腕带原理图

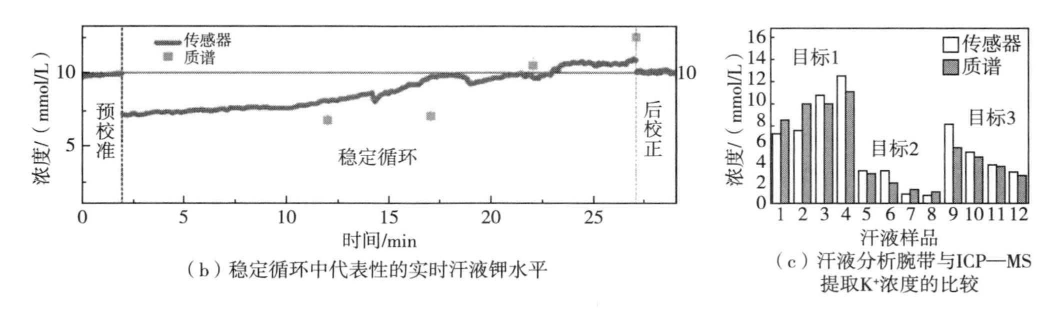

（b）稳定循环中代表性的实时汗液钾水平

（c）汗液分析腕带与ICP—MS提取K+浓度的比较

图12-3 汗液传感纤维及纺织品在运动监测中的典型应用

此外，乳酸沉积也是运动过后常见的现象之一。乳酸的积累会导致肌肉内部环境的改变，从而引发肌肉酸痛、僵硬等不适症状。采用汗液传感纤维及纺织品对乳酸进行监测，可以准确了解运动人员在运动过程中的代谢情况，为制订合理的训练计划和运动后的身体恢复提供了有力的数据支持。胡等采用静电纺丝技术，将仿生结构、纳米焊接技术、柔性电路设计、多功能传感功能和大数据分析相结合，制备了一种健康管理智能仿生皮肤贴片。通过控制纳米纤维的制备并构建仿生二级结构，得到的纳米纤维膜与人体皮肤非常相似，具有优异的透气性、透湿性和单侧排汗性能。并且该仿生贴片还具有对汗液代谢物（包括葡萄糖、乳酸等）的高精度信号采集能力。其中，乳酸传感器具有 5~0.025mmol/L 的乳酸敏感范围，灵敏度为 156.6nA/（mmol/L），在运动监测和康复工程管理中表现出很大的应用潜力。

12.3.2 囊性纤维化诊断

囊性纤维化（CF）是一种外分泌腺病变，除运动生理学外，汗液率和汗液电解质水平也常被用于囊性纤维化的诊断。这种病变基于囊性纤维化跨膜转导调节因子（CFTR）的基因变异，使上皮细胞 Cl^- 通道调节存在缺陷，呼吸道黏膜上皮的水、电解质跨膜转运存在障碍，导致肺、肠等器官黏液形成，对呼吸、消化、生殖等多生理系统造成严重影响。

自从发现 CF 患者的汗管中存在 Cl^- 不透性以来，Cl^- 离子电泳汗液的定量分析已成为 CF 临床诊断最可靠的诊断标准，并得到了广泛应用。许等采用界面改性技术，制备了一种基于 Janus 织物的单向比色汗液采样和传感系统，可实现氯化物、pH、尿素等汗液生物标志物的可视化和便携式检测。其中针对 CF 诊断，氯化物的检出限为 1.06mmol/L。类似地，弗拉波尼（Fraboni）等开发了一种全纺织、多线程生物传感平台。在纱线表面涂有半导体聚合物，并经过适当的功能化，可以实现对汗液中的 Cl^- 浓度的选择性检测，这在缓冲溶液和人工汗液中都得到了证明。

值得注意的是，随着 CF 病情的发展，患者体内 H^+、Na^+、Cl^- 浓度的变化会导致 pH 的升高（5.5~9）。因此，汗液 pH 也可以作为 CF 诊断的一种有效手段。帕克等提出了一种基于姜黄素和热塑性聚氨酯（C—TPU）电纺丝纤维的可穿戴式汗液传感纺织品，以实现对于汗液 pH 的快速灵敏检测（图 12-4）。该传感器基于烯醇到双酮的化学结构变化，使光的吸

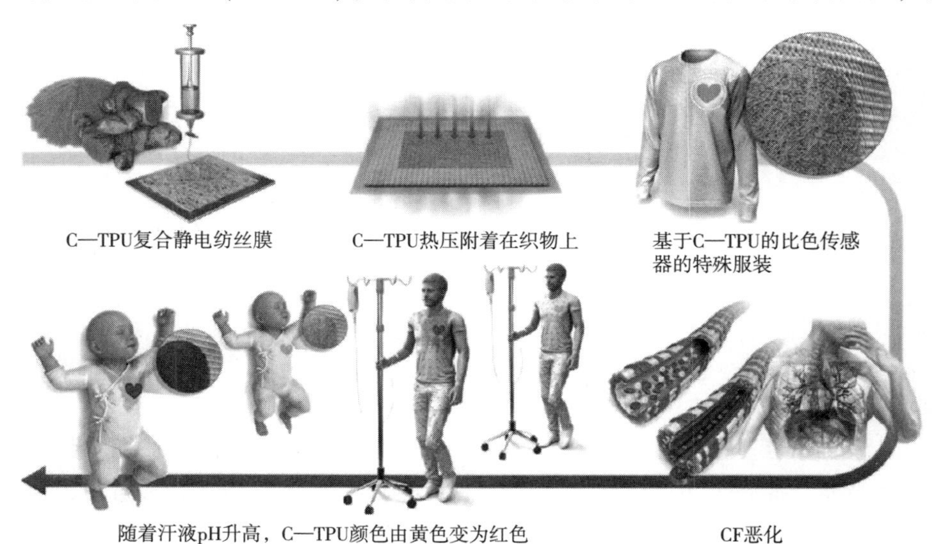

图 12-4　汗液传感纤维及纺织品在 CF 诊断中的应用

光度和反射率发生变化，从而改变了可见光的颜色。通过对颜色的判断，可实现对 CF 病情的初步诊断。经过 O_2 等离子体活化和热压等工艺后，C-TPU 的表面改性和机械连锁结构使得该汗液传感器可以很容易地附着在各种织物基材上，如病人的衣服。此外，该设备还具有 pH 比色传感可逆性，能够在中性洗涤条件下重复使用。该研究为能够实现连续监测汗液 pH 的智能诊断服务的研发提供了有力支持。

12.3.3　饮食营养监测

饮食营养监测对于包括代谢综合征、糖尿病和心血管疾病在内的几种健康状况的管理至关重要。目前，汗液传感纤维及纺织品在营养传感方面的应用已经在几种类型的营养物质中得到证实，包括代谢物、维生素和矿物质等。

其中，葡萄糖因其在糖尿病治疗中的关键内容而成为被研究最多的营养素之一。常见的血糖监测是通过使用便携式血糖仪以固定的间隔检测手指刺血的血糖水平来实现的，往往会给患者带来疼痛、感染风险和严重的心理负担。相比之下，汗液葡萄糖的测量可实现无创检测和连续跟踪血清葡萄糖，并且汗液葡萄糖和血糖之间的相关性也已经体外实验得到了证实，这极大地推动了可穿戴式汗液葡萄糖传感纤维及纺织品的研究。程等展示了一种基于弹性 Au 纤维的三电极电化学平台，可满足纺织品对于葡萄糖生物传感的标准。其中，普鲁士蓝（PB）和葡萄糖氧化酶（GOx）功能化的 Au 纤维为工作电极；Ag/AgCl 修饰的 Au 纤维作为参比电极；而未经改性的 Au 纤维则作为对电极。该织物葡萄糖生物传感器的线性范围较大，灵敏度较高，并且在 200%的大应变下，其传感性能也可以很好地得到保持。李等设计了一种基于聚己内酯（PCL）的新型多功能可穿戴电化学生物传感器，用于连续分析汗液中的葡萄糖并实现智能预警（图 12-5）。得益于图案 Janus 织物的结构优点和感应活性材料氧化亚铜（Cu_2O）的强催化活性，该传感器具有优越的透气性、超高的灵敏度、长期的稳定性、出色的汗液收集效率和卓越的生物降解能力。基于这种集信号处理和无线通信于一体的多功能生物传感器，与后端电路（信号处理和无线传输电路）及数据分析软件结合，该系统能够实时监测志愿者的血糖水平，并在紧急情况下激活警告反馈功能，展示了良好的远程干预早期疾病检测和健康管理的能力。

此外，随着现代饮食模式的改变，高脂肪和高嘌呤食物的过量摄入已成为一个普遍现象。这种不良的饮食习惯会导致体内尿酸水平的显著增高，增加了诱发高尿酸血症、痛风等严重疾病的风险，对人们的健康构成严重威胁。为了及时了解并调整自身的营养摄入情况，预防此类疾病的发生，采用汗液传感纤维及纺织品进行尿酸监测成为一种有效且便捷的方法。通过这种方式，人们可以实时监测尿酸水平，并根据监测结果调整饮食习惯，从而保持健康的营养摄入。丁等报告了一种基于纤维结构，用于尿酸检测的柔性汗液生物传感器。该生物传感器采用的电纺丝碳纳米纤维具有丰富的活性位点、取向石墨化层和固有的形状适应性，为尿酸分子提供了丰富的通道，并实现了高效的电子传输。得益于这些特点，该可穿戴生物传感器可以精确和选择性地确定人工汗液中的尿酸浓度。这项研究为可穿戴生物传感器的制造提供了一种有前景的方法，并促进了个性化诊断设备的广泛应用。

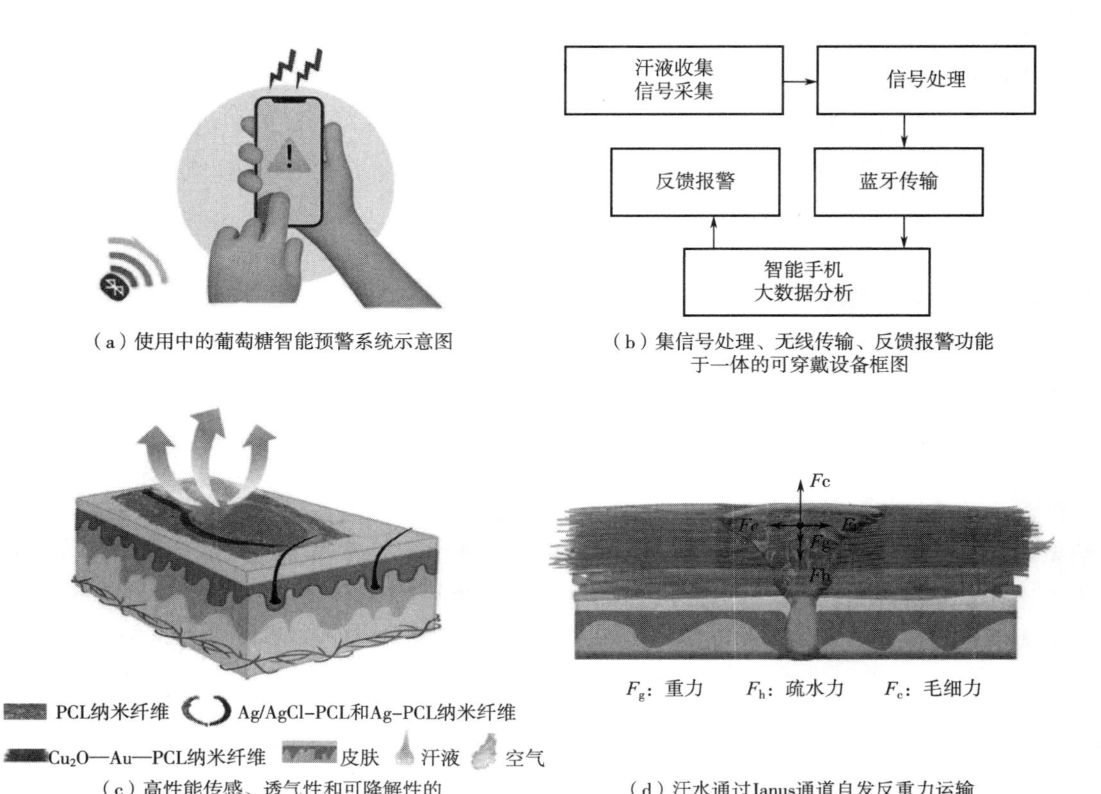

（a）使用中的葡萄糖智能预警系统示意图

（b）集信号处理、无线传输、反馈报警功能于一体的可穿戴设备框图

（c）高性能传感、透气性和可降解性的生物传感器示意图

（d）汗水通过Janus通道自发反重力运输到图案区域的示意图

图 12-5　汗液传感纤维及纺织品在健康监测的典型应用

另外，氨基酸（AAs）、抗坏血酸（维生素 C）、多巴胺等与饮食摄入量和生活方式都密切相关。例如，BCAAs，即支链氨基酸，由亮氨酸、异亮氨酸和缬氨酸组成，是 2 型糖尿病（T2DM）、心血管疾病和胰腺癌的重要危险因素。维生素 C 摄入不足会诱发坏血病并降低生物体免疫能力，而摄入过量，则会引发血液系统和消化系统疾病等。此外，多巴胺主要与精神类疾病具有密切关联。因此，针对这些饮食和营养监测的汗液传感纤维及纺织品已得到了充分的研究开发，并得到了较为广泛的应用。

12.3.4　精神压力监测

现代社会的快速发展和生活节奏的日益加快，人们在工作、学习和生活中所承受的精神压力愈发显著。长期承受精神压力不仅可能导致心理健康问题，如抑郁、焦虑等，还可能对身体健康产生深远的影响，包括心血管系统、内分泌系统以及免疫系统的功能失调。因此，实时监测和评估个人的精神压力状态，对于早期预防和及时治疗与精神压力相关疾病、维护人们的身心健康具有重要意义。目前，具有光电容积脉搏波描记法（PPG）或心电图（ECG）功能的健身追踪器和智能手表的普及，使得人们可以通过心率和心率变异性等生理参数来实时监测精神压力。然而，这些设备缺乏特异性和敏感性，不能准确地量化应激水平。

相较而言，汗液传感纤维及纺织品的发展，使得更准确、连续、实时的精神压力量化成为可能。

皮质醇作为一种受下丘脑—垂体—肾上腺（HPA）轴调节的糖皮质类固醇激素，能够直接反映个体的应激状态。因此，对皮质醇的检测和分析成为监测精神和身体状态的一种关键方法。血清和唾液是临床上用于分析皮质醇的两种重要生物样本。然而，这两者的测量结果仍然局限于采样时间和采样持续时间。相比之下，汗液中皮质醇的测量为持续监测皮质醇提供了一种有吸引力的方法，可实现个性化健康监测和昼夜节律跟踪。

传统的检测方法包括放射免疫测定法、电化学测定法、酶联免疫吸附测定法、气相色谱—质谱法和紫外光谱法等。然而，现有方案往往需要复杂的程序、昂贵的仪器和大量的样本量，因此有必要迅速开发能够实时、连续监测皮质醇的可穿戴汗液传感纤维及纺织品。何等使用碳纳米管（CNT）纤维和精心设计的通道作为传感构件，创建了一个可再生织物传感系统（FSS）（图 12-6）。所得织物提供了 $1\times10^{-3}\sim10\mu mol/L$ 的皮质醇检测能力，是当下性能较好的皮质醇生物传感器之一。与传统的分子印迹聚合物（MIP）传感器相比，FSS 在织物形态中表现出优异的透气性，并且能够在汗液中重复检测皮质醇超过 100 次循环，而检测能力没有出现任何衰减。经证实，FSS 可以检测汗液中的皮质醇，并通过无线传输将数据传输到手机或智能手表上，用于压力管理。这为发展健康管理中的无创监测技术开辟了一条新途径。

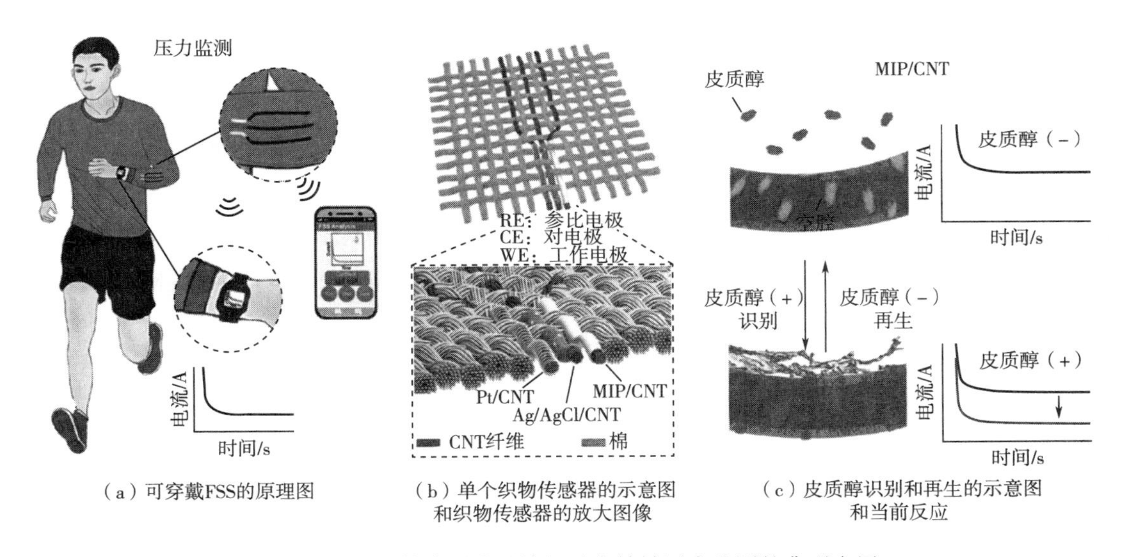

（a）可穿戴FSS的原理图　（b）单个织物传感器的示意图和织物传感器的放大图像　（c）皮质醇识别和再生的示意图和当前反应

图 12-6 汗液传感纤维及纺织品在精神压力监测的典型应用

总之，目前汗液传感纤维及纺织品在材料创新、传感模式、汗液收集、系统供电和集成方面的进展，使各种汗液生物标志物的连续、无创追踪成为可能，并可用于多种应用领域。除了从运动生理学到人体性能监测，从饮食摄入和营养监测到压力监测外，汗液传感纤维及纺织品在治疗性药物监测、皮肤疾病诊断、慢性疾病管理等方面的潜力也是十分显著的。然而，尽管汗液传感纤维及纺织品在技术上取得了较大进展，但大多数研究仍局限于对设备本身的评估及少量的人体研究。这些研究主要侧重于设备的功能和制造方法，而关于汗液生物标志物与生理信息相关性、有效性和及时性的大规模临床案例研究相对匮乏。并且，为了使汗液传感纤维及纺织品在各种实际应用场景中得到广泛应用，研究人员不仅需要解决技术挑战、优化设备性能，还需深入探索汗液生物标志物在反映生理信息方面的潜力。因此，开展大规模的临床案例研究，以验证传感器数据的准确性和可靠性，将是推动可穿戴式汗液传感器实际应用的关键一步。

12.4 总结与展望

工程领域的技术进步促进了汗液传感纤维及纺织品的快速发展，使其在精准医学、预防性医疗保健、精神状态监测等领域具有广阔的应用前景。但目前基于纤维/纺织品的柔性汗液传感器仍面临着诸多挑战与亟须突破的瓶颈。现有的排汗管理技术尚难以支撑汗液在所有特定应用场景下的有效获取与利用，并且无论是排汗量的精准调控还是排汗响应时间的优化，均存在显著的人际差异，这直接影响了传感器的数据准确性。此外，传感器自身在灵敏度、选择性与长期稳定性方面的性能瓶颈也不容忽视。更深层次地，汗液中生物标志物与血液指标的对应关系及其动态分配机制尚待进一步明晰。同时，在迈向智能化、便携化的未来趋势中，如何设计并实现一种集多模态监测、多参数分析、无线传输于一体的汗液传感器，并确保其在复杂环境中具备强大的抗干扰和精准的信号识别能力，成为限制汗液传感纤维及纺织品领域发展的另一难关。

面对这些挑战，研究人员需要采取更具前瞻性和创新性的策略。一方面，深化对汗液生理机制的基础研究，结合生物信息学、材料科学与纳米技术的最新进展，开发更加智能、个性化的排汗管理系统与传感器材料，以提升传感器的整体性能与适应性。另一方面，推动跨学科合作，融合电子工程、计算机科学、临床医学等多领域知识，共同攻克多模态传感器集成、无线传输协议优化以及复杂数据分析算法等关键技术难题，为可穿戴汗液传感纤维及纺织品在多领域的广泛应用奠定坚实基础。

参考文献

[1] YANG D S, GHAFFARI R, ROGERS J A. Sweat as a diagnostic biofluid[J]. Science, 2023, 379(6634): 760-761.

[2] MIN J, TU J, XU C, et al. Skin-interfaced wearable sweat sensors for precision medicine[J]. Chemical Reviews, 2023, 123(8): 5049-5138.

[3] LOW P A. Evaluation of sudomotor function[J]. Clinical Neurophysiology, 2004, 115(7): 1506-1513.

[4] KLAKA P, GRÜDL S, BANOWSKI B, et al. A novel organotypic 3D sweat gland model with physiological functionality[J]. PLoS One, 2017, 12(8): e0182752.

[5] LUO D, SUN H B, LI Q Q, et al. Flexible sweat sensors: From films to textiles[J]. ACS Sensors, 2023, 8(2): 465-481.

[6] BARIYA M,NYEIN H Y Y,JAVEY A. Wearable sweat sensors[J]. Nature Electronics,2018,1(3):160-171.

[7] REEDER J T, CHOI J, XUE Y G, et al. Waterproof, electronics-enabled, epidermal microfluidic devices for sweat collection, biomarker analysis, and thermography in aquatic settings[J]. Science Advances, 2019, 5(1): eaau6356.

[8] BANDODKAR A J, GUTRUF P, CHOI J, et al. Battery-free, skin-interfaced microfluidic/electronic systems for simultaneous electrochemical, colorimetric, and volumetric analysis of sweat[J]. Science Advances, 2019, 5(1): eaav3294.

[9] WANG L R, XU T L, HE X C, et al. Flexible, self-healable, adhesive and wearable hy-drogel patch for colorimetric sweat detection[J]. Journal of Materials Chemistry C, 2021, 9(41): 14938-14945.

[10] WANG Y L, ZHAO C, WANG J J, et al. Wearable plasmonic-metasurface sensor for noninvasive and universal molecular fingerprint detection on biointerfaces[J]. Science Advances, 2021, 7(4): eabe4553.

[11] MOGERA U, GUO H, NAMKOONG M, et al. Wearable plasmonic paper-based microfluidics for continuous sweat analysis[J]. Science Advances, 2022, 8(12): eabn1736.

[12] BAKKER E, BÜHLMANN P, PRETSCH E. Carrier-based ion-selective electrodes and bulkop-todes. 1. general characteristics[J]. Chemical Reviews, 1997, 97(8): 3083-3132.

[13] LIN S Y, CHENG X B, ZHU J L, et al. Wearable microneedle-based electrochemical aptamer biosensing for precision dosing of drugs with narrow therapeutic windows [J]. Science Advances, 2022, 8(38): eabq4539.

[14] TAIL C, GAO W, CHAO M H, et al. Methylxanthine drug monitoring with wearable sweat sensors[J]. Advanced Materials, 2018, 30(23): 1707442.

[15] SCHWERDT H N, ZHANG E, KIM M J, et al. Cellular-scale probes enable stable chronic subsecond monitoring of dopamine neurochemicals in a rodent model [J]. Communications Biology, 2018, 1: 144.

[16] CHENG X B, WANG B, ZHAO Y C, et al. A mediator-free electroenzymatic sensing methodology to mitigate ionic and electroactive interferents´effects for reliable wearable metabolite and nutrient monitoring[J]. Advanced Functional Materials, 2020, 30(10): 1908507.

[17] GANGULY A, LIN K C, MUTHUKUMAR S, et al. Autonomous, real-time monitoring electrochemical aptasensor for circadian tracking of Cortisol hormone in sub-microliter volumes of passively eluted human sweat[J]. ACS Sensors, 2021, 6(1): 63-72.

[18] SON J, BAE G Y, LEE S, et al. Cactus-spine-inspired sweat-collecting patch for fast and continuous monitoring of sweat[J]. Advanced Materials, 2021, 33(40): 2102740.

[19] LIU Y, LI X F, YANG H L, et al. Skin-interfaced superhy drophobic insensible sweat sensors for evaluating body thermoregulation and skin barrier functions[J]. ACS Nano, 2023, 17(6): 5588-5599.

[20] WANG Z Y, SHIN J, PARK J H, et al. Engineering materials for electrochemical sweatsensing[J]. Advanced Functional Materials, 2021, 31(12): 2008130.

[21] SHEN Y, PAN T, WANG L, et al. Programmable logic in metal-organicframeworks for catalysis[J]. Advanced Materials, 2021, 33(46): 2007442.

[22] ZHANG X, LI Q, HOLESINGER T G, et al. Ultrastrong, stiff, and lightweight carbon-nanotube fibers [J]. Advanced Materials, 2007, 19(23): 4198-4201.

[23] ZU M, LI Q W, WANG G J, et al. Carbon nanotube fiber based stretchable conductor [J]. Advanced Functional Materials, 2013, 23(7): 789-793.

[24] TU J B, TORRENTE-RODRÍGUEZ R M, WANG M Q, et al. The era of digital health: A review of portable and wearable affinity biosensors[J]. Advanced Functional Materials, 2020, 30(29): 1906713.

[25] MUKASA D, WANG M Q, MIN J H, et al. Acomputationally assisted approach for designing wearable biosensors toward non-invasive personalized molecular analysis[J]. Advanced Materials, 2023, 35(35): 2212161.

[26] ZHENG J, YANG R H, SHI M L, et al. Rationally designed molecular beacons for bioanalytical and biomedical applications[J]. Chemical Society Reviews, 2015, 44(10): 3036-3055.

[27] NAPIER B S, MATZEU G, PRESTI M L, et al. Dry spun, bulk-functionalized rGO fibers for textile integrated potentiometric sensors[J]. Advanced Materials Technologies, 2022, 7(6): 2101508.

[28] LIU Y, ZHANG Q H, HUANG A B, et al. Fully inkjet-printed Ag_2Se flexible thermoelectric devices for sustainable power generation[J]. Nature Communications, 2024, 15(1): 2141.

[29] WANG K, SUN X C, CHENG S T, et al. Multispecies-coadsorption-induced rapid preparation of graphene glass fiber fabric and applications in flexible pressure sensor [J]. Nature Communications, 2024, 15(1): 5040.

[30] DORE M D, RAFIQUE M G, YANG T P, et al. Heat-activated growth of metastable and length-defined DNA fibers expands traditional polymer assembly[J]. Nature Communications, 2024, 15(1): 4384.

[31] ZHAO H, ZHANG L, DENG T B, et al. Microfluidic sensing textile for continuous monitoring of sweat glucose at rest [J]. ACS Applied Materials & Interfaces, 2024, 16(15): 19605-19614.

[32] TERSE-THAKOOR T, PUNJIYA M, MATHARU Z, et al. Thread-based multiplexed sensor patch for real-time sweat monitoring[J]. NPJ Flexible Electronics, 2020, 4: 18.

[33] AN J E, KIM K H, PARK S J, et al. Wearable Cortisol aptasensor for simple and rapid real-time monitoring[J]. ACS Sensors, 2022, 7(1): 99-108.

[34] CHUNG M, SKINNER W H, ROBERT C, et al. Fabrication of a wearable flexible sweat pH sensor based on SERS-active Au/TPU electrospun nanofibers [J]. ACS Applied Materials & Interfaces, 2021, 13(43): 51504-51518.

[35] LÜDER L, NIRMALRAJ P N, NEELS A, et al. Sensing of KCl, NaCl, and pyocyanin with a MOF-decorated electrospun nitrocellulose matrix[J]. ACS Applied Nano Materials, 2023, 6(4): 2854-2863.

[36] TONG X L, YANG D Z, HUA T J, et al. Multifunctional fiber for synchronous bio-sensing and power supply in sweat environment[J]. Advanced Functional Materials, 2023, 33(30): 2301174.

[37] WANG S Q, LIU M Y, SHI Y X, et al. Vertically aligned conductive metal-organic framework nanowires array composite fiber as efficient solid-contact for wearable potentiometric sweat sensing[J]. Sensors and Actuators B: Chemical, 2022, 369: 132290.

[38] WANG Z Y, LIU T, ASIF M, et al. Rimelike structure-inspired approach toward in situ-oriented self-assembly of hierarchical porous MOF films as a sweat biosensor[J]. ACS Applied Materials & Interfaces, 2018, 10(33): 27936-27946.

[39] MUGO S M, LU W H, ROBERTSON S. A wearable, textile-based polyacrylate imprinted electrochemical sensor for Cortisol detection in sweat[J]. Biosensors, 2022, 12(10): 854.

[40] CHORTOS A, MAO J, MUELLER J, et al. Printing reconfigurable bundles of dielectric elastomer fibers [J]. Advanced Functional Materials, 2021, 31(22): 2010643.

[41] YUK H, ZHAO X H. A new 3D printing strategy by harnessing deformation, instability, and fracture of viscoelastic inks[J]. Advanced Materials, 2018, 30(6): 1704028.

[42] SHARIFUZZAMAN M, ABU ZAHED M, REZA M S, et al. MXene/fluoropolymer-derived laser-carbonaceous all-fibrous nanohybrid patch for soft wearable bioelectronics [J]. Advanced Functional Materials, 2023, 33(21): 2208894.

[43] MA X, WANG P, HUANG L, et al. A monolithically integrated in-textile wristband for wireless epidermal bio-

sensing[J]. Sci Adv,2023,9(45):eadj2763.

[44] MO L L,MA X D,FAN L F,et al. Weavable,large-scaled,rapid response,long-term stable electrochemical fabric sensor integrated into clothing for monitoring potassium ions in sweat[J]. Chemical Engineering Journal, 2023,454:140473.

[45] SHI S,MING Y,WU H B,et al. A bionic skin for health management:Excellent breathability,in situ sensing,and big data analysis[J]. Advanced Materials,2024,36(17):2306435.

[46] MANGOS J A,MCSHERRY N R. Sodium transport:Inhibitory factor in sweat of patients with cystic fibrosis [J]. Science,1967,158(3797):135-136.

[47] XI P Y,HE X C,FAN C,et al. Smart Janus fabrics for one-way sweat sampling and skin-friendly colorimetric detection[J]. Talanta,2023,259:124507.

[48] POSSANZINI L,DECATALDO F,MARIANIF,et al. Textile sensors platform for the selective and simultaneous detection of chloride ion and pH in sweat[J]. Scientific Reports,2020,10(1):17180.

[49] HA J H,JEONG Y,AHN J,et al. Correction:A wearable colorimetric sweat pH sensor-based smart textile for health state diagnosis[J]. Mater Horiz,2023,10(12):5983.

[50] WANG T J,LARSON M G,VASAN R S,et al. Metabolite profiles and the risk of developing diabetes[J]. Nature Medicine,2011,17(4):448-453.

[51] ZHAO Y M,ZHAI Q F,DONG D S,et al. Highly stretchable and strain-insensitive fiber-based wearable electrochemical biosensor to monitor glucose in the sweat[J]. Analytical Chemistry,2019,91(10):6569-6576.

[52] ZHAO H,ZHANG L,DENG T B,et al. High-performance sensing,breathable,and biodegradable integrated wearable sweat biosensors for a wireless glucose early warning system[J]. Journal of Materials Chemistry A,2023,11(23):12395-12404.

[53] WEI X D,ZHU M M,LI J L,et al. Wearable biosensor for sensitive detection of uric acid in artificial sweat enabled by a fiber structured sensing interface[J]. Nano Energy,2021,85:106031.

[54] LYNCH C J,ADAMS S H. Branched-chain amino acids in metabolic signalling and insulin resistance[J]. Nature Reviews Endocrinology,2014,10(12):723-736.

[55] ZHAO J Q, NYEIN H Y Y, HOU L, et al. A wearable nutrition tracker[J]. Advanced Materials, 2021, 33(1):2006444.

[56] RUSSELL G, LIGHTMAN S. The human stress response[J]. Nature Reviews Endocrinology, 2019, 15(9): 525-534.

[57] HODGES J R,JONES M T,STOCKHAM M A. Effect of emotion on blood corticotrophin and Cortisol concentrations in man[J]. Nature,1962,193:1187-1188.

[58] HU X K,CHEN Y Y,WANG X,et al. Wearable and regenerable electrochemical fabric sensing system based on molecularly imprinted polymers for real-time stress management[J]. Advanced Functional Materials,2024,34(14):2312897.

第 13 章　力致发光纤维及纺织品

力致发光（mechanoluminescence，ML）是指物质在受到外界机械作用如按压、拉伸、摩擦、振动和超声时的一种力学—光子转换发光的现象，无须外加电场或光照刺激。将 ML 材料应用于智能发光设备可以满足智能可穿戴器件低能耗的要求，因此 ML 材料在传感、显示、通信和视觉反馈等领域具有极大的应用潜力，被认为是适合用于可穿戴智能发光器件的材料。然而，当前 ML 材料在性能、发光机制、合成策略以及加工工艺等方面仍存在诸多不足，这些问题限制了其在可穿戴智能发光器件中的应用，难以满足其实际应用的需求。

研究人员致力于将 ML 材料集成到可穿戴器件中，研发了用于智能可穿戴、防伪检测、损伤检测、应力传感、健康监测和可人机交互的智能 ML 发光设备。随着柔性电子技术的发展，人们对集成在智能纺织品上的智能发光设备提出了更高的要求，亟待开发具有柔性、高灵敏度、响应快速等特点的智能发光器件。由于用于人体的可穿戴智能发光器件需要具备灵活、可伸缩、耐用、舒适、低功耗等特点，纤维基的 ML 器件具有良好的透气性和透湿性，能适应人体各种不规则的三维变形，在穿戴性和适应性方面具有显著优势。因此，ML 纤维逐渐成为研究的热点。

13.1　力致发光材料的分类

受到机械力的作用（如研磨、摩擦、剪切、撕裂、震动、擦拭、压迫）时，能够引起材料本身或者周围介质发光的材料被称为力致发光材料，力致发光现象也可能由相转变过程中材料形状的改变所激发。在自然界中，大约有一半的无机物和三分之一的有机物都存在力致发光的现象，比较常见的力致发光材料有石英、方糖、有机物、碱金属卤化物、分子晶体、矿物岩石、铁电聚合物以及玻璃等。方糖是最早被报道的 ML 材料，记录在 17 世纪初弗朗西斯·培根的《学习的进展》一书中。在黑暗中粉碎糖粒时，观察到了来自糖粒的 ML 现象。他在书中记录的 ML 是通过摩擦的方式激发的，而实际上，ML 的激发方式有很多种，如拉伸、破碎、摩擦、热应力、超声波震荡等。根据发光机制的不同，力致发光可以分为断裂力致发光、摩擦力致发光、弹性力致发光和塑性力致发光，如图 13-1 所示。

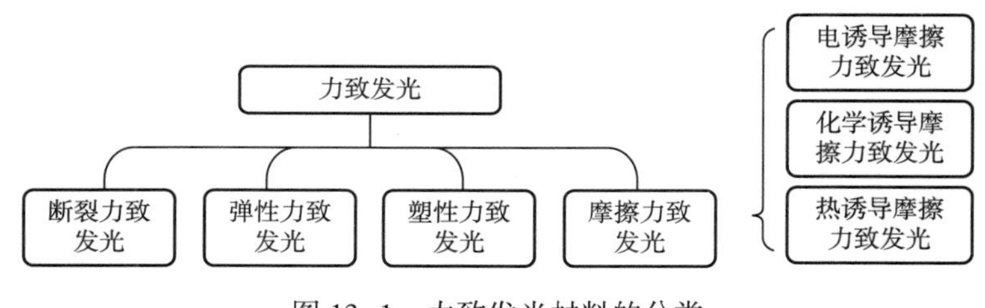

图 13-1　力致发光材料的分类

13.1.1 断裂力致发光

断裂力致发光是指在机械力的作用下，固体材料的形态发生破坏，形成新的表面，并在新表面上产生发光的现象，如图 13-2 所示。钱德拉（Chandra）等研究了断裂发光的机制，并提出其发光原理：固体材料在断裂过程中，由于压电场的刺激作用或位错的运动，形成了带有电荷的新表面。这些表面上带有的电荷在短时间内快速运动，与周围介质内的电荷发生中和，在电中和的过程中，固体材料新表面周围的介质被击穿，从而发光。

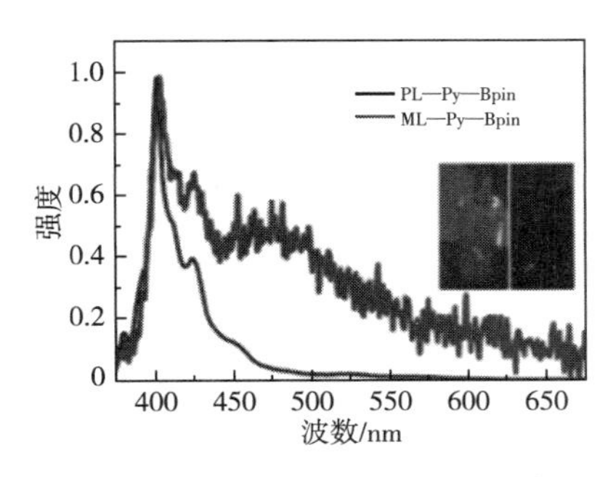

（a）室温下，Py—Bpin在日光和黑暗环境中的ML图像

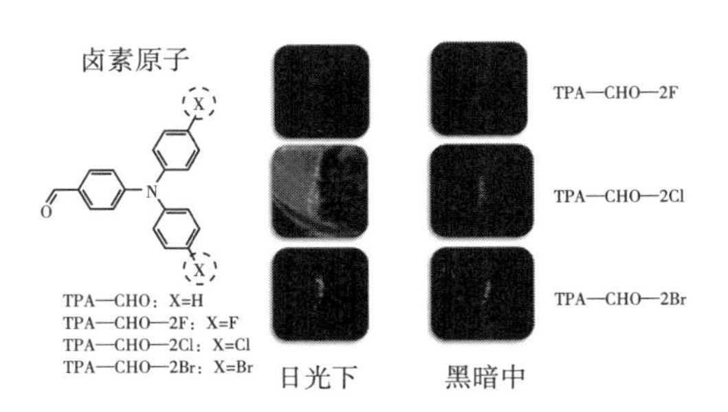

（b）TPA衍生物的化学结构以及TPA衍生物和TPA—CHO—2X（X=F，Cl，Br）的ML现像

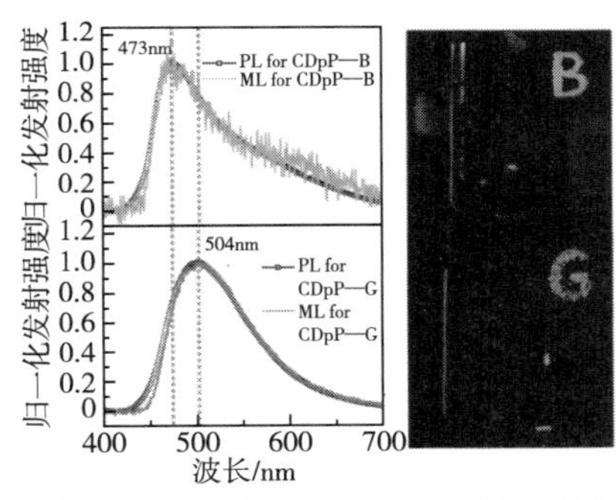

（c）CDpP—B和CDpP—G的PL光谱/ML光谱及其黑暗环境中的ML现像

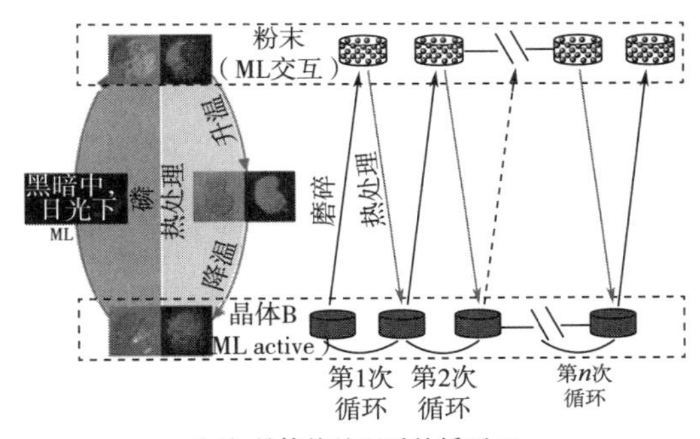

（d）晶体热处理后的循环ML特性示意图

图 13-2 ML 现象及研究图

大多数有机 ML 化合物的发光现象属于断裂力致发光，其 ML 性能受到分子排列和分子间/分子内相互作用的影响。谢等设计了具有力致发光特性的［4-(二苯基氨基）苯基］［4-(二苯基膦酰基）苯基］甲酮（CDpP），研究表明这种 ML 材料的不同晶体结构能够产生不同波长的 ML。由于晶体结构中 C—H⋯π 相互作用的差异，C—H⋯π 相互作用较多的 CDpP 晶体表现出蓝色的 ML，相反，C—H⋯π 相互作用较少的 CDpP 晶体显示绿色 ML。除了三苯胺类、咔唑衍生物类，研究人员发现四苯基乙烯类、芘类和噻吩嗪类等有机物同样可以作为 ML 的原料。ML 材料应用广泛，例如在地震检测领域，可以利用 ML 材料的断裂阈值，制作无损检测探针。

13.1.2 摩擦力致发光

摩擦力致发光（triboluminescence，TL）是指在接触或分离两种特定类型的材料时产生的发光现象。最早的记录是1664年罗伯特·博伊尔写的一封信。根据他的描述，当用手指或钢针摩擦钻石表面时，黑暗中会闪烁一道白色的光。这种TL归因于发光粒子与其他材料之间的摩擦接触，其发光强度取决于施加机械刺激的材料性质。摩擦力致发光可进一步细分为摩擦电学、摩擦化学和摩擦热诱导的TL。例如，对于摩擦电学方面，Matsui等证实了在紫外辐射下的$ZnGa_2O_4:Mn^{2+}$和$MgGa_2O_4:Mn^{2+}$的摩擦发光现象。研究表明，载流子可以被两种不同材料摩擦产生的局部电场激发，其中被激发的载流子向Mn^{2+}的发光中心加速并使其被激发，在$^4T_1$到$^6A_1$的过渡过程中释放出一个发射带。然而，摩擦力致发光是一个复杂的过程，其中的化学变化是关键影响因素。被激发的电子会在材料表面加速，直至与空气分子碰撞，进而产生摩擦等离子体，这种等离子体常被认为是表面稳定润滑剂的化学变化导致的。此外，温度同样是影响摩擦力致发光的重要因素，早在1974年，津克（Zink）和克莱姆特（Klimt）发现，将样品浸入液氮中进行热冲击也会发生TL现象。低温环境可以有效提升TL发光强度。中山（Nakayama）等进一步发现，在低温的状态下可以抑制非辐射转变，从而在白天也可以观测到明亮的TL现象。

13.1.3 塑性力致发光

塑性力致发光是指材料受到机械力作用后发生不可恢复的塑性形变时产生发光的现象。研究表明，当某些晶体经历塑性变形（如位错运动）时，可观察到ML现象。例如，单晶材料如硫化锌（ZnS）、氯化钠（NaCl）和氯化钾（KCl）均具有塑性发光的特性。此外，很多有机物如有机聚合物OPV和聚对苯二甲酸乙二醇酯（PET）也具有塑性发光的特性。随着研究深入，科研人员对有机晶体的设计不断优化，提出如聚集诱导发射（AIE）概念，这些有机化合物在室温条件下也可以产生明亮的光。塑性发光机制主要分为3类：①由于机械力的作用使电子被激发，迁移到位错处，同时带电位错运动会释放能量，能量的变化使载流子平衡被打破，电子—空穴对复合，产生ML现象；②位错和静电共同作用；③热激发诱导。需要注意的是，塑性ML现象可能是多种原因共同作用的结果。

13.1.4 弹性力致发光

弹性力致发光是指发光与材料形变是可逆的，即在应力卸载后，材料的形变可以恢复到原始状态。如在弹性形变范围内，通过对$SrAl_2O_4:Eu^{2+}$和$ZnS:Mn^{2+}$等荧光粉施加压力，可以观察到不同强度的发光。这种发光的突出特点是发光强度随着外加应力的增加而线性增强，同时不会使发光颗粒产生破裂或表面损伤，因此被称为弹性发光。虽然有很多晶体在破坏性断裂时可以观察到ML现象，但具有非破坏性机械发光性能的材料相对稀少。弹性力致发光通常出现在具有非中心对称结构的发光晶体中。弹性力致发光材料发光所需要的应力阈值小，具有良好的循环重复性。目前，普遍认为弹性发光的机理包括机械应力导致位错运动、静电和位错缺陷的相互作用、材料因机械作用受热激发发光。李等为探究 ML 特性，设计并合成了两种苯并咪唑衍生物 tPTI—Bpin 和 PTI—Bpin，二者的结构式如图 13-3 所示。结果表明，虽然二者的化学结构非常相似，但仅有 tPTI—Bpin 能表现出明显的 ML 性质，PTI—Bpin 则完全没有 ML 性质。研究者进一步通过单晶分析探究了二者的分子堆叠方式，发现 tPTI—B1 的三角形分子堆积模式使其在机械力作用下更容易破裂而非滑动，有效抑制了非辐射能量损失，从而表现出 ML 活性。而 tPTI—B2 和 PTI—B 的平行四边形分子堆积模式在机械力作用下容易发生分子滑动，导致能量通过非辐射弛豫途径损失，从而表现出 ML 非活性。这证实了分子堆积而非化学结构是导致它们不同 ML 性能的主要原因。

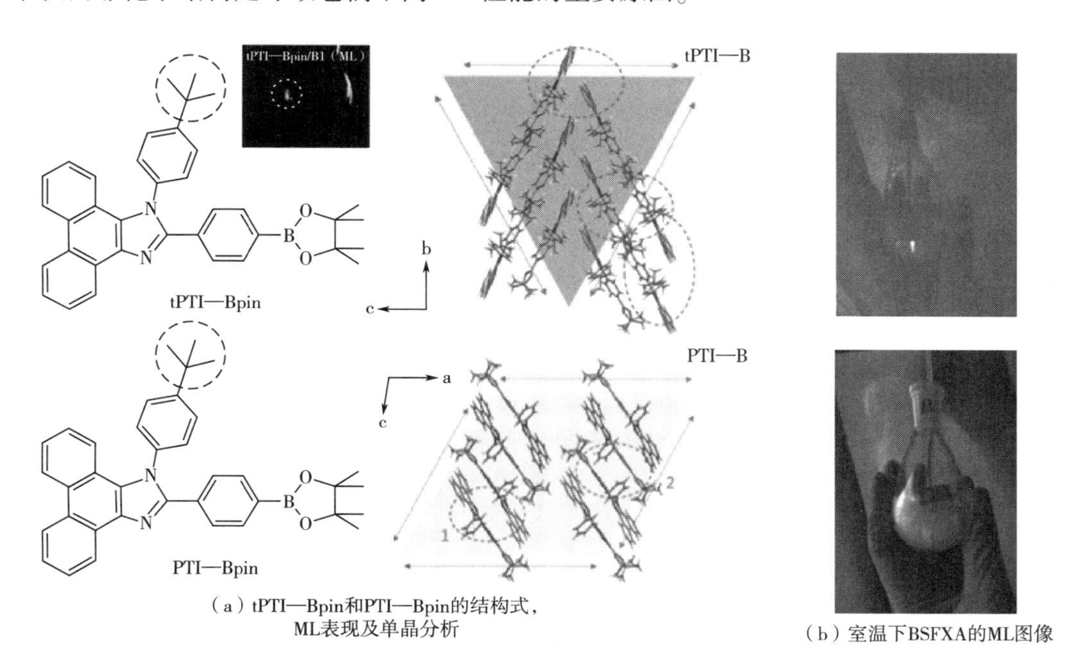

（a）tPTI—Bpin和PTI—Bpin的结构式，ML表现及单晶分析

（b）室温下BSFXA的ML图像

图 13-3　弹性力致发光现象

无论是无机晶体还是有机晶体，这些具有独特弹性发光性质的材料得到了极大的关注，并引发了 ML 研究浪潮。近年来，科研人员已经在多个领域开发了多种 ML 器件，包含穿戴设备、防伪检测、损伤检测、应力传感、健康监测和人机交互等。

与弹性发光相比，断裂发光与材料的不可逆物理损伤有关，其发光是一次性发射，因此无法重复产生 ML 现象。这类材料的应用主要集中于实时监测器件或工程结构的损伤。相比之下，摩擦发光可以通过固体颗粒和软基质之间的摩擦接触重复产生，而不会造成结构破坏。弹性力致发光与塑性力致发光统称为形变发光。当材料处于弹性形变范围内时表现为弹性力致发光，当超过材料的最大承受阈值后，转变为不可逆的塑性力致发光。形变发光的特点是材料在 ML 过程中不会断裂或损坏，因此能够在多个机械刺激周期内重复产生力致发光现象。这些特性在 ML 材料智能化应用方面备受关注，并推动新型 ML 材料的研发。

13.2 力致发光纤维及纺织品的发光原理及制备方法

13.2.1 力致发光原理

掌握ML机理是优化ML器件制备方法的关键。ML机理主要归因于位错运动、压电发光效应和摩擦发光效应。

(1) 位错运动。钱德拉(Chandra)等首先提出ML激发过程与颜色中心和位错运动有关。该模型假定了四种位错活动,即位错解钉模型、位错缺陷剥离模型、位错相互作用模型和位错湮没模型。研究表明,ML强度与新产生的位错数量之间存在线性关系。

(2) 压电发光效应。研究人员观察到ML现象多出现在具有压电性能的材料中,而非压电材料很少产生ML现象。基于此,研究人员建立了压电化模型和压电诱导载流子脱陷模型。压电化模型适用于解释压电材料的晶体和有机化合物产生断裂力致发光的过程。在材料发生破裂形变时,压电效应促进新断裂界面处产生较强的电场,在材料断裂表面产生电荷,晶体内部电荷分离,为了保持电中性,这些正负电荷会快速发生中合,在中合过程中会导致周围气体被介电击穿或固体直接被激发,从而产生ML现象。

压电诱导载流子脱陷模型适用于可电致发光的陷阱控制ML材料。在该模型中,ML材料的弹性变形产生的压电势减小了陷阱深度,导致晶体内部陷阱中的载流子脱陷,然后空穴与载流子产生非辐射复合将能量转移到掺杂离子上,最终能量以光的形式释放出来,产生ML现象。目前,这一模型被广泛用于解释非中心对称的ML材料。

(3) 摩擦发光效应。对于具有中心对称结构的陷阱控制的ML材料,研究人员提出了摩擦电引起的载流子脱陷模型。对于具有中心对称结构且发光过程不涉及陷阱的ML材料,特别是只有与聚合物基体混合后才发光的ML材料,可以通过摩擦电诱导电子轰击模型和接触起电电子云模型等来解释。在这些模型中摩擦电直接作用于发光中心上形成激发—发射过程。

13.2.2 力致发光纤维及纺织品的制备方法

(1) 湿法纺丝。湿法纺丝是一种适合大量制备纤维的工艺,在该工艺中,ML材料与聚合物溶液共混后挤入凝固浴中,凝固后形成ML纤维。如王等利用PVDF和PU亲水性和疏水性能的差异,使其在凝固浴中发生相分离,从而在纤维内部形成微孔并对ZnS颗粒(发光材料)产生包覆效果,ZnS沿着纤维相对分散。这种结构使这些颗粒完全被夹在纤维内,从而确保其发光可重复性。该纤维可以编织成ML织物,该织物也具有良好的发光性能。但由于湿法纺丝所制备的ML纤维是初生纤维,没有经过力学牵伸,强力较低,发光重复性较差。而经过牵伸后的ML纤维,ML粒子之间会发生分离,粒子堆积方式被破坏,导致发光性能降低甚至失效。所以湿法纺丝制备ML纤维依旧存在一些技术挑战。

(2) 多层浸渍或涂覆。无牵伸的涂层方法是应用最广泛的ML纤维制备方法。该方法将共混的ML材料与聚合物溶液通过浸渍的方式涂覆在芯层纤维上。彭等将ZnS/PDMS发光溶液涂覆到圆形的PDMS纤维上,烘干后得到ML纤维,该纤维在拉伸时具有良好的发光性能，并在 10000 次循环拉伸中保持稳定。通过织造工艺可以将这些 ML 纤维进一步加工为 ML 织物。在彭等的基础上郑（Jeong）等对 ML 纤维的结构进行了改良，将圆形的 PDMS 纤维变成了“+”结构的纤维，该结构可以涂覆上更多的 ZnS/PDMS 发光溶液，显著提升了发光效果。此外，郑（Jeong）还在 ML 纤维最外层包覆了一层硅胶黏合剂，不仅提高了纤维的力学性能，还有效防止了 ML 颗粒被磨损。尽管浸渍涂覆的方法简单易操作，但制得的纤维直径较粗，影响服用舒适度。目前报道的纤维直径最细的 ML 纤维为 0.12mm。与以上浸渍涂层的方法不同，董等将超细 PU 纤维作为芯层并在其表面涂覆一层 PDMS 溶液作为黏结剂，黏附上 ZnS:Cu 发光粉末，烘干后浸入水性 PU 溶液中，再次烘干后得到超细的 ML 纤维。该纺丝方法可以实现连续大规模制备，并且用该纤维织造成的 ML 织物更加柔软，服用舒适性能更好。浸渍涂覆方法不仅能用于 ML 纤维的制备，也能用于 ML 织物的制备。例如彭等将调配好的拉伸发光溶液涂覆在导电氨纶织物上。该织物亮度最高可达 $350cd/m^2$，在经历 100 次 10%伸长测试循环后，可拉伸发光织物的亮度也可以达到原始亮度的 98.5%。这种可伸缩的发光织物可以进一步集成，得到不同颜色的照明模块，从而检测到外部刺激并伴随着视觉反馈。

13.3　力致发光材料的应用领域

ML 材料具有将机械能转化为光能并发射的能力，不需要外接电源或复杂的电路即可为视觉传感器供能。这一特性使 ML 材料在环境监测、信息安全、结构损伤监测、生物健康监测和可穿戴器件等领域具有广泛应用的潜力。

13.3.1　环境监测

ML 材料的发光强度受到环境因素如温度和湿度变化的影响。例如，ZnS:Cu 的发光强度随温度的升高而降低。利用这一特性，将耐热的 $Sr_3Al_2O_5Cl_2:Eu^{2+}$ 与 ZnS:Cu 相结合，可以制备可视化的温度传感器件。张等报道了 $Sr_3Al_2O_5Cl_2$:LN 的机械发光是非压电性的，这表明 $Sr_3Al_2O_5Cl_2$:Ln 可以通过不同的物理过程来连接宏观力学刺激和微观电子转移实现独特的机械发光，如图 13-4（a）所示。该材料还具有温度调制自恢复能力和优异的热稳定性，这些特性支持了其在可视化温度传感和多模信息储存器件中的应用开发。ML 材料也会受到电场和磁场的影响，通过引入压电衬底或磁性材料作为刺激源，ML 器件可以分别响应电场或磁场的变化。张等在压电诱导 ML 的 PMN-PT(铌镁酸铅—钛酸铅）衬底上生长了 ZnS:Mn 薄膜，该薄膜不仅能在载荷刺激下发光，在超声作用下也可以实现 ML，如图 13-4（b）所示。通过 PMN-PT 中的反向压电效应，在施加交流或直流电场时，可以调节 ZnS:Mn 膜的光信号和超声信号。

董等介绍了一种新颖的磁力诱导发光（MFIL）耦合效应［图 13-4（c）］，将掺杂 ZnS:Cu 的聚二甲基硅氧烷（PDMS）复合薄膜与 NdFeB 磁尖质量结合在一起，当外加磁场垂直作用于磁尖质量的磁化方向时，由于磁尖质量的磁力效应，ZnS:Cu/PDMS 复合薄膜产生弯曲振动，使 ZnS:Cu 产生应力；同时在 ZnS:Cu 半导体中，磁力诱导的压电导致了能带倾斜，以上两种原因导致该器件产生了 ML 响应。与传统的磁感器相比，基于 ML 的磁感器设备在不通电情况

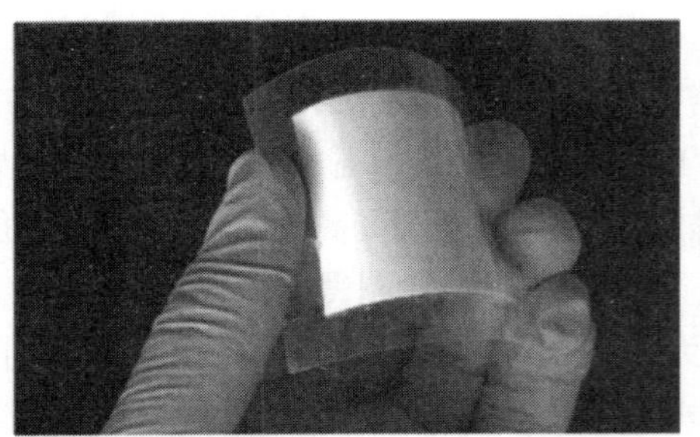
（a）含有一层CaZnOS:Er³⁺颗粒的柔性薄膜器件

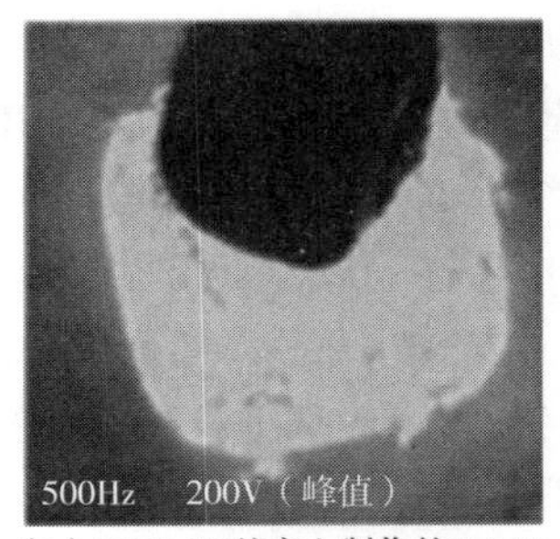

（b）PMN-PT基底上制作的ZnS:Mn

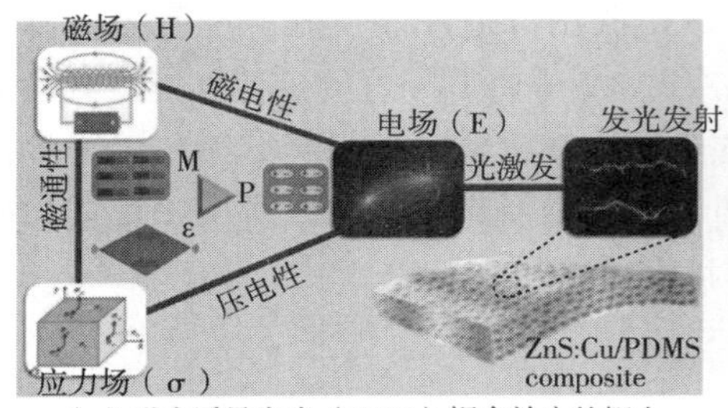

（c）磁力诱导发光（MFIL）耦合效应的概念

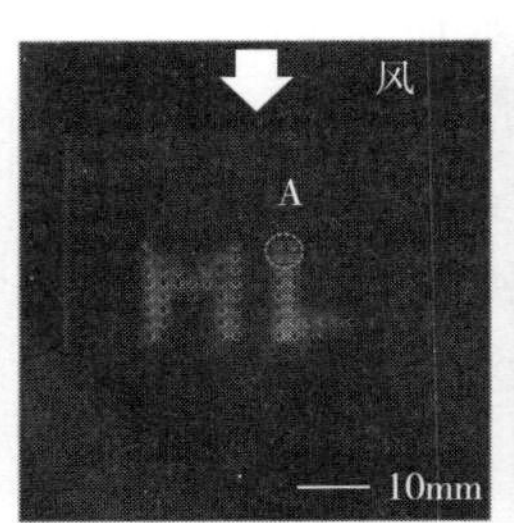

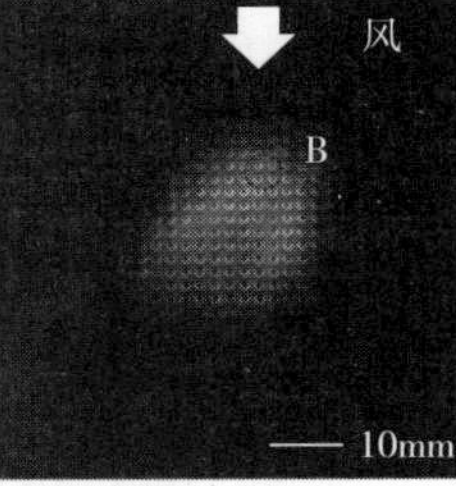

（d）风诱导的ML图像

图 13-4 ML 材料在环境监测中的应用

下可以执行实时和远程的可视化磁传感。这类 ML 器件利用自然界中无处不在的机械能，将自然振动转化为光能用于照明和显示。并且 ML 器件表现出出色的耐用性，能够在恶劣环境中收集能量实现发光。例如，Kim 等报告了一种显著亮度的风力驱动 ML 设备，如图 13-4（d）所示。该器件通过在 PDMS 弹性基体中嵌入 ZnS 颗粒，可以发出暖/中性/冷白三种不同色温的光。这种利用风力驱动的 ML 装置有机会替代显示器或照明系统，为新型环保灯的制备铺平道路，有助于减少能源浪费并促进可持续发展。

13.3.2 信息安全监测

随着移动网络和物联网的快速发展，光通信在满足人们对高速数据传输和更高效的通信系统的需求方面变得日益重要。因此研究人员致力于开发有效的安全方法，以确保信息安全、保护和存储机密信息，这些方法包括标记、全息图、等离子体标签、射频识别技术以及利用色度和发光特性进行信息保护。力致发光由于其可视化、低成本和易于操作等特点，被广泛作为信息存储和表达的方法。如图 13-5 所示为部分用于信息安全的力致发光应用。例如，彭等制备了一种基于 ML 的新型信息存储和视觉表达装置（ISVED），通过对 ZnS：Cu/PDMS 薄膜的特定区域预先施加应力来存储信息，再将薄膜暴露在另一种机械刺激下激发可见光来实现信息传递。苏等开发了一种具有压敏可视化传感和变色能力的新型 SP-VFPS（自供电可视化柔性压力传感器），可在一体化设备中实现颜色可调的摩擦发光，无须任何额外数据即可即时地检测周围环境的压力信息，同时也可以作为显示仪器用于电子签名。在写入过程中，该薄膜随着施加的压力和速度不同显示出显著的颜色变化。与强度映射不同，这种颜色分布模式能直接以人眼可观测的方式展示空间压力的分布，无须依赖额外的显示器或复杂的数据处理［图 13-5（a）］。

对于有机类ML材料，高灵敏度是防伪和保证安全信息材料的关键之一。侯等提出了一种基于有机ML材料（Cz-A6-dye染料）和摩擦电纳米发电机的新型交互式触觉显示器（ITD）。它具有超高亮度和超低压力阈值，能够实现对用户的手写动作和身份的高精度识别。此外，也可以通过对有机ML分子进行设计进而提升其力致发光性能。谢等提出了一种有价值的分子设计策略来实现双通道机械磷光。通过将三苯基氧膦基团引入高度扭曲的有机分子框架，可以在刚性结构中增强分子内和分子间的相互作用，实现双通道机械发光，极大地促进了超长磷光。这种双通道机械磷光材料在安全标记技术领域具有广阔的应用前景。

有机ML材料的可重复性同样值得关注，谢等报道了2-(1,2,2-三苯基乙烯基）氟吡啶（*o*-TPF）［图13-5（b）］。通过赋予ML分子可逆的光致变色特性，成功实现了光开关ML。研究表明，光致变色过程中*o*-TPF偶极矩的变化是导致光开关ML的原因。在交替的紫外和可见光照射下，*o*-TPF的ML特性可以在ON和OFF状态之间切换，并具备较高的稳定性和可重复性。有机—无机杂化卤化物晶体同样具备ML的性质。何等合成了一种手性分子BDPP杂化的一维卤化锰对映体。对相关极性CPML发射信号设置为“1”和“0”二进制编码，则可以使信息通过数字化实现安全存储。目前，用于信息安全的ML器件大多制备工艺简单，ML材料独特的发光响应方式使其具有应用前景。

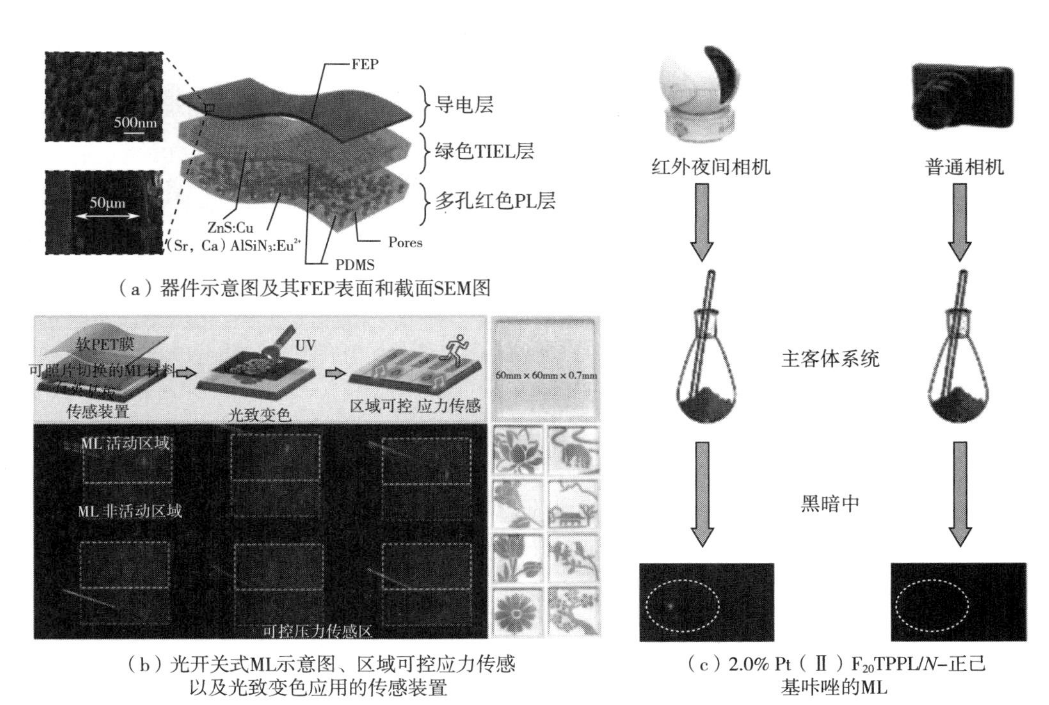

（a）器件示意图及其FEP表面和截面SEM图

（b）光开关式ML示意图、区域可控应力传感以及光致变色应用的传感装置

（c）2.0% Pt（Ⅱ）F_{20}TPPL/*N*-正己基咔唑的ML

图13-5　在信息安全监测中的应用

此外，考虑到数据保密性，还可以利用一些特殊有机ML材料进一步完善信息安全以及生物可视化的相关应用。郝等制备了一种以有机金属配合物Pt(Ⅱ) F_{20}TPPL为客体，

以 *N*-正己基咔唑为主体的有机主/客体（H/G）红外机械发光体系并进行了相关光物理研究。该 H/G 系统中，通过三重态能量传递和刚性环境设计，实现了纯红外力致磷光，其发射波长达到 746nm。当这种材料受到摩擦时，使用红外相机可以清楚地检测到肉眼不可见的纯红外力致磷光。此类设备为进一步提升数据存储、防伪和安全通信开辟了一条新途径［图 13-5（c）］。

13.3.3 结构损伤监测

在大型建造工程（如房屋、桥梁、标志性建筑等）中，任何偏离结构设计的微小偏差都可能造成不可估量的后果。得益于 ML 材料的多重响应特性，它被广泛应用于器件或建筑物的损伤检测中，通常以涂料的形式附着在物体表面，图 13-6 为部分应用。ML 器件对物体的发光响应包含了几乎所有传统的动态机械活动，如拉伸、压缩、摩擦、三点弯曲、裂纹扩展、冲击、弯曲、振动和扭矩等。这些 ML 涂料通常与环氧树脂等黏结剂结合后，涂覆在物体表面形成薄层。在动态力学分析中，应力从试件传递到 ML 涂层，然后传递到 ML 颗粒，通过力—光转换实现应力成像。这种方法可以直接显示应力/应变分布，为动态力学分析提供了一种新的、经济有效的方法。

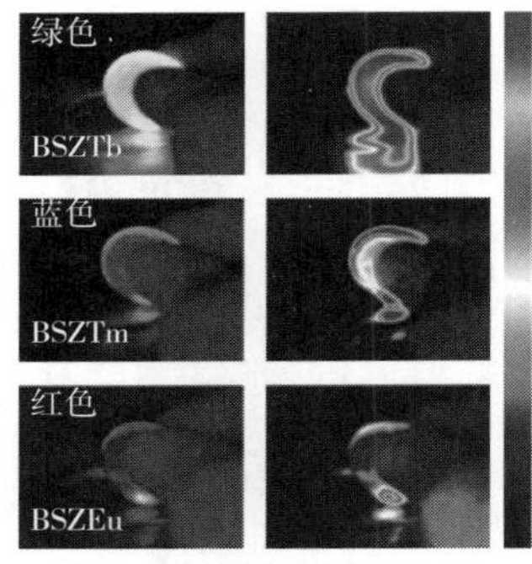

（a）透明无定形玻璃和PDMS接触摩擦的ML图像

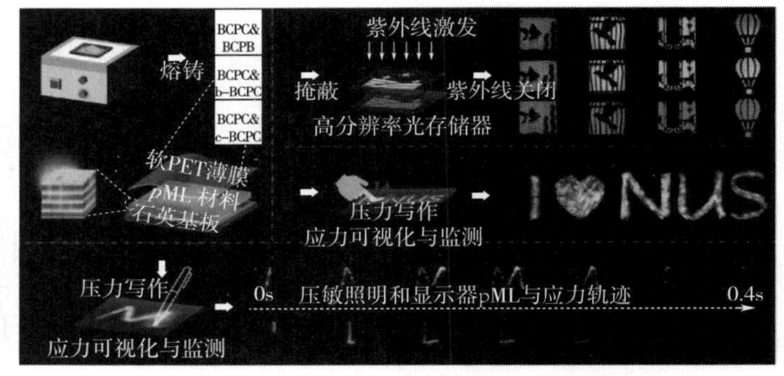

（b）具有长时效传感特性的pML材料应用

图 13-6 在结构损伤监测中的应用

更重要的是，ML 产生的应力图像与一般的力学分析方法和有限元方法兼容，便于对力学行为进行量化。此外，除了检测静态应力分布和裂纹扩展蠕变外，ML 材料因其实时和分布式成像的特点还被用于快速扩展裂纹的研究，有利于更好地了解工程材料的破坏过程。孙（Sohn）等利用 ML 基应力传感器和超高速光电探测器对断裂陶瓷中的裂纹扩展进行了大量的动态可视化研究，他们在 $ZrO_2:Mg^{2+}$ 和 Al_2O_3 的多晶陶瓷中记录到了高达 15~20m/s 的裂纹扩展速度。与传统的裂纹监测方法相对比，ML 传感的裂纹监测方法速度更快，是桥梁、建筑物或金属承重构件等工程结构进行健康诊断的重要技术之一。ML 的应力传感技术具有简单、有效、低成本的优势，它支持对工程结构进行远程、实时和大面积的监测，在工业应用中显示出巨大的潜力。例如，佰格伦（Bergeron）等通过摩擦发光荧光粉可以监测超高速碰撞，使用不同速度撞击ML材料，可以得到不同的发光强度，这表明ML技术在未来航天器撞击传感器中具有应用潜力。利用ML材料的多重响应特性，可应用于可视化损伤检测领域。张等发现掺稀土透明非晶玻璃与聚二甲基硅氧烷（PDMS）直接接触或与PDMS混合制备ML弹性体时，在应力刺激下可产生ML现象，并以此研制了一种先进的汽车制动摩擦力可视化检测装置，如图13-6（a）所示。相较于无机ML材料，有机ML材料在结构损伤监测方面的应用较少，一方面有机聚合物使制备的传感器响应时间过长；另一方面，材料的寿命对其性能有不利影响。谢等通过结构修饰并掺杂结构改性咔唑、苯并咻和吩噻嗪衍生物作为同结构主体和客体，成功地获得了一系列在室温下具有不同的磷光寿命（18.8~384.1ms）和多种颜色（绿色、黄色和橙色）的持久性ML材料。这种发光寿命范围大、颜色种类丰富的ML材料在可视化检测领域具有巨大应用前景，如图13-6（b）所示。

13.3.4　生物健康监测

生物健康监测是ML功能器件应用的前沿领域。具体地说，ML材料具有大范围波长自供电能力，在生物医学领域具有实现革命性突破的潜力，如图13-7所示。当前，ML功能器件在生物医学领域取得的进展已经涵盖了多种应用，包括组织渗透、光遗传、体内应力成像、抗菌干预、心跳监测和医疗保健等领域。

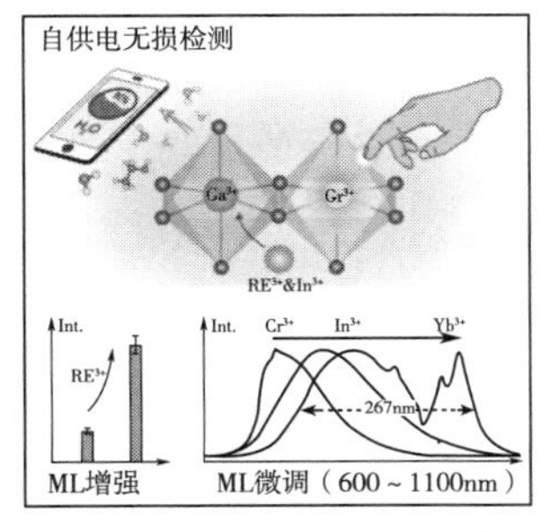

（a）Ga_2O_3:Cr^{3+}结构以及ML示意图

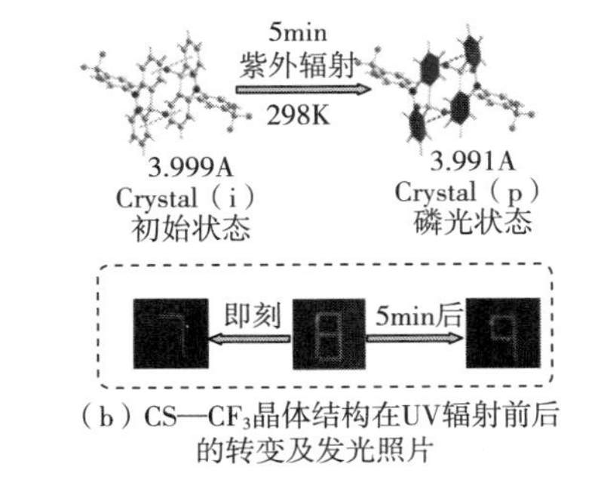

（b）CS—CF_3晶体结构在UV辐射前后的转变及发光照片

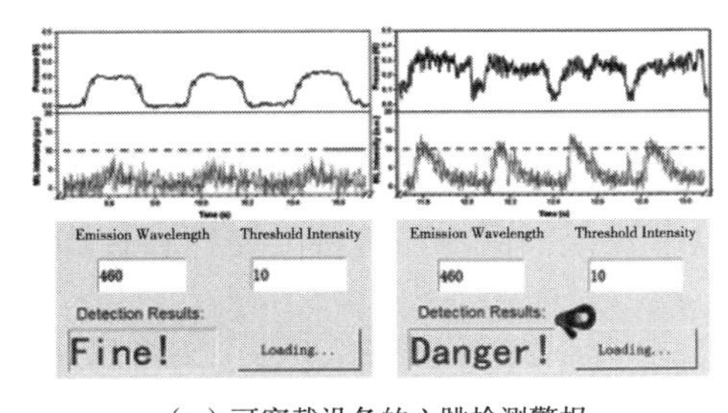

（c）可穿戴设备的心跳检测警报

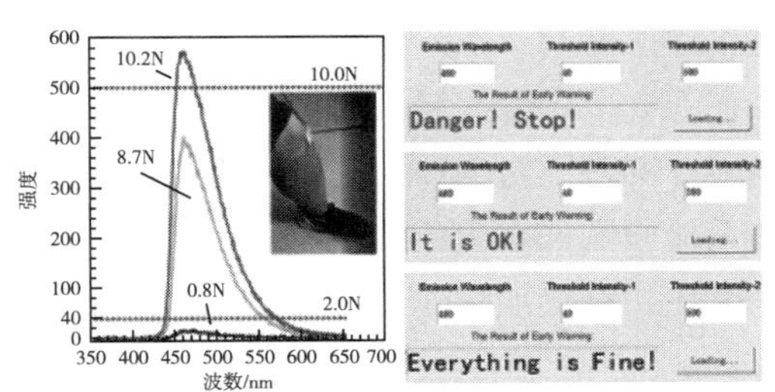

（d）可穿戴设备的冲击强度预警示意图

图13-7　在生物健康监测中的应用

在硬组织的试验力学分析和矫形装置的力学评估中，传统的应变计量方法虽然可进行定量测量，但无法实现全场监测。许等一直在研究将ML材料应用于体外硬组织或矫形装置的ML成像，在比较了热弹性应力分析方法和ML成像方法在检测人工骨表面应力的区别后，发现 ML 成像方法在时间响应和空间分辨率方面具有优势。王等提出了一种利用 $SrAl_2O_4:Eu^{2+}$，Dy^{3+}（一种长余辉发光材料）制备的人工牙咬合检查器件，该器件的机械发光可以将人工牙表面的应力分布可视化。由于近红外光对生物组织具有良好的穿透能力，因此具有近红外光发射的 ML 材料在生物力学方面的应用需求很高，特别是在软组织下的人工骨等植入物的监测中表现出极大潜力。这些设备可以根据特定的生物力学行为发出 ML 信号，而不需要侵入生物体内部。毛等利用 $CaZnOS:Nd^{3+}$ 制备了一种力传感器，作为 AVGs（血管移植物）的体内显示器来检测心血管疾病，结果显示，近红外 ML 材料显示出良好的血液和组织相容性，不会引起炎症反应。通过将 ML—AVGs 植入大鼠颈总动脉，并利用热相机、近红外光谱仪和近红外相机成功观察到近红外 ML 信号，并且发现该近红外 ML 信号与血管开放程度（在血管闭塞模型中）和高血压程度（在高血压模型中）呈线性相关。该工作表明，近红外 ML 材料可作为生物标记物用于疾病严重程度的实时监测。

为了确保在受到力的刺激时有机 ML 材料的排列顺序不被破坏，实现对连续力信号的有效反馈，需要对其进行分子结构设计。例如王等使用三苯乙烯作为骨架单元，噻吩单元作为供体对有机 ML 材料整体结构进行调控，所制备的柔性可穿戴设备可以监测到人类心跳，为监测日常生活中的力刺激提供了一种新的方法。杨等开发了 7 种 10-苯基-10 氢基-吩噻嗪-5,5-二氧化物基衍生物，揭示了它们不同的 RTP（室温磷光）性质和潜在的机制，并开发了它们潜在的成像应用。在对小鼠进行体内成像测试中，这些材料实现了实时无激发成像。由于力的作用方式是多样的，有研究人员利用超声诱导 ML 进而探究其相关性质。例如，王等报告了一种级联式机械发光纳米换能器，它能在超声波刺激下实现高效的光发射。利用脑组织中聚焦超声的高能量转移效率以及机械发光纳米传感器对超声的高敏感性，能够显示出颅内注射后在表层运动皮层和深层腹侧被盖区中表达 ChR2 的神经元的高效光子传递和激活，进而实现动物的行为控制。

虽然大多数有机和无机 ML 材料具有良好生物相容性，但微米级 ML 颗粒可能引发安全问题，这限制了它们在活体或可植入设备中的应用。为了解决这个问题，一些研究小组已经开发了纳米 ML 材料并进行了体内试验，在生物医学应用领域展示出应用潜力。例如，香港城市大学王锋团队制备了一种自恢复型应力发光纳米材料 $Ga_2O_3:Cr^{3+}$，该材料在机械力的刺激下可以在 650~1100nm 波段内产生高效宽带近红外发射，通过掺杂来调控局域晶体场环境和能量传递，实现了对 ML 强度和发光位置的精细调控，首次验证了其作为新型近红外光源在自供电无损检测技术中的应用潜力。这些研究可以激发人们对 ML 材料生物相容性和安全性的更多关注，最终加快 ML 器件在生物医学领域的实际应用。

13.3.5 可穿戴器件

应力和应变传感是 ML 材料最广泛的应用之一，如图 13-8 所示。ML 材料在受到机械作用时会发射光子，因此，ML 传感器在人机交互和智能可穿戴设备实时发光监测应用中具有显著优势。例如，当 ML 传感器应用于人体关节处，其随着关节的运动会显示可见光信号，为运动监测提供直观反馈。彭慧胜课题组将 ZnS+PDMS 溶液沉积在 PDMS 纤维上制

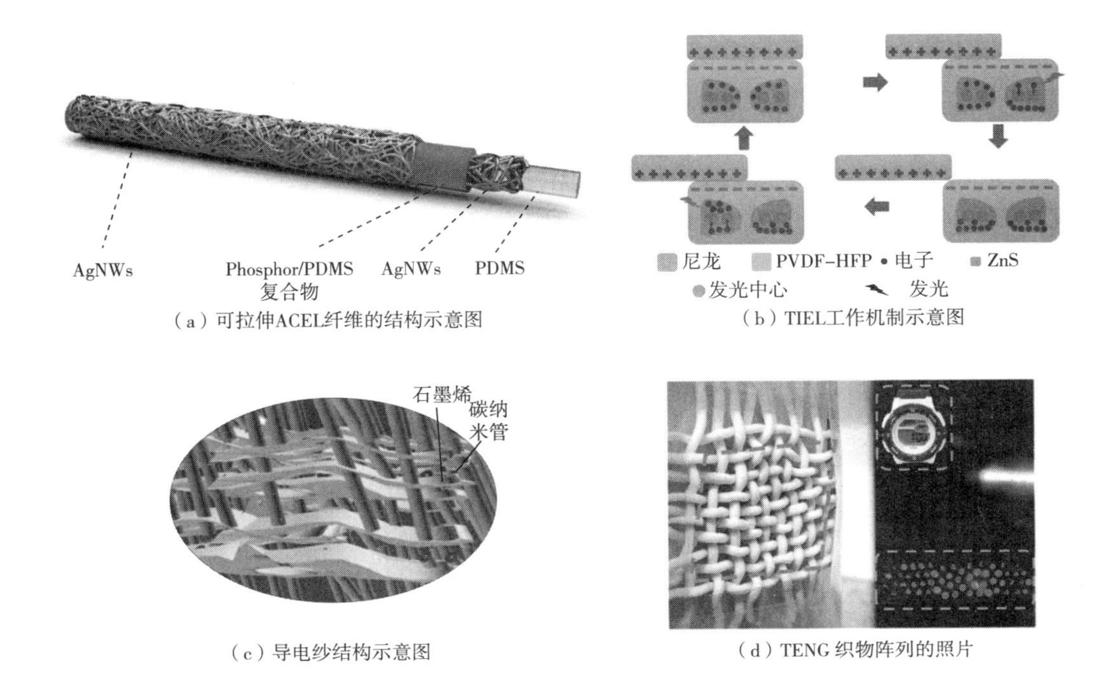

（a）可拉伸ACEL纤维的结构示意图

（b）TIEL工作机制示意图

（c）导电纱结构示意图

（d）TENG 织物阵列的照片

图 13-8　可穿戴器件

备了一种具有高拉伸和柔性的 ML 纤维，该纤维在拉伸和释放时发出强度可调的柔和光。此外，通过不同离子的掺杂以及颜色组合，ML 纤维的颜色可以调整为绿色、黄色或橙色。该纤维可编织成织物，随着人体运动显示运动轨迹。韩国首尔大学郑（Jeong）等在此工作的基础上，为增强 ML 纤维的机械性能和荧光寿命，利用熔融纺丝的方法制备了一种“+”形状的纤维，使芯层纤维与 ZnS+PDMS 发光溶液有更大的接触面积，该方法进一步提升了纤维的机械性能和发光强度。该 ML 纤维对于人体运动和肌肉拉伸时的发光检测更加灵敏。ML 材料不需要电源供能，靠人体的运动就能驱动，在节能环保的可穿戴发光器应用中有巨大优势。但以上两种 ML 纤维并不能实现 ML 材料的全方位应用。且单应力—光子转换的 ML 器件发光强度低，发光不均匀。为此，一些研究人员根据 ML 材料发光机制的不同，开发出了多模式的 ML 器件。例如，孟等基于 ML 材料的电场诱导发光机理，通过简单的浸渍的方法设计制造了一种柔性、同轴结构、明亮多彩的 ACEL 光纤，如图 13-8（a）所示。该光纤由 AgNW 基电极，ZnS 荧光粉层以及硅树脂电介层和封装层组成。制备的 ACEL 纤维均匀、明亮，且在不同角度亮度不同，最高亮度可达 202cd/m^2。ACEL 具有出色的柔韧性和机械稳定性，能够在 500 次弯曲恢复循环后保持约 91%的亮度。适宜的长度加上出色的机械性能使 ACEL 纤维易于编织。也有直接将 ML 材料与织物复合的织物基 ML 器件。例如彭等将 ZnS:Cu 荧光粉和高介电性的硅弹性体复合而成的发光层夹在了水凝胶电极和沉积了聚吡咯氨纶的织物电极之间，用于检测外部压力刺激，并能实现应力可视化。这种电致发光的 ML 器件，解决了单模式的 ML 器件发光亮度不强，发光不均匀等问题。但电致发光ML器件，需要一个单独的供电模块，其便携性受到一定限制，难以完全满足可穿戴设备的需求，所以自供电式的ML器件应运而生，其可以同时实现ML器件的高发光强度和双模式应用。贾等将ZnS:Cu粉末嵌入聚偏氟乙烯—六氟丙烯（PVDF-HFP）中，开发了一种新型的高亮度、高分辨率、柔性的摩擦带电诱导的电致发光皮肤，可用于实时成像和人机交互。此外，他们将微控制器与ML膜相结合，构建了基于可穿戴式光电双输出的无线通信系统，实现了对微型汽车轨迹的无线控制。该电子皮肤对触摸刺激具有优异的敏感性，未来可能会在轨迹跟踪、皮肤假体、软机器人、先进的人机界面等方面得到应用。苏等通过将电阻式应力传感和ML传感相结合，制备了双模式应变传感纱线，并将其应用于可穿戴设备。纱线外层采用ML与树脂的复合物，可实现非接触式光学测量。内芯为导电碳丝，可以通过电阻的变化来反映应变。在该纱线感受到应力刺激时通过光电双模式实现应力的实时监测。王中林课题组根据ZnS:Cu的压电光子理论制备了一种基于单电极的纳米摩擦发电机（电致发光纤维）。该纤维以螺旋弹簧为内支撑层，以ZnS/PDMS复合材料为外摩擦层，是一种柔性的、可拉伸的同轴摩擦电纳米发电机纱线。通过编织这种纳米摩擦发电机纱线，或将其与其他纱线混合编织，可以得到纳米摩擦发电机的织物，该织物能从人体运动或周围环境中收集外部机械能。此外，它可以通过电和光学方法自行感知人体运动。这项工作为具有双模传感和能量采集的可穿戴纳米摩擦发电机织物提供了一种新的策略，在可穿戴器件和人机交互系统中具有潜在的应用前景。

13.4 总结与展望

13.4.1 问题挑战

综上所述，不同类型的ML材料凭借其不同的特性已应用在不同领域。ML材料的光传感可以给检测人员提供直观的视觉感受反馈，同时其自供电、遥感和应力响应等特性是推动可穿戴设备发展的关键因素。在可穿戴领域，ML纤维器件比ML薄膜器件有更好的柔韧性、更能贴合人体的三维运动，其固有的自供电能力，有望成为可穿戴发光织物及织物显示屏的元器件。然而，ML纤维的制备目前存在3个问题亟待解决：

（1）ML纤维尺寸太大且无法连续制备。目前制备的ML纤维的直径大多都在亚毫米及以上，远大于机织物对纤维的直径要求，也难以满足织物对纤维柔韧性的要求。并且ML纤维的连续制备技术尚未成熟，也是ML纤维及其织物应用于智能可穿戴领域的关键挑战。所以亟须开发一种可连续制备ML纤维且纤维直径尺寸小的方法。常等开发了一种黏涂的方法来制备ML复合纤维，该纤维由聚氨酯内芯和ZnS:Cu/ PDMS的壳组成，纤维的直径仅有120μm，是目前制备的直径最小的ML纤维。该纤维可以轻松地织造成机织物和针织物，并能灵活地应用于人体各个部位。但该纤维仅仅支持单一模式的ML传感，不能满足ML器件在可穿戴领域的智能应用。因此，未来研究需要进一步开发ML纤维的制备方法。

（2）ML纤维的发光强度和发光灵敏性不足。ML纤维与ML薄膜相比发光面积小，发光亮度不高。此外，ML材料发光机理不完善，已有的ML机理的一些模型不适合运用在纤维中。ML的亮度与发光器件的灵敏度正相关，所以提升ML纤维的亮度是提升ML传感纤维性能的有效方法。

（3）目前大多数研究基于无机ML材料，关于有机ML材料的研究和应用较少。有机ML材料种类丰富，具有发射色域广、生物兼容性高、易加工等特点，在生物医学结构损伤检测等方面具有潜在应用价值，但其发光稳定耐久性以及重复性较差等问题阻碍了它的发展。此外，有机ML材料的发光特性依赖于分子结构及其排列方式，尽管相关研究提出部分相应机理，但缺乏普适性，这对于有机ML材料设计不利。最后，作为ML的激发源，即机械刺激的表现形式不一，直接激发如研磨、刮擦、按压等；间接激发如风力，超声等。因此定性描述力与ML之间的关系，明确有机ML现象与材料结构机理，有助于有机ML材料的进一步发展。

13.4.2 ML强度增强方法

实现材料创新和实际应用，深入理解ML材料应力到光子转换的原理是至关重要的。ML材料的发光不单依赖力—光子的转换，还涉及多种发光机制协同作用。不少研究人员已经提出了几种关于ML材料发光的模型，这些模型对于发光强度的提高有重要作用。

（1）离子掺杂。ZnS作为已经实现商业化的ML材料被广泛用于ML器件的制备。ZnS属于直接宽带隙半导体材料，其禁带宽度约为3.6eV，拥有闪锌矿（β-ZnS）和纤锌矿（α-ZnS）两种结构。立方相结构的β-ZnS在1020℃以上的烧结温度下可以转变为六方相结构的α-ZnS，α-ZnS压电性能更好，发光强度也优于β-ZnS。ZnS可以通过掺杂过渡金属元素及稀土元素提高发光强度，还可以发出不同颜色的光。

（2）基体结构优化。传统的ML器件是由ML颗粒与弹性聚合物混合制备而成。目前，已经开发出用于ML器件的创新复合结构，以实现更高的亮度。

ML现象的产生主要是因为力—光子的转换，所以ML器件基质的机械性能对器件中应力传递和ML强度有很大的影响。为了探究基体机械性能对ML性能的影响，宋等将SiO_2纳米颗粒引入PDMS基质中来调节基体弹性模量。证明了在基体中添加纳米粒子可以有效地将应力集中到ZnS：M^{2+}（Mn/Cu）@Al_2O_3微粒上，使ML强度提升了5倍。同样，庄等通过将一系列氧化物纳米粒子（Al_2O_3、ZrO_2、SiO_2、In_2O_3、MgO或TiO_2粒子）引入ML复合薄膜，观察到了复合薄膜的ML强度显著增加，其中在基体中加入Al_2O_3粒子时ML强度最高。添加这些高刚性氧化物纳米粒子可以增加整个ML器件的模量，促进应力传递并增强ML现象。

2D结构的ML复合薄膜只能产生均匀应力场分布发光，而3D复合结构可以在特定区域引起集中的应力分布发光。这些局部的集中应力可能会导致器件特定区域的ML亮度提高。例如，方形阵列、金字塔阵列和圆柱形阵列等结构使应力集中在各个阵列单元上，使这些具有3D结构的元件表现出更高的亮度水平，同时减轻应力串扰，增强应力成像能力。此外，使用盐或糖等模板制备的具有多孔结构的海绵状ML器件可产生更明显的ML现象。其他3D结构，如杆板结构、仿生狭缝结构、弹簧状结构和蜂窝结构，也有可能引起不均匀的应力分布，从而产生更明显的局部ML现象。

（3）电场诱导增强。ML强度会受到外部电场的影响，如压电场或摩擦电场。ZnS基ML材料的ML机制通常与电场有关，其中广泛认可的模型包括应力驱动的摩擦电诱导电致发光模型和压电诱导脱陷模型。潘等提出了一种通过将聚偏二氟乙烯（PVDF）与ZnS:Cu/Mn结合，通过压电效应驱动使ZnS:Cu/Mn陷阱深度减少来增强ML现象的方法。这是因为PVDF产生额外的外部压电场，减少了应力负载下ZnS:Cu/Mn的陷阱深度，释放出更多电荷载流子与发射中心复合，从而增加ML强度。侯等提出了压电和摩擦电协同的ML发光机制，其中界面的摩擦电场导致ZnS的能带进一步倾斜，这种现象会导致更多的电子被激发并与发射中心复合，致使发光强度增强约30%。摩擦发光和压电发光相结合的ML机制，表现出对施加力的非线性响应。由于摩擦发光表现出高灵敏度和低阈值应力（低至小于10 kPa），其在低应力范围内表现出单模ML（摩擦发光）现象，在高应力范围内是双模式诱导的ML（摩擦发光和压电发光）现象。因此，在ML器件中引入外部电场对于增强ML强度有显著的作用。

ML智能发光设备不需要电源辅助即可实现传感功能，所以ML材料在传感、显示、通信和视觉反馈等领域具有重要应用潜力，被普遍认为是最适合用于可穿戴智能发光器件的材料。然而，目前的ML材料存在性能不足、发光机制不清晰、合成策略有限以及加工工艺创新不足等问题，限制了其在可穿戴智能发光器件中的应用，难以满足实际应用的需求。目前的研究中，薄膜基的ML器件能利用并结合ML材料发光机制，达到ML器件高亮度的要求。但薄膜在人体可穿戴领域的使用不如纤维。反观纤维基ML，不少研究人员在单根ML纤维中实现了压电/摩擦电与ML结合的多模式传感，但ML纤维柔韧性往往不够理想，与薄膜基ML器件相比，纤维基的ML材料功能性较低。所以实现ML纤维在多应变下的驱动发光、多模式协同传感、多色彩发光将进一步推动ML材料在智能可穿戴领域的实际应用。

参考文献

[1] CHANG S L,ZHANG K Y,PENG D N,et al. Mechanoluminescent functional devices:Developments,applications and prospects[J]. Nano Energy,2024,122:109325.

[2] ZHANG Z T,WANG Y,JIA S S,et al. Body-conformable light-emitting materials and devices[J]. Nature Photonics,2023,18(2):114-126.

[3] ZHUANG Y X,XIE R J. Mechanoluminescence rebrightening the prospects of stress sensing:A review [J]. Advanced Materials,2021,33(50):2005925.

[4] LIANG G J,YI M,HU H B,et al. Coaxial-structured weavable and wearable electroluminescent fibers [J]. Advanced Electronic Materials,2017,3(12):1700401.

[5] WU C,ZENG S S,WANG Z F,et al. Efficient mechanoluminescent elastomers for dual-responsive anticounterfeiting device and stretching/strain sensor with multimode sensibility[J]. Advanced Functional Materials,2018,28(34):1803168.

[6] KRISHNAN S, VAN DER WALT H, VENKATESH V, et al. Dynamic characterization of elastico-mechanoluminescence towards structural health monitoring[J]. Journal of Intelligent Material Systems and Structures, 2017, 28(17): 2458-2464.

[7] ZHOU H Y, WANG X, HE Y C, et al. Distributed strain sensor based on self-powered, stretchable mechanoluminescent optical fiber[J]. Advanced Intelligent Systems, 2023, 5(9): 2300113.

[8] WANG C, YU Y, YUAN Y H, et al. Heartbeat-sensing mechanoluminescent device based on a quantitative relationship between pressure and emissive intensity[J]. Matter, 2020, 2(1): 181-193.

[9] HOU B, YI L Y, LI C, et al. An interactive mouthguard based on mechanoluminescence-powered optical fibre sensors for bite-controlled device operation[J]. Nature Electronics, 2022, 5(10): 682-693.

[10] ZENG K W, SHI X, TANG C Q, et al. Design, fabrication and assembly considerations for electronic systems made of fibre devices[J]. Nature Reviews Materials, 2023, 8(8): 552-561.

[11] TAO X M. Study of fiber-based wearable energy systems[J]. Accounts of Chemical Research, 2019, 52(2): 307-315.

[12] LIN S H, WUTZ D, HO Z Z, et al. Mechanisms of triboluminescence[J]. Proceedings of the National Academy of Sciences of the United States of America, 1980, 77(3): 1245-1247.

[13] JHA P, CHANDRA B P. Survey of the literature on mechanoluminescence from 1605 to 2013 [J]. Luminescence, 2014, 29(8): 977-993.

[14] K'SINGAM L A, DICKINSON J T, JENSEN L C. Fractoemission from failure of metal-Glass interfaces [J]. Journal of the American Ceramic Society, 1985, 68(9): 510-514.

[15] EBRAHIMZADE A, MOJTAHEDI M R M, SEMNANI RAHBAR R. Study on characteristics and afterglow properties of luminous polypropylene/rare earth strontium aluminate fiber[J]. Journal of Materials Science: Materials in Electronics, 2017, 28(11): 8167-8176.

[16] CHANDRA B P. Luminescence induced by moving dislocations in crystals[J]. Radiation Effects and Defects in Solids, 1996, 138(1-2): 119-137.

[17] CHANDRA B P, BAGRI A K, CHANDRA V K. Mechanoluminescence response to the plastic flow of coloured alkali halide crystals[J]. Journal of Luminescence, 2010, 130(2): 309-314.

[18] CHANDRA B P, BAGHEL R N, SINGH P K, et al. Deformation-induced excitation of the luminescence centres in coloured alkali halide crystals[J]. Radiation Effects and Defects in Solids, 2009, 164(9): 500-507.

[19] CHANDRA V K, CHANDRA B P, JHA P. Strong luminescence induced by elastic deformation of piezoelectric crystals[J]. Applied Physics Letters, 2013, 102(24): 241105.

[20] CHANDRA V K, CHANDRA B P, JHA P. Strong luminescence induced by elastic deformation of piezoelectric crystals[J]. Applied Physics Letters, 2013, 102(24): 241105.

[21] ZHANG J, BAO L K, LOU H Q, et al. Flexible and stretchable mechanoluminescent fiber and fabric [J]. Journal of Materials Chemistry C, 2017, 5(32): 8027-8032.

[22] TIMILSINA S, SHIN H G, SOHN K S, et al. Dark-mode human-machine communication realized by persistent luminescence and deep learning[J]. Advanced Intelligent Systems, 2022, 4(7): 2200036.

[23] AHN J J, AKRAM K, SHAHBAZ H M, et al. Effectiveness of luminescence analysis to identify gamma-irradiated shrimps: Effects of grinding, mixing and different methods of mineral separation[J]. Food Research International, 2013, 54(1): 416-422.

[24] CHEN B,ZHANG X,WANG F. Expanding the toolbox of inorganic mechanoluminescence materials [J]. Accounts of Materials Research,2021,2(5):364-373.

[25] FENG A,SMET A P F. A review of mechanoluminescence in inorganic solids:Compounds,mechanisms,models and applications[J]. Materials,2018,11(4):484.

[26] CHANDRA B P,SONWANE V D,HALDAR B K,et al. Mechanoluminescence glow curves of rare-earth doped strontium aluminate phosphors[J]. Optical Materials,2011,33(3):444-451.

[27] WANG X D,ZHANG H L,YU R M,et al. Dynamic pressure mapping of personalized handwriting by a flexible sensor matrix based on the mechanoluminescence process[J]. Advanced Materials,2015,27(14):2324-2331.

[28] MATSUI H, XU C N, LIU Y, et al. Origin of mechanoluminescence from Mn - activated $ZnAl_2SO_4$: Triboelectricity-induced electroluminescence[J]. Physical Review B,2004,69(23):235109.

[29] BAI Y Q,WANG F,ZHANG L Q,et al. Interfacial triboelectrification-modulated self-recoverable and thermally stable mechanoluminescence in mixed-anion compounds[J]. Nano Energy,2022,96:107075.

[30] WANG W X,WANG Z B,ZHANG J C,et al. Contact electrification induced mechanoluminescence[J]. Nano Energy,2022,94:106920.

[31] ZHANG J,BAO L K,LOU H Q,et al. Flexible and stretchable mechanoluminescent fiber and fabric [J]. Journal of Materials Chemistry C,2017,5(32):8027-8032.

[32] JEONG S M,SONG S,SEO H J,et al. Battery-free,human-motion-powered light-emitting fabric:Mechanoluminescent textile[J]. Advanced Sustainable Systems,2017,1(12):1700126.

[33] CHANG S L,DENG Y,LI N,et al. Continuous synthesis of ultra-fine fiber for wearable mechanoluminescent textile [J]. Nano Research,2023,16(7):9379-9386.

[34] PALLARES R M,SU X D,LIM S H,et al. Fine-tuning of gold nanorod dimensions and plasmonic properties using the Hofmeister effects[J]. Journal of Materials Chemistry C,2016,4(1):53-61.

[35] ZHANG H L,PENG D F,WANG W,et al. Mechanically induced light emission and infrared-laser-induced upconversion in the Er-doped CaZnOS multifunctional piezoelectric semiconductor for optical pressure and temperature sensing [J]. The Journal of Physical Chemistry C,2015,119(50):28136-28142.

[36] ZHANG Y,GAO G Y,CHAN H L W,et al. Piezo-phototronic effect-induced dual-mode light and ultrasound emissions from ZnS:Mn/PMN-PT thin-film structures[J]. Advanced Materials,2012,24(13):1729-1735.

[37] POURHOSSEINIASL M,BERBILLE A,WANG S Y,et al. Magnetic-force-induced-luminescent effect in flexible ZnS:Cu/PDMS/NdFeB composite[J]. Advanced Materials Interfaces,2023,10(9):2202332.

[38] JEONG S M,SONG S,JOO K I,et al. Bright,wind-driven white mechanoluminescence from zinc sulphide microparticles embedded in a polydimethylsiloxane elastomer [J]. Energy & Environmental Science, 2014, 7 (10): 3338-3346.

[39] PALLARES R M,SU X D,LIM S H,et al. Fine-tuning of gold nanorod dimensions and plasmonic properties using the Hofmeister effects[J]. Journal of Materials Chemistry C,2016,4(1):53-61.

[40] SU L,JIANG Z Y,TIAN Z,et al. Self-powered,ultrasensitive,and high-resolution visualized flexible pressure sensor based on color-tunable triboelectrification-induced electroluminescence[J]. Nano Energy,2021,79:105431.

[41] SHIN H G,TIMILSINA S,SOHN K S,et al. Digital image correlation compatible mechanoluminescent skin for structural health monitoring[J]. Advanced Science,2022,9(11):2105889.

[42] AHN S Y,TIMILSINA S,SHIN H G,et al. In situ health monitoring of multiscale structures and its instantaneous

verification using mechanoluminescence and dual machine learning[J]. iScience,2023,26(1):105758.

[43] BERGERON N P,HOLLERMAN W A,GOEDEKE S M,et al. Triboluminescent properties of zinc sulfide phosphors due to hypervelocity impact[J]. International Journal of Impact Engineering,2008,35(12):1587-1592.

[44] HYODO K,TERASAWA Y,XU C N,et al. Mechanoluminescent stress imaging for hard tissue biomechanics [J]. Journal of Biomechanics,2012,45:S263.

[45] JIANG Y J,WANG F,ZHOU H,et al. Optimization of strontium aluminate-based mechanoluminescence materials for occlusal examination of artificial tooth[J]. Materials Science and Engineering:C,2018,92:374-380.

[46] LIU X Y,XIONG P X,LI L J,et al. Monitoring cardiovascular disease severity using near-infrared mechanoluminescent materials as a built-in indicator[J]. Materials Horizons,2022,9(6):1658-1669.

[47] SUO H,WANG Y,ZHANG X,et al. A broadband near-infrared nanoemitter powered by mechanical action [J]. Matter,2023,6(9):2935-2949.

[48] WANG X D,QUE M L,CHEN M X,et al. Full dynamic-range pressure sensor matrix based on optical and electrical dual-modesensing[J]. Advanced Materials,2017,29(15):1605817.

[49] JEONG S M,SONG S,SEO H J,et al. Battery-free,human-motion-powered light-emitting fabric:Mechanoluminescent textile[J]. Advanced Sustainable Systems,2017,1(12):1700126.

[50] HU D,XU X R,MIAO J S,et al. A stretchable alternating current electroluminescent fiber[J]. Materials,2018,11(2):184.

[51] PALLARES R M,SU X D,LIM S H,et al. Fine-tuning of gold nanorod dimensions and plasmonic properties using the Hofmeister effects[J]. Journal of Materials Chemistry C,2016,4(1):53-61.

[52] JIA C Y,XIA Y F,ZHU Y,et al. High-brightness,high-resolution,and flexible triboelectrification-induced electroluminescence skin for real-time imaging and human-machine information interaction[J]. Advanced Functional Materials,2022,32(26):2201292.

[53] SUN N,KE Q F,FANG Y Z,et al. A wearable dual-mode strain sensing yarn:Based on the conductive carbon composites and mechanoluminescent layer with core-sheath structures[J]. Materials Research Bulletin, 2023, 164:112259.

[54] HE M,DU W W,FENG Y M,et al. Flexible and stretchable triboelectric nanogenerator fabric for biomechanical energy harvesting and self-powered dual-mode human motion monitoring[J]. Nano Energy,2021,86:106058.

[55] WANG L,FU X M,HE J Q,et al. Application challenges in fiber and textileelectronics[J]. Advanced Materials, 2020,32(5):1901971.

[56] LIAO M,WANG C,HONG Y,et al. Industrial scale production of fibre batteries by a solution-extrusion method [J]. Nature Nanotechnology,2022,17(4):372-377.

[57] CHANG S L,DENG Y,LI N,et al. Continuous synthesis of ultra-fine fiber for wearable mechanoluminescent textile [J]. Nano Research,2023,16(7):9379-9386.

[58] CHANG S L,ZHANG K Y,PENG D N,et al. Mechanoluminescent functional devices:Developments,applications and prospects[J]. Nano Energy,2024,122:109325.

[59] QIAN X,CAI Z R,SU M,et al. Printable skin-driven mechanoluminescence devices via nanodoped matrix modification[J]. Advanced Materials,2018,30(25):1800291.

[60] ZHUANG Y X,LI X Y,LIN F Y,et al. Visualizing dynamic mechanical actions with high sensitivity and high resolution by near-distance mechanoluminescence imaging[J]. Advanced Materials,2022,34(36):2202864.

[61] WEI X Y,LIU L P,WANG H L,et al. High-intensity triboelectrification-induced electroluminescence by microsized contacts for self-powered display and illumination[J]. Advanced Materials Interfaces,2018,5(4):1701063.

[62] YIN J X,HUO X Q,CAO X L,et al. Intelligent electronic password locker based on the mechanoluminescence effect for smart home[J]. ACS Materials Letters,2023,5(1):11-18.

[63] WANG C F,MA R H,PENG D F,et al. Mechanoluminescent hybrids from a natural resource for energy-related applications[J]. InfoMat,2021,3(11):1272-1284.

[64] JI H Z,TANG Y T,SHEN B,et al. Skin-driven ultrasensitive mechanoluminescence sensor inspired by spider leg joint slits[J]. ACS Applied Materials & Interfaces,2021,13(50):60689-60696.

[65] BAO L K,XU X J,ZUO Y,et al. Piezoluminescent devices by designing array structures[J]. Science Bulletin,2019,64(3):151-157.

[66] ZHAO J Y,SONG S,MU X,et al. Programming mechanoluminescent behaviors of 3D printed cellular structures[J]. Nano Energy,2022,103:107825.

[67] GUO L C,XIA P,WANG T,et al. Visual representation of the stress distribution with a color-manipulated mechanoluminescence of fluoride for structural mechanics[J]. Advanced Functional Materials,2023,33(49):2306875.

[68] WANG F L,WANG F L,WANG X D,et al. Mechanoluminescence enhancement of ZnS:Cu,Mn with piezotronic effect induced trap-depth reduction originated from PVDF ferroelectric film[J]. Nano Energy,2019,63:103861.

[69] YANG W F,GONG W,GU W,et al. Self-powered interactive fiber electronics with visual-digital synergies[J]. Advanced Materials,2021,33(45):2104681.

[70] PENG D F,JIANG Y,HUANG B L,et al. A ZnS/CaZnOS heterojunction for efficient mechanical-to-optical energy conversion by conduction band offset[J]. Advanced Materials,2020,32(16):1907747.

[71] DU Y Y,JIANG Y,SUN T Y,et al. Mechanically excited multicolor luminescence in lanthanide ions[J]. Advanced Materials,2019,31(7):1807062.

[72] CHANDRA B P,CHANDRA V K,JHA P,et al. Fracto-mechanoluminescence and mechanics of fracture of solids[J]. Journal of Luminescence,2012,132(8):2012-2022.

[73] LI L J,WONDRACZEK L,PENG M Y,et al. Force-induced 1540nm luminescence:Role of piezotronic effect in energy transfer process for mechanoluminescence[J]. Nano Energy,2020,69:104413.

[74] BRADY B T,ROWELL G A. Laboratory investigation of the electrodynamics of rock fracture[J]. Nature,1986,321(6069):488-492.

[75] MATSUI H,XU C-N,LIU Y,et al. Origin of mechanoluminescence from Mn-activated $ZnAl_2O_4$:Triboelectricity-induced electroluminescence[J]. Physical Review B,2004,69(23):235109.

[76] NAKAYAMA K. Triboplasma generation and triboluminescence in the inside and the front outside of the sliding contact[J]. Tribology Letters,2016,63(1):12.

[77] ZINK J I,KLIMT W. Triboluminescence of coumarin. Fluorescence and dynamic spectral features excited by mechanical stress[J]. Journal of the American Chemical Society,1974,96(14):4690-4692.

[78] NAKAYAMA H,NISHIDA J I,TAKADA N,et al. Crystal structures and triboluminescence based on trifluoromethyl and pentafluorosulfanyl substituted asymmetric *N*-phenyl imide compounds[J]. Chemistry of Materials,2012,24(4):671-676.

[79] LÖWE C,WEDER C. Oligo(p-phenylene vinylene) excimers as molecular probes:Deformation-induced color changes in photoluminescent polymer blends[J]. Advanced Materials,2002,14(22):1625-1629.

[80] CRENSHAW B R,BURNWORTH M,KHARIWALA D,et al. Deformation-induced color changes in mechanochro-mic polyethylene blends[J]. Macromolecules,2007,40(7):2400-2408.

[81] YU Y,FAN Y Y,WANG C,et al. Phenanthroimidazole derivatives with minor structural differences:Crystalline polymorphisms,different molecular packing,and totally different mechanoluminescence [J]. Journal of Materials Chemistry C,2019,7(44):13759-13763.

[82] LIU F,TU Z X,FAN Y H,et al. Spiro-structure:A good approach to achieve mechanoluminescence property [J]. ACS Omega,2019,4(20):18609-18615.

[83] WANG J F,CHAI Z F,WANG J Q,et al. Mechanoluminescence or room-temperature phosphorescence:Molecular packing-dependent emission response[J]. Angewandte Chemie,2019,131(48):17457-17462.

[84] TU J,FAN Y H,WANG J Q,et al. Halogen-substituted triphenylamine derivatives with intense mechanoluminescence properties[J]. Journal of Materials Chemistry C,2019,7(39):12256-12262.

[85] TU L J,CHE W L,LI S H,et al. Alkyl chain regulation:Distinctive odd-even effects of mechano-luminescence and room-temperature phosphorescence in alkyl substituted carbazole amide derivatives[J]. Journal of Materials Chemistry C,2021,9(36):12124-12132.

[86] ZHANG H Y,MA H L,HUANG W B,et al. Controllable room temperature phosphorescence,mechanoluminescence and polymorphism of a carbazole derivative[J]. Materials Horizons,2021,8(10):2816-2822.

[87] GONG Y B,ZHANG P,GU Y R,et al. The influence of molecular packing on the emissive behavior of pyrene derivatives:Mechanoluminescence and mechanochromism[J]. Advanced Optical Materials,2018,6(16):1800198.

[88] LI W L,HUANG Q Y,MAO Z,et al. Selective expression of chromophores in a single molecule:Soft organic crystals exhibiting full-colour tunability and dynamic triplet-exciton behaviours [J]. Angewandte Chemie International Edition,2020,59(9):3739-3745.

[89] HOU T T,LI W L,WANG H Y,et al. An ultra thin,bright,and sensitive interactive tactile display based on organic mechanoluminescence for dual-mode handwriting identification[J]. InfoMat,2024,6(6):e12523.

[90] XIE Z L,MAO Z,WANG H L,et al. Dual-channel mechano-phosphorescence:A combined locking effect with twisted molecular structures and robust interactions[J]. Light,Science & Applications,2024,13(1):85.

[91] HE X,ZHENG Y T,LUO Z S,et al. Bright circularly polarized mechanoluminescence from 0D hybrid manganese halides[J]. Advanced Materials,2024,36(15):2309906.

[92] ZHANG S, YANG X X, XIAO J Q, et al. Tunable full-color mechanoluminescence in rare earth-doped transparent amorphous glass[J]. Advanced Functional Materials,2024,34(44):2404439.

[93] AMJADI M, YOON Y J, PARK I. Ultra-stretchable and skin-mountable strain sensors using carbon nanotubes-Ecoflex nanocomposites[J]. Nanotechnology,2015,26(37):375501.

[94] XIE Z L,XUE Y F,ZHANG X H,et al. Isostructural doping for organic persistent mechanoluminescence [J]. Nature Communications,2024,15(1):3668.

[95] YANG J,ZHEN X,WANG B,et al. The influence of the molecular packing on the room temperature phosphorescence of purely organic luminogens[J]. Nature Communications,2018,9(1):840.

[96] WANG W L,KEVIN TANG K W,PYATNITSKIY I,et al. Ultrasound-induced cascade amplification in a mechanoluminescent nanotransducer for enhanced sono-optogenetic deep brain stimulation[J]. ACS Nano,2023,17(24):24936-24946.

[97] TERASAKI N,ZHANG H W,YAMADA H,et al. Mechanoluminescent light source for a fluorescent probe mole-

cule[J]. Chemical Communications,2011,47(28):8034-8036.

[98] TAN K M,ZENG Y,SU L,et al. Molecular dual-rotators with large consecutive emission chromism for visualized and high-pressure sensing[J]. ACS Omega,2018,3(1):717-723.

[99] HAO F,WANG H L,YU D H,et al. Realizing near-infrared mechanophosphorescence from an organic host/guest system[J]. Journal of Materials Chemistry C,2023,11(17):5725-5730.

[100] XIE Z L,ZHANG X Y,XIAO Y X,et al. Realizing photoswitchable mechanoluminescence in organic crystals based on photochromism[J]. Advanced Materials,2023,35(21):2212273.

第 14 章　电致发光纤维及纺织品

发光是指材料由于能量转换而发射光子的一种现象。它可以被各种形式的能量激发，包括光致发光（由特定波长的光激发）、放射性发光（由辐射激发）、机械发光（由机械刺激激发）和电致发光（由电场直接激发）。其中，电致发光（EL）又称为电场发光，是一种将电能直接转化为光能的现象，目前已广泛应用于信息显示、视觉传感和人机通信等领域。目前，电致发光体系已经形成以有机发光、量子点发光、分子发光和交流电致发光等多个分支为核心的多项发展态势。

20 世纪初，虞瑟福就发现了 SiC 晶体可以在电场的作用下发光。1936 年首次发现掺铜硫化锌（ZnS:Cu）具有电致发光的特性，虽然当时得到的电致发光器件的亮度较低，但为电致发光领域的发展奠定了良好的基础。20 世纪中叶，“三明治式”的电致发光器件结构基本确立，可在电场下实现稳定的电致发光，推动了电子显示设备的发展。ZnS 是直接跃迁型宽带隙（约 3.58 eV）化合物半导体材料，在可见光中具有较低的光学吸收率和较高的折射率，广泛应用于光电器件中。ZnS 掺杂具有不同特征发光峰的金属元素可使器件发出不同颜色的光，如 ZnS:Cu 为绿色、ZnS:Mn 为橙色、ZnS:Al 为白色。

随着社会的发展进步及人民生活水平的提高，人们对智能可穿戴产品的需求越来越多元化、精细化，电致发光纤维及纺织品迎来新的发展机遇。

14.1　电致发光纤维及纺织品的概念

14.1.1　电致发光纤维

电致发光纤维是一种在电场作用下能够发光的纤维材料。电致发光纤维主要由发光层、纤维电极和介电层组成，其中发光层是电致发光纤维的核心组成部分；纤维电极起导电作用；介电层可以阻碍电荷传导并保护电致发光纤维、延长使用寿命，有效防止因电场强度过高而击穿电致发光纤维。电致发光纤维利用电场激发发光材料中的电子，使其跃迁至高能级，当电子跃迁回低能级时释放能量，从而产生光辐射。

电致发光纤维凭借其独特的发光性能和易于编织的特点，在多个领域具有广泛的应用前景。例如，可用于制作具有发光效果的服装和配饰，得到具有时尚感和科技感的智能时装；可用于制作具有健康监测、通信等功能的可穿戴设备中的发光部分；可用于制作智能家居中的发光装饰和指示器等；可用于汽车内部和外部的装饰和照明等。

14.1.2　电致发光纺织品

电致发光纺织品是将纺织基底、底层电极、发光层、介电层以及透明电极等部分按顺序以堆叠形式附着在平面织物上，能够在外加电场的作用下发出光亮，从而具备独特的视觉效果和实用功能，实现器件良好的亮度、均匀度、柔韧性和机械稳定性。

电致发光纺织品在多个领域具有潜在的应用价值，包括国防及安保系统、医疗保健、运动健康以及消费类纺织品等。其独特的发光效果不仅可以为产品增添视觉吸引力，还可以实现健康监测、环境照明等多种实用功能。

14.2 电致发光纤维及纺织品的制备方法

14.2.1 材料选取

电致发光纤维及纺织品的结构相对简单，主要由发光层、纤维电极和介电层组成，其中，发光层为主要功能层，影响发光性能。电致发光纤维及纺织品的发光层通常情况由两部分组成，分别为基质（作为主体）与掺杂物质，二者发挥不同的作用。主体基质主要发挥两种作用：吸收外界能量与禁锢发光中心；掺杂物质主要作为发光中心使用。发光材料发光的物理过程如图 14-1 所示，其中六边形 M 代表基质，S 和 A 分别代表敏化剂和激活剂。当外部有能量作用于发光材料时，M 吸收外部能量，并传递给发光中心，使其获得能量跃迁至激发态，在回到稳定状态的基态时，能量以热能（非辐射弛豫）和光辐射（辐射弛豫）的形式释放。电致发光材料同大多数发光材料一样，也具有某种特定的发光中心，主要包括复合发光中心和分离发光中心。绝大多数情况下，电致发光材料含有少量的杂质，其含量比基质材料少，通过改变杂质及其含量可以改变发光材料的颜色、亮度、寿命等发光性能。无机电致发光器件通常以硫化锌（ZnS）、硒化锌（ZnSe）、硫化镉（CdS）等半导体材料作为发光材料的主体基质，ZnS 掺杂金属元素 Cu、Al 或 Mn 可形成 ZnS:Cu（绿色）、ZnS:Mn（橙色）、Cu:Al（白色）荧光粉，在光电材料及交流电致发光等领域具有很高的研究价值和应用潜力。ZnS:Cu 含有蓝色和绿色两种发光中心，随着频率增加，发光颜色由绿变蓝。ZnS 发光材料具有特定的复合发光中心，发光性能受基质影响较大，与基质晶格间存在较大的能量传输。此外，少量的金属杂质作为发光中心被掺杂在 ZnS 中，是电致发光现象的实际贡献者。

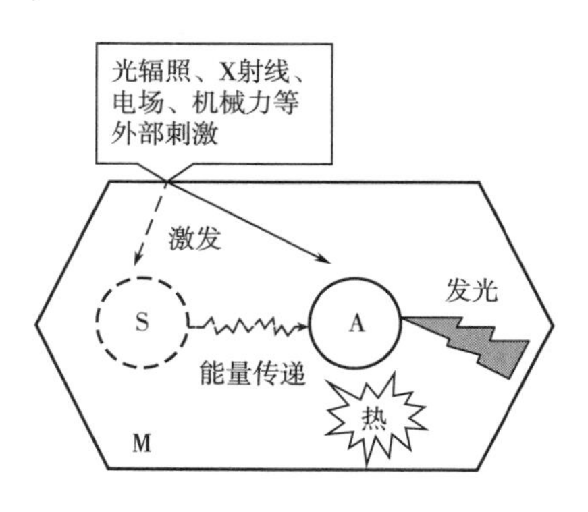

图 14-1　发光的物理过程

14.2.2　发光机理

柔性电致发光器件因发光材料与发光原理的不同分成多个发光体系，包括 OLED、PLED、电致发光和无机分散型直流电致发光等。

OLED、PLED 均属于注入型发光，即通过电子、空穴载流子的注入和复合产生发光现象，其器件结构主要包括阳极、阴极、电子传输层、空穴传输层及发光层等［图 14-2 (a)］。如图 14-2（b）所示，根据分子轨道理论，在外加电场下电子由阴极产生，注入最低空轨道（LUMO），后经电子传输层到达发光层；同时，空穴由阳极产生，注入最高占据轨道（HOMO），后经空穴传输层到达发光层。在发光层，电子与空穴相遇复合，形成激子并将能量传递给发光材料，发光材料辐射发光，即为电致发光现象。对于上述复合发光系统，发光强度（B）可通过下式表示：

$$B = pn_e n_h$$

式中：p 为电子—空穴对的辐射复合概率；n_e、n_h 为电子、空穴载流子浓度。显然，高载流子浓度及辐射复合概率有助于器件发光强度的提升。

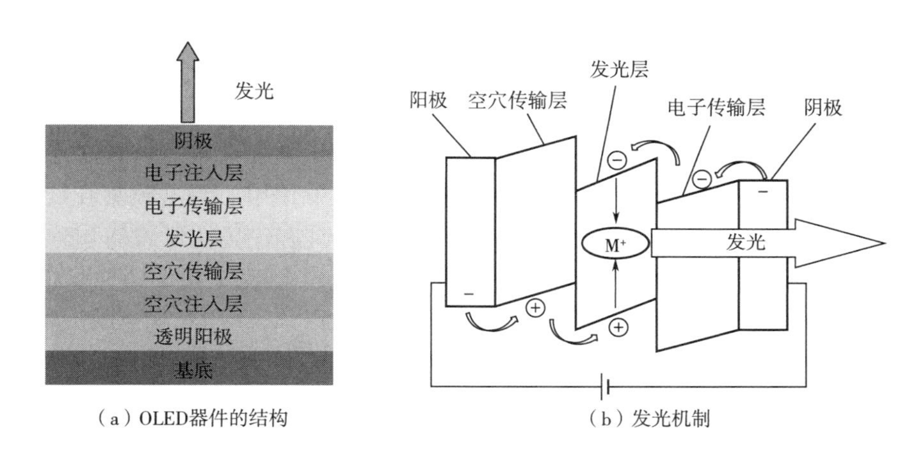

（a）OLED器件的结构　　（b）发光机制

图 14-2　注入型发光

早期，小分子物质是有机电致发光器件常用的发光材料，但是普遍存在荧光量子效率低、重结晶等不足，因此人们将目光投向结构稳定的大分子聚合物，致力于提高器件的稳定性。1990 年，佰勒斯（Burroughes）等率先成功制备聚合物薄膜电致发光器件，标志着有机薄膜电致发光器件进入了新阶段。相较于普通有机电致发光器件，高分子有机电致发光器件具有更高的电子/光子转化效率和功率效率，且所需的电压更低，色彩更丰富。

与有机电致发光原理同，无机电致发光属于本征高场电致发光，具体指在荧光体上施加一个高电场激发电子及空穴复合辐射发光。电致发光是指一种电致发光材料受到刺激后直接将电能转化为光能的物理现象，基于该原理开发的电致发光器件具有高能效、灵活配置和耐用性高等优点。根据相关人员的研究，电致发光是基于夹层交流电驱动发光器件中的热电子碰撞激发产生光的一种发光现象，如图 14-3 所示，电致发光包括 4 个连续过程：①在交流电场下，界面处的电子注入发光层中；②在电场作用下，注入的电子加速成为过热电子；③当过热电子遇到发光中心（杂质离子）时，发生碰撞激发或碰撞电离；④发光中心激发能级的光学跃迁。最后，电子将被捕获在另一绝缘层和磷光体层之间的界面态中，从而产生光。

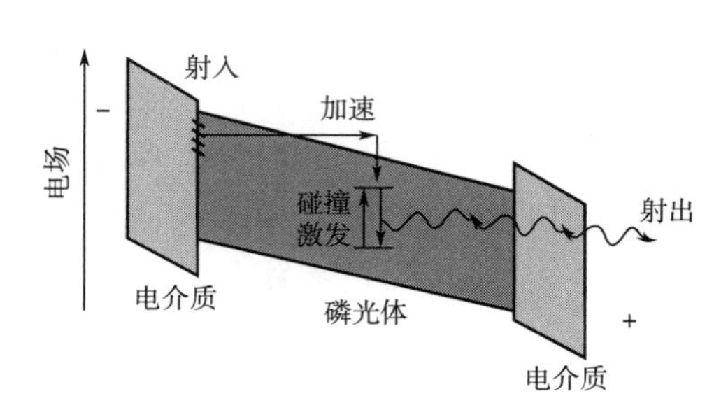

图 14-3　热电子碰撞原理

14.2.3　制备工艺

14.2.3.1　湿法纺丝法

湿法纺丝法是一种常见的化学纤维的纺丝方法。如图 14-4 所示，李等选用导电银纱为基体，以 ZnS 荧光粉/水性聚氨酯（ZnS/PU）为发光层，采用同轴湿法纺丝技术连续均匀地制备了单电极电致发光纤维（SELF）。纤维凝固后，SELF 在高温下干燥并收集在旋转辊上形成纱管，表现出均匀的轴向取向和规则的界面，表明 SELF 具有优异的纤维均匀性，有利于获得均匀的发光性能。

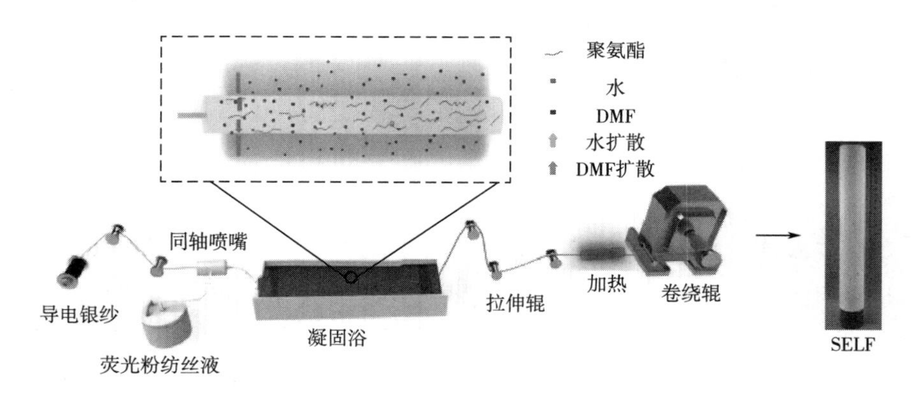

图 14-4　湿法纺丝法制备电致发光纤维的过程

14.2.3.2　静电纺丝法

如图 14-5 所示，杨等通过静电纺丝技术开发了一种基于离子过渡金属络合物（iTMC）的单电极电致发光纤维，该单电极电致发光纤维由 Galinstan 液态金属核、基于 iTMC 的电致发光层和 ITO 涂层组成。基于光纤的发光器件的启动电压为 4.2V，发光均匀，并且由于其灵活性、一致性和轻量化而在纺织品集成方面具有巨大的潜力。

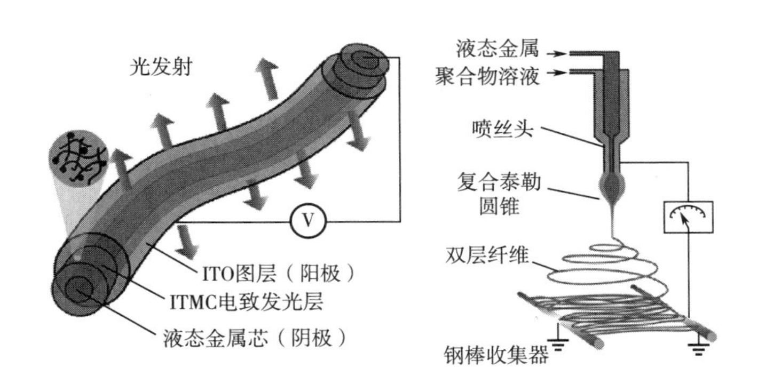

图 14-5 静电纺丝法制备电致发光纤维示意图

14.2.3.3 熔融纺丝法

熔融纺丝技术也称熔法纺丝法，是一种以聚合物熔体为原料，采用熔融纺丝机进行纺丝成型的工艺方法。石等选用热塑性聚氨酯 TPU 为原料，采用熔融纺丝法，在 180℃ 的熔融区温度下挤压并在室温下冷却，制备出透明导电纱线；采用浸渍法将 ZnS 涂覆在镀银尼龙丝上制备发光经纱，选用平纹组织编织形成电致发光单元从而发光。

14.2.3.4 表面涂层法

表面涂层法是用物理、化学或物理化学等技术手段，在纤维或织物材料表面形成的一层具有一定厚度且具有一定强化、防护或特殊功能的覆盖层。表面涂层的制备方法多种多样，包括但不限于热喷涂技术（如低压等离子喷涂、大气等离子喷涂等）、物理气相沉积技术（PVD）、化学气相沉积技术（CVD）等。这些技术能够在基体材料表面形成均匀、致密的涂层，从而提高材料的性能。赵世康选用镀银尼龙导电纤维作为基体，通过浸涂的方法将发光材料包覆在导电纤维表面，然后用绝缘材料进行包覆制备了平行电极式电致发光纤维。

14.2.4 纤维及纺织品的结构

14.2.4.1 电致发光纤维

（1）同轴结构。同轴结构纤维是一种兼具核层与壳层优异性能的功能化复合纤维，通常具有优于核层和壳层自身的性能，纤维整体结构更为紧凑，电致发光纤维的稳定性和耐用性更高，同时这种同轴结构还可以实现多功能的集成。同轴结构的电致发光纤维以单根纤维电极作为基体，可以通过浸涂、同轴纺丝或湿法纺丝的方法在纤维表面依次沉积绝缘介电层和发光层，最后在其表面沉积第二个电极，如图 14-6 所示，胡等以 PDMS 制成的弹性芯纤维作为电致发光纤维的可拉伸基体，对沿轴旋转的 PDMS 加热喷涂 AgNWs 分散液获得导电性、柔性和机械稳定性好的内外电极，最后在两个 AgNWS 电极之间浸涂 ZnS:Cu/PDMS 复合材料组成发光层，从而制备出电致发光纤维。

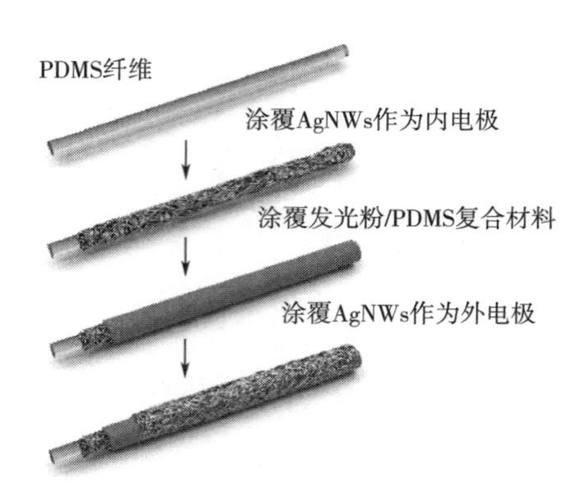

图 14-6　同轴结构电致发光纤维的制备过程

（2）并行结构。并行结构的电致发光纤维先以单根纤维为基体，通过浸涂在纤维电极表面涂覆绝缘层和发光层，最后将两根纤维电极并联组装而成。如图 14-7 所示，张等以水凝胶作为内部导电电极，ZnS 粉末和硅胶弹性体作为电致发光纤维的电致发光层和介电层，通过两个定制的注射泵同时挤出制备超可拉伸电致发光纤维（SEFs）。SEFs 一步挤压成型的制备方法可以实现纤维的连续化生产，避免了复杂的工艺，而且设计的两个椭圆形的水凝胶电极增加了它们之间的接触面积，提高了电荷转移速率，有利于达到更高的发光强度。

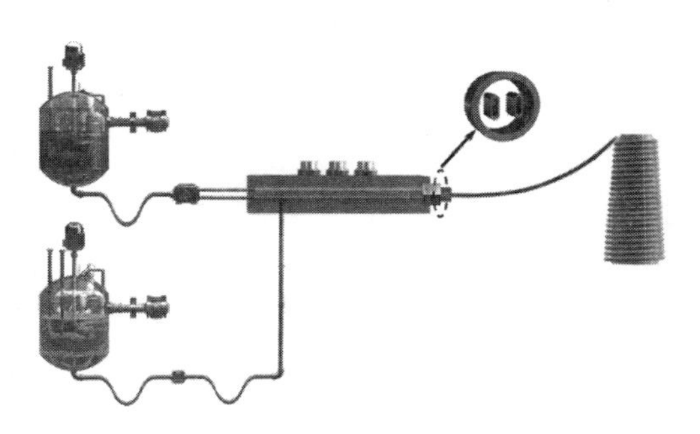

图 14-7　并行结构电致发光纤维的制备过程

14. 2. 4. 2　电致发光织物

电致发光织物的结构相对简单，为典型“三明治”结构（图 14-8），主要包括底部电极层、介电层、发光层、介电层、透明电极层，可等效为三个电容器串联于交流电路中。其中，发光层为主要功能层，由 ZnS 金属掺杂发光材料与具有介电性能的黏合剂混合成膜；介电层可以很好地阻碍电荷通过、避免高场强下的荧光猝灭现象，起到保护器件、延长使用寿命的作用；透明电极需兼有优异的导电性能及透光性能，确保光线顺利通过且不减弱光强。

张等利用吡咯单体的氧化聚合反应，在氨纶织物上化学沉积聚吡咯（PPy），制得表面电阻约为 804Ω/m^2 的可拉伸导电织物为底部电极，并以透光率约 93%、电导率约 3. 17S/cm 的水凝胶电极为顶部电极，最终制得最高亮度达 70cd/m^2 的可拉伸发光织物，为下一代智能发光织物开辟了新的方向。马等在平整化织物上借助丝网印刷机印刷弹性导电银油墨

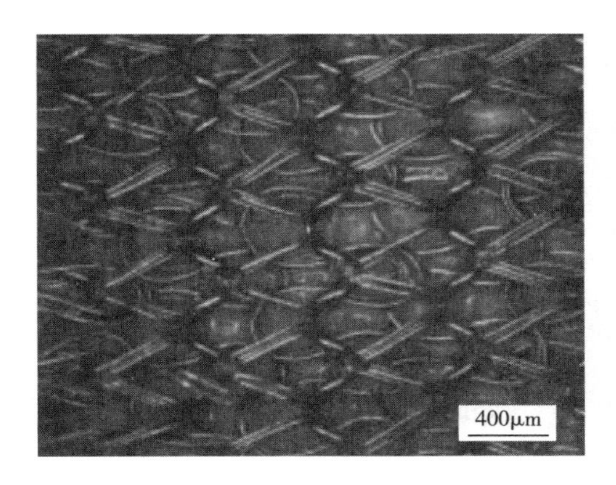

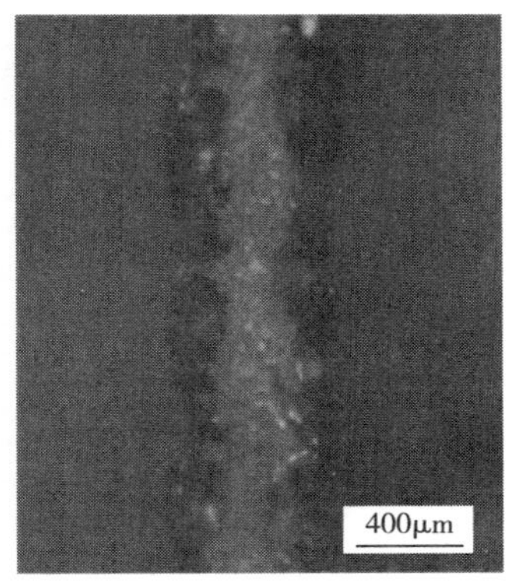

图 14-8　电致发光织物的表面和截面图

（Ag/PVDF-HFP/异佛尔酮）制备得到厚度约 0.6μm、表面电阻约 0.234Ω/m^2 的底部电极，其电阻随拉伸应变的增加而增加，在 350%的应变下仍保持较佳的导电性能，这为电致发光织物提供了一种工艺简单、具有工业化生产潜力的生产策略。

14.3　电致发光纤维及纺织品的应用领域

14.3.1　发光显示

基于显示复杂图案的能力，柔性电致发光器件可分为两类：图案化显示电致发光器件和像素化显示电致发光器件。图案化显示只能显示固定的图案或者固定的组合；像素化显示可以显示由像素组成的更复杂的图案。

（1）图案化显示是指将交流电场聚焦于两个电极重叠的特定区域中，从而精准地呈现出图案化电极的独特形状。周等报道了一种蝴蝶形的电致发光显示器，蝴蝶的照明区域由图案化的顶部 AgNW 电极决定［图 14-9（a）］，该电致发光器件的最高亮度可达 192cd/m^2，而且在弯曲、拉伸、扭曲等情况下仍保持较好的弹性和稳定性，其较高的灵活性使它在智能交互领域中具有潜在的应用前景。

然而这种显示只能显示一个或几个固定不变的图案，为了进一步丰富显示内容，赵等通过丝网印刷技术逐层印刷制备出一种可拉伸电致发光显示器。这种可拉伸电致发光显示器采用高纵横比的 AgNWs，从而确保了优异的可变形性，实现了与皮肤的紧密贴合。同时高介电常数纳米复合材料显著降低了电致发光显示器的驱动电压，使其能够满足可穿戴的要求。此外，基于该器件优异的特性创建了一个与表皮显示器同步响应音乐节奏的可穿戴声音同步传感装置［图 14-9（b）］，当声音驱动装置控制声音变化时，电致发光器件中发光段的数量也会随之改变。声音同步传感装置的成功展现了可变形显示器在可穿戴领域中的巨大应用潜力，为可拉伸电子设备的制造开辟了道路。

随着科学技术的进步，电致发光器件的加工方式更加多样，研究人员首次将静电纺丝与

（a）蝴蝶显示器在不同应变下的示意图

（b）可穿戴式声音同步传感装置的示意图

图 14-9　图案化显示器件

电致发光相结合，实现磷光体和电介质颗粒在电致发光器件中的均匀分散，使其最高亮度可达 88.55cd/m^2。通过静电纺丝形成的纳米纤维结构提高了整个电致发光器件的机械性和灵活性，在可穿戴电子和大面积显示应用中开辟了新的发展方向。王等将摩擦纳米发电机（TENG）与电致发光结合，制备了由 TENG 驱动的自供电的完全可拉伸和高度透明的电致发光器件，其延伸率为 100%，在各种静态和动态变形过程中保持恒定明亮的发光。孙等通过进一步研究，在 TENG 的基础上提出了一种 MXene 增强交流电致发光（电致发光）器件，该电致发光器件在填充质量分数为 0.25%的 MXene 后发射强度可提高 500%，这种自供电图案化电致发光器件在信息安全通信、人机界面等应用方面具有巨大的发展前景。

（2）相较于简单的图案化电致发光显示，像素化电致发光显示器由两个垂直分布的电极相互交叉，在两电极接触处发光形成像素阵列［图 14-10（a）］。米等制备了一种基于纤维状的像素化电致发光器件，电极纤维和电致发光纤维重叠区域组成电致发光器件的像素单元［图 14-10（b）］。此外，米等将电致发光的原理和电路设计巧妙融合，在连接蓝牙开关后，通过用手指触摸手机可使电致发光显示系统展示不同的像素组合，实现了移动应用端对发光织物的像素化图案的控制，为可穿戴柔性智能显示纺织品开辟了新方向。

石等在实现可编程驱动像素点的基础上，制备了一个 6m×25m 的大面积发光显示纺织品

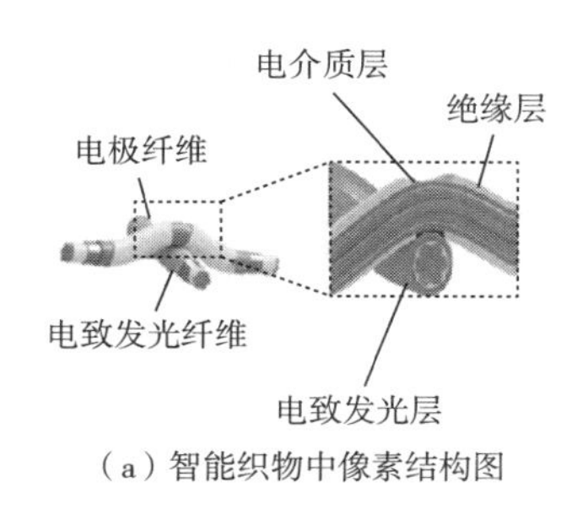

（a）智能织物中像素结构图

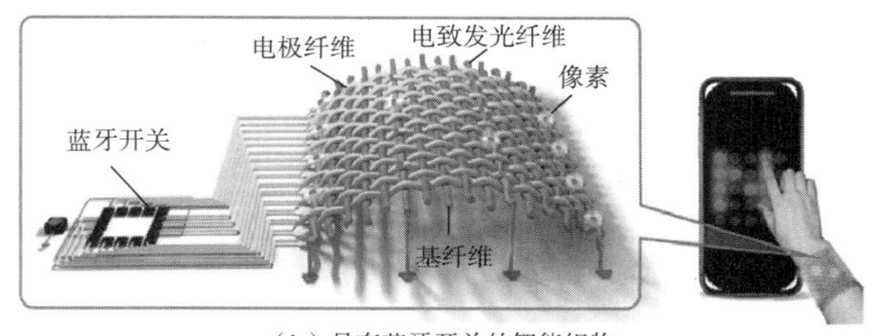

（b）具有蓝牙开关的智能织物

图 14-10　像素化显示器件

［图 14-11（a）］，通过将导电纤维和发光纤维编织在一起［图 14-11（b）］，在纺织品内形成电致发光单元，并且每个电致发光单元都可以由驱动电路进行独立控制。基于这一系统，用户可以通过智能手机获取实时位置信息并将其显示在纺织品上，展示了像素化显示系统在发光交互领域的巨大发展潜力。李等提出了一种基于电致发光纤维的液体响应结构，并制备了具有高集成度和个性化图案的导电液体桥接电致发光织物。基于这种特性，李等制作了具有视觉交互和环境警报作用的雨感雨伞［图 14-11（c）］和液体响应服装［图 14-11（d）］，为电致发光器件在视觉交互领域的应用开辟了新途径。

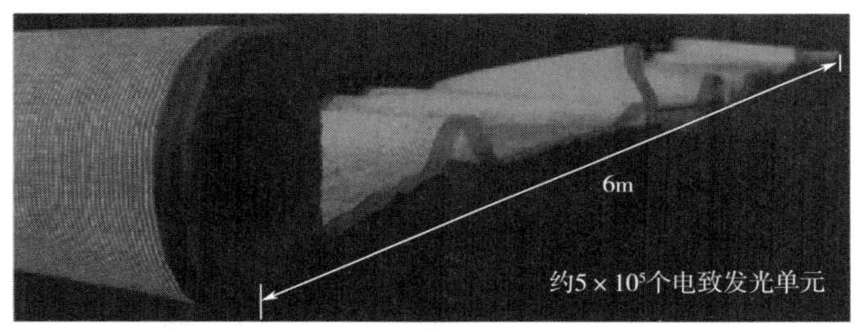

（a）大面积发光显示织物

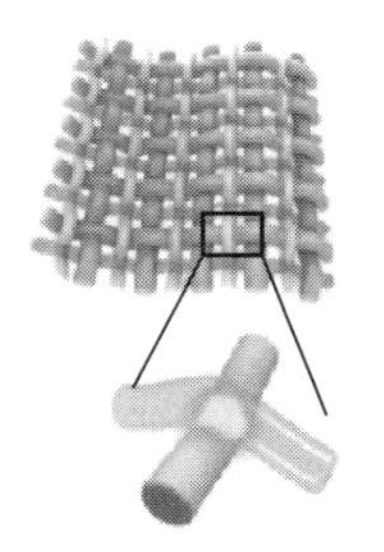
（b）显示织物编织图

（c）雨感雨伞

（d）液体响应服装

图 14-11　可编程驱动像素点技术应用

14.3.2　柔性传感

传统的传感器通常捕捉信息并将其转化为电信号，如电阻、电容、电压或电流。电致发光传感器除了能通过电信号进行感测外，还能直观地利用发光变化来反馈感测信息。从电致发光的机理看，电致发光器件的光强随着电压的增加而增加，因此，任何影响电致发光传感器内部电场的因素都可以被感测到并且转化为光强信息。

并联型的电致发光器件在传感方面展示出独特的优势，徐等展示了一种基于极化电极桥接电致发光显示器的新型 2D 传感器（PEB-ELS）。不同于传统三明治式的堆叠结构，这种极化电极桥接电致发光器件采用共面电极［图 14-12（a）］，通过极性液体或固体发光。当极性材料（如去离子水）在施加高交流电压的情况下覆盖共面电极时，接触的面板区域会发光［图 14-12（b）］。基于这种特性，PEB-ELS 可用作远程可读的空间响应传感器。张等制备了一种基于电致发光触觉传感器的双模电子皮肤［图 14-12（c）］。整个电致发光传感器可以看作一个平行板电容器，且传感器的发光层与顶部透明电极的接触的表面上具有锥体的微结构［图 14-12（d）］，使得电致发光传感器具有较高的灵敏度。当受到压力时，由于发光层与顶部电极之间的距离（d）减小，电致发光传感器的电容增加。当 d 减小到足够小时，发光层在较大的交流电场（E）下发光（$E=V/d$）。因此，这种电子皮肤在低压力下可以表现出明显的电容变化，并且在高压下发出明亮的光。

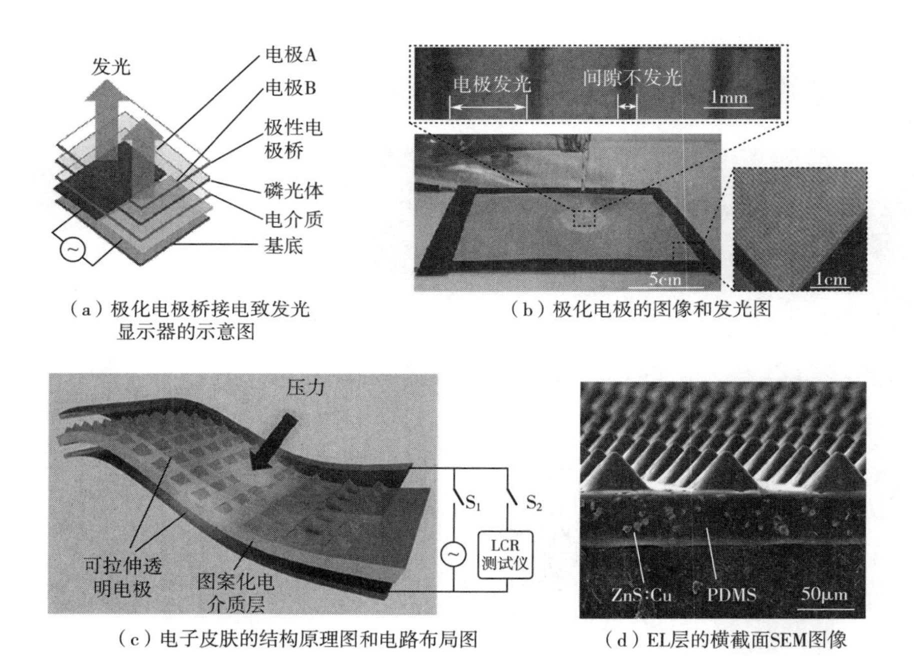

（a）极化电极桥接电致发光显示器的示意图

（b）极化电极的图像和发光图

（c）电子皮肤的结构原理图和电路布局图

（d）EL层的横截面SEM图像

图 14-12 柔性传感器件

电致发光传感器对一些环境因素（如温度和湿度）也具有良好的响应能力，相关研究人员报道了一种能够通过热响应控制发光颜色的电致发光器件，该电致发光器件由磷光体和热致变色材料组成。在 20℃施加交流电压时，观察到微弱的蓝色光［图 14-13（a）］；在加热状态下，施加交流电压时产生强烈的天蓝色光［图 14-13（b）］。两种状态下的发光强度的差异高达 10 倍，这意味着电致发光器件可以通过发光强度很好地响应温度变化。何等报道了一种基于滤纸基的电流湿度电致发光传感器，该湿度传感器以滤纸和 ZnS:Cu 荧光粉层作为湿度传感元件，由于二者的协同作用，该传感器在 20%～90%湿度范围内表现出优异的线性关系（$r=0.99965$），对未来传感交互领域提出了创新性的发展导向。

（a）20℃

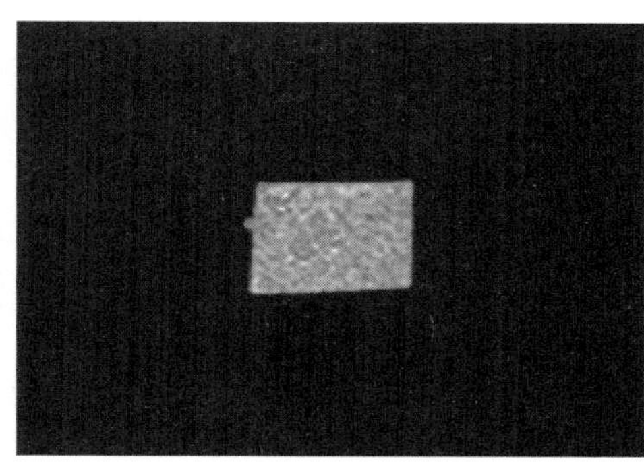

（b）加热

图 14-13　具有热致变色层的电致发光器件的发光图像

14.4　总结与展望

随着柔性可穿戴电子产品的兴起，电致发光纤维及纺织品蓬勃发展，发光材料与纤维和纺织品的结合成为研究者广泛关注的热点，在可穿戴设备、仿生伪装、智能应用及软机器人等领域显示出十分广阔的应用前景。电致发光纤维及纺织品在良好、稳定的发光性能及机械性能的基础上，能显著提升穿戴舒适性能，为发光器件穿戴应用创造了较好的落地条件，将是发光器件的重要研究方向。但其仍面临许多挑战：①仍需较高的交流驱动电压（>110V），易引发可穿戴应用安全问题；②像素化显示仍然局限于单色显示器，且无法显示复杂图形；③当前，像素化设备的通用驱动系统仍难以满足独立控制像素点的要求。

尽管如此，电致发光纤维及纺织品凭借其独特的灵活性和发光机制带来了新的机遇：①可以通过交流输出驱动器实现自供电，如摩擦电纳米发电机（TENG）；②新开发的具有不同介电特性、双层发射层、颜色可调节的柔性电致发光器件不仅能显示丰富多彩的颜色，还能通过颜色的变化来传递信息；③新材料（如 MXene、离子凝胶等）和新型制造工艺（如静电纺丝法）使电致发光纤维及纺织品的性能不断提高。

参考文献

[1] MARTIN A, FONTECCHIO A. Effect of fabric integration on the physical and optical performance of electroluminescent fibers for lighted textile applications[J]. Fibers, 2018, 6(3): 50.

[2] LIU P Y, XIANG Y, LIU Y, et al. Color-tunable light-emitting fibers for pattern displaying textiles [J]. Journal of Materials Chemistry C, 2024, 12(3): 941-947.

[3] CINQUINO M,PRONTERA C T,PUGLIESE M,et al. Light-emitting textiles:Device architectures,working principles,and applications[J]. Micromachines,2021,12(6):652.

[4] WEI X H,CHUN F J,LIU F H,et al. Interfacing lanthanide metal-organic frameworks with ZnO nanowires for alternating current electroluminescence[J]. Small,2024,20(4):2305251.

[5] QU C M,XU Y,XIAO Y,et al. Multifunctional displays and sensing platforms for the future:A review on flexible alternating current electroluminescence devices[J]. ACS Applied Electronic Materials,2021,3(12):5188-5210.

[6] 梁小琴,梁梨花,朱尽顺,等. ACQ、AIE 聚合物纳米粒子发光性能及其在喷墨印花中的应用[J]. 现代纺织技术,2024,32(4):84-92.

[7] 卢显丽. 稀土铕发光材料的制备及其性能调控[D]. 郑州:郑州大学,2018.

[8] 李港华,吕治家,韦继超,等. 基于 ZnS 材料的纺织基交流电致发光器件研究现状及展望[J]. 丝绸,2023,60(1):29-39.

[9] 何垭芹. 基于 ZnS 的新型柔性电致发光器件及其湿度敏感特性研究[D]. 上海:华东师范大学,2020.

[10] 王辉,孟令国,梁志虎,等. ZnS:Cu 粉末交流电致发光器件特性研究[J]. 真空电子技术,2008(6):1-4.

[11] 王现川. 柔性/可拉伸 ZnS:Cu 电致发光器件的制备与应用研究[D]. 郑州:郑州大学,2019.

[12] 张昭,姜姗姗,马素芳,等. 有机电致发光材料的研究进展[J]. 山西大学学报(自然科学版),2012,35(2):293-302.

[13] JEONG S M,SONG S,LEE S K,et al. Mechanically driven light-generator with high durability[J]. Applied Physics Letters,2013,102(5):051110.

[14] SUGIMOTO A,OCHI H,FUJIMURA S,et al. Flexible OLED displays using plastic substrates[J]. IEEE Journal of Selected Topics in Quantum Electronics,2004,10(1):107-114.

[15] LEE S M,KWON J H,KWON S,et al. A review of flexible OLEDs toward highly durable unusual displays [J]. IEEE Transactions on Electron Devices,2017,64(5):1922-1931.

[16] BAO X,GUAN YX,LI WJ,et al. Effects of unipolar and bipolar charges on the evolution of triplet excitons in π-conjugated PLED[J]. Journal of Applied Physics,2023,134(19):193902.

[17] WANG Z,SHI X,PENG H S. Alternating current electroluminescent fibers for textile displays[J]. National Science Review,2022,10(1):nwac113.

[18] MEIER S B,TORDERA D,PERTEGÁS A,et al. Light-emitting electrochemical cells:Recent progress and future prospects[J]. Materials Today,2014,17(5):217-223.

[19] SILVESTRE G C M,JOHNSON M T,GIRALDO A,et al. Light degradation and voltage drift in polymer light-emitting diodes[J]. Applied Physics Letters,2001,78(11):1619-1621.

[20] TANG C W,VANSLYKE S A. Organic electroluminescent diodes [C]// Electroluminescence. Berlin,Heidel-berg:Springer Berlin Heidelberg,1989:356-357.

[21] 邱勇,高鸿锦,宋心琦. 有机、聚合物薄膜电致发光器件的研究进展[J]. 化学进展,1996,8(3):221-230.

[22] TANG C W,VANSLYKE S A,CHEN C H. Electroluminescence of doped organic thin films[J]. Journal of Applied Physics,1989,65(9):3610-3616.

[23] 李港华. 柔性电致发光纱线构筑及其环境刺激光响应性能研究[D]. 青岛:青岛大学,2023.

[24] GAO J. Polymer light-emitting electrochemical cells—Recent advances and future trends[J]. Current Opinion in Electrochemistry,2018,7:87-94.

[25] 范希智,刘旭,顾培夫,等. 稀土有机配合物电致发光器件的研究进展[J]. 半导体光电,2002,23(2):

73-76.

[26] BURROUGHES J H, BRADLEY D D C, BROWN A R, et al. Light-emitting diodes based on conjugated polymers [J]. Nature, 1990, 347(6293): 539-541.

[27] 李静怡. 无机交流柔性电致发光纺织品的制备及其性能研究[D]. 上海:东华大学, 2020.

[28] 于文静. ZnS:Cu 基杂化交流电致发光器件的设计、制备及光电性能研究[D]. 南京:南京邮电大学, 2022.

[29] TIWARI S, TIWARI S, CHANDRA B P. Characteristics of a. c. electroluminescence in thin film ZnS:Mn display devices[J]. Journal of Materials Science: Materials in Electronics, 2004, 15(9): 569-574.

[30] LI G H, SUN F Q, ZHAO S K, et al. Autonomous electroluminescent textile for visual interaction and environmental warning[J]. Nano Letters, 2023, 23(18): 8436-8444.

[31] YANG H F, LIGHTNER C R, DONG L. Light-emitting coaxial nanofibers[J]. ACS Nano, 2012, 6(1): 622-628.

[32] SHI X, ZUO Y, ZHAI P, et al. Large-area display textiles integrated with functional systems[J]. Nature, 2021, 591(7849): 240-245.

[33] 赵世康, 王航, 田明伟. 平行电极式电致发光纱线的构筑成型及其水上救援可穿戴应用[J]. 现代纺织技术, 2024, 32(4): 45-51.

[34] HU D, XU X R, MIAO J S, et al. A stretchable alternating current electroluminescent fiber[J]. Materials, 2018, 11(2): 184.

[35] ZHANG Z T, CUI L Y, SHI X, et al. Textile display for electronic and brain-interfaced communications [J]. Advanced Materials, 2018, 30(18): 1800323.

[36] ZHANG Z T, SHI X, LOU H Q, et al. A stretchable and sensitive light-emitting fabric[J]. Journal of Materials Chemistry C, 2017, 5(17): 4139-4144.

[37] MA F X, LIN Y, YUAN W, et al. Fully printed, large-size alternating current electroluminescent device on fabric for wearable textile display[J]. ACS Applied Electronic Materials, 2021, 3(4): 1747-1757.

[38] WU Y Y, MECHAEL S S, LERMA C, et al. Stretchable ultrasheer fabrics as semitransparent electrodes for wearablelight-emitting e-textiles with changeable display patterns[J]. Matter, 2020, 2(4): 882-895.

[39] ZHOU Y L, CAO S T, WANG J, et al. Bright stretchabl eelectroluminescent devices based on silver nanowire electrodes and high-k thermoplastic elastomers [J]. ACS Applied Materials & Interfaces, 2018, 10(51): 44760-44767.

[40] ZHAO C S, ZHOU Y L, GU S Q, et al. Fully screen-printed, multicolor, and stretchable electroluminescent displays for epidermal electronics[J]. ACS Applied Materials & Interfaces, 2020, 12(42): 47902-47910.

[41] JAYATHILAKA W A D M, CHINNAPPAN A, JI D X, et al. Facile and scalable electrospun nanofiber-based alternative current electroluminescence (ACEL) device [J]. ACS Applied Electronic Materials, 2021, 3(1): 267-276.

[42] WANG X C, SUN J L, DONG L, et al. Stretchable and transparent electroluminescent device driven by triboelectric nanogenerator[J]. Nano Energy, 2019, 58: 410-418.

[43] SUN J L, CHANG Y, DONG L, et al. MXene enhanced self-powered alternating current electroluminescence devices for patterned flexible displays[J]. Nano Energy, 2021, 86: 106077.

[44] MI H B, ZHONG L N, TANG X X, et al. Electroluminescent fabric woven by ultrastretchable fibers for arbitrarily controllable pattern display[J]. ACS Applied Materials & Interfaces, 2021, 13(9): 11260-11267.

[45] XU X R, HU D, YAN L J, et al. Polar-electrode-bridged electroluminescent displays: 2D sensors remotely com-

municating optically[J]. Advanced Materials,2017,29(41):1703552.

[46] ZHANG Y L,FANG Y S,LI J,et al. Dual-mode electronic skin with integrated tactile sensing and visualized injury warning[J]. ACS Applied Materials & Interfaces,2017,9(42):37493-37500.

[47] TSUNEYASU S,TAKEDA N,SATOH T. Novel powder electroluminescent device enabling control of emission color by thermal response[J]. Journal of the Society for Information Display,2021,29(3):207-212.

[48] HE Y Q,ZHANG M Y,ZHANG N,et al. Paper-based ZnS:Cu alternating current electroluminescent devices for current humidity sensors with high-linearity and flexibility[J]. Sensors,2019,19(21):4607.

第15章 热致变色纤维及纺织品

智能变色纺织品是指对光、电、热、力等外界环境具有感应而导致颜色发生变化的纺织品，是一种对人类生活具有变革意义的新型纺织材料，因为环境条件感应和可视化颜色显示性能而备受人们关注。这种“神奇”的纺织品一般由织物和新型智能材料复合而成，它的开发和应用是各种新型材料和高新技术在纺织品上的集中体现，具有较高的研究价值。相较于光致变色、电致变色和力致变色材料，热致变色材料与织物的整理和组装结合方式更加简单，因此热致变色纤维及纺织品有望实现大规模产业化生产和应用。

20世纪80年代以来，国外热变色材料的发展趋向于低温及可逆两个方面，开发了一系列低温可逆热变色材料（如变色涂料、变色油墨等），并广泛地应用到日常生活的各个领域（如印刷、纺织服装和娱乐等）。日本和美国等国家在变色材料领域的研究走在世界的前列，我国热敏材料的研究起步较晚，热敏变色材料的系列产品较少。目前市场经营变色服装的主要有美国Del sol、日本松井色素化学工业株式会社生产的TC系列、韩国贝兰妮国际服饰集团、韩国宾菲变色服饰、韩国太曼变色服饰。中国市场上的变色服装在2004年问世，隶属于广州格帝雅服饰有限公司，在2011年申请专利成功后便成功进入中国市场。

随着科技的飞速发展，人们对生活质量的要求越来越高，纺织品的设计和制造趋于功能化和智能化，服装可以作为高调绚丽的变色服装展示，也可以作为储能设备、智能显示、信息存储和信息获取装置。

15.1 热致变色纤维及纺织品的概念

15.1.1 热致变色纤维

热致变色纤维是常见的一种功能纤维材料，具有随着温度变化而发生可逆颜色变化的特性。一般通过共混、后整理等方法，将温敏染料（或颜料）与纤维材料相结合制备而成。当纤维受到相应温度刺激时，颜色发生变化，在智能可穿戴、军事伪装、防伪、信息显示、探测和医学等领域具有良好的应用前景。

制备热致变色纤维的常用方法包括湿法纺丝、熔融纺丝、静电纺丝和表面涂层等。热致变色纤维的变色温度由变色材料控制，分为高温、中温和低温三种类型；纤维的颜色绚丽多彩，包括红、橙、黄、绿、蓝、黑、紫等多个色系。

15.1.2 热致变色纺织品

热致变色纺织品是一类可以随外界环境温度的变化而变化颜色的智能纺织品，在纺织、军事、娱乐、防伪等领域具有良好的发展前景。

制备热致变色纺织品的常用制备方法主要有丝网印花、喷墨打印、表面涂层、静电纺丝，还可以通过热致变色纤维编织得到，其变色温度和颜色与热致变色纤维一致。

15.2 热致变色纤维及纺织品的制备方法

15.2.1 材料选取

15.2.1.1 热致变色染料

染料作为着色剂由来已久，最开始染料由植物中天然萃取。直至19世纪50年代合成染料——马尾紫的出现，意味着染料实现了工业化生产。随着科技的进步，功能性的染料被大量地开发出来，变色染料就是其中的一类。变色染料是一种具有特别功能的材料，在光、热、电场等外力作用下能够随着外部条件的变化而改变颜色，其中随着外界温度变化而改变颜色的染料即为热致变色染料。

热致变色染料可分为可逆变色和不可逆变色。由于可逆变色染料具有记忆功能，可重复利用，更符合实际的应用要求，具有重要的经济和社会意义，因此更受关注。可逆热致变色染料主要包括螺环类、三芳甲烷类、荧烷类、Shifft 碱类、双蒽酮类、紫精和液晶等，因灵敏度高、色差明显、色谱齐全、价格低廉等特点，被广泛应用在温度指示器、温度控制系统和热敏纸等领域。其变色机理主要包括分子间电子转移和晶体结构转变等。

由热致变色染料组成的热致变色体系（表15-1）的变色机理主要是分子间电子转移。以荧烷类变色染料为例，其变色机理如图15-1所示。三组分热致变色体系一般由变色染料（隐色体染料）、显色剂和相变材料组成；在变色体系中，显色剂多为双酚A，荧烷染料作为电子供体（D，质子受体），与电子受体（A）通过分子间的电子转移实现颜色的可逆变化。低温条件下，荧烷染料与双酚A之间形成电子转移，使得隐色剂内酯环断开，共轭体系变大，从而显色；高温条件下，荧烷染料与双酚A之间的电子转移通道断裂，变色体系恢复为无色。

表15-1 热致变色染料体系的组成及作用

组成	有机化合物	功能
电子给予体	三芳甲烷类及其苯酞类；荧烷类；吲哚苯酞类；螺环吡喃类等	决定颜色
电子接受体	酚类、羟酸类、磺酸类、酸式磷酸酯及其金属盐	决定变色深浅
溶剂	醇、硫醇、酮、醚、磷酸酯、碳酸酯、亚硫酸酯、羟酸酯	决定变色温度

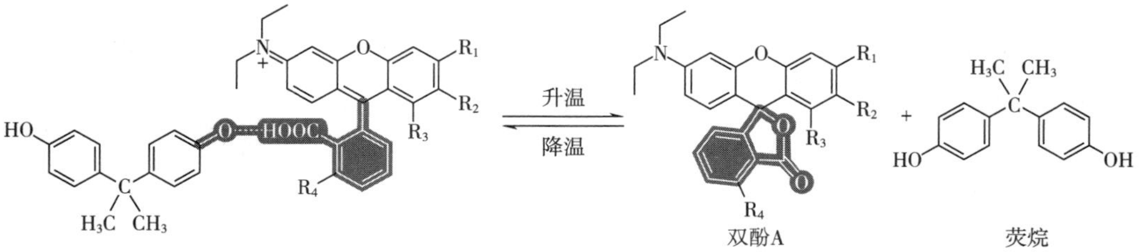

升温

降温

双酚A

荧烷

图15-1 荧烷染料和双酚A之间的电子转移

王等基于荧烷染料母体，在苯酞环邻位（R_4）引入供吸电子基团（图 15-2），得到酰胺基荧烷染料，不仅可以调控荧烷分子最大吸收波长发生蓝移或红移，增强或减弱荧光发射强度，还可以调控分子的 HOMO、LUMO 及能隙（E_g），从而准确控制颜色和激发能垒。酰胺基荧烷染料结构将电子供体与受体组装于一体，形成分子内 D—A 型荧烷染料。酰胺基团（—C ═O—NH）与羰基（—C ═O）可以形成分子内氢键，为质子和电子转移提供分子内通道，在受到外部因素刺激时，质子耦合电子同步转移，从而提高荧烷染料的颜色切换速率。

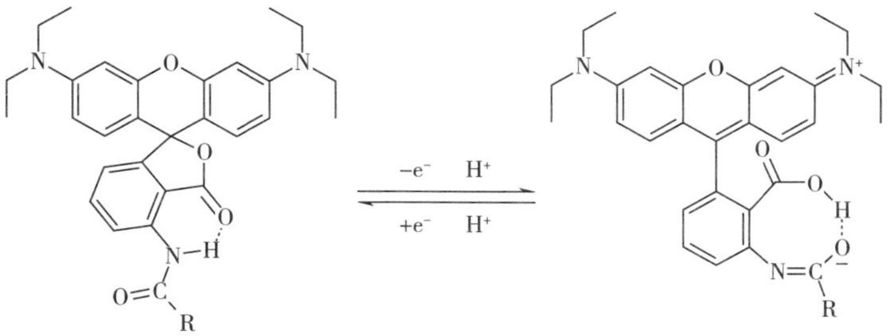

−e⁻　H⁺
+e⁻　H⁺
中性态紫色酰胺基荧烷
（R—amido—PFlu—NS）
氧化态紫色酰胺基荧烷
（R—amido—PFlu—OS）

图 15-2　紫色 *R*—酰胺基荧烷分子异构体结构

15. 2. 1. 2　聚合物热致变色材料

聚合物热致变色材料根据变色机理可分为 3 类：具有固有的热致变色特性；含有热响应性添加剂；含有具有质子性质的热响应染料。

（1）具有固有热致变色特性的聚合物。共轭聚合物具有共轭主链，在吸收可见光时是有色的，并且共轭状态随温度的变化而变化，进而颜色会发生变化，从而导致热致变色。常见的有机可逆聚合物热致变色材料包括聚乙炔、聚二乙炔、聚硅烷、聚噻吩和聚苯乙烯等。聚二乙炔在外界条件的刺激下，颜色会由蓝色变为红色。但是，大多数聚二乙炔的可逆变化性较差，通过对其改性，将其制成复合材料或对聚二乙炔单体的羧基进行化学修饰，如将聚二乙炔与有机小分子三聚氰胺制成复合体（图 15-3），或将聚二乙炔体系中引入稀土离子制成

PDA-NCO
由黑变红
7℃
8℃
9℃
10℃
11℃
12℃
0
蓝色
25℃
粉红色

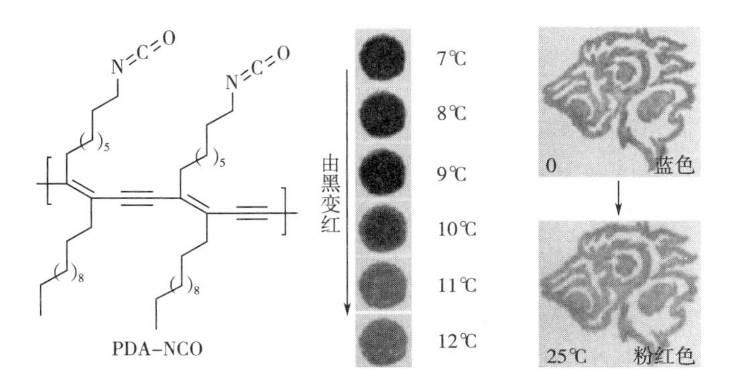

图 15-3　异氰酸酯基修饰的聚二乙炔变色过程

复合材料，就可使聚合物具有可逆变色的性能。

（2）含有热响应添加剂的聚合物。将具有热致变色特性的液晶或染料作为非热致变色聚合物基体的添加剂，则整个聚合物显示出热致变色性。

（3）含有质子性质的热响应染料的聚合物。pH 指示剂染料和凝胶型聚合物之间发生温度依赖性相互作用。例如，聚乙烯醇（PVA）和硼砂的交联会产生水凝胶聚合物网络。在 Reichardt 甜菜碱染料、2,6-二苯基-4-(2,4,6-三苯基-1-吡啶)酚酸盐和甲酚红的 PVA 基水凝胶体系中观察到温度依赖性的酚—酚酸酯平衡，染料通过在水性介质中的质子化和去质子化来改变其颜色。

15.2.1.3 热致变色液晶材料

热致变色液晶主要包括胆甾相液晶、向列相液晶和近晶相液晶 3 类，其工作原理是液晶分子在不同温度下的排列状态不同，导致显示效果的不同（图 15-4）。当液晶受到热作用时，分子排列会发生改变，进而影响光的透过和反射，从而呈现出不同的颜色或图案。例如，胆甾相液晶的结构呈螺旋层状，螺杆节距的长度（P）与入射可见光波长（λ）相同，温度变化时，螺距随之变化，液晶的颜色随之改变。

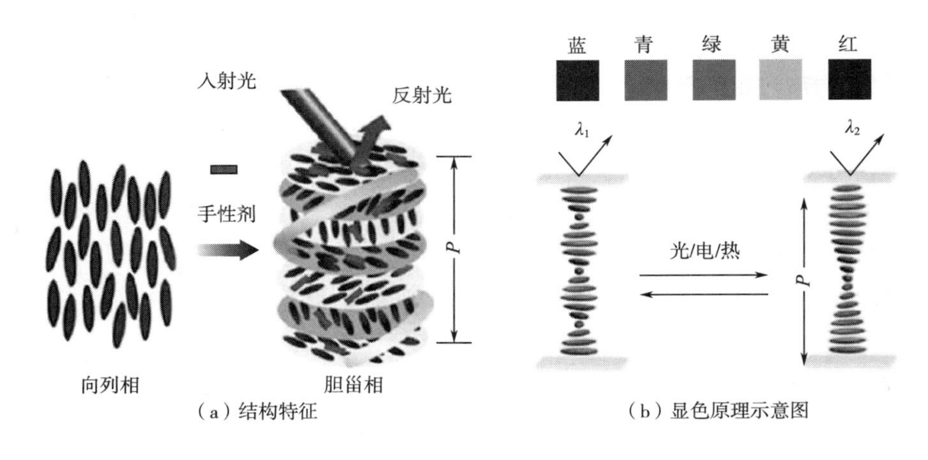

（a）结构特征　（b）显色原理示意图

图 15-4 胆甾相液晶

15.2.1.4 无机热致变色材料

无机类热致变色材料具有较好的耐高温性、耐光性、耐久性和抗疲劳性，因为对温度敏感性高，变色的色彩、温度及可选择范围广等优良性质得到了广泛应用，如化学防伪、材料测温以及热储存材料等。然而，无机热致变色材料具有变色色差小、变色温度难以控制以及变色温度高等一系列的缺点，这在一定程度上限制了它的应用。

有机—无机杂化热致变色材料通常由于热处理而发生结构相变，从而导致颜色变化。此外，原子间距离的变化、分子间电荷转移或有机部分中强烈的 π—π 相互作用也可能导致杂化材料的颜色变化。

15.2.2　制备方法

15.2.2.1　湿法纺丝

湿法纺丝的工艺流程包括（图 15-5）：①纺丝基材（聚合物、变色材料、纳米材料和变色材料/聚合物复合材料等）溶解在溶剂中，制备纺丝液；②纺丝液通过喷丝头注入含有混凝剂的凝固浴中；③纺丝液中的溶剂在凝固浴中扩散出去，非溶剂混凝剂扩散进来，使纺丝液固化形成固体纤维。在湿法纺丝中，纺丝液和凝固浴之间的扩散交换是纤维固化成型的关键过程。湿法纺丝技术在纤维结构控制和多功能化方面具有一定的优势，可用于连续制造多功能热致变色纤维。此外，在湿法纺丝过程中，可以使用并列、同轴或多轴喷丝头来制备 Janus 纤维和核—壳纤维。

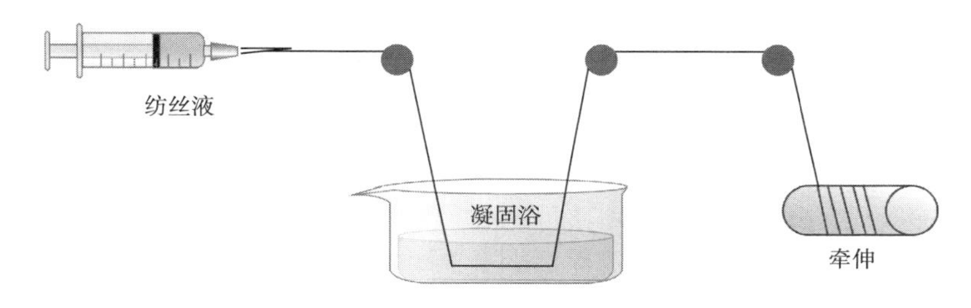

图 15-5　湿法纺丝示意图

15.2.2.2　静电纺丝

静电纺丝是一种利用静电将聚合物溶液或熔体拉丝成纤维的方法（图 15-6）。这种方法通常包括以下步骤：①准备聚合物溶液或熔体：将聚合物在适当的溶剂中制备成溶液，或者将聚合物加热至熔体状态；②装置静电纺丝设备：静电纺丝设备通常包括高压电源、喷嘴、集电器等组件；③施加高电压：通过高压电源施加电场，使聚合物溶液或熔体在喷嘴处带上电荷，加载在注射器中的旋转溶液将被拉长，在喷嘴尖端形成称为“泰勒锥”的锥形液滴；④纺丝：将带电的聚合物溶液或熔体从喷嘴中喷出，溶液或熔体受到电场作用形成纤维，然后在集电器上收集纤维。在制备过程中，纺丝液的流变性、工艺参数（施加的电压、流速和尖端到集电器的距离）以及环境条件（湿度和温度）是影响静电纺丝质量的 3 个主要因素。这种方法可以制备出直径非常细（几十纳米到几微米）的纤维，广泛应用于纺织、过滤、医疗等领域。

图 15-6　静电纺丝示意图

15.2.2.3 熔融纺丝

熔融纺丝是通过将合成纤维原料加热至熔化状态，然后将熔融的液体通过细孔或喷丝孔喷出，使其凝固成纤维，最终形成纺丝纱线。这种工艺通常用于生产合成纤维并制作各种纺织品，如服装、家居用品和工业用途的材料。熔融纺丝具有高效、成本低廉和生产速度快的优势，因此在纺织行业中得到广泛应用。

15.2.2.4 表面涂层

表面涂层是一种在纤维或织物表面物理或化学沉积变色材料的技术，能显著提高材料的耐磨性和耐腐蚀性等，可用于连续工业制造。涂层制备工艺包括物理气相沉积（PVD）、化学气相沉积（CVD）、热喷涂、常温喷涂、电镀法等。其中，物理气相沉积和化学气相沉积法制备的涂层纯度高、致密度高；热喷涂技术适用于高温变色涂层的制备；喷涂法的制备工艺简单、成本低。然而，表面涂层法制备的产品涂层与纤维或织物之间的相互作用较弱，且织物具有一定的编织结构，难以通过表面涂层技术获得稳定无缝的界面，从而导致变色纤维或变色织物的洗涤耐久性差。

15.2.2.5 丝网印花

丝网印花是一种常用的印花工艺，通过网板印刷原理，利用丝网印版上图案化部分的网孔透过变色色浆，非图案化部分网孔不透过变色色浆的基本原理进行印刷，经过烘干后得到热致变色织物。变色色浆中包含黏合剂和增稠剂，色浆能够牢牢固着在织物表面，使织物具有良好的摩擦和水洗牢度。

15.2.2.6 喷墨印花

喷墨印花技术也称纺织品数码喷墨印花，是一种舍弃了传统印花制版环节，可直接在织物上喷印的一种印花技术。这一技术极大地提高了印花的精度，并能实现小批量、多品种、多花色印花。在喷墨印花过程中，通过数字化手段将图案或图像输入计算机，经过分色系统处理后，变色墨水通过喷嘴精准喷射到织物上，形成色点，最终在织物表面形成相应的可变色图案或图像。喷墨印花技术通过喷印固色剂、打底白墨水等预处理步骤，增强变色墨水与织物的结合力，使印花图案耐久性更好。

15.2.3 纤维结构

15.2.3.1 单一结构

单一纤维结构的配置就是由常规的湿法纺丝喷丝头和静电纺喷嘴制备的简单纤维结构，如图 15-7 所示。

15.2.3.2 同轴结构

同轴结构纤维是一种兼具核层与壳层优异性能的功能化复合纤维，通常具有优于核层和壳层自身的性能，如更高的力学性能和热传导系数等。其特殊的结构极大地提高了纤维的使用价值，拓宽了纤维的应用领域。同轴纤维一般以热致变色材料为芯，以透明可拉伸弹性层为壳，可以通过同轴纺丝和 3D 打印工艺制造（图 15-8）；也可以功能弹性纤维为芯，热致变色材料为壳，通过涂层法制备。

（a）湿法纺丝聚丙烯腈复合纤维　　（b）静电纺丝纳米纤维

图 15-7　单一纤维结构

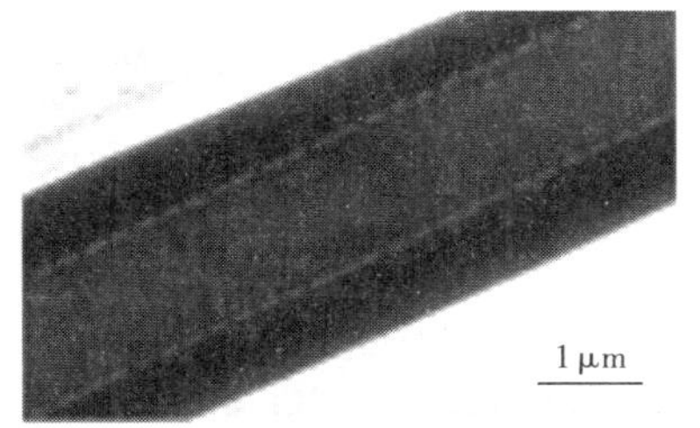

图 15-8　同轴纤维结构

15.2.3.3　并列结构

并列结构是一种特殊的结构，通常指同时具有两种不同性质或功能的材料（图 15-9），这种结构命名自罗马神话中的门神“雅努斯”（Janus）。并列配置的 Janus 纤维是通过双通道微流控制备的。Janus 结构的材料可以同时具有两种不同的表面性质，从而赋予材料双重功能。通过设计具有 Janus 结构的材料，可以不断拓展材料的功能性和应用领域，为纺织科学、材料科学和工程领域带来新的发展机遇。

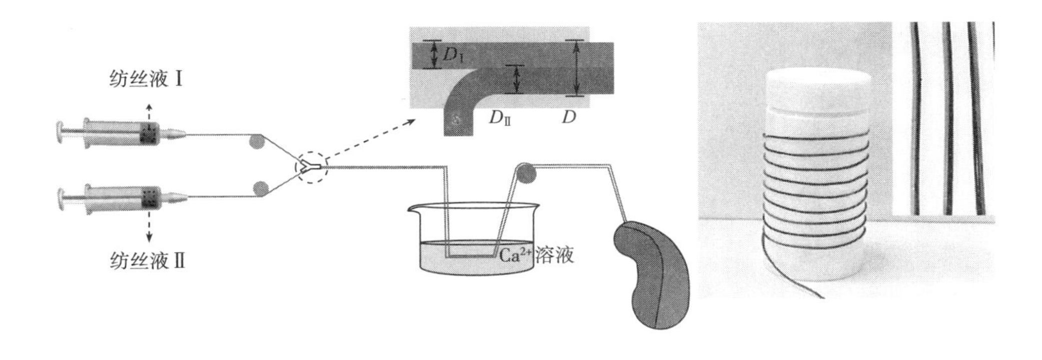

图 15-9　Janus 热致变色纤维

15.3 热致变色纤维及纺织品的应用领域

15.3.1 智能服装

智能织物也称电子纺织品（e-textiles）或智能服装（smart clothing），其中，热变色织物作为一种新型的功能织物，在可穿戴显示、传感、军事伪装、防伪技术等领域表现出巨大的应用潜力。

原位聚合法是制备优异潜热释放性能的可逆温致变色微胶囊的常用方法，蓄热能力可高达99%，循环耐久性好（>100次），并能应用在消防服中，可视化监测温度和人体安全环境［图15-10（a）］。张等将具有温致变色和温致荧光的材料与聚合物共混制备热响应聚合物材料，并将其图案化整理在棉织物上，得到了高对比度信号输出、可编程响应温度的智能变色棉纺织品［图15-10（b）］。有研究人员通过乳液聚合法合成了具有核壳结构的甲基丙烯酸缩水甘油酯共聚单体壁的热致变色微胶囊，该微胶囊是一种可以从蓝色变为无色的可逆颜料，可制备具有潜热储存能力的织物［图15-10（c）］。将变色材料涂敷在尼龙、氨纶等织物表面，可设计成监测耐力运动员皮肤温度的运动衣，从而实时掌握运动员的身体疲劳程度［图15-10（d）］。

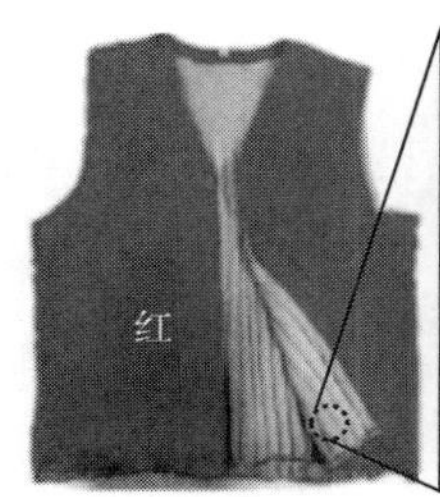

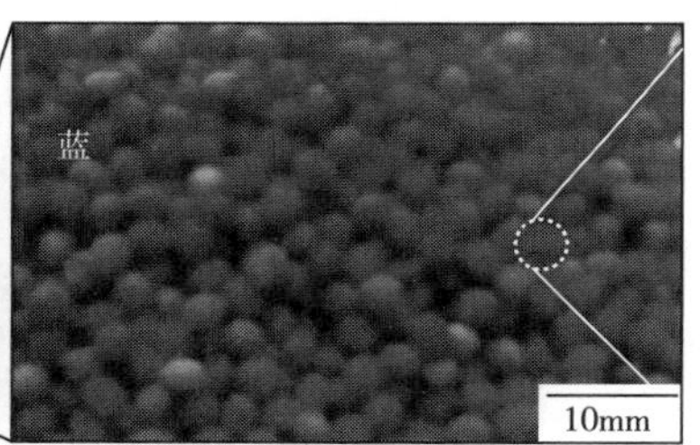

（a）热致变色微胶囊及服装　　（b）图案化热致变色棉织物

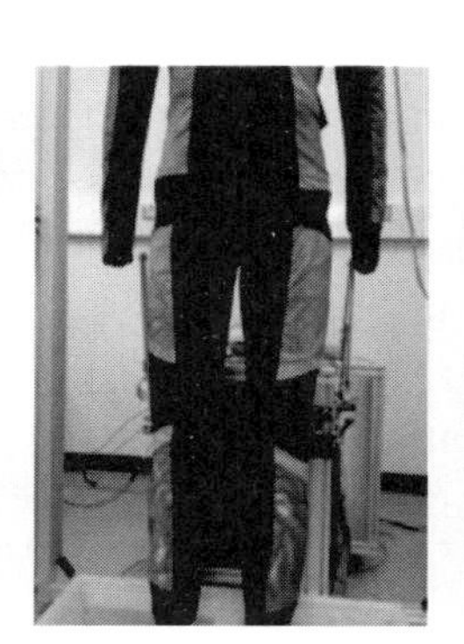

（c）热致变色织物

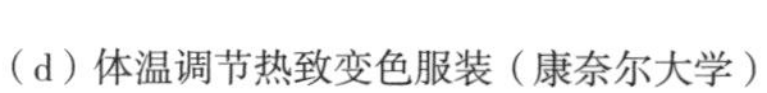
（d）体温调节热致变色服装（康奈尔大学）

图15-10　智能变色纺织品

俞等通过同轴纺丝开发了一种由导电芯和热致变色外壳组成的热致变色导电纤维，结合了焦耳热和太阳能吸收转换性能，具有即时的温度可视化和低能耗动态热管理功能［图 15-11（a）］。段等利用海藻酸盐湿法纺丝将相变脂肪酸和香豆素荧光染料的微球乳液引入纤维中，制备了热致变色荧光纤维［图 15-11（b）］，其具有变色对比度高、荧光发射对比度高、响应速度快（<1s）以及可逆循环性优异（>100 次）的特性。凌等基于天然蚕丝开发出可规模化生产的热致变色纱线（TCSs），并进一步加工成智能可穿戴动态显示织物［图 15-11（c）］。华中科技大学陶光明团队采用湿法纺丝工艺制备了彩色的可拉伸温敏变色纤维，该纤维的颜色可以在-15～70℃内发生变化且具有良好的变色稳定性，并可通过经纬编织将其织入其他织物中获得柔性温敏变色织物，实现可穿戴动态彩色显示和信息交互［图 15-11（d）］。

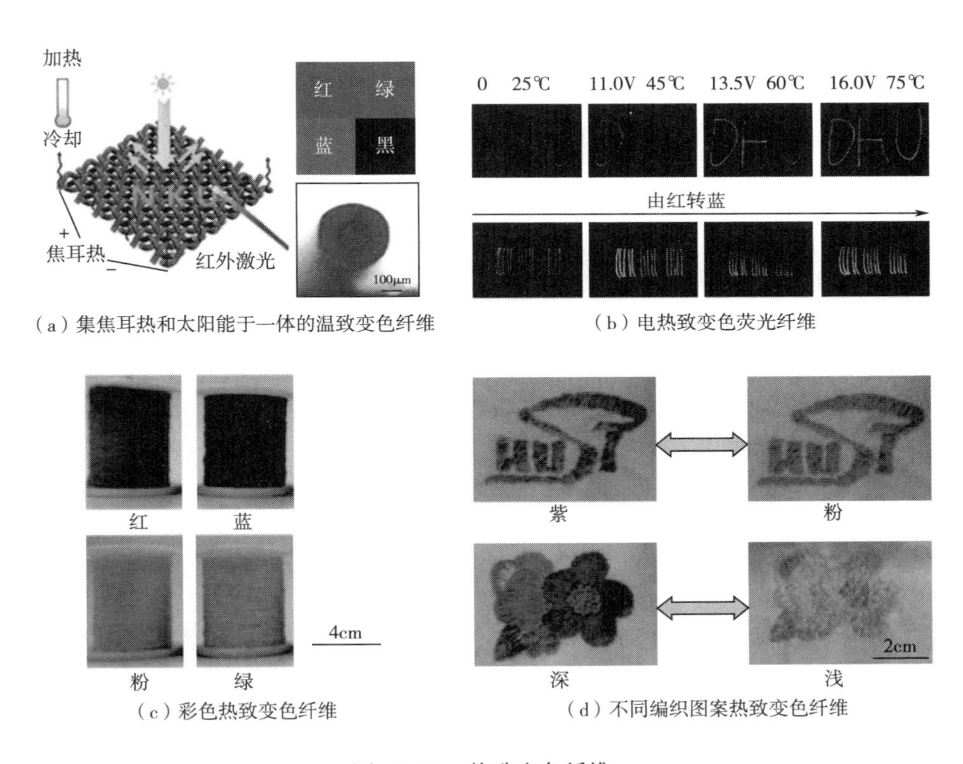

（a）集焦耳热和太阳能于一体的温致变色纤维
（b）电热致变色荧光纤维
（c）彩色热致变色纤维
（d）不同编织图案热致变色纤维

图 15-11 热致变色纤维

15.3.2 可视化个人热管理

随着可穿戴电子产品和智能纺织品的出现，人们对节能和有效个人体温调节的强烈需求促使个人热管理（personal thermal management，PTM）成为调节和平衡人体与周围环境热交换的重要策略。将 PTM 引入纺织品既能满足人体的热舒适性要求，又能降低由空间制冷和供暖所带来的能源消耗。借助图形、图像或其他视觉辅助手段来展示和分析热管理过程即可视化个人热管理，可以直观地通过颜色变化或图案变化来表示不同温度下人体的热舒适感。

李等设计出一种湿响应皮瓣、多模态自适应可穿戴设备［图 15-12（a）］，可以同时调节人体对流、汗液蒸发和中红外发射，比传统纺织品热舒适区域扩大了 30%左右。当处于高温环境人体出汗时，具有湿度敏感性的尼龙襟翼的打开可以调节人体热对流和蒸发热交换，使人体降温；在寒冷环境下，尼龙襟翼关闭，顶部 SEBS 纳米复合材料的低红外发射率可以有效抑制辐射热损失从而实现保暖。陈等选用导电水凝胶和热变色弹性体作为核心层，采用双芯同轴湿法纺丝制备出具有核壳节段结构的混合纤维，可在人体运动时监测身体周围温度。费等基于分子太阳能热（MOST）设计并制备了由光吸收层（MOST layer）、空气层（air layer）以及光反射层（TN layer）组成的具有主被动结合功能的烷氧基偶氮苯双面光学异性个人热管理织物［图 15-12（b）］，能够通过织物表面温度的指示，进行能量释放过程优化，在获得舒适人体表面微环境的基础上，延长能量释放的时间以及能量利用的效率，实现了高效的主被动结合的个人热管理。

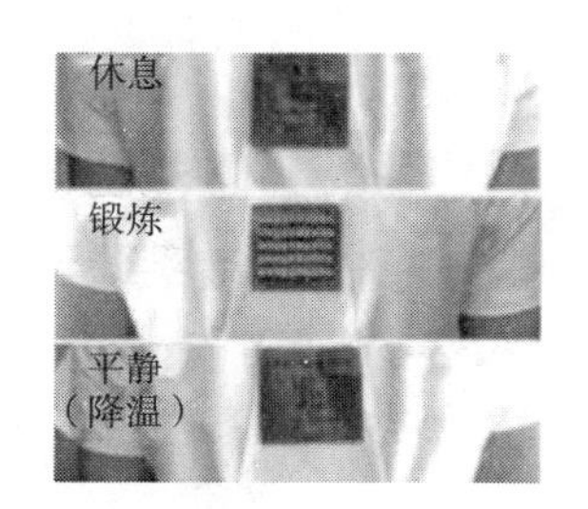

（a）双面光学异性个人热管理织物

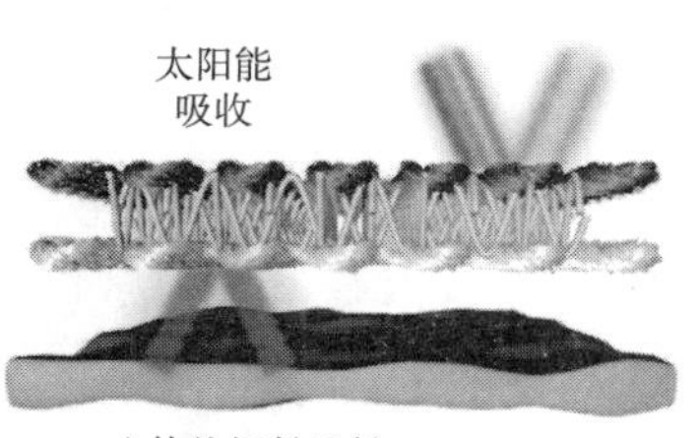

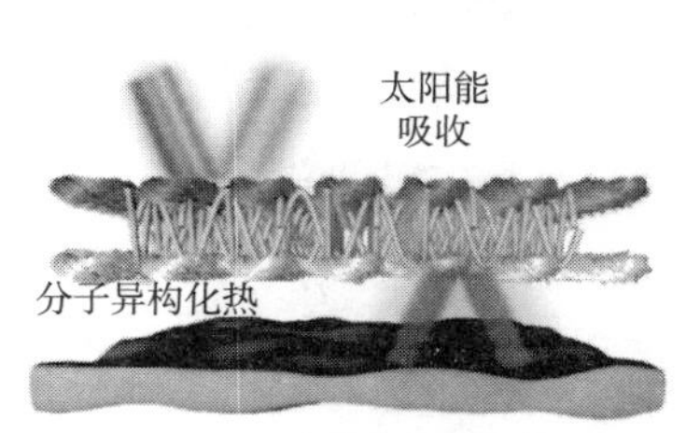

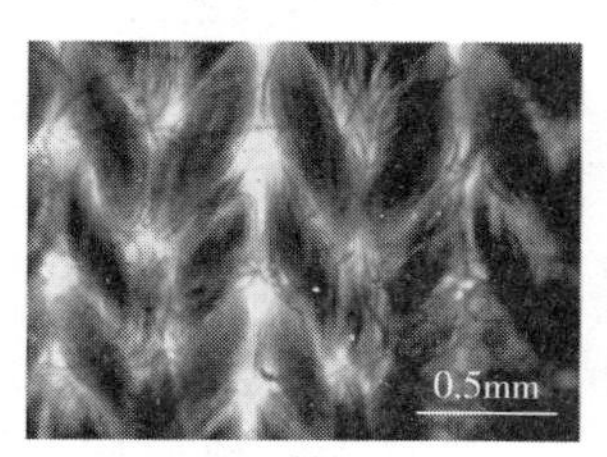

顶层（光吸收层）

中间层（空气层）

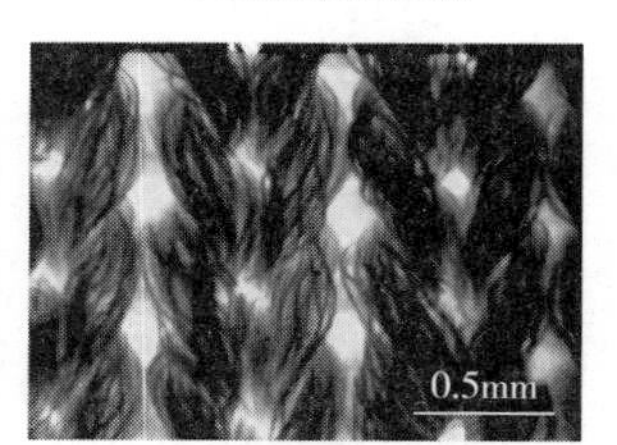

底层（光反射层）

（b）多模态自适应可穿戴设备在人体运动前后变化照片

图 15-12　个人热管理织物工作原理及应用

15.3.3　仿生变色伪装织物

伪装功能源于自然，自然界中的许多动物（如变色龙等）可通过改变自身颜色实现伪装，战争中伪装在起到避免被敌方发现识别作用的同时，还可以为己方赢得作战的主动性，提高行动的成功率，是十分有效的作战手段。

单兵自适应伪装通常依靠智能织物实现。通过印花技术，将热致变色油墨定点附着在织物上，可绘制迷彩斑块颜色可变的棉质迷彩服，通过对织物加热或冷却，能够实现经典丛林迷彩和沙漠迷彩的可逆变化。如图 15-13（a）所示，伪装印花织物在低温时呈现丛林绿色迷彩，在高温环境变为沙漠土色迷彩。张等采用固相反应法制备了 $Zn_{1-x}Co_xO$ 纳米粉末，其红外发射率随温度发生明显变化，在可见光红外区域具有很强的智能自适应伪装应用潜力。娄等基于有机热致变色材料并通过纺丝工艺设计了一系列连续变色织物，可以实现从丛林色系到沙漠色系再到海洋色系的渐变色彩变化［图 15-13（b）］，其变色温度在 30~40℃，可在 16s 内实现多色态变换，在色态切换方面可满足现代战场环境下的可见光自适应伪装。

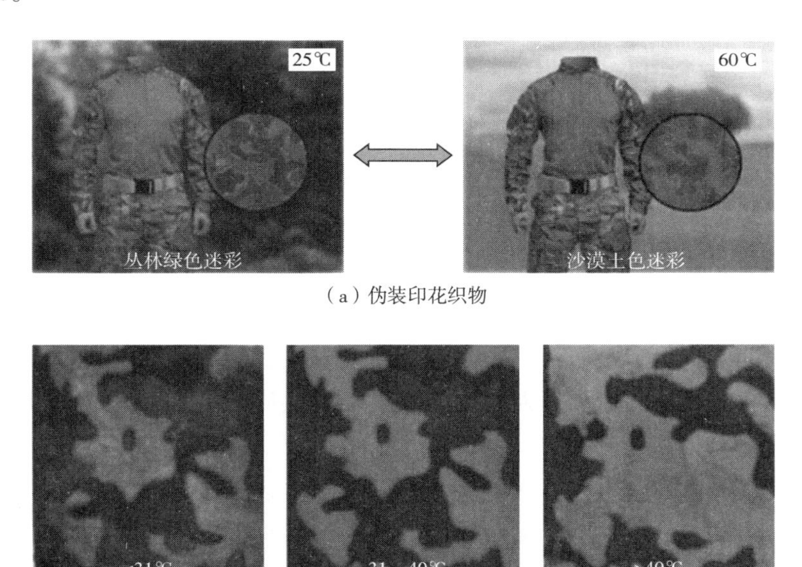

（a）伪装印花织物

（b）连续变色织物

图 15-13　热致变色伪装织物

15.3.4　医疗保健体系

随着人们对健康的日益关注，具有医疗保健功能的纺织品受到人们的青睐，保健功能纺织品是指具有发射远红外线、产生磁场、抗菌功能等作用，有利于调节和改善机体功能，对人体不产生任何毒副作用，可达到保健目的的一类纺织品。将热致变色纤维或织物用于婴幼儿服装（图 15-14），使家长可以根据衣服颜色的变化判断婴幼儿的身体状况，监测孩子是否有发烧等身体不适，或根据环境温度及时添减衣物，在保证服装“魔幻”有趣的同时能够更好地保证孩子的身体健康。同时，热致变色纤维和纺织品可以结合到医疗绷带中使用，用于精确地监测伤口的温度分布，评估慢性伤口和可能不稳定的皮肤区域。

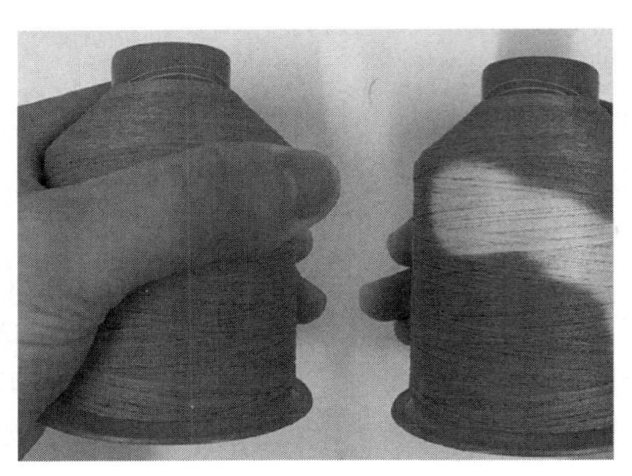

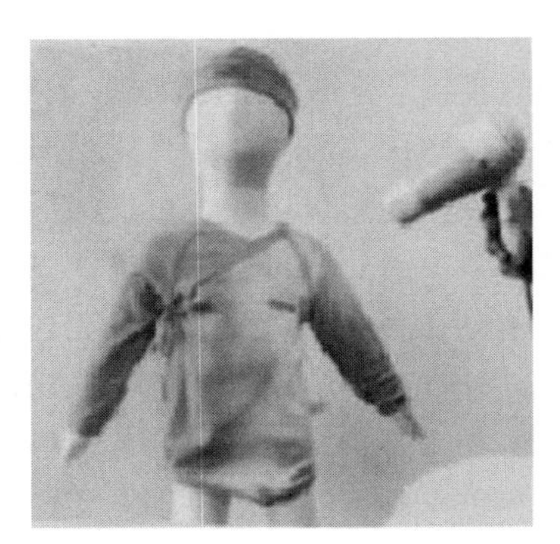

图 15-14　热致变色纱线和织物

15.4　总结与展望

在人工智能和互联网技术飞速发展的时代，受环境影响的被动变色材料逐渐难以满足实际应用需求，如：在智能服装应用方面，若长时间展示服装的变色性能，必须持续提供刺激源，这需要配置额外的驱动装备，增加了服用负担；在伪装应用方面，四季变化、阳光强度、多地形间的穿梭以及驱动装备的续航力等都会引起颜色快速变化，导致目标被动暴露；在信息存储与显示应用方面，光学记忆性差的变色材料需要持续的电源驱动才能持续显示存储的内容。因此，开发更人性化的、更接近实际应用需求的可穿戴智能纺织品是必然趋势。

参考文献

[1] BARILE C J,SLOTCAVAGE D J,HOU J Y,et al. Dynamic windows with neutral color,high contrast,and excellent durability using reversible metal electrodeposition[J]. Joule,2017,1(1):133-145.

[2] JIAO X,LI G,YUAN Z H,et al. High-performance flexible electrochromic supercapacitor with a capability of quantitative visualization of its energy storage status through electrochromic contrast[J]. ACS Applied Energy Materials,2021,4(12):14155-14168.

[3] SHI X,ZUO Y,ZHAI P,et al. Large-area display textiles integrated with functional systems[J]. Nature,2021,591(7849):240-245.

[4] ZHOU Y,ZHAO Y,FANG J,et al. Electrochromic/supercapacitive dual functional fibres[J]. RSC Advances,2016,6(111):110164-110170.

[5] CHENG H B,ZHANG S C,BAI E Y,et al. Future-oriented advanced diarylethene photoswitches:From molecular

design to spontaneous assembly systems[J]. Advanced Materials,2022,34(16):2108289.

[6] DATTLER D,FUKS G,HEISER J,et al. Design of collective motions from synthetic molecular switches,rotors,and motors[J]. Chemical Reviews,2020,120(1):310-433.

[7] HE C Y,KORPOSH S,CORREIA R,et al. Optical fibre sensor for simultaneous temperature and relative humidity measurement:Towards absolute humidity evaluation[J]. Sensors and Actuators B:Chemical,2021,344:130154.

[8] WANG Y,REN J,YE C,et al. Thermochromic silks for temperature management and dynamic textile displays [J]. Nano-Micro Letters,2021,13(1):72.

[9] YU S X,ZHANG Q,LIU L L,et al. Thermochromic conductive fibers with modifiable solar absorption for personal thermal management and temperature visualization[J]. ACS Nano,2023,17(20):20299-20307.

[10] ZHANG W,JI X Z,AL-HASHIMI M,et al. Feasible fabrication and textile application of polymer composites featuring dual optical thermoresponses[J]. Chemical Engineering Journal,2021,419:129553.

[11] 邓嘉伦,邱黎,刘小成,等. 一种黑色可逆热致变色染料的合成及表征[J]. 化学与生物工程,2021,38(3):46-50,63.

[12] 刘思敏. 新型热致变色体系的构建及其变色行为研究[D]. 天津:天津大学,2021.

[13] CHENG Z F,LEI L L,ZHAO B B,et al. High performance reversible thermochromic composite films with wide thermochromic range and multiple colors based on micro/nanoencapsulated phase change materials for temperature indicators[J]. Composites Science and Technology,2023,240:110091.

[14] CHENG Z F,ZHAO B B,LEI L L,et al. Self-assembled poly(lactic acid) films with high heat resistance and multi-stage thermochromic properties prepared by blown film-annealing[J]. Chemical Engineering Journal,2024,480:148261.

[15] MACLAREN D C,WHITE M A. Design rules for reversible thermochromic mixtures[J]. Journal of Materials Science,2005,40(3):669-676.

[16] 李鹏瑜,开吴珍,刘红茹,等. 三元热致变色材料变色机理研究进展[J]. 纺织导报,2020(12):51-53.

[17] WANG C C,GONG X D,LI J S,et al. Ultrahigh-sensitivity thermochromic smart fabrics and flexible temperature sensors based on intramolecular proton-coupled electron transfer[J]. Chemical Engineering Journal,2022,446:136444.

[18] WANG C C,LI J S,LIN W H,et al. Bistable electrochromic dual-output array display based on intramolecular proton coupled electron transfer[J]. Chemical Engineering Journal,2023,451:138357.

[19] 张伟. 基于聚二乙炔功能材料的设计、制备及其应用研究[D]. 苏州:苏州大学,2014.

[20] PENG H Y,LI H Q,TAO G M,et al. Smart textile optoelectronics for human-interfaced logic systems [J]. Advanced Functional Materials,2024,34(2):2308136.

[21] PENG H Y,MAO Y Y,WANG D,et al. B-N-P-linked covalent organic frameworks for efficient flame retarding and toxic smoke suppression of polyacrylonitrile composite fiber[J]. Chemical Engineering Journal,2022,430:133120.

[22] WU Y L,ZHU X L,MIAO D Y,et al. Faveolate cell-engineered and multi-heterostructured flexible ceramic nanofibrous membranes with confined coalescent nanochannels enable sustainable oily water remediation [J]. Chemical Engineering Journal,2024,494:152966.

[23] WANG C C,WANG J W,ZHANG L P,et al. Thermoregulatory elasticity braided fibers designed with core-sheath structure for wearable personal thermal management[J]. Journal of Materials Chemistry C,2024,12(20):

7398-7406.

[24] WU J J, WANG M X, DONG L, et al. A trimode thermoregulatory flexible fibrous membrane designed with hierarchical core-sheath fiber structure for wearable personal thermal management[J]. ACS Nano, 2022, 16(8): 12801-12812.

[25] IONOV L, STOYCHEV G, JEHNICHEN D, et al. Reversibly actuating solid Janus polymeric fibers[J]. ACS Applied Materials & Interfaces, 2017, 9(5): 4873-4881.

[26] LAMBERGER Z, ZAINUDDIN S, SCHEIBEL T, et al. Polymeric Janus fibers[J]. ChemPlusChem, 2023, 88(2): e202200371.

[27] LI L, ZHAO Q, FENG F, et al. Hydro electroactive Janus micro/nano fiber dressing with exudate management ability for wound healing[J]. Advanced Materials Technologies, 2023, 8(21): 2300796.

[28] WEI K, XIE S Z, ZHANG Z, et al. Surface wettability-switchable Janus fiber fragments stabilize Pickering emulsions for effective oil/water separation[J]. Langmuir, 2023, 39(18): 6455-6465.

[29] ZAKHAROV A, PISMEN L M, IONOV L. Shape-morphing architectures actuated by Janus fibers[J]. Soft Matter, 2020, 16(8): 2086-2092.

[30] ZAKHAROV A P, PISMEN L M. Active textiles with Janus fibres[J]. Soft Matter, 2018, 14(5): 676-680.

[31] ZHANG J Z, ZHA X L, LIU G X, et al. Injectable extracellular matrix-mimetic hydrogel based on electrospun Janus fibers[J]. Materials Horizons, 2024, 11(8): 1944-1956.

[32] WANG C C, SHI J L, ZHANG L P, et al. Asymmetric Janus fibers with bistable thermochromic and efficient solar-thermal properties for personal thermal management[J]. Advanced Fiber Materials, 2024, 6(1): 264-277.

[33] FIHEY A, PERRIER A, BROWNE W R, et al. Multiphotochromic molecular systems[J]. Chemical Society Reviews, 2015, 44(11): 3719-3759.

[34] RICE A M, MARTIN C R, GALITSKIY V A, et al. Photophysics modulation in photoswitchable metal-organic frameworks[J]. Chemical Reviews, 2020, 120(16): 8790-8813.

[35] LIANG F C, WU M J, MENG J G, et al. Research progress in conductive polymer-based electrochromic fabrics[J]. Textile Research Journal, 2023, 93(21-22): 5092-5111.

[36] WU W T, POH W C, LV J, et al. Self-powered and light-adaptable stretchable electrochromic display[J]. Advanced Energy Materials, 2023, 13(18): 2204103.

[37] GONG Z D, XIANG Z Y, OUYANG X, et al. Wearable fiber optic technology based on smart textile: A review[J]. Materials, 2019, 12(20): 3311.

[38] GENG X Y, GAO Y, WANG N, et al. Intelligent adjustment of light-to-thermal energy conversion efficiency of thermo-regulated fabric containing reversible thermochromic MicroPCMs[J]. Chemical Engineering Journal, 2021, 408: 127276.

[39] GENG X Y, LI W, WANG Y, et al. Reversible thermochromic microencapsulated phase change materials for thermal energy storage application in thermal protective clothing[J]. Applied Energy, 2018, 217: 281-294.

[40] TÖZÜM M S, ALKAN C, AKSOY S A. Preparation of poly(methyl methacrylate-co-ethylene glycol dimethacrylate-co-glycidyl methacrylate) walled thermochromic microcapsules and their application to cotton fabrics[J]. Journal of Applied Polymer Science, 2020, 137(24): 48815.

[41] POTUCK A, MEYERS S, LEVITT A, et al. Development of thermochromic pigment based sportswear for detection of physical exhaustion[J]. Fashion Practice, 2016, 8(2): 279-295.

[42] DUAN M H, WANG X C, XU W X, et al. Electro-thermochromic luminescent fibers controlled by self-crystallinity phase change for advanced smart textiles [J]. ACS Applied Materials & Interfaces, 2021, 13 (48): 57943-57951.

[43] LI P, SUN Z H, WANG R, et al. Flexible thermochromic fabrics enabling dynamic colored display [J]. Frontiers of Optoelectronics, 2022, 15(1): 40.

[44] GUO Y, DUN C C, XU J W, et al. Ultrathin, washable, and large-area graphene papers for personal thermal management[J]. Small, 2017, 13(44): 1702645.

[45] HU R, LIU Y D, SHIN S, et al. Emerging materials and strategies for personal thermal management [J]. Advanced Energy Materials, 2020, 10(17): 1903921.

[46] LI X Q, GUO W L, HSU P C. Personal thermoregulation by moisture-engineered materials[J]. Advanced Materials, 2024, 36(12): 2209825.

[47] TANG LT, LYU B, GAO D G, et al. A wearable textile with superb thermal functionalities and durability towards personal thermal management[J]. Chemical Engineering Journal, 2023, 465: 142829.

[48] WANG C W, DONG H S, CHENG C X, et al. Flexible and biocompatible silk fiber-based composite phase change material for personal thermal management [J]. ACS Sustainable Chemistry & Engineering, 2022, 10 (49): 16368-16376.

[49] WANG J, YUAN D S, HU P Y, et al. Optical design of silica aerogels for on-demand thermal management [J]. Advanced Functional Materials, 2023, 33(32): 2300441.

[50] ZHAI H T, FAN D S, LI Q. Dynamic radiation regulations for thermal comfort [J]. Nano Energy, 2022, 100: 107435.

[51] ZHU Y N, WANG W J, ZHOU Y W, et al. Colored woven cloth-based textile for passive radiative heating [J]. Laser & Photonics Reviews, 2023, 17(11): 2300293.

[52] LI X Q, MA B R, DAI J Y, et al. Metalized polyamide heterostructure as a moisture-responsive actuator for multimodal adaptive personal heat management[J]. Science Advances, 2021, 7(51): eabj7906.

[53] CHEN J X, WEN H J, ZHANG G L, et al. Multifunctional conductive hydrogel/thermochromic elastomer hybrid fibers with a core-shell segmental configuration for wearable strain and temperature sensors[J]. ACS Applied Materials & Interfaces, 2020, 12(6): 7565-7574.

[54] FEI L, YU W D, TAN J L, et al. High solar energy absorption and human body radiation reflection Janus textile for personal thermal management[J]. Advanced Fiber Materials, 2023, 5(3): 955-967.

第 16 章　电致变色纤维及纺织品

具有电子功能与机械柔性相结合的可穿戴纤维电子产品正在蓬勃发展和进步。色彩显示作为可穿戴技术的一项重要功能，电致变色（electrochromic，EC）器件因高可控性、丰富的色彩库和能耗低等特点而受到人们的广泛关注。而传统的平面电致变色器件，由于机械柔性、可穿戴舒适性以及服装整合性等有限，而限制了其在智能可穿戴领域的发展。近几年将平面电致变色器件纤维化，可得到兼具平面器件的基本性能和服用性能的电致变色纤维器件和纺织品，这为电致变色技术的可穿戴应用提供了新的发展方向。

电致变色是指材料的反射率、透过率、吸收率等光学属性在外加电场的作用下发生稳定、可逆颜色变化的现象，而这些外观上表现为颜色或透明度可逆变化的材料被称为电致变色材料，将这些材料组装成纤维状并能够适应智能可穿戴应用器件则称为电致变色纤维器件，经过编织后便是电致变色纺织品。随着研究的不断深入，电致变色纤维和纺织品在可穿戴显示、自适应伪装和热管理等领域表现出巨大的应用潜力。

1969 年德布（Deb）首次描述了以非晶态 WO_3 作为变色材料的电致变色现象，标志着电致变色领域的研究正式开始。20 世纪 80 年代，瑞典的格兰奎斯特（C. G. Granqvist）和美国的兰伯特（C. M. Lampert）提出具有“三明治”结构的电致变色智能窗技术，这个结构的提出是电致变色发展进程中的里程碑事件。随后的几十年，电致变色器件开始在很多领域逐步应用。例如，电致变色显示器提升人们的阅读体验、具有建筑节能作用的智能窗、可见—红外调制性能的服装在军事伪装中的应用等。

随着一系列可穿戴产品的涌现，柔性智能设备逐渐成为当今社会发展的主流。电致变色技术的早期探索为蓬勃发展的柔性可穿戴电致变色产品奠定了基础，使柔性电致变色器件也开始成为研究的热点。自 20 世纪 90 年代，氧化铟锡/聚对苯二甲酸乙二醇酯（ITO/PET）作为导电基底开始被用于制造柔性电致变色器件。但是由于 ITO 的脆性大，这些器件在发生较大形变时，电致变色性能会迅速下降。之后，新兴纳米材料被引入以提升导电层和电致变色层的机械稳定性，由此可折叠和可拉伸的电致变色设备逐渐被开发，并应用于可穿戴电子产品。尽管如此，现有的多层薄膜电致变色器件在用于智能服装时，仍然牺牲了纺织品和服装的固有特性，增加了身体负担。

相较于传统的电致变色平面器件结构，具有柔软、可变形、透气、耐用和可水洗的电致变色纤维和纺织品更适用于智能可穿戴器件等领域。2010 年，因弗内莱尔（Invernale）等使用 PEDOT:PSS/氨纶第一次制备了电致变色织物，这为电致变色器件在织物中的应用提供了新的研究思路。之后，余等通过在织物表面分层喷涂电致变色材料制备出横向并列结构的全固态聚合物基电致变色纤维器件。这种横向排列的电致变色纤维器件可以使不导电的织物获得电致变色性能，实现在绿色和棕色之间的颜色切换，而且能够保持织物的轻薄和柔性。但是这种通过编织纺织品作为基底材料制备的电致变色器件，依然存在透气性和服装整合性差等问题。

将多功能整合到纤维表面或内部在技术上是可行的，并且这些功能化纤维可以融入纤维织物里而不影响织物的固有性能，这也促使电致变色纤维研究不断发展。通过进一步优化电致变色器件结构可得到电致变色纤维和纺织品。通常，这种电致变色纤维基于一维结构（包括螺旋、横向和平行结构）制造，通过编织或植入纺织品来构建电致变色功能纺织品。尽管已经制备了多种电致变色纤维，但由于器件结构复杂，加工技术不成熟，目前只能在实验室制作有限长度的纤维，电致变色纤维器件进一步推向产业应用面临巨大的挑战。例如，东京大学的下山勇夫等将PEDOT:PSS和柔性基底组装成“线形”电致变色器件。但是由于这种器件的电极机械柔性差，卷绕困难，使得该器件结构极为松散，难于满足实际应用需求。之后，复旦大学的彭慧胜等将碳纳米管阵列缠绕在同一根纤维的两侧分别作为正、负电极，将聚苯胺（Polyaniline，PANI）电聚合到碳纳米管薄膜上作为变色层，获得了一种具有超级电容器特性的纤维状电致变色器件。尽管这类纤维器件在结构紧凑性上有了一定改进，但由于该类器件的正负极还是分布在同一根纤维的不同部分，依旧无法让整根纤维同时变色，因而纤维色彩均匀性有待提高。此外，纤维电极外层的凝胶电解质缺乏有效的保护与封装，也使纤维的长期使用与清洗受到限制。

直到2019年，东华大学王宏志团队利用平行双对电极结构，通过定制设备。首次实现了多色彩电致变色纤维的连续化制备，制备的电致变色纤维长度可达百米以上。规模化制备的电致变色纤维和纺织品展现了在可穿戴显示、自适应伪装等领域的应用潜力。

尽管电致变色纤维在智能服装应用方面发展快速，但是仍然存在着一些问题急需解决。例如，随着电致变色纤维长度的增加，电子转移/离子扩散距离增加，难以保证均匀的颜色变化；电致变色纤维中的电解质和其他活性层缺乏有效的保护，不利于长期的实际使用。因此，开发普适的制备方法，构建基于不同电致变色材料的电致变色纤维，实现丰富的颜色变化，仍然是极具挑战的工作。

16.1 电致变色材料

电致变色材料是指在外加电场作用下透射率、反射率或吸收率等光学属性可产生稳定可逆变化的材料。无机电致变色材料具有优异的光稳定性，但其响应速度和颜色可调性相对有限，主要有普鲁士蓝体系和过渡金属氧化物两大类。无机电致变色材料具有出色的着色效率、循环稳定性和环境稳定性。然而，由于其本身的脆性大，在机械弯曲时刚性的无机金属氧化物结构会发生不可逆的破坏，从而影响电子—离子双重注入/提取过程，这限制了其在电致变色纤维材料领域的应用，因此，提高无机电致变色材料的柔性是该领域的难点。相较而言，有机电致变色材料具有优异的本征机械柔性、良好的可加工性、丰富的色彩变化、响应时间较快，因此也是目前柔性纤维电致变色器件常用的电致变色材料。根据实际应用的需要，无机和有机复合的电致变色材料也渐渐地吸引了人们的研究目光。通过将有机和无机变色材料分层或者混合处理，可以形成性能优异的变色层。共轭聚合物具有良好的电导率，并且使用溶液加工方法制备器件方便，但其光谱纯度不完善仍然限制了其在彩色（甚至全彩）显示应用方面的发展。金属—有机复合物或无机—有机复合物在一定程度上结合了两种材料类型的优点。电致变色多方面的优势以及广泛的应用前景，促使该领域快速发展，也推动着研究人员对其他材料体系电致变色特性的研究与探索。金属有机框架（MOFs）和共价有机框架（COFs）作为两种具有超高孔隙率和大表面积的晶体材料，具有可见光和近红外电致变色性能。此外，碳材料特别是石墨烯和碳纳米管是一种具有可见光、红外光波段可调的电致变色材料，其制备的纤维器件及纺织品可用于红外伪装和热管理。

16.1.1 无机电致变色材料

无机电致变色材料主要包括过渡金属氧化物和普鲁士蓝体系两大类，一般具有光学记忆性好、光学对比度高、化学稳定性好等优点。在作为电致变色纤维器件的电致变色材料时，因其易受离子迁移速度的控制，以及颜色的响应时间较长、颜色变化单一、本征脆性等缺陷，故无法实现高性能电致变色纤维的制造。针对这些缺点与问题，人们已经展开大量的研究工作，例如通过控制微观晶体结构，提高离子迁移速率，加快离子固相扩散；设计电极结构与材料尺寸，改善无机材料本征脆性，实现柔性电致变色器件变色层的制备；通常与柔性材料复合或者进行纳米加工来获得性能提升的高性能纤维器件。

（1）过渡金属氧化物。过渡金属氧化物是指过渡金属元素与氧元素结合形成的化合物。过渡金属元素是指位于元素周期表的 d 区第ⅢB 到第ⅦB 族的元素，如钨（W）、镍（Ni）、钴（Co）、钛（Ti）、钒（V）、铬（Cr）、锰（Mn）等。过渡金属氧化物在外电压作用下，由于电子和离子的同时注入或提取，表现出可调节的颜色变化。根据材料的变色机理，过渡金属氧化物又可分为在还原过程时变色的阴极变色过渡金属氧化物（主要有 WO_3、Nb_2O_5、TiO_2、MoO_3 等）和氧化过程时变色的阳极变色过渡金属氧化物（主要有 NiO、Co_3O_4、MnO_2 等）。在元素周期表中阴极和阳极变色的过渡金属氧化物如图 16-1 所示。

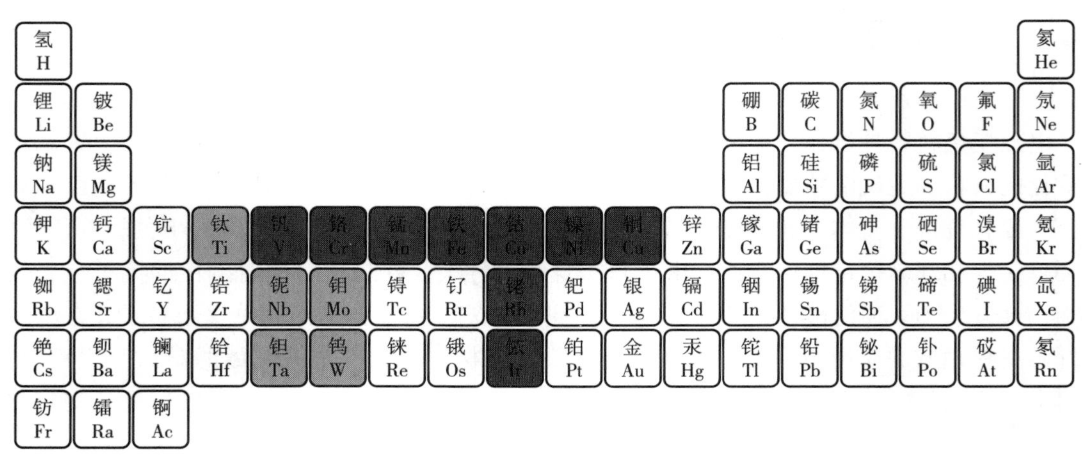

图 16-1 无机变色材料在元素周期表中的分布

（2）普鲁士蓝体系。普鲁士蓝（prussian blue，PB）的化学名称为铁氰化铁（Ⅲ）（ferric ferrocyanide），化学式是 $Fe_4[Fe(CN)_6]_3$，是除过渡金属氧化物外另一种重要的无机电致变色材料。它是一种多核过渡金属六氰合物，与阳极变色过渡金属氧化物类似，在稳定状态下 PB 呈蓝色，通过电化学氧化还原反应可转变为无色的普鲁士白，完全氧化为普鲁士黄（不可逆状态）或部分氧化为普鲁士绿。普鲁士蓝具有沸石一样的结构，以 Fe^{2+} 与 Fe^{3+} 作为顶点，由 Fe^{3+} 和 Fe^{2+} 通过氰根（—CN）桥联形成八面体配位的立方晶格。因晶体结构中存在三维网状结构，在作为离子和电子的传输介质和通道时，可以容纳和通过多种电解质离子。普鲁士蓝有多种类似结构的衍生物（六氰基过渡金属酸盐），它们拥有通用的化学式 $M'_k[M''(CN)_6]_l \cdot mH_2O$，其中 M′和 M″为过渡金属，在电压作用下可以实现不同颜色的改变。

16.1.2　有机电致变色材料

与无机电致变色材料相比，有机电致变色材料因其具有色彩丰富、易于加工、成本低廉等优点而在电致变色领域受到广泛关注。特别是随着可穿戴技术的快速发展，对柔性电致变色器件的机械性能和可穿戴性的要求不断提高，有机电致变色材料的优点更加凸显。目前，有机电致变色材料主要包括有机小分子、共轭聚合物和金属有机螯合物。最近几年，一些新型有机材料的电致变色特性被发现，不仅丰富了电致变色材料的种类，还拓展了适用范围，例如：高分子类型中的聚离子液体，有机小分子中的多环芳烃类和金属有机框架等。

16.1.2.1　有机小分子

有机小分子电致变色材料化学结构易修饰、使用条件简单，可直接溶解于电解质中使用，因此简化了器件结构，主要包括联吡啶类、三苯胺类、吩噻嗪类等。

（1）联吡啶类化合物。联吡啶类化合物是研究较为广泛的一种有机小分子电致变色材料，是双季铵化 4,4′-联吡啶盐的总称，俗称紫罗精。因为两个吡啶环存在两个四元氮原子位于对位，类化合物通常表现出特别的电子、光学、电化学和磁性，可以与其他物质组合成适合广泛应用的新型多功能材料。紫罗精的特征离子态可分为阳离子态（V^{2+}）、自由基态（$V^{+}\cdot$）和中性态（V^0）（图 16-2）。在外加电场作用下，紫罗精可以发生两步还原反应，形成一价的自由基阳离子和中性态紫罗精，正二价的紫罗精是无色的，中性态紫罗精通常表现为淡黄色，一价自由基阳离子紫罗精由于在正一价氮和零价氮之间形成光学电荷转移，因而具有高摩尔吸收系数，表现出较深的着色状态。

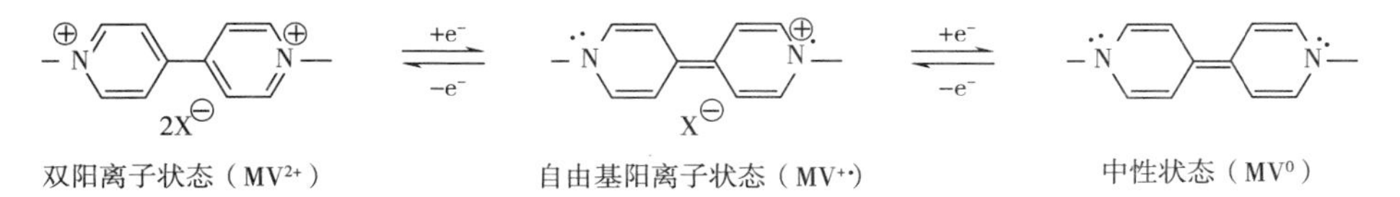

图 16-2　典型紫罗精分子的氧化还原机理

研究表明阳离子态和自由基态、中性态的显现颜色和取代基有直接关系，所以选择合适的取代基并获得合适的分子轨道能级，原则上可以使颜色选择成为可能。例如，烷基链取代基的一价自由基阳离子通常呈蓝色，长链烷基容易形成紫罗精二聚体而呈紫色；接有芳香基团的紫罗精自由基呈暗红色或绿色。阿莱桑科（Alesanco）等将乙基紫罗精溶解于水凝胶中，结合两片透明电极，得到结构简单的、可实现无色—紫色可逆变化的电致变色器件，这种有机小分子组成的电致变色器件具有可见光的对比度高（>65%）、变色速度快（<5 s）和长循环稳定性（10000 次循环）等优势。此外，他们还通过将不同取代基的紫罗精凝胶（乙基和苯腈基紫罗精凝胶）进行混合，实现了不同电压下无色、绿色、粉紫色、橙色和紫色的多色彩变化。

（2）三苯胺类。三苯胺（triphenylamine，TPA）的化学式为 $(C_6H_5)_3N$，属于芳香胺类化合物，是一种螺旋桨形分子，具有较高的热稳定性、良好的溶解性、优异的电子传输特性和光学性质。在 TPA 分子中，N 原子上的孤对电子在外电场作用下易失去一个电子形成单阳离子自由基（TPA^{+}·），并显示出明显的颜色改变，因此三苯胺及其衍生物可以用作电致变色材料。基于三苯胺及其衍生物的电致变色材料主要包括非共轭聚合物类（聚酰胺和聚酰亚胺）、共轭聚合物类、环氧树脂类、聚硅氧烷类、金属络合物类以及小分子类 6 类。根据官能团的修饰不同，三苯胺及其衍生物又可以分为可见光和近红外调控电致变色材料。

2005 年，刘等首次通过缩聚反应合成了侧链具有电致变色性能的 TPA 基团的聚酰亚胺。研究发现 TPA 基团的聚酰亚胺在电化学氧化条件下表现出两个明显的氧化还原峰（0. 78V 和 1. 14V），在氧化扫描过程中有明显的颜色变化，从淡黄色到绿色，然后到蓝色。之后，他们制备了同时含有 TPA 和紫罗精的聚酰亚胺，这种电致变色材料具有阴极变色和阳极变色的电致变色性能，在氧化还原过程中实现了虾黄色、青色和品红色的可逆切换。昆顿（Quinton）等通过交叉偶联反应合成了 TPA 衍生物，发现其可以在无色、黄色、绿色以及蓝色之间发生可逆变化。

2013 年，刘（Liou）等合成了基于星型三苯胺衍生物的聚酰亚胺（图 16-3），并将其组装成柔性电致变色器件。星型三苯胺衍生物的聚酰亚胺在可见光和近红外区域都显示出良好的对比度，第二氧化阶段的紫色在 1010nm 处具有高达 82%的极高光学对比度，在氧化阶段的蓝绿色在 735nm 处具有 80%的透光率变化，在近红外区域表现出可逆电致变色。

16. 1. 2. 2 共轭聚合物

共轭有机聚合物具有良好的机械柔性、一定的导电性、带隙颜色可调等优异性能，在太阳能电池、传感、储能、电致变色晶体管、有机发光二极管等领域具有广泛的应用前景。基于此，将共轭聚合物用作电致变色材料，具有切换速度快、色彩库丰富、力学加工性能优异等优势。当施加不同的电压，共轭聚合物与电解质中的离子发生掺杂与去掺杂过程，同时材料产生可逆的颜色转换。此外，在掺杂/去掺杂过程中，共轭聚合物因为形成了极化子和双极化子等电荷载体，显示出强烈的红外吸收带。双极化子的形成会诱导共轭聚合物产生中红外范围甚至远红外范围的波吸收。最常见的共轭有机聚合物电致变色材料是部分以芳香化合物为主链的高分子材料，主要有聚苯胺、聚噻吩、聚吡咯等。

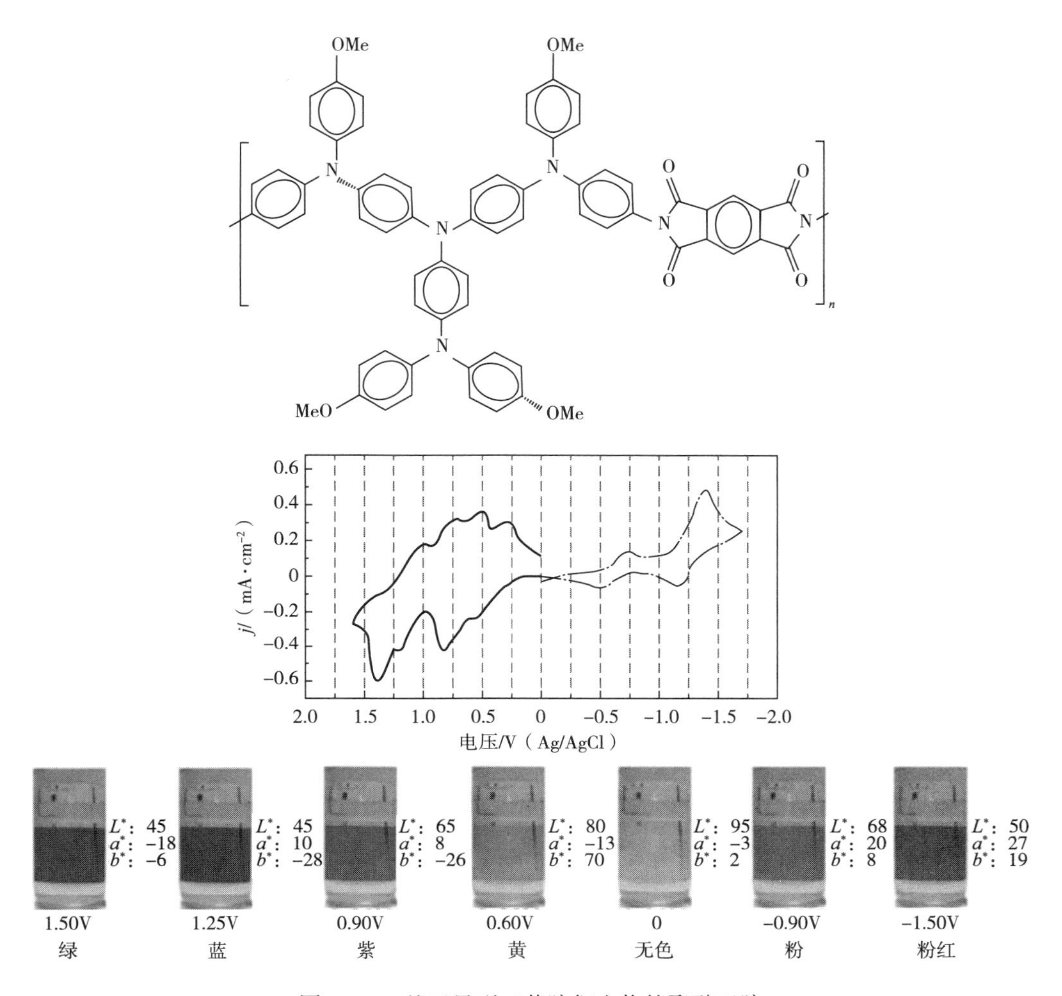

图 16–3　基于星型三苯胺衍生物的聚酰亚胺

（1）聚苯胺。1862 年，德国化学家弗里茨舍首次通过热解蒸馏靛蓝合成了苯胺黑（aniline black），这是一种由苯胺氧化形成的黑色导电化合物。直到 1977 年，艾伦·J·希格、艾伦·麦克迪尔米德和白川秀树因其在导电聚合物方面的开创性工作获得了诺贝尔化学奖，推动了聚苯胺等导电聚合物的发展。20 世纪 80 年代，聚苯胺的电化学性质开始被深入研究，通过电化学掺杂和去掺杂，聚苯胺可以在不同的氧化态之间转换，这一过程伴随着颜色的变化。之后，聚苯胺作为电致变色材料因突出的高电导率、切换速率快、波长范围广和优异的环境稳定性等特点而引起了广泛关注。目前，聚苯胺主要是通过电聚合方式合成，并且在电致变色等领域开展了深入研究，聚苯胺的结构如图 16–4 所示。

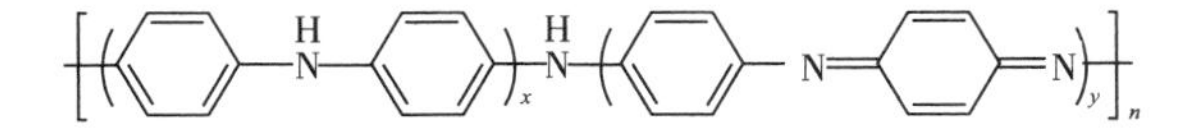

图 16–4　聚苯胺的分子结构

不同电压下，聚苯胺通过质子化/去质子化和阴离子的掺杂/去掺杂可实现黄色、绿色和蓝色之间的转变。黄色的还原态聚苯胺可被部分氧化为绿色或蓝色，进一步完全氧化时颜色转变为紫色。聚苯胺衍生物通过改变取代基位置和种类实现带隙宽度和吸收峰位置的变化，从而显示不同的颜色。通过对聚苯胺纳米结构设计以及复合其他无机电致变色材料可提高整体的显色性能和化学稳定性。例如，张等采用分子组装的方法合成了纳米结构的聚苯胺—WO_3 电致变色薄膜，这种复合膜可以实现紫色—绿色、浅黄色—深蓝色等多种颜色快速变化，此外，聚苯胺—WO_3 复合膜具有更高的着色效率和循环稳定性。

（2）聚噻吩。1983 年，加尼耶（Garnier）首次将聚噻吩类作为电致变色材料使用。在 2000 年，雷诺兹（Reynolds）团队合成的聚（3,4-亚烷基二氧吡咯）（PXDOPs）也是聚噻吩电致变色技术的一个里程碑。聚噻吩因其简单的合成方式、优异的化学稳定性和可加工性而受到关注。没有取代主链的聚噻吩处于氧化状态，此时显示为蓝色，在去掺杂后变为红色，通过改变噻吩单体可以实现对其颜色的控制。在后续研究中，噻吩基团 1 号和 3 号位被多种供电子或吸电子取代基所取代，制备出了各种电化学稳定、颜色丰富的聚噻吩类电致变色材料。其中聚噻吩的 3 号位被甲基取代，得到的聚（3-甲基噻吩）（P_3MT）被用作红色电致变色材料来制备红绿蓝（RGB）三原色电致变色器件。此外，根据混合轨道理论，降低导电聚合物的带隙将导致最大吸收波长向近红外区域移动。

作为聚噻吩的衍生物聚（3,4-乙烯二氧噻吩）[poly(3,4-ethylenedioxythiophene，PEDOT)]因其在可见光范围和 NIR 区域的优异环境稳定性、高导电性和高光学透明度而成为著名的电致变色导电聚合物。它是由乔纳斯在 1991 年首次合成得到的，其中噻吩的 3，4 位置由氧烷烃单元桥接，这种修饰极大地提高了聚合物的稳定性，但同时也使中性态和氧化态的电致变色光谱出现红移，不同电压下具有精准可控的不同光谱调控范围。通过改变烷基二氧环的大小和烷基桥上取代基的性质可以使聚合物具有更高的着色效率、更快的调控速度和更好的可加工性能。例如基于二氧噻吩结构单元的共轭聚合物，通过改变取代基实现了多种颜色的可逆切换。

由于 PEDOT 特殊的结构特征，其在掺杂状态下具有较高的导电率（最高达到 2000~3000S/cm，接近一般金属的导电率），当其转变为还原状态时，PEDOT 呈现为绝缘态，导电率大幅度转变的特性赋予其电致变发射率功能，并被应用于航天器智能热控。佩特罗夫等采用 PEDOT 作为功能电致变色材料，在电压作用下能够实现金属状态（低发射）到绝缘态（高发射）动态切换的特性，构建的电致变发射率器件如图 16-5 所示。电致变色器件在 2.5~25μm 波长范围内，能够实现 0.3 以上的发射率调控幅度，并在高度真空（10^{-3}bars）环境中稳定地切换 4000 次。

（3）聚吡咯。聚吡咯是通过聚合反应吡咯单体的 α-碳原子相互连接，形成一个共轭的 π—电子体系聚合物。它是一种 C，N 五元杂环分子聚合物，禁带宽度约为 2.7eV，所以常规的聚吡咯大多不具备导电性。聚吡咯的导电性可以通过阴离子（如氯化物、硫酸盐等）进行掺杂来调节。掺杂后的聚吡咯在导电性、稳定性和柔韧性方面表现出优异的性能。和其他导电聚合物相比，聚吡咯分子相对较小故表现出更强的分子修饰性。聚吡咯在电致变色方面可

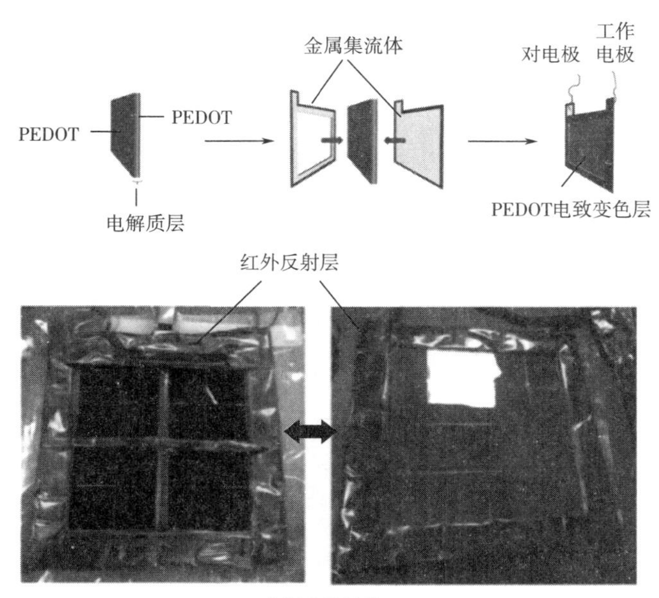

图 16-5　电致变发射率器件示意图

以实现从黄色到棕黑色的切换，由于纯聚吡咯薄膜颜色较深，限制了其电致变色调控范围，而且化学稳定性较差，在实际应用中并不广泛。在外加电场下，ClO^{4-} 等阴离子对聚吡咯薄膜进行掺杂，颜色由蓝紫色变为黄绿色。目前聚吡咯有绿色、黄色和紫色三种颜色变化，变色机理如图 16-6 所示。

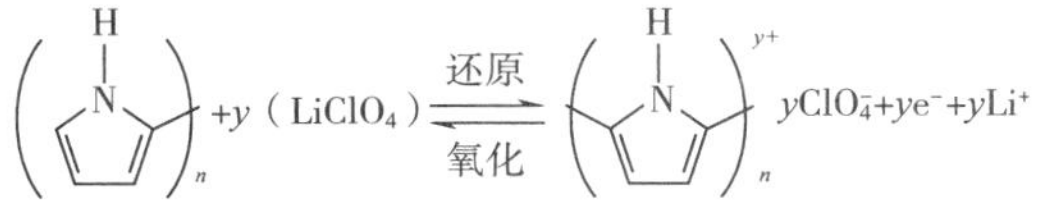

$$\left(\text{吡咯}\right)_n + y\,(LiClO_4) \underset{\text{氧化}}{\overset{\text{还原}}{\rightleftharpoons}} \left(\text{吡咯}\right)_n^{y+}\; yClO_4^- + ye^- + yLi^+$$

图 16-6　聚吡咯的变色机理图

聚吡咯还存在难溶解、不易加工以及机械性能差等问题。通过对吡咯基团进行修饰可以在一定程度上改善聚吡咯电致变色和电化学性能，修饰后的聚吡咯衍生物颜色变化丰富，有较宽的光谱调节范围和循环稳定性。研究发现将聚吡咯与一些纳米材料进行复合，也可以改善其电致变色性能和机械性能。胜见等在金纳米结构薄膜上通过电化学沉积制备了聚吡咯电致变色薄膜，显示出良好的循环稳定性、较好的附着力和快的切换速度（<2s）。

16.1.2.3　多环芳烃

多环芳烃类分子在自然界广泛存在，是一类含有多个苯环结构的有机化合物，因结构类似单层石墨烯，又被称为纳米尺寸石墨烯或石墨烯分子。大多数中性多环芳烃类分子具有较大的带隙，表现为无色状态，当阴离子与阳离子进行掺杂后，依靠等离激元共振效应，产生颜色的变化。该类材料具有良好的溶解度，可与离子液体混合，可以用于制备一体式电致变色器件。西科拉等将一种多环芳烃分子［$C_{132}H_{36}(COOH)_2$］原位生长在 ITO 纳米晶表面，然后涂覆在导电玻璃表面，得到了基于多环芳烃类电致变色电极。哈拉斯等利用苝、蒽、并四苯等多种具有较少苯环结构的多环芳烃类材料，制备了多种一体式电致变色活性层，展现了多种颜色变化。

16.1.2.4 金属有机螯合物

金属有机螯合物通过金属离子与有机配体的螯合作用形成，是一种具有独特的电化学和光学性质的电致变色材料。金属有机螯合物的电致变色机理主要是过渡金属离子（如钌、铱、铁等）与多配体基型配体形成螯合物时，中心金属离子的 d 轨道在配位体的影响下分裂成能级较高的轨道和能级较低的轨道，在施加电场引发氧化还原反应时，金属离子的氧化态变化导致 d 轨道的能级差变化，从而改变吸收光的波长，实现颜色的可逆变化。根据这一变色原理，可设计出各种不同颜色的金属有机螯合物，如金属酞花菁，其结构式如图 16-7 所示。

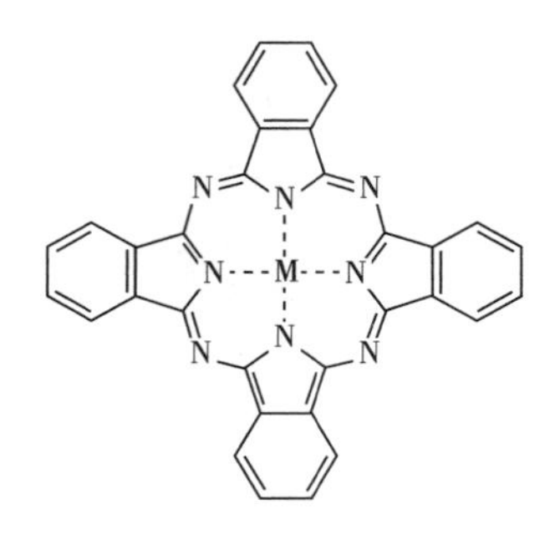

图 16-7 金属有机螯合物结构式

16.1.2.5 金属有机框架

金属有机框架（metal-organic frameworks，MOFs）是一种由金属中心和有机配体通过配位键组成的有机杂化多孔结晶材料。由于其特殊的框架结构，MOFs 类材料既可以像有机材料一样进行分子调控，又像无机晶体材料一样展现出规整的原子排布，同时具有比表面积大、可调的永久性纳米级通道和孔隙、易于结构和表面改性以及可获得活性位点等许多优良特性，被认为是电致变色应用的理想材料。例如，MOFs 的多孔性和可调孔隙率使其在存储和扩散电解质离子方面表现出色，最大限度地减少了离子传输过程中对结构的破坏。此外，MOFs 还具有出色的化学稳定性和热稳定性。多价金属离子和具有氧化还原活性配体的存在进一步增强了 MOFs 在电致变色应用中的适应性。

2013 年，美国西北大学胡普将基于芘的共轭小分子作为有机配体，合成了一种 MOFs，利用 MOFs 中共轭小分子单电子氧化还原过程，首次开发了 MOFs 的电致变色特性，实现了黄色与深蓝色之间的颜色变化。之后，有人利用不同的配位分子与金属离子，制备不同结构的金属有机框架电致变色薄膜，实现不同类型的色彩变化，拓宽了该类材料在电致变色领域的发展前景。例如，迪卡等通过水热合成法将不同的配体连接到不同官能团并在导电玻璃上制备了 Zn—NDIH、Zn—NDINHEt 和 Zn—NDISEt 薄膜，分别能产生黄色、绿色和蓝色多种颜色变化。

通过合理设计具有适当形态和适当离子传输通道的 MOFs，并选择适当电解质，可以提高 MOFs 的电致变色性能。例如，迪卡等设计了一种新的水杨酸盐功能化配体，并采用溶热法沉积具有 MOF-74 拓扑结构和 1D 介孔通道（约 3.3nm）的 Ni—CHNDI 和 Mg—CHNDI 薄膜，在 TBAPF6/DMF 电解质溶液中，两种薄膜都呈现出透明和深色之间的颜色变化，由于

MOFs的介孔通道，颜色的切换时间仅为7s。王等设计了直径分别约为1nm和3.3nm的具有1D通道的两种MOFs，并利用溶热法制造相应的薄膜，Na^+、TBA^+、Li^+和Al^{3+}基的电解质都表现出可逆的导电率特性，其颜色在不同的电解质中可以从透明变为红色，最后变为深蓝色（图16-8），这一变化是可逆的。

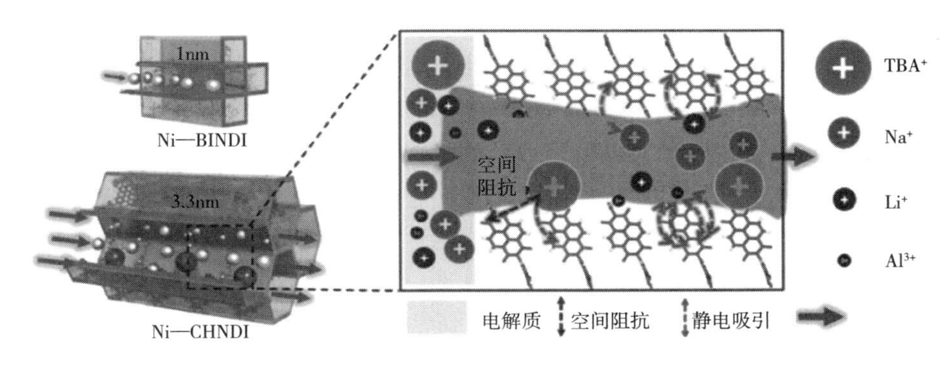

图16-8 具有不同1D通道的MOF电致变色材料

16.2 电致变色纤维及纺织品的工作原理和器件结构

16.2.1 电致变色纤维及纺织品的工作原理

纤维状的电致变色和平面电致变色器件工作机制相同。通常指在外电压作用下，离子与电子从电致变色材料中嵌入/脱出，材料的价态或者掺杂态改变，从而材料颜色发生变化，电致变色纤维呈现出色的光学属性（反射率、透过率、吸收率）变化。电致变色纤维器件按照调控波段范围可以分为可见光波段和红外光波段。

可见光电致变色纤维器件通常可以分为分层式和一体式两类。分层式结构是指电致变色材料和电解质层单独存在，在外电场作用下，电解质离子在材料中嵌入/脱出实现电致变色材料性质的变化，表现出颜色变化的过程。这类器件的电致变色材料主要为不溶于电解质的无机材料、导电高分子材料。而一体式结构是指电解质和电致变色材料共混在一层形成电致变色活性层，其中电致变色材料通常为小分子材料或电致变色低聚物等，它们可以在电场驱动下进行自由移动，并在工作电极处通过氧化还原反应实现颜色的变化。

红外光又称红外辐射，介于可见光和微波之间、波长范围为760nm~1000μm。红外光又可以分为近红外光波段（760nm~2.5μm）、中红外光波段（2.5~25μm）和远红外光波段（25~1500μm）。与可见光电致变色纤维器件不同，中远红外相较于近红外和可见光波段的能量较低，无法穿透电解质层或透明导电层，因此只能作为电致变色纤维器件最外层（不包含保护层）。其电致变色调控机制和可见光类似，通过电压或电流改变材料性质进而改变材料发射率的变化。红外调控纤维器件在红外伪装、热管理领域具有巨大的应用前景。不论是可见光的电致变色纤维器件还是红外光波段电致变色纤维器件，都是在外电压下材料发生物理/化学性质的改变而表现出光波变化。

电致变色纺织品通常由电致变色纤维编织而成，其电致变色性能由纤维本身的性质决定。电致变色纺织品的工作原理同样基于电致变色纤维本身的工作机制，与电致变色纤维的工作原理相同。

16.2.2 电致变色纤维及纺织品的器件结构

作为电致变色纺织品的基本结构单元，纤维是可穿戴电子产品的理想结构。纤维装置可以很容易地编织或集成到衣服或纺织品中，并保持纺织品的透气/透湿性和力学拉伸性。然而，电致变色器件结构复杂，在制备电致变色纤维时遇到了一系列问题，包括纤维器件电极的设计，纤维器件颜色变化的均匀性、多样性和稳定性，以及纤维器件的可扩展制造。例如，传统的电致变色纤维由于透明导电层的导电性有限，因此需要利用导电性更好的金属纤维作为外电极集流体，以满足纤维的长程电致变色性能。按照电致变色纤维的波长条件范围可以分为：可见光电致变色纤维和红外光电致变色纤维。

电致变色纺织品通常是指电致变色纤维按照一定的加工方式制备的片层状电致变色集合物。除了传统的编织电致变色纺织品外，还可以将一维电致变色纤维或平面电致变色器件集成在传统纺织品上，制备集成的多功能电致变色纺织品。而通过喷涂、丝网印刷等方式将电致变色所需材料印刷在传统纺织品上也同样具有电致变色效果，但通常这种电致变色纺织品会失去可穿戴舒适性。因此，电致变色纺织品最佳的成型方式仍然是由电致变色纤维进行编织，这不仅使纺织品具有电致变色纤维本身的电致变色性能，还具有传统纺织品的透气、透湿性。

16.2.2.1 可见光电致变色纤维器件

可见光电致变色纤维器件结构如图16-9所示。不论电致变色纤维是哪种器件结构，都包括导电电极、电解质层和电致变色层。工作电极可以是最外面的透明导电层也可以是纤维导电电极，主要根据电致变色层的位置确定。例如电致变色层和透明导电层相接，透明导电层就是工作电极；电致变色层和纤维导电电极相接，纤维导电电极就是工作电极。当对器件施加一定的交替电压后，导电基底之间的电致变色材料作为装置核心层，在交替电位调节下发生氧化还原反应，从而导致颜色发生变化。电解质层主要由电解质盐和聚合物高分子等材料

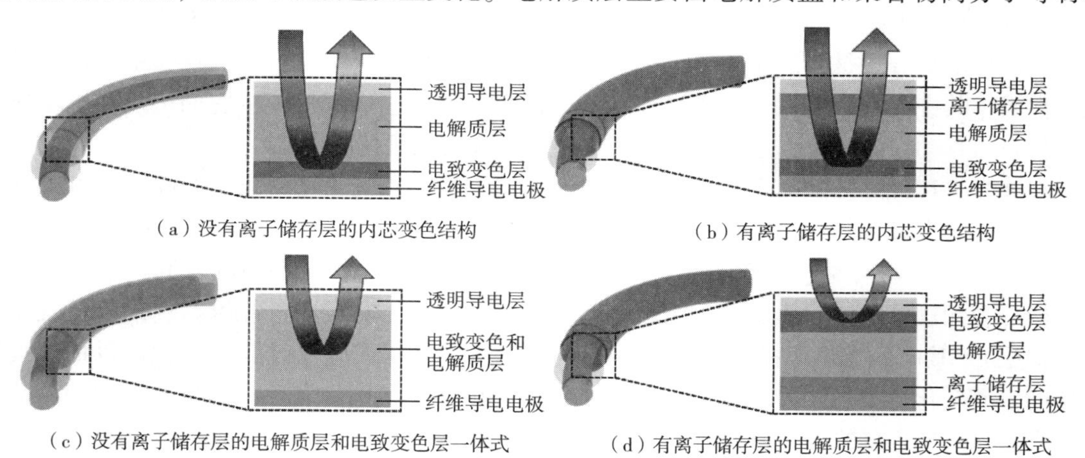

图16-9 可见光电致变色纤维同轴结构器件示意图

共同构成。离子存储层在整个体系中起到电荷平衡的作用，另外，若该层选择与电致变色层不同类型的电致变色材料，还能提高颜色的变化范围或对比度等性能。例如，当电致变色层为阳极氧化变色材料时，离子存储层可采用阴极还原变色材料。

16.2.2.2　红外光电致变色纤维器件

可见光波的电致变色纤维器件结构并不适应于红外波段电致变色器件。由于常规的可见光电致变色器件大多采用对可见光透明的导电电极，如金属纳米线、ITO 等，但导电的电极材料在红外波段具有高反射率，导致红外光不能直接透过电极层到达电致变色层，从而导致不能探测到电致变色纤维器件在红外波段的电致变色性能，通过重新构建反射式的器件结构可以解决这个问题。如图 16-10 所示，反射式红外电致变色器件结构的优势在于：与传统电致变色纤维结构透明电极位于外层不同，该器件将红外调控材料包覆在电极外层，使纤维器件不再受导电电极透明度的限制，电极的材料具有更加多样化的选择。反射式红外电致变色器件结构中，红外调控材料置于外电极外层，通过在内电极和外工作电极之间施加电压，电解质中的 H^+或 Li^+在电致变色层注入和抽出，使得电致变色材料的红外性质发生改变，从而实现纤维的红外调控效果。同样红外电致变色纤维的长距离传输需要添加外电极集流体，来保证纤维在长距离上的电子和离子传导/迁移。

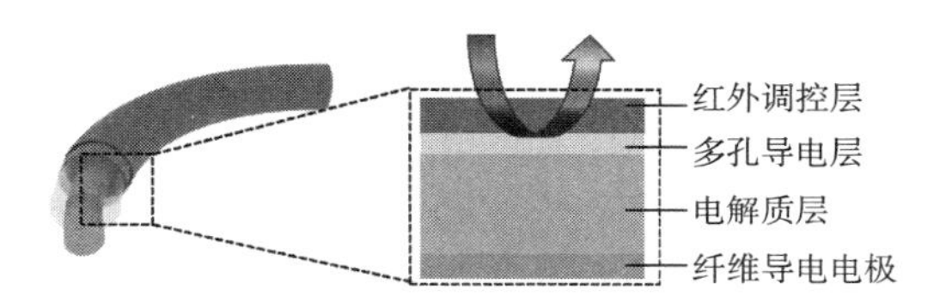

图 16-10　红外光电致变色纤维器件结构示意图

16.3　电致变色纤维及纺织品的评价参数

16.3.1　可见光电致变色纤维的评价参数

（1）光学反射率测试。光学反射率是评价电致变色纤维性能最为重要的参数之一，其大小深刻影响着电致变色纤维的应用前景。科研工作者定义光学对比度 ΔR 为：在特定的波长下，一个电致变色纤维或织物着色态与褪色态反射率的最大差值。具体的数据可以通过分析材料/器件的紫外—可见光透过率光谱得到，用得到的褪色态透过率减去着色态反射率即可得到一定波长下反射率的最大差值，即为电致变色纤维的光学调控范围。ΔR 数值越大，越能说明相应电致变色纤维器件在褪色态与着色态之间转换时的颜色变化越明显。

在此需要说明的是，由于电致变色纤维较细，传统的光谱检测仪器无法检测单根纤维的颜色变化，因此，为了更好地表征电致变色纤维的变色性能，通过将光纤光谱仪、光学显微镜、电化学工作站结合，组装成可原位观察电致变色纤维颜色变化的测试平台（图 16-11），将电致变色纤维固定于光谱仪光路上，通过电化学工作站在纤维正负极施加电压驱动化学反应，同时，利用光谱仪器可实时记录纤维反射光谱的变化。

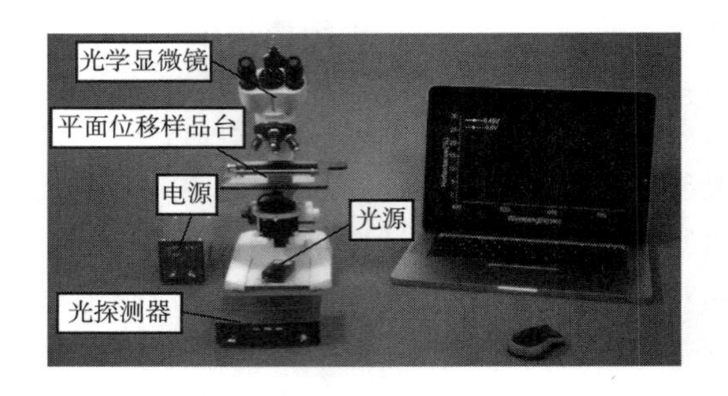

图 16-11 反射率光谱测试装置示意图

（2）响应时间。响应时间指电致变色纤维由褪色态到着色态相互转换时所需要的时间，也称为电致变色切换速度。变色响应时间一般是材料反射率变化至调控范围最大值的 90%时所需的着色响应时间与褪色响应时间的差值。响应时间的快慢与电致变色纤维材料的分子构成和微观结构有关，它决定离子和电子在电致变色材料中的嵌入/脱出速度。例如，同一种电致变色材料有纳米结构比无纳米结构具有更短的响应时间。这是因为微观纳米结构的材料表面有更多的离子通道和反应活性位点，这有助于离子和电子传输与迁移。

（3）着色效率。电致变色器件的着色效率是指材料在单位电荷下的光学变化能力，即在施加一定电荷后，电致变色材料发生颜色变化的效率。具体来说，它衡量的是材料在每单位面积电荷（单位电荷密度）注入时，所引起的光学变化。高着色效率意味着在较少的电能消耗下能够实现显著的颜色变化，这对于提高电致变色纤维器件的能效和响应速度具有重要意义。可以通过吸光度变化与电荷密度曲线的斜率来获得：

$$\eta = \frac{\Delta OD}{Q} = \frac{\log\left(\frac{R_b}{R_c}\right)}{\int_0^{t_c} j(t)\,\mathrm{d}t} \tag{16-1}$$

式中：η 为电致变色纤维的着色效率，ΔOD 为光密度的变化值，Q 为电致变色材料单位面积嵌入的电荷量，j 为电流密度，R_b 和 R_c 则分别对应电致变色纤维在某一波长下褪色态和着色态的反射率，定义如下：

$$R_{b,c} = \frac{\int_{\lambda_{min}}^{\lambda_{max}} R_{b,c}(\lambda) I_p(\lambda)\,\mathrm{d}\lambda}{\int_{\lambda_{min}}^{\lambda_{max}} I_p(\lambda)\,\mathrm{d}\lambda} \tag{16-2}$$

式中：$R_{b,c}$ 为初始或着色状态下的光谱反射率；λ_{max} 和 λ_{min} 为相关波长范围；$I_p(\lambda)$ 为感光强度函数。

（4）变色纤维及纺织品的循环寿命。循环寿命是衡量电致变色纤维实际应用性能的重要参数。材料在连续地着色和褪色的电致变色过程中，由于离子和电子反复从电致变色材料中嵌入/脱出，引起材料物理/化学性质的衰减，导致材料性能失效，失效前所能使用的变色循环次数即为电致变色纤维及纺织品的循环寿命。循环稳定性是表示循环寿命的一种方式，可以是循环次数与对应的反射率或电流密度的曲线，也可以是循环测试时间与对应的透过率或电流密度的曲线。电致变色纤维的显色稳定性通常由循环后的反射率调控范围和初始反射率调控范围的比值来说明。纺织品通过色度仪测试循环前后色差值的变化，循环次数越多，色差越小，电致变色纺织品的稳定性越好，使用寿命越长。

（5）变色纺织品的显色色差与亮度。颜色是物体在光照下反射、透射或发射的不同波长的光被人眼感知后，经过大脑处理所产生的视觉感受。不同波长的可见光反射在人眼中显示出不同的颜色，通常以 1931 年国际照明委员会（简称 CIE）为统一颜色标准，创建了色度系统并命名为 CIE1931 色彩空间色度图。

首先使用色差仪对变色纺织品的色度值进行测试，在施加变色电压后，电致变色纺织品着色，测得颜色色度值为 L^*、a^*、b^*，以及三刺激值 X^*、Y^*、Z^*；在褪色电压下，电致变色纤维与织物褪色，测得颜色色度值（L'、a'、b'）以及对应的三刺激值 X'、Y'、Z'。电致变色纺织品的色差值按照下面公式计算：

$$\Delta E_{ab}^{\ *}=[(\Delta L)^2+(\Delta a)^2+(\Delta a)^2]^{\frac{1}{2}} \tag{16-3}$$

式中：ΔL、Δa、Δb 为电致变色前后对应的色度值 L^*、a^*、b^* 和 L'、a'、b'的差值。

色坐标的计算公式为：

$$x=\frac{X}{X+Y+Z} \tag{16-4}$$

$$y=\frac{Y}{X+Y+Z} \tag{16-5}$$

式中：X、Y、Z 为色度系统中的三刺激值。

可见光亮度计算：

$$K_v=\frac{|Y_1-Y_2|}{Y} \tag{16-6}$$

式中：Y_1 为变色后 X、Y、Z 色度系统中的刺激值；Y_2 为变色前 X、Y、Z 色度系统中的刺激值。

16.3.2　红外光电致变色纤维的评价参数

（1）红外调控温度。根据斯蒂芬—玻尔兹曼定律，红外热像仪捕获的功能薄膜或器件的红外热辐射能量（M_c）可以描述为：

$$M_c=\varepsilon_c\sigma T_1^4=\varepsilon_s\sigma T_2^4+\varepsilon_s\sigma T_{amb}^4 \tag{16-7}$$

式中：ε_s 为电致变色纤维及纺织品表面的红外发射率；ε_c 为红外热像仪设定的发射率；σ 为斯蒂芬—玻尔兹曼常数，$\sigma=5.67\times10^{-8}\,W/(m^2\cdot K^4)$；$T_1$ 为红外热像仪测定的纤维及纺织品的表面温度；T_2 为纤维及纺织品的实际温度；T_{amb} 为测试的环境温度；R_s 为电致变色纤维及纺织品表面的反射率。

物体的温度恒定不变，通过施加电压改变电致变色纤维及纺织品表面的红外发射率，进而实现红外热辐射能量的控制，通过红外热像仪来实时测试电致变色纤维及纺织品的红外辐射能量。根据式（16-7）可以看出，电致变色纤维及纺织品的表面发射率越高，其对应的表观温度越高，当发射率降低时，电致变色纤维及纺织品表观温度降低。红外热像仪对电致变色纺织品的红外辐射能量进行间接表征，而纤维通常较细需要另外配置红外放大镜头进行测试。通常红外热像仪的工作波段为7.5~14μm。

（2）红外发射率调控范围。一切温度高于绝对零度（-273℃）的物体都能产生热辐射。根据普朗克定律式（16-8）和维恩位移定律式（16-9），物体随着温度升高，辐射的能量逐渐增加，辐射能量峰值对应的波长越短。通常物体表面的红外发射率是影响辐射能量的关键参数，其数值可以通过辐射能量与标准黑体辐射能量的比值表示。

$$B(\lambda)=\frac{c_1\lambda^{-5}}{\exp[c_2/\lambda T]-1} \tag{16-8}$$

$$\lambda_m T=b \tag{16-9}$$

式中：c_1 为第一辐射常数，$c_1=3.7418\times10^8\mathrm{W\cdot\mu m^4/m^2}$；$c_2$ 为第二辐射常数，$c_2=1.4388\times10^4\mathrm{\mu m\cdot K}$；$B(\lambda)$ 为对应波长的辐射能量；T 为物体的绝对温度（K）；λ_m 为辐射能量峰值所对应的波长（μm）；b 为韦恩常数，$b=2898\mathrm{\mu m\cdot K}$；$\varepsilon$ 为物体的红外发射率。

红外光作用在物体表面时，红外光会在物体上产生透过、吸收和反射三种形式，而对于电致变色纤维及纺织品，其在中远红外光区（2.5~25μm）的透过率几乎为零，因此对于电致变色纤维及纺织品对应的吸收率和反射率之和为1［式（16-10）］。根据基尔霍夫定律，物体在某波段上的发射率（ε）等于其对应的吸收率 α［式（16-11）］。

$$\tau+\rho+\alpha=1 \tag{16-10}$$

$$\alpha=\varepsilon \tag{16-11}$$

式中：τ，ρ 分别为电致变色纤维及纺织品的透射率、反射率。

发射率可通过测量吸收能量加权来计算［$1-R(\lambda)$］，发射率可通过将有效温度的测量吸收能量［$1-R(\lambda)$］与黑体光谱吸收能量［$B(\lambda)$］加权并在特定波长范围内积分来计算：

$$B(\lambda)=\frac{2\pi hc^2}{\lambda^5}\frac{1}{e^{\left(\frac{hc}{\lambda KT}\right)}-1} \tag{16-12}$$

$$\varepsilon=\frac{\int_{\lambda_{\min}}^{\lambda_{\max}}(1-R(\lambda))\cdot B(\lambda)\mathrm{d}\lambda}{\int_{\lambda_{\min}}^{\lambda_{\max}}B(\lambda)\mathrm{d}\lambda} \tag{16-13}$$

式中：h 为普朗克常数；c 为光速；λ 为波长；T 为温度；$B(\lambda)$ 为黑体在 λ 处的光谱亮度；$R(\lambda)$ 为 λ 处的反射率。

（3）红外发射率调控响应时间。红外发射率调控响应时间指电致变色纤维及纺织品由低反射状态和高发射状态相互转换时所需要的时间，也称为红外发射率调控速度。红外发射率调控响应时间一般是材料发射率变化90%时所需的低发射向高发射响应时间与高发射向低发射响应时间的差值。但是通常配备积分球的傅里叶变换红外光谱仪不具备测试固定波长下反射率随着时间变化的功能，因此通过热成像进行换算，例如电致变色纤维或纺织品从高温状态（高发射）向低温状态（低发射）转变，且达到最大调控温度范围的90%时，或者电致变色纤维或纺织品从低温状态（低发射）向高温状态（高发射）转变，且达到最大调控温度范围的90%时，这个过程需要的时间，即为电致变色纤维及纺织品切换速度。

16.4　电致变色纤维及纺织品的应用领域

从自然的棉麻丝到19世纪合成纤维的出现，再到化纤产业的高速发展，一系列具有特殊性能的纤维品种被开发了出来，纤维制品以其独特的一维结构和多种优良的性能，已经成为人们日常生活中必不可少的一部分，被广泛应用在服装配饰等与可穿戴相关的领域。同时，将更多电子技术与功能与纤维融合，得到的功能化纤维可以完美地植入到纤维织物中而不影响织物固有的性能，这也促使电致变色纤维研究工作不断发展。电致变色纤维和纺织品在可穿戴显示器、可穿戴传感、自适应伪装和热管理等领域具有巨大的应用潜力。

16.4.1　可穿戴显示器

电致变色材料和器件因其功耗低、易于查看、柔韧性好、可拉伸性强等优点而受到广泛关注，并展示出在可穿戴显示器领域中的应用潜力。作为典型的非自发光（无源）显示器，电致变色纺织品设备具有理想的户外可读性和护眼功能，观测到的内容和信息来自电化学驱动氧化还原工艺下相关材料的颜色变化。这有效地避免了强蓝光对人眼的辐射伤害，并能在强环境光下提供舒适的阅读体验。理想的电致变色纤维和纺织品显示器具有更高的性能，包括更快的响应速度以实现快速的信息显示/切换功能，更好的稳定性和耐用性以维持其使用寿命，以及更高的光学对比度以确保愉快的阅读体验。

东京大学的下山勇夫等将聚合物PEDOT:PSS以方形的变色“像素点”和线形对电极的形式制备在聚对二甲苯薄膜上，然后将这种薄膜加工成卷状的纱线，缠绕在橡胶线上，制备成一个松散的“线形”器件（图16-12）；在施加电压之后，每个“像素点”都有颜色的变化，但是这种器件结构较为松散，难以称之为“纤维”，很难满足长期使用的要求。

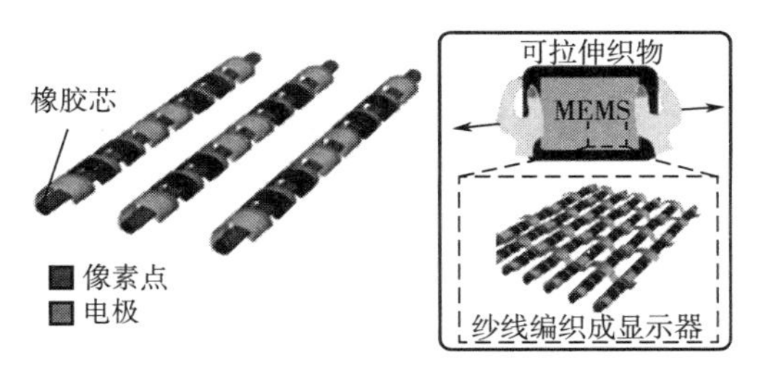

图16-12　电致变色纤维显示纺织品

随后，王的团队利用三种π共轭有机聚合物，基于双纤维电极组装的螺旋缠绕结构，制备了具有渐变色效应的电致变色纤维以及具有红绿蓝等多色变化的电致变色纤维［图16-13

(a)]。周等先在聚氯乙烯纤维表面沉积两条螺旋平行的金线圈，再将 PEDOT 电沉积在金线圈表面，最后涂覆上凝胶电解质，以 PEDOT 为电致变色材料，通过改变两根平行的金线圈的正负电压，得到如图 16-13（b）所示的电致变色纤维。周等通过在塑料纤维基底上制备双螺旋金属电极，然后在两个电极上分别沉积氧化钨和聚（3-甲基噻吩）来制备电致变色纤维器件。将固体电解质 $LiClO_4$/聚（甲基丙烯酸甲酯）涂覆在纤维表面，制造出独立的电致变色纤维。这种纤维器件的颜色可以在深红色、绿色和金色之间改变，显示出较高的着色效率和快速的响应时间。随着更多电致变色纤维的植入、更丰富电致变色材料的使用以及更加合理的电压电路设计，可实现具有极强实用性能的智能变色织物的制备。

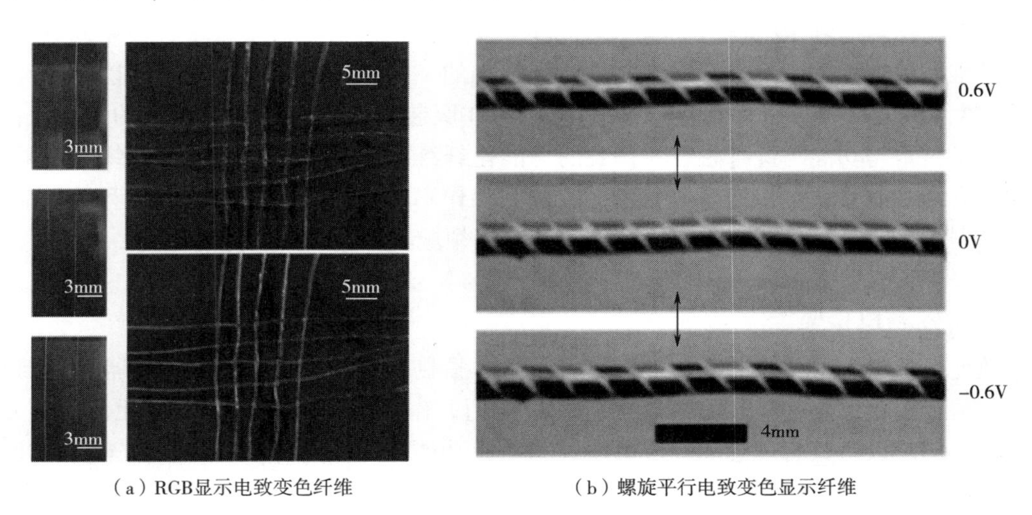

（a）RGB显示电致变色纤维　　（b）螺旋平行电致变色显示纤维

图 16-13　电致变色纤维

16.4.2　视觉传感器

传统的传感器通常依赖于无线数据传输，这需要外部设备（如计算机、智能手机和接收器）供用户获得传感结果。将传感技术与电致变色纤维技术相结合，可以快速识别传感信息，肉眼可以通过电致变色器件的颜色直接读取检测结果，在传感器分析的各种应用中显示出巨大的前景。可穿戴电致变色传感器可以监测体温、脉搏和身体运动，为精准医疗、个性化营养和运动表现提供无创健康监测。例如通过将电致变色纤维和汗液纤维传感器结合，通过使用不同的汗液传感器，电致变色显色传感纺织品可以监测葡萄糖、乳酸、钠离子和 pH，并在电致变色织物显示屏上显示分析物浓度。例如，复旦大学彭慧胜团队利用碳纳米管（CNT）和聚二乙炔（PDA）制备的纳米复合纤维可以根据不同的响应电流和机械应力产生肉眼可见的色彩变化，在传感器等电子设备中具有非常广泛的有应用前景。

16.4.3　自适应伪装

电致变色伪装基于电致变色材料的电化学驱动的氧化还原工艺，产生颜色和反射率变化，使物体表现出对周围环境的适应性，并实现视觉和红外检测的“隐形”。电致变色技术具有色彩丰富和易于控制的特点，在自适应视觉伪装方面具有显著优势。自适应视觉伪装要求电致变色设备调整其颜色以与周围环境的颜色融合，并实现对目标的完美隐藏。用于伪装的电致变色材料和器件，因其具有快速响应、可控光调制、低能耗和灵活性等特性而受到越来越多的关注和研究。例如，与大多数无机电致变色材料不同，五氧化二钒（V_2O_5）具有类似于迷彩颜色（黄色和绿色）的多色变化，适用于视觉迷彩。张等制备了一个 V_2O_5-甲基纤维素（VMC）复合电致变色薄膜，对应的 VMC 反射式电致变色器件具有低驱动电压（±1V）、快速开关响应时间（≤5.6s）和循环稳定性（>1000 次）。此外，VMC 反射式电致变色设备颜色调制范围广（黄色、绿色、蓝色、黄绿色、祖母绿、中等和深绿色），可以模拟自然环境条件，适用于森林、草原或沙漠。

理想的电致变色伪装纤维和纺织品与周围环境的色差较小，以确保伪装的隐蔽性，更好的灵活性以确保舒适性和实用性，以及更好的稳定性和耐用性以支持其寿命。基于此，通过使用不同的紫罗精类电致变色材料，在不同电压下，变色纤维可实现灰和蓝、灰和品红以及黄和绿、深红之间的可逆颜色变化（图 16-14）。利用电致变色纤维织物的颜色变化对人物进行伪装，展现了其根据周围环境变化进行自适应伪装的潜力。

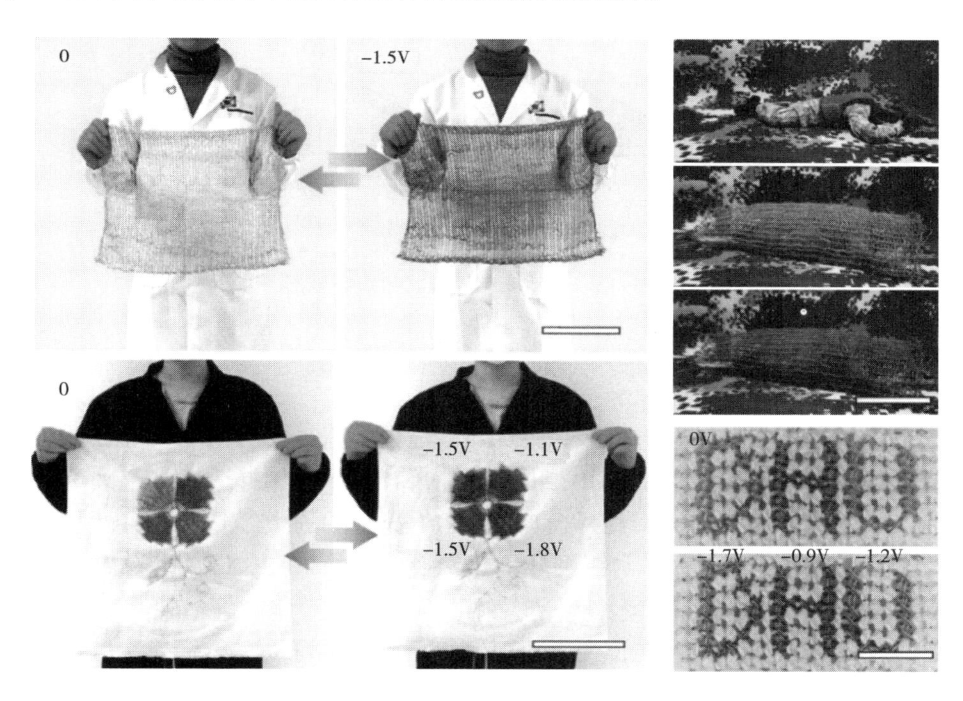

图 16-14　用于自适应伪装的电致变色纺织品

16.4.4　储能

大量具有电致变色功能的超级电容器和电池等储能器件引起了研究者的关注。将电致变色纤维和储能纤维器件集成到一个系统中是可行的，因为它们都基于氧化还原反应并具有相似的器件结构。电致变色纤维储能器件可以通过目视检查来监测其能量水平，使储能设备更加智能，为用户提供便利。各种电致变色材料，包括过渡金属氧化物（如 WO_3、NiO 等）、共轭聚合物（如 PANI、PEDOT、PPy）和 PB 在电致变色和储能方面效果很好。超级电容器通常表现出较低的能量密度，更快的充电/放电速率和更长的循环寿命。如图 16-15 所示，复旦大学彭慧胜等将电致变色性能结合到纤维状超级电容器上，通过将碳纳米管薄膜缠绕在橡胶纤维上，再用电聚合的方法将聚苯胺（PANI）电沉积到碳纳米管薄膜电极上，获得一种可用颜色标示的纤维状超级电容器。这种具有柔韧性和可拉伸电致变色的纤维状超级电容器，可以进一步编织到织物上，用于显示设计的图案。这种纤维状的超级电容器通过在不同阶段的快速可逆变色可提供有关其工作状态的动态并实现有效的信息传递。

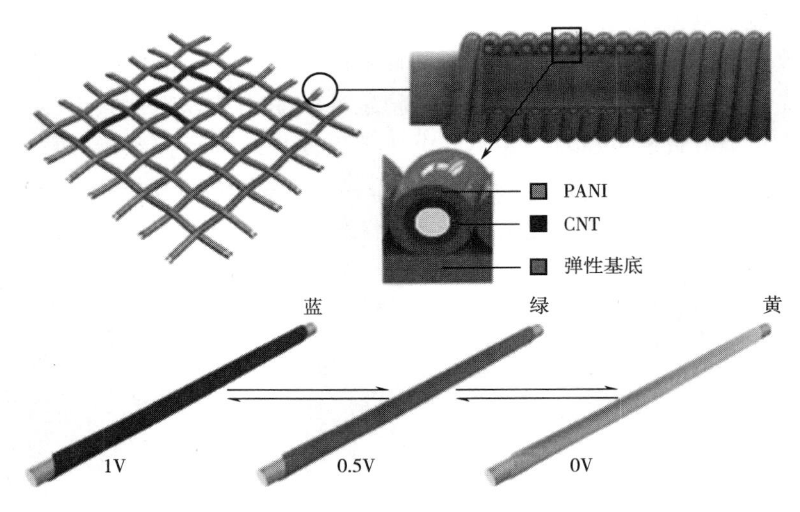

图 16-15　电致变色纤维状超级电容器

16.4.5　热管理

热舒适性对人体健康具有重大意义。实现热舒适性不仅需要对宏观环境进行热调节，还需要个人热管理。服装作为人体的“第二层皮肤”，对人体的热舒适感觉至关重要。根据普朗克定律，人体辐射主要对应大气红外窗口（8～14μm）中的中红外光，通过服装或纺织品的辐射传热达 $25W/m^2$，约占人体与周围环境热交换总量的 40%。因此，在温度波动较大的室内和室外（或白天和夜间）环境中，热辐射管理在保持人体热舒适性方面发挥着重要作用。然而，具有恒定红外发射率的传统服装和纺织品难于进行热辐射管理，尽管通过引入相变材料、双层不对称结构、金属超表面和电致变色装置等策略实现器件的红外发射率调控，但是现有平面结构的红外调控器件往往失去了纺织品和服装的固有特征，表现出较差的透气性和服装整合性。因此，迫切需要由纤维单元组成的动态调温纺织品来解决上述问题。

埃尔戈克塔斯等将薄膜以缠绕的形式制备成了石墨烯红外调控纤维（图 16-16）。通过棉制纺织品和聚合物维持离子液体器件的稳定性，制备的红外调控纤维在 70℃ 的背景温度下可以实现 14℃ 温度范围的调控效果。但是这种复杂的加工方式无法实现纤维的规模化生产，而且结构电极的导电性有限，在长距离纤维进行红外调控时存在严重的电压问题。如

图 16-17所示，东华大学王宏志团队制备了一种规模化制备的红外电致变色纤维，并编织出了透气动态温度调控纺织品。这种纺织品可以通过低电压驱动，具有 $\Delta\varepsilon \approx 0.35$ 的中红外发射率调控范围和 6.1℃的红外温度调控范围。通过螺旋外电极和碳纳米管（CNT）红外调控层的协同作用，辐射电致变色纤维在 100m 长度上表现出均匀的电场分布和长程电化学可控性。这种温度调控织物可抑制大幅度的温度变化，并确保在 11.2℃的环境温度波动下，模拟皮肤的温度波动在约 1.6℃的范围内，这将有助于降低室内供暖/制冷的相关能源成本，或提高在恶劣环境中的生存能力。

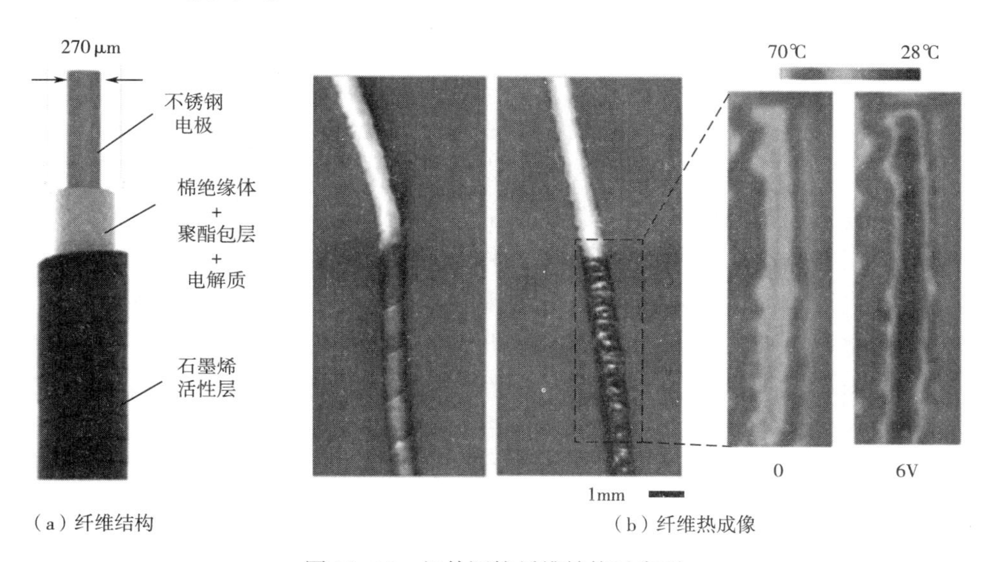

（a）纤维结构　　（b）纤维热成像

图 16-16　红外调控纤维结构示意图

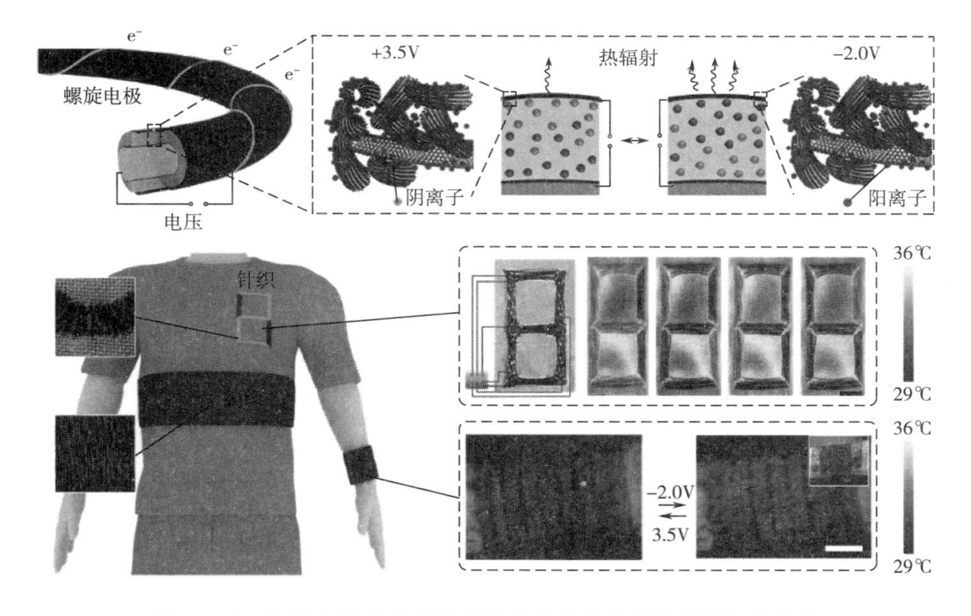

图 16-17　红外电致变色纤维编织出的透气动态温度调控纺织品

16.5 总结与展望

不同于智能窗等电致变色器件，针对智能服装/可穿戴设备这一巨大应用场景，色彩的多样性对于电致变色纤维器件尤为重要，但大多数电致变色材料存在颜色变化较为单一的缺点，特别是无机电致变色材料。因此寻找新的电致变色材料，实现多种颜色的调控，对于电致变色纤维器件和纺织品发展至关重要。此外，目前用于电致变色纤维柔性电极的金属纳米线、碳材料和导电聚合物等电极材料虽然实现了力学性能的提高，但仍然存在电化学稳定差或导电性较低等缺点。为了实现电致变色器件的高稳定性，对于电极材料种类的扩充和性能的优化仍需继续探索。

虽然很多工作通过使用低维纳米材料（纳米线或纳米片等）实现了电致变色器件的柔性，但是在微观层面，这些微纳结构设计对器件宏观柔性的影响还缺乏深入研究。并且电致变色纤维器件在进行弯折或者拉伸等不同形态变化时，电致变色纤维器件各层界面之间的相互作用和变化等也有待了解。因此，相关研究仍需结合力学、分析电化学、形貌表征、动态模拟等多学科知识和表征手段进行深入探究。新型电致变色材料和先进技术不断发展并呈现出一体化趋势。而多器件功能集成相比于单一器件功能集成具有电路烦琐、质量重、体积大、服用困难等缺点。若使用同一材料同时实现变色、储能、传感等多种功能，对智能服装/可穿戴领域将具有巨大的应用价值。

参考文献

[1] PLATT J R. Electrochromism,apossible change of color producible in dyes by an electric field[J]. The Journal of Chemical Physics,1961,34(3):862-863.

[2] DEB S K. Opportunities and challenges of electrochromic phenomena in transition metal oxides [J]. Solar Energy Materials and Solar Cells,1992,25(3-4):327-338.

[3] LAMPERT C M. Electrochromic materials and devices for energy efficient windows[J]. Solar Energy Materials, 1984,11(1-2):1-27.

[4] ROUSSELOT C,GILLET P A,BOHNKE O. Electrochromic thin films deposited onto polyester substrates [J]. Thin Solid Films,1991,204(1):123-131.

[5] EH A L, Alvin Wei Ming Tan, CHENG X, et al. Recent advances in flexible electrochromic devices: Prere-quisites,challenges,and prospects[J]. Energy Technology,2018,6(1):33-45.

[6] LI D D,LAI W Y,ZHANG Y Z,et al. Printable transparent conductive films for flexible electronics [J]. Advanced Materials,2018,30(10):1704738.

[7] FAN H W,WEI W,HOU C Y,et al. Wearable electrochromic materials and devices:From visible to infrared modulation[J]. Journalof Materials Chemistry C,2023,11(22):7183-7210.

[8] INVERNALE M A,DING Y J,SOTZING G A. All-organic electrochromic spandex[J]. ACS Applied Materials & Interfaces,2010,2(1):296-300.

[9] YU H T,QI M W,WANG J N,et al. A feasible strategy for the fabrication of camouflage electrochromic fabric and unconventional devices[J]. Electrochemistry Communications,2019,102:31-36.

[10] TAKAMATSU S,MATSUMOTO K,SHIMOYAMA I. Stretchable yarn of display elements[C]//2009 IEEE 22nd International Conference on Micro Electro Mechanical Systems. January 25-29,2009,Sorrento,Italy. IEEE,2009:1023-1026.

[11] PENG H S,SUN X M,CAI F J,et al. Electrochromatic carbon nanotube/polydiacetylene nanocomposite fibres[J]. Nature Nanotechnology,2009,4(11):738-741.

[12] GRANQVIST C G. Electrochromics for smart windows:Oxide-based thin films and devices[J]. Thin Solid Films,2014,564:1-38.

[13] LLORDÉS A,WANG Y,FERNANDEZ-MARTINEZ A,et al. Linear topology in amorphous metal oxide electrochromic networks obtained via low-temperature solution processing[J]. Nature Materials,2016,15(12):1267-1273.

[14] LAYANI M,DARMAWAN P,FOO W L,et al. Nanostructured electrochromic films by inkjet printing on large area and flexible transparent silver electrodes[J]. Nanoscale,2014,6(9):4572-4576.

[15] MISHRA S,YOGI P,SAXENA S K,et al. Fast electrochromic display:Tetrathiafulvalene-graphene nanoflake as facilitating materials[J]. Journalof Materials ChemistryC,2017,5(36):9504-9512.

[16] KALAGI S S,MALI S S,DALAVI D S,et al. Limitations of dual and complementary inorganic-organic electrochromic device for smart window application and its colorimetric analysis[J]. Synthetic Metals,2011,161(11-12):1105-1112.

[17] BEAUJUGE P M,REYNOLDS J R. Color control in π-conjugated organic polymers for use in electrochromic devices[J]. Chemical Reviews,2010,110(1):268-320.

[18] YU H T,SHAO S,YAN L J,et al. Side-chain engineering of green color electrochromic polymer materials:Toward adaptive camouflage application[J]. Journal of Materials Chemistry C,2016,4(12):2269-2273.

[19] GU H,MING S L,LIN K W,et al. Isoindigo as an electron-deficient unit for high-performance polymeric electrochromics[J]. Electrochimica Acta,2018,260:772-782.

[20] HAO Q,LI Z J,LU C,et al. Oriented two-dimensional covalent organic framework films for near-infrared electrochromic application[J]. Journal of the American Chemical Society,2019,141(50):19831-19838.

[21] SAID ERGOKTAS M,BAKAN G,STEINER P,et al. Graphene-enabled adaptive infrared textiles [J]. Nano Letters,2020,20(7):5346-5352.

[22] SALIHOGLU O,UZLU H B,YAKAR O,et al. Graphene-based adaptive thermal camouflage[J]. Nano Letters,2018,18(7):4541-4548.

[23] SUN Y,WANG Y Y,ZHANG C,et al. Flexible mid-infrared radiation modulator with multilayer graphene thin film by ionic liquid gating[J]. ACS Applied Materials & Interfaces,2019,11(14):13538-13544.

[24] WAN J Y,XU Y,OZDEMIR B,et al. Tunable broadband nanocarbon transparent conductor by electrochemical intercalation[J]. ACS Nano,2017,11(1):788-796.

[25] WANG F H,ITKIS M E,BEKYAROVA E,et al. Charge-compensated,semiconducting single-walled carbon nanotube thin film as an electrically configurable optical medium[J]. Nature Photonics,2013,7(6):459-465.

[26] STEKOVIC D,ARKOOK B,LI G H,et al. High modulation speed,depth,and coloration efficiency of carbon nanotube thin film electrochromic device achieved by counter electrode impedance matching [J]. Advanced Ma-

terials Interfaces,2018,5(20):1800861.

[27] BERGER F J,HIGGINS T M,ROTHER M,et al. From broadband to electrochromic Notch filters with printed monochiral carbon nanotubes[J]. ACS Applied Materials & Interfaces,2018,10(13):11135-11142.

[28] SUN Y,CHANG H C,HU J,et al. Large-scale multifunctional carbon nanotube thin film as effective mid-infrared radiation modulator with long-term stability[J]. Advanced Optical Materials,2021,9(3):2001216.

[29] NIKLASSON G A,GRANQVIST C G. Electrochromics for smart windows:Thin films of tungsten oxide and nickel oxide,and devices based on these[J]. Journalof Materials Chemistry,2007,17(2):127-156.

[30] YANG P H,SUN P,CHAI Z S,et al. Large-scale fabrication of pseudocapacitive glass windows that combine electrochromism and energy storage[J]. Angewandte Chemie International Edition,2014,53(44):11935-11939.

[31] WU W,WANG M,MA J M,et al. Electrochromic metal oxides:Recent progress and prospect [J]. Advanced Electronic Materials,2018,4(8):1800185.

[32] GILLASPIE D T,TENENT R C,DILLON A C. Metal-oxide films for electrochromic applications:Present technology and future directions[J]. Journal of Materials Chemistry,2010,20(43):9585-9592.

[33] GRANQVIST C G,AZENS A,HJELM A,et al. Recent advances in electrochromics for smart windows applications [J]. Solar Energy,1998,63(4):199-216.

[34] MORTIMER R J. Electrochromic materials[J]. Annual Review of Materials Research,2011,41:241-268.

[35] HONG S F,CHEN L C. Nano-Prussian blue analogue/PEDOT:PSS composites for electrochromic windows [J]. Solar Energy Materials and Solar Cells,2012,104:64-74.

[36] LIAO T C,CHEN W H,LIAO H Y,et al. Multicolor electrochromic thin films and devices based on the Prussian blue family nanoparticles[J]. Solar Energy Materials and Solar Cells,2016,145:26-34.

[37] BHOSALE A K,KULAL S R,GURAME V M,et al. Spray deposited CeO_2-TiO_2 counter electrode for electrochromic devices[J]. Bulletin of Materials Science,2015,38(2):483-491.

[38] MORTIMER R J,DYER A L,REYNOLDS J R. Electrochromic organic and polymeric materials for display applications[J]. Displays,2006,27(1):2-18.

[39] ALESANCO Y,VIÑUALES A,PALENZUELA J,et al. Multicolor electrochromics:Rainbow-like devices [J]. ACS Applied Materials & Interfaces,2016,8(23):14795-14801.

[40] TREMBLAY M H,SKALSKI T,GAUTIER Y,et al. Investigation of triphenylamine-thiophene-azomethine derivatives:Toward understanding their electrochromic behavior[J]. The Journal of Physical Chemistry C,2016,120(17):9081-9087.

[41] MURUGAVEL K. Benzylic viologen dendrimers:A review of their synthesis,properties and applications [J]. Polymer Chemistry,2014,5(20):5873-5884.

[42] CRUZ H,JORDÃO N,BRANCO L C. Deep eutectic solvents (DESs) as low-cost and green electrolytes for electrochromic devices[J]. Green Chemistry,2017,19(7):1653-1658.

[43] BODAPPA N,BROEKMANN P,FU Y-C,et al. Temperature-dependent transport properties of a redox-active ionic liquid with a viologen group[J]. The Journal of Physical Chemistry C,2015,119(2):1067-1077.

[44] RAI V,SINGH R S,BLACKWOOD D J,et al. Areview on recent advances in electrochromic devices:A material approach[J]. Advanced Engineering Materials,2020,22(8):2000082.

[45] YEN H J,LIOU G S. Recent advances in triphenylamine-based electrochromic derivatives and polymers [J]. Polymer Chemistry,2018,9(22):3001-3018.

[46] YEN H J,LIOU G S. Solution-processable triarylamine-based electroactive high performance polymers for anodically electrochromic applications[J]. Polymer Chemistry,2012,3(2):255-264.

[47] YEN H J,TSAI C L,CHEN S H,et al. Electrochromism and nonvolatile memory device derived from triphenylamine-based polyimides with pendant viologen units[J]. Macromolecular Rapid Communications, 2017, 38(9):1600715.

[48] QUINTON C,ALAIN-RIZZO V,DUMAS-VERDES C,et al. Redox-and protonation-induced fluorescence switch in a new triphenylamine with six stable active or non-active forms[J]. Chemistry - A European Journal,2015,21(5):2230-2240.

[49] YEN H J,CHEN C J,LIOU G S. Flexible multi-colored electrochromic and volatile polymer memory devices derived from starburst triarylamine-based electroactive polyimide[J]. Advanced Functional Materials,2013,23(42):5307-5316.

[50] CHEN C J,YEN H J,HU Y C,et al. Novel programmable functional polyimides:Preparation,mechanism of CT induced memory,and ambipolar electrochromic behavior[J]. Journal of Materials Chemistry C,2013,1(45):7623-7634.

[51] BEAUJUGE P M,REYNOLDS J R. Color control in pi-conjugated organic polymers for use in electrochromic devices[J]. Chemical Reviews,2010,110(1):268-320.

[52] ARGUN A A,AUBERT P H,THOMPSON B C,et al. Multicolored electrochromism in polymers:Structures and devices[J]. Chemistryof Materials,2004,16(23):4401-4412.

[53] PATIL A O,HEEGER A J,WUDL F. Optical properties of conducting polymers[J]. Chemical Reviews,1988,88(1):183-200.

[54] BEAUJUGE P M,REYNOLDS J R. Color control in π-conjugated organic polymers for use in electrochromic devices[J]. Chemical Reviews,2010,110(1):268-320.

[55] SEELANDT B,WARK M. Electrodeposited Prussian Blue in mesoporousTiO_2 as electrochromic hybrid material[J]. Microporous and Mesoporous Materials,2012,164:67-70.

[56] KIM J,RÉMOND M,KIM D,et al. Electrochromic conjugated polymers for multifunctional smart windows with integrative functionalities[J]. Advanced Materials Technologies,2020,5(6):1900890.

[57] PALMA-CANDO A,RENDÓN-ENRÍQUEZ I,TAUSCH M,et al. Thin functional polymer films by electropolymerization[J]. Nanomaterials,2019,9(8):1125.

[58] ZHANG J,TU J P,ZHANG D,et al. Multicolor electrochromic polyaniline-WO_3 hybrid thin films:One-pot molecular assembling synthesis[J]. Journal of Materials Chemistry,2011,21(43):17316-17324.

[59] GARNIER F, TOURILLON G, GAZARD M, et al. Organic conducting polymers derived from substituted thiophenes as electrochromic material[J]. Journal of Electroanalytical Chemistry and Interfacial Electrochemistry,1983,148(2):299-303.

[60] SCHOTTLAND P,ZONG K,GAUPP C L,et al. Poly(3,4-alkylenedioxypyrrole)s:highly stable electronically conducting and electrochromic polymers[J]. Macromolecules,2000,33(19):7051-7061.

[61] SONMEZ G,SHEN C K F,RUBIN Y,et al. A red,green,and blue (RGB) polymeric electrochromic device (PECD):The dawning of the PECD era[J]. Angewandte Chemie International Edition,2004,43(12):1498-1502.

[62] NEO W T,YE Q,CHUA S J,et al. Conjugated polymer-based electrochromics:Materials,device fabrication and

application prospects[J]. Journal of Materials Chemistry C,2016,4(31):7364-7376.

[63] JONAS F,SCHRADER L. Conductive modifications of polymers with polypyrroles and polythiophenes [J]. Synthetic Metals,1991,41(3):831-836.

[64] SONMEZ G,SONMEZ H B,SHEN C K F,et al. Red,green,and blue colors in polymeric electrochromics [J]. Advanced Materials,2004,16(21):1905-1908.

[65] QU H Y,ZHANG X,ZHANG H C,et al. Highly robust and flexible$WO_3 \cdot 2H_2O$/PEDOT films for improved electrochromic performance in near-infrared region[J]. Solar Energy Materials and Solar Cells,2017,163:23-30.

[66] WELSH D M,KUMAR A,MEIJER E W,et al. Enhanced contrast ratios and rapid switching in electrochromics based on poly(3,4-propylenedioxythiophene) derivatives[J]. Advanced Materials,1999,11(16):1379-1382.

[67] CIRPAN A, ARGUN A A, GRENIER C R G, et al. Electrochromic devices based on soluble and processable dioxythiophene polymers[J]. Journal of Materials Chemistry,2003,13(10):2422-2428.

[68] REEVES B D,GRENIER C R G,ARGUN A A,et al. Spray coatable electrochromic dioxythiophene polymers with high coloration efficiencies[J]. Macromolecules,2004,37(20):7559-7569.

[69] KIM B,KIM J,KIM E. Visible to near-IR electrochromism and photothermal effect of poly(3,4-propylenedioxyselenophene)s[J]. Macromolecules,2011,44(22):8791-8797.

[70] CHEN S Z,KANG E S H,SHIRAN CHAHARSOUGHI M,et al. Conductive polymer nanoantennas for dynamic organic plasmonics[J]. Nature Nanotechnology,2020,15(1):35-40.

[71] GUEYE M N,CARELLA A,MASSONNET N,et al. Structure and dopant engineering in PEDOT thin films:Practical tools for a dramatic conductivity enhancement[J]. Chemistry of Materials,2016,28(10):3462-3468.

[72] PETROFFE G,BEOUCH L,CANTIN S,et al. Thermal regulation of satellites using adaptive polymeric mate-rials [J]. Solar Energy Materials and Solar Cells,2019,200:110035.

[73] TEISSIER A,DUDON J P,AUBERT P H,et al. Feasibility of conducting semi-IPN with variable electro-emissivity:A promising way for spacecraft thermal control [J]. Solar Energy Materials and Solar Cells, 2012, 99: 116-122.

[74] SUTAR S H,BABAR B M,PISAL K B,et al. Feasibility of nickel oxide as a smart electrochromic supercapacitor device:A review[J]. Journal of Energy Storage,2023,73:109035.

[75] YAMADA K,SEYA K,KIMURA G. Electrochromism of poly(pyrrole) film on Au nano-brush electrode [J]. Synthetic Metals,2009,159(3-4):188-193.

[76] JI Z Q,DOORN S K,SYKORA M. Electrochromic graphene molecules[J]. ACS Nano,2015,9(4):4043-4049.

[77] LAUCHNER A,SCHLATHER A E,MANJAVACAS A,et al. Molecular plasmonics[J]. Nano Letters,2015,15(9):6208-6214.

[78] STEC G J,LAUCHNER A,CUI Y,et al. Multicolor electrochromic devices based on molecular plasmonics [J]. ACS Nano,2017,11(3):3254-3261.

[79] ROWLEY N M,MORTIMER R J. New electrochromic materials[J]. Science Progress,2002,85(3):243-262.

[80] SILVA A R M,ALEXANDRE J Y N H,SOUZA J E S,et al. The chemistry and applications of metal-organic frameworks (MOFs) as industrial enzyme immobilization systems[J]. Molecules,2022,27(14):4529.

[81] FURUKAWA H,CORDOVA K E,O'KEEFFE M,et al. The chemistry and applications of metal-organic frameworks[J]. Science,2013,341(6149):1230444.

[82] KUNG C W,WANG T C,MONDLOCH J E,et al. Metal-organic framework thin films composed of free-standing

acicular nanorods exhibiting reversible electrochromism[J]. Chemistry of Materials,2013,25(24):5012-5017.

[83] XIE Y X,ZHAO W N,LI G C,et al. A naphthalenediimide-based metal-organic framework and thin film exhibiting photochromic and electrochromic properties[J]. Inorganic Chemistry,2016,55(2):549-551.

[84] WADE C R,LI M Y,DINCĂ M. Facile deposition of multicolored electrochromic metal-organic framework thin films[J]. Angewandte Chemie,2013,125(50):13619-13623.

[85] LI R,LI K R,WANG G,et al. Ion-transport design for high-performance Na^+-based electrochromics[J]. ACS Nano,2018,12(4):3759-3768.

[86] ALKAABI K,WADE C R,DINCĂ M. Transparent-to-dark electrochromic behavior in naphthalene-diimide-based mesoporous MOF-74 analogs[J]. Chem,2016,1(2):264-272.

[87] ZOU X H,ZHANG S,SHI M H,et al. Remarkably enhanced capacitance of ordered polyaniline nanowires tailored by stepwise electrochemical deposition[J]. Journal of Solid State Electrochemistry,2007,11(2):317-322.

[88] AMBROSELLI M. A historical review and process-based discussion of black-body radiation[J]. Physics Essays,2015,28(4):654-660.

[89] 刘立军,张春艳. 基于维恩位移定律的一种光学测温系统[J]. 西华师范大学学报(自然科学版),2013,34(4):405-408.

[90] 路远,李玉波,乔亚,等. 红外发射率控制方法及机理研究[J]. 红外技术,2008,30(5):294-296.

[91] SCHULLER J A,TAUBNER T,BRONGERSMA M L. Optical antenna thermal emitters[J]. Nature Photonics,2009,3(11):658-661.

[92] GU C,JIA A B,ZHANG Y M,et al. Emerging electrochromic materials and devices for future displays [J]. Chemical Reviews,2022,122(18):14679-14721.

[93] ZHOU Y,ZHAO Y,FANG J,et al. Electrochromic/supercapacitive dual functional fibres[J]. RSC Advances,2016,6(111):110164-110170.

[94] LI K R,ZHANG Q H,WANG H Z,et al. Red,green,blue (RGB) electrochromic fibers for the new smart color change fabrics[J]. ACS Applied Materials & Interfaces,2014,6(15):13043-13050.

[95] ZHOU Y,FANG J,WANG H X,et al. Multicolor electrochromic fibers with helix-patterned electrodes [J]. Advanced Electronic Materials,2018,4(5):1800104.

[96] YIN L,CAO M Z,KIM K N,et al. A stretchable epidermal sweat sensing platform with an integrated printed battery and electrochromic display[J]. Nature Electronics,2022,5(10):694-705.

[97] WANG Z,WANG X Y,CONG S,et al. Fusing electrochromic technology with other advanced technologies:A new roadmap for future development[J]. Materials Science and Engineering:R:Reports,2020,140:100524.

[98] FU H C,ZHANG L,DONG Y J,et al. Recent advances in electrochromic materials and devices for camouflage applications[J]. Materials Chemistry Frontiers,2023,7(12):2337-2358.

[99] KIM J W,MYOUNG J M. Flexible and transparent electrochromic displays with simultaneously implementable subpixelated ion gel-based viologens by multiple patterning [J]. Advanced Functional Materials,2019,29(13):1808911.

[100] SUN S K,CUI S C,WANG F,et al. Flexible reflective electrochromic devices based on V_2O_5-methyl cellulose composite films[J]. ACS Applied Electronic Materials,2022,4(9):4724-4732.

[101] FAN H W,LI K R,LIU X L,et al. Continuously processed,long electrochromic fibers with multi-environmental stability[J]. ACS Applied Materials & Interfaces,2020,12(25):28451-28460.

[102] WANG J M, ZHANG L, YU L, et al. A bi-functional device for self-powered electrochromic window and self-rechargeable transparent battery applications[J]. Nature Communications,2014,5:4921.

[103] KIM S Y, JANG Y J, KIM Y M, et al. Tailoring diffusion dynamics in energy storage ionic conductors for high-performance, multi-function, single-layer electrochromic supercapacitors [J]. Advanced Functional Materials,2022,32(25):2200757.

[104] JANG Y J, KIM S Y, KIM Y M, et al. Unveiling the diffusion-controlled operation mechanism of all-in-one type electrochromic supercapacitors: Overcoming slow dynamic response with ternary gel electrolytes [J]. Energy Storage Materials,2021,43:20-29.

[105] YUN T G, KIM D, KIM Y H, et al. Photoresponsive smart coloration electrochromic supercapacitor [J]. Advanced Materials,2017,29(32):1606728.

[106] LV X J, XU H F, YANG Y Y, et al. Flexible laterally-configured electrochromic supercapacitor with feasible patterned display[J]. Chemical Engineering Journal,2023,458:141453.

[107] CHEN X L, LIN H J, DENG J, et al. Electrochromic fiber-shaped supercapacitors[J]. Advanced Materials, 2014,26(48):8126-8132.

[108] ZHAI H T, FAN D S, LI Q. Dynamic radiation regulations for thermal comfort [J]. Nano Energy, 2022, 100:107435.

[109] HU R, XI W, LIU Y D, et al. Thermal camouflaging metamaterials[J]. Materials Today,2021,45:120-141.

[110] SAID ERGOKTAS M, BAKAN G, STEINER P, et al. Graphene-enabled adaptive infrared textiles [J]. Nano Letters,2020,20(7):5346-5352.

[111] FAN Q C, FAN H W, HAN H Z, et al. Dynamic thermoregulatory textiles woven from scalable-manufactured radiative electrochromic fibers[J]. Advanced Functional Materials,2024,34(16):2310858.

第 17 章　计算纤维及纺织品

随着科技的不断进步，纺织品不再局限于传统意义上的保暖、遮盖或美观功能。随着计算纤维及其纺织品逐渐进入人们的视野，这类纤维和纺织品集成了电子元件和传感器，从而具备计算、传感、数据处理和通信的功能。

在 20 世纪 50~60 年代，随着半导体技术的发展，人们开始将电子元件嵌入材料中，以赋予材料智能功能。这一时期的研究主要集中在基础科学层面，如导电聚合物、压电材料等，这些材料为智能纤维和计算纤维的出现奠定了基础。20 世纪 70 年代初期，随着微电子技术的进步，研究者开始探索将电子元件与服装结合，催生了早期的可穿戴技术的概念。这一时期的研究主要是围绕基础传感技术，如将传感器嵌入纺织品以实现基本的生理监测功能。然而，电子元件的尺寸和能耗问题限制了这些技术的实际应用。在 20 世纪 90 年代，随着微处理器和传感器技术的迅速发展，科研人员开始将微型电子设备集成到纺织品中，逐渐形成了可穿戴计算的研究方向。这一阶段的研究多集中在开发试验性原型，如嵌入传感器的运动服或健康监测服等。这些早期的研究奠定了计算纤维的基本概念，但由于材料和制造工艺的限制，没有真正实现纤维级的计算能力。21 世纪初，随着导电纤维和柔性电子的出现，研究者开始将电子功能集成到纤维材料中。这一时期的研究侧重于将导电材料和微型元件结合在纤维中，以实现更复杂的功能。例如，将传感器、LED、天线等嵌入纤维，使其具备初步的感知和通信能力。此时，智能纺织品的概念开始得到广泛关注，并在医疗、运动、时尚等领域开始有实际应用。

17.1　计算纤维及纺织品的概念

计算纤维是指一种经过编织后能够集成单个或多个电子元件、传感器、处理器、通信模块等多种功能单元的纤维材料。这种纤维不仅具备传统纤维的柔性、延展性和可纺性，还能执行类似于计算机系统的任务，如数据采集、处理、存储和传输。计算纤维的核心特征在于将各种电子功能嵌入到微米级的纤维中，使其能够在纤维级别上实现智能化。计算纤维通常由导电材料、半导体材料以及其他功能性材料组成，它们可以通过拉制、涂覆、纳米加工等多种先进工艺进行制造，形成具有特定功能的智能纤维。这些纤维可以被进一步加工成织物、服装或其他纺织品，并通过编织或其他纺纱技术集成到传统纺织品中，赋予其计算和感知能力。计算纺织品是利用计算纤维制成的智能纺织品，它们能够感知环境、处理信息并与外界进行交互。与传统纺织品不同，计算纺织品不仅提供物理上的保护或装饰功能，还能执行复杂的电子功能，如监测生理信号、控制环境条件、传输数据等。

计算纤维的分类方法有很多，按功能可将计算纤维分为传感纤维、通信纤维、数据处理纤维等。

（1）传感纤维及纺织品。随着多功能复合材料的迅猛发展，科学家们已经能够制造出具有5种感官功能（视觉、听觉、嗅觉、味觉、触觉）的纤维，如图17-1所示。人们开始将这些智能纤维融入到各种服饰、家居用品以及医疗用品中，增加了互动体验和智能功能。这类纤维内嵌或涂覆有敏感材料或传感器元件，能够在纤维级别上检测环境变化并产生相应的响应信号。随着技术的不断进步，这些“五感纤维”有望被广泛应用于医疗保健、航空航天、军事防御、智能穿戴设备等多个领域，为人类的生活带来更多的便利和安全保障。科学家们正在积极探索如何将这些纤维进一步微型化，使其更加轻便、舒适，甚至能够自我修复，以满足人们对智能纺织品的更高要求。

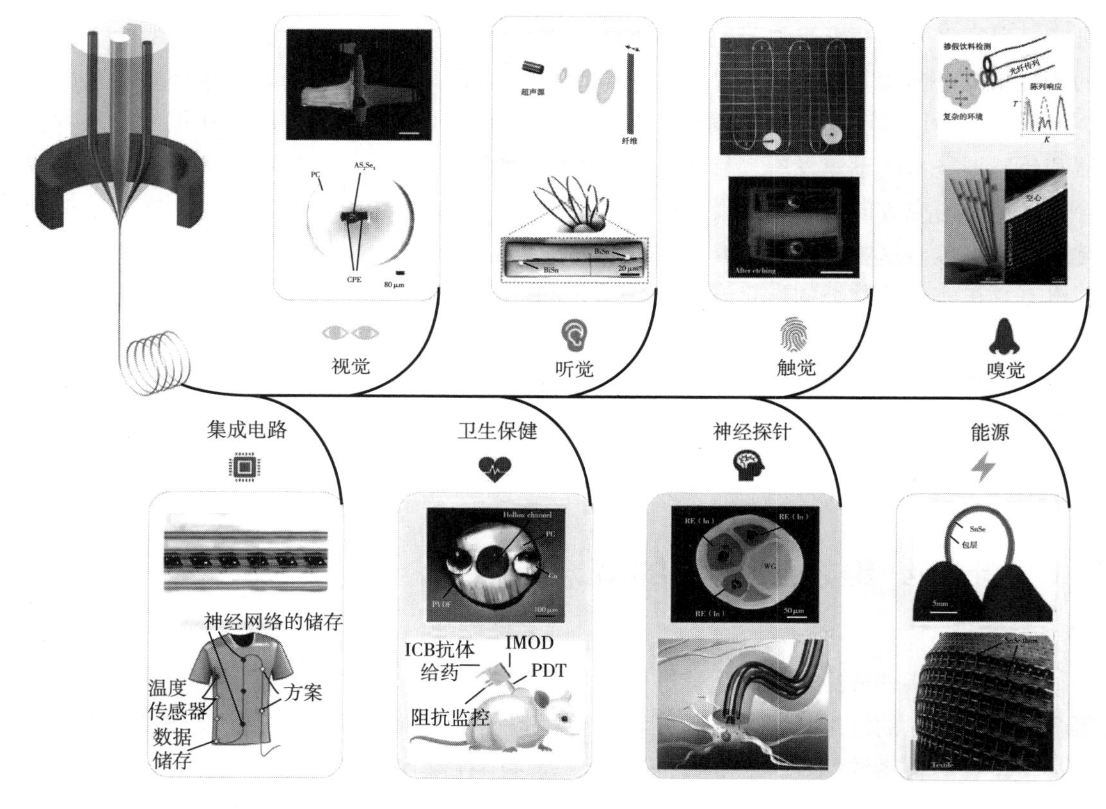

图17-1　传感纤维及纺织品

（2）通信纤维及纺织品。通信纤维是指能够通过显示、光学、光电、近场通信和射频识别等多种方式传达各种信息，包括文字、声音、生理信号甚至感觉的智能纤维。随着新型材料、无线通信、柔性电子和创新存储技术的不断进步，能够主动通信的智能光纤已被成功开发。这一突破为可穿戴织物通信系统的发展奠定了基础，成为可穿戴技术的一座重要里程碑。支持智能光纤的织物具有了多种通信功能，具有彻底改变人与人、人与机器以及机器与机器通信方式的潜力。彭慧胜等通过将导电和发光纤维与棉纱编织在一起，直接在纺织品内形成电致发光单元（EL）并将键盘和电源等其他电子功能编织到纺织品中，形成一个多功能的集成纺织系统，可用于各种应用。编织导电纬纱和发光经纱在纬经接触点形成微米级电致发光单元，EL之间的亮度偏差小于 8%，即使在纺织品弯曲、拉伸或被压制时也能保持稳定。得益于纬纱和经纱网络，所展示纺织品中的每个 EL 都可以使用驱动电路以可编程的方式进行唯一识别和点亮。这一发现有望改变人与电子设备交互的方式，架起人机交互的桥梁。

（3）数据处理纤维。数据处理纤维内置微处理器和存储元件，能够在纤维内部进行数据处理和运算。这类纤维可实时分析传感数据，执行复杂的算法，并根据数据分析结果做出响应，广泛应用于高智能化的智能服装和工业领域。芬克等设计出一种具有数据处理功能的纤维，其可感知、存储、分析和推断人体活动，并能够缝制到衣物中。这种数据处理纤维扩展了织物的功能性，可用于人体机能监测、医疗诊断和早期疾病检测。该材料由数百个微型硅数字芯片嵌入聚合物纤维中而成，通过精确控制聚合物的流动，纤维中的芯片能连续通电，纤维长度达数十米。这种纤维很细、富有弹性，可穿过针眼缝进布料里，就算被洗数十次也不会分解。甚至把它缝进衬衫里也感觉不到它的存在。

17.2 计算纤维及纺织品的制备方法

目前，实现多功能计算织物的方法有三种：①通过编织、缝纫等方式将功能纤维整合到织物中，以实现特定的功能。这些功能纤维可以通过表面改性在纤维表面赋予电子功能，或通过封装有机或无机材料实现电子功能，或通过多材料纤维结构设计构建复合纤维，使其具有电子功能。②通过纤维层级交织配置，实现具有特定功能的织物。这种织物的特点是单个纤维的功能不完整，需要至少两组纤维组合来实现电连接。③后处理方法，如在织物上进行丝网印刷和涂层，或在织物基板上拼接和黏接电路组件或传感器，以完成特定的功能。与后处理方法相比，前两种方法可以在不牺牲透气性的情况下实现多功能集成。

17.2.1 纤维的处理方式

17.2.1.1 表面后处理

受到纤维直径较小的影响，很多电路结构无法直接嵌入纤维。因此，通过浸涂、热沉积等方法对纤维表面进行处理，从而使纤维具备计算功能。哈姆等展示了由无衬底铁电有机晶体管在细银丝上实现的一维人工多突触的制造过程。将有机铁电 P（VDF-TrFE）薄膜作为共门控介质层（common gating dielectric layer），采用有打印速度控制器的毛细管，通过浸涂法均匀地涂覆在银丝的整个表面上。在空气对流烘箱中 140℃ 退火 1h 使涂层结晶后，将 50nm 厚的并五苯作为有机半导体通道热沉积在 P（VDF-TrFE）/Ag 线的上半圆上。然后，通过间隔为 15μm 的阴影掩膜在并五苯通道的顶部绘制 Au 金属图案。图 17-2 展示了在一维 Ag 线上构建多个铁电有机晶体管的情况，P（VDF-TrFE）作为电子结构神经网络的纤维形多突触器件平台。这些一维多纤维突触器件易于扩展成或非（NOR）型突触阵列，有可能成为电子结构神经网络的基本元素。

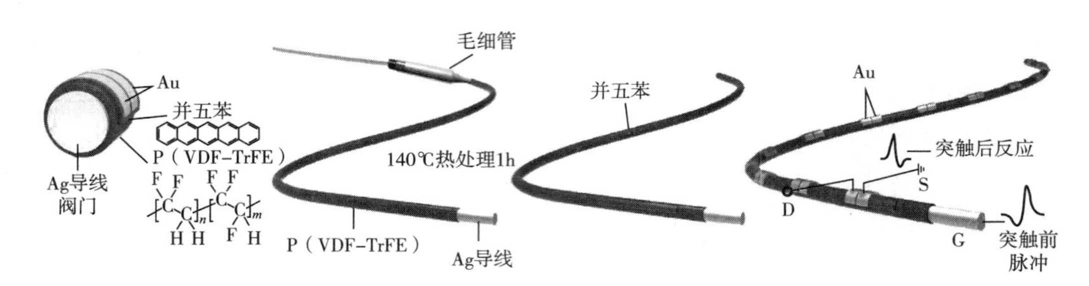

图 17-2 在银丝表面实现人工多突触

朱美芳等提出了集成对电荷接枝（IOCG）的概念来设计光纤形状的离子结器件，在氢化SBS（SEBS）骨架上设计聚阳离子（SEBS-im，SEBS 接枝 3-己基咪唑基）和聚阴离子（SEBS-sn，SEBS 接枝磺酸钠基）。如图 17-3 所示，将 CNT 纤维依次通过装有 CSEBS 浆料、1-己胺唑、去离子水、SSEBS 浆料和 NaCl 溶液的涂膜槽中，进行 CSEBS 涂膜、季铵化反应、小分子去除、SSEBS 涂膜和离子交换等一系列工艺步骤，最终合成离子结光纤。光纤形状的器件展示了初级离子二极管和离子双极结型晶体管（IBJT）功能，实现了输入信号的“0-1”整流和“OFF/ON”开关。在此基础上，构建了两种类型的离子结逻辑门，实现“与或”布尔运算，为离子数字逻辑和离子计算光纤器件的设计奠定了基础。此外，由于记忆电容的存在，在离子晶体管中能观察到明显的突触功能。

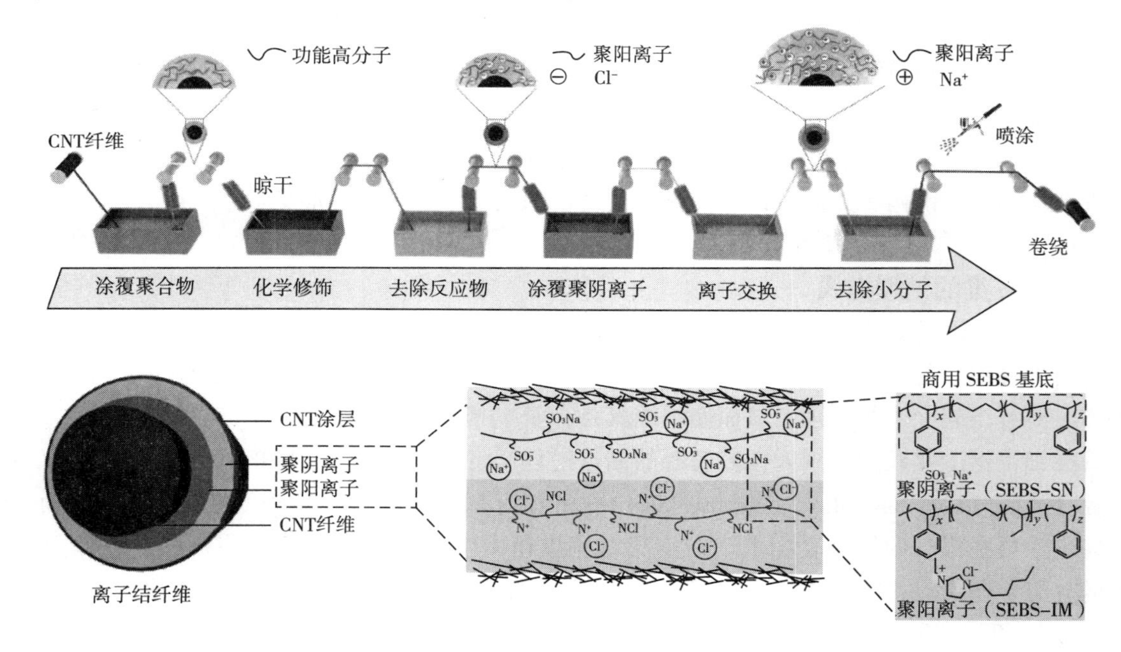

图 17-3 在碳纤维上制备离子结

将制备好的离子连接纤维与生物神经端侧吻合，以验证其在周围神经损伤（PNI）康复中的潜力。观察到良好的几何匹配和与生物神经稳定的接触界面。从而证实了离子结纤维可以在体内传递电刺激信号，而对生物神经的副作用可以忽略不计，这为未来纤维装置用于神经修复和康复等临床应用提供了方向。这些结果表明，离子结纤维在开发诊断和治疗的生物医学设备、仿生神经元计算机接口和类脑智能方面具有很大的发展空间。

17.2.1.2　热拉纤维

多材料纤维热拉工艺是一种从预制棒到纤维的制备工艺，最早被应用于大规模光纤制备。这种工艺制备的光纤沿轴向非常均匀，并且长度可达上千米。同时，通过改变预制棒的宏观结构，所拉制光纤的微观结构也会随之调整。研究人员进一步在预制棒中集成了各种功能材料，通过设计组装不同的预制棒，使功能材料以设计好的位置和尺寸嵌入纤维内部，从而实现不同的功能。热拉方法一般是将预制棒加热至其玻璃化转变温度（T_g）以上，使纤维变得柔软和可塑。预热后，对纤维施加拉伸力，使其在长度方向上伸长。这一过程可以提高纤维的强度和刚性，拉伸比（纤维拉伸倍数）取决于纤维的原料和目标性能。在拉伸之后，将纤维冷却至室温，以稳定其结构并固化其性能。科研工作者们在热拉纤维中设计的各种功能结构在光学、微纳加工、电子学、生物医疗等领域都有重要应用。

严威等从人类听觉系统的精妙构造中获得灵感，模仿耳蜗的功能以及听觉系统的作用，设计并制造了一种基于热拉工艺的压电纤维的智能声学织物（图 17-4）。这种智能织物的工作原理是将声音转化为机械振动，随后通过压电效应将这些振动转换为电信号，从而实现了声音的有效捕捉和转换。

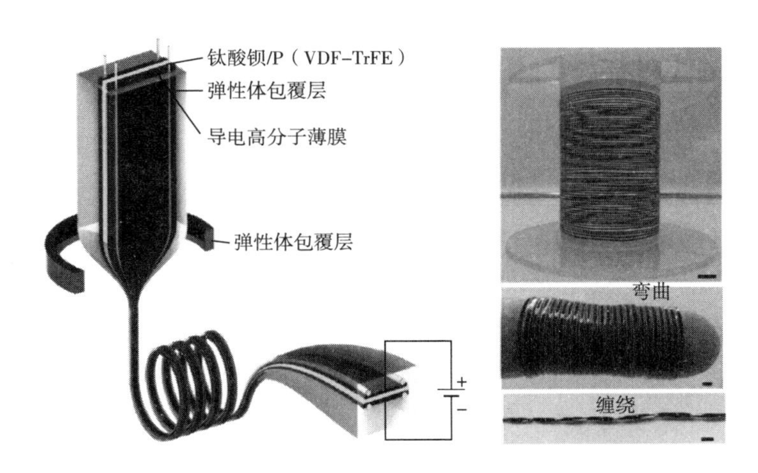

图 17-4　热拉工艺制备复合压电纤维

由于声学纤维的优异性能和形状，使其具有非常广阔的应用前景。如图 17-5 所示，将声学织物编织到衣物中，该衣物可以精准探测声源的方向，平均误差仅为 1.7°。同时由于声学纤维具有对振动的高敏感性和与皮肤相匹配的阻抗，使得接触人身体的声学织物可以有效地感知心脏信号，充当皮肤界面的听诊器。相对于一般的健康检测系统，使用智能织物检测心脏，可以让佩戴者更舒适，同时可以更连续且长期地监测他们的心脏和呼吸状况。除了感应声音外，该织物还可以播放声音，穿上由声学织物制作的衬衫可以实现双向声学通信，发射的语音和接收的语音之间具有匹配的时域波形和频域频谱，这具有潜在的应用前景。

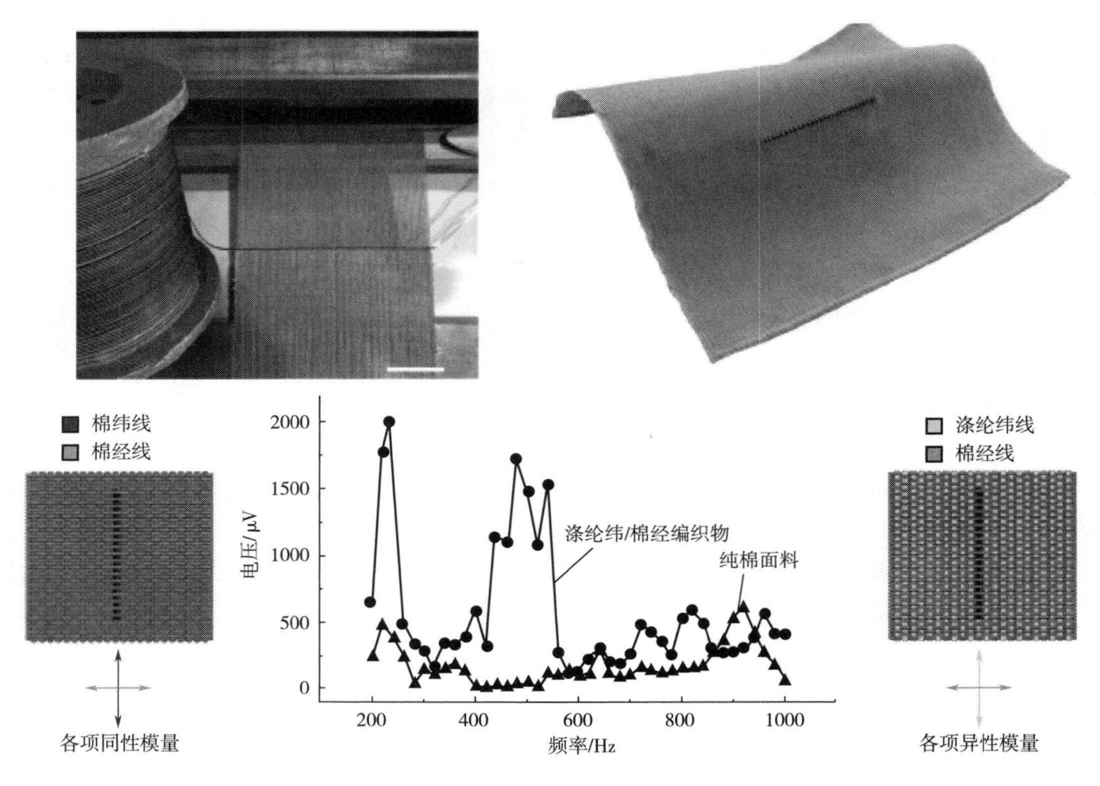

图 17-5　复合压电纤维编织物

芬克教授团队利用纤维热拉工艺制备了集成了数字温度传感元件和数据存储元件的数码纤维（图 17-6）。所制备的数码纤维集成了数百个数字器件，数据存储密度为 7.6×10^{5}bit/m。此外，该数码纤维还打破了以往单一纤维只能作为单一元件的限制，通过纤维端点的连接可实现对其所包含的所有数字器件进行单独寻址。当这种数码纤维被缝进衬衫后，它可以用来收集和存储多天的人体体温数据，并通过存储在纤维中由神经元组成的神经网络，实现对穿戴者活动的实时判断，准确率高达 96%，这为开发具有感知、记忆、学习和情境判断特性的穿戴式织物提供了思路。同时，该纤维在 10 次洗涤、弯曲等操作下也可以正常工作，存储的数据没有任何损失。这种数码纤维得益于低功率和高存储密度的特点，一米长的纤维内即可存储一个 767kB 的全彩（红—绿—蓝）8 帧电影文件，并且只需要 5.5mW 即可实现数据的读写操作，数据可断电存储超过两个月。

17.2.1.3　挤出成型

挤出成型工艺具有连续性强、生产效率高、适用材料范围广等优点，广泛应用于制造塑料管道、型材、薄膜、电缆、食品等各种产品。挤出成型的原材料通常为颗粒、粉末或液体。这些材料首先需要进行干燥、混合或预处理，以确保材料的均匀性和可用性。接着将原料通

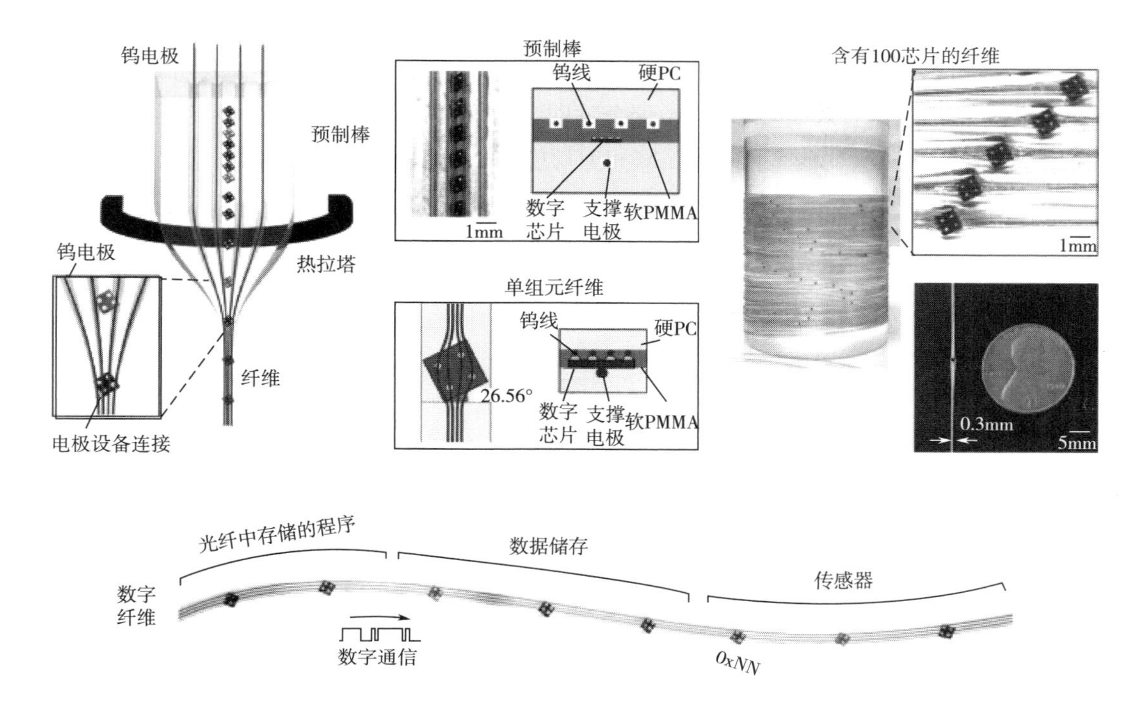

图 17-6 热拉工艺制备数码纤维

过加料口倒入挤出机的料筒内。原料在挤出机的螺杆推动下，经过加热区。随着螺杆的旋转，材料在摩擦和外部加热的作用下逐渐塑化并熔融成流动性较好的熔体。熔融材料在螺杆的推动下，通过模具口形成特定的形状，这一步骤决定了最终产品的截面形状。模具可以设计成如管状、棒状、片状或异型等各种形状。挤出后的材料通常经过冷却装置（如水槽、风冷或其他冷却方式）进行冷却，使其固化并定型。冷却的速度和方式对产品的尺寸和性能有很大影响。冷却后的挤出物通过牵引装置稳定地拉出，以确保其长度均匀性。之后，产品根据需要被切割成适当的长度或卷成卷。

目前许多有前途的热电可穿戴设备已经被广泛研究用于各种传感器连接。然而，纺织电子（TE）的实际应用仍然受到阻碍，其规模和机械合规性有限。现有的商业 TE 材料坚硬、沉重且易碎，通常由昂贵的材料通过复杂的路线制造成块状结构。这极大地限制了它们在可穿戴电子纺织品中的应用。目前大多数基于 TE 的可穿戴纺织品都是通过在常规纤维上涂覆 TE 涂层来实现的，或在织物的间隙填充 TE 材料或掺入其他纤维形成纱线，但这会降低空间效率，并且随着身体运动，织物将会受到磨损，导致性能不稳定和衰减。

丁天鹏等将单壁碳纳米管（SWCNT）组成的柔性 TE 纤维和聚乙烯醇（PVA）亲水胶体结合，通过连续交替挤出工艺制备 p/n 型分段 TE 纤维（图 17-7）。在室温下由计算机控制挤出，以实现挤出分段装配线的自动化。两个独立的聚四氟乙烯（PTFE）管中的 p 型和 n 型复合凝胶来回移动以紧密对齐并挤出到核心管中。配制的水胶体的损耗模量 G'' 和储能模量 G' 都非常低，且满足 $G'<G''$，这使凝胶在压力下易发生形变。然而，当凝胶被冷冻后，其流变

性能显著提升，G'和G''大约增加了三个数量级。凝胶的G'在临界剪切应力点以下高于G''，这意味着只要剪切应力低于临界值，凝胶就会保持其形状。除了亲水胶体的多功能可调性外，另一个的优点是溶剂的迁移会受到PVA聚合物网络的限制。因此，交替挤出的凝胶可以保留p—n结，即使在沿核心管的受到持续压缩和剪切应力下也保持清晰的界面。交替p/n型分段TE纤维可以被进一步平织成柔韧的TE纺织品。如图17-8所示，TE纺织品可以加工成不同的颜色以达到美观目的，或涂覆功能材料，以实现防水和耐水洗。

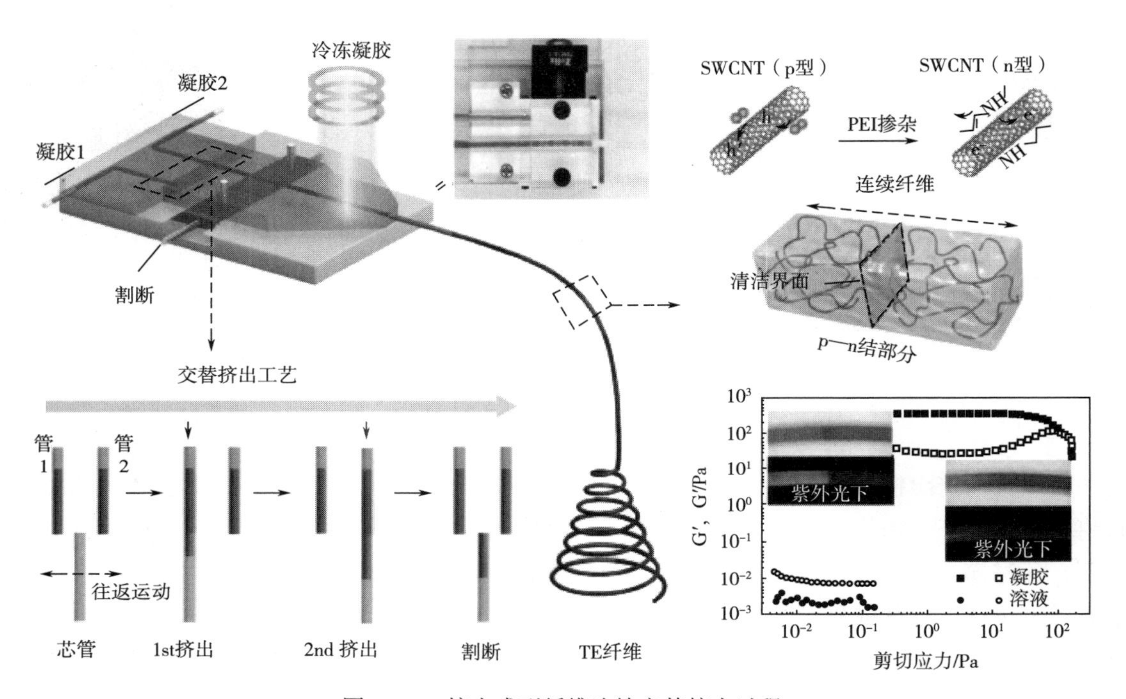

图 17-7 挤出成型纤维连续交替挤出过程

17.2.2 纤维层级交织

直接编织法是一种用于制造复合材料或纺织品的工艺方法，主要通过将纤维材料直接编织成所需的形状或结构，而无须先制备预成型件。首先选择适合编织的纤维材料，如碳纤维、玻璃纤维、芳纶纤维或天然纤维。根据需要，可对纤维进行预处理，如涂层或浸渍，以提高编织时的稳定性或最终产品的性能。接着在织布机上将纤维交错编织成二维平面结构，如平纹、斜纹或缎纹等或者根据需要，通过特殊的编织技术，直接将纤维编织成三维结构，如管状、壳体、柱体等。这种方法用于制造具有复杂几何形状的复合材料构件，可以减少拼接或层压步骤，提高结构整体性和强度。

显示器是现代电子产品的基本组成部分，将显示器集成到纺织品中是可穿戴技术的最终目标。目前显示设备已经从刚性面板发展到柔性薄膜。然而，电子纺织品的配置和制造与传统的薄膜器件不同，例如目前用于构建柔性显示器的有机发光二极管（OLED）。一方

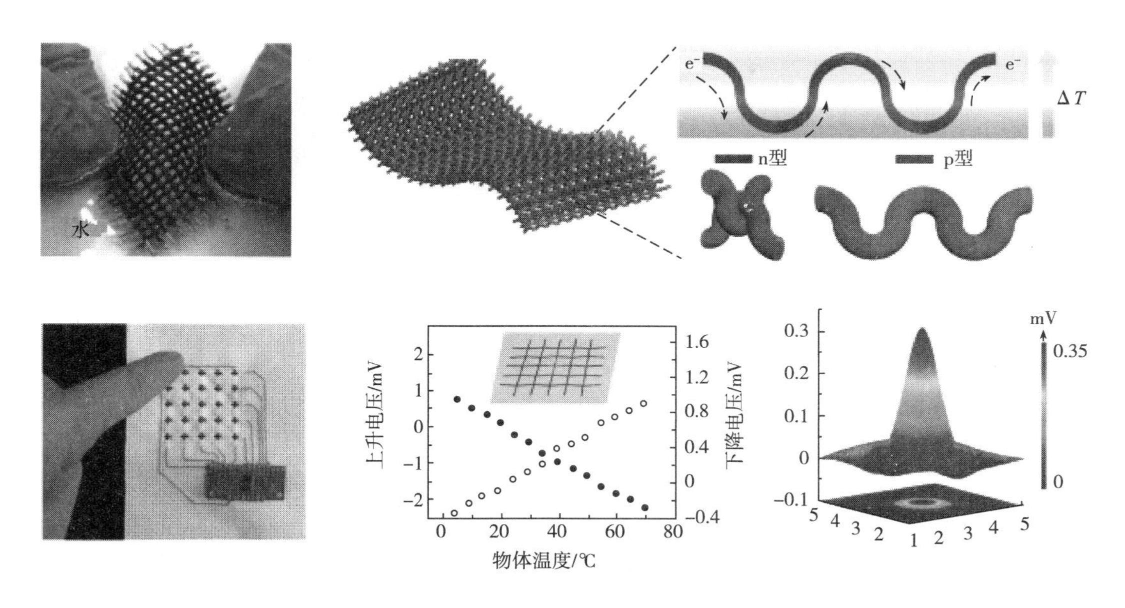

图 17-8　TE 纺织品及其性能

面，纺织品由纤维编织而成，形成粗糙和多孔的结构，这些结构可以变形并适应人体的轮廓。另一方面，OLED 是通过在阴极和阳极电极之间沉积多层半导体有机薄膜制成的，当附着在纺织品粗糙和可变形的表面上时，这些薄膜设备通常会性能不佳或随着时间的推移而失效。同时，在适合编织成柔性纺织品的纤维上沉积有机薄膜也非常困难，因为这些薄膜非常脆弱，无法承受编织过程中的擦伤。综上所述，用于制造 OLED 的方法不适合大规模制造纤维电极。

据此，彭慧胜等使用基于 ZnS 荧光粉的电场驱动器件来编织智能显示纺织品（图 17-9 和图 17-10）。与 OLED 器件不同，分散在绝缘聚合物基质中的 ZnS 荧光粉是通过聚合物基质上的交变电场来激活的。这种电场驱动的设备只需要纬纱和经纱之间接触就可以照亮，具有耐用性，适合大规模生产。通过熔融纺丝离子液体掺杂聚氨酯凝胶制备透明（透射率超过 90%）的导电纬纱纤维。通过在镀银导电纱线上涂覆 ZnS 荧光粉来制备发光经纱纤维。选择聚氨酯作为聚合物基质，因为它在编织过程中具有耐摩擦、压缩和弯曲的耐久性。为了确保 ZnS 的均匀涂层，将导电纱浸在 ZnS 荧光粉浆料中，并在干燥前将其穿过自制的刮削微针孔，微针孔沿纵向和圆周方向使涂层变得光滑。当导电纬纱和夜光经纱使用工业剑杆织机与棉纱编织时，每个交错的纬纱和经纱形成一个电致发光（EL）单元。合成纤维材料如尼龙和聚酯纤维，也可以与导电纬纱和发光经纱共同编织，用于各种应用。使用这种方法制备了一种 6m × 25 cm（长×宽）的大面积智能显示纺织品，包含大约 5×10^5 个 EL 单元。

弯曲 1000 次循环后，绝大多数 EL 单元的强度保持稳定（变化<10%）。此外，在沿不同方向重复折叠后，大多数 EL 单元的强度变化<15%，并且在每个折叠方向的 10000 次折叠循

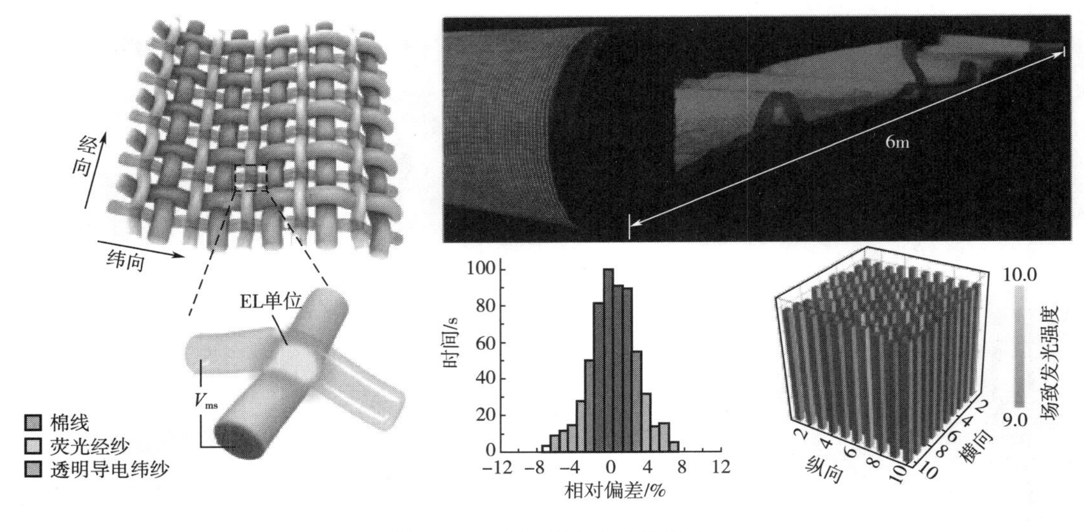

图 17-9　制备智能显示纺织品

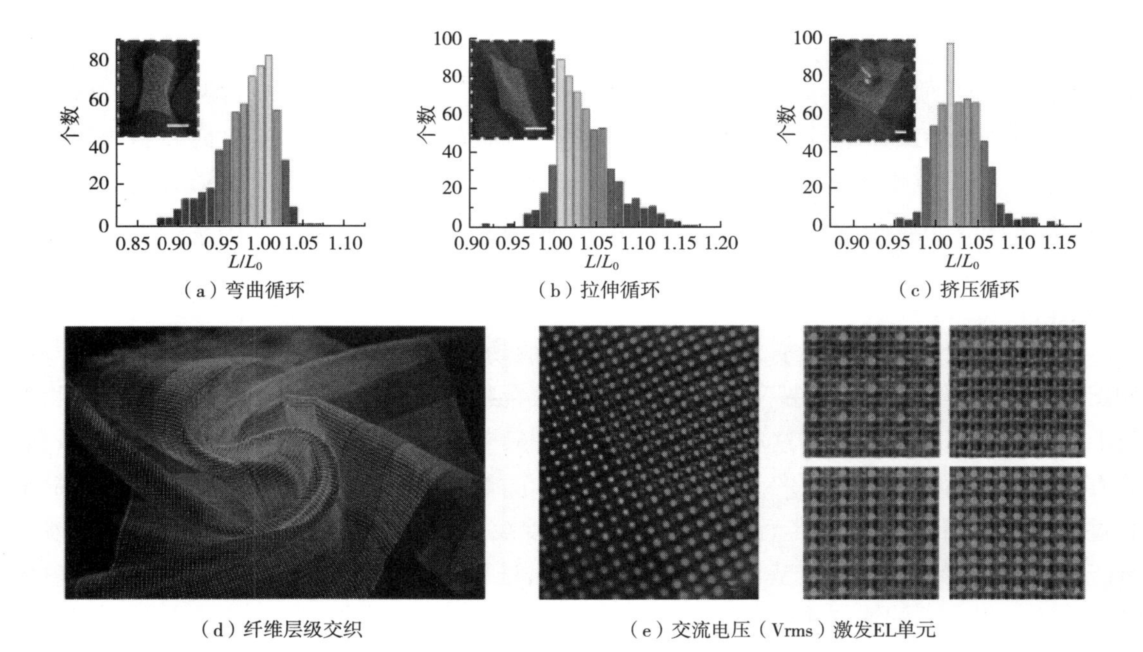

图 17-10　智能显示纺织品

环中，折叠线上的 EL 单元强度保持稳定，表明其耐久性优于传统的薄膜显示器。由于这些纤维是通过编织工艺制成的，可以通过调整编织参数来改变纬纱和经纱接触点之间的距离，进而调整 EL 单元的密度。这种灵活性使得材料能够根据具体的应用场景和设计要求，优化 EL 单元的分布，从而实现最佳的视觉效果和功能表现，在大面积智能显示纺织品领域具有广阔的应用前景。

在人类行为研究、人体健康监护和机器人应用领域，触觉交互信息的记录、建模和分析具有非常重要的意义。然而这方面的研究仍然面临很多挑战，现有可穿戴设备的传感界面在性能、灵活性、可拉伸性和成本控制方面仍有待提高。鉴于此，罗奕月等研制了一种基于织物的用于触感机器学习的系统（AI），它可以实现触觉信息的记录、监测以及对人与环境的交互信息进行学习（图 17-11 和图 17-12）。通过将低成本的压阻纤维进行机械化编织，可以实现触觉织物在任意不规则形状几何体表面的应用。为了确保触感系统能很好地应对单个传感器的变化，研究人员用机器学习技术对传感数据进行调整和校准。基于这个触觉系统，研究人员捕捉到大量人与环境的互动信息（超过 10^6 帧），结果显示 AI 驱动的传感织物可以成功分辨出人的坐姿、动作以及其他与环境的交互，并且可以重现人体动态的全身姿势。从而显示了它在环境空间信息采集和探索生物力学特征等领域的应用潜力。

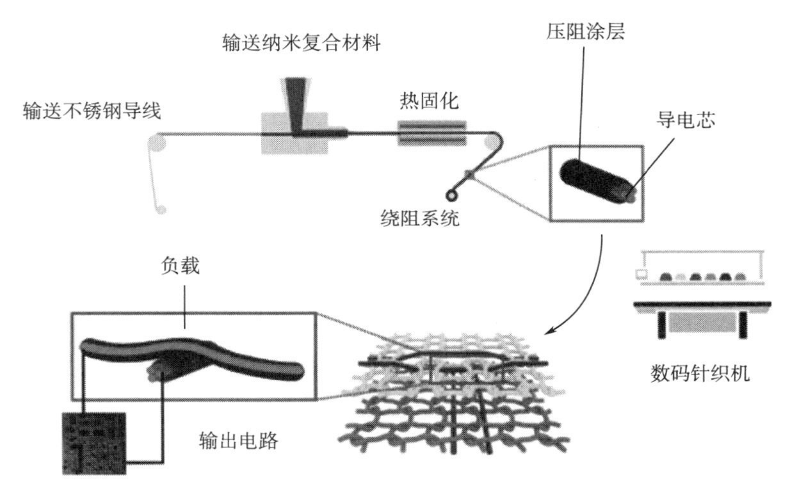

图 17-11 制备基于织物的用于触感机器学习的系统

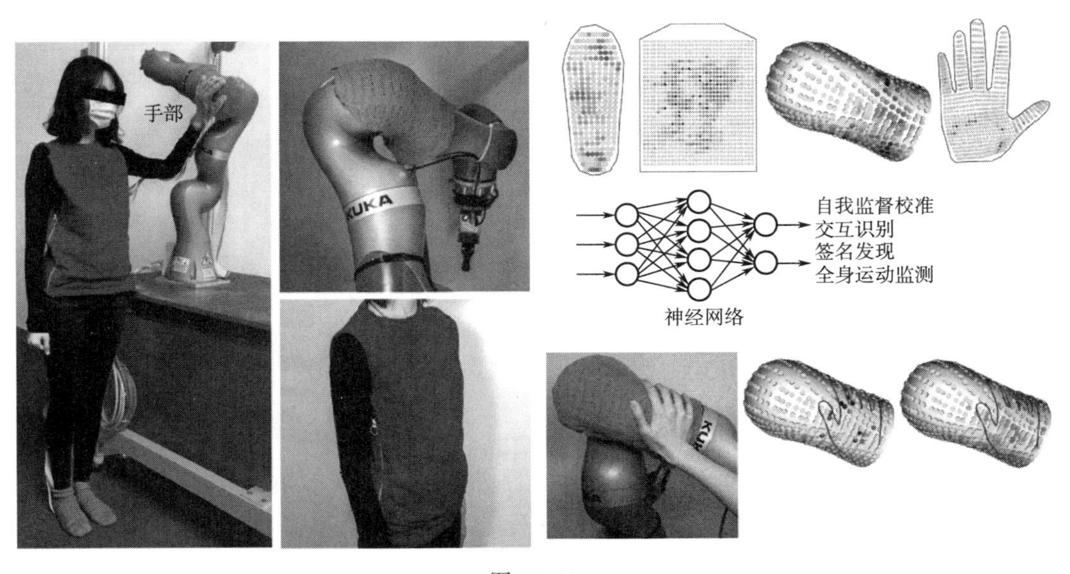

图 17-12

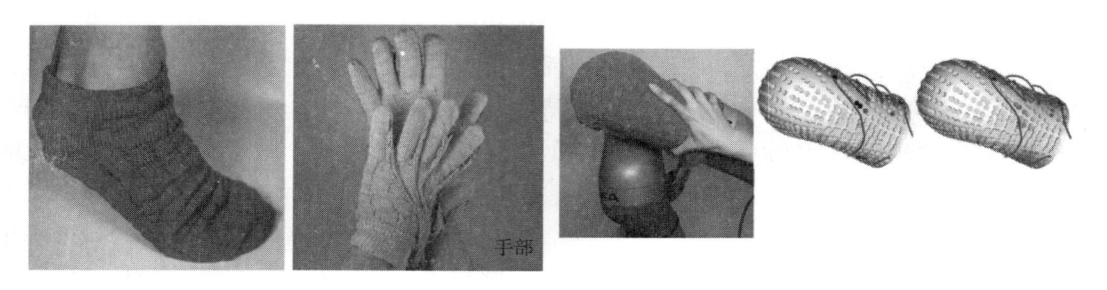

图 17-12 触觉机器学习传感纺织品收集人与环境的交互信息

17.2.3 织物后处理方法

王中林等在普通的织物基底上实现了大面积织物基压力传感器阵列的制备（图 17-13）。这种织物传感单元具有高灵敏度（14.4kPa^{-1}）、低探测极限（2Pa）、快速响应（24ms）和低能量消耗（<6μW）的特点，并且可以在复杂的形变下保持机械稳定性。基于这些优点，该全织物基传感器可以探测手指运动、手势、声音振动和实时脉搏信号。

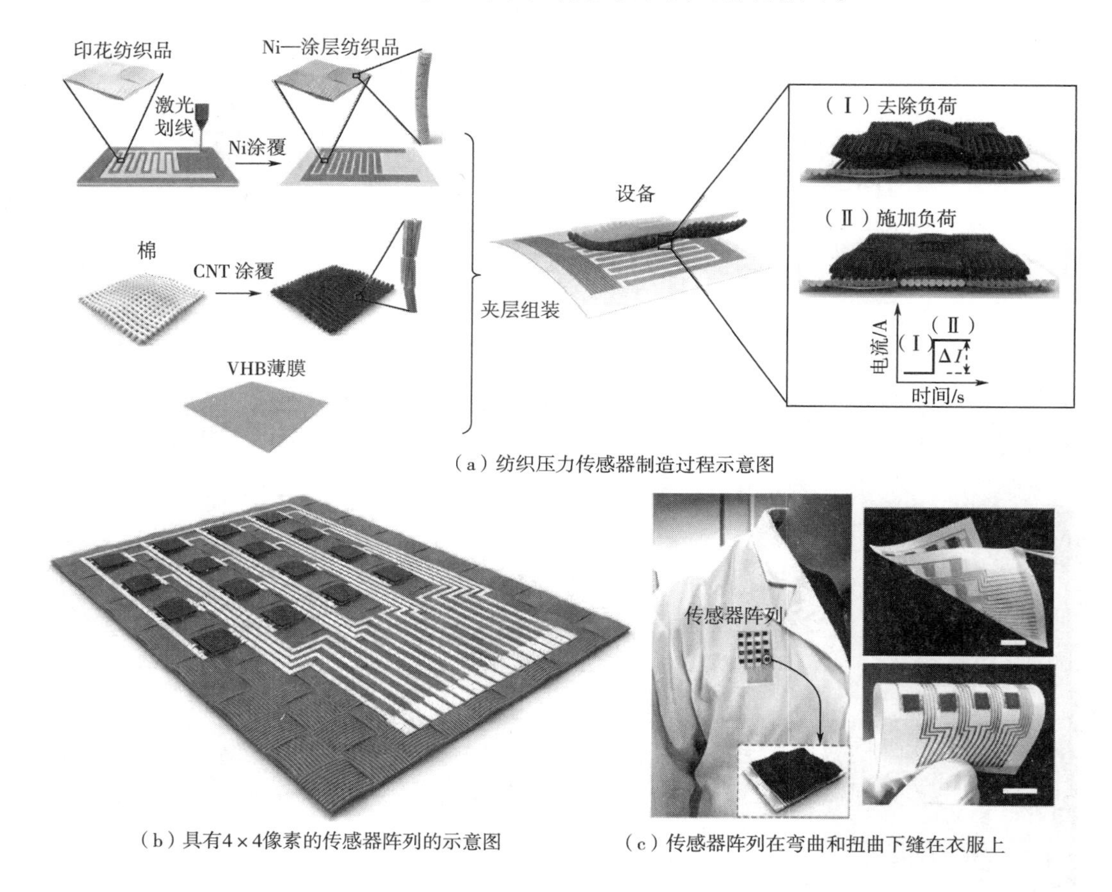

（a）纺织压力传感器制造过程示意图

（b）具有4×4像素的传感器阵列的示意图

（c）传感器阵列在弯曲和扭曲下缝在衣服上

图 17-13 全织物基传感器

王中林等对表面有绝缘胶带的聚酯纺织品的两面进行激光刻蚀，以形成具有所需图案的基材。接下来，在带有绝缘胶带的聚酯纺织品上进行了保形 Ni 涂层的化学沉积。在移除绝缘胶带后，在纺织基材上显示出两个具有交叉配置的 Ni 电极。随后，将一块涂覆有 CNT 的棉纺织品放置在 Ni 涂层的交叉电极上方，并覆盖一层薄的丙烯酸酯（VAB）薄膜以完成组装。这种传感阵列具有灵活性，可以很缝在布上，并且可以弯曲或扭曲。传感阵列可以连接到人的手腕上，并且能准确地识别出两个手指触摸的接触点。

与传统硬电极相比，智能织物多采用纳米颗粒、纳米纤维以及纳米管等材料作为导电电极。一方面，这种电极很难满足织物对于可洗性、多样性以及大量生产等方面的要求。另一方面，具有触觉和手势感应功能的智能系统对智能织物很重要。但是，若要实现手势感应，则需要集成相应的传感器，这就对电极的图案化提出了更高的要求。此外，智能织物的能源供给问题也是限制其大规模应用的原因之一。针对上述问题，王中林等研究并开发了一种基于丝网印刷的、具有手势感应功能的自驱动型智能织物（图 17-14）。这款织物不仅能够实现手势感应，而且还能够像平常织物一样清洗。

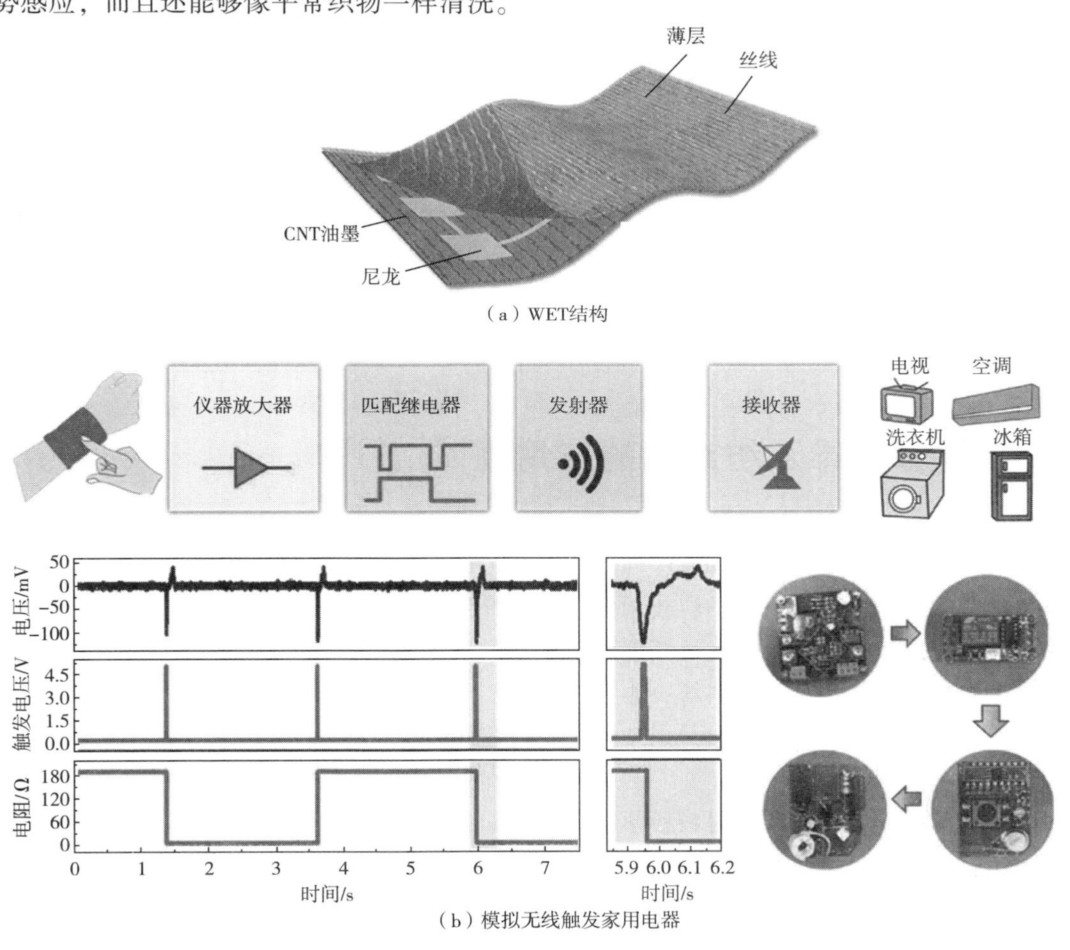

（a）WET结构

（b）模拟无线触发家用电器

图 17-14

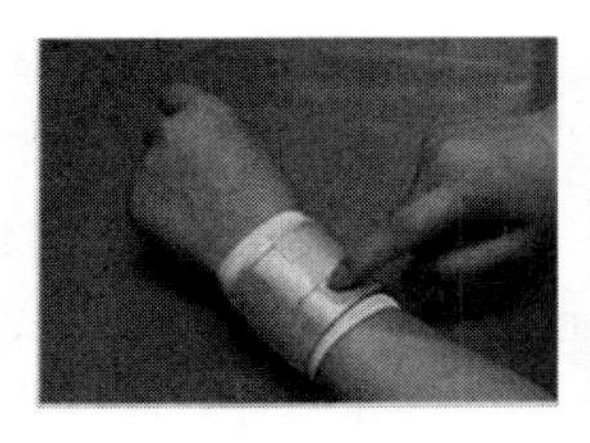

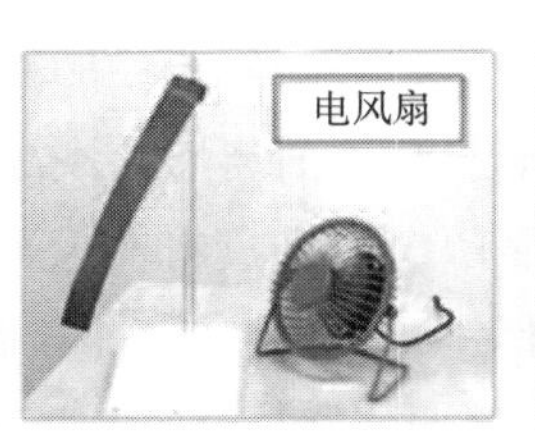

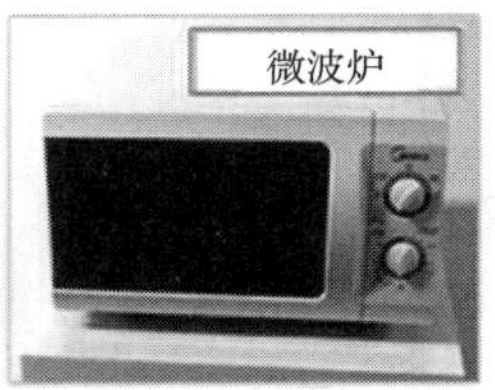

（c）WET控制电器的演示

图 17-14 通过丝网印刷制备的 WET

这款织物采用碳纳米管溶液作为电极材料，碳纳米管不但具有较高的电导率，而且还具有良好的耐清洗性能。如图 17-14（a）所示耐洗的智能织物主要由三层结构组成：最上面一层是丝织品，是一种耐摩擦材料；中间层为 CNTs 电极阵列；底部层是作为基底的尼龙织物。通过丝网印刷方式将 CNTs 油墨印制在尼龙织物表面，为了实现电极的可洗性，CNTs 油墨中加入聚氨酯（PU）。这款可水洗的智能织物（WET）的机理主要是单电极的摩擦生电。当手指接触到该智能织物的电极时，就会产生相应的电流。当手指不断敲击智能织物的时候，电极的输出电压则会呈现周期性的变化，而短路电流与敲击周期呈明显的相关性。WET 还可以充当触摸摩擦传感器，从而建立无线智能家居控制系统。如图 17-14（b）所示，集成到腕带中的 WET 可以通过人的指尖感知触摸，从而产生脉冲信号，该脉冲信号能够利用一些电子模块无线触发家用电器。所采用的小型电路板包括一个继电器、一个发射器和一个接收器，在这些电路的基础上，将原始的脉冲信号转换为触发信号。图 17-14（b）中的曲线从上到下依次是压紧的原始信号、放大/转换的触发信号以及与继电器相连的并联电阻信号。图 17-14（c）显示了 WET 控制灯泡、电风扇和微波炉的演示。此外，WET 的应用不仅限于智能家居控制，还可以扩展到工厂、医院、火车站等。

17.3 计算纤维及纺织品的应用领域

计算纤维是一种具有感知和响应外部刺激能力的智能纤维，是一种新兴的科技产品。它通过将传统的纺织纤维与先进的科技相结合，使纤维具备计算、感知、存储和通信等多种功能。这种纤维的出现，不仅极大地拓展了纺织品的应用范围，还为智能纺织品、可穿戴设备和物联网等领域提供了新的材料解决方案。

17.3.1 医疗健康

基于大数据、人工智能、材料科学等多学科交叉的智慧医疗和精准医疗的快速发展，为医疗设备的智能化与数字化提供了更多的发展机会。目前广泛使用的笨重且僵硬的医疗设备会让用户在保护、诊断、手术和治疗过程中感到不适。相较而言，纤维具有柔性，能够通过复杂的人体解剖结构，直达深层病变部位。而由这些纤维集合体组成的织物，则能在人体外围形成一个紧贴肌肤而又舒适的网络，进而对人体多样的生理活动进行实时监测。陶光明等人提出了一种以多功能纤维为基础的智能健康器件（Intelligent Health Agents）。这类智能健康器件可根据不同的医疗和日常需求分为健康监测器件、健康治疗器件、健康防护器件和健康心理器件。

17.3.1.1　健康监测

如图 17-15 所示，将多功能信息采集光纤融入传统纺织品，可以在日常活动中获取身体的多模态信息。通过将光纤传感器集成到可穿戴设备中，如智能手环或衣物，能够实时监测并记录用户的心跳和呼吸模式。除了基本的生理参数监测外，多功能信息采集光纤还能通过分析用户的动作和姿态，评估其运动机能和身体协调性。这类健康监测系统由传感器模块、数据分析模块和视觉交互模块组成。传感器模块基于光纤传感器从环境和监测对象收集数据。然后，对数据进行本地滤波、处理、分析和转发，最后无线传输到用户终端。如王中林等开发了一种基于织物的健康监测系统，用于长期和非侵入性评估心血管疾病和睡眠呼吸暂停综合征，该系统包括织物传感器、模拟调节电路、模数转换器、蓝牙模块和作为用户终端的智能手机。

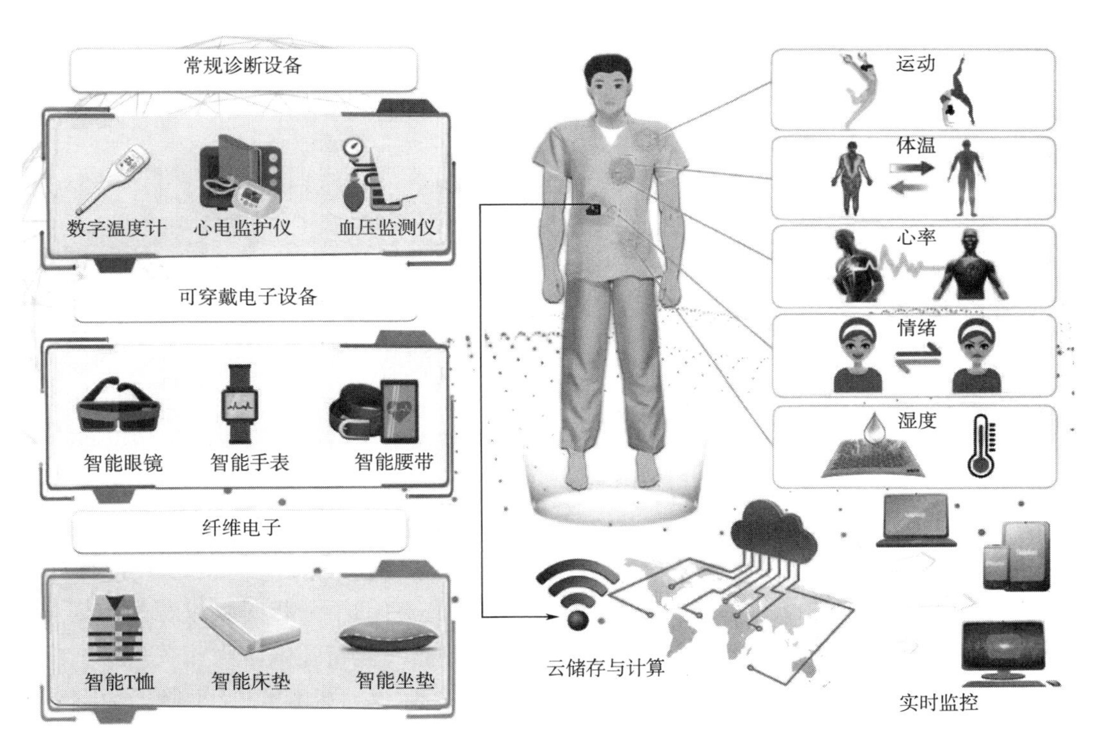

图 17-15　健康监测传感器及应用

基于多功能信息采集光纤技术集成的健康监测系统不仅提高了医疗健康服务的效率和质量，还为患者提供了更加安全、便捷的日常健康管理方式。随着技术的进一步发展，这些光纤技术将在个性化医疗、远程医疗、智能医疗等领域发挥更大的作用，实现健康管理的智能化和数字化。

睡眠是身体进行修复和恢复的重要活动。在睡眠期间，身体会释放生长激素、细胞因子等物质，促进肌肉生长、骨骼强化、免疫系统增强等。良好的睡眠习惯对人体健康至关重要。睡眠不足会导致情绪不稳定、焦虑、抑郁等问题，长期睡眠不足还会增加患上心理疾病的风险。睡眠监测方面，王中林等开发了一种无线移动的健康监护系统（WMHMS），该系统能够持续采集患者的生理信号，并为患者提供专业建议。如图 17-16 所示，将两个 TATSA（一种高灵敏度的摩擦电织物传感器阵列）缝合到衬衫的袖口和胸部，以分别实现脉搏和呼吸信号的动态和同时监测。这些生理信号被无线传输到智能移动的终端应用程序（App）中，以进一步分析健康状况。

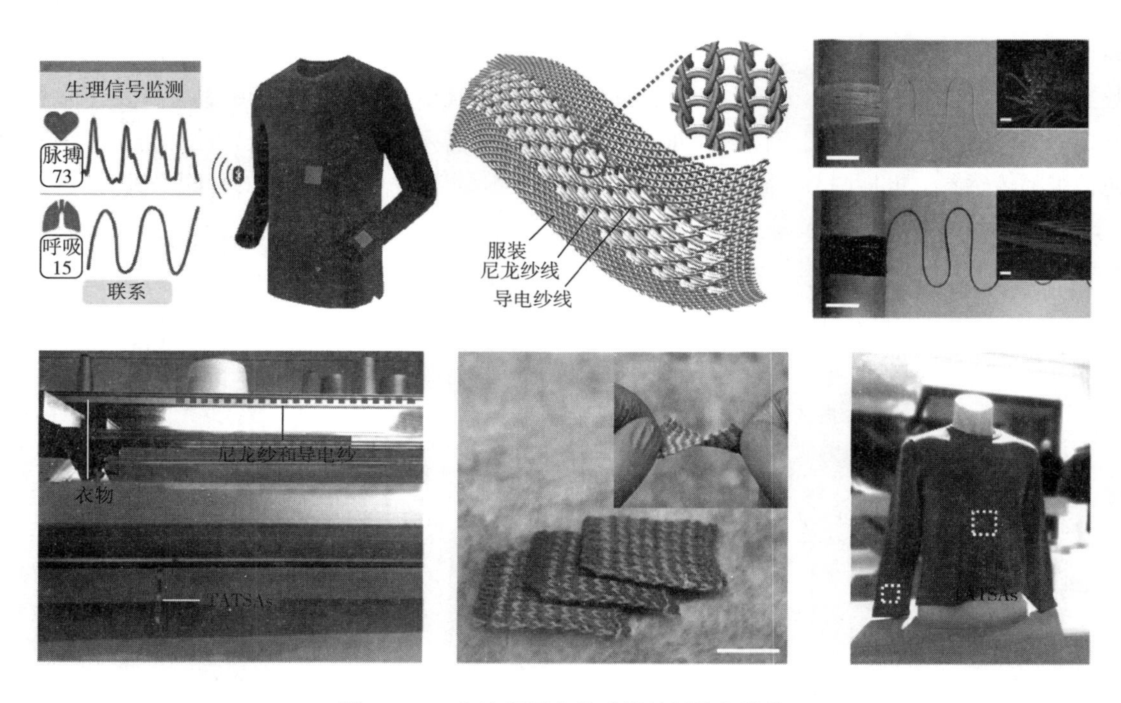

图 17-16　全纺织压力传感器的制作与结构

周志豪等开发了一种用于全面生理参数监测和保健睡眠的单层、超柔软智能织物(图 17-17)。通过实时监测和跟踪睡眠姿势的动态变化，有助于分析睡眠过程中的姿势变化对睡眠质量的影响。细微的呼吸和心冲击图（BCG）监测对诊断睡眠呼吸相关疾病具有重要意义。研究人员使用患者生成的健康数据集，还开发了阻塞性睡眠呼吸暂停低通气综合征（OSAHS）监测和干预系统，以改善睡眠质量，并防止睡眠中猝死。

通过智能、可互动的面料制备的传感器，可以实时监测心率、呼吸频率、打鼾、烦躁、辗转、下床、日常行为等生命体征数据，并对用户的健康趋势做出预测，提供睡眠质量报告和睡眠健康建议。通过上述监测数据及分析可以有效降低睡眠影响造成的患病风险。智能纺织品在睡眠监测领域的应用为未来睡眠障碍的预防和管理提供了新的技术手段。

呼吸监测方面，董超群等制备了一种由 Geniomer 包层（一种由软聚二甲基硅氧烷相和硬脂肪族异氰酸酯相组成的两相嵌段共聚物）构成的摩擦导电纤维，与聚四氟乙烯（PTFE）

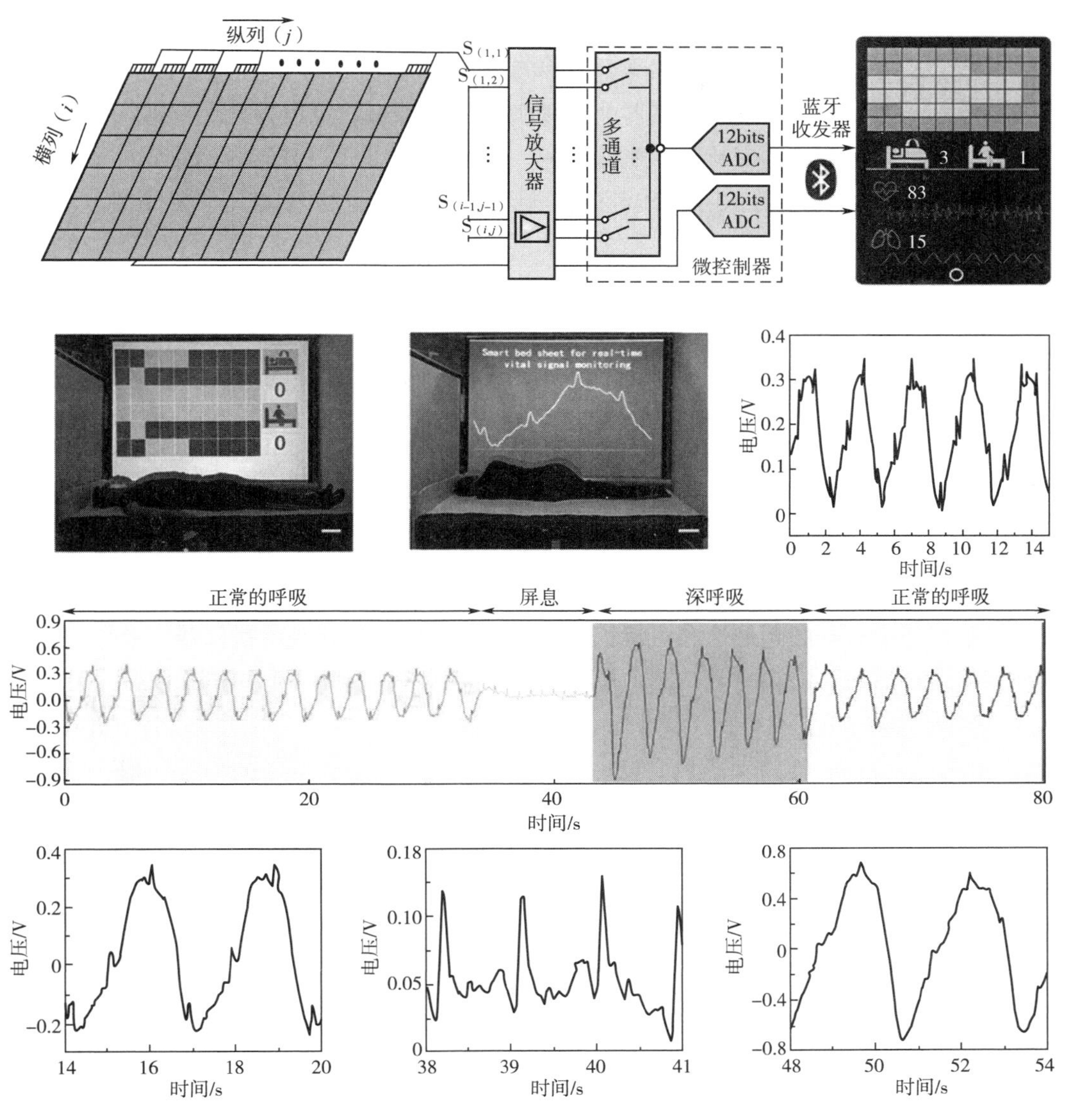

图 17-17 用于睡眠期间生理监测的超柔软智能织物

相比，Geniomer 包层是一种具有更高负摩擦电极性的弹性体，封装了六个液态金属合金（Galinstan）电极并编织成一条可拉伸的腰带，戴在人身上，能有效地区分佩戴者的不规则呼吸和正常呼吸。

严威等利用压电纤维中纳米级振动来制备声学织物。压电纤维由 P（VDF-TrFE）组成的压电复合层组成，压电复合层负载有 $BaTiO_3$ 陶瓷纳米颗粒，夹在两个碳基纳米复合电极之间，每个电极与两根铜线接触。该组件封装在弹性苯乙烯—乙烯—丁烯—苯乙烯（SEBS）包层中。这种软包层与较硬的压电复合材料的结合促使有源压电域中的应力集中，从而有效地将机械能转化为电能。用这种压电纤维编织的织物制作的背心能够监测静息心率和不同响度声音。同时用户通过播放录制的电信号，可以清楚地听到他们的心音。

计算纤维可以对数据进行捕获和存储，通过将计算纤维与 AI 工具相结合可以实现 AI 工具对所得数据的分析。在计算织物中结合 AI 和算法为人体健康、个性化护理的应用提供了可能。芬克等制备了一种装有心脏检测器的计算织物，这种织物可以检测到穿戴者在心脏病发前心脏发生的一系列细微的变化，并能够快速、自主地对病发心脏进行药物输送治疗。这种计算织物与 AI 算法的结合方式在人体健康监测以及突发疾病预防治疗等领域有着广泛的应用前景。

17.3.1.2 健康治疗

当人体遭受疾病侵袭时，通常需要借助各种治疗手段来缓解或彻底消除相关的病症。这些传统的治疗方法往往依赖于医生深厚的专业知识和丰富的临床经验。在进行手术治疗的过程中，不可避免地会产生一定程度的创伤，而这些创伤往往会在皮肤上留下难以去除的疤痕。图 17-18 中介绍了一种多功能纤维的治疗方案，根据患者的生物信息、临床症状和体征，医疗团队可以实时定制个性化的医疗保健方案和临床决策。通过对患者的详细生物信息进行深入分析，结合其具体的临床症状和体征，医疗团队能够制定出最适合患者的治疗方案。这种个性化的医疗保健方案不仅能够显著提高治疗的效率，还能有效降低治疗过程中的风险和成本。通过利用纤维材料的柔韧性和可编程性，可以大幅度减轻传统治疗仪器所带来的不适感。纤维材料的柔韧性使其能够更好地贴合患者的身体，减少对皮肤和组织的压迫与摩擦，从而

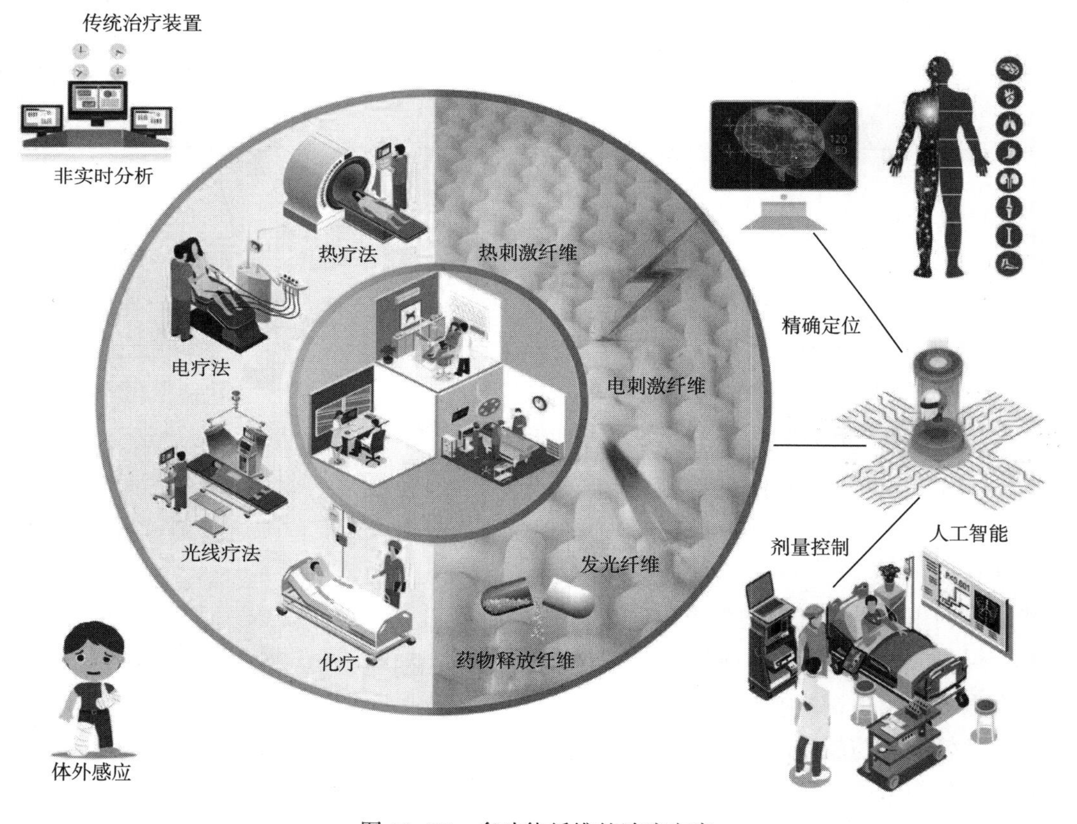

图 17-18 多功能纤维的治疗方案

提高患者的舒适度。同时，纤维材料的可编程性使医疗设备可以根据患者的具体需求进行调整，进一步提升治疗效果，减少患者因治疗带来的痛苦和不适，从而提高患者的整体治疗体验。综上所述，通过综合考虑患者的生物信息、临床症状和体征，并结合先进的纤维材料技术，医疗团队可以为患者提供更加高效、安全且舒适的个性化治疗方案。这不仅有助于提高治疗效果，还能显著改善患者的治疗体验，最终达到提高医疗质量和患者满意度的目标。

17.3.1.3　健康防护

计算纤维在健康防护方面的应用可以实现从基础的物理阻隔到高级的智能健康监测和管理。相关研究人员制备了一种智能可穿戴的传感织物，可以实时感知人体外部的潜在风险，如光、热、力、电等，织物在感应到人体外存在的潜在风险后能自动将用户当前的状态上传到云端服务器及处理器，执行预测、预警和防范，防止潜在危险的发生。

如图 17-19 所示，陶光明等表示健康防护器件可以适用于极端环境，包括微生物入侵、

图 17-19　健康防护器件

撞击和化学毒品等伤害，利用多功能纤维制作的医用服装在满足轻便的条件下可以全方位地保护用户的身体不受侵犯。

17.3.1.4 心理健康

智能织物还可以结合神经网络和算法，实现多通道、信号传感的反馈，用于心理健康分析。通过大脑可穿戴设备采集用户的脑电图信号，基于脑电波分析用户的精神状态，通过智能触摸等设备分析用户行为，实现智能情感交互机器人与用户实时交互，缓解用户的紧张状态。

如图 17-20 所示，韩成吉等开发了一种可穿戴的情感机器人。机器人收集了大量用户的情感数据后，将其传输到边缘服务器进行处理并标注为无标签数据，然后在远程云端实现情感识别的 AI 算法。图 17-21 为 AI 算法情感识别的结果。

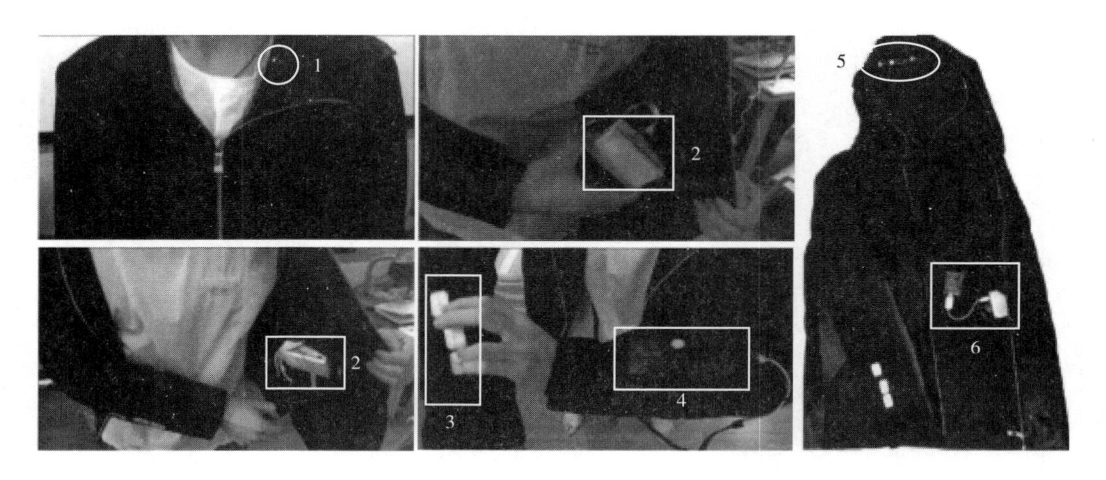

图 17-20 可穿戴情感机器人的原型

```
er.java:79) - 收到15844096407的消息
[16:47:42:984] [INFO] - http-apr-80-exec-2 com.aiwac.service.HandleBusinessService.parseBusinessType(HandleBusinessService.java:136) - business type: "0082"
[16:47:42:985] [INFO] - http-apr-80-exec-2 com.aiwac.service.HandleBusinessService.dispatchBusiness(HandleBusinessService.java:121) - start handle business for user 15844096407
[16:47:43:154] [DEBUG] - http-apr-80-exec-2 com.aiwac.service.emotion.AiwacEmotionRecognizeService.getMaxProbabilityEmotionIndex(AiwacEmotionRecognizeService.java:86) - emotion type: 0, probability: 5.0730346E-4
[16:47:43:154] [DEBUG] - http-apr-80-exec-2 com.aiwac.service.emotion.AiwacEmotionRecognizeService.getMaxProbabilityEmotionIndex(AiwacEmotionRecognizeService.java:86) - emotion type: 1, probability: 0.9293733
[16:47:43:155] [DEBUG] - http-apr-80-exec-2 com.aiwac.service.emotion.AiwacEmotionRecognizeService.getMaxProbabilityEmotionIndex(AiwacEmotionRecognizeService.java:86) - emotion type: 2, probability: 0.041019883
[16:47:43:155] [DEBUG] - http-apr-80-exec-2 com.aiwac.service.emotion.AiwacEmotionRecognizeService.getMaxProbabilityEmotionIndex(AiwacEmotionRecognizeService.java:86) - emotion type: 3, probability: 0.00915369
[16:47:43:155] [DEBUG] - http-apr-80-exec-2 com.aiwac.service.emotion.AiwacEmotionRecognizeService.getMaxProbabilityEmotionIndex(AiwacEmotionRecognizeService.java:86) - emotion type: 4, probability: 0.019752303
[16:47:43:155] [DEBUG] - http-apr-80-exec-2 com.aiwac.service.emotion.AiwacEmotionRecognizeService.getMaxProbabilityEmotionIndex(AiwacEmotionRecognizeService.java:86) - emotion type: 5, probability: 1.662228E-4
[16:47:43:155] [DEBUG] - http-apr-80-exec-2 com.aiwac.service.emotion.AiwacEmotionRecognizeService.getMaxProbabilityEmotionIndex(AiwacEmotionRecognizeService.java:86) - emotion type: 6, probability: 2.656762E-4
[16:47:43:155] [INFO] - http-apr-80-exec-2 com.aiwac.utils.SendMessageUtil.sendMessage2User(SendMessageUtil.java:49) - 发送消息给15844096407
[16:47:43:156] [INFO] - http-apr-80-exec-2 com.aiwac.tool.FileUtils.convertByteToFile(FileUtils.java:20) - conve
```

图 17-21 AI 算法情感识别的结果

17.3.2 行为分析

人体行为数据分析和建模是计算机视觉和人工智能领域的一个重要研究方向，它涉及从各种数据模态中理解和解析人类行为的能力。这一研究领域不仅对提高人机交互的自然性和便利性具有重要意义，而且在智能监控、虚拟现实、康复医疗和运动分析等领域具有广阔的应用前景。研究表明，计算纤维及织物可以分析运动、检测运动指标并提供反馈。罗奕月等通过编织低成本的压阻纤维制备了触觉纺织品，这些纺织品可以紧密贴合人体曲线或物体表面，提供高灵敏度和高分辨率的触觉感知。使用 AI 技术的传感纺织品可以分辨人的坐姿、动作以及与环境的其他互动。

芬克等通过将数字电子设备嵌入纤维中，使织物具备了机器学习推理的能力，这一技术突破为生理监测、人机交互和可穿戴设备带来了新的应用前景。如图 17-22 所示，在衬衫中集成数字纤维，制备了具有集成神经网络功能的织物，该数字纤维由传感器、数据存储、可设定的程序和存储设备中的神经网络组成。光纤中的神经网络测量温度变化并将其输入到

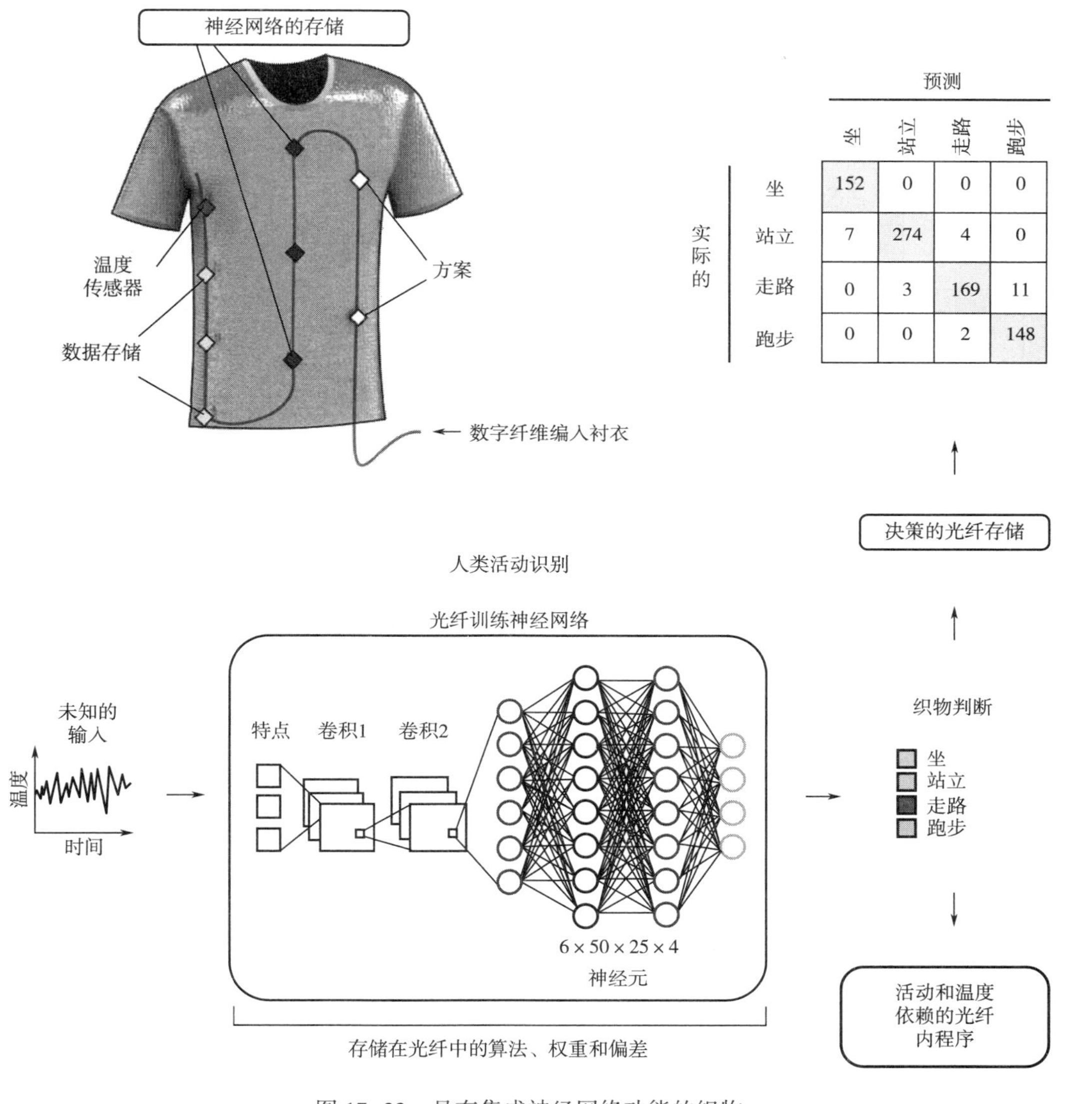

图 17-22　具有集成神经网络功能的织物

由特征提取、两个卷积层和四个神经元层组成的纤维内卷积神经网络（CNN）中。经过 CNN 分析之后，可以判断出佩戴者进行的活动类型。经测试，织物内神经网络对人体行为活动识别的准确率达到了 96.4%。

叶超等使用了一种结合双共轭静电纺丝和包芯纺丝的方法，这两种技术的协同可以生产出既具有纳米级粗糙度又有良好力学特性的 SC-TENG 纱线。所得的 SC-TENG 纱线具有良好的拉伸强度（264±22）MPa 和失效应变（3.3±0.3）%，且在超过 10 万次的弯曲测试后，其纳米表面没有明显变化，显示出良好的耐用性。这种纱线能够通过输出电压峰值曲线之间的特定差异来感知不同材料。如图 17-23 所示，智能感知（IS）织物有望通过摩擦电信号恢复触摸物体的形貌。

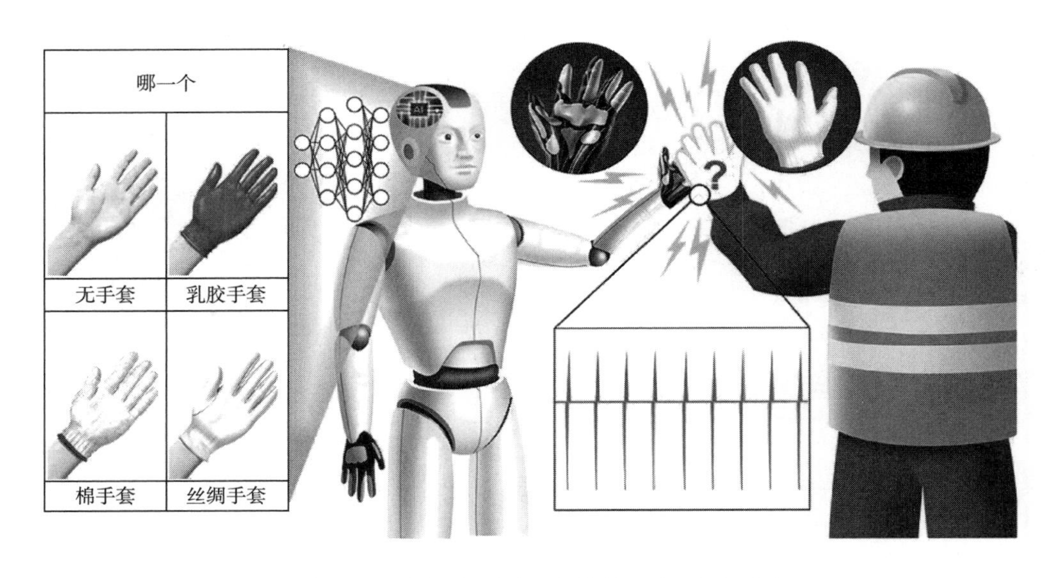

图 17-23　用于材料感知领域的 IS 织物示意图

通过分析人体行为数据，可以开发出能够理解和预测人类行为的系统，使人机交互更加自然。计算织物集成的传感纺织品可以进行康复评估，如人体行为分析技术可以用于评估患者的康复情况，通过检测关节活动度和姿态变化，为医生提供科学的数据支持。此外，在远程医疗服务中，人体行为分析可以帮助医生远程评估患者的动作，提供更精准的康复指导。

17.3.3　沟通与信息传输

织物在沟通与信息传输方面的应用是现代科技发展中的一个重要方向。随着可穿戴技术和智能纺织品的进步，织物不仅局限于传统的保暖和装饰功能，更是被赋予了全新的通信和信息传递的能力。这些智能织物可以通过集成传感器、导电纤维以及微电子芯片，实现数据的收集、传输和处理，为用户提供实时反馈和互动体验。

如图 17-24 所示，严威等从人类的听觉系统中获取灵感，将织物转化为灵敏的可听麦克风。通过该技术创新制备了声学织物，能够检测和录制可听见的声音，织物传声器在声向检测、声学通信和心声听诊方面的应用证明了其广泛的适用性。压电材料不仅可以将机械能转化为电能，还可以将电能转化为机械能。因此，除了作为麦克风感应声音，织物还可以作为扬声器广播可听见的声音，对于耳聋或听力受损的人来说可能会有帮助。

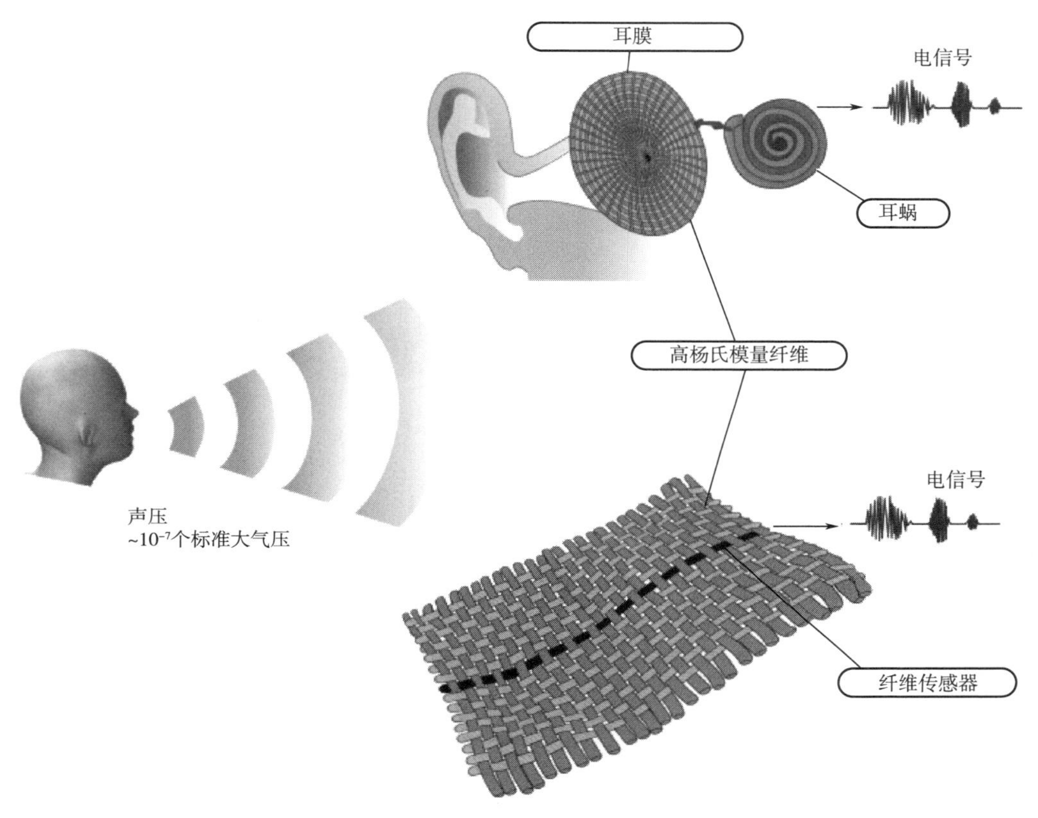

（a）由织物麦克风和扬声器实现声学通信

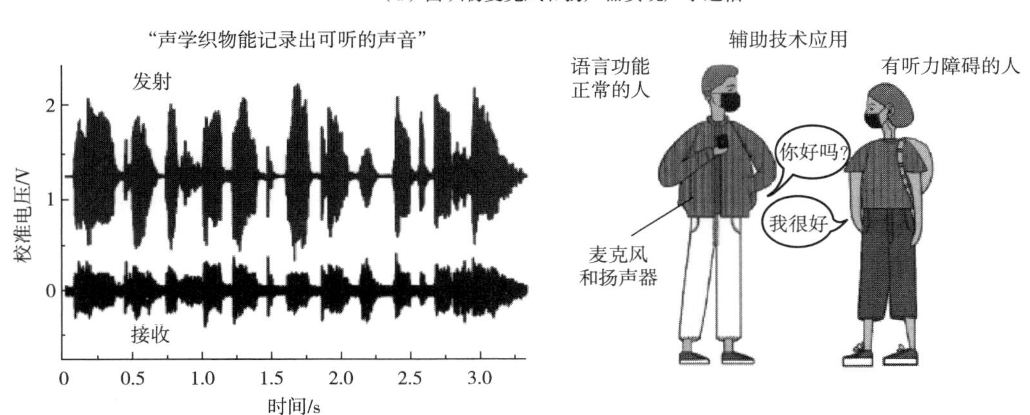

（b）声学衬衫记录并传递声音

图 17-24 织物传声器的原理和设计

当前信息技术的发展很大程度上依赖于高速和长距离的光通信，需要使用高性能半导体二极管，通过将半导体二极管结合到织物级光纤中可以实现基于织物的光通信。然而，在热拉过程中，典型半导体材料（如硅、锗和砷化铟镓）与典型金属电极之间的混合难度很高，这使得在纤维中制造高质量的半导体二极管变得不可能。如图 17-25 所示，芬克等发现了一种新方法，通过将基于微芯片的半导体二极管封装到聚合物纤维中，同时在拉丝过程中在颈部向下区域进行原位电连接，从而规避了材料混合过程中的难题，制备了发光和光探测 p—i—n 二极管光纤，与高速光发射机和接收机集成的织物可实现光数据通信。

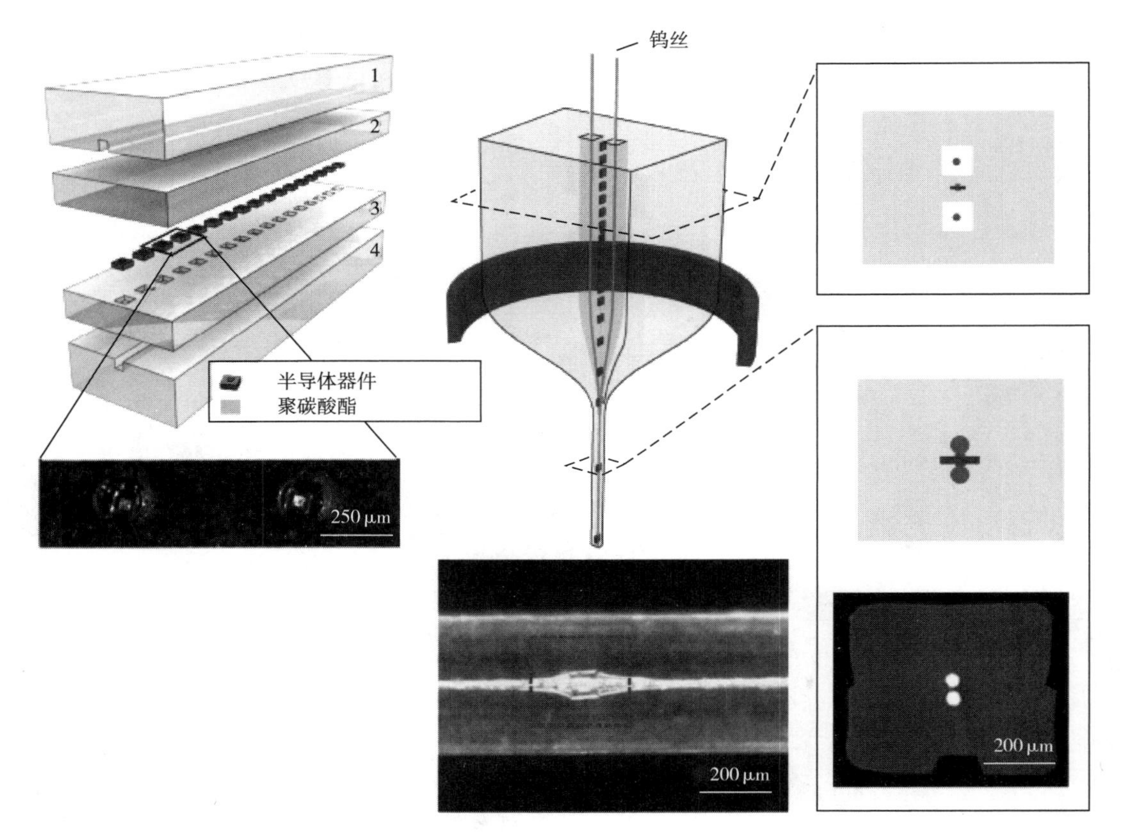

图 17-25 将高性能微电子芯片嵌入热拉拔平台的制造方案

将图 17-25 中连接二极管的金属线屈曲，形成可拉伸二极管纤维。通过将这些二极管光纤编织到织物中得到柔软且可拉伸的织物光学天线。织物天线能够接收由声波调制的光信号，并将电信号转换为原始声音，从而实现长距离的光学辅助声学通信。

参考文献

[1] SHEN Y N, WANG Z, WANG Z X, et al. Thermally drawn multifunctional fibers: Toward the next generation of information technology[J]. Info Mat, 2022, 4(7): e12318.

[2] SHI X, ZUO Y, ZHAI P, et al. Large-area display textiles integrated with functional systems[J]. Nature, 2021, 591

(7849):240-245.

[3] LOKE G,KHUDIYEV T,WANG B,et al. Digital electronics in fibres enable fabric-based machine-learning inference[J]. Nature Communications,2021,12(1):3317.

[4] ABOURADDY A F,BAYINDIR M,BENOIT G,et al. Towards multimaterial multifunctional fibres that see,hear, sense and communicate[J]. Nature Materials,2007,6(5):336-347.

[5] XU T,ZHANG Z P,QU L T. Graphene-based fibers:Recent advances in preparation and application [J]. Advanced Materials,2020,32(5):1901979.

[6] YU Y R,GUO J H,ZHANG H,et al. Shear-flow-induced graphene coating microfibers from microfluidic spinning [J]. The Innovation,2022,3(2):100209.

[7] LUO Y Y,LI Y Z,SHARMA P,et al. Learning human-environment interactions using conformal tactile textiles [J]. Nature Electronics,2021,4(3):193-201.

[8] CAO R,PU X J,DU X Y,et al. Screen-printed washable electronic textiles as self-powered touch/gesture tribo-sensors for intelligent human-machine interaction[J]. ACS Nano,2018,12(6):5190-5196.

[9] LIU M M,PU X,JIANG C Y,et al. Large-area all-textile pressure sensors for monitoring human motion and physiological signals[J]. Advanced Materials,2017,29(41):1703700.

[10] PANG Y K,XU X C,CHEN S E,et al. Skin-inspired textile-based tactile sensors enable multifunctional sensing of wearables and soft robots[J]. Nano Energy,2022,96:107137.

[11] HAM S,KANG M J,JANG S,et al. One-dimensional organic artificial multi-synapses enabling electronic textile neural network for wearable neuromorphic applications[J]. ScienceAdvances,2020,6(28):eaba1178.

[12] XING Y,ZHOU M J,SI Y G,et al. Integrated opposite charge grafting induced ionic-junction fiber[J]. Nature Communications,2023,14(1):2355.

[13] YAN W,NOEL G,LOKE G,et al. Single fibre enables acoustic fabrics via nanometre-scale vibrations [J]. Nature,2022,603(7902):616-623.

[14] DING T P,CHAN K H,ZHOU Y,et al. Scalable thermoelectric fibers for multifunctional textile-electronics [J]. Nature Communications,2020,11(1):6006.

[15] CHEN M,LI P,WANG R,et al. Multifunctional fiber-enabled intelligent health agents[J]. Advanced Materials, 2022,34(52):2200985.

[16] FAN W J,HE Q,MENG K Y,et al. Machine-knitted washable sensor array textile for precise epidermal physiological signal monitoring[J]. Science Advances,2020,6(11):eaay2840.

[17] ZHOU Z H,PADGETT S,CAI Z X,et al. Single-layered ultra-soft washable smart textiles for all-around ballistocardiograph,respiration, and posture monitoring during sleep [J] . Biosensors and Bioelectronics, 2020, 155:112064.

[18] DONG C Q,LEBER A,DAS GUPTA T,et al. High-efficiency super-elastic liquid metal based triboelectric fibers and textiles[J]. Nature Communications,2020,11(1):3537.

[19] REIN M,FAVROD V D,HOU C,et al. Diode fibres for fabric-based optical communications[J]. Nature,2018, 560(7717):214-218.

[20] CAYA M V C,CASAJE J S,CATAPANG G B,et al. Warning system for firefighters usingE-textile[C]//2018 3rd International Conference on Computer and Communication Systems (ICCCS). April 27-30,2018,Nagoya,Japan. IEEE,2018:362-366.

[21] BARATCHI M, TEUNISSEN L, EBBEN P, et al. Towards decisive garments for heat stress risk detection [C]//Proceedings of the 2016 ACM International Joint Conference on Pervasive and Ubiquitous Computing: Adjunct. Heidelberg Germany. ACM,2016:1095-1100.

[22] WANG Y F, LI L C, HOFMANN D, et al. Structured fabrics with tunable mechanical properties[J]. Nature, 2021,596(7871):238-243.

[23] YE C, YANG S, REN J, et al. Electroassisted core-spun triboelectric nanogenerator fabrics for Intelli Sense and artificial intelligence perception[J]. ACSNano,2022,16(3):4415-4425.

[24] LAI Y C, YE B W, LU C F, et al. Extraordinarily sensitive and low-voltage operational cloth-based electronic skin for wearable sensing and multifunctional integration uses: A tactile-induced insulating-to-conducting transition[J]. Advanced Functional Materials,2016,26(8):1286-1295.

第18章 纤维基生物电干电极及纺织品

18.1 纤维基生物电干电极

当前，长期可穿戴健康监测系统（LWHM）在疾病治疗、运动健身、特种任务执行等领域的应用前景广阔，已经成为国际前沿的研究热点，受到了国内外学者的广泛关注。与人体皮肤接触的生物电电极是LWHM的一个关键部分，它的主要作用是实现生物电采集系统中人体离子导电到电子导电的转换，可以分为湿电极和干电极。常规的湿电极由于成本低、极化效应小和电极/皮肤界面阻抗低而被广泛应用于心电测量等医疗设备。但是在心电信号的长期监测中，湿电极存在皮肤需要预处理、电极容易变干和皮肤出现刺激等不足。干电极因为不需要皮肤预处理和使用电解质，有望满足人体表面生物电长期监测的需求。20世纪70年代，高等就展开了干电极的研究，将电压跟随器集成到电极背后，制作出了电容式有源干电极。随着材料科学和电子技术的快速发展，近年来干电极成为表面生物电电极的主要研究方向，并取得了一定的进步。各类生物电干电极的图片汇总如图18-1所示。

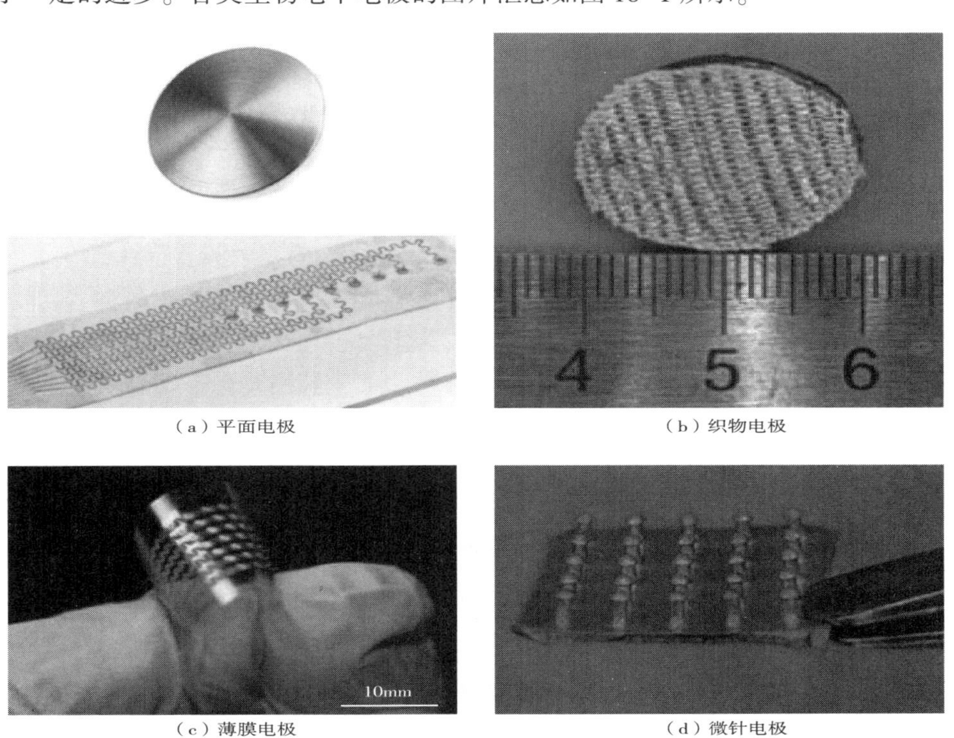

（a）平面电极 （b）织物电极

（c）薄膜电极 （d）微针电极

图18-1 各类生物电干电极

表面生物电干电极根据使用的导电材料的不同可以分为：金属类生物电干电极、碳材料类生物电干电极和导电高聚物类生物电干电极；根据结构的不同可以分为平面干电极和微结构干电极；根据基底材料的不同可以分为薄膜生物电干电极、织物基生物电干电极和无机硬质生物电干电极等；根据工作原理的不同，干电极可以分为电容式干电极和电阻式干电极。其中与皮肤直接接触的电阻式干电极是当今生物电表面电极发展的主要方向。

18.1.1 织物基表面生物电干电极的研究现状

织物基干电极因具有透气、柔韧性好且耐用等特点被集成到智能纺织品和可穿戴设备中，用于长期生物信号监测。根据制备的工艺，织物电极可分为针织物电极、机织物电极、非织造布电极、刺绣织物电极和印刷织物电极五种类型。①针织物电极：采用针织工艺将导电纱线和普通纱线相互串套连接形成导电针织物，针织电极可以更好地贴合皮肤，有助于减少电极与皮肤间接触时的相对滑移，从而降低心电信号监测中的动态噪声；②机织物电极：通过经纬交织的方式将导电纱线和普通纱线编织形成导电织物，并通过一定工艺形成机织物电极，与针织物电极相比，机织物电极结构更加稳定；③非织造布电极：将导电纤维和普通纤维通过针刺、水刺等非织造的方式形成布料，并制备成生物电信号采集电极，从织造方式来看，非织造工艺流程最短；④刺绣织物电极：用针将导电纱线在合适的基底布上按照设计好的规律穿刺形成导电织物，并加工成织物电极；⑤印刷织物电极：将导电浆料印刷在织物基底上，在其表面形成设定图案的导电线路或电极，该种方法具有速度快且成本较低的优点。

18.1.2 生物电测量原理和生物电干电极的评价指标和评价方法

生物电信号的测量原理如图 18-2 所示。在静息状态下，细胞的细胞膜内外存在着电位差，膜外为正，膜内为负。其中，细胞膜对 K^+的通透性较高，K^+会随着浓度差向外扩散，当细胞受到刺激时，会引起细胞膜部分 Na^+通道开放，Na^+会随着浓度差发生内流，膜内为正，膜外为负，从而与相邻部位产生电位差，形成可以通过生物电传感器感应的局部电流。为了获取高质量、稳定的生物电信号，生物电电极应满足以下条件：①电极与皮肤之间的界面阻抗应当最小化，以确保采集到高信噪比的生物电信号；②应保证电极与生物体之间有稳定的接触面，来减弱运动伪影对生物电信号采集的影响；③生物电电极材料的选择以及电极与皮肤接触面的结构设计都需要考虑到对人体健康的影响，避免对人体产生伤害。

当前对于纺织干电极性能的测量和评价并没有一个统一的标准和测量设备，并且电极的结构、表面状态和尺寸等参数与电极的动态噪声和其他电学性能参数之间的联系也并没有被深入研究。研究电极材料和结构差异与测量信号之间的联系对于设计和改进电极性能是非常有帮助的。然而由于缺乏必要的人体仿真设备，在很多纺织品电极和其他的生物电表面干电极的评价测量中，试验常被直接执行在人体上，并通过获得人体的心电图（ECG）或是其他生物电信号的质量来评价和测量电极或服装的性能。

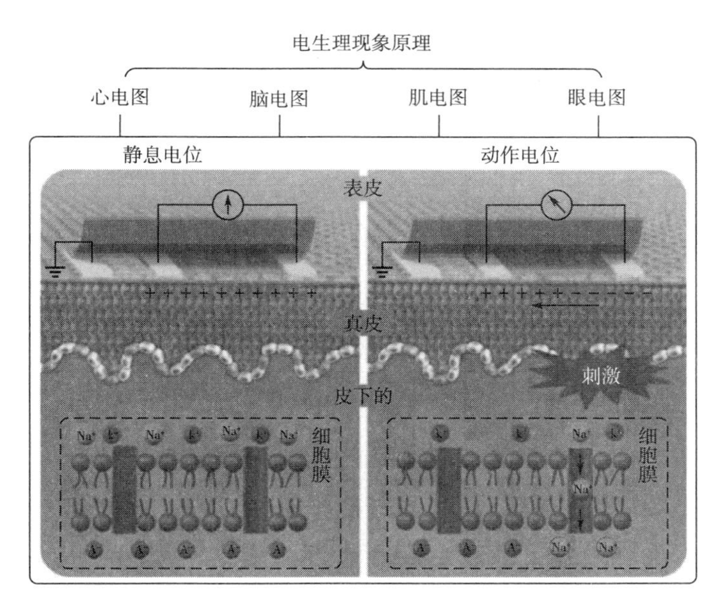

图 18-2　生物电信号的测量原理

除了人体皮肤的阻抗会随时间变化之外，不同部位皮肤的介电属性，如手掌、太阳穴、脖子等部位也存在差异。皮肤湿度、表面结构和接触力是影响皮肤/电极属性的主要因素，然而在人体皮肤上精确测量压力是困难的。因此，研究人员开发了不同类型的客观评价设备用于评价生物电干电极的性能，设备可以模拟电极与皮肤之间的压力波动、相对移动速度等变化参数，而且也能够模拟人体的生物电信号，为电极的动态性能评价提供了条件。

18.1.3　生物电测量动态噪声的来源和动态噪声的抑制方法

生物电测量是一种重要的医学诊断技术，它通过检测人体表面的微弱生物电信号来获取有关心脏、肌肉和大脑等器官的功能信息。然而，在生物电测量过程中，动态噪声是一个不可忽视的问题，它可能来源于多种因素，并对测量结果的准确性产生影响。动态噪声的来源包括外界环境因素干扰，电极本身、电极/皮肤之间压力波动和相对移动导致的肌电噪声和电化学噪声。

生物电测量中动态噪声的形成机理与消除方法研究一直是可穿戴技术领域的热点和难点。研究人员从生物电信号产生的源头入手，通过电极材料和结构设计降低电极/皮肤间的相对移动，从而抑制动态测量过程中的界面电化学噪声和肌电噪声产生。也有研究人员从生物电信号处理端入手，通过芯片设计和软件算法对噪声信号进行滤波处理，从而消除生物电信号中特定频率的电磁干扰信号，由于该芯片和软件的计算能力与操作灵活性强，让该方法具有很强的吸引力，在生物电信号采集的后处理方面有重要的作用。范·赫勒普特等分别开发了多传感器生物医学芯片（SoC）和 3 通道生物电位监测 ASIC，可实现对运动伪迹的有效抑制，适用于连续健康监测和移动医疗应用。基姆（Kim）等设计了基于幅度调制—频分复用

(AM-FDM) 技术的多通道生物电位采集系统，巴布西亚克等研究了集成模拟前端集成电路和数字信号处理的两电极 ECG 系统，可实现高质量的心电信号采集。袁帅英等提出了深度局部双视图特征和双输入变压器框架，可从心电图中识别出常见的污染噪声类型。科斯塔等提出了一种电力线谐波抑制算法，提高了生物电信号的信噪比，能在强烈的谐波干扰下进行连续监测。杨斌等设计了一种基于电容耦合生物电势传感电极的可穿戴心电图（ECG）测量系统，并采用基于奇异谱分析算法提高 ECG 信号质量。

18.2 基于金属导电纤维的织物干电极

18.2.1 概述

金属导电纤维是制备织物干电极常见的材料之一，研究人员采用银、铜、镍、不锈钢等金属作为导电材料，采用一定的工艺将其与纤维结合形成导电纤维或长丝，并制备成织物电极。海伦娜·科斯纳科娃等介绍了一种为肌肉麻痹患者设计的智能眼电图（EOG）头带和信号采集硬件，利用静电纺丝技术制备了 EOG 监测银导电织物电极，并将其与信号采集模块、光电容积描记图（PPG）传感器和心电图（ECG）传感器集成到头带上，用于监测患者的眼动、心率、血氧饱和度等生理参数。研究团队通过优化电极布局、使用大面积的导电织物提高了 EOG 信号的质量，结果显示，与传统的 Ag/AgCl 凝胶电极相比，所开发的头带在湿润条件下表现出与湿电极相近或更优的性能，且在动态条件下也显示出良好的信号稳定性。维格尼什·拉维汉德兰等采用银纱线制作不同种类电极，通过使用模拟汗液对刺绣和针织电极进行测试，结果显示针织和刺绣电极在湿润后的平均阻抗降低了 25%以上，经过 24h 的干燥后，针织电极的阻抗平均值增加了 30%以上。马蒂亚斯·鲁萨宁等开发了银氧化物织物电极，并将其集成在头带中用于前额区域脑电图（EEG）的测量。织物电极与皮肤接触开始具有较高的皮肤/电极阻抗，但在 60min 后阻抗降低至初始值的 50%～55%。织物电极在经过短时间稳定后，能够可靠记录前额区域 EEG 信号，其性能接近医用湿电极。

除了使用银导电纱线之外，研究人员也采用了其他金属或合金纱线作为织物电极的导电纱线。拉玛·雷迪等研发了两种导电纺织面料电极，一种是由铜、镍和镀银尼龙制作而成的导电织物，另一种是由银线、氨纶和棉纱制作而成的导电针织汗布。制备的织物电极具有小于$1M\Omega/cm^2$ 的皮肤/电极接触阻抗。通过功率谱密度、峰度、基线漂移和信噪比等多种定量指标评估了纺织电极的性能，并与标准的临床级导电凝胶 Ag/AgCl 湿电极进行了比较，结果显示，织物电极在 ECG 信号获取方面表现与 Ag/AgCl 凝胶电极相当。杨显庆等通过静电纺丝技术结合真空抽滤工艺，开发了一种具有超亲水—超疏水双层膜结构的纤维薄膜电极，该电极能迅速将汗液从皮肤/电极界面转移到外部，同时阻止汗液反向渗透，结果显示，与传统的 Ag/AgCl 凝胶电极和亲水性纺织电极相比，纤维薄膜电极在干性和湿润性条件下均能稳定地采集电生理信号，且显示出更佳的抗汗液干扰能力，为长期稳定监测电生理信号提供了新的方法。帕塔·萨拉蒂·达斯等采用镍、铜和金涂层的涤纶织物作为电极材料，通过编织方法制作了一款用于心电图信号监测的导电织物腕带，测试结果显示，与传统的湿电极（Ag/AgCl）相比，这种干式织物腕带电极在长期心电监测时具有较低的皮肤/电极阻抗，且不易引起皮肤刺激，在运动状态下也能较好地抑制运动伪迹，展现出与 Ag/AgCl 湿电极相当的心电图信号质量。唐雅文等采用由铜/镍（Cu/Ni）和聚酯构成导电织物，研发了一种 EEG 信号测量的电容式织物电极，并进行了系列测试验证，测试结果显示了开发的系统在监测睡眠、ICU 患者以及脑机接口（BCI）等领域具有一定的应用潜力。表 18-1 对金属导电纤维制备织物电极的制备方法、测试目标和性能进行了系统的总结。

表 18-1　基于金属导电纤维制备织物电极的材料、制备方法和性能表

导电材料	基底材料	制备方法	信号质量	接触阻抗	电极尺寸/mm	生物电信号类型
银	尼龙多丝纱	捻合、刺绣	—	—	10×10	ECG
	非织造布	丝网印刷	—	—	—	ECG
	Madeira HC40 线、尼龙面料	刺绣	—	—	—	ECG、EEG、EMG
	氯丁橡胶纱线	—	EEG 信号质量与湿电极相似	—	—	EEG
	织物	—	—	—	—	EEG、PSG
银导电油墨	非织造布 PU	印刷	信噪比 29.23 dB	—	Φ10~30	ECG
银 碳粉	尼龙纤维	电镀、熔融纺丝	—	—	—	ECG、EOG
铜/镍/银；银	尼龙纤维、棉纤维	捻合、针织	峰值、信噪比和信号质量与 Ag/AgCl 电极非常相似	<1MΩ/cm^2	30×25	ECG
PEDOT 银	聚对苯二甲酸乙二醇酯(PVDF)纤维网	静电纺丝、气相聚合、原位聚合	—	与 Ag/AgCl 电极相似	—	ECG
镍/铜/金	聚酯纤维	电镀、机织	PSD 与 Ag/AgCl 电极相当	<Ag/AgCl 电极	—	ECG
镍/铜	聚酯纤维织物	黏合	—	—	—	EEG
不锈钢纱线	棉织物	机织	—	—	—	ECG

18.2.2　Ag/AgCl 织物电极的制备方法和测试指标

Ag/AgCl 织物电极是典型的非极化电极，该类电极由镀银尼龙纱线采用平针绣刺绣方法在非织造布上制备，随后采用电化学沉积法在电极表面形成一层 AgCl 镀层。采用冷场发射扫描电镜表征织物表面的银涂层形貌，采用 X 射线能量色散谱仪测定织物表面银元素和氯元素的原子百分比，采用电化学工作站测试电极的电化学阻抗谱、静态开路电位和动态开路电位。

18.2.3 Ag/AgCl 织物电极的性能测试和应用

图 18-3（a）显示了 5 种织物电极（代号分别为 E0、E3、E6、E9、E12）的外观图，随着电化学沉积时间的增加，刺绣电极的表面颜色变深。图 18-3（b）显示了电流与氯化时间的曲线，这些曲线与横坐标形成的区域面积表示氯化过程中的电子转移量，随着氯化时间的增加，电流会逐渐减小，这是由于电压一定，当刺绣电极表面的 Ag 逐渐转化为 AgCl，刺绣电极表面电阻增大，则对应的电流减小。

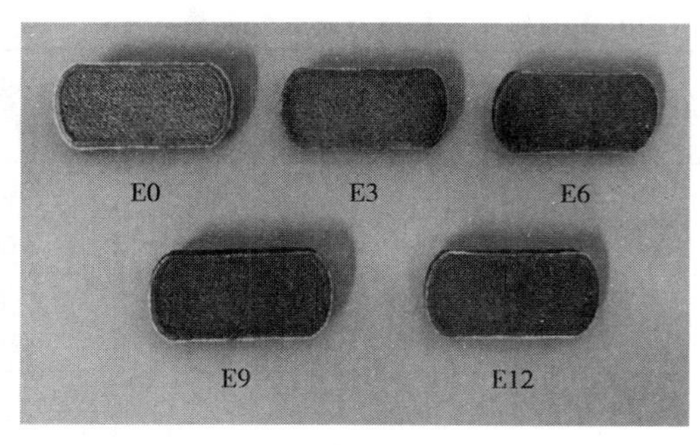

（a）织物电极外观

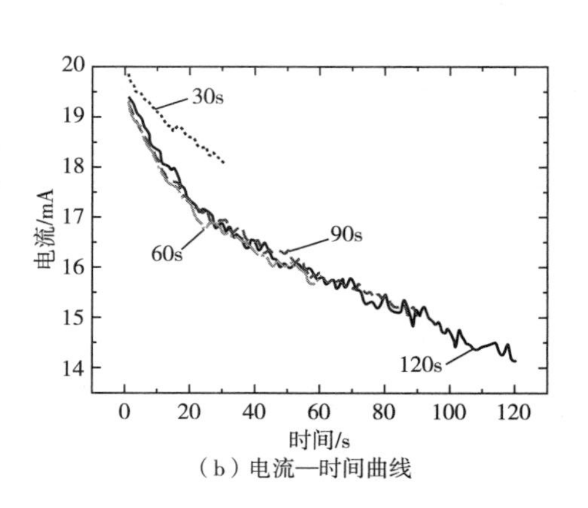

（b）电流—时间曲线

图 18-3 电解沉积的刺绣电极

从表 18-2 中可以看出，随着电解沉积时间的延长，Cl 原子分数从 2.84% 上升到 40.12%，这表明镀银纱线表面 AgCl 的含量是随着电解沉积时间的增加而增加的。

表 18-2 电极表面的 Ag 和 Cl 元素的含量

元素	E0		E3		E6		E9		E12	
	重量分数 /%	原子分数 /%	重量分数 /%	原子分数 /%	重量分数 /%	原子分数 /%	重量分数 /%	原子分数 /%	重量分数 /%	原子分数 /%
Cl	0.95	2.84	13.42	32.05	15.1	35.11	16.96	38.32	18.05	40.12
Ag	99.05	97.16	86.58	67.95	84.9	64.89	83.04	61.68	81.95	59.88

电化学阻抗谱是评估电极电化学性能的重要参数。压力值与接触阻抗值之间存在正相关性，当界面压力增大时，人体皮肤与织物电极之间的接触面积增加，其接触阻抗将会降低，从图 18-4 可以看出，五种刺绣电极的阻抗值随着模拟皮肤与电极之间压力以及频率的增大而减小，低频区域的阻抗降低得更加明显，由于 ECG 信号主要在 0.01～35Hz 的低频范围内，在分析心电电极性能时应当着重考虑低频区域的电极阻抗特性。而在 4 种不同的压力下，E9 的阻抗值始终最小，阻抗的变化幅度也是最小的。

采用 BIOPAC MP150 测量人体的心电信号，被测对象为一名 24 岁的健康男性。将两个刺绣织物电极分别放置在胸部的左侧和右侧靠近锁骨的位置作为工作电极，参考电极放置在左腹部靠近肋骨的位置。将刺绣电极用弹性绷带分别固定在志愿者的胸部和腹部，测试状态图如图 18-5（a）所示。采用五种织物电极和 Ag/AgCl 凝胶电极分别采集志愿者的 ECG 信号，测量结果如图 18-5（b）所示，织物电极展示了良好的性能。

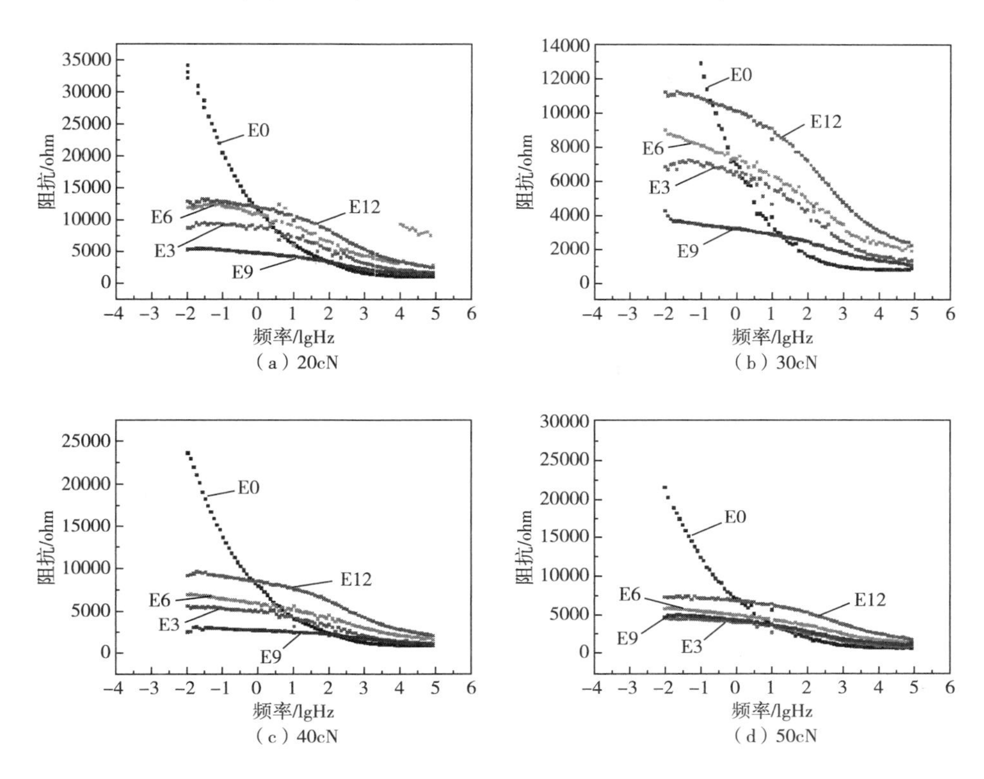

（a）20cN　（b）30cN　（c）40cN　（d）50cN

图 18-4　不同压力下电极的频率—阻抗曲线

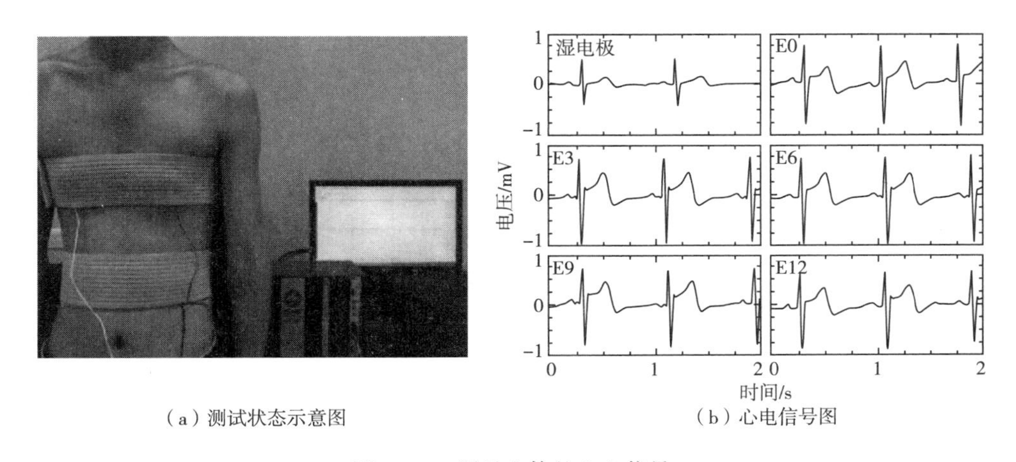

（a）测试状态示意图　（b）心电信号图

图 18-5　测量人体的心电信号

本节对使用金属导电材料制备的织物电极进行了总结，并对 Ag/AgCl 织物电极的制备、测试和应用进行了重点介绍。在所有的金属导电纤维织物电极的研究中，对于心电测试的结果都具有与 Ag/AgCl 湿电极相当的性能，并且还具有纺织材料柔软、透气、舒适和易于集成的独特优势。然而，在之前的电极研究中，对电极的耐磨稳定性和耐腐蚀稳定性研究较少，由于金属镀层或金属纳米线等材料与高分子材料构成的织物基底存在结合牢度的问题，在使用过程中，镀层与基底脱落会导致电极性能的急剧衰减，金属镀层纱线的耐磨性和耐腐蚀性问题亟待解决。

18.3 碳导电材料纤维基干电极

18.3.1 概述

碳材料具有优良的导电性和稳定性，以石墨、炭黑、石墨烯、碳纳米管、碳纳米纤维等材料作为电极导电材料的研究非常多，表 18-3 显示了碳导电材料制备织物电极的制备方法、结构和性能的情况。高坤鹏等开发了碳纤维刷毛干电极，这是一种碳纤毛构造的软质针状干电极，可用于 EEG 信号的测量，与金属或导电橡胶制造的纯针状电极相比，碳纤维电极完全柔软，可以提供更大的皮肤电极接触面积，从而获得更好的舒适性和更低的接触阻抗，皮肤/电极接触阻抗为 10~100kΩ，监测的 EEG 信号质量与湿 Ag/AgCl 电极相似。约吉塔・迈塔尼等采用了激光诱导的方法在kevlar 纺织品上直接形成导电的石墨烯层，织物的电阻可以达到（3.6±1.3）kΩ，随后将织物浸渍聚（3,4-乙二氧噻吩）:聚（苯乙烯磺酸盐）（PEDOT:PSS）溶液并干燥处理，其电阻可以降低到（19±6.5）Ω，在 40Hz 至 1kHz 的频率范围内，皮肤/电极的接触阻抗为（100±3）kΩ 至（7.9±3）kΩ，比大多数由 Ag/AgCl 制成的传统湿电极低约 13%，且制备的干电极采集的 ECG 信号与使用传统湿电极的临床设备相当。穆拉特・卡亚・亚皮奇等采用同样的方法开发了石墨烯织物电极，并且制备了可以测量人体 ECG 信号的腕带和颈带，并开发了一套信号采集装置和滤波算法，评测了两套可穿戴装置的 ECG 采集性能。雷迪等采用了石墨烯基纳米复合材料，并使用了浸涂和喷雾印刷这两种不同的制备方法，来制备具有导电性的石墨烯涂层纺织品，并开发了一种新型的可穿戴单臂诊断心电图系统。杰达里・戈尔帕瓦尔等开发了一种基于石墨烯织物电极的可穿戴眼动追踪系统，该系统能够通过眼动控制鼠标光标和四轮机器人，演示了石墨烯纺织品在人机交互领域的应用。

表 18-3 碳导电材料制备织物电极的情况

导电材料	基底材料	制备方法	信号特征	接触阻抗	电极尺寸/mm	生物电信号
激光诱导石墨烯	凯夫拉织物	激光直写	信号质量与常规湿电极信号相当	(100±3)kΩ @ 40Hz	20×20	ECG
碳纤维 碳纳米管 金	聚二甲基硅氧烷(PDMS) 聚氨酯(PU)	模具浇铸 电镀	—	133kΩ	Φ17 厚 7	EEG

续表

导电材料	基底材料	制备方法	信号特征	接触阻抗	电极尺寸/mm	生物电信号
石墨烯 碳	PET 薄膜	打印 转印	信噪比 (48.96±2.52)dB	2200~2500Ω	Φ13	ECG
石墨烯	尼龙织物	涂覆 化学还原	与常规湿电极相比，在时域和频域上有高一致性	87.5~55kΩ @10~50Hz	60×30	ECG
还原氧化石墨烯	棉织物	涂层 化学氧化还原	与 Ag/AgCl 电极具有 87%的相关性	—	30×30	EOG
还原氧化石墨烯	尼龙织物	化学聚合 喷涂	信噪比 17~30 dB	67~16kΩ @1Hz~1kHz	30×30	ECG
还原氧化石墨烯	不同织物面料 聚乙烯泡沫垫	涂覆 化学还原	—	87.5~11.6kΩ @10Hz~1kHz	30×30	EOG

18.3.2 碳导电材料纤维基干电极制备方法和测试指标

图 18-6 显示了石墨烯织物的制备流程和石墨烯织物电极的照片，首先制备氧化石墨烯（GO）悬浮液，然后将织物浸入 GO 溶液中，随后将带有 GO 溶液的纺织品在一定的温度（约 80℃）下干燥，GO 片会包裹在织物中单根纤维表面，利用肼或碘化氢等还原剂对纤维表面的氧化石墨烯涂层进行还原反应，并用去离子水冲洗，这样会在纤维表面形成稳定且导电的还原氧化石墨烯涂层。所制备织物电极的片电阻约为 20kΩ/m^2。通过设定工艺参数来调整表面还原氧化石墨烯的电导率。为了便于测试，将制备好的石墨烯纺织品切割成所需的尺寸（3cm×3cm），并固定在衬底上，在衬底上可以焊接电线，以便与生物电信号监测模块进行连接。

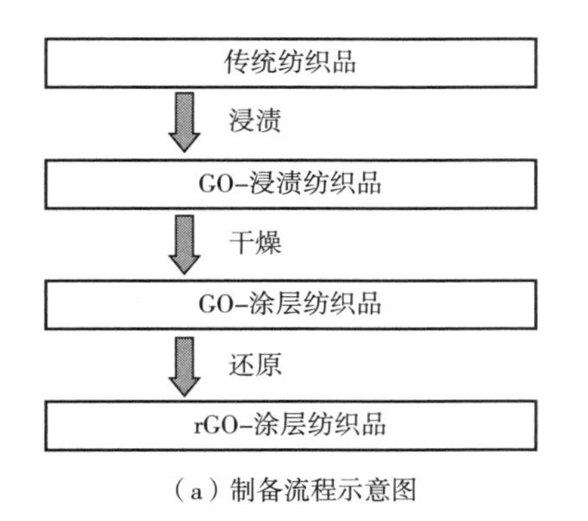

（a）制备流程示意图

（b）石墨烯纺织品

图 18-6 基于“浸渍—干燥—还原”流程的石墨烯纺织品

当石墨烯织物电极固定在眼睛周围时，可以用来感知微弱的生理信号。为了识别 EOG 信号，需要进行信噪分离、放大和特定频率提取等操作。①信噪分离，将原始 EOG 信号与噪声成分分离，电磁辐射、射频、运动伪影以及其他生理信号（如脑电图和面肌电信号）等都被认为是 EOG 中的噪声成分；②EOG 信号的幅度很小，需要设定放大电路将信号放大；③选择在 0 到 10Hz 的频率范围内观察 EOG 的特性。

18.3.3 碳导电材料纤维基干电极的性能测试与应用

选择 8 名受试者并记录 EOG 信号，显示最高重叠的一组信号被绘制在图 18-7（a）中，在图 18-7（b）和图 18-7（c）中分别显示了采用石墨烯织物电极和 Ag/AgCl 电极采集的第一个参与者的典型的 EOG 信号，并对不同眼球运动进行了详细比较和解释。比较记录的信号表明，水平跳眼运动引起的特征性 EOG 生物电位包括左旋和右旋；此外，两个电极都能准确地捕捉到自发的眨眼和注视。在整个 100s 的记录周期内，信号的相关性达到 86%的高重叠，这显示了开发的石墨烯织物电极在 EOG 测量中的良好性能。

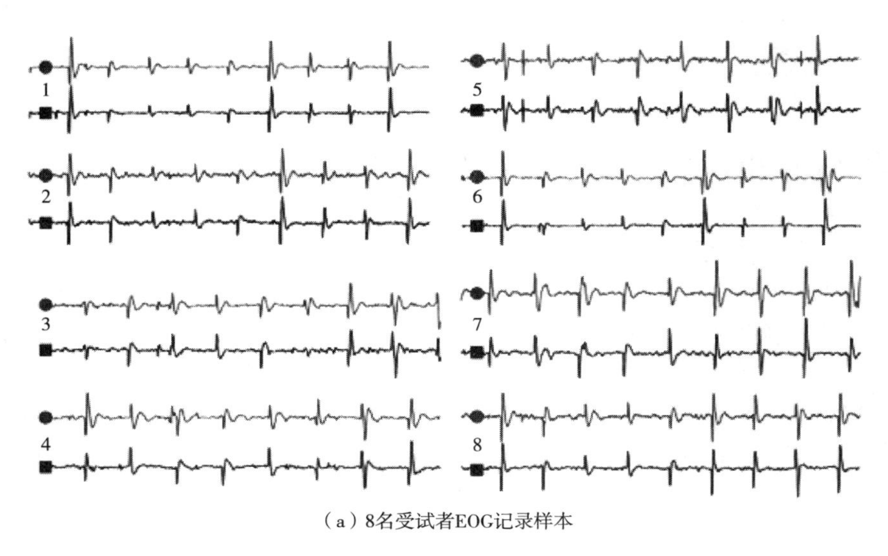

（a）8名受试者EOG记录样本

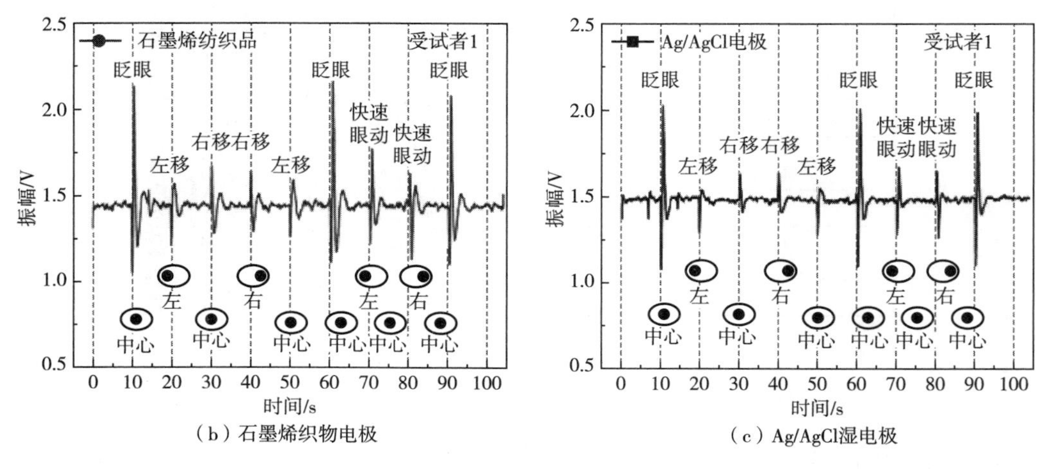

（b）石墨烯织物电极

（c）Ag/AgCl湿电极

图 18-7 受试者的 EOG 信号

在生物电位测量中，电极放置在身体上的实际位置对获取的信号特性有直接影响，因此第二个试验设计在 EOG 采集期间保持电极的位置不变。但是，在物理上不可能同时将两个不同的电极放置在同一点上。因此，将选中第一组试验中表现出最高重叠系数的两名参与者进行同时测试［图 18-8（a）］，两名参与者分别使用石墨烯织物电极和有预凝胶化的 Ag/AgCl 电极采集 EOG 信号。这种测量方式可以使用采集模块从两个通道同时获取 EOG 生物电位。参与者被要求遵循相同的眼动流程，包括眼球跳动、注视和眨眼。尽管石墨烯织物电极和 Ag/AgCl 电极放置在两个不同的人身上，无法避免生理差异和同步差异，但记录的眼电图非常一致，在 90s 的持续时间内显示出 73%的相关性［图 18-8（b）］。

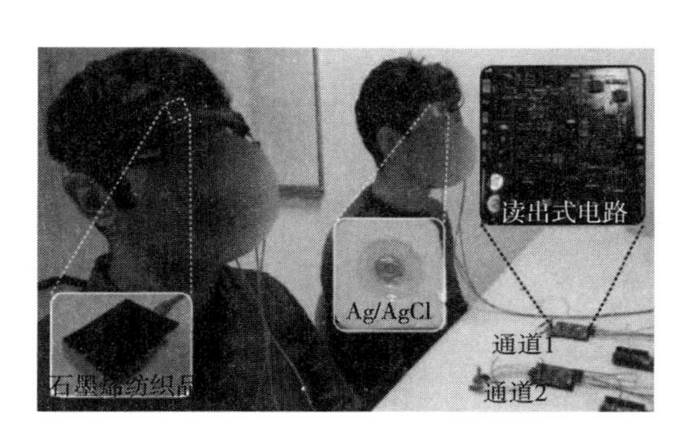

（a）实验装置

（b）记录信号图

图 18-8　同时获取两个受试者的眼电信号

由于碳材料具有稳定性高和易于与纺织品集成等优点，被广泛应用在各种类型的电极材料中。石墨、石墨烯、还原氧化石墨烯和碳纤维是目前织物电极中主要使用的碳基导电材料，通过将碳材料与纤维或织物集成，制备出可采集各种生物电信号的电极，是纺织电极的一个重要研究方向。然而，纳米结构的碳材料用于与人体直接接触的电极中，其安全性和生物兼容性还有待进一步研究。

18.4　导电高聚物材料纤维基干电极

18.4.1　概述

随着导电聚合物的发展，将不导电的纺织纤维转变为柔软的导体成为可能。在各种导电聚合物中，聚-3,4-乙烯二氧噻吩掺杂聚苯乙烯磺酸盐（PEDOT:PSS）是最常用的导电聚合物之一。由于其具有低带隙、优异的电化学和热稳定性等特性，且生物相容性良好，因此，已被用于制造记录体外和体内细胞外电位电极。潘尼德（PANI D）等研发了一种基于 PEDOT:PSS 导电高聚物的纺织品电极，用于 ECG 监测系统。

18.4.2 导电高聚物材料纤维基干电极制备方法和测试指标

配置好 PEDOT:PSS 溶液，在室温下将织物棉（250μm 厚）和聚酯织物（400μm 厚）放入聚合物溶液中浸泡至少 48h 后，将其取出并在金属滚动滚筒之间挤压去除过量溶液，随后将样品在 180℃ 下烘 3min，将烘后的织物切成 35mm×65mm 的小片，并测量其表面电阻。

为了评估导电织物作为表面生物电位电极的性能，使用棉纱将导电织物与 35mm×35mm 泡沫缝制成层状结构的织物电极，如图 18-9 所示。

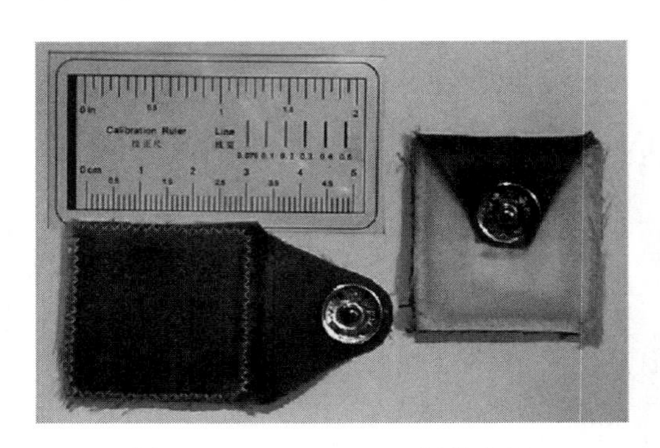

图 18-9 PEDOT:PSS 织物电极

18.4.3 导电高聚物材料纤维基干电极的性能测试与应用

受试者 1 对所有干纺织品电极的皮肤接触阻抗评估的结果如图 18-10 所示，扫描频率在 20~250Hz。20Hz 时阻抗中位数约为 40kΩ，频率下降趋势明显，重复性好，这些结果与一次性凝胶化 Ag/AgCl 电极相似。

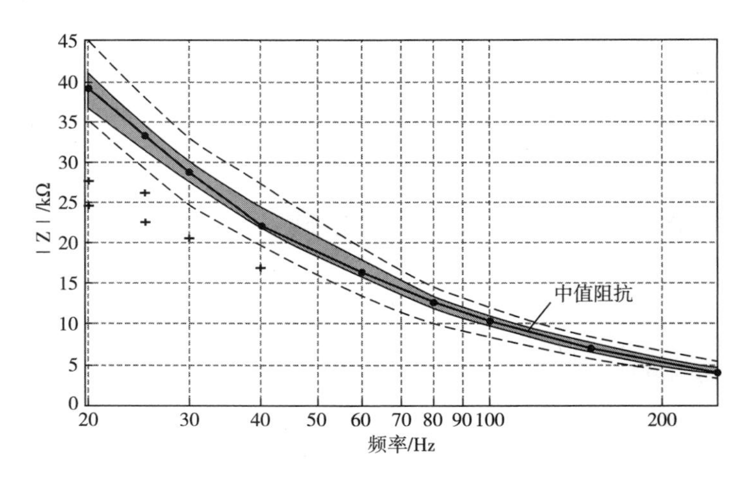

图 18-10 采用 20 个织物电极在不同频率值下测试受试者 1 的阻抗曲线

图 18-11 显示了从受试者 1 获得的静止 ECG 信号的功率谱密度（PSD），采用 Ag/AgCl

电极和织物电极从受试者采集的 ECG 信号 PSD 非常相似，特别是 T 波、P 波和 QRS 波群的峰值具有很好的一致性，这意味着织物电极可以在干燥条件下采集人体的 ECG 信号，并准确反映人体的健康状况。

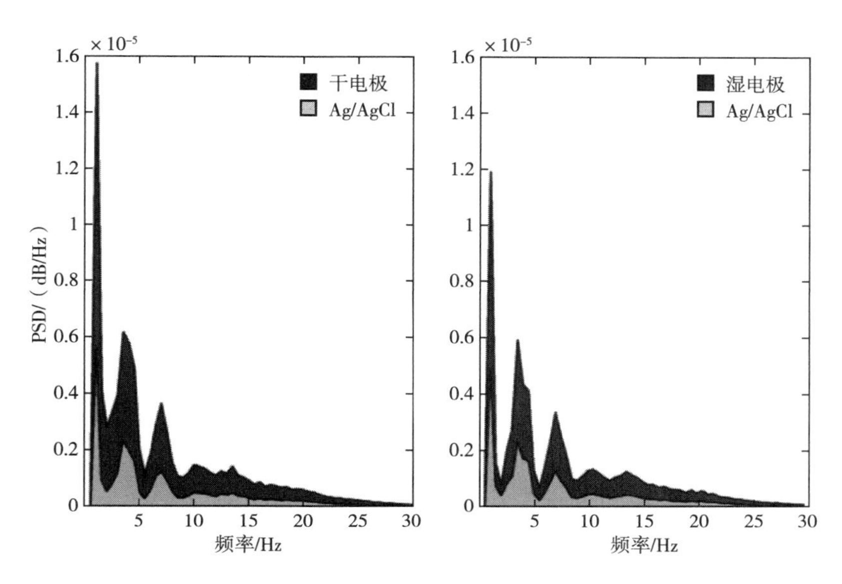

图 18-11　静止状态下用于 Ag/AgCl 和干/湿纺织电极的 PSD

导电高聚物材料所制备的电极是一种利用特殊高分子材料通过掺杂获得导电性的电极，以其轻质、柔性和导电性可调节等优点而被广泛应用于能量存储、传感器和柔性电子设备等领域，但也面临稳定性和机械性能的挑战，目前，应用导电聚合物制作的织物电极还比较少，随着导电高聚物材料性能的提升，未来有望在织物电极中得到更多的应用。

18.5　纤维基干电极的评价方法

在大多数纺织医疗应用产品中，导电织物和导电纱线是其中的主要成分。这些织物和纱线能够作为电极和导线集成在服装中并且不会带来不便，穿着舒适并且可以用于生物电信号的长期测量。然而，现在对于现有的纺织干电极的性能测量和评价并没有一个统一的标准和测量设备。因此在评价纤维基干电极的性能时，研究人员需要考虑多个方面因素，包括电极的电化学活性、稳定性、灵敏度等，这些评价指标不仅关系到电极的实用性，也是推动电极材料研究发展的关键。

18.5.1　静态的评价方法

静态测量装置如图 18-12 所示，通常用于分析干电极，特别是纺织结构电极的电化学特性。电极用橡胶圈附在 PVC 板的内侧。电极之间的距离可以通过改变管道的长度来调节，并且在测试前将电解质溶液倒入管道中。

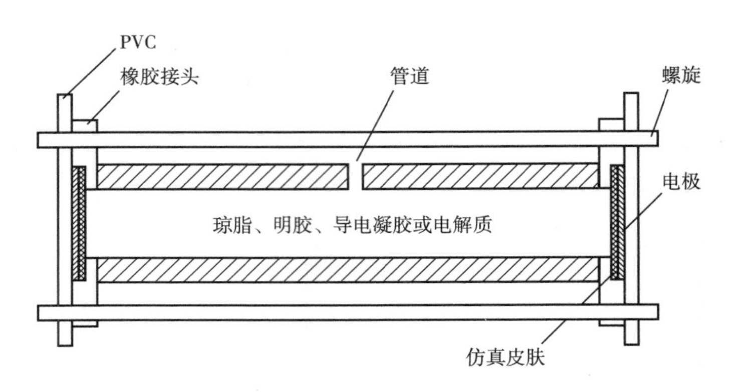

图 18-12　静态测量装置原理图

普里尼奥塔基斯等利用这种类型的装置评估了 3 种不同结构的纺织品电极，即由不锈钢纤维组成的编织、针织和非织造纺织品电极。人工汗液由 20g/L NaCl、1g/L 尿素和 500mg/L 其他盐类组成。用 NaOH 或 HCl 调节汗液的 pH 为 5.8。采用厚度为 0.175mm、孔隙密度为 35%、孔径为 0.45μm 或 5μm 的聚四氟乙烯膜作为人工皮肤。在该测量系统中，使用 ECO 化学的电位器 PGSTAT20 和频率响应分析仪（FRA）模块进行电化学和阻抗测量。FRA 频率可在 1mHz~1MHz 范围内变化，FRA 最大幅值为 10mV。

18.5.2　可调压力测量装置

萨拉·凯塔宁制作了导电硅橡胶（LSR）电极和干式微结构电极，并开发了一种用于评估电极性能的阻抗测量装置（图 18-13）。在 1Hz、10Hz、100Hz 和 1000Hz 的阻抗谱中，测量了涂覆或未涂覆银的光滑 LSR 电极和柱间距离为 20μm 和 100μm 的微柱结构电极。从表 18-4 可以看出，在低频区（<1kHz），银涂层电极的阻抗显著降低，而微柱电极的阻抗下降更为明显。

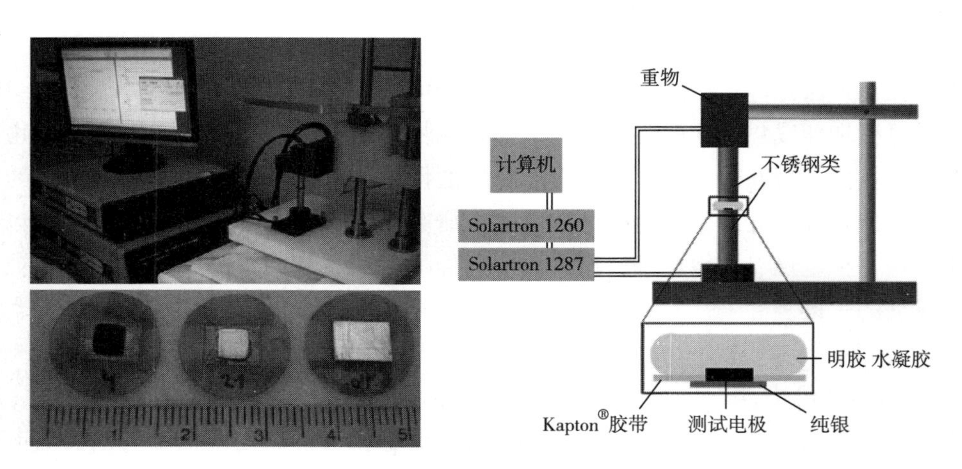

图 18-13　电化学阻抗谱测量装置及准备测量的电极

表 18-4　各电极接触阻抗（平均值±std）

1Hz	|Z|kΩ		1000Hz	|Z|kΩ	
类型	未涂覆	银涂层	类型	未涂覆	银涂层
光滑 LSR	135.0±25.8	46.3±7.4	光滑 LSR	8.7±1.3	12.8±1.0
20μm 间距	95.6±33.9	9.0±1.4	20μm 间距	5.9±1.7	2.5±1.0
100μm 间距	89.1±17.8	10.7±0.9	100μm 间距	7.5±1.8	2.7±0.4

为了模拟电极与皮肤的接触状态，贝克曼研制了一种类似图 18-14 的可调压力测量装置，该装置由三部分组成：待表征的纺织电极、皮肤假人以及皮肤假人下方覆盖的参比电极。假人由琼脂制成，琼脂是一种由海藻、蒸馏水、消毒液和盐衍生的凝胶状物质，通过混入盐和消毒液将蒸馏水的电导率调节至 29.3μS/cm，这样的电导率相当于湿皮肤组织在 10kHz 时的电导率。假人的形状可以根据模拟人体部分不同而发生变化，例如，如果要研究手臂上的电极接触，则将皮肤假人的形状改变为手臂的圆柱形。在这种设置中，电极和假人之间的压力可以通过改变上面的砝码重量来调节。使用高精度 LCR 仪表 4980A（agilent technologies，USA）进行两点测量，用于分析电极/皮肤假人界面的阻抗。

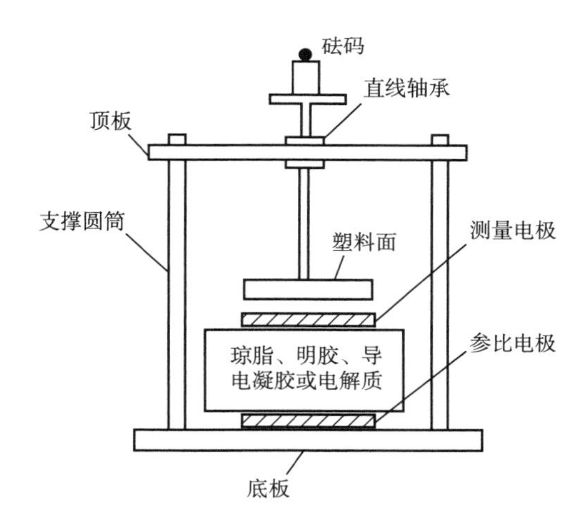

图 18-14　可调压力测量装置原理图

18.5.3　人体模拟系统

吴等对两种不同的干式纳米纤维网状电极和三种镀金属织物电极进行了评价，对接触阻抗、阶跃响应、噪声和信号保真度等参数进行了测量和分析。

图 18-15 显示了接触阻抗的测量方法。首先根据图 18-15（a）中的方法对每种类型的电极进行三根导线阻抗测量，然后根据图 18-15（b）中的方法，在高于每个频率的情况下对每种类型的电极进行四线阻抗测量。

电极的接触阻抗可以用阻抗谱系统在 10Hz 到 500kHz 的频率范围内表征。采用并联 RC 电路模拟各电极的电极—电解液接触阻抗，在 10Hz、50Hz、100Hz、1000Hz、5000Hz、

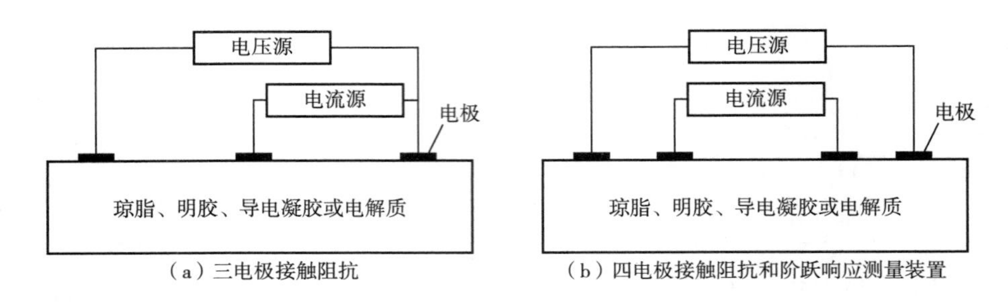

图 18-15　接触阻抗的测量方法

10000Hz、50000Hz、100000Hz、250000Hz 和 500000Hz 频率下测量阻抗。结果表明，银镀 PVDF 纳米纤维电极和 Ag/AgCl 纳米纤维电极的最小电阻约为 110Ω，Ag/AgCl 纳米纤维电极和银镀 PVDF 纳米纤维电极的平均电阻和电容非常相似。PEDOT 涂层、PVDF 电极、PET—Cu—Ni—Au 织物和 PET—Cu—Ni—碳织物的中间接触电阻约为 1kΩ。三种织物电极的接触电容都很大，两种纳米纤维网状电极的电容值与 Ag/AgCl 中电极的电容值接近（约 2nF）。此外，Ag/AgCl 电极和银镀 PVDF 纳米纤维的平均电阻和电容非常相似。通过对实测数据的分析，得出两种含银电极的阻抗谱相似，阻抗在 10~100Hz 的离散范围小于其他电极。

构建模拟人体的琼脂物体，评估 ECG 波形保真度，如图 18-16 所示。在物体的中心插入一对针电极，在两个电极之间应用患者模拟器（214A，Dynatech Nevada Inc.，USA）合成的 ECG 电压信号。在模拟平台的前中心和左右两侧分别放置 3 个测量电极。测量超过 800 个心电周期的合成 ECG 信号，计算每种电极类型一个心电周期的平均 ECG 信号，将 Ag/AgCl电极的 ECG 信号作为所有测试电极 ECG 信号的参考。结果表明，PEDOT 包覆 PVDF纳米纤维网状电极的波形保真度最高，达到 95%。与其他织物电极相比，无显著性差异。

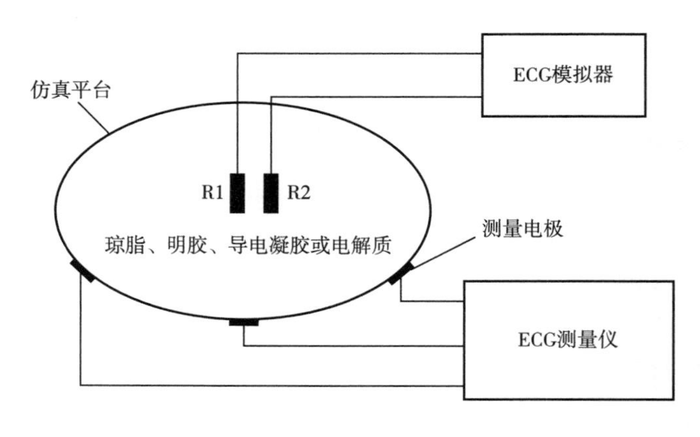

图 18-16　人体模拟平台示意图

18.5.4　无源动态模拟人体测量系统

生物电干电极评价测试仪器有两种测量方案，分为无源测量和有源测量。其中，无源测量方案只是单纯地模拟人体皮肤，通过使用固态或者液态电解质来模拟人体；而有源测量方案则是在模拟人体中加入心电信号发生器，模拟人体内部发出的生理电信号，从而更加接近电极使用真实场景。其中固态电解质采用医院常用的心电图导电膏，而液态电解质则是生理盐水［0.9 %的氯化钠（NaCl）溶液］。

动态测量系统的设计可以有两种不同的方案：无源动态测量系统和有源动态测量系统，这种系统仅仅用胶态电解质或者液态电解质来模拟人体的内部，而不考虑人体内部的生物电对测量结果的影响，其测量原理如图 18-17 所示。

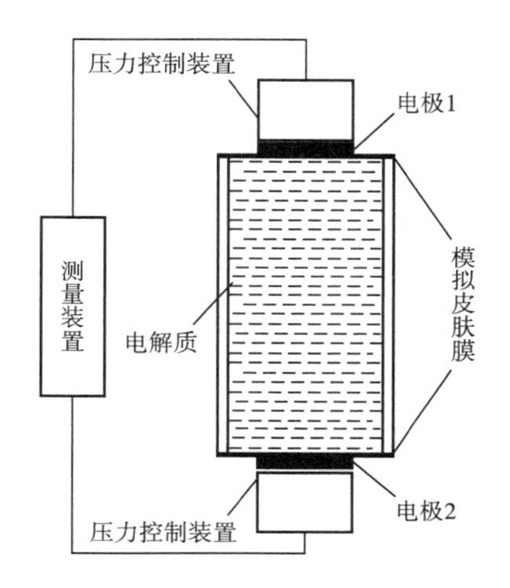

图 18-17　无源测量方案的示意图

无源动态测量是揭示运动伪影机理、定量研究运动伪影在不同影响因素中的频率和幅度的较为合理的方法。以往的研究主要集中在人体皮肤上的 ECG 信号测量、阻抗谱测量和静态模拟设备上的测量。由于缺乏动态测量仪器，人们很少研究电极材料、结构与运动伪影之间的相关性。动态生物电性能评测仪（DMS）可以模拟电极/皮肤的界面相对移动和压力波动状态，通过测量电化学阻抗谱（EIS）可以获得电极的电学特性，并通过 EIS 的动态开路电位（DOCP）变化和等效电路（EC）参数分析界面的电荷传递过程。

用于验证 DMS 的 4 种干式生物电位表面电极和金扣电极如图 18-18 所示，毛巾布涂氯化银电极（TC）、毛巾布含银丝电极（TS）、平纹布涂氯化银电极（PC）和平纹布含银丝电极（PS）的直径为 26mm，4 种电极的数量为 3 对。电极与人造皮肤的接触压力为 1kPa（偏差小于 8%）。

图 18-19 为有无膜时金电极在模拟器上 EIS 的波特图、EC 模型和奈奎斯特（Nyquist）图。在 EC 模型中经常使用恒相元件（CPE）来代替电容以补偿系统中的不均匀性，R_L 是电化学电池的总电阻，包含溶液、电缆和其他杂质的电阻。R_d 是金的耐蚀性，它与腐蚀电流密

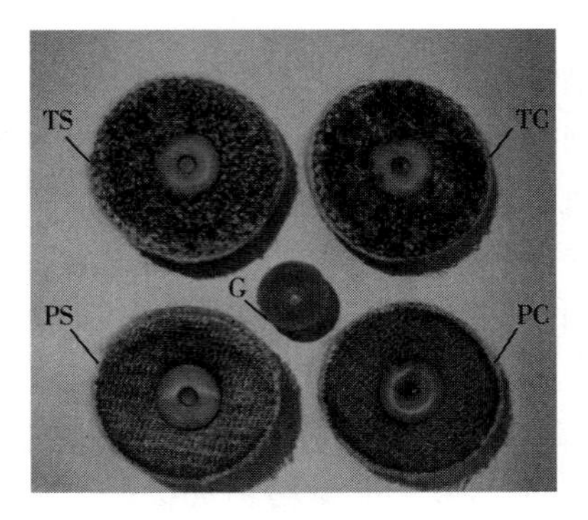

图 18-18　5 种电极的照片

度成反比。CPE 由阻抗方程式（18-1）中的两个参数 T 和 p 来定义。

$$Z=\frac{1}{T(j\omega)p} \tag{18-1}$$

式中：j 为虚数单位；ω 为角频率。

图 18-19 分别显示了金电极的实测 EIS 和拟合 EIS（使用英国 Solartron 公司的 ZView 软件），在 0.01Hz 到 100kHz 的频域范围内，拟合数据和实测数据高度一致。表 18-5 显示有膜模拟器的 EIS R_d 较大，T 较小。其原因可能是无膜模拟器上电极/电解质的接触面积大于有膜模拟器上电极/电解质的接触面积。

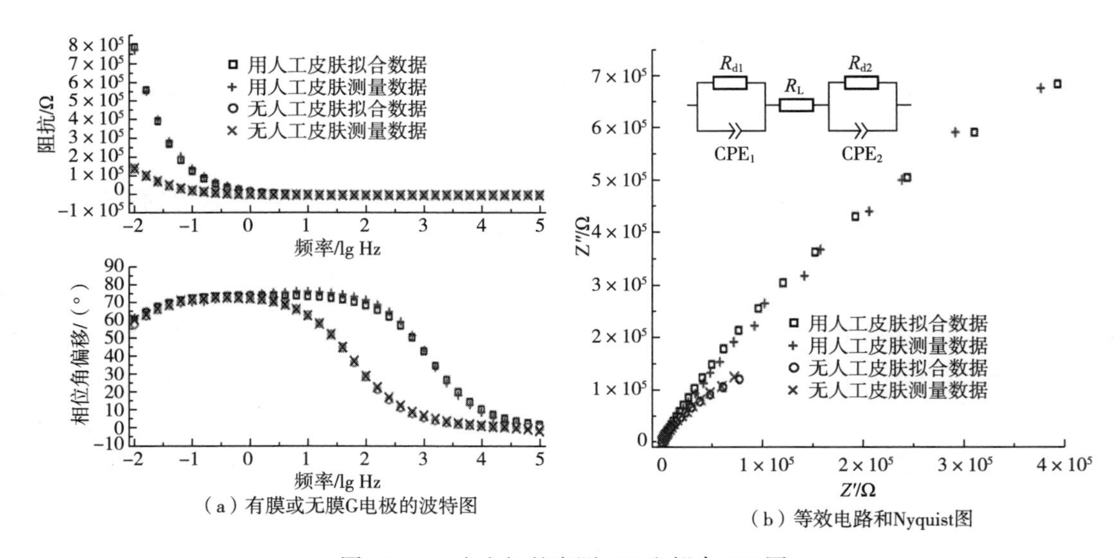

图 18-19　金电极的实测 EIS 和拟合 EIS 图

表 18-5　有无膜金电极的 EC 参数

膜	R_L/Ω	R_{d1}/Ω	T_1	p_1	R_{d2}/Ω	T_2	p_2
使用	56	5×10^5	3.09×10^5	0.845	4.5×10^6	1.85×10^5	0.84
未使用	84	3.5×10^5	8×10^5	0.815	4.5×10^5	3×10^4	0.82

表 18-6 是拟合 EIS 测量数据得到的 EC 参数，可以看出 G、PS 和 TS 的 R_d 远大于 TC 和 PC 的 R_d，并且 TC 和 PC 电极的 T 比 G 高一个数量级。PS 和 TS 准确的模型构建和 EC 参数拟合为研究电极/电解质运动伪影机理提供了帮助。

表 18-6　五种电极的 EC 参数

代码	R_L/Ω	R_{d1}/Ω	T_1	p_1	R_{d2}/Ω	T_2	p_2
G1	56	2.9×10^5	1.86×10^5	0.74	3.3×10^6	1.89×10^5	0.91
G2	56	2.9×10^5	1.86×10^5	0.74	3×10^6	1.89×10^5	0.91
G3	60	1.8×10^5	1.6×10^5	0.81	3×10^6	1.64×10^5	0.91
TC1	26	1300	0.011	0.58	580	0.0011	0.57
TC2	25	970	0.019	0.51	460	0.0018	0.57
TC3	24	1400	0.015	0.57	450	0.0016	0.545
TS1	25	1.2×10^5	1.65×10^4	0.65	1.2×10^5	1.65×10^4	0.65
TS2	26	1×10^5	1.6×10^4	0.655	1.1×10^5	1.45×10^4	0.64
TS3	23	1.5×10^5	1.9×10^4	0.72	2.9×10^5	1.75×10^4	0.61
PC1	28	1000	0.045	0.4	500	0.0022	0.52
PC2	32	1000	0.18	0.86	750	0.0012	0.51
PC3	29	680	0.03	0.45	500	0.001	0.62
PS1	27	1.2×10^5	3×10^4	0.62	2.5×10^5	5.3×10^5	0.7
PS2	28	1.6×10^5	2.3×10^4	0.655	3.4×10^5	5.1×10^5	0.68
PS3	26	1×10^5	2.7×10^4	0.675	2.7×10^5	4.5×10^5	0.675

动态开路电压（DOCP）变化可视为运动伪影，由多个分量组成，并受运动速度、压力波动、运动轨迹长度等因素的影响。

测量一对 TC 电极，半径 2mm，压力约 1kPa（波动小于 6%），间歇运动的周期为 22s，图 18-20 显示了间歇运动测量的 DOCP 变化和压力波动。

图 18-21 显示，运动轨迹长度与 DOCP 变化具有很强的线性相关性，从 3mm/s 到 9mm/s，相关系数超过 0.92。运动半径设置为 1mm、2mm、3mm 或 4mm，压力控制在 1kPa 左右（波动不超过 8%），运动速度设置为 1mm/s、3mm/s、5mm/s、7mm/s 和 9mm/s。随后，将运动半径设置为 2mm，压力控制在 0.3kPa、0.6kPa、0.9kPa 或 1.2kPa（波动小于 8%），运动速度设置为 1mm/s、3mm/s、5mm/s、7mm/s 和 9mm/s。

DMS 为构建电极/电解质的运动伪影与某些被控参数之间的模型提供了强大的工具，有助于高性能电极及其集成可穿戴服装的设计。

18.5.5　有源动态模拟人体测量系统

有源动态测量系统是指在模拟系统中加入了模拟生物电信号的发生器，工作原理如图 18-22所示。

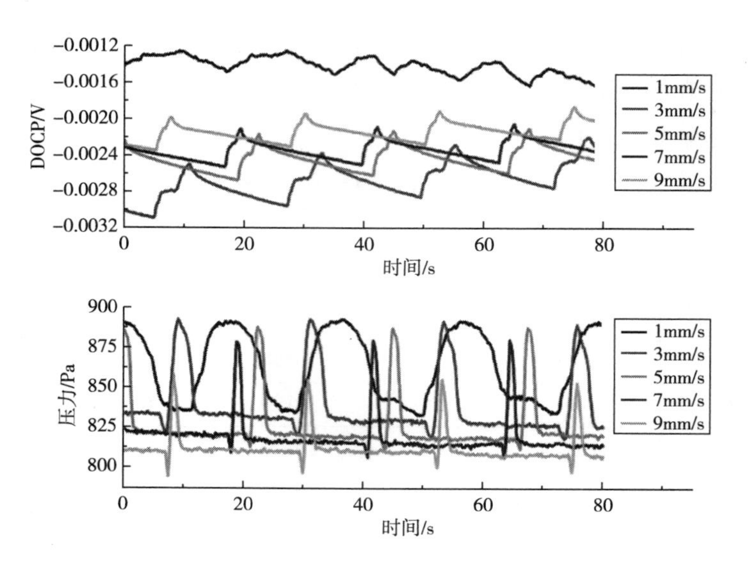

图 18-20 间歇运动测量 TC 的 DOCP 和压力

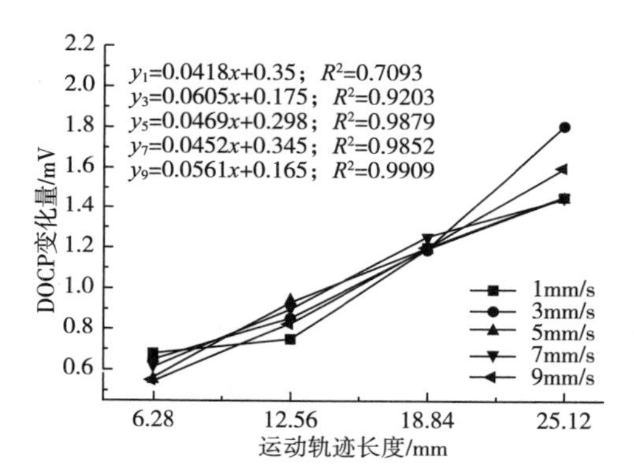

图 18-21 DOCP 变化图及运动轨迹长度示意图

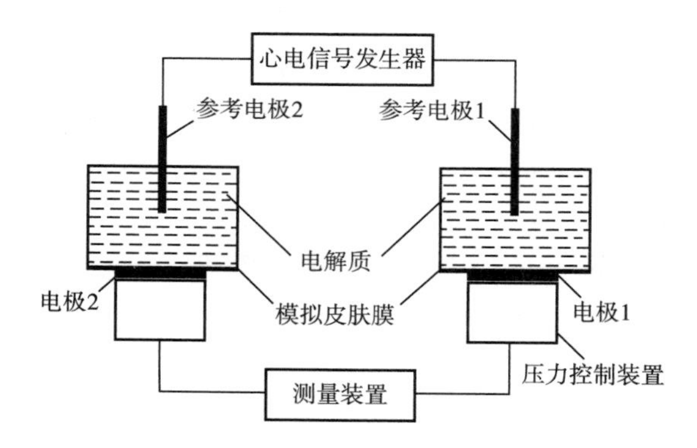

图 18-22 有源动态测量方案的原理图

研究人员以 Ag/AgCl 电极为参比电极，将制成的 TPU/Ag/PSF 电极和 Pt 板分别作为正极和负极，正极和负极之间的距离为 20mm，在 0.9% NaCl 电解液中以 1V 恒定电压沉积一定时间（0s、10s、30s、60s），通过恒压沉积法将间隔织物电极表面的 Ag 氯化为 AgCl，形成 Ag/AgCl 非极化电极，完成后取出干燥，即可得到 TPU/AgCl/Ag/PSF，根据沉积时间的不同，分别将样品命名为 E1-0、E1-10、E1-30、E1-60。

为了更好地评估电极的信号采集性能，将 4 种电极采集到的心电信号与心电信号发生器产生的原始信号进行比较，结果如图 18-23 所示。由图 18-23 可见，4 种电极 ECG 信号波形几乎与原始 ECG 信号波形重合。主要比较参数包括电压幅度和峰值偏差，结果见表 18-7。由表 18-7 可见，4 种电极中电压幅度 E1-10 是最大的，为 1.413mV，这表明 ECG 信号通过 E1-10 电极衰减程度的最小，电压幅度峰值时间偏差 E-10 达到最小，是 1.2×10^{-3}s，这表明通过 E1-10 电极采集 ECG 性能时间偏差最小，显示了 E1-10 电极在采集 ECG 信号时具有更好的效果。

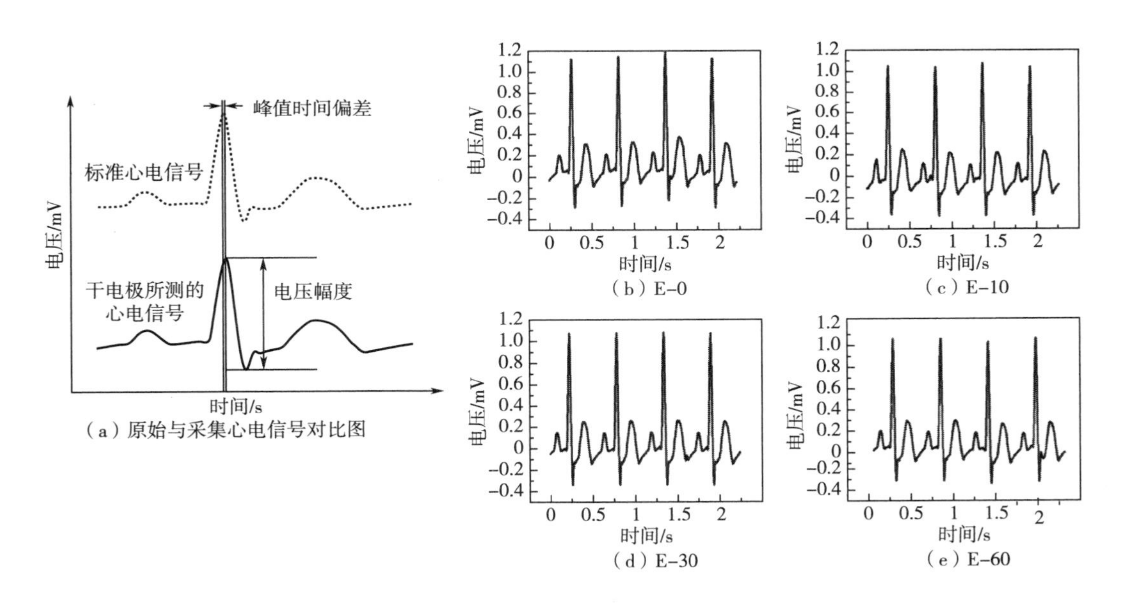

图 18-23　采集到的心电信号

表 18-7　4 种电极心电测量数据比较

样品	E1-0	E1-10	E1-30	E1-60
电压幅度/mV	1.409	1.413	1.408	1.409
峰值时间偏差/s	1.98×10^{-3}	1.2×10^{-3}	1.38×10^{-3}	4.0×10^{-3}

无源和有源的测量方法有各自的优点和缺点，例如，无源测量方法的优势是在测量过程中可以直接定性或者定量地分析变化参数（电极/皮肤之间运动速度、压力）对测量参数

（阻抗谱、动静态开路电压和心电信号）的影响，尤其是与动态噪声之间的函数关系，没有生理信号的影响，测得的电压信号就是系统的动态噪声，从而更容易进行动态噪声机理研究；缺点是无法获得变化参数对生理信号的影响规律。有源测量方案使用了模拟生物电信号发生器发出心电信号，通过插入模拟人体内部的参考电极，将心电信号导入模拟人体内部，从而模拟真实的人体内部发出的心电信号。两种方法都有独特的应用场景和研究价值，它们在生物电信号研究中相辅相成，未来的研究应当根据具体的研究目标和应用需求，灵活选择或结合使用这两种方法，从而更好地研究动态噪声的机理，深入认知动态噪声的来源，并获得消除动态噪声的方法。

生物电干电极的评价设备从简单的静态、单指标测量发展到多指标、动静态结合的复合型测试设备，为生物电电极的性能评价提供了标准化工具，测量结果的稳定性和可重复性优于直接在人体上测量，也为生物电干电极的量产和质量改进提供了条件。

18.6 总结与展望

纺织结构电极是一种很有前景的可穿戴生物电位信号监测器件，具有非常大的市场潜力。研究人员开发不同种类的纺织电极，目的是提高生物电信号采集的质量和稳定性，提高可穿戴生物电信号监测的舒适性，降低医疗成本。

尽管金属银作为导电材料在现有研究中占据主导地位，但未来研究需进一步探索更多种类的导电材料，以实现更好的性能和更高的成本效益。纺织电极的优势在于它们易于与服装集成，具有良好的柔软性和透气性，这些特性对于提高用户的接受度和日常使用的便利性至关重要。

然而，纺织电极在实际应用中仍面临挑战。例如，电极与皮肤的接触阻抗可能会因形变或位移发生变化，从而影响信号质量。未来的研究需要在确保电极稳定性和安全性的同时，进一步提高其对动态噪声的抵抗能力，并优化其长期稳定性。

参考文献

[1] MEZIANE N, WEBSTER J G, ATTARI M, et al. Dry electrodes for electrocardiography[J]. Physiological Measurement, 2013, 34(9): R47-R69.

[2] KO W H, NEUMAN M R, WOLFSON R N, et al. Insulated active electrodes[J]. IEEE Transactions on Industrial Electronics and Control Instrumentation, 1970, IECI-17(2): 195-198.

[3] SEARLE A, KIRKUP L. A direct comparison of wet, dry and insulating bioelectric recording electrodes [J]. Physiological Measurement, 2000, 21(2): 271-283.

[4] SCILINGO E P, GEMIGNANI A, PARADISO R, et al. Performance evaluation of sensing fabrics for monitoring physiological and biomechanical variables [J]. IEEE Transactions on Information Technology in Biomedicine, 2005, 9(3): 345-352.

[5] WIESE S R, ANHEIER P, CONNEMARA R D, et al. Electrocardiographic motion artifact versus electrode impedance[J]. IEEE Transactions on Biomedical Engineering, 2005, 52(1): 136-139.

[6] RATTFÄLT L, LINDÉN M, HULT P, et al. Electrical characteristics of conductive yarns and textile electrodes for medical applications[J]. Medical & Biological Engineering & Computing, 2007, 45(12): 1251-1257.

[7] RIISTAMA J, LEKKALA J. Electrode-electrolyte interface properties in implantation conditions [C]//2006 International Conference of the IEEE Engineering in Medicine and Biology Society. August 30 - September 3, 2006, New York, NY, USA. IEEE, 2006: 6021-6024.

[8] GRIMNES S. Impedance measurement of individual skin surface electrodes[J]. Medical & Biological Engineering & Computing, 1983, 21(6): 750-755.

[9] SUNAGA T, IKEHIRA H, FURUKAWA S, et al. Measurement of the electrical properties of human skin and the variation among subjects with certain skin conditions [J]. Physics in Medicine and Biology, 2002, 47 (1): N11-N15.

[10] VAN HELLEPUTTE N, KONIJNENBURG M, PETTINEJ, et al. A 345μW multi-sensor biomedical SoC with bio-impedance, 3-channel ECG, motion artifact reduction, and integrated DSP[J]. IEEE Journal of Solid-State Circuits, 2015, 50(1): 230-244.

[11] VAN HELLEPUTTE N, KIM S, KIM H, et al. A 160 μA biopotential acquisition IC with fully integrated IA and motion artifact suppression[J]. IEEE Transactions on Biomedical Circuits and Systems, 2012, 6(6): 552-561.

[12] KIM J, OUH H, JOHNSTON M L. Multi-channel biopotential acquisition system using frequency-division multiplexing with cable motion artifact suppression[J]. IEEE Transactions on Biomedical Circuits and Systems, 2021, 15(6): 1419-1429.

[13] BABUSIAK B, BORIK S, SMONDRK M. Two-electrode ECG for ambulatory monitoring with minimal hardware complexity[J]. Sensors, 2020, 20(8): 2386.

[14] YUAN S Y, HE Z Y, ZHAO J H, et al. Fusing depth local dual-view features and dual-input transformer framework for improving the recognition ability of motion artifact-contaminated electrocardiogram [J]. Complex & Intelligent Systems, 2023, 9(1): 981-999.

[15] COSTAM H, TAVARES M C. Removing harmonic power line interference from biopotential signals in low cost acquisition systems[J]. Computers in Biology and Medicine, 2009, 39(6): 519-526.

[16] NEYCHEVA T, DOBREV D, KRASTEVA V. Common-mode driven synchronous filtering of the powerline interference in ECG[J]. Applied Sciences, 2022, 12(22): 11328.

[17] YANG B, YU C Y, DONG Y G. Capacitively coupled electrocardiogram measuring system and noise reduction by singular spectrum analysis[J]. IEEE Sensors Journal, 2016, 16(10): 3802-3810.

[18] KOSNACOVA H, HORVATH D, STREMY M, et al. Pilot experiments and hardware design of smart electrooculographic headband for people with muscular paralysis[J]. IEEE Access, 2024, 12: 49106-49121.

[19] RAVICHANDRAN V, CIESIELSKA-WROBEL I, RUMON M A A, et al. Characterizing the impedance properties of dry E-textile electrodes based on contact force and perspiration[J]. Biosensors, 2023, 13(7): 728.

[20] RUSANEN M, MYLLYMAA S, KALEVO L, et al. An in-laboratory comparison of FocusBand EEG device and textile electrodes against a medical-grade system and wet gel electrodes [J]. IEEE Access, 2021, 9: 132580-132591.

[21] RAJANNA R R, SRIRAAM N, VITTAL P R, et al. Performance evaluation of woven conductive dry textile elec-

trodes for continuous ECG signals acquisition[J]. IEEE Sensors Journal,2020,20(3):1573-1581.

[22] YANG X Q,WANG S Q,LIU M Y,et al. All-nanofiber-based Januse pidermal electrode with directional sweat permeability for artifact-free biopotential monitoring[J]. Small,2022,18(12):2106477.

[23] DAS P S,KIM J W,PARK J Y. Fashionable wrist band using highly conductive fabric for electrocardiogram signal monitoring[J]. Journal of Industrial Textiles,2019,49(2):243-261.

[24] TANG Y W,LIN Y D,LIN Y T,et al. Using conductive fabric for capacitive EEG measurements[J]. IETE Technical Review,2013,30(4):295-302.

[25] MUNTEANU R A,BANULEASA S,RUSU A,et al. Acquisition and transmission of ECG signals through stainless steel yarn embroidered in shirts[J]. Advances in Electrical and Computer Engineering,2020,20(2):73-78.

[26] GAO K P, YANG H J, WANG X L, et al. Soft pin - shaped dry electrode with bristles for EEG signal measurements[J]. Sensors and Actuators A:Physical,2018,283:348-361.

[27] MAITHANI Y,MEHTA B R,SINGH J P. PEDOT:PSS-treated laser-induced graphene-based smart textile dry electrodes for long-term ECG monitoring[J]. New Journal of Chemistry,2023,47(4):1832-1841.

[28] YAPICI M K,ALKHIDIR T E. Intelligent medical garments with graphene-functionalized smart-cloth ECG sensors[J]. Sensors,2017,17(4):875.

[29] OZTURK O,GOLPARVAR A,ACAR G,et al. Single-arm diagnostic electrocardiography with printed graphene on wearable textiles[J]. Sensors and Actuators A:Physical,2023,349:114058.

[30] GOLPARVAR A J,YAPICI M K. Toward graphene textiles in wearable eye tracking systems for human-machine interaction[J]. Beilstein Journal of Nanotechnology,2021,12:180-189.

[31] PANI D,DESSI A,SAENZ-COGOLLO J F,et al. Fully textile,PEDOT:PSS based electrodes for wearable ECG monitoring systems[J]. IEEE Transactions on Bio-Medical Engineering,2016,63(3):540-549.

[32] PRINIOTAKIS G,WESTBROEK P,VAN LANGENHOVE L,et al. An experimental simulation of human body behaviour during sweat production measured at textile electrodes[J]. International Journal of Clothing Science and Technology,2005,17(3-4):232-241.

[33] KAITAINEN S,KUTVONEN A,SUVANTO M,et al. Liquid silicone rubber (LSR)-based dry bioelec-trodes: The effect of surface micropillar structuring and silver coating on contact impedance [J]. Sensors and Actuators A:Physical,2014,206:22-29.

[34] MERRITT C R,TROY NAGLE H,GRANT E. Fabric-based active electrode design and fabrication for health monitoring clothing[J]. IEEE Transactions onInformation Technology in Biomedicine,2009,13(2):274-280.

[35] BECKMANN L,NEUHAUS C,MEDRANO G,et al. Characterization of textile electrodes and conductors using standardized measurement setups[J]. Physiological Measurement,2010,31(2):233-247.

[36] OH T I,YOON S,KIMT E,et al. Nanofiber web textile dry electrodes for long-term biopotential recording [J]. IEEE Transactions on Biomedical Circuits and Systems,2013,7(2):204-211.

[37] LIU H,TAO X M,XU P J,et al. A dynamic measurement system for evaluating dry bio-potential surface electrodes[J]. Measurement,2013,46(6):1904-1913.

[38] KANG T H,MERRITT C R,GRANT E,et al. Nonwoven fabric active electrodes for biopotential measurement during normal daily activity[J]. IEEE Transactions on Bio-Medical Engineering,2008,55(1):188-195.

[39] RUSANEN M,KAINULAINEN S,KORKALAINEN H,et al. Technical performance of textile-based dry forehead electrodes compared with medical - grade overnight home sleep recordings [J]. IEEE Access, 2021, 9:

157902-157915.

[40] YOKUS M A, JUR J S. Fabric-based wearable dry electrodes for body surface biopotential recording [J]. IEEE Transactions on Bio-Medical Engineering, 2016, 63(2): 423-430.

[41] ESKANDARIAN L, LAM E, RUPNOW C, et al. Robust and multifunctional conductive yarns for biomedical textile computing[J]. ACS Applied Electronic Materials, 2020, 2(6): 1554-1566.

[42] NUNES T, DA SILVA H P. Characterization and validation of flexible dry electrodes for wearable integration [J]. Sensors, 2023, 23(3): 1468.

[43] GOLPARVAR A J, YAPICI M K. Electrooculography by wearable graphene textiles[J]. IEEE Sensors Journal, 2018, 18(21): 8971-8978.

第 19 章　热管理纤维及纺织品

19.1　热管理纤维及纺织品的概念

随着大众环保意识的提高和对舒适健康的需求增加，人们希望可以通过纺织品自身形成一个舒适的微气候来调节温度，以取代目前造成巨大能源消耗的空间调温技术，因此关于热管理纤维及纺织品的研究逐渐兴起。热管理纤维及纺织品是一类具备温度调节功能的纤维和纺织品，通常指具有保温隔热、降温吸热或其他与热管理相关功能的纤维材料及纺织品。这些纤维和纺织品可以抵抗外界环境温度的变化，主要方式有：通过相变的方式从环境中吸收或放出纤维中贮存的热量；通过气凝胶纤维化实现高性能热阻隔；通过红外辐射、固体传导或汗液蒸发的方式将热量散发；通过吸湿发热、光致发热、电致发热等方式在纤维周围形成温度基本恒定的微气候，从而实现温度的调节功能。

本章详细描述了实现各类热管理纤维及纺织品的制备方法。例如采用湿法纺丝制备相变纤维、溶胶—凝胶纺丝方法制备气凝胶纤维、静电纺丝技术制备红外辐射纤维、聚丙烯酸纤维改性制备吸湿发热纤维等。同时介绍了热管理纤维及纺织品在智能个体热管理、电池热管理及高温热防护方面的应用案例。

19.2　热管理纤维及纺织品的制备方法

19.2.1　相变纤维及纺织品

相变纤维是通过各种纺丝技术将相变材料包埋入纤维中形成的复合材料，当外界环境温度升高或降低时，相变材料（PCM）相应地改变物理状态，以实现能量的贮存或释放。针对不同的应用环境，可选择不同类型的相变材料。一般有机相变材料的熔化温度较低，适用于中低温场景，常用的有石蜡（PW）、聚乙二醇（PEG）、硬脂酸（SA）、月桂酸（LA）等。无机相变材料的熔化温度较高，通常大于 150℃，主要应用在高温领域，常见的有各类硫酸盐、碳酸盐和盐酸盐等无机盐材料。共晶相变材料是由两种或两种以上的相变材料混合形成的，具有可调控的相变温度，能够灵活应用在不同温度场合。在实际的开发和使用中，有机相变材料因其具有化学惰性、无腐蚀性、无毒、能够长期循环使用、成本低廉、能量存储密度高、过冷度低等优点，在智能纺织品、太阳能热存储以及建筑环保材料等领域被广泛应用。

然而，有机相变材料在相转变过程中大多是固—液转变，在实际应用中易发生泄漏，使产品质量严重受损，因此对它进行封装显得尤为重要。目前，封装手段包括微胶囊、天然多孔矿物和气凝胶封装等。纤维材料具有良好的编织性能，使相变纤维可更加灵活地制成各种结构以应用不同场景。常用的制备技术包含微胶囊负载法、中空纤维填充法、混合纺丝法（熔融纺丝法、离心纺丝法、静电纺丝法、微流控纺丝法、湿法纺丝法和冷冻纺丝法）等。

（1）微胶囊负载法。微胶囊负载法先将相变材料封装在微胶囊中，再将相变微胶囊嵌入到纤维结构中。利用此方法制成的相变纤维能够对其中的相变材料形成双重保护机制，有效增加相变材料的耐用性，并且最终制成的织物的触感、质感、柔软度、蓬松度没有太大变化，无须经过其他后处理即可投入使用。卡希夫（Kashift）制备了正十八烷为芯，三聚氰胺甲醛为壳的干粉状微胶囊，其性能稳定，当加热到 250℃时，仍能保持泄漏率低于 1%。李伟以丙烯酸基共聚物为壳层，在 1.1atm[1]、108℃的环境下处理制得微胶囊。与未处理相比，高温高压处理后的微胶囊的热稳定性提高了 3.4℃，经冷冻粉碎后微胶囊的可纺性显著提高。安（Ahn）通过干喷湿法纺丝工艺，将添加了少量乳化剂和聚合物的微胶囊溶液进行纺丝，制备出一种具有高负载（质量分数高达 80%）的相变微胶囊聚合物纤维。

（2）中空纤维填充法。中空纤维填充法是将液态的相变材料封装到中空的纤维中，再将纤维两端封口，形成对相变材料的有效封装。宋少坤等研究了一种简易的真空浸渍法，利用毛细力将月桂酸成功嵌入了木棉微管中。测试结果表明制备出的相变纤维焓值能达到纯月桂酸焓值的 87.5%。美国长岛大学的研究人员还分析了毛细力在不同温度下对相变微纤维制备效率的影响。在 50℃下，大量月桂酸在毛细力作用下进入中空的聚苯乙烯（PS）纤维当中，填充效率达到了 81.5%，随温度提高，填充效率下降。最终在 80℃时，仅有 3.5%的液态相变材料进入了中空纤维中。

（3）混合纺丝法。

① 熔融纺丝技术的原理是将混合物料经送料口到高温熔化区熔化，充分混合均匀后，熔体在惰性气体保护下，经喷丝头处挤出形成熔体细流，再经冷却固化形成纤维。朱美芳等利用该技术原理将改性相变材料与聚酰胺 6（PA6）熔融混合，制备出相变纤维。研究表明气相 SiO_2 改性的相变材料具有较高的热分解温度，可适应熔融纺丝的高温环境。张鸿等以聚甲基醇丙烯酰胺/聚乙二醇网络凝胶（IPN）作为相变材料，聚丙烯（PP）为支撑材料，通过熔融挤出制备 IPN/PP 相变纤维。熔纺过程中相变材料添加量的大小会影响相变纤维的挤出与潜热值。若相变材料添加量过大，将在纤维内部呈现聚集，导致相变纤维挤出困难或挤出效果较差等问题。为了顺利获得形状稳定的相变纤维，熔纺过程中添加的相变含量一般在 10%～20%，且相变潜热值较小。

② 离心纺丝法利用离心力实现纤维的牵伸。张晓光等基于离心纺丝技术原理，将聚乙烯吡咯烷酮（PVP）和 PEG 溶解在乙醇溶液中作为纺丝原液制备相变纤维。研究表明，当 PEG 含量为 70%，仍可获得稳定的相变纤维。宫玉梅以烯丙氧基聚乙二醇（APEG）为相变材料，利用离心纺丝技术，制备出了海藻酸钠/羽角蛋白—g—APEG 复合相变纤维。离心纺丝的最大优势是纤维产量高，相比于只有 0.1～1.0g/h 纺丝速率的静电纺丝，离心纺丝的平均生产

[1] 1atm＝101.325kPa。

速率高达50g/h。

③ 静电纺丝法或微流控纺丝法也是制备微纳米相变纤维的常用技术手段。浙江理工大学的姚菊明等使用单轴静电纺丝技术制备出聚乙二醇/聚乙烯醇（PEG/PVA）相变纤维。这种相变纤维在反复加热和冷却过程中，相变材料会有所损失。针对这一问题，朱婉婷等采用乙醇/戊二醛水溶液对PEG/PVA纤维表面简单交联，阻止了PEG在反复使用过程中的泄漏，提升了相变纤维的热稳定性和机械强度。另外，在配制纺丝原液时，相变材料可能与聚合物的相容性较差，可考虑先将相变材料乳化，再与聚合物溶液混合均匀。例如，赵亮等采用乳化正十八烷的方式，配制出均匀的纺丝原液，静电纺丝出丝素蛋白包覆乳液颗粒的相变纤维。

④ 微流控纺丝技术。为了更好地包封相变材料，在单轴纺丝的基础上，开发出相变材料与支撑材料分开挤出的同轴静电纺丝技术，该技术可制备具有“芯壳”结构的微纳米相变纤维。肖秀娣等利用同轴静电纺丝技术，制备出石蜡/聚甲基丙烯酸甲酯（PW/PMMA）相变纤维。王艳等利用同轴静电纺丝技术，制备出以聚乙烯醇缩丁醛（PVB）为外壳、十八烷为内芯的相变纤维。实验发现PVB浓度和静电纺丝速率都影响着相变材料的包封效率，在PVB质量分数为10%，纺丝速率为0.08mL/h的条件下，所得相变纤维包封效果最好。在同轴静电纺丝过程中，由于相变材料浓度增大，纺丝液的黏度增加，导电性下降，导致静电纺丝难度变大，因此纺丝液中相变材料的浓度一般不超过40%。微流纺丝技术可以改善这一问题，谢锐等利用微流控技术制备了高相变材料含量的相变纤维。研究发现，所得的复合纤维中的聚乙烯醇缩丁醛酯（PVB）聚合物壳层有效防止了相变材料在相变过程中的泄漏，这种复合微纤维包封效率为70%。

⑤ 湿法纺丝法也是制备相变纤维的常见方法，可分为直接法和间接法。

直接法是将聚合物溶液与相变材料混合一起挤出到凝固浴中，利用非溶剂的相分离和溶剂间的相互扩散形成相变纤维。袁伟忠等使用直接法制备出月桂酸/聚氨酯/碳纳米管（LA/PU/CNT）相变纤维。实验发现纤维表面存在少部分的LA，导致其表面粗糙。此外，相分离过程中，部分LA分子链扩散到凝固浴中而未被包裹，降低了相变材料含量。

间接法是将聚合物先挤出形成多孔气凝胶纤维，再将熔融的相变材料通过真空浸渍或浸渍的方法吸附到气凝胶纤维中形成相变纤维。例如，中国科学院的张学同等利用间接法制备了石蜡/凯夫拉气凝胶纤维（PW/KAF），该相变纤维潜热为172J/g，且具有低弯曲刚度（纤维直径≤91.8pm），不会对人体皮肤造成刺痛感，适合于制造织物。

⑥ 冷冻纺丝法是将含水的纺丝原液经纺丝喷头挤出到冷却装置，用于急速冷却形成单丝纤维，在纤维内部形成大量冰晶颗粒，经冷冻干燥获得多孔结构，最后吸附相变材料获得相变纤维。东华大学的张巧然等利用冷冻纺丝原理制备出聚乙二醇/氮化硼—聚酰亚胺（PEG/BN-PI）相变织物。BN的存在，使整个相变织物的热导率提升至5.34W/(m·K)，改善了整个相变织物的热响应性能。樊玮等将聚酰胺酸纤维编织成织物并负载十八醇后，呈现出稳定的热管理性能。然而，由于醇类相变材料易溶于水，醇类相变纤维不耐潮湿环境。陶光明等在聚乙二醇/丝素蛋白相变纤维表面涂覆聚二甲基硅氧烷，呈现出良好的疏水性能（水接触角为113.1°），解决了相变纤维防水的问题。由于溶液挤出速率和冷冻装置的冷冻速

率需要非常精准地控制，且过程耗能高，目前冷冻纺丝技术的研究较少。

表 19-1 总结了纺丝法制备各种相变纤维的储热性能，湿法纺丝最大优势之一是所制备的相变纤维潜热普遍较高，由这些纤维编织成的先进织物能够提供更加出色的热管理能力。表 19-2 总结了不同纺丝方式的优缺点。与其他纺丝技术的能耗高、设备复杂、操作时可能遇到高温高压等危险因素相比，湿法纺丝技术的制备过程简单、纺丝效率高、成本低廉，有利于实现规模化生产。

表 19-1 相变纤维的制备方法和潜热

相变材料	支撑纤维材料	制备方法	潜热/($J \cdot g^{-1}$)
改性月桂酯	聚酰胺 6	熔融纺丝	9.44
改性聚乙二醇	聚酰胺 6	熔融纺丝	11.10
烯丙氧基聚乙二醇	海藻酸钠	离心纺丝	4.66
聚乙二醇	改性聚乙烯吡咯烷酮	离心纺丝	50.70
石蜡	聚甲基丙烯酸甲酯	同轴静电纺丝	58.25
石蜡	聚丙烯腈	同轴静电纺丝	60.31
月桂酸	聚酰胺 6	静电纺丝	70.44
正十八烷	蚕丝蛋白	乳液静电纺丝	40.70
聚乙二醇	聚酰亚胺	湿法纺丝	171.50
月桂酸	芳纶	湿法纺丝	162.00
十六烷醇	热塑性聚氨酯	湿法纺丝	208.10
聚乙二醇	石墨烯	湿法纺丝	186.00
十八醇	聚酰亚胺	冷冻纺丝	—
聚乙二醇	蚕丝蛋白	冷冻纺丝	117.80

表 19-2 不同纺丝方式制备相变纤维的优缺点

纺丝方式	优点	缺点
熔融纺丝	无须有机溶剂，对环境友好	耗能较大；相变含量低；循环热稳定性差
离心纺丝	无须有机溶剂；纺丝效率较高；对纺丝原液无导电性要求	需要特定的离心纺丝机；所制备的微纳米纤维不如静电纺丝细小
静电纺丝	纤维直径小，对相变材料包覆较好	成本高；危险性大（高压电 > 10kV）；成丝效率低；对电导率依赖高；不适用于规模化生产
湿法纺丝	成本相对较低；成丝速率快；潜热较高；适于大规模生产	使用大量有机溶剂，破坏环境；循环热稳定性差
冷冻纺丝	结合冷冻干燥技术，制备出孔隙排布均匀的隔热纤维，有利于吸附相变材料	纺丝环境严苛，维持低温环境耗能大；纺丝难度大，需要控制好纺丝速率和冷冻速率之间的关系

19.2.2 气凝胶纤维及纺织品

气凝胶纤维按照基体化学组成可分为无机气凝胶纤维（如二氧化硅气凝胶纤维、石墨烯气凝胶纤维、MXene气凝胶纤维），有机气凝胶纤维（如芳纶气凝胶纤维、聚酰亚胺气凝胶纤维、纤维素气凝胶纤维）及复合气凝胶纤维（如海藻酸钠复合气凝胶、石墨烯复合气凝胶）。气凝胶材料常用的制备方法是溶胶—凝胶法。溶胶—凝胶法是在液相条件下将原料混合、水解、缩聚形成湿凝胶，再经干燥、烧结固化制备出所需材料。但在气凝胶纤维的制备过程中，单纯的静态溶胶—凝胶法已经不能满足纤维连续纺丝的需求，因此基于溶胶—凝胶法的多种气凝胶纤维制备方式逐渐发展起来。总体来说，气凝胶纤维的制备过程分为纺丝过程与干燥过程。

19.2.2.1 纺丝过程

气凝胶纤维的制备方法多样，常见的纺丝方式有冷冻纺丝、湿法纺丝、反应纺丝和液晶纺丝。

（1）冷冻纺丝是指从注射泵中挤出的纺丝液通过铜环作为冷源逐渐冷冻产生水凝胶的技术。成型的凝胶纤维被收集起来经过冷冻干燥，最终形成气凝胶纤维。冷冻纺丝法可以通过控制挤压速度和冷源温度，在可控的冷冻速度下冷冻纤维，从而改变纤维的结构，现在已用于制备丝素气凝胶纤维、聚乙烯醇（PVA）气凝胶纤维、聚酰亚胺气凝胶纤维等。

（2）湿法纺丝是传统化学纤维制备的主要纺丝方法之一。在气凝胶纤维制备过程中，纺丝液经过注射器以恒定速度均匀压入凝固浴中，同时在凝固浴中收集凝胶纤维。依次对凝胶纤维进行溶剂置换和冷冻干燥/超临界干燥，形成气凝胶纤维。湿法纺丝生产效率较低，但适用范围广泛，目前已应用于制备各种类型的气凝胶纤维，如凯夫拉气凝胶纤维、纤维素气凝胶纤维、石墨烯气凝胶纤维、MXene气凝胶纤维和各种复合气凝胶纤维。

（3）反应纺丝与常规湿法纺丝类似，也包括纺丝和干燥两个步骤。在反应纺丝过程中，前驱体溶液会发生水解缩合反应。该技术已应用于生产二氧化硅气凝胶纤维、二氧化钛气凝胶纤维。

（4）在液晶纺丝中，液晶纺丝液从喷丝板挤压到凝固浴中，经历溶胶—凝胶转变的同时被收集，收集速度与挤压速度之比被定义为牵伸比，通过调整牵伸比可以得到不同取向度的凝胶纤维，之后凝胶纤维经过干燥形成气凝胶纤维。通过液晶纺丝可以制备芳纶气凝胶纤维和石墨烯气凝胶纤维等。

除上述方法外，挤出/注射成型法也是一种制备气凝胶纤维的方式。在这种纺丝工艺中，溶液从挤出机（如双螺杆挤出机）或注射装置中挤出，进入到大气、冷介质或者冷管中，湿凝胶经过老化、干燥形成气凝胶纤维。密闭纺丝法是一种静态溶胶—凝胶纺丝方法。在密闭纺丝过程中，前驱体溶液受到毛细管张力作用进入到毛细管中，并在毛细管中进行静态的溶胶—凝胶转变过程，之后经过干燥可以得到直径从几十到几百微米的气凝胶纤维。但密闭纺丝可纺的纤维长度有限，且效率低下，不适于大批量连续气凝胶纤维的制备。通过密闭纺丝可制备有机气凝胶纤维、无机气凝胶纤维及复合气凝胶纤维。溶液浇铸法是将纺丝液注入成型模具中，再经过干燥形成纤维的纺丝方法，这种方法在纺丝长度上会受到限制。

19.2.2.2　干燥法

凝胶纤维成型后需要经过干燥步骤才能最终形成气凝胶纤维，其目的是除去凝胶中的溶剂，消除或最小化由表面张力效应引起的毛细力。目前气凝胶纤维的常用干燥方法主要有 3 种：常压干燥、冷冻干燥和超临界干燥法。

（1）常压干燥法是在常压环境下干燥湿凝胶。常压干燥过程中由于孔隙中固液界面表面张力过大，易发生收缩和开裂。

（2）冷冻干燥是在低温低压条件下进行，纤维孔隙内的溶剂在低温下固化、升华，使液—气界面转化为固—气界面，从而达到干燥目的。

（3）超临界干燥是通过压力和温度的控制，使溶剂在干燥过程中达到临界点，形成超临界流体，处于超临界状态的溶剂无明显表面张力，因此可以使凝胶在干燥过程中保持完好的骨架结构。超临界干燥法是目前获得气凝胶纤维最有效的方法，且对纤维结构破坏最小。针对不同类型的气凝胶纤维，研究人员也开发了针对性的制备方法：

① 二氧化硅气凝胶纤维。二氧化硅气凝胶具有极低的导热系数，高孔隙率，在保温隔热、吸附等领域应用广泛。张学同通过湿式反应纺丝和超临界二氧化碳干燥技术制备了透明二氧化硅气凝胶纤维（图 19-1），该纤维具有优异的绝热性质［0.018～0.023W/(m·K)］，在-200～600℃的宽温度范围内依旧表现出很高的柔韧性，在热防护领域有很大的应用潜力。

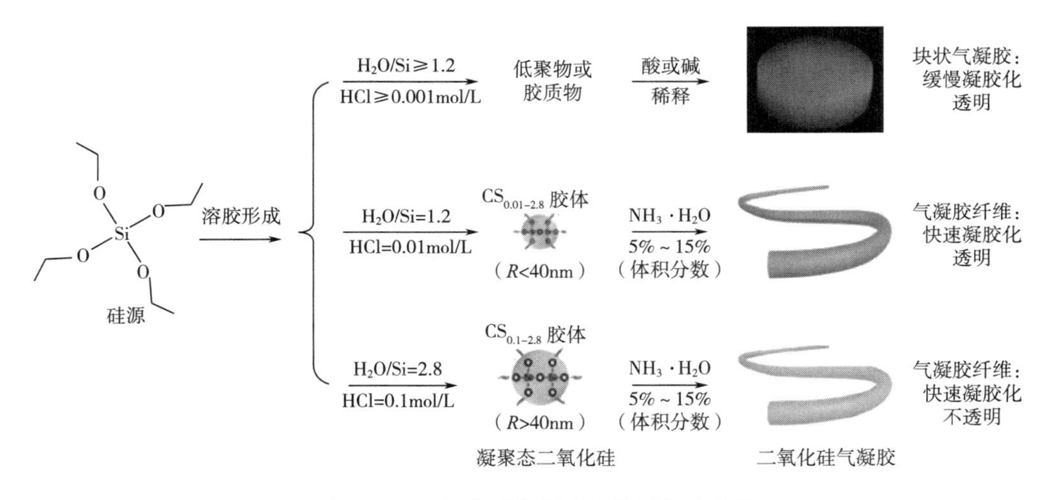

图 19-1　二氧化硅气凝胶纤维制备示意图

② 石墨烯气凝胶纤维。石墨烯气凝胶是以石墨烯为原料，具有互联多孔网络结构的三维宏观体材料，纤维化的石墨烯气凝胶保持了高孔隙率特征，又具备可编织性能，应用前景广泛。2012 年，许震等首次采用纺丝技术与冰模板技术相结合，从流动的液晶氧化石墨烯凝胶中制备出了结构有序的多孔芯—致密鞘结构石墨烯气凝胶纤维。特别是在面对高温无氧条件时，石墨烯气凝胶纤维展现出了良好的耐火性（>3000℃）和自熄性能。中国科学院苏州纳米所的李广勇等首先制备了具有良好可纺性的氧化石墨烯分散液并利用湿法纺丝工艺制备湿

凝胶纤维，利用超临界 CO_2 干燥制备了具有高孔隙率石墨烯气凝胶纤维（图 19-2）。

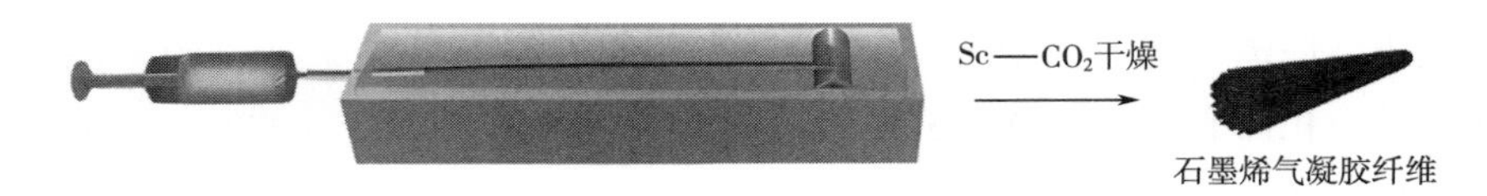

图 19-2 石墨烯气凝胶纤维的制备过程

③ MXene 气凝胶纤维。MXene 是一种具有高金属导电性、高亲水性和大比表面积的二维过渡金属碳/氮化物晶体。MXene 气凝胶纤维具有一维的纤维形态，柔韧性和可编织性大大提升。李玉珍等通过简单的动态溶胶—凝胶纺丝和超临界 CO_2 干燥制备了一种纯 $Ti_3C_2T_x$ 气凝胶纤维，该纤维具有 3D 定向介孔结构，良好的纤维柔韧性。

④ 芳纶气凝胶纤维。芳纶纤维是一种具有超高强度、高模量以及耐高温、耐强酸强碱的轻质合成纤维，其中美国杜邦公司的凯夫拉（Kevlar）纤维性能卓越，在航空航天、军事防护、生物医用等多个领域都有应用。芳纶气凝胶纤维的制备方式主要为湿法纺丝。刘增伟等以 Kevlar 纳米纤维为原料，依次通过液晶纺丝、动态溶胶—凝胶转变、冷冻干燥和冷等离子体疏水化制备了具有不同结构单元取向度的纳米级凯夫拉液晶（NKLC）气凝胶纤维（图 19-3）。

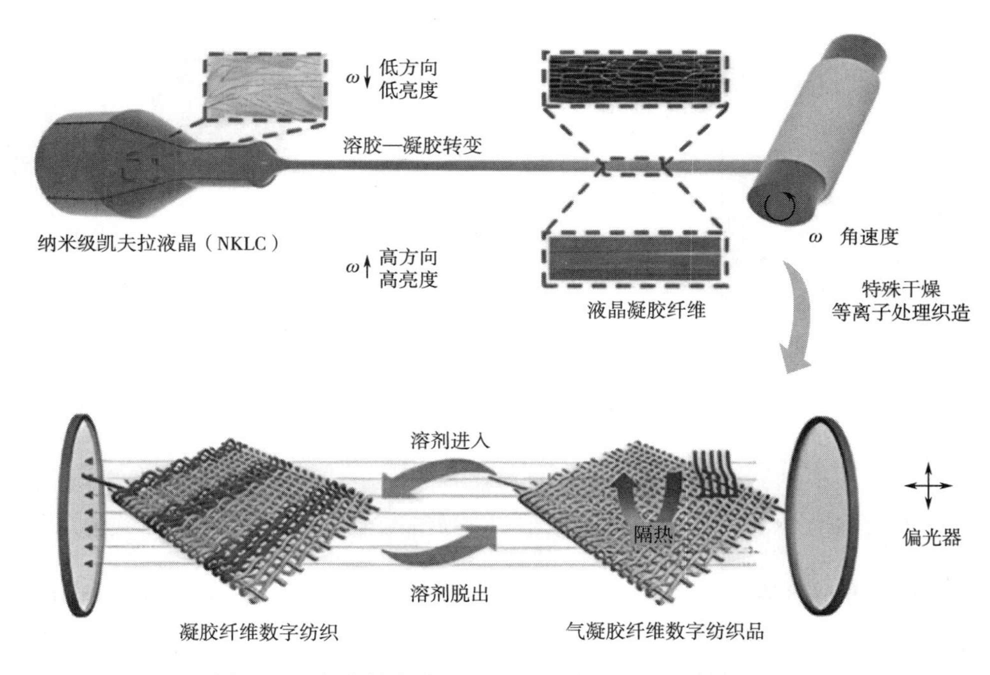

图 19-3 凯夫拉液晶（NKLC）气凝胶纤维的制备方法

⑤ 聚酰亚胺气凝胶纤维。聚酰亚胺（PI）纤维具有优异的抗拉强度、高温稳定性和低温柔韧性，良好的阻燃性能和隔热性能，在热管理方向应用潜力巨大。柏浩等通过“冷冻纺

丝”制备水溶性聚酰胺酸盐（PAAS）冷冻纤维。纺丝过程中，冰晶的生长协助纤维冷冻成形，同时冰晶作为致孔剂，使冷冻纤维内呈冰晶—聚合物互穿网络，再通过冷冻干燥和热亚胺化处理，成功制备了 PI 气凝胶纤维。东华大学的刘天西等以聚乙烯醇（PVA）为孔隙调节剂，采用冷冻纺丝法制备了轻质超保温聚酰亚胺气凝胶纤维，其孔隙率高达 95.6%，柔韧性和机械强度良好。

⑥ 天然高分子气凝胶纤维。天然高分子气凝胶纤维结合了气凝胶的优异性能和天然高分子材料的特性，具备可降解和可再生性，是一种环境友好的材料。刘中胜等采用 CO_2 超临界干燥方法制备了高取向度的纳米纤维并通过增加纳米纤维之间的交联点，提高了纳米多孔气凝胶纤维的机械强度和韧性，制备出一种轻质、超韧的纳米多孔纤维素气凝胶纤维（图 19-4）。柏浩等选择具有良好水溶性的丝素蛋白为基体，成功制备了孔结构可调控的丝素蛋白气凝胶纤维。但多孔结构和较弱的基体材料导致拉伸断裂强度（0.95 MPa）较低。他们随后在上述纤维上涂覆一层热塑性聚氨酯弹性材料（TPU），模拟北极熊毛的核—壳结构，包覆后的气凝胶纤维在拉伸到自身长度的 10 倍后仍能恢复到原来的长度，具备良好的机械性能。

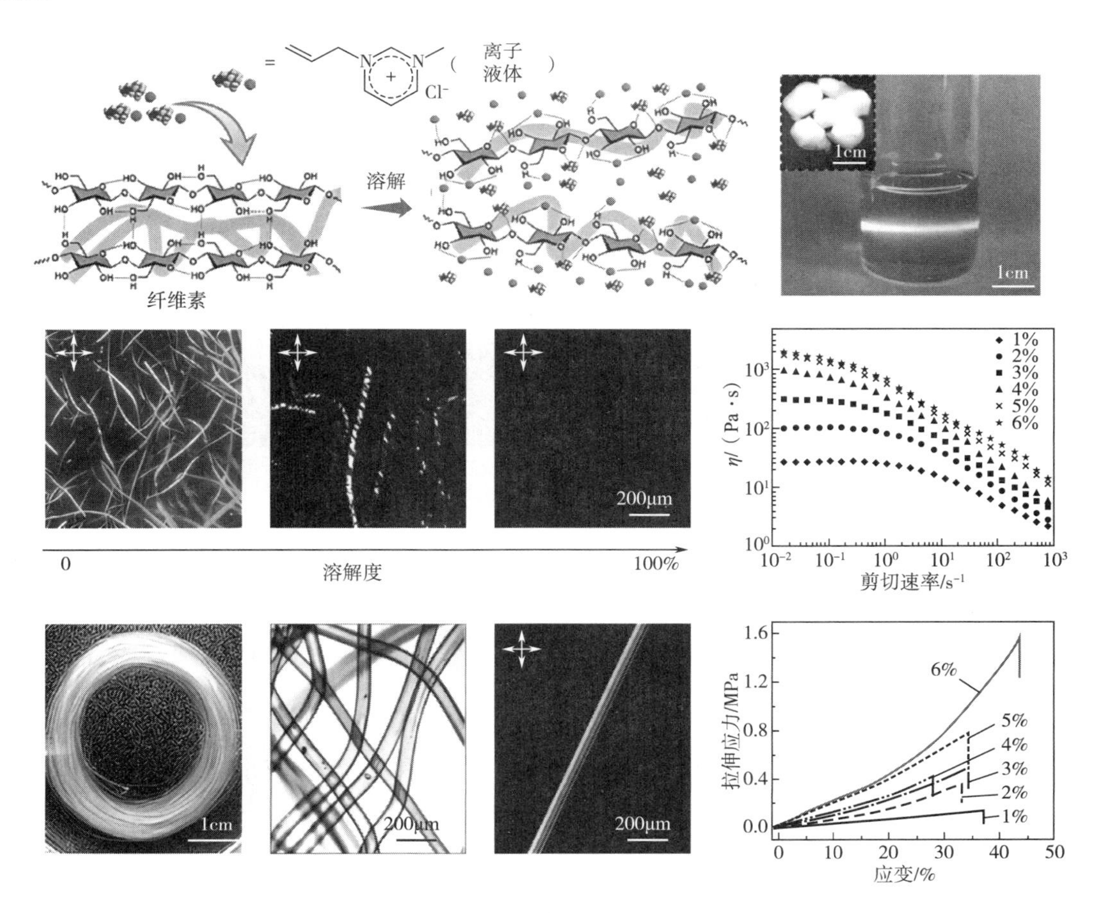

图 19-4 天然纤维素气凝胶纤维的制备、形貌及力学行为

⑦ 复合气凝胶纤维。与无机气凝胶纤维和碳气凝胶纤维相比，虽然高分子气凝胶纤维具有一定的机械性能和柔韧性，但由于其组分单一，功能性也较为单一，因此研究人员将有机、无机或碳材料引入聚合物气凝胶纤维中，充分利用不同材料的优势，制备综合性能突出、功能性丰富的气凝胶纤维。目前文献中已经报道的复合气凝胶纤维包括：氧化石墨烯/丝素蛋白、碳纳米管/丝素蛋白、碳纳米管/聚氨酯、硅/细菌纤维素、MXene/ANF 等。

19.2.3 自降温纤维及纺织品

自降温纤维及纺织品可利用加快热量的传导、对流和辐射散失，实现冷却降温。

（1）辐射制冷纤维及纺织品的制备。辐射制冷是指地球表面高温物体向外太空辐射能量以实现自身降温的一种制冷方法。根据普朗克定律，地球表面温度为 300K 的陆地辐射集中在 2.5~50μm 的波长范围内。如图 19-5（a）所示，宇宙的温度约为 3K，与地球表面具有巨大温差，因此通过大气向宇宙发射红外线而实现制冷。辐射制冷纤维是一种基于光谱选择透过的辐射被动冷却材料，一方面可以通过提高材料的太阳光谱反射率以避免太阳辐射引发的升温，另一方面可以提高材料在大气窗口的发射率以进行热量交换。图 19-5（b）显示了辐射制冷材料的理想光谱图，其中大气在 8~13μm 波段是透明的，大部分陆地区域可以通过透明的大气窗口有效地将热量辐射到宇宙中，且该透明的大气窗口允许红外光通过。基于此特性，辐射制冷纤维可以向外界辐射波长为 7~14μm 的人体中红外波，同时有效地反射波长在

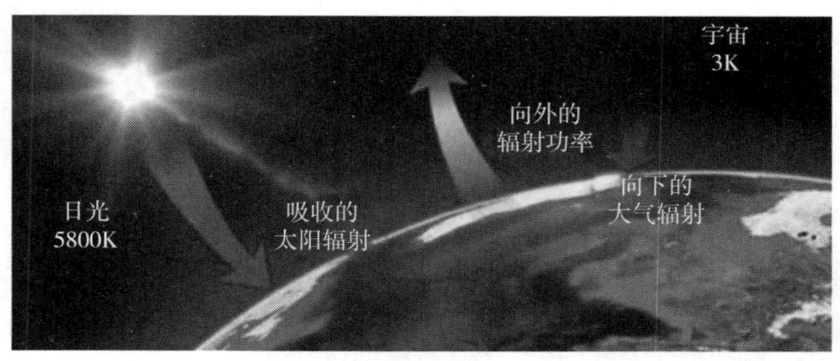

（a）辐射表面热交换

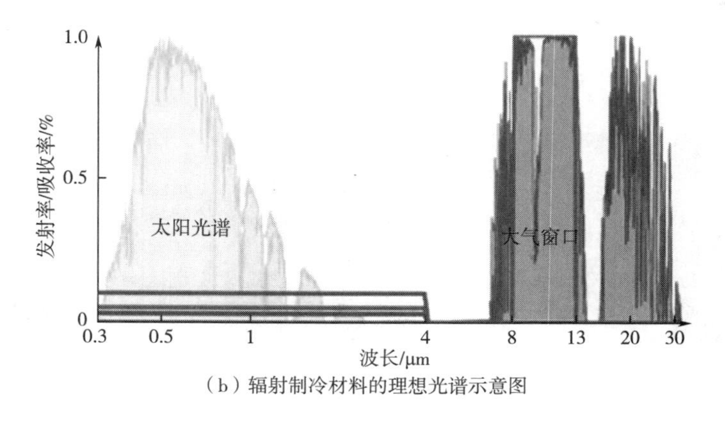

（b）辐射制冷材料的理想光谱示意图

图 19-5 辐射制冷

0.3~2.5μm 的可见光和近红外辐射，从而有效地实现智能辐射降温冷却。

目前的辐射制冷功能纺织品根据原材料性质的不同，分为有机和复合辐射制冷纺织品。有机辐射制冷纤维的制备与常规高分子制备方法类似，包含干法和湿法两类。美国斯坦福大学的彭雨粲等通过干法挤出成型将纳米级孔隙结构引入到聚乙烯（PE）纤维中制备了纳米 PE 纤维，结果表明 PE 纤维中的纳米孔可以强烈散射可见光，并有利于中红外光的有效传输，从而赋予了纳米 PE 纤维辐射制冷性能。此外，该团队还将纳米 PE 纤维制成机织物，与普通棉织物相比，该纳米 PE 织物覆盖的人体皮肤表面温度降低了 2.3℃，节能达到 20.0%以上。然而，纳米 PE 纤维及其织物的抗紫外线性能较差，为解决该问题，丁彬等选择具有抗紫外线性能的聚偏氟乙烯六氟丙烯（PVDF-HFP），并采用单一溶剂的水蒸气诱导相分离技术成功制备了具有纳米球结构的分级多孔 PVDF-HFP 纤维膜（图 19-6）。多孔结构使 PVDF-HFP 纤维表现出 93.7%的高太阳反射率和 91.9%的高红外发射率，相比于普通棉织物覆盖的人体皮肤，PVDF-HFP 纤维可降低温度 13.2℃。

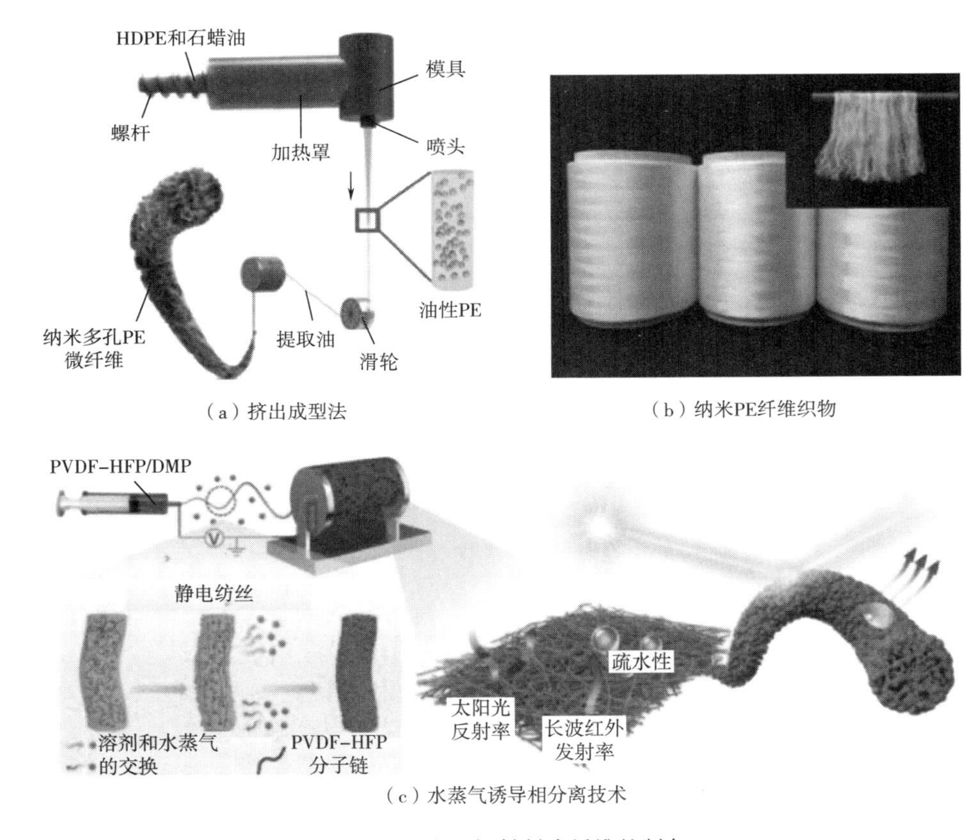

（a）挤出成型法

（b）纳米PE纤维织物

（c）水蒸气诱导相分离技术

图 19-6 有机辐射制冷纤维的制备

复合辐射制冷纺织品结合有机材料较好的柔韧性和无机材料优良的红外发射率，使纺织品与个人热管理联系更加紧密，表现出优异的辐射制冷效果。复合辐射制冷材料制备纺织品有很多种方法，如冷冻干燥法、相转化法、静电纺丝法等。付宇等将纤维素纳米晶体

（CNCs）与甲基三甲氧基硅烷（MTMs）在催化剂作用下生成的 SiO_2 相结合，通过定向冷冻干燥技术制备了一种具有辐射制冷性能的气凝胶。该气凝胶表面的微纳米结构与内部均匀分散的 SiO_2 交联形成的化学键协同作用，赋予气凝胶 97.4%的太阳辐射反射率和 93.0%的红外发射率，达到高效日间降温效果。郑州大学的王建峰和王万杰等通过相转化法制备了具有多层珊瑚状结构的多孔聚偏氟乙烯（PVDF）纤维膜，并在纤维膜表面涂覆 MXene 涂层，获得了具有被动辐射制冷/加热性能的双模式多孔复合纤维膜（图 19-7）。芝加哥大学的吴荣辉等利用静电纺丝技术将聚甲基戊烯（PMP）纳米微杂化纤维层、银纳米线（AgNWs）和羊毛织物层集成到多层织物中来设计中红外光谱选择性分层织物（SSFH），能够同时满足选择性发射率、与人体的热交换特性和纺织品的可穿戴性（图 19-8）。南京大学的朱嘉等通过分子键合设计和可扩展的偶联剂辅助浸渍镀膜方法进行丝绸的纳米加工，所加工的纳米丝绸成功实现了日间辐射冷却。

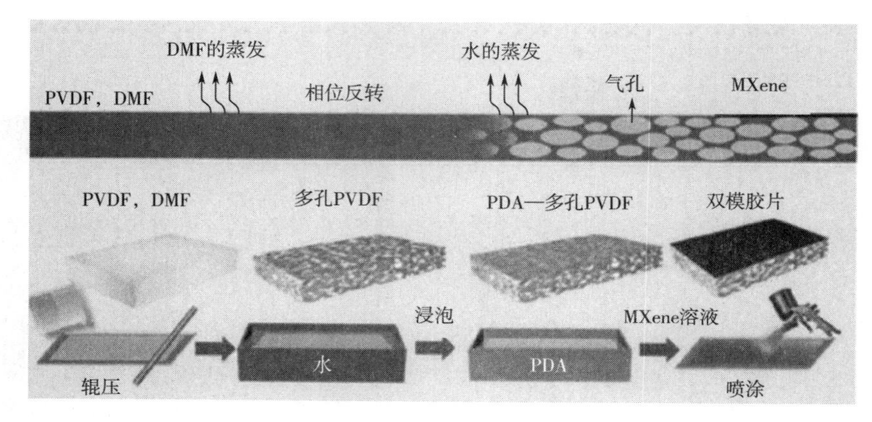

图 19-7　双模式多孔复合纤维膜的制备过程

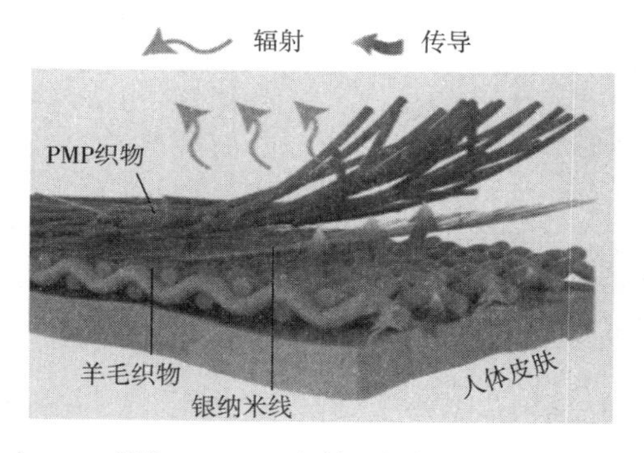

图 19-8　由 PMP 织物、AgNW 和羊毛织物层组成的多层 SSHF 结构

（2）热传导纤维及纺织品的制备。纤维材料的导热系数和厚度是传导散热的关键参数。传统纤维材料通常是由低导热材料制成，例如棉、羊毛、涤纶、尼龙的导热系数分别为 0.07W/(m·K)、0.05W/(m·K)、0.14W/(m·K)、0.25W/(m·K)，当人体温度上升而传统纤维材料散热性能不足时就会产生闷热感。此外，热传导在将体表的热量传递至外界环

境的过程中起着决定性作用，这也将直接影响辐射、对流、蒸发散热。已有研究人员通过合理调控纤维材料的本体性质、纤维微结构、宏观组织结构提升了传导散热性能，其中一种策略是在纤维内部或表面引入高导热的纳米填料，如氮化硼、碳纳米管和石墨烯等。美国马里兰大学的胡良兵等利用 3D 打印和热牵伸技术制备出了高导热、高取向的氮化硼/聚乙烯醇纤维，其导热系数是传统棉纤维的 2.2 倍。

（3）速干降温纤维及纺织品。通常人体通过动态的热平衡将核心温度维持在（37±1）℃。然而，高温高湿环境中的剧烈运动或阳光暴晒会使热量在体表持续积累并引发人体大量出汗。传统纤维材料的热湿调节性能不足会使人体体温调节失衡并导致热应激，严重时将威胁人体健康。近年来，通过构筑非对称润湿性制备的单向导液纤维材料得到了研究人员的广泛关注，汗液可在润湿梯度的驱动下自发地由体表传导至纤维材料外表面进行蒸发散热，从而获得更为干爽的内层贴肤面。研究人员利用熔融挤出法、双向拉伸法、相分离法、闪蒸法、静电纺丝法等制备技术实现了速干降温纤维及纺织品的制备。

例如，缪东洋等采用静电纺丝与碱处理亲水改性技术制备了聚氨酯（PU）/水解聚丙烯腈（HPAN）双层复合纤维膜，具有微纳米粗糙度与亲水基团的超亲水 HPAN 纤维膜和具有疏水性的 PU 膜分别作为水分蒸发外层和贴肤速干内层，可赋予复纤维膜单向导液性能。他们还采用静电纺丝与等离子体双面亲水改性技术成功制备了具有多级分叉网络和网状互连传热网络的仿生 PU/氮化硼纳米片（BNNS）多层级复合纤维膜。在模拟实际应用过程中可有效降低体表温度，促进皮肤向周围环境的传导与蒸发散热，展现出了更加优异的协同热湿调节性能（图 19-9）。

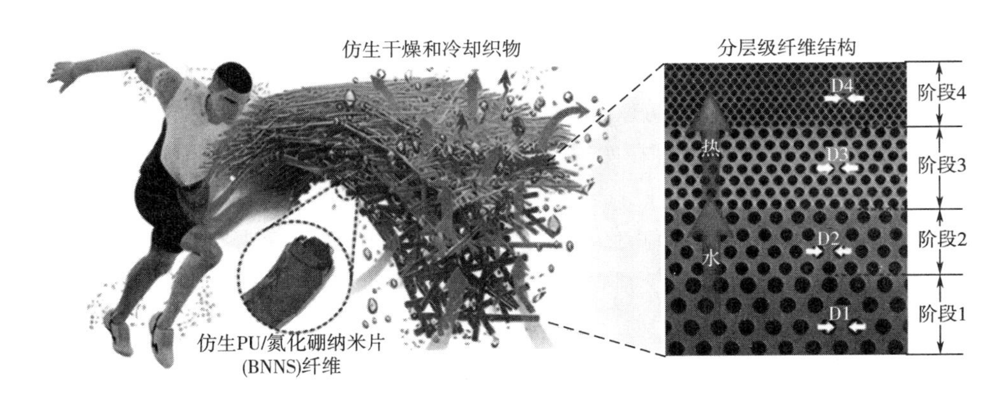

图 19-9 仿生多层纤维膜作为个人干燥和降温功能纺织品

19.2.4 自发热纤维及纺织品

自发热材料纤维是典型的积极保暖纤维，该类型纤维材料能够根据环境温度或人体需求，通过吸收或储存太阳能、电能等散发热量，实现人体热平衡。而根据发热机理，自发热材料纤维一般可分为吸湿发热纤维、光能发热纤维、电能发热纤维。

（1）吸湿发热纤维。吸湿发热纤维是一种利用水分吸附产生热量的材料。纤维中亲水极性基团（如羟基、氨基、羧基）易与空气中的水分子形成氢键。根据能量守恒原理，当水分子被极性基团吸附固定时，其动能降低，在没有其他能量转化的情况下，这部分能量将转化为热能，为人体提供热量。因此吸湿发热纤维同时具有优异的吸湿性和发热性，是自主产热的保暖材料。天然纤维的分子上就带有亲水基团，比如羊毛就有很典型的吸湿放热效果。吸湿发热纤维的亲水基团的数量与纤维的吸湿放热效果成正比，因为亲水基团多，纤维回潮率高，吸湿能力强，则吸湿放热性能好。目前，吸湿发热这种发热机理的研究和产品开发运用是比较多的一种。图 19-10 为吸湿发热原理的示意图。

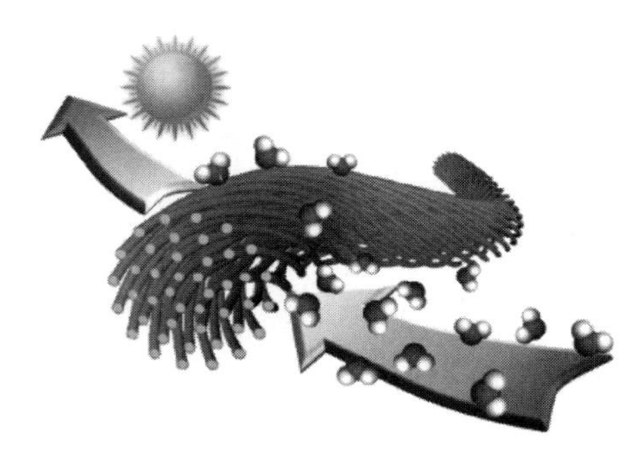

图 19-10　吸湿发热原理示意图

吸湿发热纤维可分为三大类：天然吸湿发热纤维、合成纤维吸湿发热纤维、复合型吸湿发热纤维，其制备方法与传统纤维类似。其中天然吸湿发热纤维以吸湿性能优异的天然高分子纤维素纤维为主；合成吸湿发热纤维则是指通过化学法或物理法赋予合成纤维其更好的吸湿性，实现更好的吸湿发热效果，以聚丙烯腈纤维为主；复合型吸湿发热纤维是将具有发热性或吸湿性的无机材料和具有发热性或吸湿性的高分子材料混合或反应，制备的吸湿发热性能较好的纤维。日本东丽公司的 Softwarm 纤维是将腈纶和吸湿性较好的纤维（如黏胶纤维、铜氨纤维、醋酸纤维等）结合，可在实现吸湿发热的同时，尽量减少热量散失；东洋纺公司的 EKS 纤维和 N38 纤维均是通过纤维改性得到的，前者是在聚丙烯酸分子中引入氨基、羧基等亲水性基团，并进行交联处理制得的“亚丙烯酸盐系纤维”；后者是以聚丙烯酸纤维为原料，进行分子超亲水化并高度交联制得的“高度交联聚丙烯酸酯纤维”。此外，EKS 纤维表面的纵向沟槽可提升纤维表面性能，将人体汗液及时吸收，以达到干爽舒适的效果。

（2）光能发热纤维。光能发热纤维是能够吸收太阳辐射中不同波长光线（包括紫外光、可见光和红外光）的能量，并将光能转化为热能，同时反射人体热辐射，具有自主升温达到保暖效果功能的材料。根据纤维可吸收的太阳辐射波长的范围，其可分为远红外光能发热纤维和可见光近红外光能发热纤维。远红外光能发热纤维可吸收太阳中的远红外光辐射的能量或人体产生的热量，进而辐射一定波长范围的远红外线，激发人体局部的温热效应，达到储温保暖的作用。这类光能发热材料一般以聚酯和丙纶为基体，加上陶瓷粉（如氧化铝、氧化锆），制备方法通常为熔融纺丝。可见光近红外光能发热纤维可吸收太阳中可见光与近红外线辐射的能量，同时以红外线辐射的形式作用于人体，且可反射人体热辐射。人体吸收与之相匹配的红外线后，人体中的碳碳、碳氧、碳氢等化学键会产生共振效应。制备方法是在纺丝液中添加Ⅳ族过渡金属碳化物，如 ZrC、TiC、HfC 等。

（3）电能发热纤维。电能发热纤维材料能发热主要是因为纤维内部嵌入有导电材料，当电流通过这些导电材料时，会产生焦耳热。这些热量随后通过纤维的传导和辐射作用，散发到纤维的周围环境中。导电纤维主要可以分为无机导电纤维、有机导电纤维和金属及其化合物导电纤维三大类。有机导电纤维例如聚苯胺纤维、聚吡咯纤维等，其制备方法与传统的纤维制备工艺类似；无机导电纤维主要是碳纤维，制备方法包含前驱体纺丝法，熔融拉丝法及气相沉积法。金属纤维及其化合物纤维主要是利用模具将金属丝反复导入拉丝，得到的金属纤维导电性能几乎和金属一致。金属纤维强度高但成本高，制备过程也比较困难。近年来金属氧化物纤维受到广泛关注，其主要方法包括：一种是化学沉积或涂覆法，在高分子等纤维表面形成导电层，包裹率经过一段时间的研究与开发已经可以达到全覆盖。另一种方法是共混法，将金属化合物与纤维的溶液共混或者直接熔融，通过纺丝直接得到。

19.3 热管理纤维及纺织品的应用领域

19.3.1 相变纤维及纺织品

近年来，随着相变纤维的不断发展，其柔韧性和能量存储密度都得到显著改善。将相变纤维编织成织物可用于智能保温/冷却织物、军事红外隐身、动力电池热管理以及可穿戴设备中的应用，受到研究者的广泛关注。

（1）智能保温/冷却织物。自 20 世纪 80 年代以来，相变纤维逐渐开始应用于温度调节纺织品中，利用 PCM 材料本身能够储存和释放能量的特性，可以实现自动温度调节。最初主要用于宇航员服装，随后逐渐扩展到滑雪服、消防服、军用服等。相变织物可将人体产生的大量热量一部分存储，另一部分以红外辐射和热传导形式耗散到环境中，减少了人体周围微环境中的热量。郑晴等使用双层相变材料用于地下矿工服的冷却降温，研究发现穿着带有相变材料工作服的皮肤表面温度普遍低于普通工作服。由于太阳光照是人体热量来源之一，所以相变冷却织物不仅要有强大储热性能，还需要良好的太阳光线反射能力，可通过在纤维表面构造多孔结构，反射太阳光线。例如，东华大学的徐壁等在聚酯纤维/棉混合织物上，一面涂覆多孔聚合物，另一面负载 $CaCl_2$，制备出柔性复合织物。涂有多孔聚合物表面太阳光反射率为 90%。由于 $CaCl_2$ 涂层具有良好的吸湿性，还可将人体汗液吸收并蒸发实现进一步降温。

（2）红外隐身。现代红外探测器工作的主要原理是捕获外界物质所发射的红外射线，经红外传感器分析，从而确定目标所在位置等信息。特别是在军事应用领域，红外隐身材料的开发应用显得十分重要。当物质表面温度高于绝对零度时，都会向外发射红外线，红外线强弱受到物质温度影响，物质温度越高所发射的红外线越强，越容易被探测。因此，通过相变织物调节物体表面发出的红外射线强度与周围环境发出的红外射线强度保持在同一水平（二者的辐射温差小于 4℃），可使目标隐藏在环境中（图 19-11）。

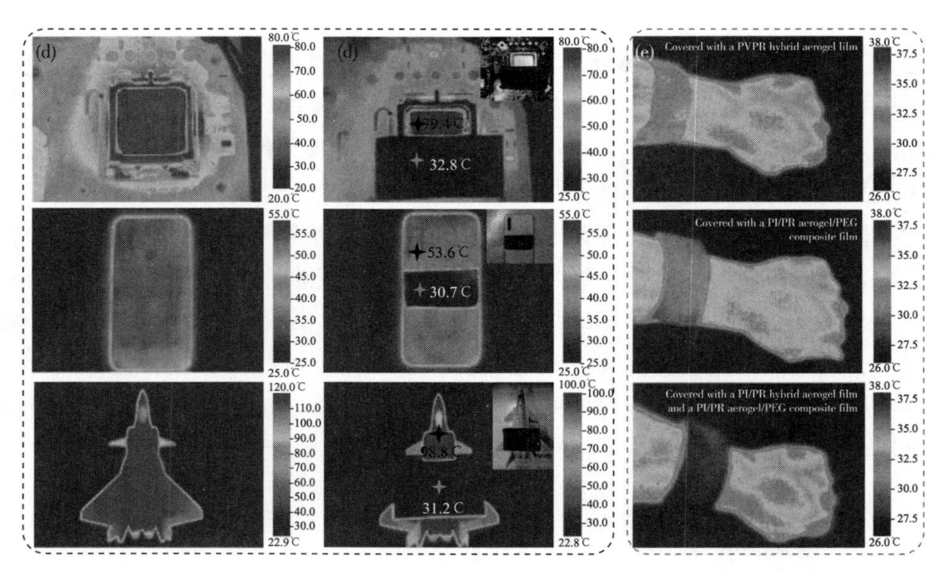

图 19-11 相变织物在军事红外隐身中的应用

(3) 动力电池热管理。动力电池的安全性与可靠性是保证电动汽车安全行驶的重要因素之一，而动力电池中的锂离子电池受温度影响较大，在高温和低温的情况下均会影响电池的正常使用，造成电池容量衰减、循环使用寿命缩短、电池的热失控等问题。因此，研究如何控制锂离子电池的工作温度，让其在安全的温度范围内工作具有重要意义。此外，相变材料具有热量缓冲作用，相变过程中可以带走大量热量，将具备相变功能的材料放置在电池之间可以避免单体热失控过程快速传播，对电池系统安全性具有重要作用。例如，中国科学院大学的刘占军等设计了石蜡/膨胀石墨/环氧树脂相变复合材料，将其与石墨膜材料结合用于锂电池模组中，实验发现当电池组在 4C 的放电倍率下工作时，单个电池的最高温度为 33℃，且电池之间的最大温差仅为 1.4℃中，满足电池的正常工作需求。清华大学的伍晖等通过将阻燃相变材料与多孔陶瓷材料结合，形成复合热安全管理材料，实现室温导热与高温绝热功能；阻燃相变材料同时具备相变释热、阻燃灭火功能，相变温度从 90~200℃可调，相变潜热可设计；最终，1mm 厚度的复合材料能够耐受高功率热冲击（44kW）和外力挤压、相邻电池温差达到了 512℃，实现热失控传播阻断。虽然目前尚未有相变纤维材料在动力电池热管理应用中的案例，但由于传统相变填充材料存在灵活性差、易泄漏等问题，相变纤维及其织物具有良好应用前景。

(4) 电子设备热管理。先进计算机、雷达、通信、功率源等设备中的微电子器件在使用过程中也会产生大量热量，导致芯片单位面积内大热流密度的形成；热量一旦不能及时传导出去，将造成器件局部温度过高，导致结构发生损伤甚至失效。此外，可穿戴电子设备是直接与人体皮肤接触的一类电子产品，对安全性能要求很高，特别是在热感方面。当人类在穿戴工作中的电子设备时，可能会存在额外的局部加热效果，产生热不适，甚至对皮肤组织造成热损害。相变纤维材料具有良好的热能存储性能，能有效地解决这一问题。例如，北京航空航天大学的李宇航和浙江大学的宋吉舟等制备了石蜡相变复合膜作为电子设备的储热衬底，与传统的热保护衬底相比，该储热衬底可将电子设备产生的峰值温度降低 85% 以上（图 19-12）。张学同团队探究了氮化硼气凝胶相变复合薄膜在电子系统（如 5G 芯片等）多元化热控管理中的可行性，并以此提出了基于隔热与热能调制的两种热控管理策略及其应用形式与场景。气凝胶薄膜及相变复合薄膜能够有效改变和调控热流的传输方向，阻止热量向附近器件及其他功能单元扩散，为电子系统提供舒适的运行环境，并为使用电子器件的人体提供舒适的佩戴或使用环境。

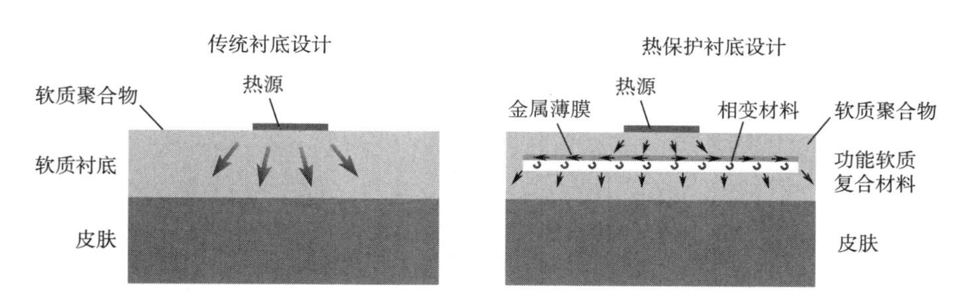

图 19-12 相变材料在可穿戴电子设备中的应用

19.3.2 气凝胶纤维及纺织品

气凝胶纤维是一种新型多孔纤维材料，既有气凝胶低密度、高孔隙率、高比表面积的特点，同时还具有良好的柔韧性、灵活性和可编织性，在保温绝热、红外隐身、特种服装与高温热防护应用领域表现出优异的性能。

（1）保温绝热。气凝胶纤维具有低密度、大比表面积、高孔隙率等性能特点，导热率低且导热系数随温度变化小，隔热性能良好。同时气凝胶纤维易于功能化，可以很好地利用多种特性实现智能调温。张清华等报道了具有超高孔隙率、超低密度和优异力学性能的芳纶纳米纤维基气凝胶纤维，由此纤维织成的织物具有特殊的三维交联网络微观结构，在 -30～200℃ 的温度范围内具有低导热系数和优异的保温性能。

（2）红外隐身。由于气凝胶纤维具有超低的热导率，是热隐身材料的良好选择。柏浩等报道了具有北极熊毛结构的丝素蛋白气凝胶纤维，该纤维织成的织物具备良好的耐磨性和透气性。图 19-13 展示了一只兔子穿着单层商用聚酯纺织品和气凝胶纤维的光学和红外图像。兔子身上覆盖着气凝胶纤维的部分在红外摄像机下几乎不可见，这使得使用仿生多孔纤维编织的纺织品可以实现热隐身，且这种纺织品的热隐身性能在 -10～40℃ 环境温度范围内均可实现。

（3）特种服装。特种高分子气凝胶纤维具有高耐温、离火自熄、低热导特性，且具备一定的透气能力，可应用于特种服装领域。聚酰亚胺气凝胶纤维和 Kevlar 气凝胶纤维具有优异的热稳定性，能抵抗超过 500℃ 的高温，可用来制作高温环境下的防护服。陈维旺等用扁平针制备了一系列 Kevlar 气凝胶带状纤维，并制成织物，具有良好的强度、阻燃性和热稳定性，在高温隔热特种服装领域有较大应用前景。

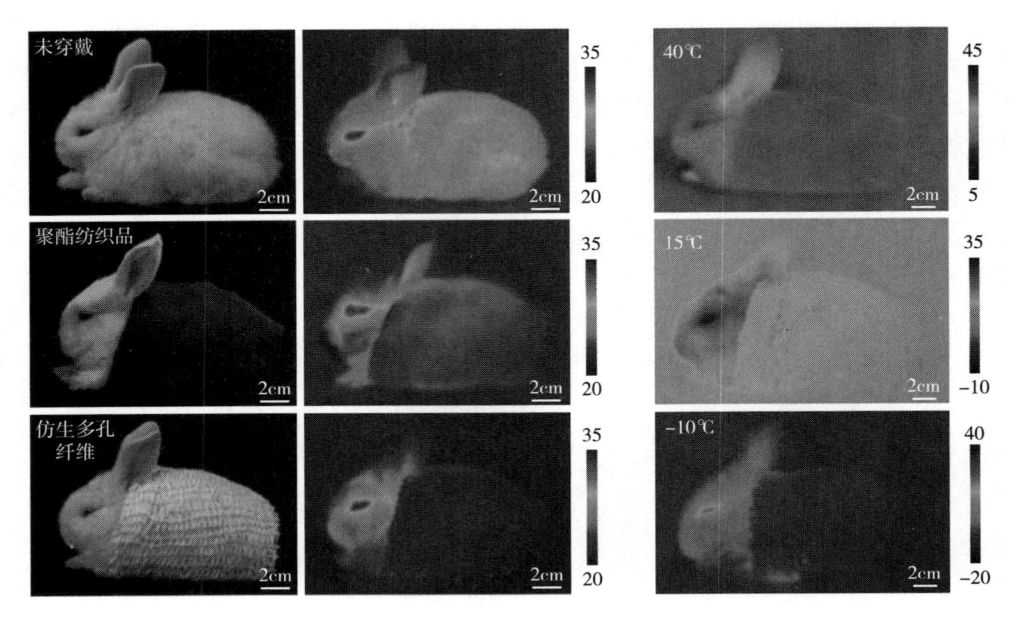

图 19-13 具有红外遮蔽功能的气凝胶纤维

（4）高温热防护。高速飞行器具有巡航速度快、航程远、突防能力强等优势，是未来飞行器的主要发展趋势。但在大气中飞行时，气动加热所产生的大量热量集中于飞行器头锥、翼缘等尖锐部位，形成局部高温热点。过高的温度将降低飞行器结构的力学性能和承载能力，缩减结构的使用寿命，甚至导致结构失效。无机气凝胶纤维具超高的耐温性、低热导率与机械柔性，有望在高温热防护领域得到应用。胡沛英等提出以氧化硅气凝胶为功能基元的概念，通过与其他材料进行复合，基于气凝胶原有的轻质、低热导率，实现了热防护用织物的制备。

19.3.3 自降温纤维及纺织品

随着气温的逐渐升高，空调等制冷设备所消耗的能源在商用和民用能源消费结构中所占的比重逐年增加。与对整个建筑进行制冷相比，对单个人体进行制冷的人体热管理技术需要调控的热体积更小，因而具备更高的节能效果。

（1）辐射制冷纤维及纺织品的应用。宋莹楠等设计并制备了一种光谱选择性极高的 IR 发射型辐射制冷面料（PBNT）。由于 PVDF 和氮化硅（Si_3N_4）具有很好的光谱性质互补性，由 PVDF 和 Si_3N_4 纳米粒子制备的复合纳米纤维可作为热辐射发射器释放人体的过载热。室内制冷效果测试表明，PBNT 覆盖时的皮肤温度比传统棉麻面料覆盖时低 3.5℃。在直接太阳光照射下，PBNT 仍具有较高的制冷能力，与传统面料相比，PBNT 覆盖时的皮肤温度降低了 7.7~10.8℃。

香港理工大学的王发明等将 PE 多孔薄膜制造成女士商用衬衫后，邀请了 18 位女性参与者在 23℃、25℃、27℃和 29℃的四种室内温度下进行了八次 80min 的试验。结果表明，与

23℃、25℃和27℃的棉质衬衫相比，辐射制冷衬衫穿戴者的平均皮肤温度要低得多。穿着辐射制冷衬衫时，参与者可接受的空调设定温度可以从25.5℃升高到27℃，从而节省约9%~15%的制冷能量。清华大学的张如范和南京大学的朱嘉等报道了一种聚甲醛（POM）纳米织物，它不仅实现了大气窗口（8~13μm）红外线的选择性发射，而且还能够实现中红外波段的自适应透射和太阳光（0.3~2.5μm）的自适应反射。在室外强阳光照射环境下（800W/m^2），自适应型纺织品的皮肤表面温度明显低于纯透射型（低25.7℃）和纯发射型（低4.2℃）纺织品。

除了在个体热管理外，辐射制冷纺织品在低耗能交通工具、建筑物、温室大棚、物流运输、粮仓存储、太阳能电池、各种航天飞行器的构建和延缓冰川融化等方面也有潜在应用。例如，覆盖有辐射制冷纺织品的汽车车内最高温度比无覆盖的汽车低7℃，表现出很强的商业应用潜力。在高温天气下，辐射制冷纺织品可以提供约80%的建筑物冷负荷。

（2）热传导纤维及纺织品的制备。热传导纤维及纺织品可通过增强热传导实现人体表面温度的有效调控。澳大利亚迪肯大学的周华等通过在棉织物表面涂氮化硼导热层获得了具有高导热系数的降温纤维材料，其导热系数是未涂层织物的3.4倍。在实际水分蒸发测试中，涂层织物干湿两侧温差可降低至1.2℃，而未涂层棉织物两侧温差仍为3℃。美国斯坦福大学的崔屹等使用铜基体和尼龙纳米纤维设计了一种集成冷却纺织品，使导热矩阵和汗液输送通道集成在一起，此纺织品在人工排汗皮肤试验中有约3℃的降温效果，其人体出汗量相较于棉织物大大降低。

（3）速干降温纤维及纺织品的应用。在阳光直射下，速干功能的纤维可以有效地吸收和排出汗液，使人在运动或户外活动时保持干爽舒适，这对于运动员、户外爱好者以及需要长时间穿着服装的人群都非常重要。目前已有众多商业化产品，例如Teijin公司的Wellkey、Dupont公司的Coolmax、Nike公司的Dri-FIT、上海贵达与东华大学合作开发的Supercool等。此外，使用刺激响应聚合物可以赋予纤维材料智能化的热调节特性，通过接收外部环境的刺激信号，如湿度、温度、pH、光等，使自身物理化学特性以及组织结构发生较大改变。

美国马里兰大学的胡良兵等使用疏水性聚对苯二甲酸乙二醇酯（PET）和亲水性三醋酸纤维素双晶型纤维制备了一种湿度响应型智能针织物。其中，纤维素纤维由于其双晶型结构在湿度诱导时直径会降低，织物的孔径和孔隙率随之增加，人体中红外透过率和透湿性也因此提升。智能织物的红外透射率在干燥状态下约为传统棉织物的2倍，在潮湿状态下可提升至8倍。美国加州大学圣地亚哥分校的陈仁坤等基于Dupont公司的Nafion聚合物制备了两种可逆的湿度诱导弯曲智能织物。第一种织物仿生人体皮肤出汗状态下毛孔的打开方式，Nafion薄膜上预先切割出襟翼，当体表湿度迅速增加时，薄膜会向外界低湿一侧弯曲，由此打开的毛孔可以增强对流、辐射、传导散热性能。第二种是在双层织物中间设有可弯曲的拱形Nafion丝带，双层织物的厚度会随着湿度的增加而降低，从而减少织物内部的热绝缘空气层，提升传导散热性能。此外，耐克公司有一款商业化Sphere React Dry面料同样采用了湿度响应材料，其后部通风口可以在人体出汗时自动打开，快速排出汗液和热量。此类对湿度敏感的智能聚合物材料具有快速的环境响应特性，在湿度驱动下可以高效率地实现蒸发和对流散热，涉及纤维材料孔径、孔隙率、厚度等的主动变化，从而可获得自适应、动态的个人热调节。

19.3.4 自发热纤维及纺织品

（1）吸湿发热纤维及纺织品。吸湿发热纤维的亲水基团的数量与纤维的吸湿放热效果成正比，因为亲水基团多，纤维回潮率高，吸湿能力强，则吸湿放热性能好。日本东丽公司的研究人员将人造木浆纤维和细度小且抗起毛起球的腈纶复合而成，制备出 Soft-warm 纤维。Soft-warm 纤维比较保暖有两个原因：一是吸收人体的湿气并将其转换为热能，二是由于在木浆和腈纶之间存在间隙，里面含有大量静止空气，可以减少热量的损失。EKS 纤维是由日本东洋纺公司研制开发的，如图 19-14 所示为其工作机制。它是以丙烯腈为基础，通过交换反应而成的纤维。该纤维因内部结构呈蜂窝状，所以吸收水分的能力很强。实验表明，它的吸湿放热能力比羊毛大一倍。日本旭化成株式会社研发的由铜氨丝和细度小且抗起毛起球的腈纶混纺而成的 Thermogear 纤维，其同时具备铜氨丝的吸湿发热和腈纶优越的保暖性能。

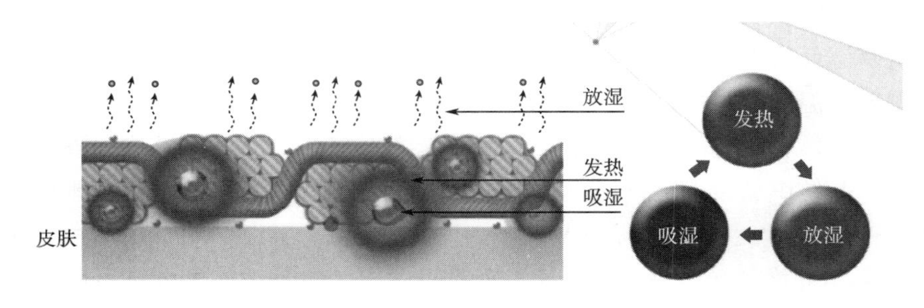

图 19-14　EKS 发热纤维工作机制

（2）光能发热纤维及纺织品。钟纺合纤公司的 Ceramino 纤维是一种吸光发热的聚酯纤维，它是通过在无定形区中均匀地加入远红外吸收物质，来达到吸热储能的作用；日本小松精炼公司开发的 DynaLive 是一种保暖材料，由于纤维中含有红外线吸收剂和玻璃微粉，其纺织制品的温度能高出普通制品 3~7℃；富士纺公司的 INSERARED 纤维和可乐丽公司的 LONWAVE 纤维中添加了陶瓷成分，均可实现吸热储能的目的；帝人公司的 WARMAL 纤维外层加入了“硅酸锆系陶瓷”，是一种远红外涤纶，可二次放出远红外能量，且可反复洗涤；纳米竹炭纤维、石墨烯纤维、太极石纤维等利用添加物的远红外线效应，实现蓄热保温及促进血液循环的功能；此外，上海德福伦化纤有限公司运用红外压电晶体材料的压电和热释电特性，采用高科技粉碎技术，将其研磨成微纳米超细粉末，添加到纺丝溶液中制备出的纤维，能产生与人体相匹配的红外线，发热效果明显。

（3）电能发热纤维及纺织品。电能发热纤维能发热主要依靠导电纤维。碳纤维作为良好的导电纤维，电能热能之间转化率高，能迅速升温。日本东丽公司以碳纤维为导电发热纤维研发了一款名为东丽热的服装。这种衣服自带可充电电池，可以源源不断地向人体及时提供热量。信州大学朱等将 CNT 和 3,4-乙烯二氧噻吩单体的聚合物:聚苯乙烯磺酸盐（PEDOT:PSS）分别涂覆在 PW/PU 纤维表面，实验发现施加 3.4V 低电压时，纤维表面温度保持在51.5℃并持续超过 1800s。

此外，研究者们正在尝试将导电材料与气凝胶纤维耦合，实现多功能热管理。例如，刘兆清等制备了具有微孔结构的聚酰亚胺（PI）/羧化多壁碳纳米管（c-MWCNT）杂化气凝胶纤维。该气凝胶纤维编织的织物具有优异的变形敏感性，工作温度范围为-50~200℃。此外，PI/c-MWCNT 杂化气凝胶纤维还能通过自动电加热系统自动调节人体温度。李玉珍等构建的高取向度的纯 $Ti_3C_2T_x$ MXene 气凝胶纤维（MAFs）的电导率高达 10^4S/m。MAF 具有可调节的孔隙率（96.5%~99.3%），高比表面积（高达 142m^2/g）和低密度（低至 0.035g/cm^3）以及优异的焦耳热效应。MAF 的红外吸收能力在近红外区域接近 100%，使 MAF 具有较高的光热转换效率，表现出优异的光热响应性能。单根光纤在 1.0 太阳光照射下，温度可上升到 40℃，持续 5min。多根 MAF（≈7 根纤维）在 1.0 太阳光照射下，温度可达 47℃，持续 5min。与开放环境相比，封闭环境下 MAF 的表面温度升高了 50℃。

19.4 总结与展望

随着传感器和智能可穿戴技术的发展，热管理纤维及纺织品将继续深化新型调温材料的研发，探讨更高性能、更环保的产品；简化研发制备工艺，降低研发成本，更好进行市场化推广；改进制备方式，使纺织品更舒适耐用，更符合人们的需求；探索更智能的连接，创造出智能灵活、自适应的数字化智能纺织品及智能可穿戴设备，且能与智能手机等智能设备云结合或打造出智能织物空间，并可以嵌入任何使用的产品中，为人们提供多样化服务。总体来说，热管理纤维及纺织品在热管理领域有巨大的应用潜力和发展空间，但目前仍处于实验室阶段，因此对于热管理纤维及纺织品的研究仍需继续深入，以期更快地打造新型智能纺织品。

参考文献

[1] IQBAL K, SUN D M. Development of thermo - regulating polypropylene fibre containing microencapsulated phase change materials[J]. Renewable Energy, 2014, 71: 473-479.

[2] LI W, MA Y J, TANG X F, et al. Composition and characterization of thermoregulated fiber containing acrylic-based copolymer microencapsulated phase- change materials (Micro PCMs)[J]. Industrial & Engineering Chemistry Research, 2014, 53(13): 5413-5420.

[3] AHN Y H, DEWITT S J A, MCGUIRE S, et al. Incorporation of phase change materials into fibers for sustainable thermal energy storage[J]. Industrial & Engineering Chemistry Research, 2021, 60(8): 3374-3384.

[4] SONG S K, ZHAO T T, QIU F, et al. Natural microtubule encapsulated phase change material with high thermal energy storage capacity[J]. Energy, 2019, 172: 1144-1150.

[5] LU P, CHEN W S, FAN J J, et al. Thermally triggered nanocapillary encapsulation of lauric acid in polystyrene hollow fibers for efficient thermal energy storage[J]. ACS Sustainable Chemistry & Engineering, 2018, 6(2): 2656-2666.

[6] XIA W, FEI X, WANG Q Q, et al. Nano-hybridized form-stable ester@F-SiO_2 phase change materials for melt-spun PA6 fibers engineered towards smart thermal management fabrics[J]. Chemical Engineering Journal,2021,403:126369.

[7] ZHANG H,YANG S R,LIU H,et al. Preparation of PNHMPA/PEG interpenetrating polymer networks gel and its application for phase change fibers[J]. Journal of Applied Polymer Science,2013,129(3):1563-1568.

[8] ZHANG X G,QIAO J X,ZHAO H,et al. Preparation and performance of novel polyvinylpyrrolidone/polye-thylene glycol phase change materials composite fibers by centrifugal spinning[J]. Chemical Physics Letters,2018,691:314-318.

[9] GONG X Y,DANG G Y,GUO J,et al. Sodium alginate/feather keratin-g-allyloxy polyethylene glycol composite phase change fiber[J]. International Journal of Biological Macromolecules,2019,131:192-200.

[10] HUANG J W,YU H Y,ABDALKARIM S Y H,et al. Electrospun polyethylene glycol/polyvinyl alcohol composite nanofibrous membranes as shape-stabilized solid-solid phase change materials[J]. Advanced Fiber Materials,2020,2(3):167-177.

[11] ZHU W T,WANG Y Q,SONG S K,et al. Environmental-friendly electrospun phase change fiber with exceptional thermal energy storage performance[J]. Solar Energy Materials and Solar Cells,2021,222:110939.

[12] ZHAO L, LUO J, LI Y, et al. Emulsion-electrospinning *n*-octadecane/silk composite fiber as en-vironmental-friendly form-stable phase change materials[J]. Journal of Applied Polymer Science,2017,134(47):45538.

[13] LU Y,XIAO X D,ZHAN Y J,et al. Core-sheath paraffin-wax-loaded nanofibers by electrospinning for heat storage[J]. ACS Applied Materials & Interfaces,2018,10(15):12759-12767.

[14] YI L Q,WANG Y,FANG Y N,et al. Development of core-sheath structured smart nanofibers by coaxial electrospinning for thermo-regulated textiles[J]. RSC Advances,2019,9(38):21844-21851.

[15] WEN G Q, XIE R, LIANG W G, et al. Microfluidic fabrication and thermal characteristics of core-shell phase change microfibers with high paraffin content[J]. Applied Thermal Engineering,2015,87:471-480.

[16] NIU Z X,QI S Y,SHUAIB S S A,et al. Flexible,stimuli-responsive and self-cleaning phase change fiber for thermal energy storage and smart textiles[J]. Composites Part B:Engineering,2022,228:109431.

[17] BAO Y Q,LYU J,LIU Z W,et al. Bending stiffness-directed fabricating of kevlar aerogel-confined organic phase-change fibers[J]. ACS Nano,2021,15(9):15180-15190.

[18] ZHANG Q R,XUE T T,TIAN J,et al. Polyimide/boron nitride composite aerogel fiber-based phase-changeable textile for intelligent personal thermoregulation[J]. Composites Science and Technology,2022,226:109541.

[19] WANG Y J,CUI Y,SHAO Z Y,et al. Multifunctional polyimide aerogel textile inspired by polar bear hair for thermoregulation in extreme environments[J]. Chemical Engineering Journal,2020,390:124623.

[20] WU J W,HU R,ZENG S N,et al. Flexible and robust biomaterial microstructured colored textiles for personal thermoregulation[J]. ACS Applied Materials & Interfaces,2020,12(16):19015-19022.

[21] DU Y,ZHANG X H,WANG J,et al. Reaction-spun transparent silica aerogel fibers[J]. ACS Nano,2020,14(9):11919-11928.

[22] XU Z,ZHANG Y,LI P G,et al. Strong,conductive,lightweight,neat graphene aerogel fibers with aligned pores[J]. ACS Nano,2012,6(8):7103-7113.

[23] LI G Y,HONG G,DONG D P,et al. Multiresponsive graphene-aerogel-directed phase-change smart fibers [J].

Advanced Materials,2018,30(30):1801754.

[24] LI Y Z,ZHANG X T. Electrically conductive,optically responsive,and highly orientated $Ti_3C_2T_x$ MXene aerogel fibers[J]. Advanced Functional Materials,2022,32(4):2107767.

[25] LIU Z W,LYU J,DING Y,et al. Nanoscale kevlar liquid crystal aerogelfibers[J]. ACS Nano,2022,16(9):15237-15248.

[26] WANG Y J,CUI Y,SHAO Z Y,et al. Multifunctional polyimide aerogel textile inspired by polar bear hair for thermoregulation in extreme environments[J]. Chemical Engineering Journal,2020,390:124623.

[27] XUE T T,ZHU C Y,FENG X L,et al. Polyimide aerogel fibers with controllable porous microstructure for super-thermal insulation under extreme environments[J]. Advanced Fiber Materials,2022,4(5):1118-1128.

[28] LIU Z S,SHENG Z Z,BAO Y Q,et al. Ionic liquid directed spinning of cellulose aerogel fibers with superb toughness for weaved therma linsulation and transient impact protection[J]. ACS Nano,2023,17(18):18411-18420.

[29] CUI Y,GONG H X,WANG Y J,et al. A thermally insulating textile inspired by polar bear hair [J]. Advanced Materials,2018,30(14):1706807.

[30] WU M R,SHAO Z Y,ZHAO N F,et al. Biomimetic,knittable aerogel fiber for thermal insulation textile [J]. Science,2023,382(6677):1379-1383.

[31] WANG Z Q,YANG H W,LI Y,et al. Robust silk fibroin/graphene oxide aerogel fiber for radiative heating textiles[J]. ACS Applied Materials & Interfaces,2020,12(13):15726-15736.

[32] YU Y F,ZHAI Y,YUN Z G,et al. Ultra-stretchable porous fiber-shaped strain sensor with exponential response in full sensing range and excellent anti-interference ability toward buckling,torsion,temperature,and humidity [J]. Advanced Electronic Materials,2019,5(10):1900538.

[33] SAI H Z,WANG M J,MIAO C Q,et al. Robust silica-bacterial cellulose composite aerogel fibers for thermal insulation textile[J]. Gels,2021,7(3):145.

[34] CHENG B C,WU P Y. Scalable fabrication of kevlar/$Ti_3C_2T_x$ MXene intelligent wearable fabrics with multiple sensory capabilities[J]. ACS Nano,2021,15(5):8676-8685.

[35] HSU P C,SONG A Y,CATRYSSE P B,et al. Radiative human body cooling by nanoporous polyethylene textile [J]. Science,2016,353(6303):1019-1023.

[36] PENG Y C,CHEN J,SONG A Y,et al. Nanoporous polyethylene microfibres for large-scale radiative cooling fabric[J]. Nature Sustainability,2018,1(2):105-112.

[37] CHENG N B,MIAO D Y,WANG C,et al. Nanosphere-structured hierarchically porous PVDF-HFP fabric for passive daytime radiative cooling *via* one-step water vapor-induced phase separation[J]. Chemical Engineering Journal,2023,460:141581.

[38] CAI C Y,CHEN W B,WEI Z C,et al. Bioinspired "aerogel grating" with metasurfaces for durable daytime radiative cooling for year-round energy savings[J]. Nano Energy,2023,114:108625.

[39] SHI M K,SONG Z F,NI J H,et al. Dual-mode porous polymeric films with coral-like hierarchical structure for all-day radiative cooling and heating[J]. ACS Nano,2023,17(3):2029-2038.

[40] WU R H,SUI C X,CHEN T H,et al. Spectrally engineered textile for radiative cooling against urban heat islands [J]. Science,2024,384(6701):1203-1212.

[41] ZHU B,LI W,ZHANG Q,et al. Subambient daytime radiative cooling textile based on nanoprocessed silk [J]. Nature Nanotechnology,2021,16(12):1342-1348.

[42] GAO T T, YANG Z, CHEN C J, et al. Three-dimensional printed thermal regulation textiles[J]. ACS Nano, 2017, 11(11):11513-11520.

[43] 缪东洋. 速干降温单向导液纤维材料的制备及协同热湿调节性能研究[D]. 上海:东华大学,2022.

[44] ZHENG Q, KE Y, WANG H F. Design and evaluation of cooling workwear for miners in hot underground mines using PCMs with different temperatures[J]. International Journal of Occupational Safety and Ergonomics, 2022, 28(1):118-128.

[45] SUN Y L, JI Y T, JAVED M, et al. Preparation of passive daytime cooling fabric with the synergistic effect of radiative cooling and evaporative cooling[J]. Advanced Materials Technologies, 2022, 7(3):2100803.

[46] SHI T, ZHENG Z H, LIU H, et al. Flexible and foldable composite films based on polyimide/phosphorene hybrid aerogel and phase change material for infrared stealth and thermal camouflage [J]. Composites Scienceand Technology, 2022, 217:109127.

[47] LUO X H, GUO Q G, LI X F, et al. Experimental investigation on a novel phase change material composites coupled with graphite film used for thermal management of lithium-ion batteries[J]. Renewable Energy, 2020, 145:2046-2055.

[48] LI L, FANG B, REN D S, et al. Thermal-switchable, trifunctional ceramic-hydrogel nanocomposites enable full-lifecycle security in practical battery systems[J]. ACS Nano, 2022, 16(7):10729-10741.

[49] LI L, XU C S, CHANG R Z, et al. Thermal-responsive, super-strong, ultrathin firewalls for quenching thermal runaway in high-energy battery modules[J]. Energy Storage Materials, 2021, 40:329-336.

[50] SHI Y L, WANG C J, YIN Y F, et al. Functional soft composites as thermal protecting substrates for wearable electronics[J]. Advanced Functional Materials, 2019, 29(45):1905470.

[51] WANG B L, LI G Y, XU L, et al. Nanoporous boron nitride aerogel film and itssmart composite with phase change materials[J]. ACS Nano, 2020, 14(12):16590-16599.

[52] LI M M, CHEN X, LI X T, et al. Controllable strong and ultralight aramid nanofiber-based aerogel fibers for thermal insulation applications[J]. Advanced Fiber Materials, 2022, 4(5):1267-1277.

[53] JIN Y Y, TANG Y T, CAO W H, et al. Muscular kevlar aerogel tapes attractive to thermal insulation fabrics [J]. Frontiers in Materials, 2023, 9:1091830.

[54] HU P Y, WU F S, MA B J, et al. Robust and flame-retardant zylon aerogel fibers for wearable thermal insulation and sensing in harsh environment[J]. Advanced Materials, 2024, 36(6):2310023.

[55] 宋莹楠. 聚合物基辐射制冷材料在人体热管理中的应用研究[D]. 成都:四川大学,2021.

[56] KE Y, WANG F M, XU P J, et al. On the use of a novel nanoporous polyethylene(nanoPE) passive cooling material for personal thermal comfort management under uniform indoor environments[J]. Buildingand Environment, 2018, 145:85-95.

[57] WU X K, LI J L, JIANG Q Y, et al. An all-weather radiative human body cooling textile[J]. Nature Sustainability, 2023, 6(11):1446-1454.

[58] ZHOU H, WANG H X, NIU H T, et al. One-way water-transport cotton fabrics with enhanced cooling effect [J]. Advanced Materials Interfaces, 2016, 3(17):1600283.

[59] PENG Y C, LI W, LIU B F, et al. Integrated cooling (i-Cool) textile of heat conduction and sweat transportation for personal perspiration management[J]. Nature Communications, 2021, 12(1):6122.

[60] FU K, YANG Z, PEI Y, et al. Designing textile architectures for high energy-efficiency human body sweat-

and cooling-management[J]. Advanced Fiber Materials,2019,1(1):61-70.

[61] ZHONG Y,ZHANG F H,WANG M,et al. Reversible humidity sensitive clothing for personal thermoregulation [J]. Scientific Reports,2017,7:44208.

[62] XU T T,ZHANG S D,HAN S,et al. Fast solar-to-thermal conversion/storage nanofibers for thermoregulation, stain-resistant, and breathable fabrics[J]. Industrial & Engineering Chemistry Research, 2021, 60(16): 5869-5878.

[63] XU J T,JIANG S X,WANG Y X,et al. Photo-thermal conversion and thermal insulation properties of ZrC coated polyester fabric[J]. Fibers and Polymers,2017,18(10):1938-1944.

[64] WU J J,WANG M X,DONG L,et al. A trimode thermoregulatory flexible fibrous membrane designed with hierarchical core-sheath fiber structure for wearable personal thermal management[J]. ACS Nano, 2022, 16(8): 12801-12812.

[65] LU Z Q, GUO Z Z, ZHANG J R, et al. Polyimide/carboxylated multi-walled carbon nanotube hybrid aerogel fibers for fabric sensors: Implications forinformation acquisition and joule heating in harsh environments [J]. ACS Applied Nano Materials,2023,6(9):7593-7604.

第 20 章　智能纺织品的发展趋势与未来前景

将电学、热学、声学、光学、磁学以及致动等先进性质融入传统纺织材料，重新定义纤维、纱线和织物，这些新一代的材料不仅继承了传统纺织品的柔韧与舒适性，还被赋予了数据采集、传输、分析、反馈及能源管理等前所未有的功能，在健康监测、环境感知、能源收集以及实时通信等领域展现了巨大的潜力（图 20-1）。如今，智能可穿戴纺织品已在医疗健康、军事国防、运动健身、消费电子等多个领域展现出巨大的应用可能。这些跨学科的融合与创新，预示着一场纺织行业的革命已经到来。

图 20-1　未来的智能可穿戴纺织品概念图

本章旨在探讨智能可穿戴纺织品的发展趋势和未来应用前景。首先深入讨论纤维材料的高性能化和多功能化，包含对现有性能和功能的不断优化和增强、对新型功能的持续探索与扩展，对新材料、新结构和新合成方法的深入研究，这些创新是智能穿戴纺织品领域发展的基础。在此基础上，将探讨功能纤维和其他电子模块的集成策略，通过创新的结构设计和先进的加工方法，实现高密度、多模态的智能纱线和织物的集成，这将引领智能可穿戴纺织品向更高水平的功能集成和性能优化迈进。进一步将结合人工智能和大数据技术，讨论如何构建和赋能智能可穿戴纺织品系统，使其能够更加智能化、个性化地服务于用户。最后，将探讨智能可穿戴纺织品在生命健康、万物智联及特种防护等关键领域的应用前景。这些领域的发展不仅预示着智能可穿戴纺织品的巨大市场潜力，也展示了其在提升人类生活质量、增强产业智能化水平方面的重要价值。

20.1 纤维材料的高性能化和多功能化

随着科技的不断进步和人们对生活质量要求的提高，功能纤维的高性能化和多功能化已成为重要发展趋势。这些纤维不再局限于基本的穿着用途，而是将面向医疗、健康、环保、智能制造、航空航天和国防等领域的应用，具有巨大的市场潜力和广阔的发展前景。未来，功能纤维的发展将集中在三个方面：现有纤维性能的持续改进、纤维功能的全面扩展以及纤维功能的精准调控（图 20-2）。

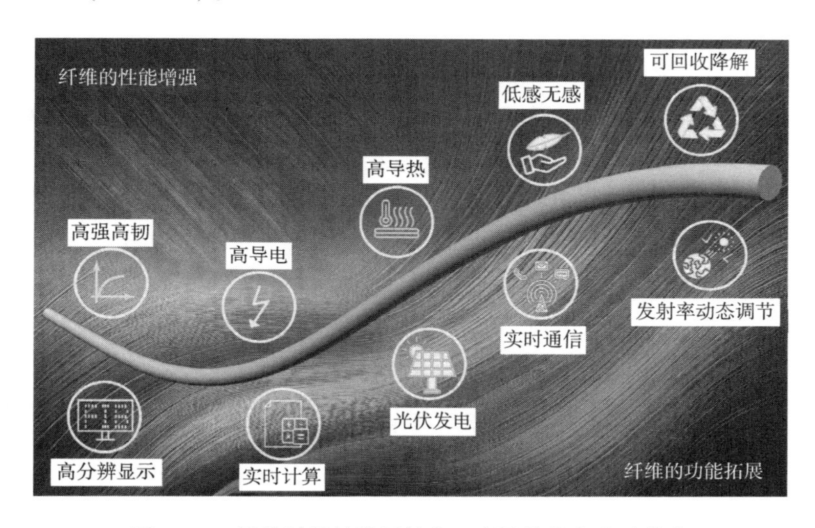

图 20-2 纤维材料的发展趋势：高性能化和多功能化

首先，通过材料筛选、结构改善和工艺优化等方式，可以提高现有纤维的性能，如强度、柔韧性、导电性、导热性、舒适度和可回收降解性等。这些性能的提升不仅确保了智能可穿戴纺织品在严苛环境中的耐用性和可靠性，同时也减轻了纺织行业对环境的负面影响。

其次，功能纤维的未来发展将超越传统的基本功能，向更为复杂和多样化的功能演进。这些纤维将承担传感、数据处理、交互通信和智能响应等多重高级功能，实现对环境、健康乃至情绪状态的实时监测和反馈。

最后，功能纤维的发展也将关注对纤维功能的精准调控。随着材料科学、纳米技术、生物技术和纺织技术的持续进步，未来能够更精确地调控纤维材料的结构和性能，实现对功能纤维的规模化智能制造，满足不同应用场景和多样化的需求。

综上，功能纤维将在性能迭代、功能扩展和精准调控三个方面持续进步，为智能可穿戴纺织品在促进社会进步和提升人民生活质量方面发挥关键作用。

20.1.1 纤维的性能增强

智能可穿戴纺织品的高速发展离不开纤维材料的持续迭代和优化，其不仅要确保人体的舒适度，还要充当智能系统的平台，承担起传感、信号传输、集成电子器件等多项功能。因此，纤维性能的提升至关重要，它不仅影响纺织品的基本性能如强度、耐久性和柔韧性，还影响信号采集、传输以及电子器件稳定承载和散热等性能的提升。此外，功能纤维的未来发展，还应顺应国家战略发展需求。

（1）高强高韧性。高强高韧纤维能够显著提升智能可穿戴纺织品的耐用性和安全性，使其能够应对多种环境挑战。这类纤维需具备优异的抗拉、抗压、抗弯折、抗撕裂和耐磨损特性，能够有效防止在严苛环境中的损坏和失效。在高强度活动和极端环境下，如户外探险、运动比赛或特殊工作场景，高强高韧纤维能够可靠地保护穿戴者，减少意外伤害的风险。此外，这些纤维材料不仅需要高的强度和耐久性，还能够支持复杂电子系统和传感纤维器件的可靠集成，确保智能功能的稳定运行和数据精确收集。持续研发高强高韧纤维在特种防护和智能穿戴领域均具有重要意义。

（2）高导电性。导电性是未来智能可穿戴纺织品不可或缺的功能。优化现有纤维的导电性，不仅能够稳定传输电信号，确保智能系统在复杂环境下的可靠运行，还能支持电子纤维与器件的高效集成，如传感模块、供能模块和分析与决策模块等，从而使得智能穿戴纺织品提升其健康监测、运动跟踪、环境感知和实时通信等功能，助力其迭代发展。

（3）高导热性。高导热纤维主要在两个方面展现其重要性。首先，在穿戴舒适度方面，高导热性能的纤维可以帮助有效分散身体热量，提升运动和高强度活动场景中的体表凉感。其次，在智能穿戴系统中，高导热纤维可以为各种电子系统如传感、信号处理、能量转换等模块进行有效散热，以确保其稳定运行和长期使用，使智能穿戴系统维持良好的热稳定性。

（4）高舒适性（无感或低感）。在智能穿戴纺织品领域，提升舒适性是一项重要挑战，其中的关键在于降低穿戴者对智能器件存在的感知程度，实现“无感”或“低感”穿戴体验。现有功能纤维由于功能材料的添加和电子器件的集成，通常体感较差。而具有较高舒适度的纤维可以显著减少穿戴者的不适感，从而显著提升用户的穿戴体验。高舒适度纤维应具有良好的柔性、顺滑的表面结构和人体安全舒适的化学组成，不仅通过改善智能可穿戴纺织品的柔软度、透气性和舒适性满足用户的生理需求，还通过减少摩擦和不适感，实现“低感”甚至“无感”穿戴，从而延长用户的穿戴时间，实现长期、稳定和全面的数据采集与分析，提升智能穿戴设备的实用价值。因此，在维持智能功能的前提下，提升功能纤维的舒适性至关重要。

（5）可回收降解性。随着全球对环境保护和可持续发展的日益关注，开发可回收降解的智能纤维已成为纺织行业发展的重要方向。这种趋势不仅符合社会和市场的需求，也有助于减少纺织行业对环境的负面影响。未来的功能纤维基底材料将更多地采用天然材料、生物可降解材料或可循环利用的合成材料，配合绿色加工工艺，从而实现可持续的生产模式。此外，在开发功能纤维的过程中应进行全面的生命周期评估，确保在整个生产、使用和回收过程中最大限度地减少对环境的不利影响。这种综合考量不仅关注产品在使用阶段的性能和效能，还包括原材料选择、生产过程中的能源消耗、废物产生以及产品终端处理的影响。

20.1.2 纤维的功能拓展

未来的纤维材料不再局限于传统的结构和功能，而是朝着融合前沿科技的多功能方向迈进。随着科学技术的进步，纤维将融合多种新兴技术，如微电子技术、纳米技术、光子技术、量子技术、生物技术、人工智能技术等，实现多样化的、全新的功能。这些功能涵盖智能显示、智能计算、能源供给、实时通信、智能响应等方面，大大开拓了智能可穿戴纺织品的应用前景。通过材料创新和精密的工程设计，未来的纤维将更高效、更智能，为用户提供更为个性、舒适和便捷的使用体验。

（1）高分辨显示纤维。高分辨显示纤维即能够在有限的纤维表面，排布更多的像素点，从而对光信号进行高分辨呈现。这种密集显示阵列可以提供更加清晰和逼真的图片与视频展示，大大提升了用户的交互体验和信息获取效率。通过将高分辨显示功能纤维集成到智能穿戴系统中，衣物和配件的表面即刻变身为直接的信息展示平台，无须额外的屏幕或设备，极大地简化了交互体验过程。此外，这样的智能系统在保持设备显示功能的同时，还可显著减少设备的体积和重量，符合现代生活对便捷轻便的追求。

（2）实时计算纤维。研制具有实时计算功能的纤维，将彻底革新智能可穿戴纺织品的数据处理方式，不再局限于数据收集、上传与反馈的传统模式，实时计算纤维能够在本地进行原位数据处理、决策和反馈，从而显著提升设备的智能化水平和实用价值。实时计算功能纤维可与其他功能纤维，如传感、显示、通信等纤维相结合，构建高度集成的智能穿戴系统，能够实现即时的健康监测与诊断。通过信号采集、传递、分析，系统能够迅速提供个性化的健康建议，从而克服传统可穿戴智能系统在信号反馈上的延迟问题，为用户带来更加及时、精准的使用体验。

（3）光伏发电纤维。光伏发电纤维作为一种创新能源技术，能将捕获的光能直接转化为电能，为智能穿戴设备提供源源不断且可再生的能源。与传统电池相比，光伏发电纤维不仅更具环保性，还能显著降低用户的充电次数和依赖性，个别的甚至实现设备的完全自供能。光伏纤维的轻便特性使其非常适合于穿戴在衣物和配饰中，它们在提供必要电力的同时，丝毫不会影响使用者的舒适感和行动自由。光伏发电纤维的融入，既环保又便捷，为智能可穿戴设备带来了革命性的能源解决方案。

（4）实时通信纤维。未来具有通信功能的纤维，将通过嵌入无线通信模块和微型天线，实现高效、无缝的数据传输。这些纤维能够集成蓝牙、无线网络（Wi-fi）甚至运营商 5G 网络模块等，以满足多样化的数据传输需求。低功耗蓝牙（BLE）适合短距离数据传输，如心率监测和运动数据上传；Wi-fi 适用于高数据传输速率和广覆盖范围的应用，如实时视频传输；5G 则提供超高速、低延迟的通信，支持复杂和数据密集型应用，如增强现实（AR）和虚拟现实（VR）体验。在实现纤维的实时通信功能中，天线设计扮演着至关重要的角色。嵌入纤维内部或表面的微型天线必须具备高效的信号接收和发射能力，同时保持纤维的柔韧性。可行的天线构筑材料，包括银纳米线和导电聚合物等。为了优化信号传输性能，天线结构可以设计成螺旋状或其他几何形状，获得更高的数据传输效率和稳定性。这些创新的设计理念和技术应用，将推动智能可穿戴设备进入一个全新的通信时代。

（5）发射率动态可调纤维。发射率动态可调纤维是一种能够根据外部条件或内部信号动态改变其热发射率的先进纤维材料。制作这种纤维的核心机制在于采用具有智能热响应特性的材料。通过在纤维中嵌入相变材料、导电聚合物和功能涂层，这些纤维能够感知环境温度、湿度等变化，并通过调节表面热发射率来控制热量的散失或吸收。这种智能热响应纤维未来可广泛应用于民用和军事领域。在民用方面，发射率动态可调纤维可用于生产智能热管理服装，如冬季保暖外套和夏季降温 T 恤，为用户提供舒适体感温度。在军事方面，发射率动态可调纤维可用于生产红外隐身作战服，减少士兵在红外侦察中的暴露风险，同时根据环境变化提供适宜温度调节，提升隐蔽性和作战能力。

20.1.3 纤维的功能化策略

发展纤维的功能化策略对于智能穿戴领域具有重要意义。未来功能纤维的发展需要结合新材料、新结构和新加工方法的创新。

首先，新材料的探索是关键，研制兼具功能性（电学、光学、力学、声学、磁学等功能）和柔韧性的材料可推动功能纤维的精准制备，同时保持纤维的可穿戴性。

其次，创新的结构设计将通过精确控制纤维和功能材料的排列方式和层次结构，优化其功能性，提升纤维的多功能集成能力。

最后，先进的加工方法使得不同材料和功能层可以有效组合，彼此间形成稳定的界面，满足复杂的应用需求。这些策略的协同发展将会提升智能穿戴纺织品的性能，拓展其应用范围，如健康监测、智慧医疗、人机交互、特种环境应用等。通过持续的技术创新和多学科融合，智能纤维的功能化将为智能可穿戴领域带来革命性的发展，提供更加智能化、个性化和舒适的穿戴体验。

（1）材料创新。未来智能穿戴纺织品的发展关键在于新材料的创制和应用，将具有独特光学、声学、电学、磁学和力学等性能的材料进行融合实现智能纺织品的设计和制备。在光学方面，有机光电材料和量子点技术将推动柔性显示和高效光电传感器的发展，使智能可穿戴纺织品实现高清晰度显示和环境光感知；在声学领域，压电材料以及高介电材料的进一步发展，将提升穿戴品的音频交互能力，如通过声音指令控制设备或实现实时环境声音监测等；在电学方面，电学功能的导电纤维和柔性电池技术则支持智能可穿戴纺织品的电能管理和数据传输，实现高效能源收集与存储和稳定的电信号传递；在磁学方面，磁性材料如铁氧体纳米粒子等，可用于智能形变和制动，增强穿戴品的反馈能力；在力学方面，可利用高模量纳米纤维改善纺织品的强度和柔韧性，同时保持轻盈和舒适性。通过引领上述功能材料不断发展，智能穿戴纺织品将实现光学、声学、电学、磁学和力学多功能的高效整合，推动其在生命健康、万物智联和智能防护等领域的广泛应用，为未来智能化生活提供全方位的技术支持。

（2）结构创新。智能穿戴纺织品的发展离不开先进的结构设计。例如，梯度结构设计通过控制纤维内部或表面材料的分布，实现局部性能的逐渐变化，以增强穿戴品不同位置的功能表达；芯鞘结构设计，即对功能纤维材料进行鞘层构筑，实现对功能材料的保护，防止其他信号串扰，从而真正实现精准的信号感知与传输；多孔结构通过创建微小的孔洞或通道，调节纺织品的透气性、吸湿性和热管理性能，同时利用高比表面积的优势，设计体表标志物采集系统和药物释放系统等，拓展使用功能；层状结构通过叠加不同材料可实现复杂功能体系的构建，如钙钛矿电池和电化学传感器等，优化电极与各功能层的排布，可有效拓展纤维的功能集成度；非对称结构设计可赋予纤维在不同取向上的特定性能，如在流体动力学设计中优化气动性能，可进行智能防护纤维传感器的设计和制备。发展先进的纤维结构设计，可推动智能穿戴纺织品在科技、民生等领域的广泛应用。

（3）加工方法创新。未来功能纤维的变革式发展将通过纺织技术的迭代和精准加工技术的引入来实现。传统的纺丝技术（湿纺、干纺、熔纺、热牵伸、静电纺等）在未来的发展过程中，均需要引入更多的条件控制手段，如微流控、气流辅助、热流辅助和磁控辅助等方法，从而实现复合功能纤维的定制化设计。随着智能制造的蓬勃发展，未来更多的先进加工手段也可以引入到纤维与功能材料复合的过程中来。例如，高分辨 3D 打印技术能够直接在纤维表面打印功能性元件，如传感器和微型电路，实现功能材料的高效负载；双光子打印技术和飞秒激光技术具有微纳米级分辨率，可用于制造复杂的微观结构；光刻技术则能够更精确地控制导电线路的制造，可在纤维表面有限的空间内实现电子模块的高密度集成。

20.2　功能纤维的高密度集成

功能纤维的高密度集成是将不同功能（如信号传感、能源收集、数据传输、实时计算、高分辨显示、远程通信等）的纤维通过特定的方式组合在一起，形成一个高度集成的智能可穿戴纺织品。功能纤维的集成密度也一定程度反映了所构建智能体系的智能化程度，是推动智能穿戴走向高端应用的必经之路。未来较为可行的高密度集成方案主要分为两种，一种是通过纱线合股的方式集成多功能，另一种则是通过编织织物的方式实现功能的高密度集成（图 20-3）。

（a）纤维加捻集成多功能

（b）定制编织结构集成多功能

图 20-3　多功能纱线集成策略

20.2.1　多功能集成纱线

纱线是由纤维或长丝通过捻合或其他工艺加工而成的细长柔软的材料，是纺织品生产的基础原料，可用于织造、编织、缝纫和绣花等。利用纱线结构将多种功能纤维集合在一起具有良好的技术基础，并且有利于智能可穿戴纺织品的进一步加工。

（1）多种功能纤维直接加捻集成。将不同种类的功能纤维直接混合并加捻，使其在纱线中保持各自的特性和功能，从而实现多功能纤维的并行集成，如图 20-3（a）所示。其难点在于需要解决纤维之间的兼容性、稳定性以及在加捻过程中可能产生的混合问题。为了有效地实现多功能纤维的集成，未来的研究和发展将集中在优化加捻工艺、控制纤维间的相互作用以及开发新型的混纺纤维技术等方面。这不仅需要在微观层面上理解纤维的结构和性能，还需要利用先进的计算模拟和实验验证手段来指导纱线的设计和生产过程。

（2）多种功能纤维定制编织结构集成。在纱线的构造阶段即设计出特定的编织结构，以达到预期的性能和功能需求，如图 20-3（b）所示。设计这样的纱线需要综合考虑纤维的类型、密度、层次结构以及纱线的织造工艺。通过程序编写，精确控制纤维的分布和纺纱过程中的参数，来实现定制化的纱线功能集成设计。

20.2.2 多功能集成织物

织物是由纤维或纱线通过织造、非织造、编织或针织等方法相互连接形成的平面结构材料。在织物上实现功能纱线的集成，既可以通过将功能纤维（纱线）直接制造成织物的方法，也可以通过刺绣、印花和魔术贴等方式，将集成好的功能纤维和电子器件转移到可穿戴织物上（图 20-4）。由于织物具有较大的面积，是集成功能纤维与器件的良好载体，因此在织物表面构建完整的智能系统是未来智能可穿戴纺织品的重点发展方向。

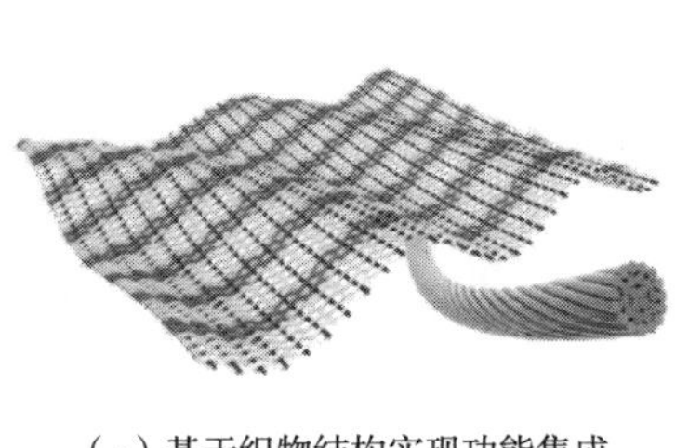

（a）基于织物结构实现功能集成

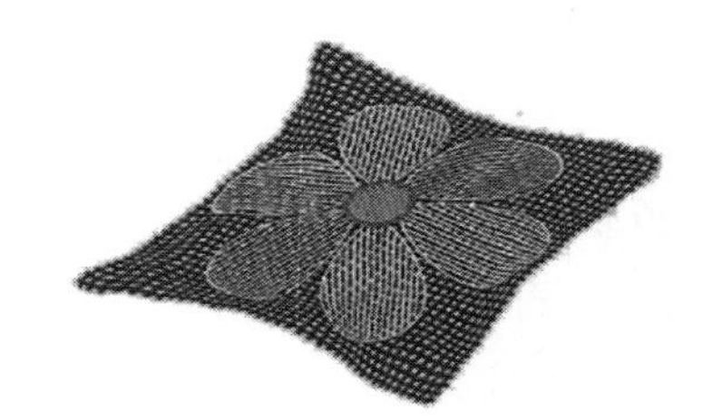

（b）基于刺绣技术实现功能集成

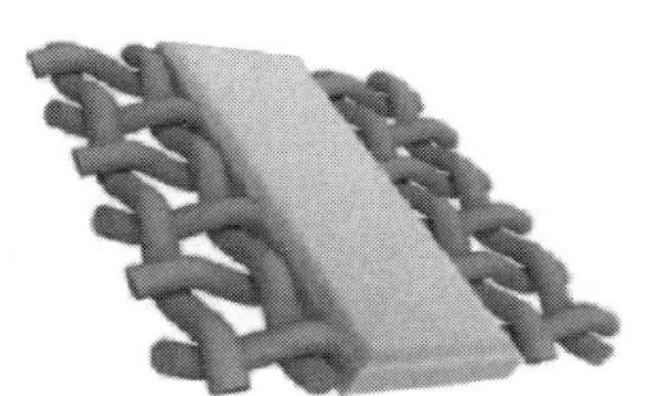

（a）基于印花技术实现功能集成

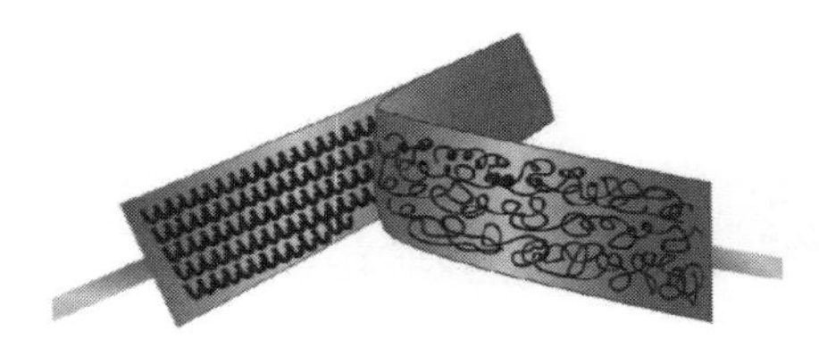

（d）基于魔术贴结构实现功能集成

图 20-4 多功能集成织物

（1）基于织物结构实现功能集成。织物包含平纹、斜纹、缎纹和提花等典型的纹理，其中都具有经纱、纬纱交织的多级结构。在织物生产的过程中，可以将功能纤维和纱线根据需求，替换传统使用的经纱、纬纱，直接集成到织物内部，如图 20-4（a）所示，以实现传感、能量收集和交互通信等功能。此外，功能纤维也可以通过经纬交织结构相互触碰实现功能表达，如智能显示、信号输入等，从而充分利用织物结构的周期排列优势。

（2）基于刺绣技术实现功能集成。刺绣是一种传统的工艺技术，可将连续的纤维或纱线通过针脚的穿梭结合到织物表面，如图 20-4（b）所示，在功能纤维的高密度集成上显示出很大潜力。刺绣能够精确控制功能纤维的布局和密度，使各种纤维器件能够准确嵌入织物中。这种高度可控的特性不仅能够在织物上完成多种复杂的功能集成，还可实现功能区域的定制，降低织物对于整体穿戴舒适度的影响。此外，刺绣结构与织物表面的结合十分牢固，具有良好的耐久性和稳定性，能够经受日常穿戴和洗涤的考验。当前，随着刺绣技术的不断提升，相关的结构设计也非常灵活，能够实现不同的线条、颜色和图案的定制，不仅增强了织物的美观性，还提升了智能穿戴产品的时尚感和个性化选择。

（3）基于印花技术实现功能集成。印花技术是一种在织物表面通过系列涂覆和转移工艺将图案、文字或色彩印刷上去的技术，如图 20-4（c）所示，常见的有直接印花、转移印花、丝网印刷、数码印花等方法。印花技术在智能可穿戴纺织品的加工过程中具有显著优势，能够将功能材料与器件通过编程的方式精确地集成到纺织品的特定区域，确保功能系统的精准构建。同时，这种技术在保持织物柔软舒适的情况下，不影响其外观设计，使智能功能与美观性相结合。此外，该方法可通过层层印刷的方式，实现牢固地附着和封装处理，增强了功能纤维与器件的耐用性、防水性和耐洗涤性能，延长了纺织品的使用寿命。

（4）基于魔术贴结构实现功能集成。魔术贴是一种用于快速连接和分离的织物配件，如图 20-4（d）所示，它由两部分组成：钩状面和毛状面。在功能集成的过程中，可将功能纤维或电子器件先集成到魔术贴的其中一面，而魔术贴的另一面则固定在织物基底上，进而在粘贴的过程中实现功能纤维到织物表面的集成。魔术贴的优势在于其模块化的设计允许用户灵活地安装和拆卸各种功能模块，如传感模块、供电模块或显示模块，使智能穿戴功能可以根据需要进行快速调整和升级。此外，魔术贴结构在织物表面形成了多个连接点，能够支持不同位置和大小的功能模块进行连接，实现个性化定制。

20.3　智能可穿戴纺织品系统

智能可穿戴纺织品系统是指利用先进的传感技术、数据处理和通信技术，将传统的纺织品赋予智能化能力的一种创新体系。未来的智能可穿戴纺织品将集成各类传感功能，能够实时监测环境条件和穿戴者的生理状态。通过内置的数据处理单元和智能算法，实时分析结果并自动进行功能反馈，如调节温度、增强透气性、改善睡眠质量等。这些织物系统还具备与其他智能设备或网络（智能手机、智能家居系统）进行无线通信的能力，实现数据共享和远程控制。智能化功能织物系统的发展对健康监测、智慧医疗、万物智联和空天军事等领域均具有重要的作用，可为智能社会的发展带来新的机遇。

20.3.1 智能可穿戴纺织品系统的组成

未来智能可穿戴纺织品系统的关键组成部分包括导电系统、传感系统、供能系统、分析与决策系统和反馈与控制系统（图 20-5）。导电系统利用高导电纤维和涂层技术保证信号传输稳定性和耐用性；传感系统通过多功能传感纤维实现环境和生理参数的实时监测，并在高导电系统的辅助下有效传送数据；供能系统采用高功率密度纤维电池或能量转换纺织品，高效地将能量供给到其他功能模块；分析与决策系统结合原位和云端处理技术，在机器学习和深度学习算法的辅助下，实现数据的即时和深度分析，为智能决策提供支持；反馈与控制系统通过微型电机、制动器或显示器件实现决策的物理操作和用户反馈，提高系统的自主性和个性化功能。这些关键组成部分共同推动智能化织物在健康监测、人机交互和个性化服务等领域的应用前景。

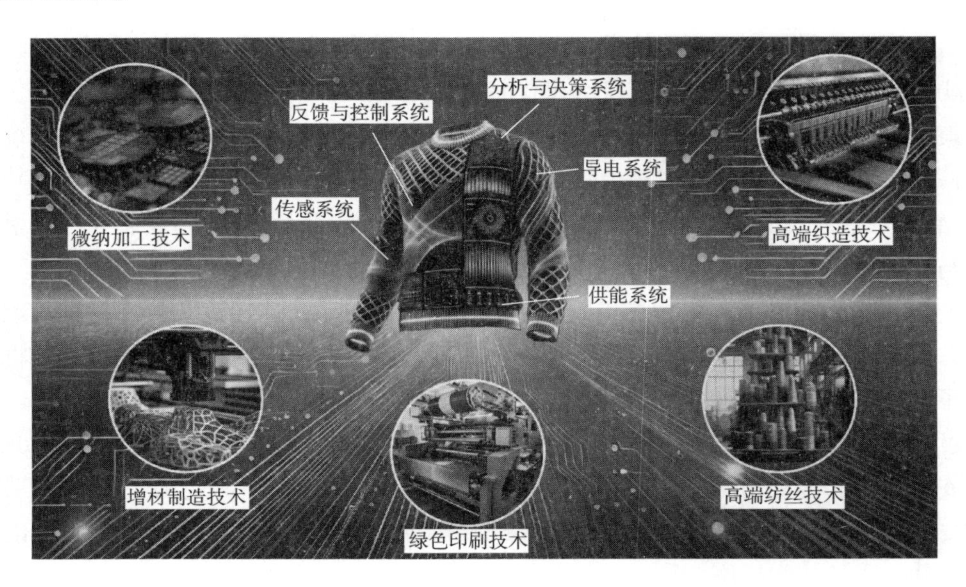

图 20-5　智能可穿戴纺织品系统的组成与构建方法

（1）导电系统。导电系统是智能可穿戴系统的核心。为确保智能可穿戴系统的稳定运行，未来的柔性导电系统必须具备如下性质：传导线路应具有低电阻，以确保电信号或电力的高效传输；导电系统应具有良好的抗电磁干扰能力，在不同的使用环境中保持高信噪比传输，避免电磁干扰和信号损失；导电系统须能够适应纺织品的日常使用环境，包括弯曲、拉伸、扭转和水洗，需要在长时间使用中保持稳定性能，能够抵御环境影响（如汗水、湿气、温度变化等）；导电系统中与皮肤接触的导电材料应无毒、无刺激性，对人体无害；导电系统应能够与纺织品无缝集成，不影响纺织品的手感、透气性和外观，且制造成本需具备竞争力。

（2）传感系统。传感系统是指嵌入到纺织品结构中的电子组件（传感纤维、薄膜、微纳电子器件），这些组件能够感知、检测和记录各种物理、生物或化学信号，并将这些信号转换为可分析的数据。未来智能可穿戴纺织品中的传感系统将朝着多模态和高集成度进行发展，在有限的面积或空间内，实现多种传感模式的高效集成。此外，引入模块化的设计思路，可根据需求定制传感模块，实现快速的传感器件替换和组装。针对系统中具体的传感器件，应着重提升其传感性能，包括灵敏度、检测限、循环稳定性、抗环境干扰性等，并关注其功耗、经济性和穿戴属性。

（3）供能系统。供能系统可为智能穿戴纺织品体系提供能量，按能量来源可主要分为能量转换系统和能量存储系统两种模式。能量转换系统能够将身体或环境中的机械能、太阳能、热能等转换为电能，为智能穿戴系统提供持续的能量供给，而且能够实现能量的自给自足，使智能可穿戴纺织品具有较好的续航能力。能量存储系统是通过电池、电容器等形式进行电能存储，可在电量充盈的情况下为智能穿戴系统的各模块提供能量供应，并可通过充电进行电量补充。未来的供能系统需具有更高的能量转换效率和能量密度，能够为智能穿戴纺织品体系提供长续航能力。

（4）分析与决策系统。分析与决策系统负责对采集到的数据进行处理、分析，并进行判断和反馈。未来的分析与决策系统可按需设计，既可以直接构建在织物上进行原位分析-反馈，也可以将数据传输到云端进行深度处理，进而获得更优化的反馈结果。原位分析与决策系统的发展方向包括在织物上集成高效、低功耗的微型处理模块，实时处理传感数据，快速响应体征或环境变化。同时，开发适合嵌入式系统的轻量级算法，实现数据的实时处理、分析与决策。云端分析与决策系统利用云计算和大数据技术，对采集到的传感数据进行分析，挖掘数据中的深层信息，提供更加全面的洞察和预测。

（5）反馈与控制系统。控制系统执行分析与决策系统给出的反馈信号，对穿戴者进行提醒、警报、协助等相应操作，需要具有实时响应和高精度执行反馈指令的能力，通过微型电机、致动纤维或显示器件进行物理信号反馈，如拉伸、弯曲、振动、声音、光信号等。同时，控制系统需要具有调整穿戴纺织品性能的能力，可根据反馈信号实时调整纺织品的传感性能、热管理性能、透气透湿性等，进一步提升智能纺织系统的灵活性和实用性。

20.3.2 智能可穿戴纺织品系统的构建方法

智能可穿戴纺织品系统的构建依赖于多种高端制造技术和系统集成技术，包括微纳加工、增材制造、绿色印刷、高端纺丝、高端织造技术等（图 20-5）。其中，微纳加工技术如双光子打印和飞秒激光技术，能够在纳米、微米尺度上进行精密制造，为智能可穿戴纺织品赋予复杂的微结构和功能；增材制造技术，特别是热熔挤出和光固化技术，提供了制造复杂结构智能纤维的能力，可实现个性化定制和快速原型制造；绿色印刷技术，如高精度丝网印刷和喷墨技术，可在织物表面精细、批量负载功能性材料，实现高效、环保的大面积生产。高端纺丝技术利用精细化湿纺等工艺，制备具有多种功能的智能纤维，以满足不同应用需求。高端织造技术如可编程织造和精细化结构编织技术，通过精细控制织造过程，实现多功能智能可穿戴纺织品的制造。

（1）微纳加工技术。微纳加工技术在智能化织物系统的开发中起着至关重要的作用，通过精细加工技术赋予纤维和织物智能功能，显著提升其性能和应用范围，使其具有高集成能力。飞秒激光技术可进行超快激光加工，能够在极短时间内完成高精度图案化，也适用于微纳结构的制造。由于加工时间极短，对天然和合成高分子材料的热影响极小，保证了结构的完整性，特别适用于健康监测微型传感器和能量收集微型装置的制造；光刻技术广泛应用于微电子和微机械系统的制造，能够在微米甚至纳米尺度上精确加工，适合制造高密度电路和微结构，并且可以在大面积基底上同时加工多个微结构，适合大规模生产；等离子体镀膜技术通过等离子体沉积在纤维和织物表面形成功能性薄膜，能够提升纤维和织物的导电性和耐用性，并且通过选择不同的镀膜材料，可以赋予纤维多种功能，如导电、抗菌、防水等。微纳加工技术的进步将有力推动智能化织物系统的发展，实现更高的智能化水平和多功能集成。

（2）增材制造技术。增材制造技术能够实现复杂结构的精准空间构造，可补充微纳加工技术加工精度低的不足，推动智能可穿戴纺织品的多功能化。热熔挤出技术能够使用多种材料制造出具有不同功能的复合结构。通过精确控制打印参数，热熔挤出技术可以制造出高精度的异形纤维和织物结构，满足复杂应用需求；光固化技术利用光敏树脂和激光进行精密打印，适合制备高精度的传感器和导电结构，并且可以使用多种光敏树脂，满足不同应用需求；双光子打印技术能够在纳米尺度上进行精密制造，适用于制备高分辨率的微结构。它具有极高的空间分辨率，为嵌入式传感器、微型电路和其他功能性微结构的制造提供了可能。

（3）绿色印刷技术。绿色印刷技术在智能化织物系统的构建中具有重要意义，以其高效、环保的特点推动智能可穿戴纺织品的发展。高精度丝网印刷技术能够在大面积织物上精确打印功能性材料，适合大规模生产，通过精细的丝网和涂覆控制技术，实现高精度的图案打印，可推动智能可穿戴纺织品的商业化发展；直写打印技术则适用于快速、灵活地制造个性化的智能可穿戴纺织品组件，可以根据需要在织物表面灵活地打印各种功能材料。通过移动打印头直接在基底上沉积材料，能够处理黏度较高的材料，实现高精度的打印，适合小批量生产和原型制作，满足个性化定制需求；喷墨打印技术作为一种非接触式打印技术，利用喷头喷射微小液滴，将液体材料精确地喷射到基底上，不会对基底造成物理损伤。它主要处理低黏度的液体材料，适合大规模生产和大面积打印。上述绿色印刷技术将大幅提升智能可穿戴织物系统的生产效率和环保水平，使其具备更高的智能化和多功能集成能力。

（4）高端纺丝技术。高端纺丝技术是制备高性能智能纤维的关键，通过不同的纺丝工艺，可以制备出多功能、高性能的智能纤维，推动智能化织物系统的发展。精细化湿纺技术可通过精准的动态控制系统，将多种功能材料复合在纤维中，实现复合纤维的开发；干纺技术可引入可调冷却系统和绿色纺丝溶剂，在无凝固浴的情况下，制造高机械性能和环保属性的功能纤维；熔纺技术通过优化熔融挤出工艺，拓展可熔纺功能性聚合物的种类，补充现有高性能聚合物的不足；静电纺丝技术可引入定制化喷头系统，并结合新型纺丝材料，发展全新的无纺结构功能应用；热牵伸技术通过优化预制棒结构，发展多功能复合纤维，并引入精确热处理控制，增强纤维的取向度，从而提升其机械和导电性能。此外，发展新型气流辅助纺丝、离心纺丝和微流控纺丝等新型纺丝技术，实现纤维功能的强化和定制化，补充功能纤维和智能可穿戴织物系统的应用场景。

（5）高端织造技术。高端织造技术是智能可穿戴纺织品系统集成的重要手段，通过先进的织造工艺，可以将多功能纤维集成在织物中，实现智能穿戴。可编程织造技术将利用可编程的织造设备，制备复杂的二维和三维结构织物。通过精细控制功能纤维器件排布，以及织造结构和过程参数，在保证织物原有穿戴性能的同时，实现多功能集成。此外，将功能纤维和器件通过模块化的结构融入织物中，也是未来织造技术的可行发展方向。例如，利用刺绣技术可高精度地在织物表面嵌入功能性元件，实现更高的功能集成度；魔术贴结构可灵活连接不同的织物模块，方便功能组件的更换和维护；印花结构则通过在织物表面印制功能性图案，增加了设计的灵活性和美观性。这些技术的进步将使智能可穿戴纺织品具备更高的灵活性和定制化能力，能够根据不同应用场景进行调整和优化。在上述基础上，未来的高端织造技术还需强调环保工艺的引入，确保织造过程的可持续性，减少对环境的影响。

20.3.3　人工智能与大数据赋能智能可穿戴纺织品

人工智能（AI）和大数据分析将在未来的发展中显著提升智能可穿戴纺织品系统的智能化和个性化水平。通过嵌入 AI 算法，智能可穿戴纺织品能够实时处理和分析来自用户和环境的数据，赋予其自适应调整的能力。AI 的自主学习功能使织物系统能够根据使用情况不断优化自身性能，从而提供更精准的需求预判。大数据分析技术通过收集和挖掘大量用户数据，识别用户行为模式和偏好，助力智能可穿戴纺织品系统的个性化定制。大数据的深度分析能力还支持用户信息与网络信息的精准比对，增强用户的差异化分析，使反馈策略更具科学性。最终，AI 与大数据的结合，使智能可穿戴纺织品系统不仅能实时响应用户需求，还能通过持续的数据反馈进行自我改进和升级，实现更高的智能化和自适应性，带来更优质的用户体验。

（1）AI 赋能智能可穿戴纺织品。人工智能（AI）通过其强大的数据处理和模式识别能力，可极大提升智能可穿戴纺织品在分析和决策模块中的智能化水平和效能。首先，AI 在实时数据处理方面发挥重要作用。智能可穿戴纺织品内置的传感模块可以实时采集用户的生理数据和环境信息，AI 能够即时分析这些数据，识别出关键问题和异常动态，实现实时监测和预警功能；其次，AI 在个性化数据处理方面具有重要意义。通过对用户长期数据的监测，AI 能够识别出个体的生理参数和行为模式，从而提供定制的健康建议和行动计划，预防疾病和潜在危险行为的发生；此外，AI 在智能可穿戴纺织品中的人机交互方面也可提升用户体验。AI 算法能够解析用户的行为和意图，实现自然语言处理和情感识别，使智能可穿戴纺织品系统能够与用户进行自然的交流。这种交互能力不仅提高了智能可穿戴纺织品的使用便捷性，还增强了用户的参与感和满意度。未来，随着 AI 技术的不断进步，智能可穿戴纺织品将具备更强的学习能力和自适应性，能够不断优化自身功能，提供更加智能和个性化的服务。

（2）大数据赋能智能可穿戴纺织品。大数据分析技术对智能可穿戴纺织品的赋能主要集中在数据的收集、存储、管理和分析方面。首先，大数据技术可对用户长期的生理数据和行为模式进行收集，通过云端存储和深入分析，判断发展趋势，从而制定个性化的健康管理计划。同时，也支持医疗专业人员进行远程诊断和治疗，通过分析患者的长期健康数据，医生可以提供个性化的医疗建议和优化治疗方案；此外，大数据还为智能可穿戴纺织品提供了预测性维护和管理能力，系统能够通过长期数据分析预测设备的健康状况和寿命，及时进行维护和更新，保证设备的稳定性和长期可靠性；大数据分析技术也可对环境信息进行长期管理，并结合人体数据，自动调整所处环境的设备设置，如温度、光线、噪声，实现情景感知与控制；最后，大数据分析还增强了安全与隐私保护，系统能够检测异常行为，防止潜在的安全威胁，例如，通过识别异常的登录尝试和数据访问请求，可采取适当的安全措施，确保用户数据的安全性和隐私性。

20.4 智能可穿戴纺织品的未来前景

智能可穿戴纺织品代表着未来技术与人类活动的深度融合，高度智能化的穿戴系统将在各个领域发挥重要的作用，特别是在生命健康、万物智联和智能防护领域具有重要价值（图 20-6）。在医疗健康方面，智能可穿戴纺织品能够监测心率、血压、体温等生理指标，并进行情绪评估，提供疾病早筛和实时健康反馈，提升医疗服务的精准性和及时性。在万物智联应用中，智能可穿戴纺织品可通过触摸显示和通信功能，实现人与设备的实时互动，拓展信息获取方式，增强信息交互体验。在某些特种领域，智能可穿戴纺织品可提供必要的智能防护，提升人类在极端环境下的生存能力，保证特种环境中的稳定作业。通过在各个领域的广泛应用，智能可穿戴纺织品将推动人类生活质量和工作效率的全面提升，构建更加智能和可持续的未来。

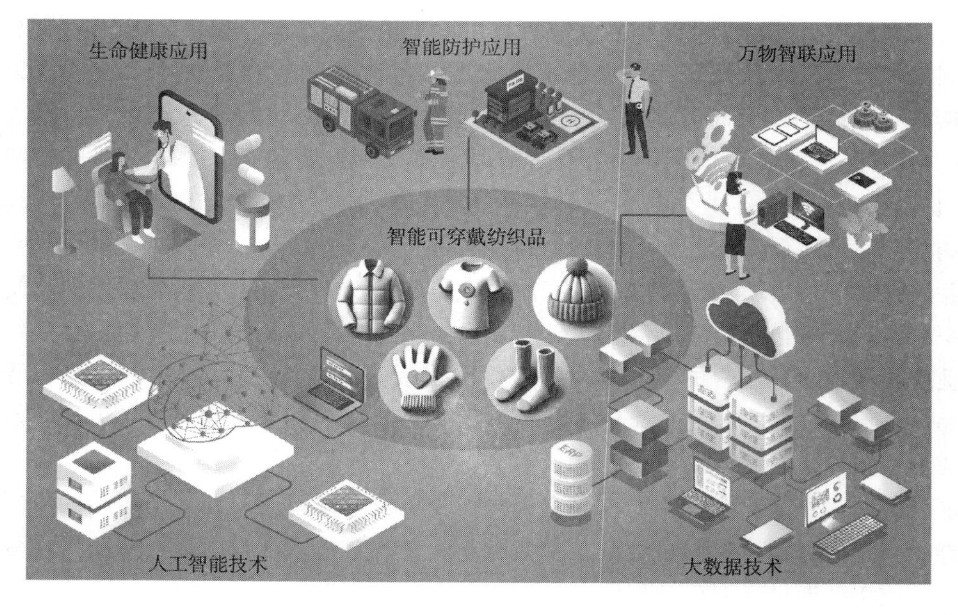

图 20-6　智能可穿戴纺织品的赋能策略和未来应用

20.4.1　生命健康

智能可穿戴纺织品系统在生命健康领域的应用具有深远的意义。智能穿戴系统能够实时监测用户的生理指标和心理状态，不仅有助于在早期发现潜在的健康问题，还能在紧急情况下及时预警，提高医疗反应的效率。此外，通过数据分析和人工智能算法，智能穿戴系统能够为用户提供个性化的健康建议和生活方式调整方案，并结合远程医疗，使得医疗专业人员能够远程监控患者的健康状况，提供实时的诊断和治疗建议。在康复护理领域，这些智能可穿戴纺织品可以监测患者的恢复进程，协助制订科学的康复计划，提升康复效果。总体而言，智能可穿戴纺织品系统在生命健康领域的应用，不仅提高了个人健康管理的水平和医疗服务的效率，还为智慧医疗和健康社会的发展提供了重要支持，具有巨大的社会价值。

（1）生理指标监测。未来的智能可穿戴纺织品将集成多模态传感系统，实现对脉搏、血压、电生理信号（如心电、肌电、脑电、眼电）、体温和呼吸等生理指标的全面监测，从而评估穿戴者的健康状态。脉搏和心电图监测能反映心脏健康，帮助预防心律失常和心肌缺血等问题；血压监测则有助于防控高血压和低血压引发的疾病，以及相关的心脑血管疾病；肌电信号用于监测肌肉活动，诊断神经肌肉疾病；脑电图监测可发现癫痫、睡眠障碍和部分神经退行性疾病；眼电图则有助于研究视觉系统功能。此外，体温监测能够早期发现感染和炎症，监控新陈代谢和热应激反应；呼吸监测则帮助检测呼吸系统疾病，如哮喘和睡眠呼吸暂停等。基于此，未来的研究将集中在开发更多精准、轻便、体感舒适的多功能传感系统，并兼具小型化和低功耗的设计，提升智能系统的实用性和续航能力。

（2）心理状态评估。智能可穿戴纺织品能够通过监测生理指标如心率变异性、皮肤电反应和呼吸模式，提供关于用户情绪状态的实时数据。这些数据可以帮助识别压力、焦虑、抑郁等情绪变化，及时预警潜在的心理问题，促进早期干预和治疗。例如，在高压力工作环境中，智能可穿戴纺织品可以提醒用户进行放松活动或寻求专业帮助，预防心理健康问题的恶化；其次，智能可穿戴纺织品的情绪评估功能对于长期心理健康管理具有重要作用。通过持续监测和数据分析，系统可以建立用户的心理健康档案，识别长期情绪模式和变化趋势，提供个性化的心理健康建议和干预方案；此外，智能可穿戴纺织品在特殊群体中的应用也具有重要意义。例如，在老年人、儿童或有心理健康问题的患者中，智能可穿戴纺织品可以提供全天候的心理监测和支持，帮助家人和护理人员及时了解他们的心理状态，采取必要的措施；最后，智能可穿戴纺织品的情绪评估功能还可以应用于团队和组织管理中。通过群体情绪分析，管理者可以更好地了解团队的心理状态，优化工作环境和团队建设，提高整体工作效率和员工满意度。综上所述，结合心理状态评估功能，智能可穿戴纺织品可为用户提供全面的心理健康监测和支持。

（3）健康分析与反馈。结合 AI 算法和大数据分析技术的智能可穿戴纺织品系统，可以实现对生理指标和心理状态的实时分析和异常检测。智能穿戴系统可通过多模态传感模块，同时利用系统集成 AI 算法，对采集的数据进行深度分析，识别出异常情况并发出警报。此外，结合大数据分析技术，对大量的历史数据和实时数据进行深度计算，提供精确的健康趋势分析。例如，当检测到用户的心率异常时，系统可以立即发出警报，并通过比对过往心脑血管数据，反馈异常波动原因，提供相应的应对措施建议。未来的智能可穿戴纺织品还将能够根据用户的长期健康数据，提供更为精准和个性化的健康管理方案，包括饮食、运动和生活方式的调整。通过这些技术的应用，智能可穿戴纺织品将在个人健康管理和疾病预防中发挥重要作用。

（4）疾病早筛与诊疗。在智慧医疗方面，智能可穿戴纺织品将大幅提升远程早筛与诊疗的效率。通过无线通信技术，实时监测数据和历史存储数据可以无缝传输到专业的医疗平台，以获得远程医疗服务。医生可以基于这些相关体征数据进行早期诊断，识别潜在疾病，并提供及时的治疗建议和方案。此外，系统还能根据 AI 分析结果，自动发出预警和健康建议，指导用户采取预防措施或就医。这种远程医疗模式不仅提高了疾病筛查和诊疗的准确性和及时性，还使得医疗资源的分配更加高效。对于偏远地区和行动不便的患者，智能可穿戴纺织品系统提供了一种便捷且可靠的医疗健康管理方式，对公共健康水平的提升和生活质量的改善提供了有效助力。

20.4.2 万物智联

智能可穿戴纺织品将在未来的万物智联应用中展现广阔的发展前景，推动人机交互和社交体验的革新。这些纺织品将集成触摸显示技术、计算与存储功能，以及与其他电子设备通信的能力，使用户能够完全通过衣物和配饰进行信息交互。在触摸显示方面，智能可穿戴纺织品可以通过功能区域显示即时消息、信息通知和日程安排，使用户随时随地查看和回复信息，无须依赖传统设备；内置的计算功能支持多种应用场景，处理复杂运算任务，并存储用户的万物智联数据和历史交互记录，提供个性化的推荐和提示；通过无线通信技术，智能可穿戴纺织品能够与手机、手表、平板电脑等设备进行数据共享和同步，实现多线程操作。智能可穿戴纺织品将在万物智联中大大提升使用者的便捷性、互动性和体验感，推动智能控制和社交方式的创新，开创更加智能和个性化的信息交互新时代。

（1）可穿戴触摸显示功能。智能的穿戴触摸显示可为用户提供前所未有的互动体验。具有可穿戴触摸显示功能的纺织品，可使用户能够直接通过衣物进行信息交互。支持显示即时消息、社交媒体通知、日程安排等信息，并可触摸功能区域来进行相应回复和操作。此外，这些智能可穿戴纺织品还可用于个性化表达和社交互动。用户可以通过设置显示内容，展示自己的心情、兴趣或个人风格，成为一种独特的自我表达方式。而在一些商业推广和公共活动中，也可利用触摸和显示的功能，增强现场体验和宣传效果。例如，在大型活动中，智能可穿戴纺织品可以显示实时信息、广告或品牌标识。

（2）计算与存储功能。计算与存储功能可显著提升使用者的互动体验和数据处理能力。内置高效的计算单元和存储模块的可穿戴纺织品，不仅能够显示信息，还能够进行数据处理和存储，实现更复杂的交互功能。智能可穿戴纺织品的计算功能将支持多任务处理，使用户能够通过触摸屏幕直接处理信息，并可后台自动保存进程，实现多界面随时切换。同时，存储功能可以记录用户的万物智联数据和历史交互记录，即使在离线状态下也能访问和处理。此外，计算与存储功能的结合将使智能可穿戴纺织品能够支持复杂的交互应用，如实时视频通话、社交游戏和虚拟现实体验，实现流畅的用户交流和高度互动的社交场景。用户可以在运动、工作或休闲时，不依赖手机、手表、平板等电子设备，通过智能可穿戴纺织品随时随地与他人保持联系，享受便捷而丰富的社交生活。通过计算与存储功能的全面集成，智能可穿戴纺织品将不仅是信息展示和交互的工具，更将成为个人电子信息管理和优化的重要平台。

（3）电子设备通信功能。智能可穿戴纺织品的电子设备通信功能将在万物智联应用中发挥重要作用。电子设备通信功能使用户能够在不同设备间保持信息一致性和连续性。当用户在手机上收到消息或通知时，智能可穿戴纺织品上的显示屏也能同步显示这些信息，用户可以立即通过显示屏进行查看和回应。这种无缝连接提高了信息传递的效率，使用户能够更迅速地参与信息交互，避免错过重要消息。使用者在运动或工作场景中，智能可穿戴纺织品可以通过震动或视觉提示提醒重要通知。此外，通信功能可以使智能可穿戴纺织品成为一站式信息交互平台，可集中管理和处理来自不同平台的通知和消息。用户无须在各个设备和应用间切换，使社交互动更加便捷和高效。这种多设备间的信息互通，可使智能可穿戴纺织品实时收集和分析用户在各个设备上的互动数据，提供个性化的内容推荐和互动提示。例如，根据用户在手机上的浏览记录，智能可穿戴纺织品可以推荐相关的社交内容或活动，增强用户的参与感和互动性。

20.4.3 智能防护

智能可穿戴纺织品将在未来的智能防护应用中展现出巨大的潜力，为各行业提供先进的技术支持和保障。智能可穿戴纺织品不仅提供基础防护功能，更通过集成多种先进技术，实现智能监测、实时反馈和环境适应等功能。在军事领域，集成智能红外调控和生理指标监测系统的织物可实现士兵的红外隐身和生理状态监测，有效提升作战安全；在警务应用中，智能防弹衣和刀割穿刺反馈织物系统通过监测击打和刺伤情况，及时发出警报，提高执法人员的安全性和反应速度；消防领域的耐高温生理指标监测智能可穿戴纺织品系统实时监测消防员的体温、心率和呼吸，提升救援过程中的安全性；海洋救援中，远程自动报警智能可穿戴纺织品系统通过 GPS 和无线通信技术发出求救信号，缩短救援时间，增加生还机会；低温作业中的可变温度调节智能可穿戴纺织品系统根据环境和人体温度自动调节保暖效果，防止冻伤和低温症；航空航天领域的智能可穿戴纺织品系统则通过实时监测宇航员的生理状态，调节宇航服内的温度和湿度，确保身体健康和舒适。综上所述，智能可穿戴纺织品在智能防护的应用中具有重要意义，可提升各行业的安全性和作业效率，并推动相关产业的技术进步和应用创新，为未来构建智能社会提供技术支撑。

（1）军事领域应用。智能可穿戴纺织品可在未来显著提升士兵的作战能力和安全性。

其中，智能红外调控织物可以根据环境温度和敌方探测手段，动态调节自身的红外特性，实现隐身功能，降低士兵被敌方红外设备探测的概率。这种隐身能力在夜间行动和复杂战场环境中尤为重要，可以显著提高战术优势；智能可穿戴纺织品的先进通信功能也大大增强了士兵之间以及士兵与指挥中心的协同作战能力。这些纺织品能够与无人机、侦察设备和其他战术装置进行数据交换，提供实时战场情报，帮助士兵更好地掌握战场态势，做出更加准确的战术决策；智能可穿戴纺织品的环境适应功能，可以根据战场环境变化自动调节温度和湿度，保持士兵在极端气候条件下的舒适性和作战效率。生理监测功能能够实时反馈士兵的健康状态，防止疲劳和身体不适影响战斗力，确保士兵在最佳状态下进行作战；智能可穿戴纺织品的轻量化设计可以使士兵在行动中更加灵活，提高战场上的机动能力。这些技术的应用，可最大限度保证士兵的生命安全，并显著提升军队的整体作战能力和战场优势。

（2）警务领域应用。未来的警务服装和配件也将集成智能穿戴织物系统，提升执法人员的工作效率和安全性。智能防弹和防刀割穿刺织物系统不仅能提供危害防护，还能自动记录受力点和受力强度，实时反馈所受的攻击方向，显著提高执法人员的快速反应能力；智能监控织物系统内置摄像头和麦克风，可以实时记录执法过程，确保执法的透明度和合法性。这些记录可以用于事后审查和法庭取证，提高警务工作的公正性和可信度；智能可穿戴纺织品还可以集成通信和定位功能，并可与其他智能设备进行数据同步，实现实时的信息共享和指挥控制，提升任务执行的精准度和协调性；另一个可行的创新应用是智能警示系统。智能可穿戴纺织品可以内置 LED 灯和声音警报装置，当执法人员进入高危区域或遭遇突发危险时，系统会自动激活警示功能，提醒周围人员注意，提升现场的安全性和应变能力。集成上述功能的智能可穿戴纺织品，可为未来警务工作的现代化和智能化发展提供强有力支持。

（3）消防领域应用。消防是高危行业，因为消防员经常在极端高温、浓烟、有毒气体和不稳定结构等危险环境中工作，同时还面临高强度体力劳动和心理压力。智能可穿戴纺织品的应用，有望通过提升安全防护、实时监测和环境感知等功能，显著改善消防员的工作条件和安全保障。耐高温智能可穿戴纺织品能够耐受高温、阻燃，并防止热传导，减少烧伤和烫伤的风险，确保他们在火灾现场的安全。结合生理指标监测功能，可以实时监测消防员的体温、心率、呼吸频率等关键生理参数。通过内置传感器和无线通信技术，这些数据可以即时传输到指挥中心，帮助指挥官实时了解每位消防员的身体状况，确保他们在安全范围内工作；智能穿戴织物集成的气体传感系统可以检测有害气体浓度、烟雾密度和温度变化，及时发出警报，提醒消防员注意潜在的危险；未来生命探测技术也将集成到消防用智能穿戴织物系统中，通过微波雷达、红外传感和声波探测等手段，快速、准确地定位被困人员。

（4）海洋救援应用。未来，智能可穿戴纺织品将在海洋救援中发挥重要作用，有效提升海洋作业和海难事故的生存概率。智能穿戴纺织品可通过集成先进的传感模块和通信模块，利用 GPS 定位功能精确确定穿戴者的位置，并通过无线通信技术将求救信号发送到救援队伍和指挥中心。这种自动报警功能大大缩短了救援反应时间，增加了获救机会；此外，智能可穿戴纺织品还可以配备浮力调节装置，帮助落水者保持漂浮状态，减少体力消耗，等待救援；

同时，这些织物可内置加热元件根据实时监测的体温数据自动调节，确保穿戴者在冷水中保持适宜的体温，预防体温过低带来的健康风险。智能可穿戴纺织品的应用，能够提升人类抵御海洋事故和灾害的能力。

（5）低温环境应用。各类纺织品（功能衣物、帽子、手套、帐篷、睡袋等）对于低温环境中的探险、作业和救援工作中都具有重要意义，而集成智能功能的纺织品则可显著提升作业人员的安全性和舒适度。可变温度调节智能可穿戴纺织品系统是其中的重要技术，通过集成先进的温度传感模块和反馈调节模块，这些智能可穿戴纺织品能够根据周围环境自动调节衣物的温度。智能可穿戴纺织品还可以集成环境监测能力，实时检测空气湿度、风速、雪量和紫外线强度等环境参数，这些数据可以帮助穿戴者更好地应对周围环境，提前采取适当的防护措施。为了维持这些功能的持续运行，低温穿戴电池系统的集成是必不可少的。这些电池设计专为在低温环境下保持高效能，确保智能可穿戴纺织品的各项功能能够长时间稳定工作。低温电池系统不仅能够为温度调节和环境监测提供持续电力，还能为其他集成的传感器和通信模块提供支持。智能可穿戴纺织品还可以集成其他生理指标监测功能，如心率、血压和呼吸频率等。通过实时监测这些生理参数，系统可以及时发现并预警可能的健康问题，帮助穿戴者采取预防措施或呼叫救援。智能可穿戴纺织品系统的轻量化和高效能设计，使其在极端环境下仍能保持良好的性能和耐用性。这些纺织品材料不仅具有优异的保暖效果，还具备防水、防风和透气等多种功能，提供全方位的保护。综上所述，智能可穿戴纺织品在低温环境中的应用具有重要意义，通过上述技术，可显著提升作业人员的安全性和舒适度，为在极端寒冷环境中的工作和探险活动提供强有力的保障。

（6）航空航天应用。智能可穿戴纺织品与宇航服的集成，可显著提升宇航员的安全性、舒适度和工作效率。其中，生理指标监测、控温、控湿智能可穿戴纺织品系统是其中的关键，这些系统能够提供全面的健康监测和环境调控，为宇航员在极端环境下的长时间工作提供支持；智能可穿戴纺织品还可以集成辐射检测和防护功能，减少高能辐射对宇航员健康的危害；此外，对宇航用的纺织品进行轻量化和高耐久性设计，以适应各种复杂操作环境；智能可穿戴纺织品还可以集成情绪评估功能，通过监测生理指标如心率变异性、皮肤电反应和呼吸模式等，评估宇航员的情绪状态，在有需要的情况下，心理支持团队可以及时干预，提供必要的心理辅导和支持，确保宇航员的心理健康和任务顺利进行。智能可穿戴纺织品系统可为宇航服带来新的功能拓展，有效助力未来太空探索和长期载人航天任务。

20.5　总结与展望

智能可穿戴纺织品正通过新材料创新、新结构设计和加工工艺的革新，将先进的电学、光学、力学等功能嵌入纤维、纱线和织物中，引领一场科技革新。这些智能材料不仅保留了传统织物的舒适性和耐久性，还具备了健康监测、环境感知、能源收集和通信等智能化特性。

未来功能纤维的发展将聚焦于三个关键领域：提升纤维性能、加速功能拓展以及实现精准制造与调控。智能纱线和织物将通过功能纤维的集成，实现高密度、多模态的功能融合。此外，智能可穿戴纺织品的发展还将结合人工智能和大数据技术，实现更高级别的智能化和个性化。通过嵌入AI算法，能够实时处理和分析用户数据，提供个性化的建议和服务。大数据技术则通过收集和分析大量用户数据，识别行为模式和健康趋势，进一步提升智能可穿戴纺织品的功能和用户体验。智能可穿戴纺织品代表了纺织行业未来的发展方向，通过持续的技术创新和多学科的交叉融合，这一领域将继续蓬勃发展，在提升人类生活品质和社会文明程度的进程中发挥不可或缺的作用。

参考文献

[1] CHEN C,FENG J,LI J,et al. Functional fiber materials to smart fiber devices[J]. Chemical Reviews,2023,123(2):613-662.

[2] J ÚNIOR H L O,NEVES R M,MONTICELI F M,et al. Smart fabric textiles:Recent advances and challenges [J]. Textiles,2022,2(4):582-605.

[3] WENG W,CHEN P N,HE S S,et al. Smart electronic textiles[J]. Angewandte Chemie International Edition,2016,55(21):6140-6169.

[4] WANG H M,ZHANG Y,LIANG X P,et al. Smart fibers and textiles for personal health management[J]. ACS Nano,2021,15(8):12497-12508.

[5] ZHANG Y,WANG H M,LU H J,et al. Electronic fibers and textiles:Recent progress and perspective [J]. iScience,2021,24(7):102716.

[6] XU X J,XIE S L,ZHANG Y,et al. The rise of fiber electronics[J]. Angewandte Chemie International Edition,2019,58(39):13643-13653.

[7] WANG L,FU X M,HE J Q,et al. Application challenges in fiber and textile electronics[J]. Advanced Materials,2020,32(5):1901971.

[8] ZHANG X P,LIN H J,SHANG H,et al. Recent advances in functional fiber electronics[J]. Sus Mat,2021,1(1):105-126.

[9] ZHANG K L,SHI X,JIANG H B,et al. Design and fabrication of wearable electronic textiles using twisted fiber-based threads[J]. Nature Protocols,2024,19(5):1557-1589.

[10] SHI J D,LIU S,ZHANG L S,et al. Smart textile-integrated microelectronic systems for wearable applications [J]. Advanced Materials,2020,32(5):1901958.

[11] ZENG K W,SHI X,TANG C Q,et al. Design,fabrication and assembly considerations for electronic systems made of fibre devices[J]. Nature Reviews Materials,2023,8(8):552-561.

[12] ZHAO C,FARAJIKHAH S,WANG C Y,et al. 3D braided yarns to create electrochemical cells [J]. Electrochemistry Communications,2015,61:27-31.

[13] ZHAO X,ZHOU Y H,XU J,et al. Soft fibers with magnetoelasticity for wearable electronics[J]. Nature Communications,2021,12(1):6755.

[14] MENG K Y,ZHAO S L,ZHOU Y H,et al. A wireless textile-based sensor system for self-powered personalized health care[J]. Matter,2020,2(4):896-907.

[15] SHI Q W, SUN J Q, HOU C Y, et al. Advanced functional fiber and smart textile[J]. Advanced Fiber Materials, 2019, 1(1): 3-31.

[16] ZHU M J, WANG H M, LI S, et al. Flexible electrodes for in vivo and in vitroelectrophysiological signal recording [J]. Advanced Healthcare Materials, 2021, 10(17): 2100646.

[17] YIN J Y, WANG S L, DI CARLO A, et al. Smart textiles for self-powered biomonitoring[J]. Med-X, 2023, 1 (1): 3.

[18] TAT T, CHEN G R, ZHAO X, et al. Smart textiles for healthcare and sustainability[J]. ACS Nano, 2022, 16(9): 13301-13313.

[19] CHEN G R, LI Y Z, BICK M, et al. Smart textiles for electricity generation[J]. Chemical Reviews, 2020, 120 (8): 3668-3720.

[20] WENG W, YANG J J, ZHANG Y, et al. A route toward smart system integration: From fiber design to device construction[J]. Advanced Materials, 2020, 32(5): 1902301.

[21] LIBANORI A, CHEN G R, ZHAO X, et al. Smart textiles for personalized healthcare[J]. Nature Electronics, 2022, 5(3): 142-156.

[22] KWON S, HWANG Y H, NAM M, et al. Recent progress of fiber shaped lighting devices for smart display applications—a fibertronic perspective[J]. Advanced Materials, 2020, 32(5): 1903488.

[23] XIONG J Q, CHEN J, LEE P S. Functional fibers and fabrics for soft robotics, wearables, and human-robot interface[J]. Advanced Materials, 2021, 33(19): 2002640.